铝及铝合金的应用开发

Application and Development of Aluminum and Aluminum Alloys

▶ 章吉林 靳海明 卢 建 谢水生 编著

中南大学出版社
www.csupress.com.cn
·长沙·

作者简介

章吉林，硕士，教授级高级工程师。1963 年 6 月出生，安徽和县人（属马鞍山市），1987 年毕业于江西冶金学院选矿工程专业，2004 年获得中南大学管理科学与工程在职研究生硕士学位。

1987—2013 年，在中国有色金属标准研究所、北京安泰科信息开发有限公司、有色传媒中心工作，先后担任北京安泰科信息开发有限公司常务副总经理、《中国有色金属》《世界中国金属》《中国金属通报》三刊副总编。获国家标准局科技进步二等奖（部级）1 项，中国有色金属工业科技进步二等奖 3 项。

2014 年 1 月至今，在中国有色金属加工工业协会工作，并担任副理事长兼秘书长。多次参加铝合金各种新应用项目的鉴定评价工作，并参与策划组织铝在交通、建筑、电力、家具等领域的应用大型推广活动；应邀相继在中国铝加工国际论坛、铝加工产业链峰会及中国铝加工产业年度大会等大型会议上演讲十多场；组织、参与各种铝加工产业发展规划编制及战略研究项目近十项；参与中国铝加工产业"十三五"发展规划前期研究工作。

靳海明，辽宁绥中人，中国有色金属加工工业协会副秘书长、教授级高级工程师。1991 年毕业于中南工业大学冶金物理化学专业，获得私募股权基金从业资格、中国证券行业分析师资格。

长期从事有色金属材料的冶炼和加工工作，在有色金属市场分析，以及投融资方面也有深入研究。曾任锌业股份冶金研究所所长、北京安泰科信息开发有限公司铅锌贵稀部经理、渤海证券研究所行业公司部经理、北京安泰科投资有限公司总经理等职。

获有色金属工业科技进步二等奖 1 项，三等奖 2 项；参与铜、铅锌项目可行性研究编制 10 项，独立完成市场调研 20 余项，在国内外大型国际会议发表演讲 30 余次。

卢　建，安徽明光人，1976 年 9 月出生，辽宁工程技术大学金属材料与热处理专业毕业，曾任中国有色金属工业协会再生金属分会信息咨询部主任、信息咨询总监，现任中国有色金属加工工业协会铝业部主任。

长期从事有色金属行业管理与信息咨询研究工作，策划举办中国再生金属国际论坛、中国铝加工产业年度大会和其他行业交流研讨会 30 多次，参与或负责编制国家部委、地方政府、工业园区和企业委托的咨询研究课题五十多项，在《轻合金加工技术》《资源再生》《中国有色金属报》等行业媒体发表文章二十多篇，为《铝及铝合金热挤压模具》标准起草人之一、滨州市高端铝产业集群专家委员会会员、中国有色金属加工工业协会第七届专家委员会委员。

谢水生，江西赣州人，北京有色金属研究总院教授、博士生导师，1968 年毕业于南昌大学（原江西工学院）压力加工专业；1986 年获清华大学工学博士学位。澳大利亚莫纳什大学、新加坡国立大学访问学者。享受国务院政府特殊津贴。

曾任中国有色金属学会合金加工学术委员会主任、北京机械工程学会压力加工学会主任、《稀有金属》《塑性工程学报》《锻压技术》等编辑委员会委员。

主持国家自然科学基金、国家高技术研究发展计划（863 计划）、国际合作项目等 36 项。获国家科学技术进步二等奖 1 项；部级一等奖 6 项，二、三等奖 17 项。出版《金属塑性成形的有限元模拟技术及应用》《锻压工艺及应用》等著作 30 部。发表论文 350 篇。

前　言

　　铝是地壳中分布最广、储量最多的金属元素之一，也是一种年轻的轻金属。铝及铝合金具有一系列优异特性，是其他材料所无可比拟的，因此，铝及铝合金的应用增长速度迅猛。铝材已广泛应用于航空航天、现代交通运输、包装容器、建筑工程、军工兵器、海洋工程、机电制造、电子电气、家装五金、能源动力、农林轻工、文卫医疗等行业，成为发展国民经济与提高人民物质文化生活水平的重要基础材料。2018 年全球电解铝产量(不含再生铝)已达 6434 万 t/a，铝材产量(2016 年)逾 6066 万 t/a；其中，我国的电解铝产量(不含再生铝)已达 3580 万 t/a，铝材产量达 3970 万 t/a，雄居世界第一。中国已成为名副其实的铝业大国，是铝材产、销量大国和出口大国，但还不是强国。

　　为了充分利用和合理调配我国丰富的铝资源，加速发展我国铝及铝合金生产技术及应用，深入分析和讨论铝材的生产技术与产品研制等问题是十分重要的，也是一件有现实意义和深远历史意义的事情。中国有色金属加工工业协会组织作者在收集、分析大量国内外有价值的最新信息和科学技术文献的基础上，整理编写了《铝及铝合金的应用开发》，希望能对铝材生产和技术的发展起一定的促进作用，并进一步扩大和拓展铝合金材料的应用领域和使用范围，使之在重要工业部门和人民日常生活中成为更具有竞争优势的基础材料。

　　本书具有两大特点：一是，介绍了最新的铝及铝合金国家标准，如 2019 年 11 月最新审定通过的 GB/T 3190《变形铝及铝合金化学成分》，详细列出了近年来我国常用的 232 个国际、142 个国内铝合金牌号及其化学成分；二是，全面介绍了铝及铝合金材料的应用情况。自 2012 年中国有色金属工业协会提出扩大铝及铝合金材料的应用后，我国铝及铝合金材料在交通运输、建筑模板、家装家具等领域的应用取得了长足的进步，至 2019 年底，已累计增加用量 600 万吨，其中建筑模板领域累计增加用量达 400 万吨，取得了可喜的成绩。

　　全书共 13 章：第 1 章，铝及铝合金加工工业的发展；第 2 章，铝合金的基本特性、分类及应用领域；第 3 章，变形铝合金的分类、牌号、成分、性能及用途；第 4 章，铸造铝合金的特性、牌号及主要应用；第 5 章，铝合金在航空航天领域的应用开发；第 6 章，铝合金在交通运输领域的应用开发；第 7 章，铝合金在建筑业的应用开发；第 8 章，铝合金在机械工业的应用开发；第 9 章，铝合金在石油与化学工业的应用开发；第 10 章，铝合金在电力电子工业的应用开发；第 11 章，铝合金在家装家具中的应用开发；第 12 章，铝合金在包装领域的应用开发；第 13 章，铝合金在其他领域的应用开发。

本书由章吉林教授策划和组织。第 1 章由卢建和张玉撰写；第 2 ~ 4 章由章吉林撰写；第 5 章由靳海明撰写；第 6 章由胡亮、谢水生撰写；第 7 章由张玉撰写；第 8、9 章由吴琼撰写；第 10 章由胡亮撰写；第 11 章由张玉、谢水生撰写；第 12 章由张志超撰写；第 13 章由卢建和张志超撰写；全书由章吉林和谢水生教授审定。

本书内容丰富、取材新颖、理论与实践紧密结合、图文并茂、深入浅出、通俗易懂，适合各领域、各层次的读者使用，也可作为大专院校相关专业师生们的参考书。

本书在编撰和出版过程中，参阅及引用了国内外专家、学者许多珍贵资料；同时，得到了相关部门和单位的大力支持，在此，一并表示衷心感谢。

由于内容多、图表多、作者多、取材广，尽管几经统编和反复修改、调整，但在各章节内容协调、叙述及其他方面难免有不妥之处，敬请广大读者见谅，并提出宝贵的意见。

作者热切希望本书能为读者提供有益的启发，起到抛砖引玉的作用，但限于作者的学识与经验，加上时间仓促，书中不妥乃至错误之处在所难免，恳请广大读者批评指正。

编 者
2019 年 11 月

目　录

1 铝及铝合金工业的发展

1.1 概述

1.1.1 1990 年前的世界铝工业

铝的发展历史至今不过 200 年，在 20 世纪初才开始具备工业化生产规模。金属铝的冶炼经历了两个过程：电化学法制铝阶段和电解法制铝阶段。

电化学法就是用比铝化学活性更大的金属(如钠、钾、镁等)还原铝的化合物的方法。1825 年，丹麦科学家奥斯用钾汞齐还原无水氯化铝获得了不纯的金属铝；1854 年，法国化学家德维尔改进维勒的方法，用钠作为还原剂，成功制出了铸块状的金属铝。但是由于当时这些金属价格昂贵，限制了铝冶炼的发展。后来有人企图以廉价的炭作还原剂，在 2000℃ 左右的高温下进行还原反应，但由于温度过高，被置换出的铝又发生了新反应，几经改进，也仅仅能实现小规模生产，故此法也被淘汰了。

电解法就是利用直流电进行氧化还原反应的方法。1885 年美国 Cowle 兄弟首次用电解法生产出含铜和铁的铝合金，从此拉开了用电解法生产铝的序幕；1886 年美国的霍尔和法国的埃鲁先后独立发明了从氟化铝和熔融冰晶石中电解铝的方法，并申请了专利，这是当今电解铝生产技术的鼻祖，这一方法被称为霍尔—埃鲁法。后来几经改良、改造和完善，电解法制铝成为一门先进的现代化生产技术。

1886 年发明的用电解法提炼金属铝和 1888 年发明的用拜耳法生产氧化铝以及直流电解生产技术的进步，为铝生产向工业规模化发展奠定了基础。随着铝生产成本的降低，美国、瑞士、英国相继建立了铝冶炼厂；到 19 世纪末期，铝的生产成本开始明显下降，铝本身已成为一种通用金属；20 世纪初期，铝材除了做日常用品外，还在交通运输业上得到了应用，如 1901 年用铝板制造汽车车体、1903 年美国铝业公司把铝部件供给莱特兄弟制造小型飞机等，同时汽车发动机开始采用铝合金铸件，造船工业也开始采用铝合金厚板、型材和铸件。随着铝产量的增加和科学技术的进步，铝材在其他工业部门(如医药器械、铝印刷版及炼钢用的脱氧剂、包装容器等)的应用也越来越广泛，大大促进了铝工业的发展。1910 年世界铝产量增加到45000 t以上，并开始大规模生产铝箔和其他新产品，例如铝软管、铝家具、铝门窗和幕墙等，同时铝制炊具及家用铝箔等也相继出现，使铝的普及化程度向前推进了一大步。

1906年德国A.维尔姆发明了硬铝合金($Al-Cu-Mg$合金），使铝的强度提高了两倍，在第一次世界大战期间被大量应用于飞机制造和其他军火工业。此后又陆续开发了$Al-Mn$、$Al-Mg$、$Al-Mg-Si$、$Al-Cu-Mg-Zn$、$Al-Zn-Mg$等不同成分和热处理状态的铝合金，这些合金具有不同的特性和功能，大大拓展了铝的用途，使铝在建筑工业、汽车、铁路、船舶及飞机制造等工业部门的应用得到了迅速发展。第二次世界大战期间，铝工业在军事工业的强烈促进下获得了高速增长，1943年原铝总产量猛增至200万t左右。战争结束后，由于军需的锐减，1945年原铝总产量下降到100万t，同时各大铝业公司积极开发民用新产品，把铝材的应用逐步推广到建筑、电子电气、交通运输、日用五金、食品包装等各个领域，使铝的需求量逐年增加；到20世纪80年代初期，世界原铝产量已超过1600万t，再生铝消费量达到450万t。铝工业的生产规模和生产技术水平达到了相当高的水平。表1-1为1859—1980年世界铝产量及消费量，表1-2至表1-6分别为1990年以前各工业发达国家的铝合金材的人均消费量、原铝产量和消费量、铝消费结构及比例、再生铝产量、铝消费量和钢消费量占比。

表1-1 1859—1980年世界铝产量及消费量　　　　　　　　　　　　　　　　t

年份	原铝产量	原铝消费量	再生铝消费量	总计消费量
1859	1.7	1.7		1.7
1870	1.0	1.0		1.0
1880	1.1	1.1		1.1
1890	175.0	175.0		175.0
1900	7300	7300		7300
1910	44400	44400		44400
1920	12600	12600	14500	140500
1930	269000	269000	40400	309400
1940	780000	780000	124000	907000
1950	1507000	1507000	400000	1907000
1960	4547900	4178900		
1970	10302000	10027000	2476500	12503500
1980	16064400	15320600	4360100	19680700

表 1-2 1976—1980 年某些国家铝合金材的人均消费量　　kg/（人·a）

国家	1976 年	1977 年	1978 年	1979 年	1980 年	备注
美国	19.8	21.2	23.4	22.8	20.3	半成品
日本	11.1	10.1	11.2	12.9	11.9	半成品
挪威	18.8	20.2	18.5	19.4	23.4	半成品
瑞士	13.9	14.9	15.4	16.6	18.1	半成品
德国	14.1	13.5	13.8	15.8	16.6	半成品
瑞典	14.4	12.5	11.8	13.2	12.1	半成品
芬兰	10.3	10.3	8.8	9.8	11.2	半成品
奥地利	8.4	9.6	8.6	9.4	10.3	半成品
法国	7.9	7.4	7.4	8.5	9.2	半成品
比利时	11.6	10.6	9.6	9.8	8.6	半成品
意大利	5.4	5.8	6.0	7.1	8.6	半成品
荷兰	8.8	8.5	8.5	8.9	8.3	半成品
英国	7.3	7.3	7.7	8.4	6.9	半成品
西班牙	4.8	5.8	5.1	4.9	5.9	半成品
巴西	2.4	2.4	2.5	2.8	—	半成品
美国	3.9	4.2	4.1	4.1	3.1	铝铸件
日本	3.8	4.2	4.5	4.8	5.5	铝铸件
德国	4.1	4.6	4.8	5.2	5.1	铝铸件
法国	3.5	3.7	4.5	3.7	3.6	铝铸件
瑞典	3.3	2.9	3.0	3.1	2.7	铝铸件
瑞士	2.1	2.2	2.4	2.5	2.6	铝铸件
英国	2.2	2.2	2.4	2.1	1.8	铝铸件
西班牙	1.9	1.9	1.8	1.9	1.8	铝铸件
奥地利	1.3	1.5	1.4	1.6	1.7	铝铸件
荷兰	0.6	0.6	0.8	0.7	0.7	铝铸件

表 1-3 1980—1989 年主要工业发达国家的原铝产量和消费量

万 t

年份	项目	美国	苏联	日本	加拿大	德国	挪威	法国	英国	澳大利亚	意大利	小计
1980	产量	405.40	240.00	109.20	107.5	73.10	66.20	43.20	37.40	30.40	27.10	1139.50
	消费量	445.35	185.00	163.90	31.19	104.23			40.93	25.04		995.64
1981	产量	414.80	264.60	84.90	123.00	80.40	70.10	48.00	37.90	41.80	30.20	1195.70
	消费量	458.10	205.00	173.10	37.20	112.60		59.40	37.40	27.20	45.50	1155.50
1982	产量	360.90	264.60	38.70	117.90	79.70	71.10	43.00	26.50	42.00	25.70	1070.10
	消费量	402.30	201.20	180.70	25.20	110.30		63.80	36.00	25.60	46.30	1090.70
1983	产量	335.32	240.00	25.59	109.12	14.34	78.90	39.80	25.25	47.51	21.60	937.43
	消费量	421.80	180.00	180.01	74.80	108.50		67.60	32.34	25.93	47.40	1143.38
1984	产量	409.90	240.00	28.67	122.20	77.72	83.90	34.10	28.79	75.48	25.40	1126.16
	消费量	457.28	180.00	174.39	31.10	115.16		63.90	36.95	26.53	48.30	1133.61
1985	产量	349.97	185.00	22.65	127.88	74.51	78.50	29.30	21.54	85.17	24.40	819.95
	消费量	440.00		181.56	24.50	115.80		52.60	35.04	28.30	51.00	1120.70
1986	产量	303.85	190.00	14.02	136.35	76.54		23.40	27.59	87.68		669.43
	消费量	463.18		184.38	24.50	123.79		59.20	38.34	28.70		1112.09
1987	产量	334.60			154.00	73.77	79.78	32.25	29.44	102.40		806.24
	消费量	453.90		169.30	42.10	118.60		61.60	38.40	31.80	54.80	970.50
1988	产量	394.50		35.00	153.00			32.70	42.70	114.10		729.30
	消费量	459.80		211.50	43.70	123.30		66.10		32.70	58.10	1037.90
1989	产量	402.50		36.00	153.70							719.20
	消费量	442.50		215.50		127.00		67.30	45.00			770.30

表 1-4 1981—1986 年世界发达国家铝消费结构及比例

国名	年份	铝消费量/万 t	铝加工材		铝导体		铝铸件		炼钢及其他	
			产量/万 t	占消费量/%	产量/万 t	占消费量/%	产量/万 t	占消费量/%	产量/万 t	占消费量/%
日本	1981	241.69	142.98	59.00	12.10	5.00	66.43	28.00	20.18	8.00
	1982	248.89	157.23	63.00	10.51	4.00	63.89	26.00	17.35	7.00
	1983	270.23	172.43	64.00	10.3	4.00	65.99	24.00	21.08	8.00
	1984	273.27	176.18	64.00	10.71	4.00	72.50	27.00	13.88	5.00
	1985	284.34	181.38	64.00	8.78	3.00	78.10	27.00	16.08	6.00
	1986	265.90	183.80		8.69		79.32			
美国	1981	572.47	431.50	75.00	32.04	6.00	71.46	12.00	37.47	7.00
	1982	525.66	380.69	73.00	28.42	5.00	59.25	11.00	57.30	11.00
	1983	594.91	446.15	76.00	31.34	5.00	68.01	11.00	49.41	8.00
	1984	628.34	453.39	72.00	45.67	7.00	80.12	13.00	49.16	8.00
	1985	607.58	459.62	76.00	37.87	6.00	87.44	14.00	22.65	4.00
	1986	602.54	485.00		28.57		99.19			
德国	1981	141.85	92.61	65.00	5.76	4.00	30.00	21.00	13.48	10.00
	1982	143.21	95.05	66.00	5.79	4.00	29.34	21.00	13.03	9.00
	1983	155.47	106.59	68.00	6.43	4.00	30.62	20.00	11.83	8.00
	1984	163.73	109.42	67.00	5.57	3.00	33.09	20.00	15.65	10.00
	1985	177.44	109.12	61.00	5.64	3.00	35.66	20.00	27.11	15.00
	1986	183.34	110.22				42.66			
意大利	1981	72.05	44.58	62.00	2.18	3.00	24.50	34.00		
	1982	71.60	47.95	67.00	1.05	1.00	23.10	32.00		
	1983	75.90	49.29	65.00	2.00	2.00	25.20	33.00		
	1984	81.10	49.02	60.00	3.03	3.00	28.60	35.00		
	1985	83.90	45.38	54.00	2.91	3.00	28.30	34.00		
	1986	88.70	54.82	62.00	2.72	3.00	30.50	34.00		

表 1-5　1984—1989 年再生铝产量

kt

年份	1984	1985	1986	1987	1988	1989
欧洲:						
奥地利	21.60	21.10	24.70	19.80	29.40	34.10
比利时	2.00	2.00	2.00	3.20	3.20	3.20
丹麦	14.20	16.40	16.40	16.40	16.40	16.40
芬兰	17.20	21.00	22.20	25.70	29.90	29.90
法国	157.20	164.40	178.40	195.00	211.00	225.20
德国	442.20	457.30	480.00	501.20	530.70	537.00
意大利	283.00	282.00	301.00	335.00	377.80	390.00
荷兰	59.90	62.30	96.80	101.40	115.90	129.70
挪威	2.20	6.00	7.20	7.20	7.20	7.20
葡萄牙	1.70	2.00	2.00	2.00	2.00	2.00
西班牙	40.60	42.50	48.20	70.00	85.00	77.60
瑞典	30.80	30.40	32.80	30.00	32.00	33.00
瑞士	23.10	26.10	25.50	25.50	28.20	31.70
英国	143.90	127.60	116.40	116.70	105.80	109.70
南斯拉夫	34.10	45.00	46.50	38.40	38.40	38.40
合计	1273.7	1306.10	1400.10	1487.50	1612.90	1665.10

年份	1984	1985	1986	1987	1988	1989
亚洲:						
伊朗	12.00	15.00	15.00	15.00	15.00	15.00
日本	818.90	866.10	865.30	1032.30	1308.60	1349.30
中国台湾	26.00	38.00	38.00	38.00	38.00	38.00
合计	856.90	919.10	918.30	1085.30	1361.60	1402.30
美洲:						
加拿大	66.60	63.20	65.00	65.00	65.00	65.00
美国	1606.30	1575.10	1651.80	1733.20	1858.90	1843.80
阿根廷	7.50	3.60	3.60	8.00	7.10	5.30
巴西	48.90	44.80	48.00	50.30	50.30	50.30
墨西哥	19.60	22.30	16.40	8.80	4.50	4.50
委内瑞拉	14.00	14.00	10.00	10.00	10.00	10.00
合计	1762.90	1723.00	1794.80	1875.30	1995.80	1078.90
大洋洲:						
澳大利亚	41.00	45.00	55.00	39.00	88.40	76.10
新西兰	3.70	1.50	4.00	4.00	3.10	3.10
合计	44.70	46.50	59.00	43.00	91.50	79.20
总计	3938.20	3994.70	4172.20	4491.10	5061.80	4225.50

表 1-6 1973—1983 年世界几个国家铝消费量与钢消费量占比 %

年份	美国	日本	德国	法国	意大利	英国	中国
1973	4.2	2.30	2.72	2.29	2.30	2.76	
1974	4.4	2.10	3.14	2.44	2.45	2.75	
1975	3.8	2.50	2.99	2.63		2.55	
1976	4.5	3.50	3.29	2.67		2.76	
1977	4.6	3.40	3.57	3.44		2.80	
1978	4.4	3.60	3.88	3.23		2.67	
1979	4.6	3.20	3.76	3.57	3.17	2.58	1.10
1980	5.0	3.10	4.01	3.76	2.90	3.52	1.20
1981	4.4	3.70	4.21	4.02	3.43	2.89	1.40
1982	6.2	3.70	4.90	4.24	3.28	2.79	1.50
1983	6.3	4.10	4.75	4.05	3.85	2.87	1.40

1.1.2 1990 年以来的世界铝工业

自从电解炼铝法问世以来，铝的产量和消费量大约以平均每 10 年增长一倍的速度发展，特别是近几十年来，由于冶炼方法与工艺的不断改进和电力工业的发展以及电价的下降，铝工业的发展速度更加惊人。1940 年全世界原铝产量不到 100 万 t，到 1970 年已超过 1000 万 t，1980 年达到 1650 万 t，1990 年达 2000 万 t。此后，世界上的铝产量和消费量均以每年 5% 左右的速度增长，到 2000 年世界铝产量（包括原铝和再生铝）和消费量均已超过 3000 万 t，2010 年已突破 4000 万 t 大关，预计到 2025 年可达 8000 万 t。世界原铝产地主要集中在北美（美国和加拿大）、西欧（德国和法国等）、俄罗斯、中国、澳大利亚和巴西等地，其中美国铝业公司（ALCOA）、加拿大铝业公司（ALCAN）、雷诺金属公司（REYNOLDS）、凯撒铝及化学公司（KAISER）、彼施涅铝工业公司（PECHINEY）、瑞士铝业公司（ALUSUISSE）、德国联合工业公司（VAW）、中国铝业公司和俄罗斯铝业公司 9 大跨国铝业公司的生产能力和年产量占全世界原铝产能和年产量的 60% 以上。此外，再生铝的产量、消费量近年来也增长很快，而且有逐年增加的趋势。

1.1.3 当前世界铝工业情况简介

（1）铝工业链组成及延伸

经过几十年的不断发展和完善，铝工业形成了一条十分完整的产业链并在不断延伸，见图 1-1、图 1-2 和图 1-3。

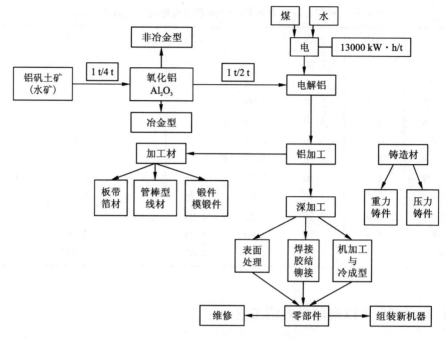

图1-1 铝工业链的组成及延伸

(2)原铝(铝加工材)规模迅速扩大

由于铝的冶炼技术不断进步,成本大幅下降,而且铝及其合金具有一系列优异特性,品种和规格大幅增多,用途不断拓宽,铝(铝加工材)的规模(产能和产销量)迅速扩大。

(3)铝及铝合金材品种扩大、规格增多

经过几十年的发展,全世界已注册的纯铝及铝合金牌号约3000多个,状态300多种。铸件、压铸件、管、棒、型、线材、板、带、条、箔材、锻件、模锻件、旋压件、冲压件、粉材、复合材等品种,各种形状、规格的产品达数百万种,广泛用于国民经济各部门、人民生活各个方面。

(4)铝及铝合金材的应用领域拓宽

铝及铝合金材料加工早已成为世界许多国家国民经济的支柱产业,其产品已广泛用于各行各业,主要应用领域如下:

①建筑业:包括建筑用门窗、建筑装饰用铝材、建筑结构材料用铝,以及建筑安装单位用铝等。

②交通运输:包括汽车及其零配件制造、摩托车及其零配件制造、农用车及其零配件制造、船舶及其零配件制造、轨道车辆及其零配件制造、自行车及其零配件制造、集装箱及其零配件制造,以及公路、铁路、机场、港口建筑用铝。

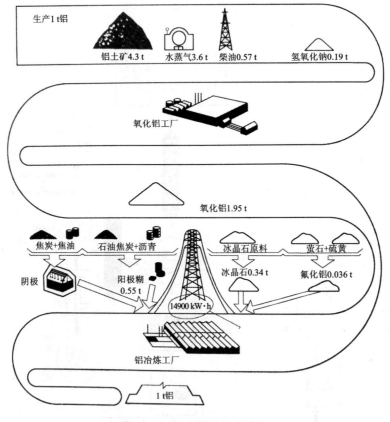

图 1-2 电解铝的生产流程

③电力：包括电线电缆制造、发电机制造、电动机制造、微电机制造、电动工具制造、电工专用设备制造、变压器制造、整流器制造、电容器制造、开关控制设备制造、高压电器制造、低压电器制造、电器设备原件制造、工业用电炉制造、电焊机制造、绝缘制品制造、蓄电池制造等，以及发电建设、输配电建设用铝。

④包装：包括食品、饮料、烟草、医药、化妆品、包装材料等。

⑤机械制造：包括金属制品制造、内燃机及其配件制造、农业机械制造、工程机械制造、仪器仪表制造、石油化工机械制造、重型矿山机械制造、机床工具制造、锅炉和汽轮机水轮机制造、轴承制造、通用基础制造等。

⑥日用消费品：包括冰箱、空调、洗衣机、电风扇及小家电等家用电器制造，炊具、文教体育用品、工艺美术品、衡器、小工具等家用五金制造，玩具制造，家具制造，服饰装饰制造等。

⑦电子通信：包括雷达制造、通信广播电视设备制造（包括电视、移动通信等）、电子计算机制造、电子元件制造、电子器件制造等。

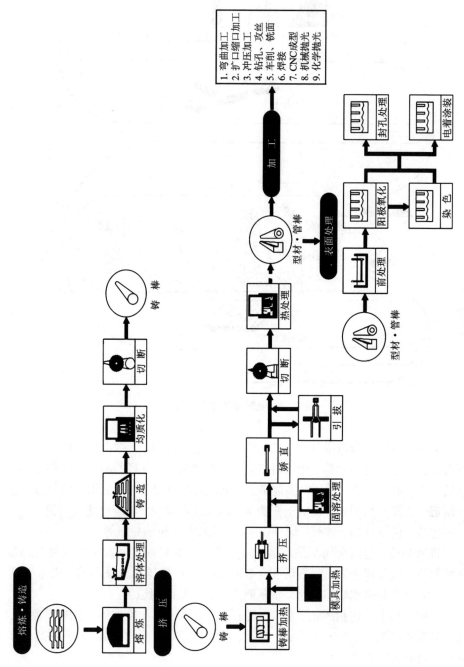

图1-3 铝及铝合金挤压材及深加工流程

⑧其他：不能归类于上述领域的行业。如航天、兵器、核工业及军需品制造等。

1.2　世界铝工业的现状与发展趋势

世界铝土矿资源丰富，资源保障度高。据美国地质调查局统计，截至2015年年底，世界铝土矿资源量为550亿～750亿t，已探明储量近280亿t，其中，非洲占32%、大洋洲占23%、南美洲和加勒比海地区占21%、亚洲占18%、其他地区占6%。

1.2.1　世界铝冶炼工业的现状及发展趋势

1.2.1.1　世界电解铝的产量及分布

电解铝生产是铝工业链的核心环节。21世纪以来，世界电解铝工业呈现产量持续增长、产能向能源优势明显地区转移、产能利用率总体下降等特点。在需求推动下，世界电解铝产量持续增长。2018年，世界电解铝产量为6434万t，同比增长1.5%，世界电解铝产量分布见表1-7。

表1-7　世界电解铝产量分布　　　　　　　　　　　万t

年份	世界合计	亚洲	非洲	海湾	北美洲	南美洲	西欧	中东欧	大洋洲	其他地区
2007	3813.2	1630.5	181.5	0	564.2	255.8	430.5	446	231.5	73.2
2008	3997.1	1750.8	171.5	0	578.3	266	461.8	465.8	229.7	73.2
2009	3770.6	1808.4	168.1	0	475.9	250.8	372.2	411.7	221.1	62.4
2010	4235.3	1983.1	174.2	272.4	468.9	230.5	380	425.3	227.7	73.2
2011	4627.5	2260.5	180.5	348.3	496.9	218.5	402.7	431.7	230.6	57.6
2012	4916.7	2606.9	163.9	366.2	485.1	205.2	360.5	432.3	218.6	78
2013	5229.1	2897.3	181.2	388.7	491.8	190.6	361.6	399.5	210.4	108
2014	5392.7	3074.6	174.6	483.2	458.5	154.3	359.6	376.4	203.5	108
2015	5773.6	3451.9	168.7	510.4	446.9	132.5	374.5	382.9	197.8	108
2016	5889	3508.3	169.1	519.7	402.7	136.1	377.9	398.1	197.1	180
2017	6340	—	—	—	—	—	—	—	—	—
2018	6434	—	—	—	—	—	—	—	—	—

注：近些年，电解铝产量的增加主要是亚洲，而且产量占比超过60%，其他地区的产量变化不大。

1.2.1.2 世界电解铝生产技术与装备水平

现代电解铝工业都采用冰晶石—氧化铝熔盐电解法生产电解铝，其主要原料为氧化铝，电解质为氟化盐（包括冰晶石、氟化铝等），电极为炭阳极和炭阴极，生产过程需消耗大量电能。电解质熔体中的氧化铝、炭阳极被消耗，阴极区不断析出金属铝液，阳极区产生阳极气体。目前，我国 300 kA 及以上的大型电解槽得到普遍应用，400 kA 槽型成为主流槽型，160 kA 以下的落后产能全部被淘汰。此外，我国自主研发的世界首条 600 kA 槽型生产线已实现工业化生产。国外电解铝生产装备水平总体落后于我国，大部分产能为 300 kA 或以下级别电解槽。

1.2.1.3 世界电解铝贸易

未锻轧铝包括未锻轧非合金铝和铝合金。其中，非合金铝即电解铝；铝合金既有用电解铝生产的，也有用废铝生产的。2015 年，世界未锻轧铝进出口贸易量分别为 2335 万 t 和 2210 万 t，约占世界铝总产量的三分之一，2002 年至 2015 年年均增长率分别为 2.9% 和 2.5%，其中，电解铝和铝合金的进出口量基本相当，未锻轧铝和铝合金的进出口量见表 1-8。

表 1-8 未锻轧铝和铝合金进出口量统计   万 t

年份	进口			出口		
	未锻轧铝	电解铝	铝合金	未锻轧铝	电解铝	铝合金
2007	2114	1092	1022	1902	1031	870
2008	1961	988	973	1978	1033	945
2009	1854	1123	731	1893	1195	698
2010	2114	1125	989	3419	2398	1021
2011	2233	1150	1083	2178	1175	1003
2012	2156	1089	1067	1966	1069	897
2013	2121	1048	1073	2094	1182	912
2014	2354	1179	1175	2108	1054	1054
2015	2335	1135	1201	2210	1098	1112

（1）未锻轧铝进口

世界电解铝和铝合金的进口较为分散，日本、美国、韩国、德国等国家的进口量排在前列。世界未锻轧铝进口国分布如表 1-9 和表 1-10 所示。

表1-9　世界电解铝主要进口国及占比　　　　　　　　　　　　%

国家	意大利	土耳其	德国	韩国	美国	日本	其他国家
占比	5.1	6.2	7.2	9.3	12.4	12.9	47

表1-10　世界铝合金主要进口国及占比　　　　　　　　　　　　%

国家	意大利	墨西哥	德国	韩国	美国	日本	其他国家
占比	4.6	6.2	14.7	3.8	16.1	8.9	45.7

由于世界经济增速总体放缓,未锻轧铝进口贸易近年来有所下降,2015年的进口贸易量为1128万t,同比下降4.3%。

发达国家是未锻轧铝进口的主要目的地。根据统计,日本、美国、韩国、德国和土耳其是目前世界五大未锻轧铝进口国。

(2)未锻轧铝出口

俄罗斯、澳大利亚、加拿大和阿联酋是未锻轧铝的主要出口国,我国电解铝产量尽管占全球比例过半,但主要以满足国内需求为主,且受到关税影响,电解铝出口十分有限。

1.2.1.4　世界电解铝工业存在的问题

世界未锻轧铝和铝合金的国际贸易呈现两极分化格局,拥有资源、能源优势且经济欠发达的国家和地区主要以生产和出口为主;而资源、能源相对匮乏,环保要求严格,且经济发达或发展较快的国家和地区,主要依靠进口来满足自身不断增长的刚性需求。

1.2.1.5　世界电解铝工业发展趋势

铝工业不断向具有成本优势的地区转移,产业布局的调整是全球资源优化配置的结果。随着产业全球化加速,电解铝工业开始在世界范围内寻求资源的最佳配置,逐步向具有生产成本优势和消费需求大的地区转移。

美国、欧洲、日本等发达国家和地区的电解铝工业逐步向中东、冰岛等具有能源成本优势的地区转移。过去十五年来,中东地区的电解铝产能从119万t快速增长至565万t,年均增长率超过10%,成为世界电解铝产能增长最快的地区之一,其中,美国铝业、海德鲁、力拓等大型铝企业在其投资建设的产能超过130万t。在电解铝工业全球布局调整中,高成本产能的退出与低成本产能的增加未实现同步,新、旧产能冲突加剧。特别是2008年以来,随着世界经济低迷和需求萎缩,世界电解铝产能过剩问题更为凸显。

1.2.2 世界铝加工工业的现状及发展趋势

1.2.2.1 世界铝材的生产及分布

从世界范围内铝的应用形式看,78%左右为铝加工材,22%左右为铝铸件。铝加工材又分为铝轧制材(铝板、铝带、铝箔等)、铝挤压材(铝管、铝棒、铝型材等)及铝线、铝锻件、铝粉等。铝加工材属于半成品,一般需要进一步加工才能利用。

目前,世界上有铝轧制材生产的国家和地区约69个,有铝板带箔生产的企业约750家;有铝挤压材生产的国家和地区约90个,有铝挤压生产的企业约2100家。

除南极洲外,世界六大洲均分布有铝加工企业,但主要集中在欧洲、北美洲和亚洲地区,生产大国主要有中国、美国、意大利、日本和德国等。

西方发达国家的铝加工产业起步较早,经过长期发展积累了雄厚实力,行业综合实力最强,但产业规模在进入21世纪后增速放缓。近年来,亚洲、南非及中东等新兴市场在当地及周边地区铝消费快速增长、综合制造成本低和政策扶持等有利因素的推动下,铝加工产业快速发展,产业规模迅速扩大。

世界铝材产量近年来保持稳定增长(见表1-11),2015年产量达到5758万t,同比增长6%。其中,增量主要来自新兴市场地区,发达国家的产量变化不大。

表1-11 2006—2016年世界铝材产量

年份	2006	2007	2008	2009	2010	2011	2012	2013	2014	2015	2016
产量/万t	3468	3746	3660	3658	4099	4498	4803	5147	5432	5758	6060

数据来源:中国有色金属加工工业协会。

1.2.2.2 世界铝材产品结构

据统计,2015年,世界铝板带材、铝箔和铝挤压材的产量分别达到2675万t、548万t和2535万t,铝轧制材与铝挤压材的比例约为56∶44,详见表1-12。

表1-12 世界铝材产品结构   万t

年份	2006	2007	2008	2009	2010	2011	2012	2013	2014	2015
铝板带材	1646	1750	1741	1586	1850	2120	2268	2407	2537	2675
铝箔	294	320	310	316	352	390	427	475	505	548
铝挤压材	1528	1676	1609	1751	1897	1983	2108	2265	2390	2535

数据来源:中国有色金属加工工业协会。

从主要国家看，美国的铝材产品结构中铝板带占比最大，约占 56.3%；铝挤压材居第二位，约占 26.8%；铝箔居第三位，约占 8.2%。

日本的铝材产品结构与美国相似，铝板带在铝材总产量中占比最大，占 50% 以上；铝挤压材居第二位，约占 40%；铝箔居第三位，约占 7%。

从消费结构看，包装、建筑和交通运输是西方发达国家铝材消费的三大主要领域。

1.2.2.3 世界铝加工技术与装备水平

不论是轧制，还是挤压，国内外铝加工的工艺流程都是相同的，工艺技术和装备水平的高低，主要体现在三个方面：一是主机的装机水平，二是主机前后的配套辅助设施和控制、检测设备，三是操作和控制技术，即人的作用。这三个方面都非常重要，缺其一便不能生产出高质量的铝材产品。

西方发达国家不仅铝加工的主机设备非常先进，而且配套的辅助设施和检测、控制设备也非常完善、先进和智能化，整体水平相当高，引领世界铝加工技术和装备的发展方向。

从世界范围看，铝加工主机装备水平得到快速提升，一方面是世界先进的主机装备得到了进一步普及，尤其是以我国为代表的新兴市场地区近年来增加了大批先进的进口装备；另一方面是以我国为代表的自主品牌主机装备得到了快速发展，主机质量明显提高。但在配套辅助设施、控制和检测设备，以及操作和控制技术方面，新兴市场国家与西方发达国家相比，仍有很大差距。

1.2.2.4 世界铝材贸易

2015 年，世界铝材贸易量为 2721 万 t，其中，铝材出口约 1553 万 t、进口约 1168 万 t，世界铝材贸易量占总产量的 47% 左右，世界范围内铝材贸易十分活跃。2007—2015 年世界铝材贸易见表 1-13。

表 1-13　2007—2015 年世界铝材贸易

年份	2007	2008	2009	2010	2011	2012	2013	2014	2015
进口/万 t	1013	1002	817	988	1094	1041	1038	1104	1168
出口/万 t	1239	1210	972	1218	1339	1312	1340	1470	1554

2015 年，世界铝材出口前十位的国家依次是中国、德国、美国、法国、意大利、韩国、土耳其、比利时、西班牙和加拿大，合计出口 1123 万 t，占世界出口总量的 72.3%。我国从 2010 年开始超越德国，成为全球最大的铝材出口国。

2015 年，世界铝材进口前十位的国家依次是德国、美国、英国、法国、加拿大、墨西哥、荷兰、意大利、中国和波兰，合计进口 814 万 t，占世界进口总量的

70%左右。

德国、美国、法国、意大利等国家既是铝材出口大国，也是进口大国。这些国家的铝加工技术装备水平和产品质量都很高，出口铝材多为高附加值的高档产品，而进口的大多为对技术工艺水平要求不高的低附加值产品。

1.2.2.5 世界铝加工行业发展趋势

西方发达国家的铝加工工业在20世纪末基本完成了优胜劣汰和兼并重组，形成了美国铝业、挪威海德鲁铝业、俄罗斯联合铝业等综合性企业和美国奥科宁克、美国诺贝丽斯、日本神户制钢、瑞典萨帕、美国爱励等专业化铝加工企业。这些跨国企业产业链完善，在全球进行资源配置，有的业务涵盖采矿、冶炼、铸造、轧制、挤压，直到下游应用领域的全过程，既拥有上游资源，又直接面对最终用户；有的专注于特定铝加工领域，成绩骄人。这些跨国企业内部分工协作明确，生产效率高，技术创新和新产品开发能力强，产品质量领先且稳定性好，对市场价格波动的适应性强，抗风险能力大，垄断着产业链和价值链的最高端，引领着世界铝加工产业的发展。

亚洲、南非及中东等新兴市场的铝加工产业，尽管在综合实力方面与西方发达国家相比仍有差距，但随着前者在技术研发和产品质量等方面的不断进步，在中低档和部分高端产品领域已逐步具备与西方发达国家铝加工企业竞争的实力。

世界铝加工行业的未来发展呈现出以下几个趋势。

（1）规模增速趋缓

世界铝材产量仍将保持稳步增长，但西方发达国家的人均铝消费量已经趋于稳定，增长主要来自新兴市场地区。

我国目前年人均铝消费量已经达到约22 kg/人。其他新兴市场地区由于受人口数量、消费能力等因素影响，虽然有利于推动世界铝加工行业的发展，但难以成为新的引擎。因此，世界铝加工产业规模虽将继续增长，但增速将逐步趋缓。

（2）市场竞争激烈

在中低档铝材产品领域，西方发达国家已无竞争优势。航空航天、汽车等高端领域仍被国际跨国铝业公司垄断，这些领域也是国际跨国铝业公司最后镇守的优势领域，但同时，这也是包括我国铝加工企业在内的新兴市场地区的铝加工企业必将攻克的领域，未来的市场竞争将更加激烈。

（3）工艺装备配套

有些西方发达国家的铝加工企业，装备水平并非世界一流，但能生产出世界一流的铝材产品。反观国内，很多拥有世界一流装备的企业，却生产不出世界一流的产品，只能生产出二流的产品。究其原因，一是配套辅助装备和控制、检测设施不完善，二是各层级技术力量缺失，未达到人机合一的状态。

因此，未来铝加工技术装备的发展，除应继续提高主机装备水平之外，还应着重提高主机前后配套设备和控制、检测设备的水平，着重提高操作人员的技术水平。

（4）产业转移加快

西方发达国家的铝消费已接近饱和，考虑到发达国家劳动力成本高、环保政策严，以及为了分享新兴市场地区的发展红利，同时也为了降低生产成本，增强市场竞争力，西方发达国家的铝加工企业正有计划、有步骤地在新兴市场地区布局建设高水平的铝加工项目。

1.3　我国铝工业的发展

1.3.1　我国铝工业的发展过程

1949 年前，我国铝工业近乎一张白纸，1949 年全国铝产量仅 10 t。中华人民共和国成立后，党中央提出优先发展重工业，以重工业为中心的大规模经济战略方针。1950 年，我国第一家氧化铝厂（501 厂）开始建设，并于 1954 年投产；第一家电解铝厂（抚顺铝厂（301 厂））1949 年开始筹建，1954 年 10 月 1 日建成投产；第一家铝加工厂（东北轻合金加工厂（101 厂））1953 年动工建设，1956 年建成投产；第一个氟化盐车间 1954 年在抚顺铝厂建成投产；第一家炭素厂 1955 年在吉林建成投产。到 1958 年，我国已初步形成比较完备的铝工业体系，当年氧化铝产量 10.98 万 t，电解铝产量 4.85 万 t，铝材产量 3.93 万 t，实现了我国铝工业的从无到有，保障了国防军工和国民经济建设的需要。1958 年，国务院出台《关于大力发展铜铝工业的指示》，确定铝作为国民经济的第二大金属材料，我国铝工业开始走上发展轨道。一批铝厂动工建设，形成了山东铝厂、郑州铝厂、贵州铝厂三大氧化铝生产基地，抚顺铝厂、包头铝厂、青铜峡铝厂等八大电解铝生产基地，以及东北轻合金、西南铝、甘肃陇西西北铝等铝加工生产基地。1978 年，我国氧化铝实现产量 77.87 万 t，同时实现电解铝产量 29.61 万 t、铝加工材 10.56 万 t。经过中华人民共和国成立后近 30 年的艰苦创业，我国初步建成了比较完整的铝工业体系，为其进一步发展打下了坚实的基础。

为加快有色金属工业的发展，1983 年，国家组建了中国有色金属工业总公司，并于 1984 年成立了国务院钢铝领导小组，提出了"优先发展铝"的战略，我国铝工业进入了新的发展时期，实现了规模和产量的快速增长。在氧化铝方面，山东铝厂、郑州铝厂、贵州铝厂分别进行了二期、三期、四期建设，逐步提高氧化铝产量。在铝资源相对丰富的山西、河南、广西分别建设了山西铝厂、中州铝厂和平果铝业公司（1991 年），并于 20 世纪 90 年代初陆续投产。各氧化铝企业的技术改造和技术进步以引进国外同期先进技术为主，初步改变了我国氧化铝工业技术和装备落后的面貌。2000 年，中国铝业公司成立，成为我国最大的氧化铝企业。2001 年，中国铝业河南分公司和山西分公司率先成为产量超百万吨的大型氧化铝厂，当年全国六大氧化铝厂总产量达到 465 万 t，是 1978 年的近 6 倍，占全球总产量的 9%，我国成为全球主要的氧化铝生产国。改革开放后，我国电解铝工业步入消化吸收和自主创新相结合的起步时期。1984 年，贵州铝厂、白银华鹭铝业公司及青铜峡铝业公司从日本引进 160 kA、154 kA 大型预焙槽及上插阳极棒自焙槽技术和装备，提升了我国铝工业的技术和装备水平。同时，为优化产业布局，发挥区域优势，我国在能源富集地区发展了云铝、关铝等一批中小型电解铝企业。到 2001 年，我国电解铝产量迅速发展到 342 万 t，占全球电解铝总产量的 15.7%，从 1992 年的世界第六位一跃成为世界第一产铝大国，并首次由原铝的净进口国变为净出口国。由于建筑业大发展的带动，我国铝工业进入快速发展时期。1978 年，营口铝型材厂从日本引进我国第一台 16.3 MN 油压机，成为我国第一个生产建筑铝型材的企业，从此掀起了铝型材企业的第一次建设高潮，民营和股份制铝加工企业迅速发展，外资企业从铝加工入手进入中国市场，我国铝加工业开始呈现多元发展的态势。20 世纪 90 年代中期以后，随着我国制造业的结构调整，以铝板带箔材能力建设为重点，加工技术逐步实现与国际接轨，我国铝加工能力建设再掀高潮。改革开放后的 30 年，我国铝工业从产业规模、关键技术装备、研发能力和产业竞争力等全方位进入全球铝工业大国的行列，为新世纪铝工业向世界强国跨越打下了坚实的基础。

在氧化铝工业建设伊始，我国铝工业就密切结合国内一水硬铝矿资源特点，创造出一套新的氧化铝制取工业——混合联合法，并首先在郑州铝厂应用成功。之后，在引进技术的基础上，又进一步结合我国资源特点进行了深度开发和推广应用，使混联法逐渐成为我国氧化铝生产的主要方法。进入 21 世纪以后，我国氧化铝企业明显加快了自主创新的步伐，大批具有自主知识产权的核心技术都在这时期得到了开发。其中包括：管道化间接加热和停留罐强化溶出工程化技术、高温双流法强化熔出技术、处理中低品位铝土矿的选矿拜耳法和石灰拜耳法新技术、强化烧结法和树脂吸附提取镓技术等。这些技术为我国氧化铝工业的迅猛发展奠定了坚实的基础，我国铝工业也凭此卓然挺立于世界。在电解铝工艺创新方面，我国铝工业紧跟国际上大型化、预焙化的发展脚步。

在电解铝科研和生产方面，20 世纪 60 年代初，沈阳铝镁设计研究院和贵阳铝镁设计研究院自主研发的"一槽三机"技术，开启了我国电解铝科研与设计紧密结合的创新之路。1965 年，我国开始在抚顺铝厂进行 135 kA 预焙阳极铝电解槽试验。

20 世纪 80 年代初，贵州铝厂在引进"日轻"160 kA 电解技术的基础上，自行开发了 160 kA 改进型现代化大型预焙阳极铝电解槽成套技术与装备。1996 年郑州轻金属研究院与贵阳铝镁设计研究院、沈阳铝镁设计研究院合作开发的 280 kA 大容量预焙槽技术获得成功，标志着我国铝工业自主创新工作跃上了一个新的台阶。20 世纪 90 年代以后，我国新建和改扩建的电解铝厂普遍开始采用国产化的 180 kA 以上预焙槽技术。2000 年由平果铝业公司和贵阳铝镁设计研究院合作开发的 320 kA 大型、高效能预焙槽技术获得成功，引起了国际铝业界的广泛关注。随后他们又开发出了最高达 400 kA 的现代化大型预焙阳极铝电解槽成套技术与装备。在铝用炭素与氟化盐技术进步方面，我国开发成功的可湿润阴极、高石墨质阴极、石墨化阴极等一系列铝用炭素阴极新产品，为大型铝电解槽技术的开发和工艺优化奠定了重要的基础。配套制订的原料、阳极、阴极、侧衬、炭糊的系列质量标准和分析方法标准，使铝用炭素的标准基本与国际接轨。以此为基础，经过从 1998 年开始的大规模技术改造，到 2005 年，我国在全球率先全部淘汰了自焙槽生产能力，再一次引起了世界的关注。

2000 年以后，节能减排成为铝电解技术发展新的推动力。我国电解铝工业在先进流程控制、节能减排等方面，创新了一系列技术和工艺。如中铝国际的"三度寻优"技术、氧化铝浓相输送和超浓相输送技术、干法净化回收技术以及河南中孚实业股份有限公司研发的铝电解系列不停电启停槽技术等，使我国电解铝工业的生产和控制水平有了大幅度提高。

2005 年，中铝公司 320 kA 大型预焙技术输出到印度建设了 25 万 t 电解铝厂，开创了我国铝电解技术和装备大规模走向世界的新局面。2008 年以后，我国电解铝技术研发水平已走在国际前沿，东北大学开发的 160 kA 异型阴极结构电解槽和我国铝业三家研究院开发的新型结构电解试验槽，节能效果显著。2015 年 6 月，全球首条 600 kA 电解槽在山东魏桥铝电有限公司开建，"NEUI 600 kA 级铝电解槽技术开发与产业化应用"项目有力地推动了铝行业的科技进步，使我国铝电解整体技术达到了国际领先水平。

在铝加工业方面，1959 年，中央决定自行设计、建设西南铝加工厂。1961 年 5 月，原国家计委和国家科委向一机部下达了装备工厂的 2800 mm 热轧机、2800 mm 冷轧机、30000 t 模锻水压机和 12500 t 挤压水压机四套大型设备的设计、制造任务。这"四大国宝"的研制成功，打破了当时国外对我国的技术封锁，对于我国铝工业后来的发展具有非常重要的意义。

经过 20 世纪八九十年代和 21 世纪初的第二次和第三次铝加工大发展高潮之后，我国兴建了大批现代化铝加工厂，配置了大批现代化先进加工装备。经过几十年的艰苦奋斗，我国的铝加工工业终于从无到有、从小到大、从弱到强，建成了名副其实的铝业大国、铝加工大国、铝材产销大国，正在向铝业强国进军。

1.3.2 我国电解铝工业的发展

1.3.2.1 我国电解铝工业运营情况

21世纪以来，我国电解铝生产进入快速发展阶段。从2001年开始就超过美国和俄罗斯成为世界最大的电解铝生产国。2018年，我国电解铝产量达到3580万t(表1-14)，同比增长10.9%。电解铝生产集中度不断提高。截至2016年年底，我国有电解铝生产企业99家，平均产能达到43.6万t。

电解铝的生产成本主要来源于氧化铝和电力，所占比重超过三分之二。

表1-14 我国电解铝产能和产量

年份	产能/(万 t·a⁻¹)	产量/万 t	产能利用率/%
2007	1401	1259	90
2008	1808	1318	73
2009	2035	1289	63
2010	2230	1624	73
2011	2466	2007	81
2012	2652	2353	89
2013	3188	2653	83
2014	3595	2832	79
2015	3898	3141	81
2016	4198	3187	76
2017	—	3227	—
2018	—	3580	—

数据来源：中国有色金属工业协会。

1.3.2.2 我国电解铝生产技术与装备水平

我国电解铝技术与装备处于世界先进行列，能耗也世界领先。近年来，我国电解铝行业一直致力于装备和工艺技术的研发及应用，大型、高效电解槽得到广泛应用，其中，400 kA及以上电解槽槽型产能占比超过50%，世界首条600 kA大型预焙电解系列已投入工业化生产，运行平稳，技术经济指标良好。随着装备水平的不断提升，吨铝能耗也大幅度降低。2016年，铝锭综合交流电耗为13599 kW·h/t，比2000年降低了1900 kW·h/t，如图1-4所示。

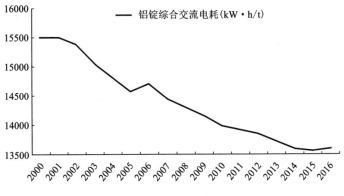

图1-4　我国铝锭综合交流电耗变化

1.3.2.3　我国电解铝行业存在的问题

第一，我国电解铝产能扩张及区域优化的过程中，高成本产能退出与新增低成本产能难以同步，从而出现了阶段性失衡。近十年来，我国政府积极采取措施，严控电解铝新增产能，鼓励和引导低效产能退出；行业通过主动采取弹性生产等方式加强自律，促进产能供给和市场需求的平衡。在化解产能过剩的工作中，低效产能的退出仍面临人员安置、债务处置、上下游产业链衔接等问题，使这部分产能难以退出。

第二，电解铝用电环境有待改善。国外电解铝企业多与供电企业签订长期合同，用电成本占电解铝生产成本的比例低于25%，而我国电解铝行业平均用电成本占生产成本的比例在36%以上，比国外高10个百分点以上。为有效降低用电成本，电解铝行业除使用大工业网电之外又派生出自备电厂、局域网、直购电等多种供电模式。2000年我国电解铝生产全部采用大工业网电，而到2016年年底全国已有80%以上的电解铝产能为自备电厂供电。在自备电供电模式中，又有25%的电解铝产能自建了局域电网，彻底摆脱了公共电网的约束，用电价格进一步降低。而使用大工业网电的电解铝产能中，约35%通过直购电方式有效降低了用电价格。

1.3.2.4　我国电解铝行业发展趋势

技术装备水平持续提升。我国在吸收引进国外先进技术的基础上，自主创新能力显著增强，建立了整套具有完全自主知识产权的电解铝生产技术体系，大型预焙铝电解工艺技术及成套装备已经具备较强的国际竞争力，不仅满足了国内电解铝的生产需求，还先后输出至印度、哈萨克斯坦等多个国家。

截至2016年年底，我国电解铝产能达到4320万t，其中，400 kA及以上电解槽已经成为电解铝生产的主流装备，占电解铝总产能的58.2%；500 kA及以上槽型占总产能的22.5%；新建单条生产线的产能通常在45万t以上，大型化和规模化的特征更加突出。

用电模式多元化发展。近年来，我国电解铝企业自备电厂的比例逐年提高，出现了局域网、直购电等新模式，有效降低了用电成本，并已经接近全球平均电价水平，世界主要地区电解铝制造成本如表 1 – 15 所示。

表 1 – 15　世界主要地区电解铝制造成本对比　　　　　　　元

地区	中东	加拿大	独联体	亚洲	中国	非洲	澳大利亚	中南美	欧洲	美国	平均
制造成本	1519	1585	1610	1742	1760	1789	1760	1790	1881	1973	1741

数据来源：中国有色金属加工工业协会。

电解铝属于能源密集型产业，电力成本主导着产业转移。山东通过发展自备电局域电网供电模式获取低廉电价，迅速成为我国最大的电解铝生产省；以新疆为代表的西北地区借助丰富的煤炭资源和低廉的发电成本成为电解铝产能增长最快的地区，现已成为全国第二大电解铝生产基地；传统电解铝生产大省——河南因用电成本过高，产能停止增长，总体产能规模已跌至全国第三位。

1.3.3　我国铝加工工业的发展

1.3.3.1　我国铝加工产业运营情况

（1）产量增速放缓，产业发展进入换挡期

据中国有色金属加工工业协会和安泰科联合统计，2018 年，包括板带材、挤压材、箔材、线材、铝粉、锻件等在内的"铝加工材综合产量"为 3970 万 t（表 1 – 16），比上年增长 3.9%，其中，板带材中包含铝箔毛料约 443 万 t，剔除该部分与铝箔的重复统计之后，"铝加工材综合产量"为 3527 万 t，比 2017 年增长 3.9%。

分品种看，2018 年我国铝板带产量 1123 万 t（含铝箔坯料），比上年增长 9.0%；铝箔产量 390 万 t，比上年增长 6.8%；铝挤压材产量 1980 万 t，比上年增长 1.5%。

21 世纪以来，中国铝加工产业一路高歌猛进，铝材产量持续快速增长，除 2009 年受金融危机影响外，铝材产量基本保持在 10% 以上，甚至更高的增长速度。但 2018 年以来，受传统领域增长放缓、新兴市场尚未形成有效支撑的影响，全年铝材产量增速回落幅度较大，产业发展明显放缓，进入换挡期。

我国铝材产量已经连续 12 年稳居世界第一，目前占全球铝材总产量的 55% 以上。

表 1 - 16   2004—2018 年我国铝加工材产量　　　　　　　　　　　万 t

年份	板带	铝箔	挤压材	线材	铝材总产量
2004	150	52	325	109	640
2005	185	65	373	120	747
2006	235	80	550	135	1007
2007	305	112	633	165	1226
2008	395	140	772	190	1509
2009	450	165	890	220	1738
2010	535	190	1100	255	2095
2011	610	215	1250	288	2380
2012	650	225	1340	305	2540
2013	700	245	1460	330	2760
2014	765	265	1622	350	3030
2015	830	290	1720	380	3250
2016	902	318	1855	413	3520
2017	1030	365	1950	440	3820
2018	1123	390	1980	441	3970

数据来源：中国有色金属加工工业协会、安泰科。

（2）固定资产投资出现分化，铝箔行业投资依然热情不减

调研发现，2018 年以来中国铝加工行业固定资产投资整体明显放缓，但在不同领域出现较大分化，铝挤压材和铝板带领域的固定资产投资明显放缓，而产业升级和自动化、智能化改造，以及产业链填平补齐等领域成为投资重点。比如，广东凤铝铝业有限公司等铝挤压企业正在有序淘汰老旧的小吨位挤压机，改为较大吨位的新型挤压机，由单孔挤压升级为多孔挤压工艺，以提高生产效率。广东豪美新材股份有限公司于 2018 年 3 月 16 日举行了万吨挤压生产线开机仪式，宣告万吨挤压机正式投入生产，标志着该公司在高性能、大断面材料领域又迈出了坚实的一步。2018 年 6 月，河南明泰铝业股份有限公司从德国引进的国内第 4 台 2800 mm 超宽幅六辊冷轧机正式投产，使公司的产品结构得到了进一步优化，技术装备水平得到明显提升。此外，不少铝挤压企业都在建设自动化立体成品仓库和模具仓库、轧制企业建设立体高架成品仓库等。总体看，铝挤压材和铝板带领域大规模建设项目新增较少。但铝箔领域的大规模固定资产投资项目依然热火朝

天，很多企业都有新增产能的计划。据初步统计，铝箔行业目前计划新增和在建的生产线估计有40条之多。随着这些新增产能的建成，铝箔行业的竞争将进一步加剧。

（3）铝材进口平稳，出口大幅增长

2018年，中国进口铝材39.59万t，与上年基本持平，其中，铝挤压材5.18万t，占13.08%；铝板带25.62万t，占64.71%；铝箔6.83万t，占17.25%，如表1-17所示。

表1-17　2018年我国铝材进口产品结构

类别	铝挤压材	铝板带	铝箔	其他
铝材/万t	100	25.62	6.83	余量
占比/%	13.08	64.71	17.25	4.96

数据来源：中国有色金属工业协会、中华人民共和国海关总署。

近年来，中国铝材进口总量基本保持稳定，尤其是航空铝材、汽车车身薄板、动力电池铝箔等高端铝材仍需依靠进口，这也说明近年来我国在上述领域未能取得关键性突破，包括技术突破和市场化应用突破。

2018年，虽然国际贸易形势越发严峻，但中国铝材出口逆势增长，全年共出口铝材520.98万t，比上年增长22.79%，其中，铝挤压材出口96.9万t，占18.6%，比上年增长16.35%；铝板带出口279.48万t，占53.65%，比上年增长34.55%；铝箔出口128.58万t，占24.68%，比上年增长10.61%，参见表1-18。

2018年中国铝材出口大幅增长，主要驱动因素是中国铝加工产业的国际竞争力日益增强，但也不排除非正常因素所致。比如，由于国内外市场铝价倒挂，部分企业加大出口力度，甚至采取变相出口等非正常手段以赚取差价，以及由于国际贸易形势严峻，部分企业认为出口前景堪忧而提前突击出口等。

表1-18　2018年我国铝材出口产品结构

类别	铝挤压材	铝板带	铝箔	其他
铝材/万t	520.98	279.48	128.58	余量
占比/%	18.6	53.65	24.68	3.07

数据来源：中国有色金属工业协会、中华人民共和国海关总署。

（4）产业分布集中，集群发展趋势加强

我国铝加工产业分布广泛，除西藏和海南外，我国内地其他省区市均有铝加工生产,但产业集中度很高,主要分布于东南沿海等铝材消费集中区域和中西部电解铝原料生产基地。

国家统计局数据显示,2018 年铝材产量超过 100 万 t 的省区市有 14 个,合计产量为 3936.1 万 t,占全国总产量的 86.42%;排名前 10 位的依次是河南、山东、广东、江苏、重庆、浙江、广西、内蒙古、新疆和福建,合计产量为 3480.75 万 t,占全国总产量的 76.42%。(本节中的铝材产量数据来自国家统计局,与前述铝材产量有别。)

近年来,全国各地逐步形成了若干个各具特色的铝加工产业集群,比如广东南海和山东临朐的铝合金建筑型材、河南巩义的铝板带、辽宁辽阳的工业型材、重庆西彭的综合性铝加工产业等。此外,在山东滨州、内蒙古霍林郭勒、新疆五彩湾、广西百色等地也正在形成围绕电解铝厂集中布局铝加工项目的新模式。

从铝材产量分布看,除长三角和珠三角铝材消费核心区域外,中西部的电解铝生产集中地的铝加工产业近年来持续快速发展,在铝材产量超过 100 万 t 的 14 个省区市中,中西部地区的省区市达到 7 个,占据半壁江山。由此可见,围绕电解铝生产基地集中布局铝加工产业的发展趋势日益明显。

由于配套协作条件最完善,综合要素成本最低,市场竞争力最强,因此,集群化发展有助于进一步提升我国铝加工产业的竞争优势。

(5)平台渐趋完善,创新发展能力增强

行业技术创新联盟、企业技术中心、工程技术研究中心、院士工作站、博士后科研工作站、国家认可实验室、重点实验室等各类科研创新平台进一步普及,取得了一大批科研创新成果,行业创新发展能力进一步增强。

2017 年,我国铝加工行业新申请各类专利 5146 件,其中,发明专利 1457 件、实用新型专利 2793 件。

东北轻合金有限责任公司和中南大学等单位的"大尺寸 5B70 铝镁钪合金板材"、东北轻合金有限责任公司和中国航发北京航空材料研究院等单位的"高强韧 7B50 - T7751 铝合金大规格预拉伸厚板工业化成套制造技术"、北京科技大学和广西柳州银海铝业股份有限公司等单位的"宽幅铝板带热连轧成套控制系统和关键工艺技术研发及应用"三个项目获得了 2017 年度中国有色金属工业科学技术一等奖。

创新发展能力的增强在行业生产实践中得到了直接体现,比如,高端产品逐步取得突破,易拉罐罐料已实现完全自给,并批量出口;民机铝材研发和生产取得重大突破,南山铝业首批航空板材于 2017 年 9 月 12 日正式出口波音公司。目前,除航空和个别领域外,其他量大面广类铝材产品,我国均能生产并具有较强的市场竞争力。

当前,铝加工行业技术创新的氛围逐步加强。"创新是引领发展的第一动力"

已经成为政府、行业和企业的共识，创新投入不断加大。在不少地方，政府对企业的支持已经由以前对固定资产投资项目给予贴息、按比例给予资金支持等转变为对企业建立研究院和技术中心等创新平台给予支持。

（6）扩大应用灵验，市场热点不断涌现

2017年，除传统领域中铝的应用继续增长之外，在新能源汽车、交通轻量化、建筑模板、共享单车、人行过街天桥等新兴市场中铝也备受瞩目，尤其是铝制家具已被中国有色金属工业协会确定为2017年度推广铝应用的重点产品而成为市场新宠。

10月13日，由中国有色金属工业协会主办，中国有色金属加工工业协会承办，中国家具协会、广东省有色金属学会铝加工专业委员会、临朐县铝型材行业协会、滨州市铝行业协会、佛山市南海区铝型材行业协会等单位协办的"扩大铝制家具应用高层论坛暨全铝家具展览会"在山东临朐召开，论坛和展览为宣传和推动铝制家具进入寻常百姓家，进一步扩大铝的应用发挥了积极作用。

近年来，铝合金人行过街天桥逐步得到推广，目前全国已建成50多座，在建的达20多座。我国国内单跨最大的铝合金桁架天桥——由中铝国际承建的北京东单路口南北人行天桥于2017年12月27日吊装，2018年1月18日投入使用。该天桥为铝合金桁架结构，桥梁全长58 m，宽3.85 m，单跨跨径达到52 m。

（7）开放发展渐进，"一带一路"前景光明

2017年9月和10月，中国忠旺控股有限公司先后成功收购德国高端铝挤压企业乌纳铝业股份有限公司和以澳大利亚为生产基地的全铝合金超级游艇制造商Silver Yachts Ltd.的控股权。乌纳铝业是国际航空业巨擘的无缝挤压管主要供货商，Silver Yachts是世界顶级游艇制造商之一，更是目前全球唯一一家有能力设计并生产70 m以上的大型全铝合金超级游艇的企业。这两次收购不仅有助于忠旺进军国际航空和航海领域，更为其他铝加工企业"走出去"树立了典范。

随着我国"一带一路"倡议的持续深入推进，必将会有越来越多的中国铝加工技术、装备和产品走向国际市场。

（8）拓展融资渠道，资本市场再传捷报

2017年1月12日，广东和胜工业铝材股份有限公司在深交所成功上市。和胜股份是专门从事电子消费类产品、耐用消费品和汽车零部件产品用铝挤压材生产的企业，2016年铝材产量为3万t。和胜股份的生产规模并不大，但在细分市场方面成绩斐然。和胜股份的成功上市，不仅为广大中小型铝加工企业走"专、精、特、新"发展道路提供了借鉴，同时也为中小企业开拓资本市场树立了榜样。

经过多年积累，我国铝加工产业已经形成了很大的规模，在某些领域已经具备了一定优势，行业正由高速增长转向高质量发展新阶段。

1.3.3.2 我国铝加工产业面临的挑战

（1）集约化程度低的挑战

2017 年，我国铝材综合产量为 3820 万 t。根据国家统计局和中国有色金属工业协会统计，同期我国规模以上铝加工企业数量为 2004 家，企业平均产量仅为 1.9 万 t。这种规模显然难以适应新时代高质量发展的需要。从单个企业的规模看，2017 年我国最大、世界第二的铝挤压企业辽宁忠旺集团的铝挤压材出货量为 61.6 万 t，而世界最大的铝挤压企业萨帕铝业的出货量达到 137 万 t，大大超出忠旺集团。可见，我国铝加工产业不仅整体集约化程度有待提高，同时龙头企业的规模也有待扩展。集约化程度太低，是我国铝加工产业存在的最重要的深层次问题，也是创新能力不强、行业自律不足、整体发展粗放、环境风险增大等很多其他问题的根源。

（2）盈利能力持续下降的挑战

企业普遍采取跟踪模仿策略，鲜有企业依靠自主创新，坚持专、精、特、新的差异化发展道路，这就造成行业同质化竞争加剧，产能过剩严重，盈利能力下降，花巨资引进的先进生产装备未能完全发挥作用。近年来，受内需增长乏力、产能过剩、竞争加剧、环保投入增加、人工和生产要素等运行成本上升，以及市场环境恶化、货款回收账期长等综合因素影响，盈利能力逐年下降成为行业面临的普遍问题，部分企业甚至处于亏损的困境。而盈利能力下降，又导致企业无力从事科研创新，行业发展陷入恶性循环。从未来发展看，环境保护标准可能会进一步提高，环保督察可能会常态化，安全生产、消防等其他有关标准可能也会提高，企业可能还需要加大其他方面的投入，有限的盈利空间可能进一步受到挤压。

（3）消费增长放缓的挑战

从国际上看，2017 年世界经济复苏势头明显，全球主要经济体都取得了较好的成绩，其中，欧元区取得了 2011 年以来七年 GDP 的最高增速 2.5%，美国 2017 年在 2016 年 GDP 增速大幅下滑的基础上显著提升，达到 2.3%，日本取得了 2014 年以来的最高增速 1.5%。但是国际贸易保护日趋严重，逆全球化思潮泛滥，给我国铝材出口蒙上了阴影。从国内看，2017 年我国 GDP 增速为 6.9%，在连续六年下滑的基础上首次反弹，但是我们也要清醒地看到：①我国目前人均铝消费量已经达到 23.5 kg/人，虽然不能用西方发达国家的人均铝消费量来衡量我国铝加工产业的发展进程，但我国人均铝消费量确实已经达到了很高水平，甚至超过了部分西方发达国家，未来虽然有进一步提升的空间，但毕竟潜力有限；②建筑、汽车等传统行业的铝消费虽有进一步挖掘的潜力，但这些行业发展速度放缓已成为事实。综合国际国内形势看，我国铝加工行业在产能继续增长的同时，面临着消费增长放缓的挑战，产能过剩和同质化竞争可能会因此而进一步加剧。

（4）创新能力不足的挑战

虽然行业技术创新取得了一定成果，但客观地看，铝加工行业技术创新依然严重滞后于产业发展，突出表现在以下四个方面：

①创新平台依然严重缺失。我国铝加工行业主营业务收入超过1万亿元，规模以上企业超过2000家，但行业仅有国家认定企业技术中心16家。在国内一些几百亿，甚至过千亿规模的铝产业集群中，还有很多没有实现铝加工领域（指塑性加工）国家级企业技术中心零的突破。

②部分创新平台完全没有发挥作用。有限的创新平台，有些仅仅发挥着原料和产品检测实验室的作用，完全没有开展技术创新方面的工作。

③缺乏重大技术创新成果。铝加工行业已经连续多年无缘国家科学技术奖一等奖，连续两年无缘国家科学技术奖二、三等奖。虽然行业近年来取得了一些技术创新成果，但具有颠覆性、能够引领行业发展的重大技术创新成果没有出现。

④基础研究领域——这里的黎明静悄悄。比如，铝合金牌号的开发，美国铝业协会注册的铝合金牌号多达542个，而我国注册的仅有3个。热处理有"金属材料内科医生"的美誉，对金属材料产品的最终组织和性能具有十分重要的影响，但国内很多企业依然在采用20世纪六七十年代的热处理工艺。基础研究缺失的状况如不能从根本上得到改变，那我们的产业只能永远跟着别人跑。

（5）经营风险加大的挑战

生态文明建设已经上升为我国的国家战略，同时中国特色社会主义进入了新时代，铝加工行业面临着高质量发展的迫切要求，环保保护、安全生产、消防等任何环节出现疏忽，都有可能酿成无法挽回的后果。

在2017年12月18日召开的2018年中央经济工作会议上，防范化解重大风险被确定为今后三年要重点打好的三大攻坚战之首，其中，防范化解金融风险是重点领域。铝加工行业也属于重资产行业，企业营业收入看似很多，但往往利润率极其有限，负债率很高，企业看似强壮，其实非常脆弱，一旦遇到银行抽贷或相互担保出现意外等情况，极易造成资金链紧张，甚至断裂。

（6）新技术革命的挑战

工业互联网、虚拟仿真、大数据、云计算、3D打印、智能识别等先进技术不断被运用于铝材及终端产品生产加工和企业管理全过程，行业机械化、自动化、智能化水平不断提升。铝加工产业的未来发展，除了要关注产业自身以外，还必须要随时关注新一代信息技术的发展，并不断突破新技术革命带来的挑战，持续提升"两化融合"水平，实现传统产业向智能制造的转变。

1.3.3.3　我国铝加工产业发展趋势

（1）高端引领与扩大规模化应用并重

产业未来发展一方面定位于满足航空航天、汽车、船舶等高端领域的需求，另一方面定位于化解过剩产能，满足人民生活需要的规模化铝应用。

（2）产业集群化发展

铝加工企业向上游（电解铝）地区集聚的趋势将进一步加强，虽说如此可以缩短工艺流程，但其实是由于铝加工企业缺乏自主创新能力，缺少核心竞争力，为节省有限的加工成本而不得已为之。

（3）市场细分趋势凸显

近年来，铝加工行业市场细分趋势凸显，形成了一批在细分市场领域领先的佼佼者，如汽车热传输领域的格朗吉斯铝业（上海）有限公司、轨道交通领域的丛林集团有限公司和吉林启星铝业有限公司（原吉林麦达斯铝业有限公司）、电子铝箔等高端箔材领域的新疆众和股份有限公司和乳源东阳光精箔有限公司、轿车用变形铝合金领域的亚太轻合金（南通）科技有限公司等，均已成为各自领域的领先企业，取得了非常优异的发展成绩。

（4）产业链将进一步延伸

铝加工企业的经营业务将进一步向下游延伸扩展，由单纯的原材料提供者转向半成品、成品生产商。如铝挤压企业向系统门窗、建筑模板、铝制家具领域的延伸。

（5）"点线面"发展模式并存

电解铝产品品种单一，但铝材产品种类繁多，有的还属于个性化订制产品。相比之下，铝材产品开发难度大，生产工艺复杂，市场开发和售后服务的个性化强、难度大。未来有实力的企业依然可以走大而全的发展路线，即采取"面"型发展战略，或采取全产业链的"线"型发展战略。但对大部分中小型企业而言，专、精、特、新或许更加适合，适宜采取"点"型发展战略。

（6）兼并重组或将成为常态

没有形成规模、没有自主创新能力、没有核心竞争力的"三无企业"，未来将无法在市场立足，优胜劣汰和兼并重组将成为常态。

1.4　我国铝工业发展水平与国际先进水平的差距

近年来，我国铝工业发展迅速，各方面进步较快，但与世界先进水平相比，仍有明显差距，具体见表1-19。

表 1-19 国内外铝工业发展水平对比

序号	指 标		我国现有水平	世界先进水平
1	铝土矿资源	探矿理论与找矿方法	数据处理技术落后，找矿效果差	理论先进，方法可靠，找矿效果好
		储量	丰富	丰富
		品位	绝大多数为中、低品位一水硬铝石型铝土矿，难溶出，铝硅比偏低	高品位三水铝石型铝土矿丰富，较易溶出，铝硅比高，可较容易地获得优质氧化铝
2	电解铝	生产工艺技术	大多数企业仍采用传统的铝电解法，新建企业普遍采用新工艺、新技术，整体技术已达国际领先水平	部分采用霍尔—埃鲁电解法，已普遍采用惰性阳极、可湿性阴极槽电解法
		企业规模	企业多，规模小，平均产能 10 万 t/a，最大企业的产能为 160 万 t/a	现代化大型企业多，平均产能 20 万 t/a，最大企业的产能在 180 万 t/a 以上
		电耗	电流效率低(88%~94%)，电耗高(14530~13550 kW·h/t)	电流效率高(95%~97%)，电耗已降到 12500~13000 kW·h/t
		成本	成本高，平均为 12000~12500 元/t	成本已降至 1250~1330 美元/t
		环保(吨铝排氟量)	5 kg	1 kg
3	铝合金铸造产品	再生铝产量占原铝产量的比例	<30%	>40%
		再生铝企业规模和回收方式	企业规模小，回收方式与技术落后	大企业多，回收方式和技术先进
		一般铸件与压铸件之比	54:46	45:55
		品种与质量	合金状态无完整体系，品种少，质量一般	已有完整的铸造和压铸合金体系，状态多，品种齐全
		汽车铝铸件用量	约 70 kg/辆	约 150 kg/辆

续表 1-19

序号	指标		我国现有水平	世界先进水平
4	铝合金加工材料	企业规模与现代化水平	企业数目多,规模小,平均产能5.5万t/a,最大企业产能75万t/a,大部分企业现代化水平低	现代化大型企业多,平均产能10万t/a,最大企业产能170万t/a
		设备装机水平	除个别企业外,大部分企业工艺装备落后,辅机不配套,自动化水平低下,更新换代周期长	装机水平先进,自动化水平高,更新换代快
		常用合金/状态数目	120/50	442/150
		产品结构: 热轧坯/铸造轧坯 轧制材/挤压材 建筑型材/工业型材	45/55 43/57 68/32	79/21 57/43 45/55
		产品品种和质量水平	品种不全,中、低档产品过剩,优质高档产品短缺,整个产品质量水平不高,综合成品率在65%左右	产品品种齐全,整个产品质量水平较高,综合成品率在74%左右
		劳动生产率(产值)	较低,平均为50万元/(人·a)	较高,平均为150万元/(人·a)
5	深加工产品	表面处理工艺与设备	整个水平基本达到国际水平	工艺技术与设备水平高,花色品种齐全,附加值高
		焊接、铰接与机械连接	接合技术达到一定水平,开始研发先进的焊接技术	接合技术达到相当高的水平,先进的摩擦搅拌焊接技术得到快速发展
		冷冲成形与机加工技术	与国际水平相比,有一定差距	可获得高精密、高质量的零部件
		品种、应用与效率	与国际水平相比,有一定差距	品种多,应用广泛,附加值高

续表 1-19

序号	指 标		我国现有水平	世界先进水平
6	技术开发应用与综合效率	技术开发与科技创新能力	较弱,缺乏专门机构和人才,平均开发资金不大于2.5%的产品销售收入	很强,有高水平的大型技术研发中心,先进企业开发资金大于10%的产品销售收入,对开发新产品、新工艺、新技术、新设备有重大促进作用
		铝及铝材的应用,在三大领域中的份额	交通运输:在15%左右 包装行业:在12%左右 建筑业:在30%以上	交通运输:在35%左右 包装行业:在21%左右 建筑业:在20%左右
		年人均耗铝量(2015年)	原铝:21 kg/(人·a) 铝材:20 kg/(人·a)	原铝平均7.2 kg/(人·a),最高35 kg/(人·a) 铝材平均5.1 kg/(人·a),最高32 kg/(人·a)
		综合水平比较	与国际先进水平相比,工艺装备落后5~10年;工艺技术落后10~15年;产品品种与质量落后20~25年;工模具落后15~20年	技术、设备和产品都达到相当高的水平,形成了一种强大的现代化工业产业
		上、下游产品产业的收入对整个铝产业的贡献率	上游产业:大于60% 下游产业:小于40%	上游产业:小于40% 下游产业:大于60%

2 铝合金的基本特性、分类及应用领域

2.1 铝的基本特性及应用领域

铝是元素周期表中第三周期主族元素，有面心立方点阵，无同素异构转变。原子序数为13，原子量为26.9815。表2-1列出了纯铝的主要物理性能。

表2-1 纯铝的主要物理性能

性能	高纯铝(99.996%)	工业纯铝(99.5%)
原子序数	13	—
相对原子质量	26.9815	—
晶格常数(20℃)/×10^{-10}m	4.0494	4.04
密度(20℃)/(kg·m^{-3})	2698	2710
(700℃)/(kg·m^{-3})	—	2373
熔点/℃	660.24	约650
沸点/℃	2060	—
熔解热/(10^5 J·kg^{-1})	3.961	3.894
燃烧热/(10^7 J·kg^{-1})	3.094	3.108
凝固体积收缩率/%	—	6.6
比热容(100℃)/[J·(kg·K)$^{-1}$]	934.92	964.74
热导率(25℃)/[W·(m·K)$^{-1}$]	235.2	222.6(0状态)
线膨胀系数(20~100℃)/[μm·(m·K)$^{-1}$]	24.58	23.5
(100~300℃)/[μm·(m·K)$^{-1}$]	25.45	25.6
弹性模量/MPa	—	70000
切变模量/MPa	—	2625
音速/(m·s^{-1})	—	约4900
内摩擦	—	约×10^{-3}
电导率/(S·m^{-1})	64.94	59(0状态)
		57(H状态)
电阻率/(μΩ·m^{-1})(20℃)	0.0267(0状态)	0.02922(0状态)
(20℃)		0.300 2(H状态)
电阻温度系数/(μΩ·m·K^{-1})	0.1	0.1
体积磁化率/10^{-7}	6.27	6.26
磁导率/(H·m^{-1})	$1.0×10^{-5}$	$1.0×10^{-5}$
反射率(λ=2500×10^{-10}m)/%	—	87
(λ=5000×10^{-10}m)/%	—	90
(λ=20000×10^{-10}m)/%	—	97
折射率(白光)	—	0.78~1.48
吸收率(白光)	—	2.85~3.92
辐射能(25℃,大气中)	—	0.035~0.06

铝具有一系列比其他有色金属、钢铁、塑料和木材等更优良的特性，如密度小，仅为2.7，约为铜或钢的1/3；良好的耐蚀性和耐候性；良好的塑性和加工性能；良好的导热性和导电性；良好的耐低温性能，对光热电波的反射率高，表面性能好；无磁性；基本无毒；有吸音性；耐酸性好；抗核辐射性能好；弹性系数小；良好的力学性能；优良的铸造性能和焊接性能；良好的抗撞击性。此外，铝材的高温性能、成形性能、切削加工性、铆接性、胶合性以及表面处理性能等也比较好。因此，铝材在航天、航海、航空、汽车、交通运输、桥梁、建筑、电子电气、能源动力、冶金化工、农业排灌、机械制造、包装防腐、电器家具、日用文体等各个领域都获得了十分广泛的应用，表2-2列出了铝的基本特性及主要应用领域。

表2-2 铝的基本特性与主要应用领域

基本特性	主要特点	主要应用领域举例
质量轻	铝的相对密度是2.7，与铜（相对密度8.9）或铁（相对密度7.9）比较，约为它们的1/3。铝制品或用铝制造的物品质量轻，可以节省搬运费和加工费用	用于制造飞机、轨道车辆、汽车、船舶、桥梁、高层建筑和质量轻的容器等
强度好	铝的力学性能不如钢铁，但它的强度高，可以添加铜、镁、锰、铬等合金元素，制成铝合金，再经热处理，而得到很高的强度。铝合金的强度比普通钢好，也可以和特殊钢媲美	用于制造桥梁（特别是吊桥、可动桥）、飞机、压力容器、集装箱、建筑结构材料、小五金等
加工容易	铝的延展性优良，易于挤出形状复杂的中空型材和适于拉伸加工及其他各种冷热塑性成形	受力结构部件框架，一般用品及各种容器、光学仪器及其他形状复杂的精密零件等
美观，适于各种表面处理	铝及其合金的表面有氧化膜，呈银白色，相当美观。如果经过氧化处理，其表面的氧化膜会更牢固，而且还可以用染色和涂刷等方法，制造出各种颜色和光泽的表面	建筑用壁板、器具装饰、装饰品、标牌、门窗、幕墙、汽车和飞机蒙皮、仪表外壳及室内外装修材料等
耐蚀性、耐气候性好	铝及其合金，因为表面能生成硬而且致密的氧化薄膜，很多物质对它不产生腐蚀作用	门板、车辆、船舶外部覆盖材料，门窗、幕墙、厨房器具，化学装置，屋顶瓦板、电动洗衣机、海水淡化、化工石油、材料、化学药品包装等
耐化学药品	对硝酸、冰醋酸、过氧化氢等化学药品，有非常好的耐药性	用于化学用装置和包装及酸和化学制品包装等

续表 2-2

基本特性	主要特点	主要应用领域举例
导热、导电性好	导热、导电率仅次于铜,为钢铁的 3~4 倍	电线、母线接头,锅(电饭锅)、热交换器、汽车散热器、电子元件等
对光、热、电波的反射性好	对光的反射率,抛光铝为 70%,高纯度铝经过电解抛光的为 94%,比银(92%)还高。铝对热辐射和电波也有很好的反射性能	照明器具、反射镜、屋顶瓦板、抛物面天线、冷藏库、冷冻库、投光器、冷暖器的隔热材料
没有磁性	铝是非磁性体	船上用的罗盘、天线、操舵室的器具等
无毒	铝本身没有毒性,它与大多数食品接触时溶出量微小。同时由于表面光滑、容易清洗,故细菌不易停留繁殖	食具、食品包装、鱼罐、鱼仓、医疗机器、食品容器、酪农机器等
有吸音性	铝对音响是非传播体,有吸收声波的性能	用于室内天棚板等
耐低温	铝在温度低时,它的强度反而增加,而且无脆性,因此它是理想的低温装置材料	业务用冷藏库,冷冻库、南极雪上车辆、氧及氢的生产装置,LNG 运输罐等

2.2 铝合金的分类

2.2.1 铝合金材料的分类

纯铝比较软,富有延展性,易于塑性成形。可以在纯铝中添加各种合金元素,制出各种性能、功能和用途的铝合金。根据加入合金含量的多少和合金的性能,铝合金可分为变形铝合金和铸造铝合金,如图 2-1 中 1 和 2 所示。

变形铝合金中,合金元素含量比较低。一般不超过极限溶解度 B 点成分。按其成分和性能特点,可将变形铝合金分为不可热处理强化铝合金和可热处理强化铝合金两大类。不可热处理强化铝合金和一些热处理强化效果不明显的铝合金的合金元素含量小于图 2-1 中的 D 点。可热处理强化铝合金的合金元素含量比不可热处理强化铝合金高一些,合金元素含量相应于状态图 2-1 中 D 点与 B 点之间的合金含量,这类铝合金通过热处理能显著提高力学性能。

铸造铝合金具有与变形铝合金相同的合金体系,以及与变形铝合金相同的强化机理(除应变硬化外),同样可分为热处理强化型和非热处理强化型两大类。铸造铝合金与变形铝合金的主要差别在于,铸造铝合金中元素硅的最大含量超过多数变形铝合金中的硅含量,一般都超过极限溶解度 B 点。铸造铝合金除含有强化元素之外,还必须含有足够量的共晶型元素(通常是硅),以使合金有相当的流动性,易于填充铸造时铸件的收缩缝。

后面章节将分别详细介绍铸造铝合金和变形铝合金的有关特性和分类,这里不再赘述。

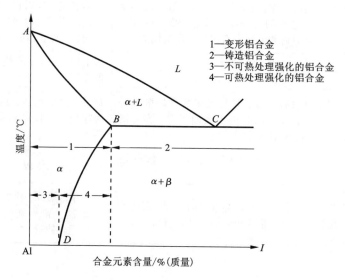

图 2-1　铝合金分类示意图

2.2.2　铝合金加工方法的分类及特点

铝及铝合金塑性成形的方法很多,通常按工件在加工时的温度特征和工件在变形过程中的应力—应变状态来进行分类。

2.2.2.1　按工件在加工过程中的温度特征分类

铝及铝合金加工方法可分为热加工、冷加工和温加工。

(1)热加工

热加工是指铝及铝合金锭坯在进行充分再结晶的温度以上所完成的塑性成形过程。热加工时,锭坯的塑性较高而变形抗力较低,可以用吨位较小的设备生产变形量较大的产品。为了保证产品的组织性能,应严格控制工件的加热温度、变形温度与变形速度、变形程度以及变形终了温度和变形后的冷却速度。常见的铝合金热加工方法有热挤压、热轧制、热锻压、热顶锻、液体模锻、半固态成形、连续铸轧、连铸连轧、连铸连挤等。

（2）冷加工

冷加工是指在不产生回复和再结晶的温度以下所完成的塑性成形过程。冷加工的实质是冷加工和中间退火的组合工艺过程。冷加工可得到表面光洁、尺寸精确、组织性能良好和能满足不同性能要求的最终产品。最常见的冷加工方法有冷挤压、冷顶锻、管材冷轧、冷拉拔、板带箔冷轧、冷冲压、冷弯、旋压等。

（3）温加工

温加工是介于冷、热加工之间的塑性成形过程。温加工大多是为了降低金属的变形抗力和提高金属的塑性性能（加工性）而采用的一种加工方式。最常见的温加工方法有温挤、温轧、温顶锻等。

2.2.2.2 按工件在变形过程中的受力与变形方式分类

按工件在变形过程中的受力与变形方式（应力—应变状态）分，铝及铝合金加工可分为轧制、挤压、拉拔、锻造、旋压、成形加工（如冷冲压、冷变形、深冲等）及深度加工等，如图 2-2 所示。几种主要的加工方式中，材料所受的变形状态，即应力—应变状态，如图 2-3 所示。如，挤压时，材料的受力属于受三向压应力状态，变形属于二向压缩、一向拉伸变形。

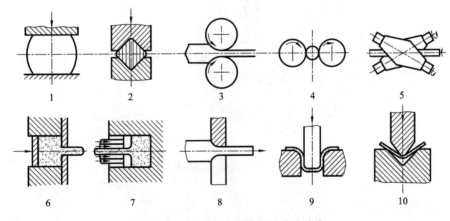

图 2-2　铝加工按工件变形方式分类

1—自由锻造；2—模锻；3—纵轧；4—横轧；5—斜轧；
6—正挤压；7—反挤压；8—拉拔；9—冲压；10—弯曲

铝及铝合金通过熔炼和铸造生产出铸坯锭，作为塑性加工的坯料，铸锭内部结晶组织粗大而且很不均匀，从断面上看可分为细晶粒带、柱状晶粒带和粗大的等轴晶粒带，见图 2-4。铸锭本身的强度较低，塑性较差，在很多情况下不能满足使用要求。因此，在大多数情况下，铸锭都要进行塑性加工变形，以改变其断面的形状和尺寸，改善其组织与性能。为了获得高质量的铝材，铸锭在熔铸过程

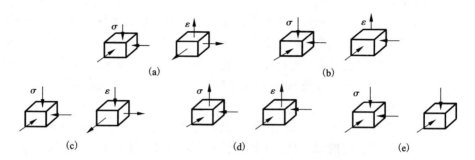

图2-3 几种主要加工方法的变形力学简图

(a)镦粗；(b)挤压；(c)模锻；(d)拉拔；(e)平轧；

(a)平辊轧制；(b)自由锻造；(c)挤压；(d)拉拔；(e)静力拉伸

中，必须进行化学成分纯化、熔体净化、晶粒细化、组织性能均匀化，以保证得到高的冶金质量。

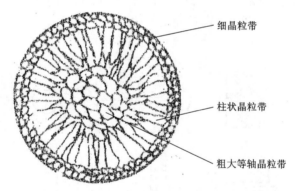

图2-4 铝合金铸锭的内部结晶组织图示

（1）轧制

轧制是锭坯依靠摩擦力被拉进旋转的轧辊间，借助于轧辊施加的压力，使其横断面减小，形状改变，厚度变薄而长度增加的一种塑性变形过程。根据轧辊旋转方向的不同，轧制又可分为纵轧、横轧和斜轧。纵轧时，工作轧辊的转动方向相反，轧件的纵轴线与轧辊的轴线相互垂直，是铝合金板、带、箔材平辊轧制中最常用的方法；横轧时，工作轧辊的转动方向相同，轧件的纵轴线与轧辊的轴线相互平行，在铝合金板带材轧制中很少使用；斜轧时，工作轧辊的转动方向相同，轧件的纵轴线与轧辊的轴线成一定的倾斜角。在生产铝合金管材和某些异形产品时常用双辊或多辊斜轧。根据辊系的不同，铝合金轧制可分为两辊（一对）系轧制、多辊系轧制和特殊辊系轧制（如行星式轧制、V形轧制等）。根据轧辊形状的不同，铝合金轧制可分为平辊轧制和孔型辊轧制等。根据产品品种的不同，铝合金轧制又可分为板、带、箔材轧制，棒材、扁条和异形型材轧制，管材和空心型材轧制等。

在实际生产中，目前世界上绝大多数企业都是用一对平辊纵向轧制铝及铝合金板、带、箔材。铝合金板带材生产可以分为以下几种：

①按轧制温度可分为热轧、中温轧制和冷轧。

②按生产方式可分为块片式轧制和带式轧制。

③按轧机排列方式可分为单机架轧制、多机架半连续轧制和连续轧制以及连铸连轧和连续铸轧等。

在生产实践中，可根据产品的合金、品种、规格、用途、数量与质量要求，市场需求，设备配置及国情等条件选择合适的生产方法。

冷轧主要用于生产铝及铝合金薄板、特薄板和铝箔毛料，一般用单机架多道次的方法生产，但近年来，为了提高生产效率和产品质量，出现了多机架连续冷轧的生产方法。

热轧用于生产热轧厚板、特厚板及拉伸厚板，但更多的是用作热轧开坯，为冷轧提供高质量的毛料。用热轧开坯生产毛料具有生产效率高、宽度大、组织性能优良的优点，可作为高性能特薄板（如易拉罐板、PS 版基和汽车车身深冲板等）的冷轧坯料，但设备投资大，占地面积大，工序较多而生产周期较长。目前国内外铝及铝合金热轧与热轧开坯的方法主要有：①两辊单机架轧制；②四辊单机架单卷取轧制；③四辊单机架双卷取轧制；④四辊两机架（热粗轧 + 热精轧，简称 1 + 1）轧制；⑤四辊多机架（1 + 2，1 + 3，1 + 4，1 + 5 等）热连轧等。

为了降低成本，节省投资和占地面积，对于普通用途的冷轧板带材用毛料和铝箔毛料，国内外广泛（60% ~ 65%）采用连铸连轧法、连续铸轧法等方法进行生产。

铝箔的生产方法可以分为如下几种：

①叠轧法。采用多层块式叠轧的方法来生产铝箔，是一种比较落后的方法，仅能生产厚度为 0.01 ~ 0.02 mm 的铝箔，轧出的铝箔长度有限，生产效率很低，除了个别特殊产品外，目前很少采用。

②带式轧制法。采用大卷径铝箔毛料连续轧制铝箔，是目前铝箔生产的主要方法。生产效率高，现代化铝箔轧机的轧制速度每分钟可达 2500 m，轧出的铝箔表面质量好，厚度均匀。一般在最后的轧制道次采用双合轧制，可生产宽度达 2200 mm，最薄厚度达 0.004 mm，卷重达 20 t 以上的高质量铝箔。根据铝箔的品种、性能和用途，大卷铝箔可分切成不同宽度和不同卷重的小卷铝箔。

③沉积法。沉积法是在真空条件下使铝变成铝蒸气，然后沉积在塑料薄膜上而形成一层厚度很薄（最薄可达 0.004 mm）的铝膜的方法，这是最近几年发展起

来的一种铝箔生产新方法。

④喷粉法。喷粉法是将铝制成不同粒度的铝粉,然后均匀地喷射到某种载体上而形成一层极薄铝膜的方法,这也是近年来开发成功的新方法。

轧制铝箔所用的毛料:一是用热轧开坯后经冷轧制成的 0.3~0.5 mm 的铝带卷;二是采用连铸连轧或连续铸轧所获得的铸轧卷经冷轧后,加工成的 0.5 mm 左右的铝带卷。

(2)挤压

挤压是将锭坯装入挤压筒中,通过挤压轴对金属施加压力,使其从给定形状和尺寸的模孔中挤出,产生塑性变形而获得所要求的挤压产品的一种加工方法。按挤压时金属流动方向的不同,挤压可分为正向挤压法、反向挤压法和联合挤压法。正挤压时,挤压轴的运动方向和挤出金属的流动方向一致;而反向挤压时,挤压轴的运动方向与挤出金属的流动方向相反。按锭坯的加热温度,挤压又可分为热挤压和冷挤压。热挤压是将锭坯加热到再结晶温度以上进行挤压,冷挤压是在室温下进行挤压。

(3)拉拔

拉伸机(或拉拔机)是通过夹钳把铝及铝合金坯料(线坯或管坯)从给定形状和尺寸的模孔拉出来,使其产生塑性变形而获得所需的管、棒、型、线材的加工方法。根据所生产的产品品种和形状的不同,拉伸可分为线材拉伸、管材拉伸、棒材拉伸和型材拉伸。管材拉伸又可分为空拉、带芯头拉伸和游动芯头拉伸。拉伸加工的主要要素是拉伸机、拉伸模和拉伸卷筒。根据拉伸配模,拉伸可分为单模拉伸和多模拉伸。

(4)锻造

锻造是锻锤或压力机(机械的或液压的)通过锤头或压头对铝及铝合金铸锭或锻坯施加压力,使金属产生塑性变形的加工方法。铝合金锻造有自由锻和模锻两种基本方法。自由锻是将工件放在平砧(或型砧)间进行锻造;模锻是将工件放在给定尺寸和形状的模具内,然后对模具施加压力进行锻造变形而获得所要求的模锻件。

(5)其他塑性成形方法

铝及铝合金除了采用以上 4 种最常用、最主要的加工方法来获得不同品种、形状、规格及各种性能、功能和用途的铝加工材料以外,目前还研究开发出了多种新型的加工方法,它们主要有:

①压力铸造成形法,如低、中、高压成形,挤压成形等。

②半固态成形法,如半固态轧制、半固态挤压、半固态拉拔、液体模锻等。

③连续成形法,如连铸连挤、高速连铸轧、Conform 连续挤压法等。

④复合成形法,如层压轧制法、多坯料挤压法等。

⑤变形热处理法。

（6）深度加工

深度加工是指将塑性加工所获得的各种铝材，根据最终产品的形状、尺寸、性能或功能、用途的要求，继续进行(一次、两次或多次)加工，使之成为最终零件或部件的加工方法。铝材的深度加工对于提高产品的性能和质量，扩大产品的用途和拓宽市场，提高产品的附加值和利润，变废为宝和综合利用等都有十分重大的意义。

铝及铝合金加工材料的深度加工方法主要有以下几种：表面处理法，包括氧化着色、电泳喷涂等；焊接及其他接合方法；冷冲压成形加工，包括落料、切边、深冲(拉伸)、切断、弯曲、缩口、胀口等；切削加工；复合成形等。

铝及铝合金加工材中以压延材(板、带、条、箔材)和挤压材(管、棒、型、线材)应用最广，产量最大，据近年来的统计，这两类材料的年产量分别占世界铝材总年产量(平均)的48%和45%左右，其余铝加工材，如锻造产品等，仅占铝材总产量的百分之几。

2.2.3 材料形状与加工方法的关系

材料最常见的形状有板带箔材、管棒材、型材、锻件及冲压件。根据使用时对材料的形状要求，需要采取不同的加工方法，因为不同的加工方法能够控制材料的不同变形形式，即满足不同使用的要求。常用的成形加工方法有轧制、挤压、拉拔、锻造和冲压等，控制材料成形不同形状产品所采用的主要加工方法参见图2-5。通常，在成形加工之前还需要对材料进行熔炼和铸造，制备出进一步加工成形的坯料，如轧制用的坯料，一般采用铸造坯或铸轧坯；挤压用的坯料，一般采用半连续铸造的圆柱或空心坯料；拉拔用的坯料，一般采用连续铸轧或上引坯料等。

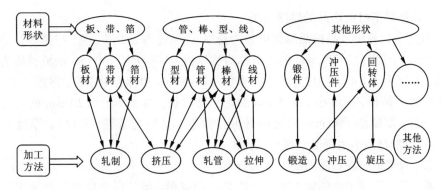

图2-5 控制材料成形不同形状所采用的主要加工方法

2.3 几种典型铝合金产品的特点及分类

2.3.1 板带箔材的形状特点及分类

（1）板带箔材的形状特点

板带箔材的形状特点是材料的长度和宽度比厚度大很多，如图 2 - 6 所示是铝板带箔产品的常见形式。

图 2 - 6 常见的铝板带箔产品

（2）板带箔材按产品的厚度分类

有色金属板带产品按照厚度可分为特厚、超厚、厚、中厚、薄、特薄等几个类别。通常，厚度大于 270 mm 的板材称为特厚板，厚度大于 150 mm 的板材称为超厚板，厚度大于 8 mm 的称为厚板，厚度为 2 ~ 8 mm 的称为中厚板，厚度为 2 mm 以下的称为薄板，厚度小于 0.5 mm 的称为特薄板，厚度小于 0.20 mm 的称为箔材。一般，厚度小于 6 mm 的板带材可打成卷，又称为带卷（带材）；厚度大于 6 mm 的板带材基本上都以平板形式提供。

（3）板带箔材按产品的加工方法分类

板、带、箔材主要的加工成形方法是轧制成形，但是有少量的带材采用挤压方法成形。挤压方法提供的带材，一般是为进一步轧制（平轧）提供优良的坯料，常应用在高性能镁合金带材的生产中。近些年，发展较快的连续挤压也广泛应用于铜及铜合金扁带的生产。因此，板带箔材按照加工方法可以分为轧制材和挤压材。

2.3.2 管材的形状特点及分类

（1）管材的形状特点

国家标准 GB/T 8005.1—2008 中对管材给出了定义：管材产品可以通过挤压或挤压后拉伸获得，也可以通过板材进行焊接获得。管材产品为沿其纵向全长，仅有一个封闭通孔，且壁厚、横断面都均匀一致的空心产品，并呈直线形或成卷交货。横断面形状有圆形、椭圆形、正方形、等边三角形或正多边形。图 2 - 7 是常见的管材产品。

图 2 - 7 常见的管材产品

（2）管材按照产品的尺寸分类

管材按照产品的尺寸分类可以以直径大小分类、以壁厚与直径的相对尺寸比分类和以管材的长度分类，同时分类也都是相对的。

按照直径大小分类：通常 $\phi200$ mm 以上为大直径管材，小于 $\phi8$ mm 为小管。

按照壁厚与直径的相对尺寸比分类：分为薄壁管和厚壁管，薄壁管和厚壁管的分类是相对的。通常，厚壁管的壁厚一般为 5 ~ 35 mm；薄壁管的壁厚一般为 0.5 ~ 5 mm，铝合金管的最小壁厚可为 0.1 mm。

按照管材的长度分类：也是一种相对的说法，通常按管材的长度分类划分为直管和盘管。

（3）管材按照产品的加工方法分类

按照加工方法和管材的特点可以分为：无缝管材、有缝管材、焊接管材。

通常，对锭坯采用穿孔针穿孔挤压，或将锭坯镗孔后采用固定针穿孔挤压，所得内孔边界之间无分界线或焊缝的管材称为无缝管。

对锭坯不采用穿孔挤压，而是采用分流组合模或桥式组合模挤压，所得内孔边界之间有一条或多条分界线或焊缝的管材称为有缝管材。

用轧制的板材或带材焊接而成的，在焊接边界之间有一条明显的分界线或焊缝的管材称为焊接管材。

2.3.3 棒线材的形状特点及分类

（1）棒线材的形状特点

国家标准 GB/T 8005.1—2008 中对棒材、线材给出了定义：棒材产品可以通过挤压或挤压后拉伸（又称冷拔）获得，为实心压力加工产品，并呈直线型交货。棒线材产品沿其纵向全长，横断面对称、均一，且呈圆形、椭圆形、正方形、长方形、等边三角形、正五边形、正六边形、正八边形等形状。图 2-8 是常见的线材产品。

图 2-8　常见的线材产品

（2）棒线材按产品的尺寸形状分类

当横截面是圆的或接近圆的而且直径超过 10 mm 时，就称为圆棒。当横截面是正方形、矩形或正多边形，以及当两个平行面之间的垂直距离（厚度）至少有一个超过 10 mm 时，可称为非圆形棒。

线材直径或两个平行面之间的最大垂直距离均应小于 10 mm（不管它具有什么形状的横截面）。

（3）棒线材按产品的加工方法分类

线材产品可以通过挤压或挤压后拉伸（又称冷拔）获得，为实心压力加工产品，并成卷交货。线材产品沿其纵向全长，横断面对称、均一，且呈圆形、椭圆形、正方形、长方形、等边三角形、正五边形、正六边形、正八边形等形状。通常，线材最后都是采用拉伸成形，只有很少量的是采用挤压（连续挤压）直接生产。

棒材（包括圆棒和非圆棒）可由热轧或热挤压方法生产，并且经过或不经过随后的冷加工制成最终尺寸。因此，棒材可以分为：热轧棒材、热挤压棒材、冷轧棒材、冷拉棒材。

2.3.4 型材的形状特点及分类

（1）型材的形状特点

型材可以说是横截面非圆（具有不规则截面）的管材和棒材。型材还可以分为恒断面型材和变断面型材。恒断面型材可分为实心型材、空心型材、壁板型材和建筑门窗型材等。常见的各种截面型材参见图2-9。

图2-9　常见的各种截面型材

（2）型材按产品的尺寸分类

型材按照尺寸的大小可以分为大型材、普通尺寸型材、小型材和微小型材。一般，将型材外接圆尺寸大于200 mm 的称为大型材；将型材外接圆尺寸小于10 mm的称为小型材；将型材外接圆尺寸小于2 mm 的称为微小型材；其他尺寸为普通尺寸型材。

（3）型材按产品的加工方法和应用领域分类

型材一般都采用挤压（连续挤压）、拉拔和辊轧方法来生产，其中最主要的生产方法是挤压法。型材的应用领域很广，特别是铝型材的应用最为广泛。近年来，我国铝合金型材的生产量和需求量已经占到铝加工材料的50%左右。

2.3.5 锻件的形状特点及分类

（1）锻件的形状特点

　　锻件的形状一般都比较复杂，通常锻件在不同位置上的截面都不相同。锻件大致可以分为：饼类锻件，环、筒类锻件，轴杆类锻件，弯曲类锻件等。图2－10是几种典型的锻件。

图 2－10　几种典型的锻件

　　（2）按产品的尺寸分类

　　锻件按照尺寸可以分为大型锻件和一般锻件，大型锻件是指尺寸和质量特别大的锻件，如大型压力机的主缸、大型汽轮机的主轴、大型发电机的转子主轴、超大型核电发电机的转子。目前，国外最大的锻件尺寸，直径达到ϕ2800 mm，质量达到 600 t。因此，一般将锻件直径大于ϕ500 mm 的称为大型锻件。

　　（3）按照锻件的锻造特点分类

　　锻件主要分为自由锻件和模锻件两大类，它们还可以进一步进行细分。

　　1）自由锻件的分类

　　自由锻是一种通用性较强的工艺方法，能锻出各种形状的锻件。按锻造工艺特点，自由锻件可分为四大类：饼块类锻件，环、筒类锻件，轴杆类锻件，弯曲类锻件等。

　　①饼块类锻件。此类包括各种圆盘。此类锻件的特点是径向尺寸大于高向尺

寸，或者两个方向的尺寸相近。基本工序是镦粗，随后的辅助(修整)工序为滚圆和平整。

②环、筒类锻件。此类包括各种圆环和各种圆筒等。锻造环、筒件的基本工序有镦粗、冲孔、芯轴扩孔、芯轴上拔长，随后的辅助(修整)工序为滚圆和校正。

③轴杆类锻件。此类包括各圆形、矩形、方形、工字形截面的杆件等。锻造轴杆件的基本工序是拔长，对于横截面尺寸差大的锻件，为满足锻压比的要求，则应采用镦粗—拔长工序。随后的辅助(修整)工序为滚圆。

④弯曲类锻件。此类包括各种弯曲轴线的锻件，如弯杆等。基本工序是弯曲，弯曲前的制坯工序一般为拔长，随后的辅助(修整)工序为平整。坯料多采用挤压棒料。

2)模锻件的分类

模锻件按外形可分为等轴类和长轴类两大类。

①等轴类锻件一般指在分模面上的投影为圆形或长、宽尺寸相差不大的锻件。属于这一类的锻件其主轴线尺寸较短，在分模面上锻件的投影为圆形或长、宽尺寸相差不大。模锻时，毛坯轴线方向与压力方向相同，金属沿高度、宽度和长度方向均产生变形流动，属于体积变形。模锻前通常需要先进行镦粗制坯，以保证锻件的成形质量。

②长轴类锻件的轴线较长，即锻件的长度尺寸远大于其宽度尺寸和高度尺寸。模锻时，毛坯轴线方向与压力方向相垂直，在成形过程中，由于金属沿长度方向的变形阻力远大于其他两个方向，因此金属主要沿高度和宽度方向流动，沿长度方向流动的很少(即接近于平面变形方式)。因此，当这类锻件沿长度方向截面积变化较大时，必须考虑采用有效的制坯工艺步骤，如局部拔长、辊锻、弯曲等，使坯料形状接近锻件的形状，坯料的各截面面积等于锻件各相应截面面积加上毛边面积，以保证模膛完全充满且不出现折叠、欠压过大等缺陷。

3 变形铝合金的分类、牌号、成分、性能及用途

3.1 变形铝合金的分类

3.1.1 变形铝合金(加工材)的基本类型

为了满足国民经济各部门和人民生活各方面的需求,世界原铝(包括再生铝)产量的85%以上被加工成板、带、条、箔、管、棒、型、线、粉、自由锻件、模锻件、冲压件及其深加工件等铝及铝合金产品。铝及铝合金加工材分类见图3-1。

加工材
- 铸锭坯及熔铸成形材
- 轧制材:板、带、条、箔材
- 挤压材:管、棒、型、线材
- (冷轧)—拉拔材:管、棒、线及异形材
- 锻压材:自由锻件、模锻件
- 其他加工材:旋压、顶锻件、冲孔、扩孔、缩径件等

深加工材
- 表面处理材:阳极氧化着色材、电泳涂漆材、喷涂材等
- 接合材:焊接、铰接、铆接件
- 冷加工材:机加工、冷弯成形、冲压件等

图3-1 铝及铝合金加工材分类图

3.1.2 变形铝合金的几种分类方法

3.1.2.1 按加工方法分类

用塑性成形法加工铝及铝合金半成品的生产方式主要有:平辊轧制法、型辊轧制法、挤压法、拉拔法和锻造法、冷冲法等。

(1)平辊轧制法。主要产品有热轧厚板、中厚板材、热轧(热连轧)带卷、连铸连轧板卷、连铸轧板卷、冷轧带卷、冷轧板片、光亮板、圆片、彩色铝卷或铝板、铝箔卷等。

(2)型辊轧制法。主要产品有热轧棒和铝杆、冷轧棒、异型材和异形棒材、冷轧管材和异形管、瓦楞板(压型板)和花纹板等。

(3)热挤压和冷挤压法。主要产品有管材、棒材、型材和线材及各种复合挤压材。

(4)拉拔法。主要产品有棒材和异形棒材、管材和异形管材、型材、线材等。

(5)锻造法。主要产品有自由锻件和模锻件。

(6)冷冲法。主要产品有各种形状的切片、深拉件、冷弯件等。

3.1.2.2　按产品形状分类

按产品形状主要可分为板材、带材、条材、箔材、管材、棒材、型材、线材、锻件和模锻件、冷压件等。

3.1.2.3　按产品规格分类

(1)按断面积或质量分类,铝及铝合金材料可分为特大型、大型、中型、小型和特小型等几个类别。如投影面积大于 2 m^2 的模锻件、断面积大于 400 cm^2 的型材、质量大于 10 kg 的压铸件等都属于特大型产品。而断面积小于 0.1 cm^2 的型材、质量小于 0.1 kg 的压铸件等都称为特小型产品。

(2)按产品的外形轮廓尺寸、外径或外接圆直径分类,铝及铝合金材料也可分为特大型、大型、中小型和超小型几个类别。如宽度大于 250 mm、长度大于 10 m 的型材为大型型材,宽度大于 800 mm 的型材为特大型型材,而宽度小于 10 mm 的型材为超小型精密型材等。

(3)按产品的壁厚分类,铝及铝合金产品可分为超厚、厚、薄、特薄等几个类别(随着产品范围的升级和发展,分类的范围也有局部的变化)。

3.1.2.4　变形铝合金加工材料的典型品种和规格

目前,变形铝合金加工材料的品种与规格有几十万种。根据合金状态、加工方法、生产技术和工艺装备以及产品性能和用途等,典型的品种和规格范围大致介绍如下。

(1)铸锭

圆锭: φ60 ~ 1500 mm。

扁锭: 20 mm × 100 mm ~ 700 mm × 4500 mm。

(2)板带材

特薄板:厚 0.2 ~ 0.5 mm,宽 500 ~ 2500 mm,长卷

薄板:厚 0.5 ~ 2 mm,宽 500 ~ 3000 mm,长卷。

中厚板:厚 2 ~ 8 mm,宽 500 ~ 5000 mm,长 2 ~ 36 m。

厚板:厚 8 ~ 150 mm,宽 500 ~ 5000 mm,长 2 ~ 36 m。

超厚板:厚 150 ~ 270 mm,宽 500 ~ 3000 mm,长 2 ~ 36 m。

特厚板:厚 ≥270 mm,宽 500 ~ 2500 mm,长 2 ~ 30 m。

(3)箔材

铝箔:0.2 mm 以下的带材。

无零箔:0.1 ~ 0.2 mm,宽 30 ~ 2200 mm,长卷。

单零箔：0.01～0.09 mm，宽30～2200 mm，长卷。

双零箔：0.001～0.009 mm，宽30～2200 mm，长卷。

（4）管材：ϕ5 mm×0.5 mm～ϕ800 mm×150 mm（ϕ1500 mm×150 mm），长500～30000 mm。

（5）棒材：ϕ7～800 mm，长500～30000 mm。

（6）型材：宽为3～2500 mm；高为3～500 mm，厚为0.17～50 mm，长为500～30000 mm。

（7）线材：ϕ7～0.01 mm。

（8）自由锻件和模锻件：0.1～5 m^2。

（9）粉材：铝粉、铝镁粉。粗、中、细、微米级，纳米粉。

（10）铝基复合材：加纤维（颗粒、长纤维、短纤维）强化材，双金属层压材。

（11）粉末冶金材。

（12）深加工产品，包括：

①表面处理产品，如阳极氧化着色材、电泳涂装材、静电喷涂材、氟碳喷涂材、其他表面处理铝材等。

②铝材结合产品，如焊接件、铆接件、胶接件。

③铝材的机加工产品，如门窗幕墙加工件、铝材零部件加工与组装件、铝材冷冲件、弯曲成形件等。

3.2 中国变形铝合金牌号及状态表示方法

各国对变形铝合金的牌号表示方法（分类方法）不同。目前，世界上绝大部分国家通常按以下三种方法进行分类。

（1）按合金状态图及热处理特点分为可热处理强化铝合金和不可热处理强化铝合金两大类。

（2）按合金性能和用途可分为：工业纯铝、光辉铝合金、切削铝合金、耐热铝合金、低强度铝合金、中强度铝合金、高强度铝合金（硬铝）、超高强度铝合金（超硬铝）、锻造铝合金及特殊铝合金等。

（3）按合金中所含主要元素成分可分为：工业纯铝（1×××系）、Al－Cu合金（2×××系）、Al－Mn合金（3×××系）、Al－Si合金（4×××系）、Al－Mg合金（5×××系）、Al－Mg－Si合金（6×××系）、Al－Zn－Mg合金（7×××系）、Al－其他元素合金（8×××系）及备用合金组（9×××系）。

这三种分类方法各有特点，有时相互交叉，相互补充。在工业生产中，大多数国家按第三种方法，即按合金中所含主要元素成分的4位数码法分类。这种分类方法能反映合金的基本性能，也便于编码、记忆和计算机管理。

3.2.1 中国变形铝合金的牌号表示方法

根据 GB/T 16474—2011《变形铝及铝合金牌号表示方法》，凡化学成分与变形铝及铝合金国际牌号注册协议组织（简称"国际牌号注册组织"）命名的合金相同的所有合金，其牌号直接采用国际四位数字体系牌号表示，未与国际四位数字体系牌号的变形铝合金接轨的，采用四位字符牌号（但实验铝合金在四位字符牌号前加 X）命名，并按要求注册化学成分。

四位字符体系牌号的第一、三、四位为阿拉伯数字，第二位为英文大写字母（字母 C、I、L、N、O、P、Q、Z 除外）。牌号的第一位数字表示铝及铝合金的组别，如 1×××系为工业纯铝，2×××为 Al – Cu 系合金，3×××为 Al – Mn 系合金，4×××为 Al – Si 系合金，5×××为 Al – Mg 系合金，6×××为 Al – Mg – Si 系合金，7×××为 Al – Zn – Mg 系或 Al – Zn – Mg – Cu 系合金，8×××为 Al – 其他元素合金，9×××为备用合金组。

除改型合金外，铝合金组别按主要合金元素来确定，主要合金元素指极限含量算术平均值为最大的合金元素。当有一个以上的合金元素极限含量算术平均值同为最大时，应按 Cu、Mn、Si、Mg、Mg_2Si、Zn、其他元素的顺序来确定合金组别。牌号的第二位字母表示原始纯铝或铝合金的改型情况，如果牌号的第二位字母是 A，则表示为原始合金，如果是 B ~ Y 的其他字母则表示为原始合金的改型合金。最后两位数字用以标注同一组中不同的铝合金或表示铝的纯度。

中国的变形铝及铝合金牌号表示方法与国际上较通用的方法基本一致。中国变形铝合金的新、旧牌号对照表如表 3 – 1 所示。

表 3 – 1   中国变形铝合金新旧牌号对照表

牌号	旧牌号	牌号	旧牌号	牌号	旧牌号
1A99	LG5	2A50	LD5	6A10	—
1B99	—	2B50	LD6	6A16	—
1C99	—	2A70	LD7	6A51	651
1A97	LG4	2B70	LD7 – 1	6A60	—
1B97	—	2D70	—	6A61	—
1A95	—	2A80	LD8	6R63	—
1B95	—	2A87	—	7A01	LB1
1A93	LG3	2A90	LD9	7A02	—
1B93	—	3A11	—	7A03	LC3
1A90	LG2	3A21	LF21	7A04	LC4
1B90	—	4A01	LT1	7B04	—
1A85	LG1	4A11	LD11	7C04	—
1B85	—	4A13	LT13	7D04	—

续表 3 – 1

牌号	旧牌号	牌号	旧牌号	牌号	旧牌号
1A80	—	4A17	LT17	7A05	705
1A80A	—	4A47	—	7B05	7N01
1A60	—	4A54	—	7A09	LC9
1A50	LB2	4A60	—	7A10	LC10
1R50	—	4A91	491	7A11	—
1R35	—	5A01	2102、LF15	7A12	—
1A30	L4 – 1	5A02	LF2	7A15	LC15、157
1B30	—	5B02	—	7A19	919、LC19
2A01	LY1	5A03	LF3	7A31	183 – 1
2A02	LY2	5A05	LF5	7A33	LB733
2A04	LY4	5B05	LF10	7A36	—
2A06	LY6	5A06	LF6	7A46	—
2B06	—	5B06	LF14	7A48	—
2A10	LY10	5E06	—	7E49	—
2A11	LY11	5A12	LF12	7B50	—
2B11	LY8	5A13	LF13	7A52	LC52、5210
2A12	LY12	5A25	—	7A55	—
2B12	LY9	5A30	2103、LF16	7A56	—
2D12	—	5A33	LF33	7A62	—
2E12	—	5A41	LT41	7A68	—
2A13	LY13	5A43	LF43	7B68	—
2A14	LD10	5A56	—	7D68	7A60
2A16	LY16	5E61	—	7E75	—
2B16	LY16 – 1	5A66	LT66	7A85	—
2A17	LY17	5A70	—	7B85	—
2A20	LY20	5B70	—	7A88	—
2A21	214	5A71	—	7A93	—
2A23	—	5B71	—	7A99	—
2A24	—	5A83	—	8A01	
2A25	225	5E83	—	8C05	
2B25	—	5A90	—	8A06	L6
2A39	—	6A01	6N01	8A08	
2A40	—	6A02	LD2	8C12	
2A42	—	6B02	LD2 – 1		
2A49	149	6R05	—		

3.2.2 中国变形铝合金状态的表示方法

根据 GB/T 16475—2008《变形铝及铝合金状态代号》规定，变形铝合金状态代号分为基础状态代号和细分状态代号。基础状态代号用一个英文大写字母表示；细分状态代号用基础状态代号后缀一位或多位阿拉伯数字或英文大写字母来表示，这些阿拉伯数字或英文大写字母表示影响产品特性的基本处理或特殊处理。

（1）基础状态代号

基础状态代号分为 5 种，如表 3 − 2 所示。

表 3 − 2　基础状态代号

代号	名　称	说明与应用
F	自由加工状态	适用于在成型过程中，对于加工硬化和热处理条件无特殊要求的产品，该状态产品的力学性能不作规定
O	退火状态	适用于经完全退火获得最低强度的产品状态
H	加工硬化状态	适用于通过加工硬化提高强度的产品，产品在加工硬化后可经过（也可不经过）使强度有所降低的附加热处理。H 代号后面必须跟有两位或三位阿拉伯数字
W	固溶热处理状态	适用于经固溶热处理后，在室温下自然时效的一种不稳定状态。该状态不作为产品交货状态，仅表示产品处于自然时效阶段
T	热处理状态（不同于 F、O、H 状态）	适用于固溶热处理后，经过（或不经过）加工硬化达到稳定的状态

（2）细分状态代号

1）O 状态的细分状态代号

①O1——高温退火后慢速冷却状态。

适用于超声波检验或尺寸稳定化前，将产品或式样加热至近似固溶热处理规定的温度并进行保温（保温时间与固溶热处理规定的保温时间相近），然后出炉置于空气中冷却的状态。该状态产品对力学性能不做规定，一般不作为产品的最终交货状态。

②O2——热机械处理状态。

适用于使用方在产品进行热机械处理前，将产品进行高温（可至固溶热处理规定的温度）退火，以获得良好成型性的状态。

③O3——均匀化状态。

适用于连续铸造的拉线坯或铸带，为消除或减少偏析和利于后续加工变形，而进行高温退火的状态。

2）H 状态的细分状态代号

①H 后面的第 1 位数字表示的状态。

H 后面的第 1 位数字表示获得该状态的基本工艺，用数字 1～4 表示。

H1X——单纯加工硬化状态。适用于未经附加热处理，只经加工硬化即获得所需强度的状态。

H2X——加工硬化及不完全退火状态。适用于加工硬化程度超过成品规定要求后，经不完全退火，使强度降低到规定指标的产品。对于室温下自然时效软化的合金，H2X 与对应的 H3X 具有相同的最小极限抗拉强度值；对于其他合金，H2X 与对应的 H1X 具有相同的最小极限抗拉强度值，但伸长率比 H1X 稍高。

H3X——加工硬化及稳定化处理的状态。适用于加工硬化后，经低温热处理或由于加工过程中的受热作用使其力学性能达到稳定的产品。H3X 状态仅适用于在室温下时效（除非经稳定化处理）的合金。

H4X——加工硬化后涂漆（层）处理的状态。适用于加工硬化后，经涂漆（层）处理导致不完全退火的产品。

②H 后面的第 2 位数字表示的状态。

H 后面的第 2 位数字表示产品的加工硬化程度，用数字 1～9 来表示。数字 8 表示硬状态。通常采用 O 状态的最小抗拉强度与表 3－3 规定的强度差值之和，来规定 HX8 状态的最小抗拉强度值。对于 O（退火）和 HX8 状态之间的状态，应在 HX 代号后分别添加从 1 到 7 的数字来表示，在 HX 后添加数字 9 表示比 HX8 加工硬化程度更大的超硬状态。各种细分状态代号及对应的加工硬化程度如表 3－4 所示。

表 3－3　HX8 状态与 O 状态的最小抗拉强度的差值

O 状态的最小抗拉强度/MPa	HX8 状态与 O 状态的最小抗拉强度差值/MPa	O 状态的最小抗拉强度/MPa	HX8 状态与 O 状态的最小抗拉强度差值/MPa
≤40	55	165～200	100
45～60	65	205～240	105
65～80	75	245～280	110
85～100	85	285～320	115
105～120	90	≥325	120
125～160	95		

表 3 – 4　HXX 细分状态代号与加工硬化程度

细分状态代号	加工硬化程度
HX1	抗拉强度极限为 O 与 HX2 状态的中间值
HX2	抗拉强度极限为 O 与 HX4 状态的中间值
HX3	抗拉强度极限为 HX2 与 HX4 状态的中间值
HX4	抗拉强度极限为 O 与 HX8 状态的中间值
HX5	抗拉强度极限为 HX4 与 HX6 状态的中间值
HX6	抗拉强度极限为 HX4 与 HX8 状态的中间值
HX7	抗拉强度极限为 HX6 与 HX8 状态的中间值
HX8	硬状态
HX9	超硬状态，最小抗拉强度极限值超 HX8 状态至少 10 MPa

注：当确定的 HX1 ~ HX9 状态抗拉强度值不是以 0 或 5 结尾时，应修正至以 0 或 5 结尾的相邻较大值。

③H 后面第 3 位数字表示的状态。

H 后面的第 3 位数字或字母，表示影响产品特性，但产品特性仍接近其两位数字状态(H112、H116、H321 状态除外)的特殊处理。HX11 适用于最终退火后又进行了适量的加工硬化，但加工硬化程度又不及 H11 状态的产品。H112 适用于经热加工成形但不经冷加工而获得一些加工硬化的产品，该状态产品对力学性能有要求。H116 适用于镁含量≥3.0% 的 5×××系合金制成的产品，这些产品最终经加工硬化后，具有稳定的拉伸性能和在快速腐蚀试验中合适的抗腐蚀能力，腐蚀试验包括晶间腐蚀试验和剥落腐蚀试验，这种状态的产品适用于温度不大于 65℃ 的环境。H321 适用于镁含量≥3.0% 的 5×××系合金制成的产品，这些产品最终经热稳定化处理后，具有稳定的拉伸性能和在快速腐蚀试验中合适的抗腐蚀能力，HXX4 适用于 HXX 状态坯料制作花纹板或花纹带材的状态，这些花纹板或花纹带材的力学性能与坯料不同，如 H22 状态的坯料制作成花纹板后的状态为 H224。HXX5 适用于 HXX 状态带坯制作的焊接管，管材的几何尺寸和合金与带坯相一致，但力学性能可能与带坯不同，H32A 是对 H32 状态进行强度和弯曲性能改良的工艺改进状态。

3)T 状态的细分状态代号

即在字母 T 后面添加一位或多位阿拉伯数字表示 T 的细分状态。

①T 后面的附加数字 1 ~ 10 表示的状态。

T 后面的数字 1 ~ 10 表示基本处理状态，T1 ~ T10 状态如表 3 – 5 所示。

表 3 – 5   T1 ~ T10 表示基本处理状态及释义

状态代号	代号释义
T1	高温成形 + 自然时效。 适用于高温成形后冷却、自然时效，不再进行冷加工(或影响力学性能极限的矫平、矫直)的产品
T2	高温成形 + 冷加工 + 自然时效。 适用于高温成形后冷却，进行冷加工(或影响力学性能极限的矫平、矫直)以提高强度，然后自然时效的产品
T3[①]	固溶热处理 + 冷加工 + 自然时效。 适用于固溶热处理后，进行冷加工(或影响力学性能极限的矫平、矫直)以提高强度，然后自然时效的产品
T4[①]	固溶热处理 + 自然时效。 适用于固溶热处理后，不再进行冷加工(或影响力学性能极限的矫直、矫平)，然后自然时效的产品
T5	高温成形 + 人工时效。 适用高温成形后冷却，不经冷加工(或影响力学性能极限的矫直、矫平)，然后进行人工时效的产品
T6[①]	固溶热处理 + 人工时效。 适用于固溶热处理后，不再进行冷加工(或影响力学性能极限的矫直、矫平)，然后人工时效的产品
T7[①]	固溶热处理 + 过时效。 适用于固溶热处理后，进行过时效至稳定化状态，为获取除力学性能外的其他重要特性，在人工时效时，强度在时效曲线上越过了最高峰点的产品
T8[①]	固溶热处理 + 冷加工 + 人工时效。 适用于固溶热处理后，经冷加工(或影响力学性能极限的矫直、矫平)以提高强度，然后人工时效的产品
T9[①]	固溶热处理 + 人工时效 + 冷加工。 适用于固溶热处理后，人工时效，然后进行冷加工(或影响力学性能极限的矫直、矫平)以提高强度的产品
T10	高温成形 + 冷加工 + 人工时效。 适用于高温成形后冷却，经冷加工(或影响力学性能极限的矫直、矫平)以提高强度，然后进行人工时效的产品

注：①某些 6×××系或 7×××系的合金，无论是炉内固溶热处理，还是高温成形后急冷以保留可溶性组分在固溶体中，均能达到相同的固溶热处理效果，这些合金的 T3、T4、T6、T7、T8 和 T9 状态可采用上述两种处理方法的任一种，但应保证产品的力学性能和其他性能(如抗腐蚀性能)。

②T1 ~ T10 后面的附加数字表示的状态。

T1 ~ T10 后面的附加数字表示影响产品特性的特殊处理。T_51、T_510 和 T_511 为拉伸消除应力状态，如表 3 – 6 所示。T1、T4、T5、T6 状态的材料不进行冷加工或影响力学性能极限的矫直、矫平，因此拉伸消除应力状态中应无 T151、T1510、T1511、T451、T4510、T4511、T551、T5510、T5511、T651、T6510、T6511 状态。

表 3 – 6　T1～T10 后面的附加数字表示的状态

状态代号	代号释义
T_51	适用于固溶热处理或高温成形后冷却，按规定量进行拉伸的厚板、薄板、轧制棒、冷精整棒、自由锻件、环形锻件或轧制环，这些产品拉伸后不再进行矫直，其规定的永久拉伸变形量如下： 厚板：1.5%～3%； 薄板：0.5%～3%； 轧制棒或冷精整棒：1%～3%； 自由锻件、环形锻件或轧制：1%～5%
T_510	适用于固溶热处理或高温成形后冷却，按规定量进行拉伸的挤压棒材、型材和管材，以及拉伸（或拉拔）管材，这些产品拉伸后不再进行矫直，其规定的永久拉伸变形量如下： 挤制棒材、型材和管材：1%～3%； 拉伸（或拉拔）管材：0.5%～3%
T_511	适用于固溶热处理或高温成形后冷却，按规定量进行拉伸的挤压棒材、型材和管材，以及拉伸（或拉拔）管材，这些产品拉伸后可轻微矫直以符合标准公差，其规定的永久拉伸变形量如下： 挤制棒材、型材和管材：1%～3%； 拉伸（或拉拔）管材：0.5%～3%

T_52 为压缩消除应力状态，适用于固溶热处理或高温成形后冷却，通过压缩来消除应力，以产生1%～5%的永久变形量的产品。T_54 为拉伸与压缩相结合消除应力状态，适用于在终锻模内通过冷整形来消除应力的模锻件。T7X 为过时效状态，如表 3 – 7 所示。T7X 状态过时效阶段材料的性能曲线如图 3 – 1（图中曲线仅示意规律，真实的变化曲线应按合金来具体描绘）所示。T81 适用于固溶热处理后，经1%左右的冷加工变形提高强度，然后进行人工时效的产品。T87 适用于固溶热处理后，经7%左右的冷加工变形提高强度，然后进行人工时效的产品。

表 3 – 7　T7X 的过时效状态

状态代号	代号释义
T79	初级过时效状态
T76	中级过时效状态。具有较高强度、好的抗应力腐蚀和抗剥落腐蚀性能
T74	中级过时效状态。其强度、抗应力腐蚀和抗剥落腐蚀性能介于 T73 与 T76 之间
T73	完全过时效状态。具有最好的抗应力腐蚀和抗剥落腐蚀性能

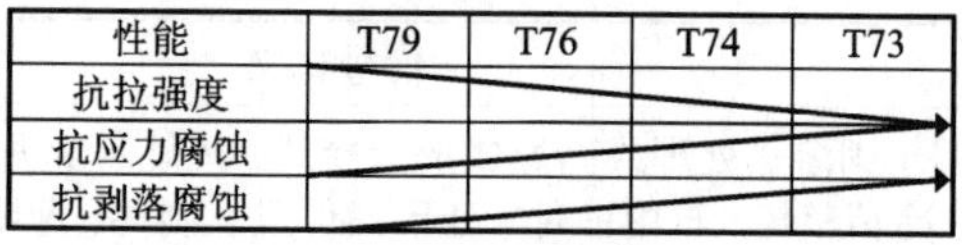

性能	T79	T76	T74	T73
抗拉强度				
抗应力腐蚀				
抗剥落腐蚀				

图 3 - 1　T7X 状态过时效阶段材料的性能曲线

4）W 状态的细分状态代号

W 的细分状态 W_h。W_h 表示室温下具体自然时效时间的不稳定状态。如 W2h，表示产品淬火后，在室温下自然时效 2 h。W 的细分状态 W_h/_51、W_h/_52、W_h/_54。W_h/_51、W_h/_52、W_h/_54 表示室温下具体自然时效时间的不稳定消除应力状态。如 W2h/351，表示产品淬火后，在室温下自然时效 2 h 便开始拉伸的消除应力状态。

5）新、旧状态代号对照

新、旧状态代号的对照见表 3 - 8。

表 3 - 8　新、旧状态代号的对照表

旧代号	新代号	旧代号	新代号
M	O	CYS	T_51、T_52 等
R	热处理不可强化合金：H112 或 F	CZY	T2
R	热处理可强化合金：T1 或 F	CSY	T9
Y	HX8	MCS	T62①
Y₁	HX6	MCZ	T42①
Y₂	HX4	CGS1	T73
Y₄	HX2	CGS2	T76
T	HX9	CGS3	T74
CZ	T4	RCS	T5
CS	T6		

注：①原以 R 状态交货的、提供 CZ、CS 试样性能的产品，其状态可分别对应新代号 T42、T62。

3.3　中国变形铝及铝合金化学成分

根据 GB/T 3190—2020 的规定，中国变形铝及铝合金化学成分见表 3 - 9、表 3 - 10，其中，食品行业用铝及铝合金材料应控制 $w(Cd + Hg + Pb + Cr^{6+})$ ≤0.01% , $w(As)$≤0.01%；电器、电子设备行业用铝及铝合金材料应控制 $w(Pb)$ ≤0.1% 、 $w(Hg)$≤0.1% 、 $w(Cd)$≤0.01% 、 $w(Cr^{6+})$≤0.1% 。

表 3 - 9 国际四位数字牌号及化学成分

化学成分(质量分数)/%

序号	牌号	Si	Fe	Cu	Mn	Mg	Cr	Ni	Zn	Ti	Ag	B	Bi	Ga	Li	Pb	Sn	V	Zr	其他(注)	其他 单个	其他 合计	Al
1	1035	0.35	0.6	0.10	0.05	0.05	—	—	0.10	0.03	—	—	—	—	—	—	—	0.05	—	—	0.03	—	99.35
2	1050	0.25	0.40	0.05	0.05	0.05	—	—	0.05	0.03	—	—	—	—	—	—	—	0.05	—	—	0.03	—	99.50
3	1050A	0.25	0.40	0.05	0.05	0.05	—	—	0.07	0.05	—	—	—	—	—	—	—	—	—	—	0.03	—	99.50
4	1060	0.25	0.35	0.05	0.03	0.03	—	—	0.05	0.03	—	—	—	—	—	—	—	0.05	—	—	0.03	—	99.60
5	1065	0.25	0.30	0.05	0.03	0.03	—	—	0.05	0.03	—	—	—	—	—	—	—	0.05	—	—	0.03	—	99.65
6	1070	0.20	0.25	0.04	0.03	0.03	—	—	0.04	0.03	—	—	—	—	—	—	—	0.05	—	[a]	0.03	—	99.70
7	1070A	0.20	0.25	0.03	0.03	0.03	—	—	0.07	0.03	—	—	—	—	—	—	—	—	—	—	0.03	—	99.70
8	1080	0.15	0.15	0.03	0.02	0.02	—	—	0.03	0.03	—	—	—	0.03	—	—	—	0.05	—	—	0.02	—	99.80
9	1080A	0.15	0.15	0.03	0.02	0.02	—	—	0.06	0.02	—	—	—	0.03	—	—	—	—	—	[a]	0.02	—	99.80
10	1085	0.10	0.12	0.03	0.02	0.02	—	—	0.03	0.02	—	—	—	0.03	—	—	—	0.05	—	—	0.01	—	99.85
11	1090	0.07	0.07	0.02	0.01	0.01	—	—	0.03	0.01	—	—	—	0.03	—	—	—	0.05	—	—	0.01	—	99.90
12	1100	g	g	0.05~0.20	0.05	—	—	—	0.10	—	—	—	—	—	—	—	—	—	—	0.95 Si+Fe[a]	0.05	0.15	99.00
13	1200	g	g	0.05	0.05	—	—	—	0.10	0.05	—	—	—	—	—	—	—	—	—	1.00 Si+Fe[a]	0.05	0.15	99.00
14	1200A	g	g	0.10	0.30	0.30	0.10	—	0.10	g	—	—	—	—	—	—	—	—	—	1.00 Si+Fe	0.05	0.15	99.00
15	1110	g	0.8	0.04	0.01	0.25	0.01	—	—	g	—	0.02	—	—	—	—	—	g	—	0.03 V+Ti	0.03	—	99.10
16	1120	g	0.40	0.05~0.35	0.01	0.20	0.01	—	0.05	g	—	0.05	—	0.03	—	—	—	g	—	0.02 V+Ti	0.03	0.10	99.20
17	1230[b]	g	0.30~0.50	0.05~0.10	0.05	0.05	—	—	0.10	0.03	—	—	—	—	—	—	—	0.05	—	0.70 Si+Fe	0.03	—	99.30
18	1235	g	g	0.05	0.05	0.05	—	—	0.05	0.06	—	—	—	—	—	—	—	0.05	—	0.65 Si+Fe	0.03	—	99.35
19	1435	0.15	0.30~0.50	0.02	0.05	0.05	—	—	0.10	0.03	—	—	—	—	—	—	—	0.05	—	0.55 Si+Fe	0.03	—	99.35
20	1145	g	0.40	0.05	0.05	0.05	—	—	0.05	0.03	—	—	—	—	—	—	—	0.05	—	—	0.03	—	99.45
21	1345	0.30	0.40	0.10	0.01	0.05	0.01	—	0.05	0.03	—	—	—	—	—	—	—	0.05	—	—	0.03	—	99.45
22	1350	0.10	0.40	0.05	0.01	—	—	—	0.05	g	—	0.05	—	0.03	—	—	—	g	—	0.02 V+Ti	0.03	0.10	99.50
23	1450	0.25	0.40	0.05	0.05	0.05	—	—	0.07	0.10~0.20	—	—	—	—	—	—	—	—	—	[a]	0.03	—	99.50
24	1370	0.10	0.25	0.02	0.02	0.02	0.01	—	0.04	g	—	0.02	—	0.03	—	—	—	g	—	0.02 V+Ti	0.02	0.10	99.70
25	1275	0.08	0.12	0.05~0.10	0.02	0.02	—	—	0.03	0.02	—	—	—	0.03	—	—	—	0.03	—	—	0.01	—	99.75
26	1185	g	g	0.01	0.02	0.02	—	—	0.03	0.02	—	—	—	0.03	—	—	—	0.05	—	0.15 Si+Fe	0.01	—	99.85
27	1285	0.08	0.08	0.02	0.01	0.01	—	—	0.03	0.02	—	—	—	0.03	—	—	—	0.05	—	0.14 Si+Fe	0.01	—	99.85
28	1385	0.05	0.12	0.02	0.01	0.02	0.01	—	0.03	g	—	0.02	—	0.03	—	—	—	g	—	0.03 V+Ti	0.01	—	99.85

续表 3-9

序号	牌号	化学成分(质量分数)/%																				其他		Al
		Si	Fe	Cu	Mn	Mg	Cr	Ni	Zn	Ti	Ag	B	Bi	Ga	Li	Pb	Sn	V	Zr		单个	合计	
29	1188	0.06	0.06	0.005	0.01	0.01	—	—	0.03	0.01	—	—	—	0.03	—	—	—	0.05	—	a	0.01	—	99.88
30	2004	0.20	0.20	5.5~6.5	0.10	0.50	—	—	0.10	0.05	—	—	—	—	—	—	—	—	0.30~0.50	—	0.05	0.15	余量
31	2007	0.8	0.8	3.3~4.6	0.50~1.0	0.40~1.8	0.10	0.20	0.8	0.20	—	—	0.20	—	—	0.8~1.5	0.20	—	—	—	0.10	0.30	余量
32	2008	0.50~0.8	0.40	0.7~1.1	0.30	0.25~0.50	0.10	—	0.25	0.10	—	—	—	—	—	—	—	0.05	—	—	0.05	0.15	余量
33	2010	0.50	0.50	0.7~1.3	0.10~0.40	0.40~1.0	0.15	—	0.30	—	—	—	—	—	—	—	—	—	—	—	0.05	0.15	余量
34	2011	0.40	0.7	5.0~6.0	—	—	—	—	0.30	—	—	—	0.20~0.6	—	—	0.20~0.6	—	—	—	—	0.05	0.15	余量
35	2014	0.50~1.2	0.7	3.9~5.0	0.40~1.2	0.20~0.8	0.10	—	0.25	0.15	—	—	—	—	—	—	—	—	—	c	0.05	0.15	余量
36	2014A	0.50~0.9	0.50	3.9~5.0	0.40~1.2	0.20~0.8	0.10	0.10	0.25	0.15	—	—	—	—	—	—	—	—	g	0.20 Zr+Ti	0.05	0.15	余量
37	2214	0.50~1.2	0.30	3.9~5.0	0.40~1.2	0.20~0.8	0.10	—	0.25	0.15	—	—	—	—	—	—	—	—	—	c	0.05	0.15	余量
38	2017	0.20~0.8	0.7	3.5~4.5	0.40~1.0	0.40~0.8	0.10	—	0.25	0.15	—	—	—	—	—	—	—	—	—	c	0.05	0.15	余量
39	2017A	0.20~0.8	0.7	3.5~4.5	0.40~1.0	0.40~1.0	0.10	—	0.25	g	—	—	—	—	—	—	—	—	g	0.25 Zr+Ti	0.05	0.15	余量
40	2117	0.8	0.7	2.2~3.0	0.20	0.20~0.50	0.10	—	0.25	—	—	—	—	—	—	—	—	—	—	—	0.05	0.15	余量
41	2018	0.9	1.0	3.5~4.5	0.20	0.45~0.9	0.10	1.7~2.3	0.25	—	—	—	—	—	—	—	—	—	—	—	0.05	0.15	余量
42	2218	0.9	1.0	3.5~4.5	0.20	1.2~1.8	0.10	1.7~2.3	0.25	—	—	—	—	—	—	—	—	—	—	—	0.05	0.15	余量
43	2618	0.10~0.25	0.9~1.3	1.9~2.7	—	1.3~1.8	—	0.9~1.2	0.10	0.04~0.10	—	—	—	—	—	—	—	—	—	—	0.05	0.15	余量
44	2618A	0.15~0.25	0.9~1.4	1.8~2.7	0.25	1.2~1.8	—	0.8~1.4	0.15	0.20	—	—	—	—	—	—	—	—	g	0.25 Zr+Ti	0.05	0.15	余量
45	2219	0.20	0.30	5.8~6.8	0.20~0.40	0.02	—	—	0.10	0.02~0.10	—	—	—	—	—	—	—	0.05~0.15	0.10~0.25	—	0.05	0.15	余量

续表 3 - 9

化学成分(质量分数)/%

序号	牌号	Si	Fe	Cu	Mn	Mg	Cr	Ni	Zn	Ti	Ag	B	Bi	Ga	Li	Pb	Sn	V	Zr		其他 单个	其他 合计	Al
46	2519	0.25	0.30	5.3~6.4	0.10~0.50	0.05~0.40	—	—	0.10	0.02~0.10	—	—	—	—	—	—	—	0.05~0.15	0.10~0.25	0.40 Si+Fe	0.05	0.15	余量
47	2024	0.50	0.50	3.8~4.9	0.30~0.9	1.2~1.8	0.10	—	0.25	0.15	—	—	—	—	—	—	—	—	—	c	0.05	0.15	余量
48	2024A	0.15	0.20	3.7~4.5	0.15~0.8	1.2~1.5	0.10	—	0.25	0.15	—	—	—	—	—	—	—	—	—	c	0.05	0.15	余量
49	2124	0.20	0.30	3.8~4.9	0.30~0.9	1.2~1.8	0.10	—	0.25	0.15	—	—	—	—	—	—	—	—	—	—	0.05	0.15	余量
50	2324	0.10	0.12	3.8~4.4	0.30~0.9	1.2~1.8	0.10	—	0.25	0.10	—	—	—	—	—	—	—	—	—	—	0.05	0.15	余量
51	2524	0.06	0.12	4.0~4.5	0.45~0.7	1.2~1.6	0.05	—	0.15	0.10	—	—	—	—	—	—	—	—	—	—	0.05	0.15	余量
52	2624	0.08	0.08	3.8~4.3	0.45~0.7	1.2~1.6	0.05	—	0.15	0.10	—	—	—	—	—	—	—	—	—	—	0.05	0.15	余量
53	2025	0.50~1.2	1.0	3.9~5.0	0.40~1.2	0.05	0.10	0.05	0.25	0.15	—	—	—	—	—	—	—	—	—	—	0.05	0.15	余量
54	2026	0.05	0.07	3.6~4.3	0.30~0.8	1.0~1.6	—	—	0.10	0.06	—	—	—	—	—	—	—	—	0.05~0.25	—	0.05	0.15	余量
55	2036	0.50	0.50	2.2~3.0	0.10~0.40	0.30~0.6	—	—	0.25	0.15	—	—	—	—	—	—	—	—	—	—	0.05	0.15	余量
56	2040	0.08	0.10	4.8~5.4	0.45~0.8	0.7~1.1	—	—	0.25	0.06	0.40~0.7	—	—	—	—	—	—	—	0.08~0.15	0.0001 Be	0.05	0.15	余量
57	2050	0.08	0.10	3.2~3.9	0.20~0.50	0.20~0.6	0.05	—	0.25	0.10	0.20~0.7	—	—	—	0.7~1.3	—	—	0.05	0.06~0.14	—	0.05	0.15	余量
58	2055	0.07	0.07	3.2~4.2	0.10~0.50	0.20~0.6	—	—	0.30~0.7	0.10	0.20~0.7	—	—	0.05	1.0~1.3	—	—	—	0.05~0.15	—	0.05	0.15	余量
59	2060	0.07	0.07	3.4~4.5	0.10~0.50	0.6~1.1	—	—	0.30~0.50	0.10	0.05~0.50	—	—	—	0.6~0.9	—	—	—	0.05~0.15	—	0.05	0.15	余量
60	2195	0.12	0.15	3.7~4.3	0.25	0.25~0.8	—	—	0.25	0.10	0.25~0.6	—	—	—	0.8~1.2	—	—	—	0.08~0.16	—	0.05	0.15	余量
61	2196	0.12	0.15	2.5~3.3	0.35	0.25~0.8	—	—	0.35	0.10	0.25~0.6	—	—	—	1.4~2.1	—	—	—	0.04~0.18	—	0.05	0.15	余量
62	2297	0.10	0.10	2.5~3.1	0.10~0.50	0.25	—	—	0.05	0.12	—	—	—	—	1.1~1.7	—	—	—	0.08~0.15	—	0.05	0.15	余量

续表 3－9

<table>
<tr><th rowspan="2">序号</th><th rowspan="2">牌号</th><th colspan="20">化学成分（质量分数）/%</th><th colspan="2">其他</th><th rowspan="2">Al</th></tr>
<tr><th>Si</th><th>Fe</th><th>Cu</th><th>Mn</th><th>Mg</th><th>Cr</th><th>Ni</th><th>Zn</th><th>Ti</th><th>Ag</th><th>B</th><th>Bi</th><th>Ga</th><th>Li</th><th>Pb</th><th>Sn</th><th>V</th><th>Zr</th><th></th><th>单个</th><th>合计</th></tr>
<tr><td>63</td><td>2099</td><td>0.05</td><td>0.07</td><td>2.4~3.0</td><td>0.10~0.50</td><td>0.10~0.50</td><td>—</td><td>—</td><td>0.40~1.0</td><td>0.10</td><td>—</td><td>—</td><td>—</td><td>—</td><td>1.6~2.0</td><td>—</td><td>—</td><td>—</td><td>0.05~0.12</td><td>0.0001 Be</td><td>0.05</td><td>0.15</td><td>余量</td></tr>
<tr><td>64</td><td>3002</td><td>0.08</td><td>0.10</td><td>0.15</td><td>0.05~0.25</td><td>0.05~0.20</td><td>—</td><td>—</td><td>0.05</td><td>0.03</td><td>—</td><td>—</td><td>—</td><td>—</td><td>—</td><td>—</td><td>—</td><td>0.05</td><td>—</td><td>—</td><td>0.03</td><td>0.10</td><td>余量</td></tr>
<tr><td>65</td><td>3102</td><td>0.40</td><td>0.7</td><td>0.10</td><td>0.05~0.40</td><td>—</td><td>—</td><td>—</td><td>0.30</td><td>0.10</td><td>—</td><td>—</td><td>—</td><td>—</td><td>—</td><td>—</td><td>—</td><td>—</td><td>—</td><td>—</td><td>0.05</td><td>0.15</td><td>余量</td></tr>
<tr><td>66</td><td>3003</td><td>0.6</td><td>0.7</td><td>0.05~0.20</td><td>1.0~1.5</td><td>—</td><td>—</td><td>—</td><td>0.10</td><td>—</td><td>—</td><td>—</td><td>—</td><td>—</td><td>—</td><td>—</td><td>—</td><td>—</td><td>—</td><td>—</td><td>0.05</td><td>0.15</td><td>余量</td></tr>
<tr><td>67</td><td>3103</td><td>0.50</td><td>0.7</td><td>0.10</td><td>0.9~1.5</td><td>0.30</td><td>0.10</td><td>—</td><td>0.20</td><td>g</td><td>—</td><td>—</td><td>—</td><td>—</td><td>—</td><td>—</td><td>—</td><td>—</td><td>g</td><td>0.10 Zr+Ti [a]</td><td>0.05</td><td>0.15</td><td>余量</td></tr>
<tr><td>68</td><td>3103A</td><td>0.50</td><td>0.7</td><td>0.10</td><td>0.7~1.4</td><td>0.30</td><td>0.10</td><td>—</td><td>0.20</td><td>g</td><td>—</td><td>—</td><td>—</td><td>—</td><td>—</td><td>—</td><td>—</td><td>—</td><td>g</td><td>0.10 Zr+Ti</td><td>0.05</td><td>0.15</td><td>余量</td></tr>
<tr><td>69</td><td>3203</td><td>0.6</td><td>0.7</td><td>0.05</td><td>1.0~1.5</td><td>—</td><td>—</td><td>—</td><td>0.10</td><td>—</td><td>—</td><td>—</td><td>—</td><td>—</td><td>—</td><td>—</td><td>—</td><td>—</td><td>—</td><td>a</td><td>0.05</td><td>0.15</td><td>余量</td></tr>
<tr><td>70</td><td>3004</td><td>0.30</td><td>0.7</td><td>0.25</td><td>1.0~1.5</td><td>0.8~1.3</td><td>—</td><td>—</td><td>0.25</td><td>—</td><td>—</td><td>—</td><td>—</td><td>—</td><td>—</td><td>—</td><td>—</td><td>—</td><td>—</td><td>—</td><td>0.05</td><td>0.15</td><td>余量</td></tr>
<tr><td>71</td><td>3004A</td><td>0.40</td><td>0.7</td><td>0.25</td><td>0.8~1.5</td><td>0.8~1.5</td><td>—</td><td>—</td><td>0.25</td><td>0.05</td><td>—</td><td>—</td><td>—</td><td>—</td><td>—</td><td>0.03</td><td>—</td><td>—</td><td>—</td><td>—</td><td>0.05</td><td>0.15</td><td>余量</td></tr>
<tr><td>72</td><td>3104</td><td>0.6</td><td>0.8</td><td>0.05~0.25</td><td>0.8~1.4</td><td>0.8~1.3</td><td>—</td><td>—</td><td>0.25</td><td>0.10</td><td>—</td><td>—</td><td>—</td><td>0.05</td><td>—</td><td>—</td><td>—</td><td>0.05</td><td>—</td><td>—</td><td>0.05</td><td>0.15</td><td>余量</td></tr>
<tr><td>73</td><td>3204</td><td>0.30</td><td>0.7</td><td>0.10~0.25</td><td>0.8~1.5</td><td>0.8~1.5</td><td>—</td><td>—</td><td>0.25</td><td>—</td><td>—</td><td>—</td><td>—</td><td>—</td><td>—</td><td>—</td><td>—</td><td>—</td><td>—</td><td>—</td><td>0.05</td><td>0.15</td><td>余量</td></tr>
<tr><td>74</td><td>3005</td><td>0.6</td><td>0.7</td><td>0.30</td><td>1.0~1.5</td><td>0.20~0.6</td><td>0.10</td><td>—</td><td>0.25</td><td>0.10</td><td>—</td><td>—</td><td>—</td><td>—</td><td>—</td><td>—</td><td>—</td><td>—</td><td>—</td><td>—</td><td>0.05</td><td>0.15</td><td>余量</td></tr>
<tr><td>75</td><td>3105</td><td>0.6</td><td>0.7</td><td>0.30</td><td>0.30~0.8</td><td>0.20~0.8</td><td>0.20</td><td>—</td><td>0.40</td><td>0.10</td><td>—</td><td>—</td><td>—</td><td>—</td><td>—</td><td>—</td><td>—</td><td>—</td><td>—</td><td>—</td><td>0.05</td><td>0.15</td><td>余量</td></tr>
<tr><td>76</td><td>3105A</td><td>0.6</td><td>0.7</td><td>0.30</td><td>0.30~0.8</td><td>0.20~0.8</td><td>0.20</td><td>—</td><td>0.25</td><td>0.10</td><td>—</td><td>—</td><td>—</td><td>—</td><td>—</td><td>—</td><td>—</td><td>—</td><td>—</td><td>—</td><td>0.05</td><td>0.15</td><td>余量</td></tr>
<tr><td>77</td><td>3007</td><td>0.50</td><td>0.7</td><td>0.05~0.30</td><td>0.30~0.8</td><td>0.6</td><td>0.20</td><td>—</td><td>0.40</td><td>0.10</td><td>—</td><td>—</td><td>—</td><td>—</td><td>—</td><td>—</td><td>—</td><td>—</td><td>—</td><td>—</td><td>0.05</td><td>0.15</td><td>余量</td></tr>
<tr><td>78</td><td>3107</td><td>0.6</td><td>0.7</td><td>0.05~0.15</td><td>0.40~0.9</td><td>—</td><td>—</td><td>—</td><td>0.20</td><td>0.10</td><td>—</td><td>—</td><td>—</td><td>—</td><td>—</td><td>—</td><td>—</td><td>—</td><td>—</td><td>—</td><td>0.05</td><td>0.15</td><td>余量</td></tr>
<tr><td>79</td><td>3207</td><td>0.30</td><td>0.45</td><td>0.10</td><td>0.40~0.8</td><td>0.10</td><td>—</td><td>—</td><td>0.10</td><td>—</td><td>—</td><td>—</td><td>—</td><td>—</td><td>—</td><td>—</td><td>—</td><td>—</td><td>—</td><td>—</td><td>0.05</td><td>0.10</td><td>余量</td></tr>
</table>

续表 3-9

序号	牌号	化学成分(质量分数)/%																			其他		Al
		Si	Fe	Cu	Mn	Mg	Cr	Ni	Zn	Ti	Ag	B	Bi	Ga	Li	Pb	Sn	V	Zr		单个	合计	
80	3207A	0.35	0.6	0.25	0.30~0.8	0.40	0.20	—	0.25	—	—	—	—	—	—	—	—	—	—	—	0.05	0.15	余量
81	3307	0.6	0.8	0.30	0.50~0.9	0.30	0.20	—	0.40	0.10	—	—	—	—	—	—	—	—	—	—	0.05	0.15	余量
82	3026	0.25	0.10~0.40	0.05	0.40~0.9	0.10	0.05	—	0.05~0.30	0.05~0.30	—	—	—	—	—	—	—	—	—	—	0.05	0.15	余量
83	4004[b]	9.0~10.5	0.8	0.25	0.10	1.0~2.0	—	—	0.20	—	—	—	—	—	—	—	—	—	—	—	0.05	0.15	余量
84	4104	9.0~10.5	0.8	0.25	0.10	1.0~2.0	—	—	0.20	—	—	—	0.02~0.20	—	—	—	—	—	—	—	0.05	0.15	余量
85	4006	0.8~1.2	0.50~0.8	0.10	0.05	0.01	0.20	—	0.05	—	—	—	—	—	—	—	—	—	—	—	0.05	0.15	余量
86	4007	1.0~1.7	0.40~1.0	0.20	0.8~1.5	0.20	0.05~0.25	0.15~0.7	0.10	0.10	—	—	—	—	—	—	—	—	—	0.05 Co	0.05	0.15	余量
87	4015	1.4~2.2	0.7	0.20	0.6~1.2	0.10~0.50	—	—	0.20	—	—	—	—	—	—	—	—	—	—	—	0.05	0.15	余量
88	4032	11.0~13.5	1.0	0.50~1.3	—	0.8~1.3	0.10	0.50~1.3	0.25	—	—	—	—	—	—	—	—	—	—	—	0.05	0.15	余量
89	4043	4.5~6.0	0.8	0.30	0.05	0.05	—	—	0.10	0.20	—	—	—	—	—	—	—	—	—	a	0.05	0.15	余量
90	4043A	4.5~6.0	0.6	0.30	0.15	0.20	—	—	0.10	0.15	—	—	—	—	—	—	—	—	—	a	0.05	0.15	余量
91	4343	6.8~8.2	0.8	0.25	0.10	—	—	—	0.20	—	—	—	—	—	—	—	—	—	—	—	0.05	0.15	余量
92	4045	9.0~11.0	0.8	0.30	0.05	0.05	—	—	0.10	0.20	—	—	—	—	—	—	—	—	—	—	0.05	0.15	余量
93	4145	9.3~10.7	0.8	3.3~4.7	0.15	0.15	0.15	—	0.20	—	—	—	—	—	—	—	—	—	—	a	0.05	0.15	余量
94	4047	11.0~13.0	0.8	0.30	0.15	0.10	—	—	0.20	—	—	—	—	—	—	—	—	—	—	a	0.05	0.15	余量
95	4047A	11.0~13.0	0.6	0.30	0.15	0.10	—	—	0.20	0.15	—	—	—	—	—	—	—	—	—	a	0.05	0.15	余量

续表 3-9

序号	牌号	化学成分（质量分数）/%																			其他		Al
		Si	Fe	Cu	Mn	Mg	Cr	Ni	Zn	Ti	Ag	B	Bi	Ga	Li	Pb	Sn	V	Zr		单个	合计	
96	5005	0.30	0.7	0.20	0.20	0.50~1.1	0.10	—	0.25	—	—	—	—	—	—	—	—	—	—	—	0.05	0.15	余量
97	5005A	0.30	0.45	0.05	0.15	0.7~1.1	0.10	—	0.20	—	—	—	—	—	—	—	—	—	—	—	0.05	0.15	余量
98	5205	0.15	0.7	0.03~0.10	0.10	0.6~1.0	0.10	—	0.05	—	—	—	—	—	—	—	—	—	—	—	0.05	0.15	余量
99	5006	0.40	0.8	0.10	0.40~0.8	0.8~1.3	0.10	—	0.25	0.10	—	—	—	—	—	—	—	—	—	—	0.05	0.15	余量
100	5010	0.40	0.7	0.25	0.10~0.30	0.20~0.6	0.15	—	0.30	0.10	—	—	—	—	—	—	—	—	—	—	0.05	0.15	余量
101	5019	0.40	0.50	0.10	0.6	4.5~5.6	0.20	—	0.20	0.20	—	—	—	—	—	—	—	—	—	0.10~0.6 Mn+Cr	0.05	0.15	余量
102	5040	0.30	0.7	0.25	0.9~1.4	1.0~1.5	0.10~0.30	—	0.25	—	—	—	—	—	—	—	—	—	—	—	0.05	0.15	余量
103	5042	0.20	0.35	0.15	0.20~0.50	3.0~4.0	0.10	—	0.25	0.10	—	—	—	—	—	—	—	—	—	—	0.05	0.15	余量
104	5049	0.40	0.50	0.10	0.50~1.1	1.6~2.5	0.30	—	0.20	0.10	—	—	—	—	—	—	—	—	—	—	0.05	0.15	余量
105	5449	0.40	0.7	0.30	0.6~1.1	1.6~2.6	0.30	—	0.30	0.10	—	—	—	—	—	—	—	—	—	—	0.05	0.15	余量
106	5050	0.40	0.7	0.20	0.10	1.1~1.8	0.10	—	0.25	—	—	—	—	—	—	—	—	—	—	—	0.05	0.15	余量
107	5050A	0.40	0.7	0.20	0.30	1.1~1.8	0.10	—	0.25	—	—	—	—	—	—	—	—	—	—	—	0.05	0.15	余量
108	5150	0.08	0.10	0.10	0.03	1.3~1.7	—	—	0.10	0.06	—	—	—	—	—	—	—	—	—	—	0.03	0.10	余量
109	5051	0.40	0.7	0.25	0.20	1.7~2.2	0.10	—	0.25	0.10	—	—	—	—	—	—	—	—	—	—	0.05	0.15	余量
110	5051A	0.30	0.45	0.05	0.10~0.50	1.4~2.1	0.30	—	0.20	0.10	—	—	—	—	—	—	—	—	—	—	0.05	0.15	余量
111	5251	0.40	0.50	0.15	0.10~0.50	1.7~2.4	0.15	—	0.15	0.15	—	—	—	—	—	—	—	—	—	—	0.05	0.15	余量
112	5052	0.25	0.40	0.10	0.10	2.2~2.8	0.15~0.35	—	0.10	—	—	—	—	—	—	—	—	—	—	—	0.05	0.15	余量
113	5252	0.08	0.10	0.10	0.10	2.2~2.8	—	—	0.05	—	—	—	—	—	—	—	—	0.05	—	—	0.03	0.10	余量
114	5154	0.25	0.40	0.10	0.10	3.1~3.9	0.15~0.35	—	0.20	0.20	—	—	—	—	—	—	—	—	—	[a]	0.05	0.15	余量
115	5154A	0.50	0.50	0.10	0.50	3.1~3.9	0.25	—	0.20	0.20	—	—	—	—	—	—	—	—	—	0.10~0.50 Mn+Cr[a]	0.05	0.15	余量
116	5154C	0.20	0.30	0.10	0.05~0.25	3.2~3.7	0.01	—	0.01	0.01	—	—	—	—	—	—	—	—	—	—	0.05	0.15	余量

续表 3－9

序号	牌号	化学成分（质量分数）/%																		其他		Al
		Si	Fe	Cu	Mn	Mg	Cr	Ni	Zn	Ti	Ag	B	Bi	Ga	Li	Pb	Sn	V	Zr	单个	合计	
117	5454	0.25	0.40	0.10	0.50~1.0	2.4~3.0	0.05~0.20	—	0.25	0.20	—	—	—	—	—	—	—	—	—	—	0.05	0.15	余量
118	5554	0.25	0.40	0.10	0.50~1.0	2.4~3.0	0.05~0.20	—	0.25	0.05~0.20	—	—	—	—	—	—	—	—	—	a	0.05	0.15	余量
119	5754	0.40	0.40	0.10	0.50	2.6~3.6	0.30	—	0.20	0.15	—	—	—	—	—	—	—	—	—	0.10~0.6 Mn+Cr^a	0.05	0.15	余量
120	5056	0.30	0.40	0.10	0.05~0.20	4.5~5.6	0.05~0.20	—	0.10	—	—	—	—	—	—	—	—	—	—	—	0.05	0.15	余量
121	5356	0.25	0.40	0.10	0.05~0.20	4.5~5.5	0.05~0.20	—	0.10	0.06~0.20	—	—	—	—	—	—	—	—	—	a	0.05	0.15	余量
122	5356A	0.25	0.40	0.10	0.05~0.20	4.5~5.5	0.05~0.20	—	0.10	0.06~0.20	—	—	—	—	—	—	—	—	—	d	0.05	0.15	余量
123	5456	0.25	0.40	0.10	0.50~1.0	4.7~5.5	0.05~0.20	—	0.25	0.20	—	—	—	—	—	—	—	—	—	—	0.05	0.15	余量
124	5556	0.25	0.40	0.10	0.50~1.0	4.7~5.5	0.05~0.20	—	0.25	0.05~0.20	—	—	—	—	—	—	—	—	—	a	0.05	0.15	余量
125	5457	0.08	0.10	0.20	0.15~0.45	0.8~1.2	—	—	0.05	—	—	—	—	—	—	—	—	0.05	—	—	0.03	0.10	余量
126	5657	0.08	0.10	0.10	0.03	0.6~1.0	—	—	0.05	—	—	—	—	0.03	—	—	—	0.05	—	—	0.02	0.05	余量
127	5059	0.45	0.50	0.25	0.6~1.2	5.0~6.0	0.25	—	0.40~0.9	0.20	—	—	—	—	—	—	—	—	0.05~0.25	—	0.05	0.15	余量
128	5082	0.20	0.35	0.15	0.15	4.0~5.0	0.15	—	0.25	0.10	—	—	—	—	—	—	—	—	—	—	0.05	0.15	余量
129	5182	0.20	0.35	0.15	0.20~0.50	4.0~5.0	0.10	—	0.25	0.10	—	—	—	—	—	—	—	—	—	—	0.05	0.15	余量
130	5083	0.40	0.40	0.10	0.40~1.0	4.0~4.9	0.05~0.25	—	0.25	0.15	—	—	—	—	—	—	—	—	—	—	0.05	0.15	余量
131	5183	0.40	0.40	0.10	0.50~1.0	4.3~5.2	0.05~0.25	—	0.25	0.15	—	—	—	—	—	—	—	—	—	a	0.05	0.15	余量
132	5183A	0.40	0.40	0.10	0.50~1.0	4.3~5.2	0.05~0.25	—	0.25	0.15	—	—	—	—	—	—	—	—	—	d	0.05	0.15	余量
133	5383	0.25	0.25	0.20	0.7~1.0	4.0~5.2	0.25	—	0.40	0.15	—	—	—	—	—	—	—	—	0.20	—	0.05	0.15	余量

续表 3-9

化学成分(质量分数)/%

序号	牌号	Si	Fe	Cu	Mn	Mg	Cr	Ni	Zn	Ti	Ag	B	Bi	Ga	Li	Pb	Sn	V	Zr	其他	单个	合计	Al
134	5086	0.40	0.50	0.10	0.20~0.7	3.5~4.5	0.05~0.25	—	0.25	0.15	—	—	—	—	—	—	—	—	—	—	0.05	0.15	余量
135	5186	0.40	0.45	0.25	0.20~0.50	3.8~4.8	0.15	—	0.40	0.15	—	—	—	—	—	—	—	—	0.05	—	0.05	0.15	余量
136	5087	0.25	0.40	0.05	0.7~1.1	4.5~5.2	0.05~0.25	—	0.25	0.15	—	—	—	—	—	—	—	—	0.10~0.20	a	0.05	0.15	余量
137	5088	0.20	0.10~0.35	0.25	0.20~0.50	4.7~5.5	0.15	—	0.20~0.40	—	—	—	—	—	—	—	—	—	0.15	—	0.05	0.15	余量
138	6101	0.30~0.7	0.50	0.10	0.03	0.35~0.8	0.03	—	0.10	—	—	0.06	—	—	—	—	—	—	—	—	0.03	0.10	余量
139	6101A	0.30~0.7	0.40	0.05	—	0.40~0.9	—	—	—	—	—	—	—	—	—	—	—	—	—	—	0.03	0.10	余量
140	6101B	0.30~0.6	0.10~0.30	0.05	0.05	0.35~0.6	—	—	0.10	—	—	—	—	—	—	—	—	—	—	—	0.03	0.10	余量
141	6201	0.50~0.9	0.50	0.10	0.03	0.6~0.9	0.03	—	0.10	—	—	0.06	—	—	—	—	—	—	—	—	0.03	0.10	余量
142	6005	0.6~0.9	0.35	0.10	0.10	0.40~0.6	0.10	—	0.10	0.10	—	—	—	—	—	—	—	—	—	—	0.05	0.15	余量
143	6005A	0.50~0.9	0.35	0.30	0.50	0.40~0.7	0.30	—	0.20	0.10	—	—	—	—	—	—	—	—	—	0.12~0.50 Mn+Cr	0.05	0.15	余量
144	6105	0.6~1.0	0.35	0.10	0.15	0.45~0.8	0.10	—	0.10	0.10	—	—	—	—	—	—	—	—	—	—	0.05	0.15	余量
145	6106	0.30~0.6	0.35	0.25	0.05~0.20	0.40~0.8	0.20	—	0.10	—	—	—	—	—	—	—	—	—	—	—	0.05	0.10	余量
146	6008	0.50~0.9	0.35	0.30	0.30	0.40~0.7	0.30	—	0.20	0.10	—	—	—	—	—	—	—	0.05~0.20	—	—	0.05	0.15	余量
147	6009	0.6~1.0	0.50	0.15~0.6	0.20~0.8	0.40~0.8	0.10	—	0.25	0.10	—	—	—	—	—	—	—	—	—	—	0.05	0.15	余量
148	6010	0.8~1.2	0.50	0.15~0.6	0.20~0.8	0.6~1.0	0.10	—	0.25	0.10	—	—	—	—	—	—	—	—	—	—	0.05	0.15	余量
149	6110A	0.7~1.1	0.50	0.30~0.8	0.30~0.9	0.7~1.1	0.05~0.25	—	0.20	g	—	—	—	—	—	—	—	—	g	0.20 Zr+Ti	0.05	0.15	余量
150	6011	0.6~1.2	1.0	0.40~0.9	0.8	0.6~1.2	0.30	0.20	1.5	0.20	—	—	—	—	—	—	—	—	—	—	0.05	0.15	余量

续表 3-9

化学成分(质量分数)/%

序号	牌号	Si	Fe	Cu	Mn	Mg	Cr	Ni	Zn	Ti	Ag	B	Bi	Ga	Li	Pb	Sn	V	Zr	其他 单个	其他 合计	Al
151	6111	0.6~1.1	0.40	0.50~0.9	0.10~0.45	0.50~1.0	0.10	—	0.15	0.10	—	—	—	—	—	—	—	—	—	0.05	0.15	余量
152	6013	0.6~1.0	0.50	0.6~1.1	0.20~0.8	0.8~1.2	0.10	—	0.25	0.10	—	—	—	—	—	—	—	—	—	0.05	0.15	余量
153	6014	0.30~0.6	0.35	0.25	0.05~0.20	0.40~0.8	0.20	—	0.10	0.10	—	—	—	—	—	—	—	0.05~0.20	—	0.05	0.15	余量
154	6016	1.0~1.5	0.50	0.20	0.20	0.25~0.6	0.10	—	0.20	0.15	—	—	—	—	—	—	—	—	—	0.05	0.15	余量
155	6022	0.8~1.5	0.05~0.20	0.01~0.11	0.02~0.10	0.45~0.7	0.10	—	0.25	0.15	—	—	—	—	—	—	—	—	—	0.05	0.15	余量
156	6023	0.6~1.4	0.50	0.20~0.50	0.20~0.6	0.40~0.9	—	—	—	0.20	—	—	0.30~0.8	—	—	—	0.6~1.2	—	—	0.05	0.15	余量
157	6026	0.6~1.4	0.7	0.20~0.50	0.20~1.0	0.6~1.2	0.30	—	0.30	0.20	—	—	0.50~1.5	—	—	0.40	0.05	—	—	0.05	0.15	余量
158	6027	0.55~0.8	0.30	0.15	0.10~0.30	0.8~1.1	0.10	—	0.10~0.30	0.15	—	—	—	—	—	—	—	—	—	0.15	0.15	余量
159	6041	0.50~0.9	0.15~0.7	0.15~0.6	0.05~0.20	0.8~1.2	0.05~0.15	—	0.25	0.15	—	—	0.30~0.9	—	—	—	0.35~1.2	—	—	0.05	0.15	余量
160	6042	0.50~1.2	0.7	0.20~0.6	0.40	0.7~1.2	0.04~0.35	—	0.25	0.15	—	—	0.20~0.8	—	—	0.15~0.40	—	—	—	0.05	0.15	余量
161	6043	0.40~0.9	0.50	0.30~0.9	0.35	0.6~1.2	0.15	—	0.20	0.15	—	—	0.40~0.7	—	—	—	0.20~0.40	—	—	0.05	0.15	余量
162	6151	0.6~1.2	1.0	0.35	0.20	0.45~0.8	0.15~0.35	—	0.25	0.15	—	—	—	—	—	—	—	—	—	0.05	0.15	余量
163	6351	0.7~1.3	0.50	0.10	0.40~0.8	0.40~0.8	—	—	0.20	0.20	—	—	—	—	—	—	—	—	—	0.05	0.15	余量
164	6951	0.20~0.50	0.8	0.15~0.40	0.10	0.40~0.8	—	—	0.20	—	—	—	—	—	—	—	—	—	—	0.05	0.15	余量
165	6053	e	0.35	0.10	—	1.1~1.4	0.15~0.35	—	0.10	—	—	—	—	—	—	—	—	—	—	0.05	0.15	余量
166	6060	0.30~0.6	0.10~0.30	0.10	0.10	0.35~0.6	0.05	—	0.15	0.10	—	—	—	—	—	—	—	—	—	0.05	0.15	余量
167	6160	0.30~0.6	0.15	0.20	0.05	0.35~0.6	0.05	—	0.05	—	—	—	—	—	—	—	—	—	—	0.05	0.15	余量
168	6360	0.35~0.8	0.10~0.30	0.15	0.02~0.15	0.25~0.45	0.05	—	0.10	0.10	—	—	—	—	—	—	—	—	—	0.05	0.15	余量

续表 3-9

序号	牌号	Si	Fe	Cu	Mn	Mg	Cr	Ni	Zn	Ti	Ag	B	Bi	Ga	Li	Pb	Sn	V	Zr	其他 单个	其他 合计	Al
169	6061	0.40~0.8	0.7	0.15~0.40	0.15	0.8~1.2	0.04~0.35	—	0.25	0.15	—	—	—	—	—	—	—	—	—	0.05	0.15	余量
170	6061A	0.40~0.8	0.7	0.15~0.40	0.15	0.8~1.2	0.04~0.35	—	0.25	0.15	—	—	—	—	—	—	—	—	—	0.05	0.15	余量
171	6261	0.40~0.7	0.40	0.15~0.40	0.20~0.35	0.7~1.0	0.10	—	0.20	0.10	—	—	—	—	—	0.003	—	—	—	0.05	0.15	余量
172	6162	0.40~0.8	0.50	0.20	0.10	0.7~1.1	0.10	—	0.25	0.10	—	—	—	—	—	—	—	—	—	0.05	0.15	余量
173	6262	0.40~0.8	0.7	0.15~0.40	0.15	0.8~1.2	0.04~0.14	—	0.25	0.15	—	—	0.40~0.7	—	—	0.40~0.7	—	—	—	0.05	0.15	余量
174	6262A	0.40~0.8	0.7	0.15~0.40	0.15	0.8~1.2	0.04~0.14	—	0.25	0.10	—	—	0.40~0.9	—	—	—	0.40~1.0	—	—	0.05	0.15	余量
175	6063	0.20~0.6	0.35	0.10	0.10	0.45~0.9	0.10	—	0.10	0.10	—	—	—	—	—	—	—	—	—	0.05	0.15	余量
176	6063A	0.30~0.6	0.15~0.35	0.10	0.15	0.6~0.9	0.05	—	0.15	0.10	—	—	—	—	—	—	—	—	—	0.05	0.15	余量
177	6463	0.20~0.6	0.15	0.20	0.05	0.45~0.9	—	—	0.05	—	—	—	—	—	—	—	—	—	—	0.05	0.15	余量
178	6463A	0.20~0.6	0.15	0.25	0.05	0.30~0.9	—	—	0.05	—	—	—	—	—	—	—	—	—	—	0.05	0.15	余量
179	6064	0.40~0.8	0.7	0.15~0.40	0.15	0.8~1.2	0.05~0.14	—	0.25	0.15	—	—	0.50~0.7	—	—	0.20~0.40	—	—	—	0.05	0.15	余量
180	6065	0.40~0.8	0.7	0.15~0.40	0.15	0.8~1.2	0.15	—	0.25	0.10	—	—	0.50~1.5	—	—	0.05	—	—	0.15	0.05	0.15	余量
181	6066	0.9~1.8	0.50	0.7~1.2	0.6~1.1	0.8~1.4	0.40	—	0.25	0.20	—	—	—	—	—	—	—	—	—	0.05	0.15	余量
182	6070	1.0~1.7	0.50	0.15~0.40	0.40~1.0	0.50~1.2	0.10	—	0.25	0.15	—	—	—	—	—	—	—	—	—	0.05	0.15	余量
183	6081	0.7~1.1	0.50	0.10	0.10~0.45	0.6~1.0	0.10	—	0.20	0.15	—	—	—	—	—	—	—	—	—	0.05	0.15	余量
184	6181	0.8~1.2	0.45	0.10	0.15	0.6~1.0	0.10	—	0.20	0.10	—	—	—	—	—	—	—	—	—	0.05	0.15	余量
185	6181A	0.7~1.1	0.15~0.50	0.25	0.40	0.6~1.0	0.15	—	0.30	0.25	—	—	—	—	—	—	—	0.10	—	0.05	0.15	余量
186	6082	0.7~1.3	0.50	0.10	0.40~1.0	0.6~1.2	0.25	—	0.20	0.10	—	—	—	—	—	—	—	—	—	0.05	0.15	余量

化学成分（质量分数）/%

续表 3 - 9

化学成分（质量分数）/%

序号	牌号	Si	Fe	Cu	Mn	Mg	Cr	Ni	Zn	Ti	Ag	B	Bi	Ga	Li	Pb	Sn	V	Zr	其他	单个	合计	Al
187	6082A	0.7~1.3	0.50	0.10	0.40~1.0	0.6~1.2	0.25	—	0.20	0.10	—	—	—	—	—	0.003	—	—	—	—	0.05	0.15	余量
188	6182	0.9~1.3	0.50	0.10	0.50~1.0	0.7~1.2	0.25	—	0.20	0.10	—	—	—	—	—	—	—	—	0.05~0.20	—	0.05	0.15	余量
189	7001	0.35	0.40	1.6~2.6	0.20	2.6~3.4	0.18~0.35	—	6.8~8.0	0.20	—	—	—	—	—	—	—	—	—	—	0.05	0.15	余量
190	7003	0.30	0.35	0.20	0.30	0.50~1.0	0.20	—	5.0~6.5	0.20	—	—	—	—	—	—	—	—	0.05~0.25	—	0.05	0.15	余量
191	7004	0.25	0.35	0.05	0.20~0.7	1.0~2.0	0.05	—	3.8~4.6	0.05	—	—	—	—	—	—	—	—	0.10~0.20	—	0.05	0.15	余量
192	7005	0.35	0.40	0.10	0.20~0.7	1.0~1.8	0.06~0.20	—	4.0~5.0	0.01~0.06	—	—	—	—	—	—	—	—	0.08~0.20	—	0.05	0.15	余量
193	7108	0.10	0.10	0.05	0.05	0.7~1.4	—	—	4.5~5.5	0.05	—	—	—	—	—	—	—	—	0.12~0.25	—	0.05	0.15	余量
194	7108A	0.20	0.30	0.05	0.05	0.7~1.5	0.04	—	4.8~5.8	0.03	—	—	—	0.03	—	—	—	—	0.15~0.25	—	0.05	0.15	余量
195	7020	0.35	0.40	0.20	0.05~0.50	1.0~1.4	0.10~0.35	—	4.0~5.0	g	—	—	—	—	—	—	—	—	0.08~0.20	0.08~0.25 Zr+Ti	0.05	0.15	余量
196	7021	0.25	0.40	0.25	0.10	1.2~1.8	0.05	—	5.0~6.0	0.10	—	—	—	—	—	—	—	—	0.08~0.18	—	0.05	0.15	余量
197	7022	0.50	0.50	0.50~1.0	0.10~0.40	2.6~3.7	0.10~0.30	—	4.3~5.2	g	—	—	—	—	—	—	—	—	g	0.20 Zr+Ti	0.05	0.15	余量
198	7129	0.15	0.30	0.50~0.9	0.10	1.3~2.0	0.10	—	4.2~5.2	0.05	—	—	—	0.03	—	—	—	0.05	—	—	0.05	0.15	余量
199	7034	0.10	0.12	0.8~1.2	0.25	2.0~3.0	0.20	—	11.0~12.0	—	—	—	—	—	—	—	—	—	0.08~0.30	—	0.05	0.15	余量
200	7039	0.30	0.40	0.10	0.10~0.40	2.3~3.3	0.15~0.25	—	3.5~4.5	0.10	—	—	—	—	—	—	—	—	—	—	0.05	0.15	余量
201	7049	0.25	0.35	1.2~1.9	0.20	2.0~2.9	0.10~0.22	—	7.2~8.2	0.10	—	—	—	—	—	—	—	—	—	—	0.05	0.15	余量
202	7049A	0.40	0.50	1.2~1.9	0.50	2.1~3.1	0.05~0.25	—	7.2~8.4	g	—	—	—	—	—	—	—	—	g	0.25 Zr+Ti	0.05	0.15	余量
203	7050	0.12	0.15	2.0~2.6	0.10	1.9~2.6	0.04	—	5.7~6.7	0.06	—	—	—	—	—	—	—	—	0.08~0.15	—	0.05	0.15	余量
204	7150	0.12	0.15	1.9~2.5	0.10	2.0~2.7	0.04	—	5.9~6.9	0.06	—	—	—	—	—	—	—	—	0.08~0.15	—	0.05	0.15	余量

续表 3-9

序号	牌号	化学成分(质量分数)/%																		其他		Al
		Si	Fe	Cu	Mn	Mg	Cr	Ni	Zn	Ti	Ag	B	Bi	Ga	Li	Pb	Sn	V	Zr	单个	合计	
205	7055	0.10	0.15	2.0~2.6	0.05	1.8~2.3	0.04	—	7.6~8.4	0.06	—	—	—	—	—	—	—	—	0.08~0.25	0.05	0.15	余量
206	7255	0.06	0.09	2.0~2.6	0.05	1.8~2.3	0.04	—	7.6~8.4	0.06	—	—	—	—	—	—	—	—	0.08~0.15	0.05	0.15	余量
207	7065	0.06	0.08	1.9~2.3	0.04	1.5~1.8	0.04	—	7.1~8.3	0.06	—	—	—	—	—	—	—	—	0.05~0.15	0.05	0.15	余量
208	7072[b]	g	g	0.10	0.10	0.10	—	—	0.8~1.3	—	—	—	—	—	—	—	—	—	—	0.05	0.15	余量
																			0.7 Si+Fe			
209	7075	0.40	0.50	1.2~2.0	0.30	2.1~2.9	0.18~0.28	—	5.1~6.1	0.20	—	—	—	—	—	—	—	—	—	0.05	0.15	余量
																			(f)			
210	7175	0.15	0.20	1.2~2.0	0.10	2.1~2.9	0.18~0.28	—	5.1~6.1	0.10	—	—	—	—	—	—	—	—	—	0.05	0.15	余量
211	7475	0.10	0.12	1.2~1.9	0.06	1.9~2.6	0.18~0.25	—	5.2~6.2	0.06	—	—	—	—	—	—	—	—	—	0.05	0.15	余量
212	7076	0.40	0.6	0.30~1.0	0.30~0.8	1.2~2.0	—	—	7.0~8.0	0.20	—	—	—	—	—	—	—	—	—	0.05	0.15	余量
213	7178	0.40	0.50	1.6~2.4	0.30	2.4~3.1	0.18~0.28	—	6.3~7.3	0.20	—	—	—	—	—	—	—	—	—	0.05	0.15	余量
214	7085	0.06	0.08	1.3~2.0	0.04	1.2~1.8	0.04	—	7.0~8.0	0.06	—	—	—	—	—	—	—	—	0.08~0.15	0.05	0.15	余量
215	8006	0.40	1.2~2.0	0.30	0.30~1.0	0.10	—	—	0.10	—	—	—	—	—	—	—	—	—	—	0.05	0.15	余量
216	8011	0.50~0.9	0.6~1.0	0.10	0.20	0.05	0.05	—	0.10	0.08	—	—	—	—	—	—	—	—	—	0.05	0.15	余量
217	8011A	0.40~0.8	0.50~1.0	0.10	0.10	0.10	0.10	—	0.10	0.05	—	—	—	—	—	—	—	—	—	0.05	0.15	余量
218	8111	0.30~1.1	0.40~1.0	0.10	0.10	0.05	0.05	—	0.10	0.08	—	—	—	—	—	—	—	—	—	0.05	0.15	余量
219	8014	0.30	1.2~1.6	0.20	0.20~0.6	0.10	—	—	0.10	0.10	—	—	—	—	—	—	—	—	—	0.05	0.15	余量
220	8017	0.10	0.55~0.8	0.10~0.20	—	0.01~0.05	—	—	0.05	—	—	0.04	—	—	0.003	—	—	—	—	0.03	0.10	余量
221	8021	0.15	1.2~1.7	0.05	—	—	—	—	—	—	—	—	—	—	—	—	—	—	—	0.05	0.15	余量
222	8021B	0.40	1.1~1.7	0.05	0.03	0.01	0.03	—	0.05	0.05	—	—	—	—	—	—	—	—	—	0.03	0.10	余量

续表 3－9

化学成分（质量分数）/%

序号	牌号	Si	Fe	Cu	Mn	Mg	Cr	Ni	Zn	Ti	Ag	B	Bi	Ga	Li	Pb	Sn	V	Zr		其他 单个	其他 合计	Al
223	8025	0.05~0.15	0.06~0.25	0.20	0.03~0.10	0.05	0.18	—	0.50	0.005~0.02	—	—	—	—	—	—	—	—	0.02~0.20	—	0.05	0.15	余量
224	8030	0.10	0.30~0.8	0.15~0.30	—	—	—	—	0.05	—	—	0.001~0.04	—	—	—	—	—	—	—	—	0.03	0.10	余量
225	8130	0.15	0.40~1.0	0.05~0.15	—	—	—	—	0.10	—	—	—	—	—	—	—	—	—	—	1.0 Si+Fe	0.03	0.10	余量
226	8050	0.15~0.30	1.1~1.2	0.05	0.45~0.55	0.05	0.05	—	0.10	—	—	—	—	—	—	—	—	—	—	—	0.05	0.15	余量
227	8150	0.30	0.9~1.3	—	0.20~0.7	—	—	—	—	0.05	—	—	—	—	—	—	—	—	—	—	0.05	0.15	余量
228	8076	0.10	0.6~0.9	0.04	—	0.08~0.22	—	—	0.05	—	—	0.04	—	—	—	—	—	—	—	—	0.03	0.10	余量
229	8176	0.03~0.15	0.40~1.0	—	—	—	—	—	0.10	—	—	—	—	0.03	—	—	—	—	—	—	0.05	0.15	余量
230	8177	0.10	0.25~0.45	0.04	—	0.04~0.12	—	—	0.05	—	—	0.04	—	—	—	—	—	—	—	—	0.03	0.10	余量
231	8079	0.05~0.30	0.7~1.3	0.05	—	—	—	—	0.10	—	—	—	—	—	—	—	—	—	—	—	0.05	0.15	余量
232	8090	0.10	0.30	1.0~1.6	0.10	0.6~1.3	0.10	—	0.25	0.10	—	—	—	—	2.2~2.7	—	—	—	0.04~0.16	—	0.05	0.15	余量

注1：表中含量为单个数值者，铝为最低限，其他元素值为最高限。

2："元素栏中"—"指非常规分析元素，"其他"栏中"—"指对数值无要求。

3："其他"指表中未规定极限数值的元素和未列出的金属元素。

4："合计"指不小于0.010%的"其他"金属元素之和。

5：铝含量（质量分数）大于或等于99.00%时，在求和之前表示为两位小数。用100.00%减去所有质量分数不小于0.010%的常规分析元素与怀疑超量的非常规分析的金属元素的和，求和前各元素数值表示到0.0X%。

a 焊接电极及填料焊丝的 w(Be)≤0.0003%。

b 主要用作包覆材料。

c 经供需双方协商并同意，挤压产品与锻件的 w(Zr+Ti)最大可达 0.20%。

d 焊接电极及填料焊丝的 w(Be)≤0.0005%。

e 硅质量分数为镁质量分数的 45%~65%。

f 经供需双方协商并同意，挤压产品与锻件的 w(Zr+Ti)最大可达 0.25%。

g 元素极限数值应符合相应空白栏中元素之和的要求。

表 3 - 10　国内四位字符牌号及化学成分

序号	牌号	化学成分（质量分数）/%																				其他		Al	备注
		Si	Fe	Cu	Mn	Mg	Cr	Ni	Zn	Ti	Ag	B	Bi	Ga	Li	Pb	Sn	V	Zr		单个	合计		
1	1A99	0.003	0.003	0.005	—	—	—	—	0.001	0.002	—	—	—	—	—	—	—	—	—	—	0.002	—	99.99	LG5
2	1B99	0.0013	0.0015	0.0030	—	—	—	—	0.001	0.001	—	—	—	—	—	—	—	—	—	—	0.001	—	99.993	—
3	1C99	0.0010	0.0010	0.0015	—	—	—	—	0.001	0.001	—	—	—	—	—	—	—	—	—	—	0.001	—	99.995	—
4	1A97	0.015	0.015	0.005	—	—	—	—	0.001	0.002	—	—	—	—	—	—	—	—	—	—	0.005	—	99.97	LG4
5	1B97	0.015	0.030	0.005	—	—	—	—	0.001	0.005	—	—	—	—	—	—	—	—	—	—	0.005	—	99.97	—
6	1A95	0.030	0.030	0.010	—	—	—	—	0.003	0.008	—	—	—	—	—	—	—	—	—	—	0.005	—	99.95	—
7	1B95	0.030	0.040	0.010	—	—	—	—	0.003	0.008	—	—	—	—	—	—	—	—	—	—	0.005	—	99.95	—
8	1A93	0.040	0.040	0.010	—	—	—	—	0.005	0.010	—	—	—	—	—	—	—	—	—	—	0.007	—	99.93	LG3
9	1B93	0.040	0.050	0.010	—	—	—	—	0.005	0.010	—	—	—	—	—	—	—	0.05	—	—	0.007	—	99.93	—
10	1A90	0.060	0.060	0.010	—	—	—	—	0.008	0.015	—	—	—	—	—	—	—	—	—	—	0.01	—	99.90	LG2
11	1B90	0.060	0.060	0.010	—	—	—	—	0.008	0.010	—	—	—	—	—	—	—	—	—	—	0.01	—	99.90	—
12	1A85	0.08	0.10	0.01	—	—	—	—	0.01	0.01	—	—	—	—	—	—	—	—	—	—	0.01	—	99.85	LG1
13	1B85	0.07	0.20	0.01	—	—	—	—	0.01	0.02	—	—	—	—	—	—	—	—	—	—	0.01	—	99.85	—
14	1A80	0.15	0.15	0.03	0.02	0.02	—	—	0.03	0.03	—	—	—	0.03	—	—	—	—	—	—	0.02	—	99.80	—
15	1A80A	0.15	0.15	0.03	0.02	0.02	—	—	0.06	0.02	—	—	—	0.03	—	—	—	—	—	—	0.02	—	99.80	—
16	1A60	0.11	0.25	0.01	○	—	○	—	—	○	—	—	—	—	—	—	—	○	—	0.02 V+Ti+Mn+Cr	0.03	—	99.60	—
17	1R60	0.12	0.30	0.01	—	0.01	—	—	0.01	—	—	0.01	—	—	—	—	—	—	0.01~0.20	0.03~0.30 RE	0.03	—	99.60	—
18	1A50	0.30	0.30	0.01	0.05	0.05	—	—	0.03	—	—	—	—	—	—	—	—	—	—	0.45 Fe+Si	0.03	—	99.50	LB2
19	1R50	0.11	0.25	0.01	○	—	○	—	—	○	—	—	—	—	—	—	—	○	—	0.03~0.30 RE，0.02 V+Ti+Mn+Cr	0.03	—	99.50	—

续表 3－10

化学成分（质量分数）/%

序号	牌号	Si	Fe	Cu	Mn	Mg	Cr	Ni	Zn	Ti	Ag	B	Bi	Ga	Li	Pb	Sn	V	Zr		其他 单个	其他 合计	Al	备注
20	1R35	0.25	0.35	0.05	0.03	0.03	—	—	0.05	0.03	—	—	—	—	—	—	—	0.05	—	0.10~0.25 RE	0.03	—	99.35	—
21	1A30	0.10~0.20	0.15~0.30	0.05	0.01	0.01	—	0.01	0.02	0.02	—	—	—	—	—	—	—	—	—	—	0.03	—	99.30	L4-1
22	1B30	0.05~0.15	0.20~0.30	0.03	0.12~0.18	0.03	—	—	0.03	0.02~0.05	—	—	—	—	—	—	—	—	—	—	0.03	—	99.30	—
23	2A01	0.50	0.50	2.2~3.0	0.20	0.20~0.50	—	—	0.10	0.15	—	—	—	—	—	—	—	—	—	—	0.05	0.10	余量	LY1
24	2A02	0.30	0.30	2.6~3.2	0.45~0.7	2.0~2.4	—	—	0.10	0.15	—	—	—	—	—	—	—	—	—	—	0.05	0.10	余量	LY2
25	2A04	0.30	0.30	3.2~3.7	0.50~0.8	2.1~2.6	—	—	0.10	0.05~0.40	—	—	—	—	—	—	—	—	—	0.001~0.01 Be[a]	0.05	0.10	余量	LY4
26	2A06	0.50	0.50	3.8~4.3	0.50~1.0	1.7~2.3	—	—	0.10	0.03~0.15	—	—	—	—	—	—	—	—	—	0.001~0.005 Be[a]	0.05	0.10	余量	LY6
27	2B06	0.20	0.30	3.8~4.3	0.40~0.9	1.7~2.3	—	—	0.10	0.10	—	—	—	—	—	—	—	—	—	0.0002~0.005 Be	0.05	0.10	余量	—
28	2A10	0.25	0.20	3.9~4.5	0.30~0.50	0.15~0.30	—	—	0.10	0.15	—	—	—	—	—	—	—	—	—	—	0.05	0.10	余量	LY10
29	2A11	0.7	0.7	3.8~4.8	0.40~0.8	0.40~0.8	—	0.10	0.30	0.15	—	—	—	—	—	—	—	—	—	0.7 Fe+Ni	0.05	0.10	余量	LY11
30	2B11	0.50	0.50	3.8~4.5	0.40~0.8	0.40~0.8	—	—	0.10	0.15	—	—	—	—	—	—	—	—	—	—	0.05	0.10	余量	LY8
31	2A12	0.50	0.50	3.8~4.9	0.30~0.9	1.2~1.8	—	0.10	0.30	0.15	—	—	—	—	—	—	—	—	—	0.50 Fe+Ni	0.05	0.10	余量	LY12
32	2B12	0.50	0.50	3.8~4.9	0.30~0.7	1.2~1.6	—	—	0.10	0.15	—	—	—	—	—	—	—	—	—	—	0.05	0.10	余量	LY9
33	2D12	0.20	0.30	3.8~4.9	0.40~0.9	1.2~1.8	—	0.05	0.10	0.10	—	—	—	—	—	—	—	—	—	—	0.05	0.10	余量	—
34	2E12	0.06	0.12	4.0~4.6	0.40~0.7	1.2~1.8	—	—	0.15	0.10	—	—	—	—	—	—	—	—	—	0.0002~0.005 Be	0.10	0.15	余量	—

续表 3 – 10

序号	牌号	Si	Fe	Cu	Mn	Mg	Cr	Ni	Zn	Ti	Ag	B	Bi	Ga	Li	Pb	Sn	V	Zr		其他 单个	其他 合计	Al	备注
35	2A13	0.7	0.6	4.0~5.0	—	0.30~0.50	—	—	0.6	0.15	—	—	—	—	—	—	—	—	—	—	0.05	0.10	余量	LY13
36	2A14	0.6~1.2	0.7	3.9~4.8	0.40~1.0	0.40~0.8	—	0.10	0.30	0.15	—	—	—	—	—	—	—	—	—	—	0.05	0.10	余量	LD10
37	2A16	0.30	0.30	6.0~7.0	0.40~0.8	0.05	—	—	0.10	0.10~0.20	—	—	—	—	—	—	—	—	0.20	—	0.05	0.10	余量	LY16
38	2B16	0.25	0.30	5.8~6.8	0.20~0.40	0.05	—	—	—	0.08~0.20	—	—	—	—	—	—	—	0.05~0.15	0.10~0.25	—	0.05	0.10	余量	LY 16-1
39	2A17	0.30	0.30	6.0~7.0	0.40~0.8	0.25~0.45	—	—	0.10	0.10~0.20	—	—	—	—	—	—	—	—	—	—	0.05	0.10	余量	LY17
40	2A20	0.20	0.30	5.8~6.8	—	0.02	—	—	0.10	0.07~0.16	—	0.001~0.01	—	—	—	—	—	0.05~0.15	0.10~0.25	—	0.05	0.15	余量	LY20
41	2A21	0.20	0.20~0.6	3.0~4.0	0.05	0.8~1.2	—	1.8~2.3	0.20	0.05	—	—	—	—	—	—	—	—	—	—	0.05	0.15	余量	—
42	2A23	0.05	0.06	1.8~2.8	0.20~0.6	0.6~1.2	—	—	0.15	0.15	—	—	—	—	0.30~0.9	—	—	—	0.06~0.16	—	0.10	0.15	余量	—
43	2A24	0.20	0.30	3.8~4.8	0.6~0.9	1.2~1.8	0.10	—	0.25	c	—	—	—	—	—	—	—	—	0.08~0.12	0.20 Ti+Zr	0.05	0.15	余量	—
44	2A25	0.06	0.06	3.6~4.2	0.50~0.7	1.0~1.5	—	0.06	—	—	—	—	—	—	—	—	—	—	—	—	0.05	0.10	余量	—
45	2B25	0.05	0.15	3.1~4.0	0.20~0.8	1.2~1.8	—	0.15	0.10	0.03~0.07	—	—	—	—	—	—	—	—	0.08~0.25	0.0003~0.0008 Be	0.05	0.10	余量	—
46	2A39	0.05	0.06	3.4~5.0	0.30~0.8	0.30~0.8	—	—	0.30	0.15	0.30~0.6	—	—	—	—	—	—	—	0.10~0.25	—	0.05	0.15	余量	—
47	2A40	0.25	0.35	4.5~5.2	0.40~0.6	0.50~1.0	0.10~0.20	—	—	0.04~0.12	—	—	—	—	—	—	—	—	0.10~0.20	—	0.05	0.15	余量	—
48	2A42	0.25	0.25	4.5~6.5	0.05~1.0	—	0.001~0.02	—	—	0.01~0.25	—	0.001~0.03 或 0.0001~0.05C	—	—	—	—	—	—	0.1~0.25	0.05~0.25 RE, 0.10~0.25 Cd, 0.001~0.01 Be	0.03	0.10	余量	—

续表 3-10

化学成分（质量分数）/%

序号	牌号	Si	Fe	Cu	Mn	Mg	Cr	Ni	Zn	Ti	Ag	B	Bi	Ga	Li	Pb	Sn	V	Zr	其他（组合）	其他 单个	其他 合计	Al	备注
49	2A49	0.25	0.8~1.2	3.2~3.8	0.30~0.6	1.8~2.2	—	0.8~1.2	—	0.08~0.12	—	—	—	—	—	—	—	—	—	—	0.05	0.15	余量	—
50	2A50	0.7~1.2	0.7	1.8~2.6	0.40~0.8	0.40~0.8	—	0.10	0.30	0.15	—	—	—	—	—	—	—	—	—	0.7 Fe+Ni	0.05	0.10	余量	LD5
51	2B50	0.7~1.2	0.7	1.8~2.6	0.40~0.8	0.40~0.8	0.01~0.20	0.10	0.30	0.02~0.10	—	—	—	—	—	—	—	—	—	0.7 Fe+Ni	0.05	0.10	余量	LD6
52	2A70	0.35	0.9~1.5	1.9~2.5	0.20	1.4~1.8	—	0.9~1.5	0.30	0.02~0.10	—	—	—	—	—	—	—	—	—	—	0.05	0.10	余量	LD7
53	2B70	0.25	0.9~1.4	1.8~2.7	0.20	1.2~1.8	—	0.8~1.4	0.15	0.10	—	—	—	—	—	0.05	0.05	—	[c]	0.20 Ti+Zr	0.05	0.15	余量	—
54	2D70	0.10~0.25	0.9~1.4	2.0~2.6	0.10	1.2~1.8	0.10	0.9~1.4	0.10	0.05~0.10	—	—	—	—	—	—	—	—	—	—	0.05	0.10	余量	—
55	2A80	0.50~1.2	1.0~1.6	1.9~2.5	0.20	1.4~1.8	—	0.9~1.5	0.30	0.15	—	—	—	—	—	—	—	—	—	—	0.05	0.10	余量	LD8
56	2A87	0.10	0.15	3.5~4.1	0.20~0.6	0.20~0.6	—	—	0.20~0.8	0.10	—	—	—	—	1.3~1.8	—	—	—	0.08~0.16	—	0.05	0.15	余量	—
57	2A90	0.50~1.0	0.50~1.0	3.5~4.5	0.20	0.40~0.8	—	1.8~2.3	0.30	0.15	—	—	—	—	—	—	—	—	—	—	0.05	0.10	余量	LD9
58	3A11	0.6	0.7	0.05~0.20	1.0~1.5	—	—	—	0.50~1.5	—	—	—	—	—	—	—	—	—	—	—	0.05	0.15	余量	—
59	3A21	0.6	0.7	0.20	1.0~1.6	0.05	—	—	0.10[b]	0.15	—	—	—	—	—	—	—	—	—	—	0.05	0.10	余量	LF21
60	4A01	4.5~6.0	0.6	0.20	—	0.8~1.3	—	0.50~1.3	—	0.15	—	—	—	—	—	—	[c]	—	—	0.10 Zn+Sn	0.05	0.15	余量	LT1
61	4A11	11.5~13.5	1.0	0.50~1.3	0.20	0.05	0.10	—	0.25	0.15	—	—	—	—	—	—	—	—	—	—	0.05	0.15	余量	LD11
62	4A13	6.8~8.2	0.50	[c]	0.50	0.05	—	—	[c]	0.15	—	—	—	—	—	—	—	—	—	0.15 Cu+Zn, 0.10 Ca	0.05	0.15	余量	LT13
63	4A17	11.0~12.5	0.50	[c]	0.50	0.05	—	—	[c]	0.15	—	—	—	—	—	—	—	—	—	0.15 Cu+Zn, 0.10 Ca	0.05	0.15	余量	LT17
64	4A47	10.7~12.3	0.05	—	—	—	—	—	—	—	—	—	—	—	—	—	—	—	—	0.01~0.10 Sr, 0.01, 0.10 La	—	0.20	余量	—

续表 3 - 10

化学成分(质量分数)/%

序号	牌号	Si	Fe	Cu	Mn	Mg	Cr	Ni	Zn	Ti	Ag	B	Bi	Ga	Li	Pb	Sn	V	Zr	(Si+Fe等)	其他 单个	其他 合计	Al	备注
65	4A54	7.0~9.0	—	—	—	—	—	—	1.5~2.1	0.10~0.20	0.35~0.55	—	—	—	—	—	—	—	—	—	—	0.20	余量	—
66	4A60	0.8~1.0	0.20~0.35	0.05	0.03	0.03	—	—	0.05	0.03	—	—	—	—	—	—	—	—	—	—	0.05	0.15	余量	—
67	4A91	1.0~4.0	0.7	0.7	1.2	1.0	0.20	0.20	1.2	0.20	—	—	—	—	—	—	—	—	—	—	0.05	0.15	余量	—
68	5A01	c	c	0.10	0.30~0.7	6.0~7.0	0.10~0.20	—	0.25	0.15	—	—	—	—	—	—	—	—	0.10~0.20	0.40 Si+Fe	0.05	0.15	余量	LF15
69	5A02	0.40	0.40	0.10	0.15~0.40	2.0~2.8	—	—	—	0.15	—	—	—	—	—	—	—	—	—	0.6 Si+Fe	0.05	0.15	余量	LF2
70	5B02	0.40	0.40	0.10	0.20~0.6	1.8~2.6	0.05	—	0.20	0.10	—	—	—	—	—	—	—	—	—	—	0.05	0.10	余量	—
71	5A03	0.50~0.8	0.50	0.10	0.30~0.6	3.2~3.8	—	—	0.20	0.15	—	—	—	—	—	—	—	—	—	—	0.05	0.10	余量	LF3
72	5A05	0.40	0.50	0.10	0.30~0.6	4.8~5.5	—	—	0.20	—	—	—	—	—	—	—	—	—	—	—	0.05	0.10	余量	LF5
73	5B05	0.40	0.40	0.20	0.20~0.6	4.7~5.7	—	—	—	0.15	—	—	—	—	—	—	—	—	—	0.6 Si+Fe	0.05	0.10	余量	LF10
74	5A06	0.40	0.40	0.10	0.50~0.8	5.8~6.8	—	—	0.20	0.02~0.10	—	—	—	—	—	—	—	—	—	0.0001~0.005 Be[a]	0.05	0.10	余量	LF6
75	5B06	0.40	0.40	0.10	0.50~0.8	5.8~6.8	—	—	0.20	0.10~0.30	—	—	—	—	—	—	—	—	—	0.0001~0.005 Be[a]	0.05	0.10	余量	LF14
76	5E06	0.30	0.40	0.10	0.30~0.8	5.8~6.8	—	—	0.25	0.10	—	—	—	—	—	—	—	—	0.10~0.15	0.20~0.40 Er, 0.005 Be	0.05	0.10	余量	—
77	5A12	0.30	0.30	0.05	0.40~0.8	8.3~9.6	—	0.10	0.20	0.05~0.15	—	—	—	—	—	—	—	—	—	0.005 Be, 0.004~0.05 Sb	0.05	0.10	余量	LF12
78	5A13	0.30	0.30	0.05	0.40~0.8	9.2~10.5	—	0.10	0.20	0.05~0.15	—	—	—	—	—	—	—	—	—	0.005 Be, 0.004~0.05 Sb	0.05	0.10	余量	LF13

续表 3－10

化学成分（质量分数）/%

序号	牌号	Si	Fe	Cu	Mn	Mg	Cr	Ni	Zn	Ti	Ag	B	Bi	Ga	Li	Pb	Sn	V	Zr		其他单个	其他合计	Al	备注
79	5A25	0.20	0.30	—	0.05~0.50	5.0~6.3	—	—	—	0.10	—	—	—	—	—	—	—	—	0.06~0.20	0.0002~0.002 Be, 0.10~0.40 Sc	0.10	0.15	余量	—
80	5A30	c	c	0.10	0.50~1.0	4.7~5.5	0.05~0.20	—	0.25	0.03~0.15	—	—	—	—	—	—	—	—	—	0.40 Si+Fe	0.05	0.10	余量	LF16
81	5A33	0.35	0.35	0.10	0.10	6.0~7.5	—	—	0.50~1.5	0.05~0.15	—	—	—	—	—	—	—	—	0.10~0.30	0.0005~0.005 Be^a	0.05	0.10	余量	LF33
82	5A41	0.40	0.40	0.10	0.30~0.6	6.0~7.0	—	—	0.20	0.02~0.10	—	—	—	—	—	—	—	—	—	—	0.05	0.10	余量	LT41
83	5A43	0.40	0.40	0.10	0.15~0.40	0.6~1.4	—	—	—	0.15	—	—	—	—	—	—	—	—	—	—	0.05	0.15	余量	LF43
84	5A56	0.15	0.20	0.10	0.30~0.40	5.5~6.5	0.10~0.20	—	0.50~1.0	0.10~0.18	—	—	—	—	—	—	—	—	—	—	0.05	0.15	余量	—
85	5E61	0.25	0.25	0.10	0.7~1.1	5.5~6.5	—	—	0.20	—	—	—	—	—	—	—	—	—	0.02~0.12	0.10~0.30 Er	0.05	0.15	余量	—
86	5A66	0.005	0.01	0.005	—	1.5~2.0	—	—	—	—	—	—	—	—	—	—	—	—	—	—	0.005	0.01	余量	LT66
87	5A70	0.15	0.25	0.05	0.30~0.7	5.5~6.3	—	—	0.05	0.02~0.05	—	—	—	—	—	—	—	—	0.05~0.15	0.15~0.30 Sc, 0.0005~0.005 Be	0.05	0.15	余量	—
88	5B70	0.10	0.20	0.05	0.15~0.40	5.5~6.5	—	—	0.05	0.02~0.05	—	—	—	—	—	—	—	—	0.10~0.20	0.20~0.40 Sc, 0.0005~0.005 Be	0.05	0.15	余量	—
89	5A71	0.20	0.30	0.05	0.30~0.7	5.8~6.8	0.10~0.20	—	0.05	0.05~0.15	—	—	—	—	—	—	—	—	0.05~0.15	0.20~0.35 Sc, 0.0005~0.005 Be	0.05	0.15	余量	—
90	5B71	0.20	0.30	0.10	0.30	5.8~6.8	0.30	—	0.30	0.02~0.05	—	0.003	—	—	—	—	—	—	0.08~0.15	0.30~0.50 Sc, 0.0005~0.005 Be	0.05	0.15	余量	—

续表 3 – 10

化学成分（质量分数）/%

序号	牌号	Si	Fe	Cu	Mn	Mg	Cr	Ni	Zn	Ti	Ag	B	Bi	Ga	Li	Pb	Sn	V	Zr		其他 单个	其他 合计	Al	备注
91	5A83	0.25	0.25	0.10	0.30~1.1	4.0~5.0	0.05~0.30	—	0.10	0.02~0.05	—	0.01~0.02或0.0001~0.002 C	—	—	—	—	—	—	0.05	0.01~0.10 RE,0.0001 Na,0.0002 Ca	0.03	0.15	余量	—
92	5E83	0.25	0.25	0.10	0.4~1.0	4.0~4.9	—	—	—	—	—	—	—	—	—	—	—	—	0.10~0.30	0.10~0.30 Er	0.05	0.15	余量	—
93	5A90	0.15	0.20	0.05	—	4.5~6.0	—	—	—	0.10	—	—	—	—	1.9~2.3	—	—	—	0.08~0.15	0.005 Na	0.05	0.15	余量	—
94	6A01	0.40~0.9	0.35	0.35	0.50	0.40~0.8	0.30	—	0.25	0.15	—	—	—	—	—	—	—	—	—	0.50 Mn+Cr	0.05	0.10	余量	6N01
95	6A02	0.50~1.2	0.50	0.20~0.6	0.15~0.35	0.45~0.9	—	—	0.20	—	—	—	—	—	—	—	—	—	—	—	0.05	0.10	余量	LD2
96	6B02	0.7~1.1	0.40	0.10~0.40	0.10~0.30	0.40~0.8	—	—	0.15	0.01~0.04	—	—	—	—	—	—	—	—	—	—	0.05	0.10	余量	LD2-1
97	6R05	0.40~0.9	0.30~0.50	0.15~0.25	0.10	0.20~0.6	0.10	—	—	0.10	—	—	—	—	—	—	—	—	—	0.10~0.20 RE	0.05	0.15	余量	—
98	6A10	0.7~1.1	0.50	0.30~0.8	0.30~0.9	0.7~1.1	0.05~0.25	—	0.20	0.02~0.10	—	—	—	—	—	—	—	—	0.04~0.20	—	0.05	0.15	余量	—
99	6A16	0.6~1.2	0.40	0.02~0.20	0.01~0.25	0.7~1.3	0.10	—	0.25~0.8	0.15	—	—	—	—	—	—	—	—	0.01~0.20	—	0.05	0.15	余量	—
100	6A51	0.50~0.7	0.50	0.15~0.35	—	0.45~0.6	—	—	0.25	0.01~0.04	—	—	—	—	—	—	0.15~0.35	—	—	—	0.05	0.15	余量	—
101	6A60	0.7~1.1	0.30	0.6~0.8	0.50~0.7	0.7~1.0	0.30	—	0.20~0.40	0.04~0.12	0.30~0.50	—	—	—	—	—	—	—	—	—	0.05	0.15	余量	—
102	6A61	0.55~0.7	0.50	0.25~0.45	0.10	0.8~1.4	0.10	—	0.10	0.07	—	—	—	—	—	—	—	—	—	—	0.05	0.15	余量	—
103	6R63	0.30~0.7	0.20	0.10	0.25	0.50~0.7	0.25	—	0.03	0.10	—	—	—	—	—	—	—	—	—	0.10~0.25 RE	0.05	0.15	余量	—
104	7A01	0.30	0.30	0.01	—	—	—	—	0.9~1.3	—	—	—	—	—	—	—	—	—	—	0.45 Si+Fe	0.03	—	余量	LB1

续表 3-10

序号	牌号	化学成分（质量分数）/%																						备注
		Si	Fe	Cu	Mn	Mg	Cr	Ni	Zn	Ti	Ag	B	Bi	Ga	Li	Pb	Sn	V	Zr		其他 单个	其他 合计	Al	
105	7A02	0.6	0.35	0.10~0.25	—	0.55~0.8	—	—	0.7~2.0	0.05~0.10	—	—	—	—	—	—	—	0.10~0.40	0.04~0.10	—	0.03	0.10	余量	—
106	7A03	0.20	0.20	1.8~2.4	0.10	1.2~1.6	0.05	—	6.0~6.7	0.02~0.08	—	—	—	—	—	—	—	—	—	—	0.05	0.10	余量	LC3
107	7A04	0.50	0.50	1.4~2.0	0.20~0.6	1.8~2.8	0.10~0.25	—	5.0~7.0	0.10	—	—	—	—	—	—	—	—	—	—	0.05	0.10	余量	LC4
108	7B04	0.10	0.05~0.25	1.4~2.0	0.20~0.6	1.8~2.8	0.10~0.25	0.10	5.0~6.5	0.05	—	—	—	—	—	—	—	—	—	—	0.05	0.10	余量	—
109	7C04	0.30	0.30	1.4~2.0	0.30~0.50	2.0~2.6	0.10~0.25	—	5.5~6.5	—	—	—	—	—	—	—	—	—	—	—	0.05	0.10	余量	—
110	7D04	0.10	0.15	1.4~2.2	0.10	2.0~2.6	0.05	—	5.5~6.7	0.10	—	—	—	—	—	—	—	—	0.08~0.16	0.02~0.07 Be	0.05	0.10	余量	—
111	7A05	0.25	0.25	0.20	0.15~0.40	1.1~1.7	0.05~0.15	—	4.4~5.0	0.02~0.06	—	—	—	—	—	—	—	—	0.10~0.25	—	0.05	0.15	余量	—
112	7B05	0.30	0.35	0.20	0.20~0.7	1.0~2.0	0.30	—	4.0~5.0	0.20	—	—	—	—	—	—	—	0.10	0.25	—	0.05	0.15	余量	7N01
113	7A09	0.50	0.50	1.2~2.0	0.15	2.0~3.0	0.16~0.30	—	5.1~6.1	0.10	—	—	—	—	—	—	—	—	—	—	0.05	0.10	余量	LC9
114	7A10	0.30	0.30	0.50~1.0	0.20~0.35	3.0~4.0	0.10~0.20	—	3.2~4.2	0.10	—	—	—	—	—	—	—	—	—	—	0.05	0.10	余量	LC10
115	7A11	0.6	0.7	0.05~0.20	1.0~1.5	—	—	—	1.0~2.0	—	—	—	—	—	—	—	—	—	—	—	0.05	0.15	余量	—
116	7A12	0.10	0.06~0.15	0.8~1.2	0.10	1.6~2.2	0.05	—	6.3~7.2	0.03~0.06	—	—	—	—	—	—	—	—	0.10~0.18	0.0001~0.02 Be	0.05	0.10	余量	—
117	7A15	0.50	0.50	0.50~1.0	0.10~0.40	2.4~3.0	0.10~0.30	—	4.4~5.4	0.05~0.15	—	—	—	—	—	—	—	—	—	0.005~0.01 Be	0.05	0.15	余量	LC15
118	7A19	0.30	0.40	0.08~0.30	0.30~0.50	1.3~1.9	0.10~0.20	—	4.5~5.3	—	—	—	—	—	—	—	—	—	0.08~0.20	0.0001~0.004 Be[a]	0.05	0.15	余量	LC19
119	7A31	0.30	0.6	0.10~0.40	0.20~0.40	2.5~3.3	0.10~0.20	—	3.6~4.5	0.02~0.10	—	—	—	—	—	—	—	—	0.08~0.25	0.0001~0.001 Be[a]	0.05	0.15	余量	—

续表 3－10

序号	牌号	化学成分（质量分数）/%																				其他		Al	备注
		Si	Fe	Cu	Mn	Mg	Cr	Ni	Zn	Ti	Ag	B	Bi	Ga	Li	Pb	Sn	V	Zr		单个	合计		
120	7A33	0.25	0.30	0.25~0.55	0.05	2.2~2.7	0.10~0.20	—	4.6~5.4	0.05	—	—	—	—	—	—	—	—	—	—	0.05	0.10	余量	—
121	7A36	0.12	0.15	1.7~2.5	0.05	1.6~2.6	0.05	—	8.5~9.7	0.10	—	—	—	—	—	—	—	—	0.08~0.20	—	0.05	0.15	余量	—
122	7A46	0.12	0.30	0.10~0.40	0.10	0.9~1.7	0.06	—	6.0~7.0	0.08	—	—	—	—	—	—	—	—	—	—	0.05	0.15	余量	—
123	7A48	0.10	0.20	0.25~0.45	0.20~0.40	1.2~2.2	—	—	5.2~7.2	0.02~0.06	—	—	—	—	—	—	—	—	0.07~0.15	0.10~0.35 Sc	0.05	0.15	余量	—
124	7E49	0.20	0.20	0.40~0.8	0.20~0.50	2.0~3.0	—	—	7.2~8.2	—	—	—	—	—	—	—	—	—	0.10~0.15	0.10~0.15 Er	0.05	0.15	余量	—
125	7B50	0.12	0.15	1.8~2.6	0.10	2.0~2.8	0.04	—	6.0~7.0	0.10	—	—	—	—	—	—	—	—	0.08~0.16	0.0002~0.002 Be	0.10	0.15	余量	—
126	7A52	0.25	0.30	0.05~0.20	0.20~0.50	2.0~2.8	0.15~0.25	—	4.0~4.8	0.05~0.18	—	—	—	—	—	—	—	—	0.05~0.15	—	0.05	0.15	余量	LC52
127	7A55	0.10	0.10	1.8~2.5	0.05	1.8~2.8	0.04	—	7.5~8.5	0.01~0.05	—	—	—	—	—	—	—	—	0.08~0.20	—	0.10	0.15	余量	—
128	7A56	0.12	0.15	1.3~2.1	0.05	1.6~2.4	0.05	—	8.6~9.8	0.10	—	—	—	—	—	—	—	—	0.06~0.18	—	0.05	0.15	余量	—
129	7A62	0.12	0.15	0.05~0.50	0.20~0.6	2.5~3.2	0.10~0.20	—	6.7~7.4	0.03~0.10	—	—	—	—	—	—	—	—	0.05~0.15	0.0001~0.003 Be	0.05	0.15	余量	—
130	7A68	0.15	0.35	2.0~2.6	0.15~0.40	1.6~2.5	0.10~0.20	—	6.5~7.2	0.05~0.20	—	—	—	—	—	—	—	—	0.05~0.20	0.005 Be	0.05	0.15	余量	—
131	7B68	0.05	0.05	2.0~2.6	0.05	1.8~2.8	0.04	—	7.8~9.0	0.01~0.05	—	—	—	—	—	—	—	—	0.08~0.25	—	0.10	0.15	余量	—
132	7D68	0.12	0.25	2.0~2.6	0.10	2.3~3.0	0.05	—	8.0~9.0	0.03	—	—	—	—	—	—	—	—	0.10~0.20	0.0002~0.002 Be	0.05	0.10	余量	7A60
133	7E75	0.10	0.15	1.0~1.6	0.08~0.40	1.8~2.6	—	—	5.6~6.6	—	—	—	—	—	—	—	—	—	0.06~0.12	0.08~0.12 Er	0.05	0.15	余量	—
134	7A85	0.05	0.08	1.2~2.0	0.10	1.2~2.0	0.05	—	7.0~8.2	0.05	—	—	—	—	—	—	—	—	0.08~0.16	—	0.05	0.15	余量	—
135	7B85	0.06	0.08	1.1~1.7	0.03	1.4~2.2	—	—	7.4~8.4	0.05	—	—	—	—	—	—	—	—	0.12~0.25	—	0.05	0.15	余量	—

续表 3 – 10

序号	牌号	化学成分（质量分数）/%																		其他		Al	备注
		Si	Fe	Cu	Mn	Mg	Cr	Ni	Zn	Ti	Ag	B	Bi	Ga	Li	Pb	Sn	V	Zr		单个	合计		
136	7A88	0.50	0.75	1.0 ~ 2.0	0.20 ~ 0.6	1.5 ~ 2.8	0.05 ~ 0.20	0.20	4.5 ~ 6.0	0.10	—	—	—	—	—	—	—	—	—		0.10	0.20	余量	—
137	7A93	0.12	0.15	1.6 ~ 2.2	—	2.0 ~ 2.6	—	0.08	9.8 ~ 11.0	—	—	—	—	—	—	—	—	—	0.15 ~ 0.30		0.05	0.15	余量	—
138	7A99	0.10	0.20	1.4 ~ 2.0	—	1.7 ~ 2.5	—	—	7.6 ~ 8.6	0.05	—	—	—	—	—	—	—	—	0.10 ~ 0.20		0.05	0.15	余量	—
139	8A01	0.05 ~ 0.30	0.18 ~ 0.40	0.15 ~ 0.35	0.08 ~ 0.35	—	—	—	—	0.01 ~ 0.03	—	—	—	—	—	—	—	—	—		0.05	0.15	余量	—
140	8C05	0.05	0.04	0.05	0.03 ~ 0.05	0.03 ~ 0.10	—	0.005	0.10	—	—	—	—	—	—	—	—	—	—	0.1 ~ 0.50 C, 0.05 O	0.03	0.10	余量	—
141	8A06	0.55	0.50	0.10	—	0.10	—	—	0.10	—	—	—	—	—	—	—	—	—	—	1.0 ~ Si + Fe	0.05	0.15	余量	L6
142	8C12	0.05	0.04	0.05	0.03 ~ 0.05	0.03 ~ 0.10	—	0.005	0.10	—	—	—	—	—	—	—	—	—	—	0.6 ~ 1.2 C, 0.05 O	0.03	0.10	余量	—

注 1：表中含量为单个数值者，铝为最低限，其他元素为最高限。

2：元素栏中"—"指非常规分析元素，"其他"栏中数值对数值无要求，"备注"栏中"—"指无对应的曾用牌号。

3："其他"指表中未规定极限数值的元素和未列出的金属元素。

4："合计"指不小于 0.010% 的"其他"金属元素之和，但小于等于 99.90% 时，应表示为两位小数。

5：铝合金（质量分数）大于或等于 99.00%，但小于 99.90% 时，应由计算确定，用 100.00% 减去所有质量分数不小于 0.010% 的常规分析元素与怀疑超量的非常规分析元素的和，求和前各元素的和，求和前各元素数值表示到 0.0X%。

6：铝合金（质量分数）大于 99.90%，小于 99.99% 时，应由计算确定，用 100.00% 减去所有质量分数不小于 0.0010% 的常规分析元素与怀疑超量的非常规分析元素的和，求和后将总和修约到 0.00X%。

7：铝合金（质量分数）大于 99.99% 时，应由计算确定，用 100.00% 减去所有质量分数不小于 0.0010% 的常规分析元素与怀疑超量的非常规分析元素的和，求和前将各元素的和，求和后各元素数值表示到 0.00XX%，求和后将总和修约到 0.00X%。

a 铍含量按规定加入，w(Zn) 不大于 0.03%。

b 做铆钉用的 3A21 合金，w(Zn) 不大于 0.03%。

c 元素极限数值空白栏中应符合相应元素之和的要求。

3.4 常用变形铝合金的性能及主要用途

3.4.1 常用变形铝合金的物理、力学及工艺性能

表 3-11~表 3-16 列出了常用变形铝合金的一般特性与典型性能，其中表 3-15 为主要变形铝合金的典型特性及主要用途举例，表 3-16 列出了常用变形铝合金材料的典型力学性能(室温性能)。各系铝合金的主要特性、产品品种、状态、性能与典型用途分别叙述如下。

表 3-11 常用变形铝合金的物理性能

合金		密度(20℃) /(t·m^{-3})	熔化温度范围 /℃	电导率(20℃) IACS/%	热导率(20℃) /[kW·(m·℃)$^{-1}$]
牌号	状态				
1060	O	2.70	646~657	62	0.23
	H18			61	0.23
1100 1200	O	2.71	643~657	59	0.22
	H18			57	0.22
2011	T3	2.82	541~638	39	0.15
	T8			45	0.15
2014	O	2.80	507~638	50	0.19
	T4			34	0.13
	T6			40	0.15
2017	O	2.79	513~640	50	0.19
	T4			34	0.13
2018	T61	2.80	507~638	40	0.15
2024	O	2.77	502~638	50	0.19
	T3、T4			30	0.12
	T6、T81			38	0.15
2117	T4	2.74	510~649	40	0.15
2218	T72	2.71	532~635	40	0.15
2219	O	2.68	543~643	44	0.17
	T3			28	0.11
	T6			30	0.12
3003	O	2.68	643~654	50	0.19
	H18			40	0.15
3004		2.70	629~654	42	0.16
3105		2.71	638~657	45	0.17

续表 3 – 11

合金		密度(20℃) /(t·m⁻³)	熔化温度范围 /℃	电导率(20℃) IACS/%	热导率(20℃) /[kW·(m·℃)⁻¹]
牌号	状态				
4032	O	2.69	532 ~ 571	40	0.15
	T6			36	0.14
4043	O	2.68	575 ~ 630	42	0.16
5005		2.70	632 ~ 652	52	0.20
5050		2.69	627 ~ 652	50	0.19
5052		2.68	607 ~ 649	35	0.14
5154		2.66	593 ~ 643	32	0.13
5454		2.68	602 ~ 646	34	0.13
5056	O	2.64	568 ~ 638	29	0.12
	H38			27	0.11
5083	O	2.66	574 ~ 638	29	0.12
5182	O	2.65	577 ~ 638	31	0.12
5086	O	2.66	585 ~ 640	31	0.13
6061	O	2.70	582 ~ 652	47	0.18
	T4			40	0.15
	T6			43	0.17
6N01	O	2.70	615 ~ 652	52	0.21
	T5			46	0.19
	T6			47	0.19
6063	O	2.69	615 ~ 655	58	0.22
	T5			55	0.21
	T6			53	0.20
6151	O	2.70	588 ~ 650	58	0.20
	T4			42	0.16
	T6			45	0.17
7003	T5	2.79	620 ~ 650	37	0.15
7050	O	2.83	524 ~ 635	47	0.18
	T76			40	0.15
7072	O	2.72	646 ~ 657	59	0.22
7075	T6	2.80	477 ~ 635	33	0.13
7178	T6	2.83	477 ~ 629	32	0.13
7N01	T6	2.78	620 ~ 650	36	0.14

表 3 – 12 常用变形铝合金的平均线膨胀系数

合金	温度范围/℃				
	– 196 ~ – 60	– 60 ~ + 20	20 ~ 100	100 ~ 200	200 ~ 300
1200	16.1×10^{-6}	21.8×10^{-6}	23.6×10^{-6}	24.7×10^{-6}	26.6×10^{-6}
3003	15.8×10^{-6}	21.4×10^{-6}	23.2×10^{-6}	24.1×10^{-6}	25.0×10^{-6}
3004	15.8×10^{-6}	21.4×10^{-6}	23.9×10^{-6}	24.8×10^{-6}	25.9×10^{-6}
2011	15.7×10^{-6}	21.2×10^{-6}	22.9×10^{-6}		
2014	15.3×10^{-6}	21.4×10^{-6}	23.0×10^{-6}	23.6×10^{-6}	24.5×10^{-6}
2017	15.6×10^{-6}	21.6×10^{-6}	23.6×10^{-6}	23.9×10^{-6}	25.0×10^{-6}
2018		20.9×10^{-6}	22.7×10^{-6}	23.2×10^{-6}	24.1×10^{-6}
2024	15.6×10^{-6}	21.4×10^{-6}	23.2×10^{-6}	23.9×10^{-6}	24.7×10^{-6}
2025	15.2×10^{-6}	21.6×10^{-6}	23.2×10^{-6}	23.8×10^{-6}	24.5×10^{-6}
2117	15.9×10^{-6}	21.8×10^{-6}	23.8×10^{-6}		
2218	15.3×10^{-6}	20.7×10^{-6}	22.3×10^{-6}	23.2×10^{-6}	24.1×10^{-6}
4032	13.3×10^{-6}	18.4×10^{-6}	20.0×10^{-6}	20.3×10^{-6}	21.1×10^{-6}
5005		21.9×10^{-6}	23.8×10^{-6}	24.8×10^{-6}	25.7×10^{-6}
5052	16.1×10^{-6}	22.0×10^{-6}	23.8×10^{-6}	24.8×10^{-6}	25.7×10^{-6}
5056	16.2×10^{-6}	22.3×10^{-6}	24.3×10^{-6}	25.4×10^{-6}	26.3×10^{-6}
5083		22.3×10^{-6}	24.2×10^{-6}		
6061	15.9×10^{-6}	21.6×10^{-6}	23.6×10^{-6}	24.3×10^{-6}	25.4×10^{-6}
6N01	16.0×10^{-6}	21.2×10^{-6}	23.5×10^{-6}	24.3×10^{-6}	25.3×10^{-6}
6063	16.0×10^{-6}	21.8×10^{-6}	23.4×10^{-6}	24.3×10^{-6}	25.2×10^{-6}
7003			23.6×10^{-6}		
7N01			23.6×10^{-6}	24.1×10^{-6}	
7075	15.9×10^{-6}	21.6×10^{-6}	23.6×10^{-6}		25.9×10^{-6}

表 3 – 13 实用铝合金的相对腐蚀敏感性

名　称	合金系	实用合金	状态、敏感性
热处理不可 强化合金	纯铝 Al	1100	所有[①]
	Al – Mn	3003	所有[①]
	Al – Mg	5005、5050、5154	所有[①]
		5055、5356	H[④]
	Al – Mg – Mn	3004、3005、5454、5086	所有[①]
		5083、5456	H[①]

续表 3 – 13

名　称	合金系	实用合金	状态、敏感性
热处理 可强化合金	Al – Mg – Si	6063	所有①
	Al – Mg – Si – Cu	6061	T4②，T6①
	Al – Si – Mg	6151、6351	T4②，T6①
	Al – Si – Mg – Cu	6066、6070	T6②
	Al – Cu	2219、2017	T3、T4②
		2219	T6、T8②
	Al – Cu – Si – Mn	2014	T3③，T6③
	Al – Cu – Mg – Mn	2024	T3③，T8②
	Al – Cu – Li – Ca	2020	T6②
	Al – Cu – Fe – Ni	2618	T61③
	Al – Cu – Pb – Bi	2011	T3④，T6、T8②
	Al – Zn – Mg	7039	T6③
	Al – Zn – Mg – Cu	7075、7079	T6③
		7075、7078	T73②

注：①在使用中和实验室中均不产生开裂；

②在使用中短横向产生开裂；

③在使用中短横向产生开裂和实验室中长横向产生开裂；

④在短横向和长横向上产生开裂。

表 3 – 14　常用变形铝合金的工艺性能比较

合金	状态	挤压性能（铸锭状态）	切削性能	成形性能	抗蚀性	抗应力腐蚀开裂性	焊接性能			
							钎焊	气焊	氩弧焊	电阻焊
纯铝	O	A	D	A	A	A	A	A	A	A
	H18		D	A	A	A	A	A	A	A
2A12	T4	D	B	B	D	D	D	D	B	B
	T6		B	B	E	E	D	D	B	B
2A14	T4	C	B	C	D	C	D	D	B	B
	T6		B	D	D	C	D	D	B	B
2A70 2A80	T6	C	C	D	C	C	D	D	B	B
3A21	O	A	E	A	A	A	A	A	A	B
	H18		D	B	A	A	A	A	A	A
4A11	T6	D	B	D	C	B	D	D	B	C
5A02 5A03	O	A	D	A	A	A	D	C	A	B
	H18		C	C	A	A	D	C	A	A
5A05 5A06	O	D	D	A	A	B	D	C	A	B
	H18		C	C	A	C	D	C	A	A
6061	T4	B	C	B	B	A	A	A	A	A
	T6		C	C	B	A	A	A	A	A
6063	T5	A	C	C	A	A	A	A	A	A
	T6		C	C	A	A	A	A	A	A
7A04	T6	E	B	B	C	C	C	D	C	B

注：A 优→E 差。

表 3-15 常用变形铝合金的典型特性与用途举例

合金	标准成分/%	抗蚀[①]性能	切削[①]性能	可焊性[①②]	硬质材料强度/MPa	软质材料强度/MPa	应用实例
EC	Al≥99.45	A-A	D-C	A-A	190	70	导电材料
1200	Al≥99.00	A-A	D-C	A-A	169	91	饭金、器具
1130	Al≥99.30	A-A	D-C	A-A	183	84	反射板
1145	Al≥99.45	A-A	D-C	A-A	197	84	铝箔、饭金
1345	Al≥99.45	A-A	D-C	A-A	197	84	线材
1060	Al≥99.60				141	70	化工机械、车载贮罐
2011	5.5Cu, 0.5Bi, 0.5Pb, 0.4Mg	C-C	A-A	D-D	422		切削零件
2014	4.4Cu, 0.8Si, 0.8Mn	C-C	B-B	B-C	492	190	载重汽车、框架、飞机机构
2017	4.0Cu, 0.5Mn, 0.5Mg	C	B	B-C	436	183	切削零件、输送管道
2117	2.5Cu, 0.3Mg	C	C	B-C	302		铆钉、拉伸钢材
2018	4.0Cu, 0.6Mg, 2.0Ni	C	B	B-C	420		气缸盖、活塞
2218	4.0Cu, 1.5Mg, 2.0Ni	C	B	B-C	337		喷气式飞机机翼、环状零件
2618	2.3Cu, 1.6Mg, 1.0Ni, 1.1Fe	C	B	B-C	450		飞机发动机200℃以下
2219	6.3Cu, 0.3Mn, 0.1V, 0.15Zr	B	B	A	492	176	高温(320℃以下)的结构、焊接结构
2024	4.5Cu, 1.5Mg, 0.6Mn	C-C	B-B	B-B	527	190	卡车车身、切削零件、飞机结构
2025	4.5Cu, 0.8Si, 0.8Mn	C-D	B-B	B-B	413	176	锻件、飞机螺旋桨
3003	1.2Mn	A-A	D-C	A-A	211	112	炊事用具、化工装置、压力槽、建筑材料
3004	1.2Mn, 1.0Mg	A-A	D-C	A-A	288	183	饭金零件、贮罐

续表 3 - 15

合金	标准成分/%	抗蚀[1]性能	切削[1]性能	可焊性[1][2]	硬质材料强度/MPa	软质材料强度/MPa	应用实例
4032	12.2Si, 0.9Cu, 1.1Mg, 0.9Ni	C – D	D – C	B – C	387		活塞
4043	5.0Si						焊条、焊丝
4343	7.5Si						板状和带状的硬钎焊料
5005	0.8Mg	A – A	D – C	A – A	211	127	器具、建筑材料、导电材料
5050	1.4Mg	A – A	D – C	A – A	225	148	建筑材料、冷冻机的调整蛇形管、管道
5052	2.5Mg, 0.25Cr	A – A	D – C	A – A	295	197	钣金零件、水压管、器具
5252	2.5Mg, 0.25Cr	A – A	D – C	A – A	274	197	汽车的调整蛇形管
5652	3.5Mg, 0.25Cr	A – A	D – C	A – A	295	197	焊接结构、压力槽、过氧化氢贮罐
5154	0.8Mn, 2.7Mg, 0.10Cr	A – A	D – C	A – A	337	246	焊接结构、压力槽、贮罐
5454	0.1Mn, 5.2Mg, 0.10Cr	A – A	D – C	A – A	300	253	焊接结构、压力容器、船舶零件
5056	0.1Mn, 5.0Mg, 0.10Cr	A – C	D – C	A – A	433	295	电缆皮、铆钉、挡板、铲斗
5356	0.8Mn, 5.1Mg, 0.10Cr						焊丝、焊丝
5456	0.8Mn	A – B	D – C	A	457	380	高强焊接结构、压力容器、船舶零件
5657	0.7Mn, 4.5Mg, 0.15Cr	A – A	D – C	A – A	225	134	经阳极化处理的汽车、机器外部装饰零件
5083	0.5Mn, 4.0Mg, 0.15Cr	A – C	D – C	A – B	366	295	不受热的焊接压力容器、船、汽车和飞机零件
5086	0.5Si, 0.6Mg	A – C	D – C	A – B	352	267	电视塔、搬动工具、导弹零件、低温装置

续表 3-15

合金	标准成分/%	抗蚀①性能	切削①性能	可焊性①②	硬质材料强度/MPa	软质材料强度/MPa	应用实例
6101	1.0Si, 0.7Mg, 0.25Cr	A-B	B-C	A-B	225	98	高强汇流排材料
6151	0.7Si, 1.3Mg, 0.25Cr	A-B	C	A-B	337		形状复杂的机械或汽车零件
6053	0.6Si, 0.25Cu, 1.0Mg, 0.20Cr	A-B	C	B-C	295	112	铆钉材料、线材
6061	0.6Si, 0.25Cu, 1.0Mg, 0.09Cr	A-A	B-C	A-A	316	127	抗蚀性结构、载重汽车、船舶、车辆、家具
6262	0.6Pb, 0.6Bi	A-A	A-A	B-B	408		管路、切削零件
6063	0.4Si, 0.7Mg	A-A	D-C	A-A	295	116	管状栏杆、家具、框架、建筑用挤压型材
6463	0.4Si, 0.7Mg	A-A	D-C	A-A	246	155	建筑材料、装饰品
6066	1.3Si, 1.0Cu, 0.9Mg, 1.1Mg	B-C	D-C	A-A	411	155	锻件或型材的焊接结构
7001	2.1Cu, 3.0Mg, 0.3Cr, 7.4Zn	C	B-C	D	689	225	重型结构
7039	0.2Mn, 2.7Mg, 0.2Cr, 4.0Zn	A-C	B	A	422	225	低温、导弹等焊接结构
7072	1.0Zn	A-A	D-C	A-A		225	机翼材料、包铝板的表层材料
7075	1.6Cu, 2.5Mg, 0.3Cr, 5.6Zn	C	B	D	584	232	飞机及其他结构零件
7178	2.0Cu, 2.7Mg, 0.3Cr, 6.8Zn	C	B	D	619	232	飞机及其他结构零件
7179	0.6Cu, 0.2Mn, 3.3Mg, 0.20Cr, 4.4Zn	C	B	D	548	225	飞机结构零件

注：①A、B、C 和 D 表示合金性能的优劣顺序，"D-C"中的"-"的左边表示软质材料，右边表示硬质材料。

②A——可以采用普通的方法进行电弧焊；B——焊接有一定困难，但经试验可以焊接；C——容易产生焊接裂纹，并且抗蚀性或强度下降；D——采用现有的方法不能进行焊接。

表 3 - 16　常用变形铝合金材料的典型力学性能(室温性能)

材质	拉伸性能[①]			布氏硬度 HBS10/500	疲劳强度 /MPa
	R_m/MPa	$R_{p0.2}$/MPa	A/%		
1060 - O	70	30	43	19	20
1060 - H12	85	75	16	23	30
1060 - H14	100	90	12	26	35
1060 - H16	115	105	8	30	45
1060 - H18	130	125	6	35	45
1100 - O	90	25	25	23	35
1100 - H12	110	105	12	28	40
1100 - H14	125	115	9	32	50
1100 - H16	145	140	6	38	60
1100 - H18	165	150	5	44	60
1350 - O	85	30			
1350 - H12	95	85			
1350 - H14	110	95			
1350 - H16	175	110			
1350 - H18	185	165			
2011 - T3	380	295	13	95	125
2011 - T78	405	310	12	100	125
2014 - O	185	95	16	45	90
2014 - T4, T451	425	290	18	105	145
2014 - T6, T651	485	415	11	135	125
包铝 2014 - O	170	70	21		
包铝 2014 - T3	435	275	20		
包铝 2014 - T4, T451	421	255	22		
包铝 2014 - T6, T651	470	415	10		
2017 - O	180	70		45	90
2017 - T4, T451	425	275		105	125
2018 - T61	420	315		105	125

续表 3 – 16

材质	拉伸性能[①]			布氏硬度 HBS10/500	疲劳强度 /MPa
	R_m/MPa	$R_{p0.2}$/MPa	A/%		
2024 – O	185	75	20	47	90
2024 – T3	485	345	18	120	140
2024 – T4，T351	470	325	20	120	140
2024 – T361	495	395	13	130	125
包铝 2024 – O	180	75	20		
包铝 2024 – T3	450	310	18		
包铝 2024 – T4	440	290	19		
包铝 2024 – T361	460	365	11		
包铝 2024 – T81	450	325	6		
包铝 2024 – T861	480	395	6		
2025 – T6	400	255		110	125
2036 – T4	300	195	24		125
2117 – T4	295	165		70	95
2218 – T72	330	255		95	
2219 – O	170	75	18		
2219 – T42	360	185	20		
2219 – T31，T351	360	250	17		
2219 – T37	395	315	11		
2219 – T62	415	290	10		105
2219 – T81，T851	455	350	10		105
2219 – T87	475	395	10		105
2618 – T61	625	530		115	18
3003 – O	110	40	30	28	50
3003 – H12	130	125	10	35	55
3003 – H14	150	145	8	40	60
3003 – H16	175	170	5	47	70
3003 – H18	200	185	4	55	70

续表 3 – 16

材质	拉伸性能[①]			布氏硬度 HBS10/500	疲劳强度 /MPa
	R_m/MPa	$R_{p0.2}$/MPa	A/%		
包铝 3003 – O	110	40	30		
包铝 3003 – H12	130	125	10		
包铝 3003 – H14	150	145	8		
包铝 3003 – H16	175	170	5		
包铝 3003 – H18	200	185	4		
3004 – O	180	70	20	45	95
3004 – H32	215	170	10	52	105
3004 – H34	240	200	9	63	105
3004 – H36	260	230	5	70	110
3004 – H38	285	250	5	77	110
包铝 3004 – O	180	70	20		
包铝 3004 – H32	215	170	10		
包铝 3004 – H34	240	200	9		
包铝 3004 – H36	260	230	5		
包铝 3004 – H38	285	250	5		
3105 – O	115	55	24		
3105 – H12	150	130	7		
3105 – H14	170	150	5		
3105 – H16	195	170	4		
3105 – H18	215	195	3		
3105 – H25	180	160	8		
4032 – T6	380	315		120	110
5005 – O	125	40	25	28	
5005 – H12	140	130	10		
5005 – H14	160	150	6		
5005 – H16	180	170	5		
5005 – H18	200	195	4		

续表 3－16

材质	拉伸性能[①]			布氏硬度 HBS10/500	疲劳强度 /MPa
	R_m/MPa	$R_{p0.2}$/MPa	A/%		
5005 – H32	140	115	11	36	
5005 – H34	160	140	8	41	
5005 – H36	180	165	6	46	
5005 – H38	200	185	5	51	
5050 – O	145	55	24	36	85
5050 – H32	170	145	9	46	90
5050 – H34	190	165	8	53	90
5050 – H36	205	180	7	58	95
5050 – H38	220	200	6	63	95
5052 – O	195	90	25	47	110
5052 – H32	230	195	12	60	115
5052 – H34	260	215	10	68	125
5052 – H36	275	240	8	73	130
5052 – H38	290	255	7	77	140
5056 – O	290	150		65	140
5056 – H118	435	405		105	150
5056 – H38	415	345		100	150
5082 – O	275	135	22		
5082 – H34	330	215	16		
5082 – H38	365	300	8		
5083 – O	290	145			
5083 – H321、H116	315	230			130
5086 – O	260	115	22		
5086 – H32、H116	290	205	12		
5086 – H34	325	255	10		
5086 – H112	270	130	14		
5154 – O	240	115	27	58	115

续表 3 – 16

材质	拉伸性能[①]			布氏硬度 HBS10/500	疲劳强度 /MPa
	R_m/MPa	$R_{p0.2}$/MPa	A/%		
5154 – H32	270	205	15	67	125
5154 – H34	290	230	13	73	130
5154 – H36	310	250	12	78	140
5154 – H38	330	270	10	80	145
5154 – H112	240	115	25	63	115
5182 – O	290	145	21		
5182 – H34	330	230	18		
5182 – H38	380	310	9		
5252 – H25	235	170	11	68	
5252 – H38、H28	285	240	5	75	
5254 – O	240	115	27	58	115
5254 – H32	270	205	15	67	125
5254 – H34	290	230	13	73	130
5254 – H36	310	250	12	78	140
5254 – H38	330	270	10	80	145
5254 – H112	240	115	25	63	115
5454 – O	250	115	22	62	
5454 – H32	275	205	10	73	
5454 – H34	305	230	10	81	
5454 – H111	260	180	14	70	
5454 – H112	250	125	18	62	
5456 – O	310	160			
5456 – H112	310	165			
5456 – H321、H116	350	255		90	
5457 – O	130	50	22	32	
5457 – H25	180	160	12	48	
5457 – H38、H28	205	185	6	55	

续表 3－16

材质	拉伸性能[①]			布氏硬度 HBS10/500	疲劳强度 /MPa
	R_m/MPa	$R_{p0.2}$/MPa	A/%		
5652 – O	195	90	25	47	110
5652 – H32	230	195	12	60	115
5652 – H34	260	215	10	68	125
5652 – H36	275	240	8	73	130
5652 – H38	290	255	7	77	140
5657 – H25	160	140	12	40	
5657 – H38、H28	195	165	7	50	
5N01 – O	100	40	33		
5N01 – H24	145	115	12		
5N01 – H26	175	150	8		
5N01 – H28	195	175	3		
6061 – O	125	55	25	30	60
6061 – T4、T451	240	145	22	65	95
6061 – T651	310	275	12	95	95
包铝 6061 – O	115	50	25		
包铝 6061 – T4、T451	230	130	22		
包铝 6061 – T6、T651	290	255	12		
6063 – O	90	50		25	
6063 – T1	150	90	20	42	
6063 – T4	170	90	22		55
6063 – T5	185	145	12	60	60
6063 – T6	240	215	12	73	70
6063 – T83	255	240	9	82	70
6063 – T831	205	185	10	70	
6063 – T832	290	270	12	95	
6066 – O	150	85		43	
6066 – T4、T451	360	205		90	

续表 3-16

材质	拉伸性能[①]			布氏硬度 HBS10/500	疲劳强度 /MPa
	R_m/MPa	$R_{p0.2}$/MPa	A/%		
6066 - T6、T651	395	360		120	110
6070 - T6	380	350	10		95
6101 - H111	95	75			
6101 - T6	220	195	15	71	
6262 - T9	400	380		120	90
6463 - T1	150	90	20	42	70
6463 - T5	185	145	12	60	70
6463 - T6	240	215	12	74	70
6N01 - O	100	55		29	
6N01 - T5	270	225		88	95
6N01 - T6	285	255		95	100
7001 - O	255	150		60	
7001 - T6、T651	675	625		160	150
7049 - T73	515	450		135	
7049 - T7352	515	435		135	
7050 - T7351、T73511	495	435			
7050 - T7451	525	470			
7050 - T7651	550	490			
7075 - O	230	105	17	60	
7075 - T6、T651	570	505	11	150	160
包铝 7075 - O	220	95	17		
包铝 7075 - T6、T651	525	460	11		
7178 - O	230	105	-15		
7178 - T6、T651	605	540	10		
7178 - T6、T7651	570	505			
包铝 7178 - O	220	95	16		
包铝 7178 - T6、T651	560	490	10		

续表 3 – 16

材质	拉伸性能[①]			布氏硬度 HBS10/500	疲劳强度 /MPa
	R_m/MPa	$R_{p0.2}$/MPa	A/%		
7003 – T5	315	255	15	85	125
7N01 – T4	355	220	16	95	
7N01 – T5	345	290	15	100	305
7N01 – T6	360	295	15	100	305
8176 – H24	160	95	15		

注：①国家标准 GB/T 228.1—2010 金属材料拉伸试验中的符号，R_m 为 σ_b，$R_{p0.2}$ 为 $\sigma_{0.2}$，A 为 δ。

3.4.2 非热处理强化铝合金的品种、状态、性能与典型用途

（1）纯铝系合金（1×××系）

纯铝系合金的主要用途是：成形性好的 1100、1050 等合金，多用来制作器皿；表面处理性好的 1100 等合金，多用来制作建筑用镶板；耐蚀性优良的 1050 合金，多用来制作盛放化学药品的装置等。

另外，此系列合金又是热和电的良好导体，特别适于作导电材料（多使用 1060 合金）。

1×××系铝合金的品种、状态与典型用途列于表 3 – 17 中。

表 3 – 17　1×××系铝合金的品种、状态和典型用途

合金	主要品种	状态	典型用途
1050	板、带、箔材	O、H12、H14、H16、H18	导电体、食品、化学和酿造工业用挤压盘管，各种软管，船舶配件，小五金件，烟花粉
	管、棒、线材	O、H14、H18	
	挤压管材	H112	
1060	板、带材	O、H12、H14、H16、H18	要求耐蚀性与成形性均高的场合，但对强度要求不高的零部件，如化工设备、船舶设备、铁道油罐车、导电体材料、仪器仪表材料、焊条等
	箔材	O、H19	
	厚板	O、H12、H14、H12	
	拉伸管	O、H12、H14、H18、H113	
	挤压管、型、棒、线材	O、H112	
	冷加工棒材	H14	

续表 3－17

合金	主要品种	状态	典型用途
1100	板、带材	O、H12、H14、H16、H18	用于加工需要有良好的成形性和较高的抗蚀性，但不要求有高强度的零部件，例如化工设备、食品工业装置与贮存容器、炊具、薄板加工件、深拉或旋压凹形器皿、焊接零部件、热交换器、印刷版、铭牌、反光器具、卫生设备零件和管道、建筑装饰材料、小五金件等
	箔材	O、H19	
	厚板	O、H12、H14、H112	
	拉伸管挤压管、型、棒、线材	O、H12、H14、H16、H18、H113、O、H112	
	冷加工棒材	O、H12、H14、F	
	冷加工线材	O、H12、H14、H16、H18、H112	
	锻件和锻坯	H112、F	
	散热片坯料	O、H14、H18、H19、H25、H111、H113、H211	
1145	箔材	O、H19	包装及绝热铝箔、热交换器
	散热片坯料	O、H14、H19、H25、H111、H113、H211	
1350	板、带材	O、H12、H14、H16、H18	电线、导电绞线、汇流排、变压器带材
	厚板	O、H12、H14、H112	
	挤压管、型、棒	H112	
	线材	O、H12、H14、H16、H22、H24、H26	
	冷加工圆棒	H12、H111	
	冷加工异形棒	O、H12、H14、H16、H19、H22、H24	
	冷加工线材	H26	
1A90	箔材	O、H19	电解电容器箔、光学反光沉积膜、化工用管道
	挤压管	H112	

（2）Al－Mn 系合金（3×××系）

Al－Mn 系合金的加工性能好，与 1100 合金相比，它的强度要好一些，所以使用范围和用量要比 1100 合金广得多。

3003 是含有 1.2% Mn 的合金，比 1100 合金强度高一些。在成形性方面，特别是拉伸性好，广泛用于低温装置、一般器皿和建筑材料等。

3004、3105 是 Al－Mn 系添加镁的合金，添加镁有提高强度的效果，又有抑制再结晶晶粒粗大化的效果，能够使铸块加热处理简单化，所以能在板材的制造上起有利的作用。这些合金适用于制作建筑材料和电灯灯口，广泛用作易拉罐坯料。

3×××系铝合金的品种、状态与典型用途列于表3-18中。

表3-18 3×××系铝合金的品种、状态和典型用途

合 金	品 种	状 态	典型用途
3003 和 3A21	板材	O、H12、H14、H16、H18	用于加工需要有良好的成形性能、高的抗蚀性或可焊性好的零部件，或既要求有这些性能又需要有比1×××系合金强度高的工件，如运输液体产品的槽和罐、压力罐、储存装置、热交换器、化工设备、飞机油箱、油路导管、反光板、厨房等
	厚板	O、H12、H14、112	
	拉伸管	O、H12、H14、H16、H18、H25、H113	
	挤压管、型、棒、线材	O、H112	
	冷加工棒材	O、H112、F、H14	
	冷加工线材	O、H112、H12、H14、16、H18	
	铆钉线材	O、H14	
	锻件	H112、F	设备、洗衣机缸体、铆钉、焊丝
	箔材	O、H19	
	散热片坯料	O、H14、H18、H19、H25、H111、H113、H211	
包铝 3003	板材	O、H12、H14、H16、H18	房屋隔断、顶盖、管路等
	厚板	O、H12、H14、H112	
	拉伸管	O、H12、H18、H25、H113	
	挤压管	O、H12	
3004	板材	O、32、H34、H36、H38	全铝易拉罐身，要求有比3003合金强度更高的零部件，化工产品生产与储存装置，薄板加工件，建筑挡板、电缆管道、下水管，各种灯具零部件等
	厚板	O、H32、H34、H112	
	拉伸管	O、H32、H36、H38	
	挤压管	O	
包铝 3004	板材	O、H131、H151、H241、H261	房屋隔断、挡板、下水管道、工业厂房屋顶盖
	厚板	H341、H361、H32、H36、H38 O、H32、H34、H112	
3105	板材	O、H12、H14、H16、H18、H25	房屋隔断、挡板、活动房板、檐槽和落水管，薄板成形加工件，瓶盖和罩帽等

（3）Al – Si 系合金（4×××系）

Al – Si 系合金，可用来做充填材料和钎焊材料，如汽车散热器复合铝箔，也可用作加强筋和薄板的外层材料，以及活塞材料和耐磨耐热零件。

此系列合金的阳极氧化膜呈灰色，属于自然发色的合金，适用于建筑用装饰及挤压型材。

4043 合金由于制造条件有限，薄膜的颜色容易不均匀，因此近年来使用不多。也有在这一点进行改良的产品，如日本轻金属公司研制的板材 4001 合金和挤压材 4901 合金。

另外，4901 – T5 与 6063 – T5 有相同的强度，可用作建筑材料。4×××系铝合金的品种、状态与典型用途列于表 3 – 19 中。

表 3 – 19 4×××系铝合金的品种、状态和典型用途

合金	主要品种	状态	典型用途
4A11	锻件	F、T6	活塞及耐热零件
4A13	板材	O、F、H14	板状和带状的硬钎焊料，散热器钎焊板和箔的钎焊层
4A17	板材	O、F、H14	板状和带状的硬钎焊料，散热器钎焊板和箔的钎焊层
4032	锻件	F、T6	活塞及耐热零件
4043	线材和板材	O、F、H14、H16、H18	铝合金焊接填料，如焊带、焊条、焊丝
4004	板材	F	钎焊板、散热器钎焊板和箔的钎焊层

（4）Al – Mg 系合金（5×××系）

Al – Mg 系合金耐蚀性良好，不经热处理而由加工硬化可以得到相当高的强度。它的焊接性好，故可研制出各种用途的合金。

Al – Mg 系合金，大致可分为光辉合金、含镁1%的成形加工用材、含镁2%~3%的中强度合金及含镁3%~5%的焊接结构用合金等。

①光辉合金。这种合金是在铁、硅比较少的铝锭中，添加0.4%左右的镁，可用作轿车的装饰部件等。

为了发挥它的光辉性，可用化学研磨的方法，磨出良好的光泽后，再加工出4 μm 左右的硫酸氧化薄膜。另外，在化学研磨时添加铜，有增加光辉性的效果。

②成型加工用材。5005、5050 是含有1%左右的镁的合金，强度不高，但加工性良好，易于进行阳极氧化，耐蚀性和焊接性好。可用作车辆内部装饰材料，

特别是用作建筑材料的拱肩板等低应力构件和器具等。

③中强度合金。5052 是含有 2.5% 的镁与少量铬的中强度合金，耐海水性优良，耐蚀性、成形加工性和焊接性好。具有中等的抗拉强度，而且疲劳强度较高。应用范围比较广。

④焊接结构用合金。5056 是添加 5% 的镁的合金，5×××系合金中，它具有最高的强度。切削性、阳极氧化性良好，耐蚀性也优良。适于用作照相机的镜筒等机器部件。在强烈的腐蚀环境下，有应力腐蚀的倾向，但在一般环境下没有多大的问题。在低温下的静强度和疲劳强度也高。

5083、5086 是为降低对应力腐蚀的感应性，而减少镁含量的一种合金。耐海水性、耐应力腐蚀性优良，焊接性好，强度也相当高，广泛用作焊接结构材料。

5154 的强度介于 5052 与 5083 之间。耐蚀性、焊接性和加工性都与 5052 相当。

此系列合金，具有在低温下增加疲劳强度的性能，所以被应用在低温工业上。5083 作为低温构造材料的实例很多。5×××系铝合金的品种、状态与典型用途列于表 3-20 中。

表 3-20　5×××系铝合金的品种、状态和典型用途

合金	品种	状态	典型用途
5005	板材	O、H12、H14、H16、H18、H32、H34、H36、H38	与 3003 合金相似，具有中等强度与良好的抗蚀性。用作导体、炊具、仪表板、壳与建筑装饰件。阳极氧化膜比 3003 合金上的氧化膜更加明亮，并与 6063 合金的色调协调一致
	厚板	O、H12、H14、H32、H112	
	冷加工棒材	O、H12、H14、H16、H22、H24、H26、H32	
	冷加工线材	O、H19、H32	
	铆钉线材	O、H32	
5050	板材	O、H32、H34、H36、H38	薄板可作为制冷机与冰箱的内衬板，汽车气管、油管，建筑小五金、盘管及农业灌溉管
	厚板	O、H112	
	拉伸管	O、H32、H34、H36、H38	
	冷加工棒材	O、F	
	冷加工线材	O、H32、H34、H36、H38	

续表 3 - 20

合金	品种	状态	典型用途
5052	板材	O、H32、H34、H36、H38	此合金有良好的成形加工性能、抗蚀性、可焊性、疲劳强度与中等的静态强度，用于制造飞机油箱、油管，以及交通车辆、船舶的钣金件、仪表、街灯支架与铆钉线材等
	厚板	O、H32、H34、H112	
	拉伸管	O、H32、H34、H36、H38	
	冷加工棒材	O、F、H32	
	冷加工线材	O、H32、H34、H36、H38	
	铆钉线材	O、H32	
	箔材	O、H19	
5056	冷加工棒材	O、F、H32	镁合金与电缆护套、铆接镁的铆钉、拉链、筛网等；包铝的线材广泛用于加工农业的捕虫器罩，以及需要有高的抗蚀性的其他场合
	冷加工线材	O、H111、H12、H14、H18、H32、H34、H36、H38、H192、H392	
	铆钉线材	O、H32	
	箔材	H19	
5083	板材	O、H116、H321	用于需要有高的抗蚀性、良好的可焊性和中等强度的场合，诸如船舶、汽车和飞机板焊接件，需要严格防火的压力容器、制冷装置、电视塔、钻探设备、交通运输设备、导弹零件、装甲等
	厚板	O、H112、H116、H321	
	挤压管、型、棒、线材	O、H111、H112	
	锻件	H111、H112、F	
5086	板材	O、H112、H116、H32、H34、H36、H38	用于需要有高的抗蚀性、良好的可焊性和中等强度的场合，诸如舰艇、汽车、飞机、低温设备、电视塔、钻井设备、运输设备、导弹零部件与甲板等
	厚板	O、H112、H116、H321	
	挤压管、型、棒、线材	O、H111、H112	
5154	板材	O、H32、H34、H36、H38	焊接结构、贮槽、压力容器、船舶结构与海上设施、运输槽罐
	厚板	O、H32、H34、H112	
	拉伸管	O、H34、H38	
	挤压管、型、棒、线材	O、H112	
	冷加工棒材	O、H112、F	
	冷加工线材	O、H112、H32、H34、H36、H38	

续表 3 - 20

合金	品种	状态	典型用途
5182	板材	O、H32、H34、H19	薄板用于加工易拉罐盖，以及汽车车身板、操纵盘、加强件、托架等零部件
5252	板材	H24、H25、H28	用于制造有较高强度的装饰件，如汽车、仪器等的装饰性零部件，在阳极氧化后具有光亮透明的氧化膜
5254	板材	O、H32、H34、H36、H38	过氧化氢及其他化工产品容器
	厚板	O、H32、H34、H112	
5356	线材	O、H12、H14、H16、H18	焊接镁含量 >3% 的铝镁合金焊条及焊丝
5454	板材	O、H32、H34	焊接结构、压力容器、船舶及海洋设施管道
	厚板	O、H32、H34、H112	
	拉伸管	H32、H34	
	挤压管、型、棒、线材	O、H111、H112	
5456	板材	O、H32、H34	装甲、高强度焊接结构、贮槽、压力容器、船舶材料
	厚板	O、H32、H34、H112	
	锻件	H112、F	
5457	板材	O	经抛光与阳极氧化处理的汽车及其他设备的装饰件
5652	板材	O、H32、H34、H36、H48	过氧化氢及其他化工产品贮存容器
	厚板	O、H32、H34、H112	
5657	板材	H241、H25、H26、H28	经抛光与阳极氧化处理的汽车及其他设备的装饰件，但在任何情况下都必须确保材料具有细的晶粒组织
5A02	同 5052	同 5052	飞机油箱与导管、焊丝、铆钉、船舶结构件
5A03	同 5254	同 5254	中等强度焊接结构件，冷冲压零件，焊接容器，焊丝，可用来代替 5A02 合金

续表 3 – 20

合金	品种	状态	典型用途
5A05	板材	O、H32、H34、H112	焊接结构件、飞机蒙皮骨架
	挤压型材	O、H111、H112	
	锻件	H112、F	
5A06	板材	O、H32、H34	焊接结构、冷模锻零件、焊接容器受力零件、飞机蒙皮骨架部件、铆钉
	厚板	O、H32、H34、H112	
	挤压管、型、棒材	O、H111、H112	
	线材	O、H111、H12、H14、H18、H32、H34、H36、H38	
	铆钉线材	O、H32	
	锻件	H112、F	
5A12	板材	O、H32、H34	焊接结构件、防弹甲板
	厚板	O、H32、H34、H112	
	挤压型、棒材	O、H111、H112	

3.4.3 可热处理强化铝合金的品种、状态、性能与典型用途

（1）Al – Cu 系合金（2×××系）

Al – Cu 系合金作为热处理型合金，有着悠久的历史，素有硬铝（飞机合金）之称。

2014 是在添加铜的同时又添加硅、锰和镁的合金。此种合金的特点是具有高的屈服强度，成形性较好，广泛用作强度比较高的部件。经 T6 处理的材料，具有高的强度。要求韧性的部件，可使用 T4 处理的材料。

2017 和 2024 合金称为硬铝。2017 合金由于在自然时效（T4）下可得到强化，2024 合金是比 2017 合金在自然时效下性能更高的合金，强度也更高。

这些合金适于坐飞机构件、各种锻造部件、切削和车辆的构件等。

2011 合金是含有微量铅、铋的易切削合金，其强度大致与 2017 合金相同。

2×××系铝合金的品种、状态和典型用途见表 3 – 21。

表 3 – 21　2×××系铝合金的品种、状态和典型用途

合金	品　种	状　态	典型用途
2011	拉伸管	T3、T4511、T8	螺钉及要求有良好的切削性能的机械加工产品
	冷加工棒材	T3、T4、T451、T8	
	冷加工线材	T3、T8	
2014 和 2A14	板材	O、T3、T4、T6	应用于要求高强度与硬度（包括调温）的场合。重型锻件、厚板和挤压材料用于飞机结构件，多级火箭第一级燃料槽与航天器零件，车轮、卡车构架与悬挂系统零件
	厚板	O、T451、T651	
	拉伸管	O、T4、T6	
	挤压管、棒、型、线材	O、T4、T4510、T4511、T6、T6510、T6511	
	冷加工棒材	O、T4、T451、T6、T651	
	冷加工线材	O、T4、T6	
	锻件	F、T4、T6、T652	
2017 和 2A11	板材	O、T4	是第一个获得工业应用的2×××系合金，目前的应用范围较窄，主要为铆钉、通用机械零件、飞机、船舶、交通、建筑结构件、运输工具结构件、螺旋桨与配件
	挤压型材	O、T4、T4510、T4511	
	冷加工棒材	O、H13、T4、T451	
	冷加工线材	O、H13、T4	
	铆钉线材	T4	
	锻件	F、T4	
2024 和 2A12	板材	O、T3、T361、T4、T72、T81、T861	飞机结构（蒙皮、骨架、肋梁、隔框等）、铆钉、导弹构件、卡车轮、螺旋桨元件及其他各种结构件
	厚板	O、T351、T361、T851、T861	
	拉伸管	O、T3	
	挤压管、型、棒、线材	O、T3、T3510、T3511、T81、T8510、T8511	
	冷加工棒材	O、T13、T351、T4、T6、T851	
	冷加工线材	O、H13、T36、T4、T6	
	铆钉线材	T4	
2036	汽车车身薄板	T4	汽车车身钣金件
2048	板材	T851	航空航天器结构件与兵器结构零件

续表 3-21

合金	品 种	状 态	典型用途
2117	冷加工棒材和线材铆钉	O、H13、H15	用作工作温度不超过 100℃ 的结构件铆钉
	线材	T4	
2124	厚板	O、T851	航空航天器结构件
2218	锻件	F、T61、T71、T72	飞机发动机和柴油发动机活塞,飞机发动机汽缸头,喷气发动机叶轮和压缩机环
	箔材	F、T61、T72	
2219 和 2A16	板材	O、T31、T37、T62、T81、T87	航天火箭焊接氧化剂槽与燃料槽,超音速飞机蒙皮与结构零件,工作温度为 -270 ~300℃,焊接性好,断裂韧性高,T8 状态有很高的抗应力腐蚀开裂能力
	厚板	O、T351、T37、T62、T851、T87	
	箔材	F、T6、T852	
	挤压管、型、棒、线材	O、T31、T3510、T3500、T62、T84、T8510、T8511	
	冷加工棒材	T851	
	锻件	T6、T852	
2319	线材	O、H13	焊接 2219 合金的焊条和填充焊料
2618 和 2A70	厚板	T651	厚板用作飞机蒙皮,棒材、模锻件与自由锻件用于制造活塞、航空发动机汽缸、汽缸盖、活塞、导风轮、轮盘等零件,以及要求在 150~250℃ 工作的耐热部件
	挤压棒材	O、T6	
	锻件与锻坯	F、T61	
2A01	冷加工棒材和线材铆钉	O、H13、H15	用作工作温度不超过 100℃ 的结构件铆钉
	线材	T4	
2A02	棒材锻件	O、H13、T6、T4、T6、T652	工作温度为 200~300℃ 的涡轮喷气发动机的轴向压气机叶片、叶轮和盘等
2A04	铆钉线材	T4	用来制作工作温度为 120~250℃ 的结构件铆钉
2A06	板材	O、T3、T351、T4	工作温度为 150~250℃ 的飞机结构件及工作温度为 125~250℃ 的航空器结构铆钉
	挤压型材	O、T4	
	铆钉线材	T4	

续表 3 – 21

合金	品 种	状 态	典型用途
2A10	铆钉线材	T4	强度比 2A01 合金的高，用于制造工作温度 ≤100℃ 的航空器结构铆钉
2A10	铆钉线材	T4	用作工作温度不超过 100℃ 的结构件铆钉
2A17	锻件	T6、T852	工作温度为 225～250℃ 的航空器零件，很多用途被 2A16 合金所取代
2A50	锻件、棒材、板材	T6	形状复杂的中等强度零件
2B50	锻件	T6	航空器发动机压气机轮、导风轮、风扇、叶轮等
2A80	挤压棒材	O、T6	航空器发动机零部件及其他工作温度高的零件，该合金锻件几乎完全被 2A70 取代
2A80	锻件与锻坯	F、T61	
2A90	挤压棒材	O、T6	航空器发动机零部件及其他工作温度高的零件，合金锻件逐渐被 2A70 取代
2A90	锻件与锻坯	F、T61	

（2）Al – Mg – Si 系合金（6×××系）

Al – Mg – Si 系合金是热处理型合金，耐蚀性好，近年来大量用来做框架和建筑材料，6063 合金是此系合金的代表。

6063 合金的挤出性、阳极氧化性优良，大部分用来生产建筑用框架，是典型的挤压合金。

6061 合金是具有中等强度的材料，耐蚀性也比较好。作为热处理合金，有较高的强度、优良的冷加工性，广泛用作结构材料。

6662 合金的化学成分和力学性能都相当于 6061 合金。它只是在制造上有所改善，而对挤出材料没有特别的限制。6351 合金又称 B51S，在欧美广泛使用。它与 6662 合金的性能和用途相类似。

6963 合金的化学成分和力学性能，都与 6063 相同。它比 6063 合金的挤压性差一些，但能用于强度要求较高的部件，如建筑用脚架板、混凝土模架和温室构件等。6901 合金，化学成分与 6063 不同，强度与 6963 合金相同或稍高，挤压性能优良。6×××系铝合金的品种、状态与典型用途列于表 3 – 22 中。

表3-22　6×××铝合金的品种和典型用途

合金	品种	状态	典型用途
6005	挤压管、棒、型、线材	T1、T5	挤压型材与管材,用于要求强度大于6063合金的结构件,如梯子、电视天线等
6009	板材	T4、T6	汽车车身板
6010	板材	T4、T6	汽车车身板
6061	板材	O、T4、T6	要求有一定强度、可焊性与抗蚀性高的各种工业结构件,如制造卡车、塔式建筑、船舶、电车、铁道车辆、集装箱、家具等用的管、棒、型材
	厚板	O、T451、T651	
	拉伸管	O、T4、T6	
	挤压管、棒、型、线材	O、T1、T4、T4510、T4511、T51、T6、T6510、T6511	
	导管	T6	
	轧制或挤压结构型材	T6	
	冷加工棒材	O、H13、T4、T541、T6、T651	
	冷加工线材	O、H13、T4、T6、T89、T913、T94	
	铆钉线材	T6	
	锻件	F、T6、T652	
6063	拉伸管	O、T4、T6、T83、T831、T832	建筑型材,灌溉管材,供车辆、台架、家具、升降机、栅栏等用的挤压材料,以及飞机、船舶、轻工业部门、建筑物等用的不同颜色的装饰构件
	挤压管、棒、型、线材	O、T1、T4、T5、T52、T6	
	导管	T6	
6066	拉伸管	O、T4、T42、T6、T62	焊接结构用锻件及挤压材料
	挤压管、棒、型、线材	O、T4、T4510、T4511、T42、T6、T6510、T6511、T62	
	锻件	F、T6	
6070	挤压管、棒、型、线材、锻件	O、T4、T4511、T6、T6511、T62、F、T6	重载焊接结构与汽车工业用的挤压材料与管材,桥梁、电视塔、航海用元件、机器零件、导管等
6101	挤压管、棒、型、线材	T6、T61、T63、T64、T65、H111	公共汽车用的高强度棒材、高强度母线、导电体与散热装置等
	导管	T6、T61、T63、T64、T65、H111	
	轧制或挤压结构型材	T6、T61、T63、T64、T65、H111	

续表 3-22

合金	品种	状态	典型用途
6151	锻件	F、T6、T652	用于模锻曲轴零件、机器零件与生产轧制环,水雷与机器部件,供既要求有良好的可锻性能、高的强度,又要求有良好抗蚀性之用
6201	冷加工线材	T81	高强度导电棒材与线材
6205	板材	T1、T5	厚板、踏板与高冲击的挤压件
	挤压材料	T1、T5	
6262	拉伸管	T2、T6、T62、T9	要求抗蚀性优于2011和2017合金的有螺纹的高应力机械零件(切削性能好)
	挤压管、棒、型、线材	T6、T6510、T6511、T62	
	冷加工棒材	T6、T651、T62、T9	
	冷加工线材	T6、T9	
6351	挤压管、棒、型、线材	T1、T4、T5、T51、T54、T6	车辆的挤压结构件,水、石油等的输送管道,控压型材
6463	挤压棒、型、线材	T1、T5、T6、T62	建筑与各种器械型材,以及经阳极氧化处理后有明亮表面的汽车装饰件
6A02	板材	O、T4、T6	飞机发动机零件,形状复杂的锻件与模锻件,要求有高塑性和高抗蚀性的机械零件
	厚材	O、T4、T451、T6、T651	
	管、棒、型材	O、T4、T4511、T6、T6511	
	锻件	F、T6	

(3)Al-Zn-Mg-Cu系合金(7×××系)

Al-Zn-Mg-Cu系合金大致可分为焊接构造材料(Al-Zn-Mg系)和高强度合金材料(AL-Zn-Mg-Cu系)两种。

1)焊接构件材料(Al-Zn-Mg系)。此系合金有以下三个特点:①热处理性能比较好,与5083合金相比,挤压型材制造容易,加工性和耐蚀性能也良好,采用时效硬化可以得到高强度;②即使是自然时效,也可达到相当高的强度,对裂纹的敏感性低;③焊接的热影响部分,由于加热时被固溶化,故以后进行自然时效时,可以恢复强度,从而提高焊接缝的强度。此类合金被广泛应用于焊接构件的制作。

此外,该系合金在焊接性和耐应力的腐蚀性方面有以下两个特点:①添加微量的锰、钪、铬、锆、钛等元素，可以获得较强的强化效果；②调整包括热处理在内的工艺条件，可以获得具有良好使用性能的材料。

日本开发的 7N01 合金，就是含有锌 4%~5%，镁 1%~2% 的中强度焊接构件材料。日本轻金属公司研制的 7904(R74S) 合金，具有耐蚀性优良、热影响较强的特点。

7904(R74S) 合金对裂纹的敏感性与 5083 相近，焊接条件也差不多。考虑到焊接性和焊接缝的强度，以 5556 合金作为填充材料最为合适。

7904 合金的挤压加工性比 5083 合金好，但是，挤压性更为优良的，还是日本轻金属公司研制的 7704(W74S) 合金。该公司开发的 7804(N74S) 合金，作为焊接及其构件材料不太适宜，但挤压性与 7704 合金相同，适于制造强度较高的部件。

2) 高强度合金材料(Al – Zn – Mg – Cu 系)。此系合金，用作飞机材料的，以超硬铝合金 7075 合金为代表。近年来，滑雪杖、高尔夫球的球棒等体育用品，也采用这种合金来制作。7075 合金的热处理，多用 T651，这种处理可使 T6 处理后的残余应力经拉伸矫正而均匀化，以防止加工时工件发生歪扭变形。T73 处理，会使力学性能有所降低，但却有减轻应力腐蚀倾向的效果。

7×××系铝合金的品种、状态与典型用途列于表 3 – 23 中。

表 3 – 23　7×××系铝合金的品种、状态和典型用途

合金	品种	状态	典型用途
7005	挤压管、棒、型、线材	T53	挤压材料，用于制造既要有高的强度，又要有高的断裂韧性的焊接结构与钎焊结构，如交通运输车辆的桁架、杆件、容器；用于制造大型热交换器，以及焊接后不能进行固溶处理的部件；还可用于制造体育器材，如网球拍与垒球棒
	板材和厚板	T6、T63、T6351	
7039	板材和厚板	T6、T651	冷冻容器、低温器械与贮存箱，消防压力器材，军用器材、装甲、导弹装置
7049	锻件	F、T6、T652、T73、T7352	用于制造既要求静态强度与 7079 – T6 合金的相同，又要求有高的抗应力腐蚀开裂能力的零件，如飞机与导弹零件——起落架、齿轮箱、液压缸和挤压件。零件的疲劳性能大致与 7075 – T6 合金的相等，而韧性稍高
	挤压型材	T73511、T76511	
	薄板和厚板	T73	

续表 3 – 23

合金	品种	状态	典型用途
7050	厚板	T7451、T7651	飞机结构件用中厚板,挤压件、自由锻件与模锻件。制造这类零件对合金的要求是:抗剥落腐蚀、应力腐蚀开裂能力、断裂韧性与疲劳性能都高。飞机机身框架、机翼蒙皮、舱壁、桁条、加强筋、肋、托架、起落架支承部件、座椅导轨、铆钉
	挤压棒、型、线材	T73510、T73511、T74510、T74511、T76510、T76511	
	冷加工棒、线材	H13	
	铆钉线材	T73	
	锻件	F、T74、T7452	
	包铝薄板	T76	
7072	散热器片坯料	O、H14、H18、H19、H23、H24	空调器铝箔与特薄带材;2219、3003、3004、5050、5052、5154、6061、7075、7475、7178 合金板材与管材的包覆层
		H241、H25、H111、H113、H211	
7075	板材	O、T6、T73、T76	用于制造飞机结构及其他要求强度高、抗蚀性能强的高应力结构件,如飞机上、下翼面壁板,桁条,隔框等。固溶处理后塑性好,热处理强化效果特别好,在150℃以下有高的强度,并且有特别好的低温强度,焊接性能差,有应力腐蚀开裂倾向,双级时效可提高抗 SCC 性能
	厚板	O、T651、T7351、T7651	
	拉伸管	O、T6、T73	
	挤压管、棒、型、线材	O、T6、T6510、T6511、T73、T73510、T73511、T76、T76510、T76511	
	轧制或冷加工棒材	O、H13、T6、T651、T73、T7351	
	冷加工线材	O、H13、T6、T73	
	铆钉线材	T6、T73	
	锻件	F、T6、T652、T76、T7352	
7175	锻件	F、T74、T7452、T7454、T66	用于锻造航空器用的高强度结构件,如飞机翼外翼梁、主起落架梁、前起落架动作筒、垂尾接头、火箭喷管结构件。T74 材料有良好的综合性能,即强度、抗剥落腐蚀与抗应力腐蚀开裂性能、断裂韧性、疲劳强度都高
	挤压件	T74、T6511	

续表 3－23

合金	品种	状态	典型用途
7178	板材	O、T6、T76	制造供航空航天器用的要求抗压屈服强度高的零部件
	厚板	O、T651、T7651	
	挤压管、棒、型、线材	O、T6、T6510、T6511、T76、T76510、T76511	
	冷加工棒材、线材	O、H13	
	铆钉线材	T6	
7475	板材	O、T61、T761	机身用的包铝的与未包铝的板材。其他既要有高的强度，又要有高的断裂韧性的零部件，如飞机机身、机翼蒙皮、中央翼结构件、翼梁、桁条、舱壁、T－39 隔板、直升机舱板、起落架舱门、子弹壳
	厚板	O、T651、T7351、T7651	
	轧制或冷加工棒材	O	
7A04	板材	O、T6、T73、T76	飞机蒙皮、螺钉，以及受力构件，如大梁桁条、隔框、翼肋、起落架等
	厚板	O、T651、T7351、T7651	
	拉伸管	O、T6、T73	
	挤压管、棒、型、线材	O、T6、T6510、T6511、T73、T73510、T73511、T76、T76510、T76511	
	轧制或冷加工棒材	O、H13、T6、T651、T73、T7351	
	冷加工线材	O、H13、T6、T73	
	铆钉线材	T6、T73	
	锻件	F、T6、T652、T73、T7352	
7150	厚板 挤压件 锻件	T651、T7751 T6511、T77511 T77	大型客机的上翼结构，机体板梁凸缘，上面外板主翼纵梁，机身加强件，龙骨梁，座椅导轨。强度高，抗腐蚀性（剥落腐蚀）良好，是 7050 的改良型合金，在 T651 状态下比 7075 的高 10%～15%，断裂韧性高 10%，抗疲劳韧性能好，两者的抗 SCC 性能相似
7055	厚板	T651、T7751	大型飞机的上翼蒙皮、长桁、水平尾翼、龙骨梁、座轨、货运滑轨。抗压和抗拉强度比 7150 的高 10%，断裂韧性、耐腐蚀性与 7150 的相似
	挤压件	T77511	
	锻件	T77	

（4）Al－其他元素合金（8×××系）

Al－Li 系合金属超轻铝合金，其密度仅为 2.4～2.5 t/m³，比普通铝合金轻 15%～20%，主要用作要求轻量化的航天航空材料、交通运输材料和兵器材料等，8090 合金是一种典型的中强耐损伤铝－锂合金，有很好的低温性能和韧性，可加工成厚板、中厚板、薄板、挤压材和锻件。8090－T81 合金的抗疲劳性、抗应力腐蚀性和剥落腐蚀性都优于 2024T6 合金，而力学性能和焊接性能与 2219 合金相当。

8×××系铝合金的品种、状态与典型用途列于表 3－24 中。

表 3－24　Al－其他元素合金的品种、状态和典型用途

合金	主要品种	状态	典型用途
2090	薄板、厚板、挤压材、锻件	O、T31、T3、T6、T81、T83、T84、T86、T351、T851	目前 Al－Li 系铝合金材料主要用于航天航空工业，如飞机蒙皮、舱门、隔板、机架、翼梁、翼肋、燃料箱、舱壁、甲板、桁架、上下桁条、座椅、导管、框架、行李箱等。此外，在汽车工业、导弹、火箭和兵器工业上也都获得了应用
2091	薄板、厚板、挤压材、锻件	O、T3、T8、T84、T851、T8X51、T83、T351、T851、T86	
2094	薄板、厚板、挤压材、锻件	O、T3、T31、T8、T83、T86、T851、T351、T86	
2095	薄板、厚板、挤压材、锻件	O、T3、T31、T351、T8、T83、T86、T851	
2195	薄板、厚板、挤压材、锻件	O、T3、T351、T8、T851、T86	
X2096	薄板、厚板、挤压材、锻件	O、T3、T351、T8、T851、T86	
2097	薄板、厚板、挤压材、锻件	O、T3、T351、T8、T85、T86	
2197	薄板、厚板、挤压材、锻件	O、T3、T351、T8、T851、T86	
8090	薄板、厚板、挤压材、锻件	O、T8、T8X、T81、T8771、T651、T8E70	
8091	薄板、厚板、挤压材、锻件	T8151、T8E51、T6511、T8511、T8510、T7E20、T8X、T810	
8093	薄板、厚板、挤压材、锻件	O、T852、T8、T81、T351、T851、T86、T652、T8551	
Veldalite	薄板、厚板、挤压材、锻件	O、T3、T4、T6、T8、T86、T851、T351	
BAA23	板材、挤压材、锻件	O、T3、T4、T6、T8、T851、T351	

4 铸造铝合金的特性、牌号及主要应用

4.1 铸造铝合金的一般特性

为了获得各种形状与规格的优质精密铸件,用于铸造的铝合金必须具备以下特性,其中最关键的是流动性和可填充性。

(1)有填充狭槽窄缝部分的良好流动性;

(2)有比一般金属低,但能满足极大部分情况要求的熔点;

(3)导热性能好,熔融铝的热量能快速向铸模传递,铸造周期较短;

(4)熔体中的氢气和其他有害气体可通过处理得到有效控制;

(5)铝合金铸造时,没有热脆开裂和撕裂的倾向;

(6)化学稳定性好,有高的抗蚀性能;

(7)不易产生表面缺陷,铸件表面有良好的表面光洁度和光泽,而且易于进行表面处理;

(8)铸造铝合金的加工性能好,可用压模、硬(永久)模、生砂和干砂模、熔模、石膏型铸造模进行铸造生产,也可用真空铸造、低压和高压铸造、挤压铸造、半固态铸造、离心铸造等方法成形,生产不同用途、不同品种规格、不同性能的各种铸件。

4.2 铸造铝合金的牌号与状态表示方法

铸造铝合金具有与变形铝合金相同的合金体系,以及与变形铝合金相同的强化机理(除应变硬化外),同样可分为热处理强化型和非热处理强化型两大类。

目前,世界各国已开发出了大量供铸造的铝合金,但目前基本的合金只有以下6类:

(1)Al – Cu 铸造铝合金;

(2)Al – Cu – Si 铸造铝合金;

(3)Al – Si 铸造铝合金;

(4)Al – Mg 铸造铝合金;

（5）Al – Zn – Mg 铸造铝合金；

（6）Al – Sn 铸造铝合金。

铸造铝合金系属，目前国际上无统一标准。各国（公司）都有自己的合金命名及术语，下面分别简述。

4.2.1 中国铸造铝合金的牌号与状态表示方法

（1）按 GB 8063 的规定，铸造铝合金牌号用化学元素及数字表示，数字表示该元素的平均含量。在牌号的最前面用"Z"表示铸造，例如 ZAlSi7Mg，表示铸造铝合金，平均含硅量为 7%，平均含镁量小于 1%。另外还用合金代号表示，合金代号由字母"Z""L"（分别是"铸""铝"的汉语拼音第一个字母）及其后的三位数字组成。"Z""L"后面第一个数字表示合金系列，其中 1、2、3、4 分别表示铝硅、铝铜、铝镁、铝锌系列合金，ZL 后面第二位、第三位两个数字表示顺序号。优质合金的数字后面附加字母"A"。

（2）合金铸造方法和变质处理代号

S—砂型铸造；

J—金属型铸造；

R—熔模铸造；

K—壳型铸造；

B—变质处理。

（3）合金状态代号

F—铸态；

T1—人工时效；

T2—退火；

T4—固溶处理加自然时效；

T5—固溶处理加不完全人工时效；

T6—固溶处理加完全人工时效；

T7—固溶处理加稳定化处理；

T8—固溶处理加软化处理。

（4）铸造铝合金化学成分

按 GB/T 1173—2013 铸造铝合金规定，铸造铝合金的化学成分见表 4 – 1，杂质允许含量见表 4 – 2。

表4-1　铸造铝合金的化学成分（GB/T 1173—2013）

序号	合金牌号	合金代号	主要元素 w/%							
			Si	Cu	Mg	Zn	Mn	Ti	其他	Al
1	ZAlSi7Mg	ZL101	6.5~7.5	—	0.25~0.45	—	—	—	—	余量
2	ZAlSi7MgA	ZL101A	6.5~7.5	—	0.25~0.45	—	—	0.08~0.20	—	余量
3	ZAlSi12	ZL102	10.0~13.0	—	—	—	—	—	—	余量
4	ZAlSi9Mg	ZL104	8.0~10.5	—	0.17~0.35	—	0.2~0.5	—	—	余量
5	ZAlSi5Cu1Mg	ZL105	4.5~5.5	1.0~1.5	0.4~0.6	—	—	—	—	余量
6	ZAlSi5Cu1MgA	ZL105A	4.5~5.5	1.0~1.5	0.4~0.55	—	—	—	—	余量
7	ZAlSi8Cu1Mg	ZL106	7.5~8.5	1.0~1.5	0.3~0.5	—	0.3~0.5	0.10~0.25	—	余量
8	ZAlSi7Cu4	ZL107	6.5~7.5	3.5~4.5	—	—	—	—	—	余量
9	ZAlSi12Cu2Mg1	ZL108	11.0~13.0	1.0~2.0	0.4~1.0	—	0.3~0.9	—	—	余量
10	ZAlSi12Cu2Mg1Ni1	ZL109	11.0~13.0	0.5~1.5	0.8~1.3	—	—	—	Ni 0.8~1.5	余量
11	ZAlSi5Cu6Mg	ZL110	4.0~6.0	5.0~8.0	0.2~0.5	—	—	—	—	余量
12	ZAlSi9Cu2Mg	ZL111	8.0~10.0	1.3~1.8	0.4~0.6	—	0.10~0.35	0.1~0.35	—	余量
13	ZAlSi7Mg1A	ZL114A	6.5~7.5	—	0.45~0.75	—	—	0.10~0.20	Be 0~0.07	余量
14	ZAlSi5Zn1Mg	ZL115	4.8~6.2	—	0.4~0.65	1.2~1.8	—	—	Sb 0.1~0.25	余量
15	ZAlSi8MgBe	ZL116	6.5~8.5	—	0.35~0.55	—	—	0.10~0.30	Be 0.15~0.40	余量
16	ZAlSi7Cu2Mg	ZL118	6.0~8.0	1.3~1.8	0.2~0.5	—	0.1~0.3	0.10~0.25	—	余量
17	ZAlCu5Mn	ZL201	—	4.5~5.3	—	—	0.6~1.0	0.15~0.35	—	余量

续表 4-1

序号	合金牌号	合金代号	主要元素 w/%							
			Si	Cu	Mg	Zn	Mn	Ti	其他	Al
18	ZAlCu5MnA	AL201A	—	4.8~5.3	—	—	0.6~1.0	0.15~0.35	—	余量
19	ZAlCu10	ZL202	—	9.0~11.0	—	—	—	—	—	余量
20	ZAlCu4	ZL203	—	4.0~5.0	—	—	—	—	—	余量
21	ZAlCu5MnCdA	ZL204A	—	4.6~5.3	—	—	0.6~0.9	0.15~0.35	Cd 0.15~0.25	余量
22	ZAlCu5MnCdVA	ZL205A	—	4.6~5.3	—	—	0.3~0.5	0.15~0.35	Cd 0.15~0.25 V 0.05~0.3 Zr 0.05~0.2 B 0.005~0.06	余量
23	ZAlRE5Cu3Si2	ZL207	1.6~2.0	3.0~3.4	0.15~0.25	—	0.9~1.2	—	Zr 0.15~0.2 Ni 0.2~0.3 RE 4.4~5.0	余量
24	ZAlMg10	ZL301	—	—	9.5~11.0	—	—	—	—	余量
25	ZAlMg5Si	ZL303	0.8~1.3	—	4.5~5.5	—	0.1~0.4	—	—	余量
26	ZAlMg8Zn1	ZL305	—	—	7.5~9.0	1.0~1.5	—	0.1~0.2	Be 0.03~0.1	余量
27	ZAlZn11Si7	ZL401	6.0~8.0	—	0.1~0.3.	9.0~13.0	—	—	—	余量
28	ZAlZn6Mg	ZL402	—	—	0.5~0.65	5.0~6.5	0.2~0.5	0.15~0.25	Gr 0.4~0.6	余量

注："RE"为"含铈混合稀土"，其中混合稀土总量应不少于98%，铈含量不少于45%。

表4－2　铸造铝合金杂质允许含量（GB/T 1173—2013）

杂质含量，不大于/%

序号	合金牌号	合金代号	Fe		Si	Cu	Mg	Zn	Mn	Ti	Zr	Tz+Zr	Be	Ni	Sn	Pb	杂质总和	
			S	J													S	J
1	ZAlSi7Mg	ZL101	0.5	0.9	—	0.2	—	0.3	0.35	—	—	0.25	0.1	—	0.01	0.05	1.1	1.5
2	ZAlSi7MgA	ZL101A	0.2	0.2	—	0.1	0.1	0.1	0.1	—	0.2	—	—	—	0.01	0.03	0.7	0.7
3	ZAlSi12	ZL102	0.7	1	—	0.3	—	0.1	0.5	0.2	—	—	—	—	0.01	—	2	2.2
4	ZAlSi9Mg	ZL104	0.6	0.9	—	0.1	—	0.25	—	—	—	0.15	—	—	0.01	0.05	1.1	1.4
5	ZAlSi5Cu1Mg	ZL105	0.6	1	—	—	—	0.3	0.5	—	—	0.15	0.1	—	0.01	0.05	1.1	1.4
6	ZAlSi5Cu1MgA	ZL105A	0.2	0.2	—	—	—	0.1	0.1	—	—	—	—	—	0.01	0.05	0.5	0.5
7	ZAlSi8Cu1Mg	ZL106	0.6	0.8	—	—	—	0.2	—	—	—	—	—	—	0.01	0.05	0.9	1
8	ZAlSi7Cu4	ZL107	0.5	0.6	—	—	0.1	0.3	0.5	—	—	—	—	—	0.01	0.05	1	1.2
9	ZAlSi12Cu2Mg1	ZL108	—	0.7	—	—	—	0.2	0.2	0.2	—	—	—	0.3	0.01	0.05	—	1.2
10	ZAlSi12Cu1Mg1Ni1	ZL109	—	0.7	—	—	—	0.2	0.2	0.2	—	—	—	—	0.01	0.05	—	1.2
11	ZAlSi5Cu6Mg	ZL110	—	0.8	—	—	—	0.6	0.5	—	—	—	—	—	0.1	0.05	—	2.7
12	ZAlSi9Cu2Mg	ZL111	0.4	0.4	—	—	—	0.1	—	—	—	—	—	—	0.01	0.05	1	1
13	ZAlSi7Mg1A	ZL114A	0.2	0.2	—	—	0.1	—	0.1	0.1	—	0.2	—	—	0.01	0.03	0.75	0.75
14	ZAlSi5Zn1Mg	ZL115	0.3	0.3	—	0.1	—	0.1	0.1	—	—	—	—	—	0.01	0.05	0.8	1

续表 4-2

序号	合金牌号	合金代号	杂质含量，不大于/% Fe S	Fe J	Si	Cu	Mg	Zn	Mn	Ti	Zr	Tz+Zr	Be	Ni	Sn	Pb	杂质总和 S	杂质总和 J
15	ZA1Si8MgBe	ZL116	0.6	0.6	—	0.3	—	0.3	0.1	—	0.2	B0.10	—	—	0.01	0.05	1	1
16	ZA1Si17Cu2Mg	ZL118	0.3	0.3	—	—	—	0.1	—	—	—	—	—	—	0.05	0.05	1	1
17	ZA1Cu5Mn	ZL201	0.25	0.3	0.3	—	0.05	0.2	—	—	0.2	—	—	0.1	—	—	1	1
18	ZA1Cu5MnA	ZL201A	0.15	—	0.1	—	0.05	0.1	—	—	0.15	—	—	0.05	—	—	0.4	—
19	ZA1Cu10	ZL202	1	1.2	1.2	—	0.3	0.8	0.5	—	—	—	—	0.5	—	—	2.8	3
20	ZA1Cu4	ZL203	0.8	0.8	1.2	—	0.05	0.25	0.1	0.2	0.1	—	—	—	0.05	0.05	2.1	2.1
21	ZA1Cu5MnCdA	ZL204A	0.15	0.15	0.06	—	0.05	0.1	—	—	0.15	—	—	0.05	0.01	—	0.4	—
22	ZA1Cu5MnCdVA	ZL205A	0.15	0.15	0.06	—	0.05	—	—	—	—	—	—	—	—	—	0.3	0.3
23	ZA1RE5Cu3Si2	ZL207	0.6	0.6	—	—	—	0.2	—	—	—	—	—	—	0.05	—	0.8	0.8
24	ZA1Mg10	ZL301	0.3	0.3	0.3	0.1	—	0.15	0.15	0.15	0.2	—	0.07	0.05	—	0.05	1	1
25	ZA1Mg5Si1	ZL303	0.5	0.5	—	0.1	—	0.2	—	0.2	—	—	—	—	—	—	0.7	0.7
26	ZA1Mg8Zn1	ZL305	0.3	—	0.2	0.1	—	—	0.1	—	—	—	—	—	—	—	0.9	—
27	ZA1Zn11Si7	ZL401	0.7	1.2	—	0.6	—	—	0.5	—	—	—	—	—	—	—	1.8	2
28	ZA1Zn6Mg	ZL402	0.5	0.8	0.3	0.25	—	—	0.1	—	—	—	—	—	—	—	1.35	1.65

注：S——砂型模铸造；J——金属型模铸造。

4.2.2 美国和日本的铸造铝及铝合金

（1）美国及 ISO 铸造铝及铝合金

根据美国铝业协会（AA）规定，铸造铝合金用三位数字加小数点表示，小数点后是"0"（即×××0），表示纯铝及铝合金铸件成分，小数点后是"1"或"2"（即×××1 或×××2），表示纯铝或铝合金铸锭。牌号的第一位是"1"，表示铸造纯铝，第一位是"2""3""4""5""7""8"，表示铸造铝合金。

美国铝业协会的分类法如下。

1×× · ×：控制非合金化的成分；

2×× · ×：含铜，且铜作为主要合金化元素的铸造铝合金；

3×× · ×：含镁或（和）铜的铝硅合金；

4×× · ×：二元铝硅合金；

5×× · ×：含镁，且镁作为主要合金化元素的铸造铝合金，通常还含有铜、硅、铬、锰等元素。

6×× · ×：目前尚未使用；

7×× · ×：含锌，且锌作为主要合金化元素的铸铝合金；

8×× · ×：含锡，且锡作为主要合金化元素的铸铝合金；

9×× · ×：目前尚未使用。

UNS 数字系统用 A 加五位数字表示铸造纯铝及铝合金。ISO 标准的铸造纯铝及铝合金中，纯铝铸锭用 Al 加 99 及小数点表示。小数点后为"0"，表示铝含量有效值为 99%，例如铝含量为 99.00%，牌号表示为 Al99.0。小数点后数字为"5""7""8"，表示铝含量的小数点后的有效值，例如 Al99.5、Al99.7 等表示 Al 含量为 99.5%、99.7%。铸造铝合金用 Al 加元素符号及元素的平均含量表示，牌号前加标准号。ISO 铸造铝合金标准号有 R164、R2147 及 3522，例如 3522AlCu4MgTi、R164AlCuMgTi、R214 AlCuMgTi 等。美国"AA""UNS"及"ISO"的铸造纯铝及铝合金牌号及化学成分可参阅有关参考文献。

（2）日本的铸造铝合金

表 4-3 至表 4-5 列出了日本主要铸造铝合金的化学成分及典型特性和用途。

表4-3 日本铸造铝合金化学成分（JISH 5202—2010 铝合金铸件）

化学成分 w/%

合金牌号	Si	Fe	Cu	Mn	Mg	Zn	Ni	Ti	Pb	Sn	Cr	Al
AC1A	1.2	0.5	4.0~5.0	0.3	0.15	0.3	0.05	0.25	0.05	0.05	0.05	余量
AC1B	0.2	0.35	4.0~5.0	0.1	0.15~0.35	0.1	0.05	0.05~0.30	0.05	0.05	0.05	余量
AC2A	4.0~6.0	0.8	3.0~4.5	0.55	0.25	0.55	0.3	0.2	0.15	0.05	0.15	余量
AC2B	5.0~7.0	1	2.0~4.0	0.5	0.5	1	0.35	0.2	0.2	0.1	0.2	余量
AC3A	10.0~13.0	0.8	0.25	0.35	0.15	0.3	0.1	0.2	0.1	0.1	0.15	余量
AC4A	8.0~10.0	0.55	0.25	0.30~0.6	0.30~0.60	0.25	0.1	0.2	0.1	0.05	0.15	余量
AC4B	7.0~10.0	1	2.0~4.0	0.5	0.5	1	0.35	0.2	0.2	0.1	0.2	余量
AC4C	6.5~7.5	0.55	0.25	0.35	0.25~0.45	0.35	0.1	0.2	0.1	0.05	0.1	余量
AC4CH	6.5~7.5	0.2	0.2	0.1	0.20~0.40	0.1	0.05	0.2	0.05	0.05	0.05	余量
AC4D	4.5~5.5	0.6	1.0~1.5	0.5	0.40~0.6	0.3	0.2	0.2	0.10	0.05	0.15	余量
AC5A	0.6	0.8	3.5~4.5	0.35	1.2~1.8	0.15	1.7~2.3	0.2	0.05	0.05	0.15	余量
AC7A	0.2	0.3	0.1	0.6	3.5~5.5	0.15	0.05	0.2	0.05	0.05	0.15	余量
AC7B	0.2	0.3	0.1	0.1	9.5~11.0	0.1	0.05	0.2	0.05	0.05	0.15	余量
AC8A	11.0~13.0	0.8	0.8~1.3	0.15	0.7~1.3	0.15	0.8~1.5	0.2	0.05	0.05	0.1	余量
AC8B	8.5~10.5	1	2.0~4.0	0.5	0.50~1.5	0.5	0.10~1.0	0.2	0.1	0.1	0.1	余量
AC8C	8.5~10.5	1	2.0~4.0	0.5	0.50~1.5	0.5	0.5	0.2	0.1	0.1	0.1	余量
AC9A	22~24	0.8	0.50~1.5	0.5	0.50~1.5	0.2	0.50~1.5	0.2	0.1	0.1	0.1	余量
AC9B	18~20	0.8	0.50~1.5	0.5	0.50~1.5	0.2	0.50~1.5	0.2	0.1	0.1	0.1	余量

注：①表中未给出范围的数字表示最大允许含量。
②V、Bi 的含量在 0.05% 以下，V 和 Bi 以及未列出的各个元素只有在订货者提出要求时才会进行化学分析。

表4-4 日本压铸铝合金化学成分(JISH 5302—2006)

合金牌号	化学成分 $w/\%$								
	Si	Fe	Cu	Mn	Mg	Zn	Ni	Sn	Al
ADC1	11.0 ~ 13.0	≤1.3	≤1.0	≤0.3	≤0.3	≤0.5	≤0.5	≤0.1	余量
ADC4	9.0 ~ 10.0	≤1.3	≤0.6	≤0.3	0.4 ~ 0.6	≤0.5	≤0.5	≤0.1	余量
ADC5	≤0.3	≤1.8	≤0.2	≤0.3	4.0 ~ 8.5	≤0.1	≤0.1	≤0.1	余量
ADC6	≤1.0	≤0.8	≤0.1	0.4 ~ 0.6	2.5 ~ 4.0	≤0.4	≤0.1	≤0.1	余量
ADC10	7.5 ~ 9.5	≤1.3	2.4 ~ 4.0	≤0.5	≤0.3	≤0.3	≤0.5	≤0.3	余量
ADC12	9.6 ~ 12.0	≤1.3	1.5 ~ 3.5	≤0.5	≤0.3	≤0.1	≤0.5	≤0.3	余量

表4-5 压铸铝合金的特点和典型用途

合金牌号	特点	典型用途举例
ADC1	铸造性能优良,耐腐蚀性和力学性能良好	打字机、照相机、除尘器、测量仪器和飞机零件
ADC3	铸造性能优良,耐腐蚀性和力学性能良好	离合器壳、洗衣机拨水轮、油泵盖盘轮
ADC5	耐腐蚀性能优良,不宜做形状复杂的铸件	照相机体、熨斗底板、搅拌器、室外开关盒、飞机螺旋桨、管接头
ADC6	耐腐蚀性能优良,延伸率和抗拉冲击性良好,铸造性能不好	手柄、电机壳、电饭锅零件
ADC10	铸造性能和力学性能良好	曲轴箱、缝纫机壳、电机壳以及家庭用品
ADC12	铸造性能和力学性能良好	曲轴箱、齿轮箱、汽化器本体、照相机机体、风扇底座

4.2.3 世界各国铸造铝合金对照

世界各国铸造铝合金牌号对照表如表4-6所示。

表4-6 各国铸造铝合金牌号对照

类别	中国			苏联	美国			英国		法国		德国	日本	ISO
	GB	YB	HB	ГОСТ	ASTM UMS	ANSI AA	SAE	BS	BS/L	NF	AIRLA	DIN	JIS	
铝硅合金	ZL101	ZL11	HZL101	АЛ9, АЛ9В	A03560 A13560	356.0 A356.0	323	—	—	A-S7G	AS7G03	G-AlSiMg (3.2371.61)	AC4C	AlSi7Mg
	ZL102	ZL7	HZL102	АЛ2	A14130	A413.0	305	LM20	4L33	A-S13	—	G-AlSi12 (3.2581.01)	AC3A	AlSi12
	ZL104	ZL14	—	АЛ3, АЛ3В	—	—	—	—	—	—	—	—	AC2B	—
	ZL104		HZL104	АЛ4, АЛ4В	A03600 A13600	360.0 A360.0	309	LM9	L75	A-S9G A-S10G	AS10G	G-AlSi10Mg (3.2381.01)	AC4A	AlSi9Mg AlSi10Mg
铝硅合金	ZL105	ZL13	HZL105	АЛ5	A03550 A03550	355.0 C355.0	332	LM16	3L78	—	—	G-AlSi5Cu	AC4D	—
	ZL106	—	—	АЛ4B	A03280 A03281	328.0 328.1	331	LM-24	—	—	—	G-AlSi8Cu3 (3.2151.01)	AC4B	—
	ZL107	—	—	АЛ-6 АЛ7-4	A03190 A03191	319.0	326	LM4 LM21	L79	A-S5UZ A-S903	—	G-AlSi6Cu4 (3.2151.01)	AC2B	—
	ZL108	ZL8	—	—	SC122(旧)		—	LM2	—	—	—	—	—	—
	ZL109	ZL9	—	АЛ30	A03360 A03361	336.0 336.1	—	LM13	—	—	—	—	AC8A	AlSi12Cu
	ZL110	ZL3	—	АЛ10B	—	—	—	LM1	—	A-S12UN	—	G-AlSi(Cu)	—	—
	ZL111	—	—	АЛ4M	A03541 A03540	354.0	—	—	—	—	—	—	—	—

续表 4-6

类别	GB	YB	HB	苏联 ГОСТ	ASTM UMS	ANSI AA	SAE	BS	BS/L	NF	AIRLA	DIN	JIS	ISO
铝铜合金	ZL201	—	HZL-201	АЛ19	—	—	—	—	—	A-U5GT	A-U5GT	G-AlCuTiMg (3.1372.61)	—	AlCu4MgTi
铝铜合金	—	—	HZL-202	高纯 АЛ19	—	—	—	—	—	—	—	—	—	—
铝铜合金	ZL202	ZL1	—	АЛ12	A03600	A360.0	309	—	—	A-U8S	—	—	—	Al-Cu8Si
铝铜合金	ZL203	ZL2	HZL-203	АЛ7	A02950	295.0 B295.0	38	—	2L91 2L92	A-U5GT	—	G-AlCu4Ti (3.1841.61)	ACIA	Al-Cu4MgTi
铝镁合金	ZL301	ZL5	HZL-301	АЛ8	A05200 A05202	520.0 520.0	324 320	LM10 KM5	4L53	—	—	G-AlMg10 (3.3591.43)	AC7B	—
铝镁合金	ZL302	ZL6	—	АЛ22	A05140 A05141	514.0 514.1	—	—	L74	A-G6 A-G3T	—	G-AlMg5 (3.356.1.01)	ACIA	Al-Mg6 Al-Mg3
铝镁合金	—	—	HZL-303	АЛ13	—	—	—	—	—	—	—	—	—	—
铝锌合金	ZL401	ZL15	HZL-401	АЛIP1	—	—	—	—	—	—	—	—	—	—
铝锌合金	ZL402	—	—	АЛ24	A07120	712.2	—	—	—	A-Z5G	—	—	—	Al-Zn5Mg
铝锌合金	—	—	HZL-501	АЛ111	A07122	—	—	—	—	—	—	—	—	—

4.3 铸造铝合金的特性和主要应用

根据用途或生产方式,铸造铝合金可分为一般铸造用铝合金和压力铸造用铝合金,以下按日本金属协会(JIS)的分类法来介绍铸造铝合金的特性和主要用途。

4.3.1 一般铸造用铝合金的特性和主要应用

(1)Al – Cu 系合金(AC1A)

此系列合金的切削性优良,热处理材料的力学性能高,特别是有较高的伸长率。但高温强度低,容易发生高温断裂及铸造裂纹。耐蚀性比 Al – Si 和 Al – Mg 系合金稍差。如用人工时效处理,能显著改善其力学性能。主要用于制作强度要求较高的零件。

此系列合金的凝固温度范围广,容易产生细的缩孔,属于铸造比较困难的合金。

(2)Al – Si 系合金(AC3A)

AC3A 合金熔液的流动性好,但容易产生缩孔。该合金的热脆性小,焊接性、耐蚀性好。主要用于制造薄壁大型铸件和形状复杂的铸件。

(3)Al – Mg 系合金(AC7A,AC7B)

添加镁能够提高力学性能,改善切削性及耐蚀性,但热脆性却会增大。铝镁合金容易氧化,熔液的流动性不好。凝固温度的范围广,补缩冒口的效果差,铸造的成品率低。

AC7A(含镁3.5%~5%),合金的耐蚀性,特别是对海水的耐蚀性好,容易进行阳极氧化而得到美观的薄膜。在该系合金中,它是伸长率最大、切削性也好的合金。但熔化、铸造比较困难。

AC7B(含镁9.5%~11.0%),经过 T4 处理可以得到比 AC7A 更优良的力学性能,阳极氧化性也好,但容易发生应力腐蚀,铸造性不好。

(4)Al – Si – Cu 系合金(AC2A,CA2B,AC4B,AC4D)

AC2A、AC2B 是在 Al – Cu 系合金中添加硅,AC4B,AC4D 是在 Al – Si 系合金中添加铜,从而使它们的切削性与力学性能得到改善。如经过热处理,其效果更好。

此系列合金,熔液的流动性和耐压性好。因为铸造裂纹和缩孔少,而广泛用于机械零件的铸造,也适用于金属模的铸造。

AC2A、AC2B 的切削性和焊接性好,铸造裂纹少。但铸造操作方法难以掌握。

AC4B 的铸造性和焊接性良好,但耐蚀性较差。

AC4D 的强度高,铸造性良好,有耐热性,耐压性及耐蚀性也好。

（5）Al – Si – Mg 系合金（AC4A，AC4C）

在 Al – Si 系合金中添加少量的镁，不仅不会失去 Al – Si 系合金的特性，而且能改善其力学性能与切削性。

AC4A，由于添加了锰，故铸造性非常好，耐震性、力学性能及耐蚀性也好。

AC4C，铸造性、焊接性、耐震性、耐蚀性都好，是导电性最为优良的铸造铝合金。

（6）Al – Cu – Mg – Ni 系合金（AC5A）

此系列合金的铸造性不太好，但与其他耐热合金比较，缩孔却很少，出现外缩孔的倾向较大。膨胀系数稍高，但切削性、耐磨损性优良。

（7）Al – Si – Cu – Mg – Ni 系合金（AC8A，AC8B）

此系列合金，为降低 Al – Cu – Mg – Ni 合金的热膨胀系数，改善耐磨性，而添加了硅，可作为活塞用合金。要求热膨胀系数和耐磨性时，采用过共析结晶硅合金。

AC8A，耐热性良好，热膨胀系数小，与 AC8B 比较，内部容易发生气孔。

AC8B，高温强度比 AC8A 优良，铸造性也优良，但是热膨胀系数比 AC8A 大。

从 AC8B 中除掉镍便是 AC8C。在 300℃ 以下温度时，其性能与 AC8B 差不多。

（8）其他合金

1）超级硅铝明合金

这是制作活塞用的合金，其组成是把 AC8A 中硅的含量定为 15% ~ 23%。此种合金的铸造性与 AC8A 和 AC8B 没有多大差别，但如果需要得到均匀而细小的初晶硅，则必须在熔解时进行变质处理。

此种合金的抗拉强度比 AC8A 稍差，但高温强度优良，硬度、耐磨性能也好。这是日本轻金属公司研制的。

2）CX – 2A

这是日本轻金属公司研制的 Al – Mg – Zn 系合金，强度高，而且有韧性，耐应力腐蚀的性能好。

过去，为了提高制品的强度，都是采用经 T6 处理的材料。目前由于经过 F 处理的材料也有相当高的强度和韧性，因此已有不少单位开始使用经 F 处理的 CX – 2A 合金。

CX – 2A 的熔体流动性不次于 AC7A，耐蚀性比 AC7A 稍差，但却比 AC4C 更为优越。

3）NU 合金

这是日本轻金属公司研制的强力合金，韧性不比 AC1A 低，而且强度还有所提高，耐应力腐蚀的性能也好。其综合性能比铸铁好，所以被广泛用作代替铸铁件及铜合金铸件的轻量化合金材料。

这种合金的铸造工艺与 AC1A 合金的几乎相同。

4）优质合金

近年来欧美一些国家称之为 Premium Quality Castings（高质量铸件）的，指的就是把杂质元素铁的含量下降到 0.15% 以下的优质合金。此种优质合金可以制作出强度高、韧性好的铝合金铸件。

为此目的开发的 JIS 合金，有 AC1A、AC4C、AC4D 等，它们几乎都经过 T4 或 T6 处理。

4.3.2 压力铸造用铝合金的特性和主要应用

（1）Al – Si 系合金（ADC1，ADC7）

ADC1 的熔液流动性好，所以铸造性优良。它的耐蚀性和热膨胀性也好，适用于压铸壁薄而形状复杂的铸件。但切削性和阳极氧化性不好。

ADC7 的熔液流动性比 ADC1 差，强度低，所以使用较少。

（2）Al – Si – Mg 系合金（ADC3）

此系合金的铸造性比 ADC1 稍差，但耐蚀性、切削性优良，有韧性。其缺点是容易产生黏模现象。

（3）Al – Mg 系合金（ADC5）

此系合金的耐蚀性和切削性是铝合金中最优良的，并且能制作出美观的阳极氧化膜。但是流动性、耐压性不好，有热脆性，也易产生黏模现象。

（4）Al – Mg – Mn 系合金（ADC6）

此系合金的切削性、耐蚀性良好，延伸性大，但强度低。铸造性、耐压性不太好，阳极氧化薄膜的性能好。

（5）Al – Si – Cu 系合金（ADC10，ADC12）

ADC10 的铸造性、耐压性好，适于制造大型压铸件。力学性能和切削性良好，但耐蚀性稍差。

ADC12 与 ADC10 比较，含硅量较多，所以适于压铸复杂的铸件。它的强度高，耐压性特别好，热脆性小。

（6）DX – 1 合金

DX – 1 合金是日本轻金属公司研制的添加有其他元素的 Al – Si – Cu 系新合金，不影响 Al – Si – Cu 系合金的铸造性。由于添加了新的合金元素和经过简单的时效处理而具有高强度。

压铸件经过热处理，一般都会产生水泡，因而会使强度降低。但是 DX – 1 合金在 200℃ 以下的时效温度内进行析出处理，它的强度仍可提高。

表 4 – 7 至表 4 – 11 列出了主要铸造铝合金的特性和性能（JIS 合金）。

表 4-7　重力铸造用铝合金的物理性能(JIS 标准)

合金	密度 /(kg·m^{-3})	凝固温度范围 /℃		热膨胀系数/(10^{-6}·℃$^{-1}$)			热传导系数 /(W·m^{-1}·℃$^{-1}$) (25℃)	弹性模量 /(kN·mm^{-2})	
		液相	固相	20~100℃	20~200℃	30~300℃		纵向	横向
AC1A	2.81	645	550	23.0	24.0	25.0	138	70.1	26.0
AC1B	2.80	650	535	23.0	—	—	140	—	—
AC2A	2.79	610	520	21.5	22.5	23.0	142	73.5	24.0
AC2B	2.78	615	520	21.5	23.0	23.5	109	74.0	24.5
AC3A	2.66	585	575	20.5	21.5	22.5	121	77.0	25.0
AC3B	2.68	595	560	21.0	22.0	23.0	138	75.0	25.0
AC4B	2.77	590	520	21.0	22.0	23.0	96	76.0	25.0
AC4C	2.68	610	555	21.5	22.5	23.5	159	73.5	25.0
AC4CH	2.68	610	555	21.5	22.5	23.5	159	72.5	24.0
AC4D	2.71	625	580	22.5	23.0	24.0	151	72.5	24.0
AC5A	2.79	630	535	22.5	23.5	24.5	130	72.5	24.0
AC7A	2.66	635	570	24.0	25.0	26.0	146	67.6	23.5
AC8A	2.70	570	530	20.0	21.0	22.0	125	80.9	20.6
AC8B	2.76	580	520	20.7	21.4	22.3	105	77.0	25.5
AC8C	2.76	580	520	20.7	21.4	22.3	105	76.0	24.5
AC9A	2.65	730	520	18.3	19.3	20.3	105	88.3	27.0
AC9B	2.68	670	520	19.0	20.0	21.0	110	86.3	26.5

表 4-8　压力铸造用铝合金的物理性理(JIS 标准)

合金	密度 /(kg·m^{-3})	凝固温度 /℃		热膨胀系数/(10^{-6}·℃$^{-1}$)			热传导系数 /(W·m^{-1}·℃$^{-1}$) (25℃)	弹性模量 /(kN·mm^{-2})	
		液相	固相	20~100℃	20~200℃	30~300℃		纵向	横向
ADC1	2.66	585	574	20.5	21.5	22.5	121	—	—
ADC3	2.66	590	560	21.0	22.0	23.0	113	71.1	26.5
ADC5	2.56	620	535	25.0	26.0	27.0	88	66.2	24.5
ADC6	2.65	640	590	24.0	25.0	26.0	146	71.1	—
ADC10	2.74	590	535	—	22.0	22.5	96	71.1	26.5
ADC12	2.70	580	515	—	21.0		92		

表4-9　重力铸造用铝合金的铸造性和一般特性

合金	铸模的种类	铸造性							可否热处理强化	铸件特性						
		综合铸造性		熔体补给性	耐热裂性	耐压泄漏性	熔体流动性	凝固收缩性	熔体吸气性		耐蚀性	切削性	研磨性	电镀性	阳极氧化外观	高温强度	焊接性
		砂型	金型														
AC1A	砂·金	3	4	3	4	3	3	3	3	可	4	2	2	1	2	2	3
AC1B	砂·金	3	4	4	4	3	3	4	3	可	4	2	3	2	2	3	3
AC2A	砂·金	1	2	2	2	1	2	1	3	可	3	3	3	2	4	3	2
AC2B	砂·金	1	2	2	2	1	2	1	2	可	3	3	4	2	4	3	2
AC3A	砂·金	1	1	1	1	2	1	1	2	否	3	4	5	2	5	3	2
AC4A	砂·金	1	1	1	2	2	1	1	2	可	3	3	3	2	3	2	2
AC4B	砂·金	1	1	1	2	2	1	1	2	可	3	3	3	2	3	2	2
AC4C	砂·金	1	1	1	2	2	1	1	2	可	2	4	4	2	3	3	1
AC4CH	砂·金	1	1	1	2	2	1	1	2	可	2	4	4	2	3	3	1
AC4D	砂·金	2	2	2	1	2	1	2	2	可	2	4	4	2	3	1	1
AC5A	砂·金	3	3	4	3	3	3	4	4	可	4	1	1	1	3	1	4
AC7A	砂·金	3	4	5	4	4	4	5	5	否	1	1	5	1	1	3	4
AC8A	金	3	2	3	1	2	1	3	3	可	3	4	5	4	5	1	4
AC8B	金	3	2	3	1	2	2	3	3	可	3	4	5	4	5	2	4
AC8C	金	3	2	3	1	2	2	3	3	可	3	4	5	4	5	2	4
AC9A	金	4	2	4	3	3	2	1	3	可	4	5	5	4	5	1	4
AC9B	金	4	2	4	3	3	2	1	3	可	4	5	5	4	5	1	4

注：1：优→5：劣。

表 4 – 10   压力铸造用铝合金的铸造性和一般特性

合金	适用范围	铸造性				热处理适应性	铸件特性						
		耐热裂性	耐压泄漏性	模型充填能	模型非熔着性		耐蚀性	切削性	研磨性	电镀性	阳极氧化外观	化学皮膜性	高温强度
ADC1	G	1	1	1	2	否	2	4	5	3	5	3	3
ADC3	S	1	1	1	3	否	2	3	3	1	3	3	1
ADC5	S	5	5	4	5	否	1	1	1	5	1	1	4
ADC6	S	—	—	—	—	否	—	—	—	—	—	—	—
ADC10	G	2	2	2	1	否	4	3	3	1	3	5	2
ADC12	G	2	2	1	3	否	4	3	2	2	4	4	2
ADC14	S	4	4	1	2	否	3	5	5	3	5	5	3

注：1：优→5：劣。G：一般用，S：特殊用。

表 4 – 11   压力铸造用铝合金的力学性能（JIS 标准）

合金	σ_b/MPa	$\sigma_{0.2}$/MPa	δ/%	α_k /(kJ·m^{-2})	疲劳强度 δ/σ^{-1} /MPa
ADC1	240	145	1.8	56	130
ADC3	295	170	3.0	144	125
ADC5	280	185	7.5	144	140
ADC6	280	—	10.5	—	125
ADC10	295	170	2.0	85	140
ADC12	295	185	2.0	81	140

注：旋转疲劳试验 $N = 5 \times 10^8$。

5 铝合金在航空航天领域的应用开发

5.1 应用概况

铝合金是飞机和航天器轻量化的首选材料，铝材在航空航天工业中应用十分广泛。目前，铝材在民用飞机结构上的用量为70%～80%，在军用飞机结构上的用量为40%～60%。在最新型的B777客机上，铝合金也占了机体结构质量的70%以上，在最新型的B787客机以及A350客机上，铝合金使用数量有所减少，但复合材料使用量大幅增加。表5-1、表5-2列出了国外某些军用飞机和民用飞机的用材结构比例，表5-3列出了俄国民用飞机的铝材品种用量比例。表5-4是铝合金在民用客机上的应用实例，表5-5是变形铝合金在飞机各部位的典型应用，表5-6是波音777主要部位用材一览表。图5-1是铝材在民用飞机的应用部位示意图。

表5-1　某些军用飞机用材结构比例 w　　　　　　%

机种	钢	铝合金	钛合金	复合材料	购买件及其他
F-104	20.0	70.7	—		10.0
F-4E	17.0	54.0	6.0	3.0	20.0
F-14E	15.0	36.0	25.0	4.0	20.0
F-15E	4.4	35.8	26.9	2.0	20.9
飓风	15.0	46.5	15.5	3.0	20.0
F-16A	4.7	78.3	2.2	4.2	10.6
F-18A	13.0	50.9	12.0	12.0	12.1
AV-8B	—	47.7	—	26.3	—
F-22	5	15	41	24	
EF2000	—	43	12	43	2
F-15	5.2	37.3	25.8	1.2	30.2
L42	5	35	30	30	—
S37	—	45	21	15	—
苏27	—	64	18		18
C17	12	70	10	8	

表5-2　某些民用飞机用材结构比例 w　　　　　　　　　%

机种	铝合金	钢铁	钛合金	复合材料
B747	81	13	4	1
B767	80	14	2	3
B767-200	74.5	15.4	2.4	1.0
B757	78	12	6	3
B777	70	11	7	11
B787	20	—	15	50
A300	76	13	4	5
A320	26.5	13.5	4.5	5.5
A340	70	11	7	11
A350	34	—	9	37
A380	72	10	8	10
C919	65	—	9	12
MD-82	74.5	12	6	7.5

表5-3　俄国民用飞机的铝材品种用量比例 w　　　　　　　　%

机型	板材	型材	模锻件	壁板
AH-20	20	27	35	11
ИЛ-18	55	22	14	1
TY-134	56	27	11	2

表5-4　铝合金在民用客机上的应用实例

型号	机身		机翼			尾翼	
	蒙皮	桁条	部位	蒙皮	桁条	垂直尾翼蒙皮	水平尾翼蒙皮
L-1011	2024-T3	7075-T6	上 下	7075-T76 7075-T76	7075-T6 7075-T6	7075-T6	7075-T6
DC-3-80	2024-T3	7075-T6	上	7075-T6 2024-T3	7075-T6 2024-T3	7075-T6	7075-T6

续表 5 – 4

型号	机身		部位	机翼		尾翼	
	蒙皮	桁条		蒙皮	桁条	垂直尾翼蒙皮	水平尾翼蒙皮
DC – 10	2024 – T3	7075 – T6	上下	7075 – T6 2024 – T3	7075 – T6 7178 – T6	7075 – T6	7075 – T6
B – 7373	2024 – T3	7075 – T6	上 下	7178 – T6 2024 – T3	7075 – T6 2024 – T3	7075 – T6	7075 – T6
B – 727	2024 – T3	7075 – T6	下 上	7075 – T6 2024 – T3	7150 – T6 2024 – T3	7075 – T6	7075 – T6
B – 747	2024 – T3	7075 – T6	上 下	7075 – T6 2024 – T3	7150 – T6 2024 – T3	7075 – T6	7075 – T6
B – 757	2024 – T3	7075 – T6	上 下	7150 – T6 2324 – T39	7150 – T6 2224 – T3	7075 – T6	2024 – T3(上) 7075 – T6(下)
B – 767	2024 – T3	7075 – T6	上下	7150 – T6 2324 – T39	7150 – T6 2224 – T3 2324 – T39	7075 – T6	7075 – T6
A300	2024 – T3	7075 – T6	上 下	7075 – T6 2024 – T3	7075 – T6 2024 – T3	7075 – T6	7075 – T6

表 5 – 5 变形铝合金在飞机各部位的典型应用

应用部位	应用的铝合金
机身蒙皮	2024 – T3, 7075 – T6, 7475 – T6
机身桁条	7075 – T6, 7075 – T73, 7475 – T76, 7150 – T77
机身框架和隔框	2024 – T3, 7075 – T6, 7050 – T6
机翼上蒙皮	7075 – T6, 7150 – T6, 7055 – T77
机翼上桁条	7075 – T6, 7150 – T6, 7055 – T77, 7150 – T77
机翼下蒙皮	2024 – T3, 7475 – T73
机翼下桁皮	2024 – T3, 7075 – T6, 2224 – T39
机翼下壁板	2024 – T3, 7075 – T6, 7175 – T73
翼肋和翼染	2024 – T3, 7010 – T76, 7175 – T77
尾翼	2024 – T3, 7075 – T6, 7050 – T76

表 5 – 6　波音 777 主要部位用材一览表

使用部位	使用的铝合金材料	使用部位	使用的铝合金材料
上翼面蒙皮	7055 – T7751	尾翼翼盒	T800H/3900 – 2
翼梁弦	7150 – T77511	起落架	高强度钢
长桁	7055 – T77511	起落架托架	Ti – 10 – 23
机翼前缘壁板	玻璃 – 碳/环氧	起落架舱门	玻璃 – 碳/环氧, 混合复合材料
锻件	7150 – T77	轮胎	Michelin AIR × 子午线轮胎
襟翼滑轨	Ti – 10 – 2 – 3	尾喷管	β21S
机身蒙皮	L – 188 – T3	尾锥	β21S
长桁	7150 – T77511	后整流罩	β21S
龙骨	7150 – T77511	刹车块	C/C
座椅滑轨	7150 – T77511	雷达天线罩	S – 2 玻璃环氧复合材料
地板梁	T800H/3900 – 2		

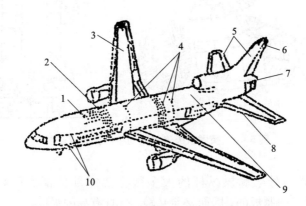

图 5 – 1　铝材在民用旅客机中的应用部位示意图

1—桁条(7075 – T6, 包铝的); 2—骨架(7075 – T6、7178 或包铝的 7178); 3—翼盒(上表面 7075 – T76, 包铝的; 下表面 7075 – T6; 翼梁帽 7075 – T76); 4—主骨架(7075 – T6 锻件, 包铝的 7075 – T6, 7075 – T6 挤压型材); 5—升降舵与主向舵(包铝的 2024 – T3); 6—垂直安定面、蒙皮与桁条(包铝的 7075 – T6); 7—中发动机支架(Ti6A14V, 包铝的 2024 – T3, 包铝的 2024 – T81); 8—水平安定面整体加强壁板(7075 – T76, 挤压的); 9—机身蒙皮(包铝的 2024 – T3, 包铝的 7075 – T76); 10—大梁(7075 – T6 挤压型材)

　　铝材在火箭与航天器制造上主要用于制造燃料箱、助燃剂箱。在宇航开发初期, 美国采用的是 2014 合金。后来, 由于自动焊接技术的开发与成熟, 改用 2219 合金。从应力腐蚀开裂性能来看, 2219 合金比 2014 合金更优越, 后者短横向的应力腐蚀开裂应力为 53.9 MPa。美国雷神(Thor – Delta)及土星 – Ⅱ(Saturn S – Ⅱ)号火箭的燃料箱等都是用 2219 合金制造的。

2219 合金不但是一种耐热合金,它的低温性能(包括焊接头的韧性)也随着温度的降低而升高。因此,用 2219 合金制造液氧与液氢容器时,只要遵循室温标准检测原则,就能保证在液氢温度下的可靠性。

可焊接的热处理强化铝合金除 Al – Cu 系合金外,还有 Al – Zn – Mg 系合金。欧洲共同体发射的雅利安火箭的燃料箱是用 Al – Zn – Mg 系合金制造的。

除燃料与助燃剂箱外,火箭与航天飞机的其他结构同飞机一样,大多采用 2024 与 7075 合金,也可采用 2219 合金。美国航天飞机的宇航员舱是用铝材制造的,铝制宇航员舱示意图参见图 5 – 2。

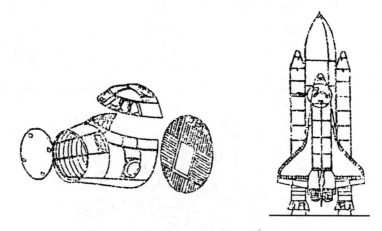

图 5 – 2　美国航天飞机铝制宇航员舱示意图

载人飞行器的骨架和操纵杆的大多数主要零部件都是用高强度铝合金 7075 – T73 棒材切削制成的,因而又薄又轻,且具有高的强度。

其他部分如托架、压板折叠装置、防护板、门和蒙皮板、两个推进器的氮气缸等都是用成形性能良好的中等强度合金 6061 – T6 合金制造的。

5.2　航空航天用铝及铝合金

几乎所有铝合金都可在航空工业上应用,作为结构材料主要是铝 – 铜 – 镁系合金与铝 – 锌 – 镁 – 铜系合金。我国航空工业用的铝合金的主要特性及用途举例见表 5 – 7,表 5 – 8 列举了航空工业铝合金的应力腐蚀开裂性能。

表5-7　航空航天变形铝合金的主要特性及用途举例

牌号	主要特性	用途举例
1060、1050A、1200	导电、导热性好，抗蚀性高，塑性高，强度低	铝箔用于制造蜂窝结构、电容器、导电体
1035、1100	抗蚀性较高，塑性、导电性、导热性良好，强度低，焊接性能好，切削性不良，易成形加工	飞机通风系统零件，电线、电缆保护管、散热片等
3A21	O时塑性高，HX4时塑性尚可，HX8时塑性高，热处理不能强化，抗蚀性高，焊接性能良好，切削性不佳	副油箱、汽油、润滑油导管和用深拉法加工的低负荷零件、铆钉
5A02	O时塑性高，HX4时塑性尚可，HX8时塑性低，热处理不能强化，抗蚀性与3A21合金的相近，疲劳强度较高。接触焊和氢原子焊焊接性良好，氩弧焊时易形成热裂纹。焊缝气密性不高，焊缝强度为基体强度的90%~95%，焊缝塑性高。抛光性能良好。O时切削性能不良，HX4时切削性能良好	焊接油箱，汽油、润滑油导管和其他中等载荷零件，铆钉线与焊丝
5A03	O时塑性高，HX4时塑性尚可，热处理不能强化，焊接性能好，焊缝气密性尚可，焊缝强度为基体强度的90%~95%，塑性良好，O时切削性能不良，HX4时切削性能良好，抗蚀性高	中等强度的焊接结构件，冷冲压零件和框架等
5A06	强度与抗蚀性较高，O时塑性尚可，氩弧焊缝气密性尚可，焊缝塑性高，焊接头强度为基体的90%~95%，切削性能良好	焊接容器、受力零件、蒙皮、骨架零件等
5B05	O时塑性高，热处理不能强化，焊接性能尚可，焊缝塑性高，铆钉应阳极氧化处理	铆接铝合金与镁合金结构的铆钉
2A01	在热态下塑性高，冷态下塑性尚可，铆钉在固溶处理与时效处理后铆接，在铆接过程中不受热处理后的时间限制，铆钉须经阳极氧化处理和用重铬酸钾封孔	中等强度和工作温度不超过100℃的结构用铆钉
2A02	热塑性高，挤压半成品有形成粗晶环的倾向，可热处理强化，抗蚀性能比2A70及2A80合金高，有应力腐蚀破裂倾向，焊接性能略比2A70合金好，切削加工性好	工作温度为200~300℃的涡轮喷气发动机轴向压气机叶片等
2A04	抗剪强度与耐热性较高，压力加工性能和切削性能与2A12合金相同，在退火和新淬火状态下塑性尚可，可热处理强化，普通腐蚀性能与2A12合金相同，在150~250℃形成晶间腐蚀的倾向比2A12合金小。铆钉在新淬火状态下铆接：直径1.6~5 mm的在淬火后6 h内铆完；直径5.5~6 mm的在淬火后2 h内铆完	用于铆接工作温度为125~250℃的结构

续表 5 – 7

牌号	主要特性	用途举例
2B11	抗剪强度中等,在退火、新淬火和热态下塑性好,可热处理强化,铆钉必须在淬火后 2 h 内铆完	中等强度铆钉
2B12	在淬火状态下的铆接性能尚可,必须在淬火后 20 min 内铆完	铆钉
2A10	热塑性与 2A11 合金的相同,冷塑性尚可,可在时效后的任何时间内铆接,铆钉须经阳极氧化处理与用重铬酸钾封孔,抗蚀性与 2A01、2A11 合金的相同	用于制造强度较高的铆钉,温度超过 100℃ 有晶间腐蚀倾向,可代替 2A11、2A12、2A01 合金铆钉
2A11	在退火、新淬火和热态下的塑性尚可,可热处理强化,焊接性能不好,焊缝气密性合格,未热处理焊缝的强度为基体的 60% ~ 70%,焊缝塑性低,包铝板材有良好的抗蚀性,温度超过 100℃ 时有晶间腐蚀倾向,阳极氧化处理与涂漆可显著提高挤压材与锻件的抗蚀性	中等强度的飞机结构件,如:骨架零件、连接模锻件、支柱、螺旋桨叶片、螺栓、铆钉
2A12	在退火和新淬火状态下的塑性尚可,可热处理强化,焊接性能不好,未热处理焊缝的强度为基体的 60% ~ 75%,焊缝塑性低,抗蚀性不高,有晶间腐蚀倾向,阳极氧化处理、涂漆与包铝可大大提高抗蚀能力	除模锻件外,可用作飞机的主要受力部件,如:骨架零件、蒙皮、隔框、翼肋、翼梁、铆钉,是一种最主要的航空合金
2A06	压力加工性能和切削性能与 2A12 合金的相同,在退火和新淬火状态下的塑性尚可,可热处理强化,抗蚀性不高。在 150 ~ 250℃ 有晶界腐蚀倾向,焊接性能不好	板材可用于在 150 ~ 250℃ 工作的结构,在 200℃ 工作的时间不宜长于 100 h
2A16	热塑性较高,无挤压效应,可热处理强化,焊接性能尚可,未热处理的焊缝强度为基体的 70%,抗蚀性不高,阳极氧化处理与涂漆可显著提高抗蚀性,切削加工性尚可	用于制造在 250 ~ 350℃ 工作的零件,如轴向压缩机叶轮圆盘。板材用于焊接室温和高温容器及气密座舱等
6A02	热塑性高,T4 时塑性尚可,O 时的塑性也高,抗蚀性与 3A21 及 5A02 合金相当,但在人工时效状态下有晶间腐蚀倾向,含铜量小于 0.1% 的合金在人工时效状态下有良好的抗蚀性,O 时的切削性不高,淬火与时效后的切削性尚可	要求有高塑性和高抗蚀性的飞机与发动机零件,直升机桨叶,形状复杂的锻件与模锻件

续表 5 – 7

牌号	主要特性	用途举例
2A50	热塑性高,可热处理强化,T6 状态材料的强度与硬铝的相近,工艺性能较好。有挤压效应,抗蚀性较好,但有晶间腐蚀倾向,切削性能良好,接触焊、点焊性能良好,电弧焊与气焊性能不好	形状复杂的中等强度的锻件和模锻件
2B50	热塑性比 2A50 合金还高,可热处理强化,焊接性能与 2A50 相似,抗蚀性与 2A50 相同,切削性良好	复杂形状零件,如压气机轮和风扇叶轮等
2A70	热塑性高,工艺性能比 2A80 合金稍好,可热处理强化,高温强度高,无挤压效应,接触焊、点焊和滚焊性能良好,电弧焊与气焊性能差	内燃机活塞和在高温下工作的复杂锻件,高温结构板材
2A80	热塑性颇好,可热处理强化,高温强度高,无挤压效应,焊接性能与 2A70 相同,抗蚀性尚好,但有应力腐蚀开裂倾向	压气机叶片、叶轮、圆盘、活塞及其他在高温下工作的发动机零件
2A14	热塑性尚好,有较高强度,切削加工性良好,接触焊、点焊和滚焊性能好,电弧焊和气焊性能差,可热处理强化,有挤压效应,抗蚀性不高,在人工时效状态下有晶间腐蚀与应力腐蚀开裂倾向	承受高负荷的飞机自由锻件与模锻件
7A03	在淬火与人工时效状态下的塑性较高,可热处理强化,室温抗剪强度较高,抗蚀性能颇高	受力结构铆钉,当工作温度低于 125℃ 时,可取代 2A10 合金铆钉,热处理后可随时铆接
7A04	高强度合金,在退火与新淬火状态下的塑性与 2A12 合金相近,在 T6 状态下用于飞机结构,强度高,塑性低,对应力集中敏感,点焊性能与切削性能良好,气焊性能差	主要受力结构件:大梁、桁条、加强框、蒙皮、翼肋、接头、起落架零件
7A05	强度较高,热塑性尚可,不易冷矫正,抗蚀性与 7A04 合金相同,切削加工性良好	高强度形状复杂锻件,如桨叶
7A09	强度高,在退火与新淬火状态下稍次于同状态的 2A12 合金,稍优于 7A04 合金,在 T6 状态下塑性显著下降。7A09 合金板的静疲劳、缺口敏感性、应力腐蚀开裂性能稍优于 7A04 合金,棒材的这些性能与 7A04 合金相当	飞机蒙皮结构件和主要受力零件

表 5 – 8　航空航天铝合金的应力腐蚀开裂性能　　　　　　　　　　MPa

合金及状态	试样方向	厚板	轧制棒	挤压型材		自由锻件
				6.4 ~ 25.4 mm	25.4 ~ 50.8 mm	
2014 – T6	L	308.7	308.7	343	308.7	205.8
	LT	205.8	—	185.2	105.9	171.5
	ST	54.9	102.9	—	54.9	54.9
2219 – T8	L	274.4	—	240.1	240.1	260.7
	LT	260.7	—	240.1	240.1	260.7
	ST	260.7	—	—	240.1	260.7
2024 – T3、T4	L	240.1	250.2	343	343	—
	LT	137.2	—	253.8	123.5	—
	S	54.9	68.6	—	54.9	—
2024 – T8	L	343	322.4	411.6	411.9	294.9
	LT	343	—	343	343	294.9
	S	205.8	294.9	—	308.7	102.9
7075 – T6	L	343	343	411.6	411.6	240.1
	LT	308.7	—	343	219.5	171.5
	S	54.9	102.9	—	54.9	54.9
7075 – T76	L	336.1	—	356.7	—	—
	LT	336.1	—	336.1	—	—
	S	171.5	—	171.5	—	—
7075 – T73	L	343	343	370.4	363.6	343
	LT	329.3	329.3	329.4	329.4	329.4
	S	295	295	315.6	315.6	295
7079 – T6	L	377.3	—	—	411.6	343
	LT	274.4	—	411.6	240.1	250.8
	S	54.9	—	343	54.9	54.9
7178 – T7	L	377.3	—	445.9	445.9	—
	LT	260.7	—	308.7	171.5	—
	S	54.9	—	—	54.9	—
7178 – T76	L	356.7	—	377.3	—	—
	LT	356.7	—	356.7	—	—
	S	171.5	—	171.5	—	—

5.3 航空航天用新型铝合金材料

5.3.1 高强、高韧铝合金

飞机制造上广泛使用硬铝合金 2024($Al - 4.4\% Cu - 1.5\% Mg - 0.6\% Mn$) 和超硬铝合金 7075($Al - 5.6\% Zn - 2.5\% Mg - 1.6\% Cu - 0.2\% Cr$)。但是 7075 合金，如在峰值强度下使用，长横向容易产生应力腐蚀裂纹。因此，一般都在损失 10% ~ 15% 强度的过时效态下使用。当断裂韧性和抗疲劳裂纹扩展性能低时，使用过程中裂纹加速扩展会引起重大事故。另外，石油危机以来，为了节约燃料，更需机体轻量化。因此，在设计机体时着重强调安全性和轻量化。在安全性方面，力求提高断裂韧性、抗疲劳裂纹扩展性能和抗应力腐蚀性能。由于轻量化，就更要求提高强度。适应这一需要而开发出的高纯新合金有 $Al - Zn - Mg - Cu$ 系的 7450、7475、7150 合金，以及 $Al - Cu - Mg$ 系的 2124、2224 和 2324 合金等。为了提高断裂韧性，主要是在合金中减少 Fe、Si 等杂质含量。上述合金都比 7075 合金、2024 合金杂质含量要低。此外，需调整 Zn、Mg、Cu 等主成分的添加量和质量比，还需控制对断裂韧性有不良影响的第二相质点。在强度方面，为了不降低耐应力腐蚀性能，在用合金化提高强度的同时，应选择最佳的时效制度以获得最好的综合性能。这类开发合金有 7475、7150($Al - 6.4\% Zn - 2.4\% Mg - 2.2\% Cu - 0.1\% Zr$) 合金。这类合金以 Zr 代 Cr，在提高抗应力腐蚀性能的同时，还改善了淬透性。因此，适合做厚板、型材、锻件等。表 5 – 9 ~ 表 5 – 12 分别列出了航空用高韧性铝合金的成分、静载强度及应力腐蚀开裂性能的比较和 K_{ZC} 值。此外，目前各国正在研制开发 7055、7155、7068、B96μ_8 系等强度更高的合金。这些合金的最高强度值可达 800 MPa。

7085 铝合金是新一代高淬透性、高强耐蚀、高损伤容限的高强铝合金，广泛应用于航空航天领域。7085 铝合金是 2002 年美国 Alcoa 公司在 7050 和 7150 铝合金的基础上降低杂质元素 Si、Mn 含量，并提高 Zn/Mg 比而研制公开的专利合金。该合金具有强度高、韧性好、抗疲劳并且淬火敏感性低的优点，其淬透厚度可达 300 mm。目前，7085 锻件和 7085 – T7651 厚板已应用于波音 787 飞机和空客 A380 飞机的翼梁等重要承力构件，能减轻质量和进一步提高强度。

目前，国产 7085 铝合金的综合性能与国外的产品存在一定差距，制约了该合金在我国航空航天领域的应用。随着航空航天装备减重增效要求的不断提高，对厚截面、大规格铝合金材料的需求越来越迫切，进一步提高国产 7085 铝合金的性能与质量成为我们努力的目标。

表5-9　航空航天高韧性合金的成分 *w*

%

国际牌号	注册日期	Si	Fe	Cu	Mn	Mg	Ni	Cr	Zn	其他成分元素	Ti	其他杂质元素	
												每个	总计
2124	1970-10-02	0.20	0.30	3.8~4.9	0.30~0.9	1.2~1.8	—	0.10	0.25	—	0.15	0.05	0.15
2224	1978-05-04	0.12	0.15	3.8~4.4	0.30~0.9	1.2~1.8	—	0.10	0.25	—	0.15	0.05	0.15
2324	1978-05-04	0.10	0.12	3.8~4.4	0.30~0.9	1.2~1.8	—	0.10	0.25	—	0.15	0.05	0.15
2048	1972-08-02	0.15	0.20	2.8~3.8	0.20~0.6	1.2~1.8	—	—	0.25	—	0.10	0.05	0.15
2419	1972-10-12	0.15	0.18	5.5~6.8	0.20~0.40	0.20	—	—	0.10	0.05~0.15V	0.02~0.1	0.05	0.15
7175	1957-11-08	0.15	0.20	1.2~2.0	0.10	2.1~2.9	—	0.18~0.28	5.1~6.1	0.10~0.25Zr	0.10	0.05	0.15
7475	1969-09-15	0.10	0.12	1.2~1.9	0.06	1.9~2.6	—	0.18~0.25	5.2~6.2	—	0.06	0.05	0.15
7050	1971-02-01	0.12	0.15	2.0~2.6	0.10	1.9~2.6	—	0.04	5.7~6.7	—	0.06	0.05	0.15
7150	1978-05-04	0.12	0.15	1.9~2.5	0.10	2.0~2.7	0.05	0.04	5.9~6.9	0.08~0.18Zr	0.06	0.05	0.15
7010	1975-09-10	0.12	0.15	1.5~2.0	0.10	2.1~2.6	—	0.05	5.7~6.7	0.08~0.15Zr	—	0.05	0.15
7049	1968-05-10	0.25	0.35	1.2~1.9	0.20	2.0~2.9	—	0.10~0.22	7.2~8.2	0.11~017Zr	0.10	0.05	0.15
7149	1975-10-20	0.15	0.20	1.2~1.9	0.20	2.0~2.9	—	0.10~0.22	7.2~8.2	—	0.10	0.05	0.15

表 5 - 10   航空航天高韧性铝合金的静载荷强度

材料	试样方向	厚度 75 mm		厚度 150 mm		标准号
		σ_b/MPa	$\sigma_{0.2}$/MPa	σ_b/MPa	$\sigma_{0.2}$/MPa	
2124 - T851 厚板(A)	L	445.9	391.0	432.2	370.4	QQ - A - 250/29
	LT	445.9	391.0	432.2	370.4	
	ST	432.2	377.3	397.9	349.9	
2219 - T851 厚板(A)	LT	425.3	308.7	391.0	288.1	QQ - A250 /30
2618 - T61 厚板(S)	L	391.0	351.6	—	—	QQ - A - 367
	LT	377.3	288.1			
	ST	356.7	288.1			
7049 - T73 自由锻件 (S)	L	473.3	404.7	—	—	QQ - A - 367
	LT	459.6	391.0			
	ST	459.6	384.2			
7050 - T73642 自由锻件(S)	L	493.9	425.3	473.3	404.7	AMS 4168
	LT	480.2	411.6	466.5	384.2	
	ST	459.6	377.3	452.8	363.6	
7075 - T73 自由锻件(S)	L	452.8	384.2	418.5	349.9	MIL - A - 22771
	LT	439.0	378.4	404.7	343	
	ST	418.5	356.7	391.0	336.1	
7175 - T736 自由锻件(S)	L	500.8	432.2	445.9	370.4	AMS 4149
	LT	487.1	411.6	439.0	356.4	
	ST	473.3	411.6	432.2	356.7	
7475 - T7351 厚板(S)	L	445.9	363.6	418.5	329.3	AMS 4202
	LT	445.9	363.6	418.5	329.3	
	ST	425.3	343	404.7	315.6	

注：A—平均值；S—标准值；L—纵向；LT—长横向；ST—短横向。

表 5 – 11　航空航天铝材的应力腐蚀开裂性能比较

材料	试样方向	厚板	棒材	挤压型材	锻件	材料	试样方向	厚板	棒材	挤压型材	锻件
2014 – T6	L	A	A	A	B	7050 – T76	L	A	A	A	
	LT	B	D	B	B		LT	A	B	A	
	ST	D	D	D	B		ST	C	B	C	
2024 – T3	L				A	7075 – T6	L	A	A	A	A
	LT		A		A		LT	B	D	B	B
	ST		B	B	D		ST	D	D	D	D
2024 – T8	L	A	A	A	A	7075 – T73	L	A	A	A	A
	LT	A	A	A	A		LT	A	A	A	A
	ST	B	A	B	C		ST	A	A	A	A
2124 – T851	L	A				7075 – T76	L	A		A	
	LT	A					LT	A		A	
	ST	B					ST	C		C	
2219 – T3	L	A		A		7175 – T736	L				A
	LT	B		B			LT				A
	ST	D		D			ST				B
2219 – T6	L	A	A	A		7175 – T73	L			A	
	LT	A	A	A	A		LT			A	
	ST	A	A	A	A		ST			A	
2219 – T8	L	A	A	A	A	7475 – T6	L	A			
	LT	A	A	A	A		LT	B			
	ST	A	A	A	A		ST	D			
2419 – T8,T87	L	A				7475 – T73	L	A			
	LT	A					LT	A			
	ST	A					ST	A			
6061 – T6	L	A	A	A	A	7475 – T76	L	A			
	LT	A	A	A	A		LT	A			
	ST	A	A	A	A		ST	C			
7079 – T73	L	A		A	A	7178 – T6	L	A		A	
	LT	A		A	A		LT	B		B	
	ST	A		B	A		ST	D		D	
7079 – T76	L			A		7178 – T76	L	A		A	
	LT			A			LT	A		A	
	ST			C			ST	C		C	

续表 5 – 11

材料	试样方向	厚板	棒材	挤压型材	锻件	材料	试样方向	厚板	棒材	挤压型材	锻件
7149 – T73	L			A	A	7079 – T6	L	A		A	A
	LT			A	A		LT	B		B	B
	ST			B	A		ST	D		D	D
7050 – T736	L	A		A	A						
	LT	A		A	A						
	ST	B		B	B						

注：A—优，B—良，C—中，D—差。

表 5 – 12　航空航天铝合金的平面应力腐蚀断裂韧性平均值 K_{IC}　　　MPa·m$^{1/2}$

材料	LT	TL	SL	材料	LT	TL	SL
2014 – T6	24.2	23.1	19.8	7050 – T73652	37.4	24.2	24.2
2024 – T351	34.1	37.4	24.2	7075 – T6	29.7	22.0	18.7
2024 – T851	25.3	22.0	18.7	7075 – 73	35.2	25.3	24.2
2124 – T851	30.8	26.4	24.2	7079 – T652	30.8	25.3	19.8
2219 – T851	37.4	33.0	23.1	7175 – T736	—	29.7	24.2
2618 – T651	31.9	—	17.6	7474 – T7351		36.3	28.6
7049 – T73	33.0	24.2	22.0				

5.3.2　铝 – 锂合金

（1）开发概况

由于不断强调减轻商品化飞机的自重，以及复合材料竞争的威胁，20 世纪 70 年代末和 80 年代初，全世界铝工业界对铝 – 锂合金重新产生了兴趣。减轻铝合金质量最有效的途径，就是减小其密度，利用低密度、高弹性模量的铝 – 锂合金，能将飞机的质量减轻 15%。洛克希德（Lockheed）S – 3A 型飞机的质量减轻与性能提高的关系如图 5 – 3 所示。

1994 年，美国国家航空航天局（NASA）选用 2195 铝 – 锂合金板材制造新的航天飞机的超轻燃料箱（SLWT）。该合金的密度比 2219 合金轻 5%，而其强度高 30%，美国国家航空航天局决定采用此合金制造国际空间站（International Space Station）中的 25 次发射用的火箭液体燃料箱。为满足上述需要，雷诺兹金属公司（Reynolds Metals Company，该公司 2000 年被美国铝业公司收购）投资 500 万元在麦库克轧制厂（McCook）又新建了一条铝－锂合金铸造生产线，使铸锭生产能力增加为之前的2倍。

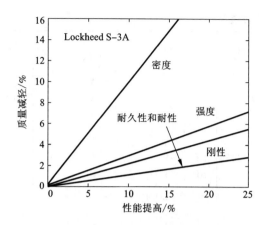

图5－3　洛克希德（Lock heed）S－3A型飞机的质量减轻与性能提高的关系

1988年，洛克希德马丁战斗机系统公司（Lockheed Martin Tactical Aircraft Systems）、洛克希德马丁航空器系统公司（Lockheed Martin Aeronautical Systems Company）与雷诺兹金属公司共同制定了2197合金应用开发计划，用其厚板制造战斗机舱甲板。1996年，美国空军F－16型飞机开始用此合金厚板制造后舱甲板及其他零部件。

除美国外，其他国家如俄国、英国、法国等也都在积极推广铝－锂合金在航空航天器上的应用：威斯特兰（Westland）EH101型直升机25%的结构件是用8090合金制造的，其总质量下降了约15%；法国的第三代拉费尔（Rafele）战斗机计划用铝－锂合金制造其结构框架；俄国的雅克YAK36及米格MIG－29型战斗机都有相当量的零部件是用铝－锂合金制造的。

美国麦克唐纳·道格拉斯公司（McDnnell Douglas）的DC－XA"Clipper Graham"火箭的液氧箱是用铝－锂合金焊接的。空中客车工业公司（Airbus Industries）、麦克唐纳·道格拉斯公司和波音飞机公司在A330和A340型、C－17型、波音777型商用飞机制造方面使用了并将继续使用一定量的铝－锂合金。

现在，美国商品化飞机上所用的主要铝合金可分为三类：高强度合金、高抗腐蚀性合金和高耐破坏性合金（见表5－13）。这三类合金也分别对应高、中、低三种强度水平。表5－13中还列出了四种产品（薄板、厚板、挤压制品和锻件）的不同状态。开发铝－锂合金的最初战略目的是研制能够一一对应替代传统合金的铝－锂合金。为此，美国铝业公司首先开发出了2090合金，以替代高强制品。加拿大铝业公司开发出了8090中强合金。法国彼施涅公司则开发出了高耐破坏性的2091合金，主要用于制造飞机机身蒙皮板。目前，美国雷诺金属公司开发出了高耐破坏性的2091合金，主要用于制造飞机机身蒙皮板。目前，美国雷诺金属公司正在用马丁·马利塔公司研制的一种商品名为"Weldalite"的合金轧制板材。该合金将被用于替换目前火箭推进器中所用的2219合金。表5－13还列出了铝－锂合金和制品的分组情况。

表5-13　航空航天常用铝合金和铝-锂合金一览表(两组的相应合金不一定能直接替代)

制品设计标准	AI合金组				AI-Li合金组			
	薄板	厚板	锻件	挤压制品	薄板	厚板	锻件	挤压制品
高强度	7075-T6	7075-T651 7150-T651 7475-T651 7170-T7751	7075-T6 7175-T66 (7150T77××) 7050-T76/T7652 7175-T74/T7452 7149-T74/T7452	7075-T6511 7175-T6511 7150-T6511 7050-T6511	8091-T8 2090-T83	Weldaite 8090-T851 2090-T81	8091-T625	Weldaite 8091-T8551 2090-T8641
中等强度 抗腐蚀性 耐破坏性	7075-T76 7075-T73 2214-T6 2014-T6	7010-T7651 2214-T651 2014-T651 7075-T7651 7070-T351 2124-T851 2219-T852	7075-T73T7352 7050-T74/T7452 2014-T6/652 2024-T6/T652 2219-T6/T87 7049-T73/T7352 7010-T74/T7452	7050-T3511 2224-T3511 2219-T8511 2024-T8511 2014-T8511 7075-T73511	8090-T8 2090-T8650	8090-T8251 8090-T8771 2090-T8650	2090-T85203 8090-T852 2091-T852	8090-T82551 8091-T8551
高耐破坏性	2024-T3	2324-T39 2124-T351 2024-T351	—	2024-T3511 2014-T4511	2091-CPHK 2091-T3 2091-T8 8090-T8151	2091-T351 2091-T851 8090-T8151	8090-T652	2091-T8151 8090-T81551
可焊性低温性能	—	2291 2519	2219-T6/T87 2519-T6 2419-T6/T87	2219 2519	Weldalite 2090	Weldalite 2090	2090-T652	2091-T8151 8090-T81551
超塑成形性能	7475	—	—	—	2090/8090	—	2090-T65203	Weldalite 2090

（2）航空航天铝-锂合金的化学成分

当前在航空航天工业中获得应用的铝-锂合金有：美国的 Weldalite049、2090、2091、2094、2095、X2096、2197，欧洲铝业协会（EAA）的 8090，英国的8091，法国的 8093，俄国的 BAд23，等等。表 5-14 列出了在美国铝业协会注册的工业铝-锂合金的成分。

表5-14 在美国铝业协会注册的工业铝-锂合金的成分 w ⟨% ⟩

元素	2090	2091	2094	2095	2195	X2096	2097	2197	8090	8091	8093
硅	0.10	0.20	0.12	0.12	0.12	0.12	0.12	0.10	0.20	0.30	0.10
铁	0.12	0.30	0.15	0.15	0.15	0.15	0.10	0.30	0.50	0.10	—
铜	2.4 – 3.0	1.8 – 2.5	4.4 – 5.2	3.9 – 4.6	3.7 – 4.3	2.3 – 3.0	2.5 – 3.1	2.5 – 3.1	1.0 – 1.6	1.6 – 2.2	1.0 – 1.6
锰	0.05	0.10	0.25	0.25	0.25	0.25	0.10 – 0.6	0.10 – 0.5	0.10	0.10	0.10
镁	0.25	1.1 – 1.9	0.25 – 0.8	0.25 – 0.8	0.25 – 0.8	0.25 – 0.8	0.35	0.25	0.6 – 1.3	0.50 – 1.2	0.9 – 1.6
铬	0.05	0.10	—	—	—	—	—	—	0.10	0.10	0.10
锌	0.10	0.25	0.25	0.25	0.25	0.25	0.35	0.05	0.25	0.25	0.25
锂	1.9 – 2.6	1.7 – 2.3	0.7 – 1.4	0.7 – 1.5	0.8 – 1.5	1.3 – 1.9	1.2 – 1.8	1.3 – 1.7	2.2 – 2.7	2.4 – 2.8	1.9 – 2.6
锆	0.08 – 0.15	0.04 – 0.16	0.04 – 0.18	0.08 – 0.16	0.04 – 0.18	0.08 – 0.16	0.08 – 0.15	0.04 – 0.16	0.08 – 0.16	0.04 – 0.14	—
钛	0.15	0.10	0.10	0.10	0.10	0.10	0.15	0.12	0.10	0.10	0.10
银	—	—	0.25 – 0.6	0.25 – 0.6	0.25 – 0.6	0.25 – 0.6	—	—	—	—	—
其他 每个	0.05	0.05	0.05	0.05	0.05	0.05	0.05	0.05	0.05	0.05	0.05
其他, 总和	0.15	0.15	0.15	0.15	0.15	0.15	0.15	0.15	0.15	0.15	0.15
铝	其余	其余	其余	其余	其余	其余	其余	其余	其余	其余	其余

(3)航空航天铝－锂合金的典型性能

除了密度较小的优点外，铝－锂合金与目前所用的合金相比，还有下列不同之处：弹性模量较高；疲劳破坏时裂纹扩展速率较低；在可比屈服强度下韧性较低；离轴线强度较低；剪切强度和支承强度较低；抗腐蚀性能较低；热导率、电导率较低；时效处理前主要靠压力加工来提高强度，在时效处理状态有足够的强度；所有工业热处理状态都是在欠时效的条件下进行的。此外，铝－锂合金的连接、成形、精整和切削等特性，也要求对现行工艺进行优化。

航空航天铝－锂合金(2090、2091、8090)的典型物理性能见表5－15，2090合金的力学性能见表5－16，Weldalite 049合金的平面应变断裂韧性 K_{IC} 见表5－17，8090合金的拉伸性能及断裂韧性见表5－18，ВАд23合金板材的力学性能列于表5－19、表5－20中。

表 5 - 15　铝 - 锂合金的典型物理性能

性　　能	2090	2091	8090
密度 ρ/(kg·cm^{-3})	2.59	2.58	2.55
熔化温度/℃	560~650	560~670	600~655
电导率/% IACS	17~19	17~19	17~19
25℃时的热导率/[W·(m·K)$^{-1}$]	84~92.3	84	93.5
100℃时的比热容/[J·(m·K)$^{-1}$]	1203	860	930
20~100℃的平均线膨胀系数/(10^{-6} m·m^{-1}·℃$^{-1}$)	23.6	23.9	21.4
固溶体电位[①]/mV	-740	-745	-742
弹性模量 E/GPa	76	75	77
泊松比	0.34	—	—

注：①按 ASTMG60 测定，采用饱和甘汞电极。

表 5 – 16　2090 合金的力学性能

产品与状态	厚度/mm	标准	方向①	拉伸性能			韧性	
				$\sigma_{0.2}$ /MPa	σ_b /MPa	(50 mm), δ/%	方向②与K_c或K_k②	K_c或K_k /(MPa·m$^{-1/2}$)
T83 薄板	0.8 ~ 3.175	AMS4351	L	517(517)	530(550)	3(6)	K – T(K_c)	(44)④
			LT	503	505	5	—	—
			45°	440	440	—	—	—
T83 薄板	3.2 ~ 6.32	AMS4351	L	483	4	—	—	—
			LT	455	5	—	—	—
			45°	385	—	—	—	—
T84 薄板	0.8 ~ 6.32	AMS Draft D89	L	455(470)	495(525)	3(5)	L – T(K_c)	49(71)④
			LT	415	475	5	L – T(K_c)	49④
			45°	345	427	7	—	—
T3 薄板⑤	—	⑥	LT	214 min	317 min	6 min	—	—
O 薄板	—	⑥	LT	193 max	231 max	11 max	—	—
7075 – T6 薄板	—	—	L	(517)	(570)	(11)	L – T(K_c)	(71)④
T86⑦ 挤压材	0.0 ~ 3.15⑧	AMS Draft D88 BE	L	470	517	4	—	—
	3.175 ~ 6.32⑧		L	510	545	4	—	—
	6.35 ~ 12.65⑧		LT	517	550	5	—	—
				783	525	—	—	—
7075 – T7 厚板	13 ~ 38	AMS4346	L	(510)	(565)	(11)	L – T(K_c)	(27)
7075 – T81 厚板			L	483(517)	517(550)	4(8)	L – T(K_c)	≥27(11)
			LT	470	517	3	L – T(K_c)	≥22

表 5 - 17 Weldalite 049 合金的平面应变断裂性 K_{IC}

温度/℃	状态	方向[①][②]	K_{IC}/(MPa · m$^{-1/2}$)	$\sigma_{0.2}$/MPa	σ_b/MPa
20	T3	L - T	36.9	405	530
21	T3	T - L	30.9	350	485
21	T3	T - L	29.8	350	485
21	F6E4	L - T	30	605	650
21	F6E4	L - T	29	605	650
-195	T3	T - L	31.8	455	615
-195	T3	T - L	30.9	455	615

注：①L - T: 开裂平面垂直于挤压方向；②T - L: 开裂平面平行于挤压方向。

表 5 - 18 8090 合金的拉伸性能与断裂韧性

状态	产品	组织[①]	最低或典型拉伸性能与断裂韧性				最低或典型断裂韧性	
			方向	σ_{02}/MPa	σ_b/MPa	(50 mm), $\delta_{1\%}$	断裂方向及韧性类型 (K_c 或 K_k)[②][③]	断裂韧性 /MPa$^{1/2}$
8090 - T81 （欠时效）	耐损伤未包括薄板 <3.55 mm	R	纵向 横向 45°方向	295 ~ 350 290 ~ 325 265 ~ 340	345 ~ 440 385 ~ 450 380 ~ 435	8 ~ 10 typ 10 ~ 12 14 typ	LT(K_c) T - L(K_c) S - L(K_c)	94 ~ 145 85 min —
8090 - T8X （峰值时效）	中等强度薄板	UR	纵向 横向 45°方向	380 ~ 425 350 ~ 440 305 ~ 345	470 ~ 490 450 ~ 485 380 ~ 415	4 ~ 5 4 ~ 7 4 ~ 11	LT(K_c) T - L(K_c) S - L(K_c)	75TYP — —
8090 - T8X	中等强度薄板	R	纵向 横向 45°方向	325 ~ 385 325 ~ 360 325 ~ 340	420 ~ 455 420 ~ 440 420 ~ 425	4 ~ 8 4 ~ 8 4 ~ 10	LT(K_c) T - L(K_c) S - L(K_c)	— — —
8090 - T8771 > T651 （峰值时效）	中等强度薄板	UR	纵向 横向 45°方向	380 ~ 450 365 min 360 typ 340 min	460 ~ 515 435 min 465 typ 420 min	4 ~ 6 min 4 min — 1 ~ 1.5 min	LT(K_c) T - L(K_c) S - L(K_c)	20 ~ 35 13 ~ 30 16TYP
8090 - T8151 （欠时效）	耐损伤厚板	UR	纵向 横向 45°方向	345 ~ 370 325 min 275 min	435 ~ 450 435 min 425 min	5 min 5 min 8 min	LT(K_c) T - L(K_c) S - L(K_c)	35 ~ 49 30 ~ 44 25TYP

续表 5 – 18

状态	产品	组织①	最低或典型拉伸性能与断裂韧性				最低或典型断裂韧性	
			方向	σ_{02}/MPa	σ_b/MPa	(50 mm), $\delta_{1\%}$	断裂方向及韧性类型 (K_c 或 K_k)②③	断裂韧性 /MPa$^{1/2}$
8090 – T852	经冷加工的模锻件,自由锻件	UR	纵向 横向 45°方向	340 ~ 415 325 ~ 395 305 ~ 395	425 ~ 495 405 ~ 475 405 ~ 450	4 ~ 8 3 ~ 6 2 ~ 6	LT(K_c) T – L(K_c) S – L(K_c)	30TYP 20TYP 15TYP
8090 – T8511 8090 ~ T6511	挤压材	UR	纵向	395 ~ 450	460 ~ 510	3 ~ 6	—	—

注:①R—再结晶,UR—非再结晶;②除标有"min(最小的)"与"typ(典型的)"的值外,有两个数字的代表最小值与典型值。最小值供顾客用,并可视为国家标准值,但不代表注册值;③K_c—平面应力断裂韧性,K_k—平面应变断裂韧性。

表 5 – 19 ВАд23 合金板材的力学性能

产品	E/MPa	$\sigma_{0.2}$ /MPa	σ_b /MPa	抗压弹性模量 /MPa	冲击韧性 /(J·cm^{-2})	δ/%
包铝的	73000	500	560	76000	1.47 ~ 2.94	5
未包铝的	75000	550	590	80000	0.98 ~ 1.96	3
技术条件规定值	—	—	≥548.8	—	—	≤2

表 5 – 20 不同状态的 ВАд23 合金包铝板材的力学性能

状 态	$\sigma_{0.2}$/MPa	σ_b/MPa	δ/%
退火的	98	215.6	20
新淬火的	137.2	323.4	20
自然时效 2 个月的	176.4	352.8	13
自然时效 1 年的	225.4	362.6	17
自然时效 10 年的	235.2	377.3	16
人工时效(160℃、10 h)的	490	539	5

(4)铝 – 锂合金在航空航天领域中的应用

20 世纪 80 年代初期,西方国家的铝业公司与航空航天部门及军用飞机设计、制造企业合作,制定了研制开发铝 – 锂合金及其应用的雄心勃勃的计划,其目的是试图用这种低密度合金取代占飞机自身质量40%～50%的传统结构铝合金，以减轻航空航天器结构的质量。这一研究开发使得12个铝－锂合金在国际加工铝合金注册委员会成功注册。虽然这些合金不能直接取代传统高强度铝合金用于制造结构件，但在飞机特别是在军用飞机制造中获得了应用。到20世纪90年代已用于焊接航天推进器的液氧与液氢燃料箱。

由于铝－锂合金的性能独特，所以其大多应用在一些新的项目上，这就限制了其市场开发。另外，铝－锂合金半成品的生产成本通常是传统高强度铝合金半成品的3～5倍，因此，其仅应用在对自身质量要求特殊的项目中。表5－21列出了铝－锂合金的主要应用。

表5－21　铝－锂合金的主要应用

合金	应用
2090	飞机的前缘和尾缘、襟翼、扰流片、底架梁、吊架、牵引连接配件、舱门、发动机舱体及整流装置、座位滑槽和挤压制品等
8090	机翼及机身蒙皮板、锻件、超塑成形部件及挤压制品等
2091	耐破坏性机身蒙皮板

美国铝业公司在印度安纳州拉斐特建立了世界产能最大的铝－锂合金生产工厂，将生产的第三代铝－锂合金部件提供给空客A380、A350、波音787等飞机制造商。2013年中期，美国铝业公司完成了位于英国的基茨格林工厂铝锂合金产能的扩张；对达文波特轧制厂的铝－锂合金板生产线进行了改扩建；对拉斐特挤压—锻造厂的铝－锂合金生产线进行了扩建。根据2013年末统计数据，美国铝－锂合金生产能力约10万t/a，其中美国铝业公司生产能力约5.5万t/a，美国铝业公司铝－锂合金产能占到全国的55%。

在我国，大飞机的制造需求强劲拉动了铝合金材料尤其是铝－锂合金材料需求。据了解，C919机身的直段部位于大客机机身前部，是宽度相等的筒状结构部段，全长7.45 m、宽4.2 m、高4.2 m，采用了先进的第三代铝－锂合金板。2014年9月，C919大型客机中机身和副翼部件交付，首次交付的中机身和外翼翼盒大部件全长5.99 m，宽3.96 m，由中机身筒段、龙骨梁、中央翼、应急门组成，该部段包含零件8200多个，涉及工装3400多项，大量采用了第三代铝－锂合金和高损伤容限铝合金材料。

5）铝－锂合金在航空航天领域的应用前景

铝－锂合金的主要优点是密度低、比模量高、疲劳韧性与低温韧性优异，抗疲劳裂纹的扩展能力比常规高强度铝合金的优良。但是，在以压应力为主的变振幅疲劳试验中，铝－锂合金的这一优点不复存在。铝－锂合金的主要缺点是：在峰值强度时材料的短—横向塑性与断裂韧性低；各向异性严重；人工时效前需施加一定的冷加工量才能达到峰值性能；疲劳裂纹呈精细的显微水平时，扩展速度显著加快。

值得指出的是，由于受到碳纤维增强塑料和新型的不含锂的铝合金的强劲挑战，铝－锂合金在航空航天器应用的前景可能不会如过去预期的那么乐观。但总的来说，铝－锂合金的发展前景是光明的。随着设计人员和用户对这些新合金的性能特点越来越熟悉，将会出现更多的协作和应用。而减轻新型飞机和现有飞机的重量的要求，将继续推动铝－锂合金新用途的开发研究。可用铝－锂合金制造的民用客机与军用战斗机的零部件分别见图 5 – 4 和图 5 – 5。

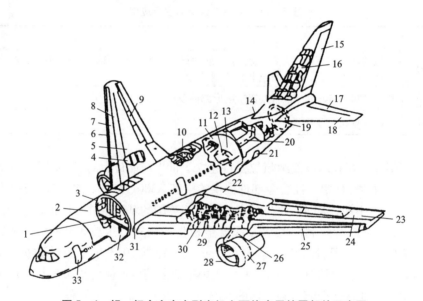

图 5 – 4　铝－锂合金在大型客机上可能应用的零部件示意图

1—过道 2090 – T83；2—机身桁梁 8090 – T8；3—机架 2091 – T8，8090 – T8；4—下桁条 2091 – T84，8090 – T8；5—上桁 2090 – T83；6—前缘 2090 – T83、84；7—前缘缝翼 2090 – T83、84；8—盖 2090 – T83；9—阻流板 2090 – T83、84；10—导管 2090 – T86；11—座椅 2090 – T62、8090 – TSX、2091 – T851；12—运货轨道 2090 – T86、8090 – T8；13—座椅轨道 2090 – T86；14—厕所 2090 – T83；15—方向舵 2090 – T83；16—框架 2090 – T83；17—升降舵 2090 – T83；18—蒙皮 2090 – T83；19—舱壁 2090 – T84、2091 – T84、8090 – T8；20—上行李箱 2090 – T83；21—便门 2090 – T83、8090 – T8；22—副翼 2090 – T83；23—下机翼 8090 – T8；24—上机翼 2090 – T83；25—阻力板 2090 – T83、T84、2091/8090 – T8；26—吊架 2090 – T83；27—发动机罩 2090 – T83；28—前缘进气口 2090 – T83；29—翼肋 8090 – T8；30—翼梁 8090 – T8；31—蒙皮 8091/8090 – T8；32—地板 2090 – T83；33—舱门 2091/8090 – T8

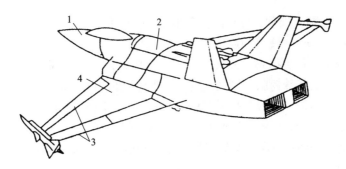

图 5 – 5 铝 – 锂合金与超塑成形（SPF）铝 – 锂合金在歼击机上的应用

1—前部机身：蒙皮 8090、2090、2091、8090，舱门 2090、8090、2091，基本结构 SPF 铝 – 锂合金；2—中部机身：蒙皮 2090、2091、8090，隔板 8090，机架 SPF 铝 – 锂合金；3—操纵面：蒙皮 2090、2091、8090，基本结构 2091、2090、8090，配件 8090 锻件；4—上翼箱：蒙皮 8090、2090，翼梁为复合材料，翼肋为铝锂合金

5.3.3　铝基复合材料

由于铝基复合材料具有密度小、比强度和比刚度高、比弹性模量大、导电导热性好、耐高温、抗氧化、耐腐蚀、抗蠕变、耐疲劳等一系列优点而引起了人们的普遍关注，各国竞相投入大量的人力、物力和财力进行研制和开发，并已取得突破性进展，目前铝基复合材料已成为铝合金，甚至是铝 – 锂合金的重要竞争对手。

在所研制的铝基复合材料中，铝 – 硼复合材料发展最快，目前美国已能制造 2 m 以上的各种型材、管材以及相近尺寸的铝 – 硼板材。用于各航空器上，可获得大于 20% 的减重效果。纤维与铝金属表面会产生化学反应的问题已通过将碳化硅的扩散隔层包覆在硼纤维上的方法得到解决。

铝 – 碳化硅复合材料是最有发展前途的材料，它不需要纤维与金属表面之间的扩散隔层，成本低。碳化硅还能以长纤维、粒子直径为 $0.1 \sim 0.3~\mu m$、长 $5 \sim 8~\mu m$ 的晶须等形式使用，目前已生产出以 2024 合金为基体的碳化硅纤维增强的新合金。由于解决了 CVD 碳化硅纤维/铝和纺织碳化硅纤维的制造工艺和碳化硅纤维浸铝工艺问题，研制出了复合丝和复合板材，铝 – 碳化硅复合材料进入了实用阶段。

铝 – 氧化铝复合材料正在研究中，含 2% Li 的铝 – 氧化铝纤维复合材料与未经纤维强化的合金相比，在 370℃ 下刚度提高为之前的 4 ~ 6 倍，疲劳强度提高为之前的 2 ~ 4 倍。

铝与纤维的复合材料有：铝 – 短纤维或粒子的复合材料和铝 – 长纤维的复合材料。前者可加入晶须粒子，用来挤压、锻造或轧制成材，也可进行焊接、研磨和热成形加工。后者可分为三类：一类是高强化复合材料，是一种纤维密度超过 50% 的硼化纤维或碳化硅纤维强化材料；一类是部分强化的铝 – 氧化铝纤维复合材料；一类是层状产品，如 2024 和 7075 铝箔与 aramide 纤维层组织材料，它们被浸在胶液中进行黏合处理，与基体合金相比，可减重20%，纤维方向的静力学强度可提高20%~30%，疲劳强度可提高100%以上。

铝基复合层压板也得到了发展，ARALL层压板是通过在高强铝合金薄板间嵌入一种高强纤维的特殊树脂压制而成的，可使材料的疲劳寿命成百上千倍地提高，抗拉强度也较整体铝合金板提高了15%~30%。美国铝业公司已在粉末冶金铝合金的基础上研制出了用2×××系或7×××系板材复合的7475-T6和2024-T8层压板材，减重为15%~40%。表5-22为铝-碳化硅须(20%)复合材料的特性。

表5-22 铝-碳化硅须(20%)复合材料的特性

特性	$\sigma_{0.2}/MPa$	σ_b/MPa	$\delta/\%$	E/GPa
2024-T4	560~630	420~480	10~14	10~40
6061-T6	420~530	350~420	9~11	10~40
7075-T6	560~630	460~490	10~13	10~20

5.3.4　粉末冶金铝合金

铝合金粉末冶金(P/M铝合金)的研究始于20世纪50年代，到1975年已作为一种功能材料(如吸音板、轴承零件等)使用。到80年代，其作为一种高性能结构材料的开发而引起人们关注。目前正以提高常温强度、高温强度、比强度、比刚度、耐磨性为目标而开发各种P/M合金。研制P/M合金的关键技术是制造具有均匀、细密组织的粉末，世界各国制造P/M铝合金的方法主要有快速凝固(10^6℃/S)制粉法(RS法)，机械合金化制粉法(MA法)，以长纤维、短纤维、颗粒作强化相获得复合材料的MMC法等。用RS法研制出了高强耐热合金的Al-Mn-Co系、Al-Fe-Ce系、Al-Mg-Ni系、Al-Fe-Co系、Al-Fe-Cr系等合金。Al-8Fe-4Ce合金在300℃以内屈服强度大于300 MPa，其使用温度范围为175~315℃。用这种合金代替钛合金制造喷气式发动滑轮，可使成本降低65%，质量减轻15%。目前正在开发的P/M铝合金，其常温抗拉强度可大于686 MPa，高温抗拉强度可超过294 MPa，耐磨性优于铸铁。与铸造法(I/M)相比，新型的P/M铝合金MA87的短横向性能显示出了明显的优越性：室温屈服强度为471 MPa，比7075-T73652合金高12%；疲劳裂纹扩展速度dN/da(在$\Delta k=11.0$时)为1.9×10^{-7} m/周，相当于7075-T73652合金的1/3；抗拉应力腐蚀能力相当于7075-T73652合金。根据性能指标可将正在开发中的P/M铝合金分为以下四类。

（1）常温高强度铝合金

用RS法研制的合金有：7079、7091、PM64、1519B等；用MA法生产的合金有：iN9052、iN9021 等。其化学成分和力学性能见表 5 - 23、表 5 - 24。

表 5 - 23　常温高强 P/M 铝合金的化学成分 w　　　　　　%

合金	7090	7091	iN8052	iN9021	PM64	1519B
Zn	7.3 ~ 8.7	5.8 ~ 7.1	—	—	6.8 ~ 8.0	6.8 ~ 8.0
Mg	2.0 ~ 2.3	2.0 ~ 2.3	4.0	1.5	1.2 ~ 2.9	1.9 ~ 2.9
Cu	0.6 ~ 1.3	1.1 ~ 1.8	—	4.0	1.8 ~ 2.4	1.8 ~ 2.4
Co	1.0 ~ 1.9	0.2 ~ 0.6	—	—	0.1 ~ 0.4	—
Zr	—	—	—	—	0.1 ~ 0.35	—
Cr	—	—	—	—	0.08 ~ 0.25	0.1 ~ 0.5
O	0.2 ~ 0.5	0.2 ~ 0.5	0.8	0.8	< 0.05	< 0.05
C	—	—	1.1	1.1	< 0.05	< 0.05
Al	余量	余量	余量	余量	余量	余量

表 5 - 24　常温高强 P/M 铝合金的力学性能

合 金	挤压型材			锻件		
	σ_b/MPa	$\sigma_{0.2}$/MPa	δ/%	σ_b/MPa	$\sigma_{0.2}$/MPa	δ/%
7090T - 7E71	627	585.7	10	613.2	578.8	10
7091T - 7E68	592.5	544.3	12	—	—	—
1519B - T76	—	—	—	558.1	509.9	—
1519B - T73	—	—	—	509.4	447.8	11
PM64 - T76	—	—	—	599.4	551.2	9
PM64 - T73	—	—	—	558.1	496.1	5
IN9021 - T651	606.3	571.9	7	—	—	—
LM7050 - T73	—	—	—	503	447.9	5
IM7075 - T7	—	—	—	551.2	406.5	8

（2）高温高强 P/M 铝合金

用 RS 法生产的有：Al - 8Fe，添加 Co、Ce、Cr、Zr、Mo 等元素的 Cu78（Al - 8Fe - 4Ce）和 P8W 的 Al - 8Fe - 2Mo 等合金；用 MA 法生产的有 Al - Ti、Al - Ni、Al - Fe 等系合金。表 5 - 25 为耐高温 P/M 铝合金与 I/M2219 合金的性能比较表。

表 5 – 25 耐高温 P/M 铝合金与 I/M2219 合金的性能比较

合 金	R_m/MPa		
	20℃	230℃	343℃
P/M Al – 8Fe – 3.4Ce	550	395	176
P/M Al – 8.2Fe – 1.8Co	503	339	183
P/M Al – 8Fe – Zr	—	421	228
P/M Al – 8Fe – 2Mo	490	350	230
I/M 2219 – T6	400	210	60

（3）高比强度和高比刚度合金

主要有 Al – Li 系、Al – Fe – Ni – Co 系和 Al – Mn 系合金。研究重点是 Al – Li – Cu – Mg – Zr 系合金，要求其弹性模量比 7075 – T76 提高 20% ~ 30%，而抗拉强度、韧性、疲劳强度、耐腐蚀性能没有明显降低或改善 10% 以上。用 P/M 法研制的 Al – 1.5Li – 4Cu 合金，其力学性能相当于 7075 – T73，而质量减轻了 80% 以上。

（4）耐磨合金

主要是含 Si 量为 11% ~ 25% 的 Al – Si 系合金。用 RS 法可使初晶 Si 细化，可以提高耐磨性。表 5 – 26 列出了活塞用 P/M 铝合金的性能。

表 5 – 26 活塞用 P/M 铝合金的性能

状 态	200℃		350℃	
	$R_{0.2}$/MPa	R_m/MPa	$R_{0.2}$/MPa	R_m/MPa
P/M A – S22UNGFe3Zr0.6 挤压退火	375	450	80	115
I/M A – S12UN 挤压退火	190	210	40	55
I/M A – S12UN 挤压退火	350	400	30	40

5.3.5 飞机抗压结构用铝合金

（1）上翼结构在飞行过程中受压缩负荷

一般来说，大型运输机和民用飞机的上翼结构是按强度要求设计的。因此，要求选用的材料具有尽可能高的抗压强度/质量比。同时，材料还必须满足其他各种要求，包括成本、耐腐蚀性和损伤容限等。实际上某些合金/状态是靠牺牲一些强度来满足其他要求的，例如获得较高的断裂韧性和耐腐蚀性能等。

图 5-6 示出了飞机上翼结构用的一些铝合金及其状态的发展年代表。在该图中，以各种铝合金/状态第一次在飞机上的应用作为它们的历史情况，用图解说明了这些历史情况与其厚板制品的典型屈服强度之间的关系。从该图中可以更加清楚地了解上翼结构材料的发展。

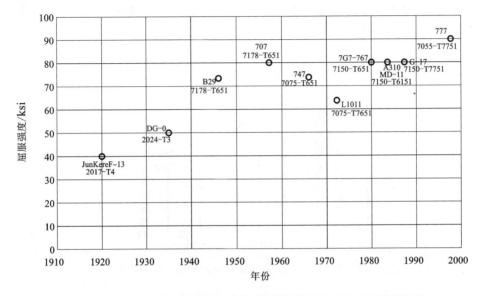

图 5-6　飞机上翼蒙皮板合金和状态的发展年代表(1 ksi＝6.895 MPa)

许多年来，上述这些合金一直是飞机上翼结构的选用材料。波音 757、767 飞机的研制促使人们去开发性能优于上述合金的新型铝合金。通过对 7075 铝合金（它是为厚截面用途而研制的）成分的调整，开发出了 7150－T651 合金。该合金的强度与 7178－T651 相当，而断裂韧性却仍符合要求。为了使其耐腐蚀性比 7150－T651 的稍好一些，又开发出了 T6151 状态。在该状态下，合金的强度仍能保持 T651 状态的水平。这种状态下的合金在空中客车(Airbus) A310 和麦克唐纳－道格拉斯(麦道公司)的 MD11 型飞机的上翼结构上使用过。

人们已经认识到，过时效状态可以在牺牲材料一些强度的条件下改善其耐腐蚀性能，同时也找到了在不损失 7000 系合金峰值时效强度的前提下改善耐腐蚀性能的一些方法。高性能 7150－T7751 厚板和 7150－T7751 挤压件研制成功后，这两种材料在麦道公司生产 C－17 型军用飞机的上翼结构时首次获得应用。然后针对 7150 合金研究开发的这种新状态，在美国铝业公司最新研制的高强 7000 系合金上得到了应用。该合金是专门为飞机的上翼等受压应力为主的结构件而开发的。这种新型合金的制成品为 7055－T7751 厚板和 7055－T7551 挤压件。它们已被定为波音 777 飞机的上翼结构选用材料。

（2）7055 铝合金的开发与应用

增加 7000 系合金中的溶质含量能提高合金的强度，但同时也伴随着损伤容限的降低。按照美国铝业公司为 7150 – T77 制品研究开发的专利处理工艺，人们可以制造出耐腐蚀性能和断裂韧性符合要求而强度更高的 7000 系铝合金。试验室研究结果表明，通过改进强度、耐腐蚀性的配比，可以试制出溶质含量更高的 7000 系合金，如图 5 – 7 所示。

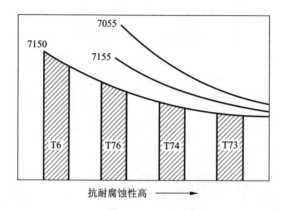

图 5 – 7　新型 7055 铝合金强度和耐腐蚀性能与 7150 的对比

7055 铝合金已投入工业性生产。该合金已用于生产 T7751 状态的中厚板和 T7711 状态的挤压件。这些 7055 合金制品的专利均属美国铝业公司。下文介绍了 7055 厚板和挤压件的一些典型性能，并且将这些性能指标与 7150 – T6 和 T77 制品进行了对比。

表 5 –27 至表 5 –29 分别列出了 25.4 mm 的 7055 合金厚板和挤压件的典型抗拉及抗压和断裂韧性值。为了便于比较，同时列出了 7150 – T6 和 T77 厚板及挤压件的典型性能数据。

7055 – T7751 和 T77511 制品的耐腐蚀性能介于 7150 – T6 和 7150 – T77 制品之间。对于按 EXCO 试验测得的抗剥落腐蚀性能来说，7055 – T77 制品若按 ASTM G34 的图例分级标准评定，属于典型的 EB 级。但是，采用该方法评定该合金时，有很多困难，这是因为合金的试验溶液中有严重的均匀腐蚀。目前正在制订一种采用改进型 EXCO 溶液进行试验的新评定分级系列。新方法能够更直观地评定该合金在大气环境暴露下的剥落腐蚀行为。

表 5 – 27　三种 7000 系铝合金 25.4 mm 厚板的典型性能值

力学性能		7055 – T7751	7150 – T7651	7150 – T7751
抗拉强度/MPa	纵向	648	606	606
	长横向	648	606	606
拉伸屈服强度/MPa	纵向	634	572	565
	长横向	620	572	565
压缩屈服强度/MPa	纵向	620	565	565
	长横向	655	599	599
伸长率/%	纵向	11	12	12
	长横向	10	12	11
拉伸弹性模量/10^3 MPa		70.3	71.0	71.7
压缩弹性模量/10^3 MPa		73.7	71.7	73.7
密度/(g·cm^{-3})		2.85	2.82	2.82

表 5 – 28　三种 7000 系铝合金 25.4 mm 挤压件的典型性能值

力学性能		7055 – T77511	7150 – T76511	7150 – T77511
抗拉强度/MPa	纵向	661	675	648
	长横向	620	606	599
拉伸屈服强度/MPa	纵向	641	634	613
	长横向	606	558	572
压缩屈服强度/MPa	纵向	655	634	634
	长横向	655	606	613
伸长率/%	纵向	10	12	12
	长横向	10	11	8
拉伸弹性模量/10^3 MPa		73.0	71.7	70.3
压缩弹性模量/10^3 MPa		75.1	75.8	75.1
密度/(g·cm^{-3})		2.85	2.82	2.82

表 5-29　三种 7000 系铝合金 25.4 mm 厚板和挤压件的断裂韧性典型数据

断裂韧性/(MPa·m$^{1/2}$)		7055-T7751	7150-T651	7150-T7751	制品类型
平面应变 K_{IC}	纵—横向	28.6	29.7	29.7	厚板
	横—高向	26.4	26.4	26.4	
平面应力 K_{sc}	纵—横向	93.5	104.5	104.5	
	横—高向	46.2	66	66	
平面应力 $K_{表观}$	纵—横向	82.5	88	88	
	横—高向	44	60.5	60.5	
平面应力 K_{IC}	纵—横向	33	31.9	29.7	挤压件
	横—高向	27.5	25.3	24.2	

　　在生产 7055-T7751 厚板和 7055-T77511 挤压件的过程中,已确定了暂行力学性能设计许用值(S 值)。目前该合金的产品类型仅限于厚板和挤压件。厚板目前现有规格为 9.53~31.75 mm,挤压件目前仅限于厚度为 12.7~63.5 mm 的产品,最大周边尺寸为 254 mm。

　　7055 合金制品能显著减轻结构的质量,可用于要求抗压强度高、耐腐蚀性能良好的各种场合。在每一种具体应用中,还必须考虑其他设计参数,如 S-N(应力—循环次数)疲劳性、疲劳裂纹扩展、密度和弹性模量等。现有的一些应用实例有:民用运输机的上翼结构、水平尾翼、龙骨梁、座轨和货运滑轨等。

5.3.6　纳米陶瓷铝合金

　　把纳米陶瓷颗粒引入铝合金,提高了材料的刚度、强度,同时保持了铝合金良好的加工制造性能,突破了规模化工程应用的瓶颈,已在航天、汽车、先进电子设备领域得到了应用。纳米陶瓷铝合金具有更大的减重潜力,而且工艺性好、成本低,有望成为下一代航空新材料。

　　纳米陶瓷铝合金是通过化学方法,即在金属铝里加入能够生成陶瓷的成分,采用"原位自生技术",用熔体控制自生的方式制备而成的。生长出的陶瓷颗粒的尺寸由几十微米降低到纳米级,突破了外加陶瓷铝基复合材料塑性低、加工难等应用瓶颈。该方法制备的纳米陶瓷铝合金,具有质量轻、抗疲

图 5-8　纳米陶瓷铝合金新材料

劳、低膨胀、高阻尼、耐高温等特点,其强度是同等质量钛合金的 1.5 倍、镁合金的 2 倍、高强钢的 3 倍。图 5-8 是纳米陶瓷铝合金新材料。

目前,纳米陶瓷铝合金已经用于天宫一号、天宫二号、量子卫星、气象卫星等的关键部件。而与此同时,也正在开展多种航空发动机叶片试验,其将是"新一代航空材料"。

此外,纳米陶瓷铝合金还可以应用于内燃机活塞和汽车关键部件,不仅能有效减重,还可以节能减排、提高安全性。

5.4 应用实例

5.4.1 铝合金在民用飞机上的应用

5.4.1.1 铝合金在国外民用飞机上的应用

所有铝材(板、箔、管、棒、型、线、锻件、压铸件、铸件等)都在航空、航天器中获得了应用,用得最多的是板材和型材。当前铝材是民用航空器的主导材料,铝合金在民用飞机上的用量一般占用材总量的 70% 以上。随着科技的发展,铝合金在民用飞机等占的比例将逐渐下降。

1935 年,世界上第一种成功应用的商业飞机 DC-3 的主体结构材料就是以当时先进的 2024-T3 铝合金为主制造的。全球的铝合金生产企业常与大型飞机制造公司合作,联手进行铝合金材料改进和新材料研发,如美国铝业公司与波音公司联合研制出 2324、7150、2524、7055 等一系列高性能铝合金材料,并很快应用于飞机上。按民航客机的技术水平和选材特点,可把民航客机分为三代:①第一代客机,以美国的 B707、B727、B737(-100,200)、B747(-100,200,300,SP),欧洲的 A300B,苏联的图-104、图-154、伊尔-86 等为代表。这一代飞机发展年代为从第二次世界大战后至 20 世纪 70 年代,多采用静强度和失效安全设计。②第二代客机,以美国的 B757、B767、B737(-300,400,500)、B747(-400),欧洲的 A320 和苏联的图-204 为代表。这一代飞机提出耐久性和损伤容限设计需求,采用了许多新型铝合金。③第三代干线客机,以美国的 B777、欧洲的 A330/A340 及俄罗斯的图-96 等为代表,这一代飞机设计上除满足第一、二代飞机要求外,还提出了强度更高、耐蚀性和耐损伤性能更好、成本更低的要求。表 5-30 给出了一些典型干线客机的主要用材情况。铝合金在国外飞机不同部位的应用发展情况见表 5-31。

表 5 – 30   一些典型干线客机的主要用材情况 w %

飞机代别	机型	铝	钢	钛	复合材料
第一代	B737/B747	81	13	4	1
	A300	76	13	4	5
第二代	B757	78	12	6	3
	B767	80	14	2	3
	A320	76.5	13.5	4.5	5.5
第三代	A340	75	8	6	8
	B777	70	11	7	1
	A350	34	—	9	37
	B787	20	—	15	50

表 5 – 31   铝合金在国外飞机不同部位的应用发展情况

应用部位	40 年代	50 年代	60 年代	70 年代	80 年代	90 年代后
机身蒙皮	2024 – T3	2024 – T3	2024 – T3	2024 – T3	2024 – T3	2524 – T3
机身机头、桁条	7075 – T6	7075 – T6	7075 – T6	7475 – T76	7050 – T74	7150 – T77
机身框、梁、隔框	2024 – T3 2124 – T851	7075 – T6 7050 – T74	2024 – T3 2124 – T851	7075 – T6 7050 – T74	2024 – T3 2197 – T851	7075 – T73 7150 – T77
机翼上蒙皮	7075 – T6	7075 – T6	7075 – T73	2024 – T851 7050 – T76	7050 – T76 7150 – T61	7055 – T77
机翼上桁、弦条	7075 – T6	7075 – T6	7075 – T73	7050 – T74	7150 – T61	7150 – T77 7055 – T77
机翼下蒙皮	2024 – T3	2024 – T3	2024 – T3	7475 – T73 2024 – T3	2024 – T3	2524 – T3
机翼下桁、弦条	2024 – T3	2024 – T3	2024 – T3	2024 – T3 2224 – T3511	2024 – T3 2224 – T3511	2524 – T3 2224 – T3511
翼梁、翼肋	7075 – T6	7075 – T6	7075 – T73	7050 – T74 7010 – T74	7050 – T74 7010 – T74	7150 – T77 7085 – T74 7085 – T6

20 世纪 70 年代前，民用客机铝材主要应用普通纯度的 2024、7075 铝合金。70 年代以后，开始研制批量生产的飞机用材，主要为高纯铝合金，包括 2124 – T851、2324 – T39、2224 – T3511、7475 – T73、7475 – T76、7050 – T7451、7050 –

T7452、7010 - T74 和 7150 - T61 等。20 世纪 90 年代以来，最先进的飞机上均采用了新研制的 2524 - T3、7150 - T7751、7150 - T7751、7055 - T7751、7055 - T77511、2197 - T851、7085 - T7452/T652 等铝合金。到 2012 年，民用飞机铝化率约为 75%。在最新型的 B777 客机上，铝合金约占机体结构质量的 70%。

（1）波音 747 客机

波音 747 是由美国波音公司在 20 世纪 60 年代末在美国空军的主导下推出的大型商用宽体客/货运输机，亦为世界上第一款宽体民用飞机，自 1970 年投入服务到空客 A380 投入服务前，波音 747 保持全世界载客量最高飞机的纪录长达 37 年。截至 2013 年 3 月，波音 747 共生产了 1464 架飞机。波音 747 最新型号是 747 - 8，已在 2011 年正式投入服务。2016 年 7 月 27 日，波音公司在发布的一份监管文件中表示，可能会停止生产波音 747 飞机，从而结束这款飞机近半个世纪的生产史。图 5 - 9 为波音 747 客机。

图 5 - 9　波音 747 客机

波音 747 的机翼采用悬臂式下单翼，翼根部相对厚度 13.44%，外翼 8%，1/4 弦线后掠角 37°30′，为铝合金双梁破损安全结构。外侧低速副翼、内侧高速副翼，三缝后缘襟翼，每侧机翼上表面有铝质蜂窝结构扰流片，每侧机翼前缘有前缘襟翼，机翼前缘靠翼根处有 3 段克鲁格襟翼。尾翼为悬臂式铝合金双路传力破损安全结构，全动水平尾翼。动力装置 4 台涡轮风扇喷气式发动机。由发动机带动 4 台交流发电机为飞机供电，辅助动力装置带发电机。有 4 套独立液压系统，还有一备用交流电液压泵。起落架为五支柱液压收放起落架。两轮前起落架向前收起，4 个四轮小车式主起落架：两个并列在机身下靠机翼前缘处，另外两个装在机翼根部下面。波音 747 机身是普通半硬壳式结构。由铝合金蒙皮、纵向加强件和圆形隔框组成。破损安全结构采用铆接、螺接和胶接工艺。波音 747 采用两层客舱的布局方案，驾驶室置于上层前方，之后是较短的上层客舱。驾驶舱带两个观察员座椅。公务舱在上层客舱，头等舱在主客舱前部，中部可设公务舱，经济舱在后部。客舱地板下货舱：前舱可容纳货盘或 LD－1 集装箱，后舱可容纳 LD－1 集装箱和散装货物。图 5－10 为铝材在波音 747 客机上的应用部位示意图。

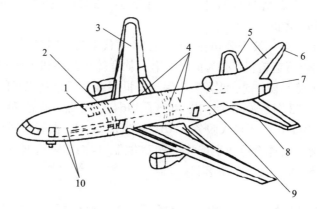

图 5－10　铝材在波音 747 客机上的应用部位示意图

1—桁条（7075－T6，包铝的）；2—骨架（7075－T6、7178 或包铝的 7178）；3—翼盒（上表面 7075－T76，包铝的；下表面 7075－T6；翼梁帽 7075－T76）；4—主骨架（7075－T6 锻件，包铝的 7075－T6，7075－T6 挤压型材）；5—升降舵与主向舵（包铝的 2024－T3）；6—垂直安定面、蒙皮与桁条（包铝的 7075－T6）；7—中发动机支架（Ti6A14V，包铝的 2024－T3，包铝的 2024－T81）；8—水平安定面整体加强壁板（7075－T76，挤压的）；9—机身蒙皮（包铝的 2024－T3，包铝的 7075－T76）；10—大梁（4 个，7075－T6 挤压型材）

（2）空客 A380 客机

A380 是空中客车公司 2000 年 12 月开发的项目，全球第一架 A380 客机于 2007 年 10 月在新加坡航空投入商业运营，见图 5－11。目前，全球已有 2300 多万乘客乘坐了 A380 客机。每天有 100 多个由 A380 执飞的航班，全球每 8 min 就有一架 A380 飞机起降。截至 2016 年 12 月，空中客车已向全球 8 家客户交付了 77 架 A380 客机。

A380 是当今全球最大、最高效的民用飞机（最大载客量 853 人），共有上下两层独立的全尺寸宽体客舱，为三级客舱布局，每架 A380 飞机由大约 400 万个独立部件组成，其中 250 万个部件由遍布全球 30 个国家和地区的 1500 个公司制造。据称，制造该机的铝材采购量约为 1000 t，而铝制零部件的飞行质量约为 100 t。铝合金的质量是飞机质量的 61%，其他材料钛合金占 10%，复合材料占 22%。图 5－10 是美国铝业公司提供的一部分铝材的应用部位。

在设计 A380 客机时，为尽可能降低最大起飞质量，最大限度地使用了铝合金材料，铝材采用质量占材料总采购量的 78%，而起飞质量仍占 66%，并采用了一些新合金，如 6113－T6、2524－T3、C68A－T3、C68A－T36 等铝合金；此外，

图 5 −11　空客 A380 客机

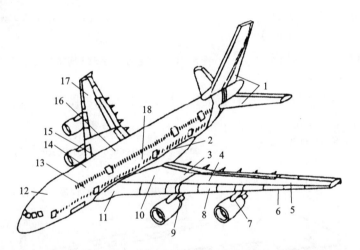

图 5 −12　美国铝业公司为欧洲空客公司 (A380) 提供的铝材制造的零部件示意图
1—垂直稳定翼紧固件；2—地板梁；3—机翼齿轮肋及支撑配件；4—翼梁 (厚板)；5—上翼蒙
皮；6—下翼蒙皮；7—发动机吊架紧固件；8—襟翼紧固件；9—发动机吊架支撑结构；10—翼
梁 (锻件)；11—机翼、机身连接件；12—下机架及支撑锻件；13—座位轨道；14—机身蒙皮；
15—机身连接件；16—机身纵梁；17—翼肋 (厚板)；18—翼盒紧固件

　　还大量采用激光焊接代替古老的铆接工艺，对降低结构自身质量起了很大作用。
　　激光焊主要用于 A380 下机身壁板与桁条的焊接，用来代替铆接。除通过取
消大量铆钉 (据说有几十千克) 来减轻质量外，激光焊技术已发展成降低生产成本
的技术。除激光焊技术外，还需要开发可激光焊接的铝合金。这些合金有美国美

铝公司开发的 6013 合金及法国 Pechiney 开发的 6056 合金,已用于最小型的空客飞机 A318 的某些机身壁板上。一块长 3.5 m、宽 2 m 的整体壁板(桁条用激光焊接的壁板),质量至少可减少 5%,制造成本可减少 10%。壁板越大,制造成本降低越多。另一优点是服役品质好,用激光焊接桁条可在很大程度上减少因采用机械紧固件带来的固有腐蚀风险。这种工艺的首次应用被批准用于 A380,航空公司将认可它的维修工艺。此外,激光焊的速度比铆接快,且有自动化的检验设备来保证焊接质量。不过,对 A380 客机,整体焊接壁板合金的最后选择尚未完全确定,尽管已选定的是 6000 系合金,但对合金的退火方式尚未确定。

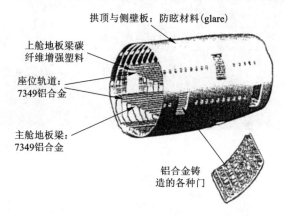

断裂韧性方面,2524 - T3 是优于 C68A - T3、C68A - T36、6013 - T6、2024 - T3 铝合金的;屈服强度方面则是,C68A - T36 优于 C68A - T3、6013 - T6、2024 - T3 及 2524 - T3 铝合金。铝材在机身及机翼中的应用见图 5 - 13 及图 5 - 14。

图 5 - 13 铝合金在 A380 客机机身中的应用

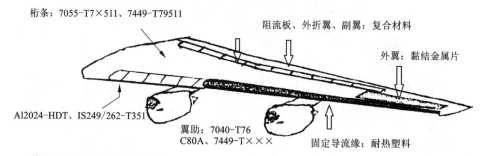

图 5 - 14 A380 客机机翼用材示意图

此外,在 6000 - T6 合金的包铝与非包铝之间还须权衡。包铝合金耐蚀性好,但原料生产成本高;非包铝合金成本较低,但抗蚀性较差。据 Pechiney 提供的情况,T78 退火可将非包铝合金的抗蚀性改善到超过包铝合金的程度。

为减轻飞机质量, 据报道, A380 上有可能像波音 777 那样采用 5254 铝合金。

(3) 波音 777 客机

波音 777 是一款由美国波音公司制造的长程双发动机宽体客机, 是目前全球最大的双发动机宽体客机, 三级舱布置的载客量由 283 人增至 368 人, 航程由 5235 海里增至 9450 海里(9695 km 至 17500 km)。波音 777 采用圆形机身设计, 主起落架共有 12 个机轮, 所采用的发动机直径也是所有客机之中最大的。图 5 - 15 为波音 B777 客机。

图 5 - 15 波音 B777 客机

一架波音 777 客机上有 300 万个零部件, 由来自全球 17 个国家的 900 多家供应商提供前舱、机翼、尾翼、发动机整流罩、机翼前缘组件、机翼活动面、起落架、天花板支撑架、鼻轮、舱门、鳍片和天线等, 其分别承包给了世界各地的不同公司, 如美国的罗克韦尔公司和巴西航空工业公司, 日本的三菱重工业株式会社(机身表面)、川崎重工业株式会社(机身表面)、富士重工业株式会社(机翼中央部分)及俄罗斯的伊留申航空联合体股份公司(与波音合作设计机舱行李架), 而大韩航空也参与承包了小部分零件, 最后在波音本身的监管下, 完成飞机组装, 并执行试飞。波音公司与日本的三菱、川崎和富士重工签订了风险分担合作协议, 日本方面组成"日本飞机发展公司"承担 777 结构工作的 20%。波音 777 具有左右两侧三轴六轮的小车式主起落架、完全圆形的机身横切面, 以及刀形机尾等外观特征。

B777 客机采用了高强、高韧、耐蚀铝合金。飞机结构上, 在传统易发生损伤部位采用 2024 铝合金, 强度要求高的部位采用 7075 铝合金。据波音公司报道, 1943 年以来, 7075 和 2024 铝合金应用之后, 约有 20% 的新型结构铝合金在波音飞机上获得广泛应用。其成分与 7075 铝合金相比有较大不同, 增加了 Zr、Cu 含量,而 Fe、Si 杂质含量大量降低,使该合金的强度、断裂韧性和抗应力腐蚀性明显优于 7075 铝合金,尤其是其淬火敏感性低,很适于制造厚截面锻件。2324 - T39 和 2224 - T3511 铝合金也是在 2024 铝合金基础上改进的,其断裂韧性和抗应力腐蚀性能都有显著提高。从波音 737 到 767 客机,使用铝合金材料最成功的经验是:上翼面采用 7150 - T651X 铝合金,下翼面用 2324 - T39 和 2224 - T3511 铝合金,而厚锻件则应考虑采用 7050 铝合金。但该经验的取得过程非常曲折,现以上翼面选材为例。

上翼面结构以受压为主,在选材时侧重于考虑其强度,为此波音 707 和 737 客机采用了 7178 高强度铝合金,由于加入了含量更高的 Zn、Mg 和 Cu,其强度虽有所提高,但使得断裂韧性降低,出于损伤容限方面的考虑,研究强度较低但可保证断裂韧性的 7075 - T651 铝合金在波音 747 客机上得以应用。同时 7×××系铝合金强度的提高也伴随着抗腐蚀能力的下降,特别是在峰值时效状态下更是如此,因此,这促进了抗腐蚀 T7651 状态的研究,7075 - T7651 铝合金在洛克希德·马丁公司的 L1011 飞机上首次使用。同时,在波音 737 客机上使用了 7079 铝合金制造的机身壁板、骨架、起落架梁等,其材料为 T61、T652 时效状态,以降低热处理应力,但 7079 铝合金因抗应力腐蚀能力较差,与 7178 铝合金一起在新的波音飞机材料标准中被取消了。波音 777 客机主要部位的用材见表 5 - 32。

表 5 - 32   波音 777 客机主要部位用材

部位	材料	部位	材料
上翼面蒙皮	7055 - T7751	尾翼翼盒	T800H/3900 - 2
翼梁弦	7150 - T77511	起落架	高强度钢
长桁	7055 - T77511	起落架轮托架	Ti - 10 - 2 - 3
机翼前缘壁板	玻璃 - 碳/环氧	起落架舱门	玻璃 - 碳/环氧混杂复合材料
锻件	7150 - T77	轮	Michelin AIR X 子午线轮胎
襟翼滑轨	Ti - 10 - 2 - 3	尾喷管	β21S
机身蒙皮	C - 188 - T3	尾锥	β215
长桁	7150 - T77511	后整流罩	β21S
龙骨	7150 - T77511	刹车块	C/C
座椅滑轨	7150 - T77511	雷达天线罩	S - 2 玻璃环氧复合材料
地板梁	T800H/3900 - 2		

到波音 757/767 飞机,又对上翼面的合金提出了新的更严格的要求,其由 7150 - T651 铝合金来满足,强度与 7178 - T651 铝合金相当,还具备可接受的断

裂韧性。此后，为提高抗应力腐蚀能力，又开发了一种新的热处理状态 T6151，这种状态的 7150 铝合金在不降低强度的前提下，抗腐蚀能力又有少量提高，被用于空中客车公司的 A310 和麦道公司的 MD－11 飞机的上翼面结构。

鉴于以往强度与抗蚀性、韧性不能兼顾的缺陷，研究人员努力寻找一种既保持抗蚀性，又不牺牲强度的工艺，基于这种称为 T77 的热处理状态生产出了 7150－T7751 和 7150－T77511 铝合金材料，其强度与韧性和抗腐蚀性能结合良好，被用于麦道公司的 C－17 军用运输机。但这种合金强度仍不能满足需求，近年又研制出一种强度更高，同时具备可接受的断裂韧性和抗腐蚀能力的 7055－T77 铝合金材料，被用于新型民航客机波音 777。

7055 铝合金的压缩屈服强度及拉伸屈服强度比 7150－T6 及 T77 铝合金高约 10%，强度比 7075－T6 提高约 25%，比 7075－T7 提高 40%。7055－T7751 和 T77511 铝合金的抗腐蚀能力处于 7150－T6 和 7150－T77 铝合金之间。7055－T7751 铝合金板材的平面应力断裂韧性值(K_c)比 7150－T6/T77 铝合金稍差，但两者平面应变断裂韧性值(K_{IC})几乎相同。

可看出，调整合金成分及改进热处理状态是目前优化铝合金性能的重要途径。由于机身材料的断裂韧性是关键，因此除 7××× 系改型铝合金外，波音公司在波音 777 机身上还采用了 2×××－T3 铝合金，称为 C－188，特点是抗蚀性好，其成分及生产方法均属专利。它与候选的 2091－T3 及 8090－T81 铝－锂合金比较，长横向断裂韧性分别较之高 1/6 及 3/4。同等强度下，韧性及抗裂纹扩展能力均较 2024－T3 铝合金提高 20%，同时具备良好抗蚀性。

波音 777 飞机的上翼面原打算采用 Weldalite TMT8 铝－锂合金，但因铝－锂合金韧性不达标，而改用了 7055－T7751 铝合金，它韧性提高了 1/3。与美国相反，空中客车公司在 A330/A340 飞机的次要结构用铝－锂合金制造，铝－锂合金在独联体民机上也得到广泛应用。波音 777 主要部位用材一览表见表 5－33。

根据铝合金开发经验，强度、韧性及抗腐蚀能力不能同时兼顾，因此飞机用铝合金的发展趋势是生产具有高强度同时又保证有可接受的断裂韧性及抗腐蚀性能的铝合金。

表 5－33　波音 777 主要部位用材一览表

部位	材料	部位	材料
上翼面蒙皮	7055－T7751	尾翼翼盒	T800H/3900－2
翼梁弦	7150－T77511	起落架	高强度钢
长桁	7055－T77511	起落架轮托架	Ti－10－2

续表 5 –33

部位	材料	部位	材料
机翼前缘壁板	玻璃 – 碳/环氧	起落架舱门	玻璃 – 碳/环氧混杂复合材料
锻件	7150 – T77	轮胎	Michelin AIR X 子午线轮胎
襟翼滑轨	Ti – 10 – 2 – 3	尾喷管	β21S
机身蒙皮	C – 188 – T3	尾锥	β21S
长桁	7150 – T77511	后整流罩	β21S
龙骨	7150 – T77511	刹车块	C/C
座椅滑轨	7150 – T77511	雷达天线罩	S – 2 玻璃环氧复合材料
地板梁	T800H/3900 – 2		

5.4.1.2　铝材在中国民用飞机上的应用

（1）我国铝材在飞机上的应用情况

中国已生产的运输机主要有：运 –5、运 –7、运 –8、运 –10、运 –11 及正在研制的 C919、ARJ21 等。运 –8 飞机于 1969 年开始研制，1974 年 12 月首飞，是中国目前最大的军民两用中程、中型运输机。运 –10 飞机是我国自行设计制造的第一架大型客机，与 B707 相当，最大起飞质量 110 t，乘客数 140 人左右。ARJ21 飞机是中国研制的首架拥有完全自主知识产权的支线飞机，基本型为 72 ～ 79 座。运 –8 飞机载重 20 t，最大航程 5600 km，具有空投、空降、空运、救生及海上作业等多种用途。运 –8 原型机选材时立足国内，尽量考虑材料的国内正常供应水平和材料可继承性。运 –8 原型机所用的铝合金主要有 2A12、7A04 等。曾选用国产 2A12 – CZYu 预拉伸板，但随着飞机改进改型的需要，改用了 2024 铝合金板材，也使用 2124、7050 等铝合金厚板。运 –8 原型机上广泛使用了 2A50（LD5）、2A14（LD10）等铝合金锻件，用作飞机承力结构件。运 –8 原型机还选用 ZL101、ZL104 等铸造铝合金材料，后来采用 ZL205A 铝合金来制造需承受较大负荷的中等复杂程度的构件，如接头、支撑杆等，以代替部分 2A50 铝合金锻件，降低了飞机制造成本。

我国铝材供应前景良好。截至 2012 年年底，国内只有 125 MN 水压机，可挤压最大壁板宽度为 700 mm，飞机制造公司使用过的壁板最大宽度为 600 mm，随着山东兖矿轻合金有限公司引进的 160 MN 油压机于 2012 年投产，从 2013 年起可生产型材的最大宽度为 1100 mm、最大长度为 60 m，可满足飞机制造公司对宽大壁板在规格方面要求；在预拉伸厚板方面，原来只有 2800 mm 的热轧机，可供应的厚板尺寸发展为最大厚度 80 mm、最大宽度 2500 mm、最大长度 10 m（受热处理炉尺寸限制)。随着西南铝业(集团)有限责任公司的 4350 mm 热轧机、东北轻合金有限责任公司的 3950 mm 热轧机、爱励鼎胜(镇江)铝业有限公司的 4064 mm 热轧机,以及其他精整辅助设施的投产,中国可生产飞机所需的各种规格的宽大厚板。主要大装备能力虽解决了,但 T77 状态材料的工业化生产设备、厚板深层应力的定量检测仪器等还有待建设,引进高纯 2××× 系及 7××× 系大规格扁锭(厚度不小于 500 mm)的熔炼铸造工艺也有待研发。

锻件生产方面,中国现有 300 MN 模锻压机、450 MN 模锻机也已投产,世界最大的 800 MN 模锻机的投产,装备方面已经解决,但国内除批量生产 7A09 铝合金锻件外,其他高强度铝合金锻件还未批量生产,因此需对 7150、7085、7175 铝合金锻件进行工程化应用研究。

(2)运–10 客机

运–10 客机,是 20 世纪 70 年代由中国上海飞机制造厂研制的四发大型喷气式客机,这是中国首次自行研制、自行制造的大型喷气式客机。运–10 飞机设计参考美国波音公司的波音 707 飞机,采用涡扇–8 发动机作为动力。因各种原因始终未正式投产,最终运–10 只制成两架。

1970 年 8 月,国家向上海飞机制造厂下达运–10 研制任务,1972 年审查通过飞机总体设计方案,1975 年 6 月完成全部设计图纸,1980 年 9 月 26 日运–10 首次试飞成功。1982 年起,有一段时间,运–10 研制有所停顿。但运–10 飞机的试飞成功,填补了中国航空工业的空白。在设计技术上,运–10 运输机在 10 个方面是中国国内首次突破;在制造技术上,有不少新工艺是国内首次在飞机上使用。受当时历史条件限制,运–10 飞机设计任务要求能"跨洋过海",航程达 7000 km,致使飞机结构及载油重量增加,商载减少。图 5–16 和图 5–17 为我国生产的运–10 客机和改机的三维视图。

图 5–16　中国运–10 大客机

● 几何数据

翼展：	42.24 m	机翼面积：	244.46 m²	
总长：	42.93 m	总高：	13.42 m	
机身长度：	40.75 m	客舱容积：	200.49 m³	
客舱长度：	30.40 m	客舱宽度：	3.48 m	
最大客座数：	189	货舱容积：	36.01 m³	

● 重量数据

最大起飞重量：	110 t	最大着陆重量：	83 t
最大无油重量：	73 t	使用空重：	58 t
最大载油量：	51 t	最大商载：	25 t

● 飞行性能（安装JT3D发动机）

最大巡航速度：	974 km/h
经济巡航速度：	917 km/h
最大爬升率：	1200 m/min
最大巡航高度：	12000 m
起飞场长：	2318 m
着陆场长：	2143 m
15 t商载航程：	6400 km
5 t商载航程：	8300 km

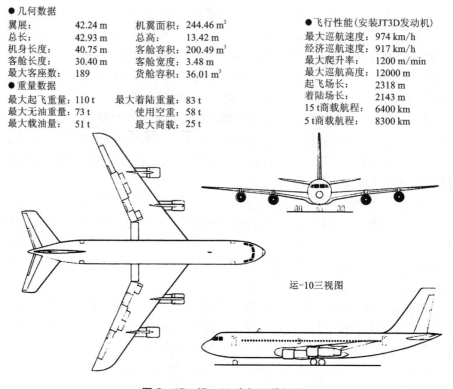

运-10三视图

图 5-17　运-10 客机三维视图

运-10 客机参考美国联邦航空条例（FAR25 部分）及国际民航组织（ICAO）的相应要求，首次采用"破损安全"和"安全寿命"概念设计。运-10 客机选材立足国内，其中铝合金用量最大，占结构质量的 82%，结构钢和不锈钢占质量的 14%，另外还有少量钛合金、复合材料和其他材料。运-10 机身、机翼、尾翼等主承力结构件大量采用了国产的 2A12 和 7A04 铝合金，还采用了 6A02（LD2）、2A50 和 2A14 等铝合金锻件。运-10 客机的大型铝锻件，如机翼与机身对接接头、31 框、42 框等，在 300 MN 水压机上生产，都能保证冶金质量，性能满足要求。运-10 客机首次使用国产大型铝合金预拉伸壁板。

（3）C919 飞机

图 5-18 是国产 C919 飞机，重要材料选用中：铝合金占 65%，钛合金占 9%，复合材料占 12%。C919 飞机在选材上，既选用了大量的传统铝合金，如 7075-T62、7075-T73、7050-T7451、7075-T73511、7050-T77511、7075-T7351、7050-T7452、7150-T77511、7075-T6、7055-T7751、7055-T76511、7085-T7651、7085-T7452、2024-T42、2524-T3、2024-T3511、2024HDT-

T351、2026 – T3511 等；还选用了一定数量的第三代铝 – 锂合金，如 2198 – T8、Al – Li – S4 – T8、2096 – T8511、2099 – T83 等，但是以 7 × × × 系合金用得最多。

图 5 – 18　国产的 C919 飞机

C919 的前机身、中机身、中后机身、机头与机翼的结构件，几乎全是用铝材制造的。而发动机吊挂、垂尾、平尾、后机身前段、后压力框、后机身后段、中央翼等则是用复合材料或钛合金锻件制造的。

除上述部段的主要零部件是用当今高性能的传统 2 × × × 系与 7 × × × 系合金制造的，一些重要的结构是用第三代铝 – 锂合金制造的外，一些次要的零部件与功能零件则是用其他铝合金制造的，如空调系统、油路管道、行李架、食品架、卫生间设施等。因而，C919 的铝制工件总质量占飞机总净质量的65%。

（4）ARJ21 飞机

ARJ21（Advanced Regional Jet for 21st Century）支线客机是中国按照国际标准研制的具有自主知识产权的飞机。ARJ21 包括基本型、货运型和公务机型等系列型号。2015 年 11 月 29 日，首架 ARJ21 支线客机飞抵成都，交付成都航空有限公司（成都航空），正式进入市场运营。2016 年 6 月 28 日，ARJ21 – 700 飞机搭载 70 名乘客从成都飞往上海，标志着 ARJ21 正式以成都为基地进入航线运营。图 5 – 19 为我国国产的 ARJ21 客机。

下面主要介绍 ARJ21 – 700 型支线客机选用的铝材。目前，ARJ21 – 700 客机选用的材料必须满足适航要求，也就是须选用立足于符合国际先进标准的材料，否则会影响民机在航线上的使用，这是民机与军机最大的不同之处，为此，为获取适航证而制造的一些飞机的铝材全部须从美国铝业公司等进口。该机的铝化率达 75%（见图 5 – 20，表 5 – 34），共用 13 种变形铝合金。但是，今后该飞机采用的铝合金产品将逐步国产化。

图 5 – 19　中国国产 ARJ21 客机

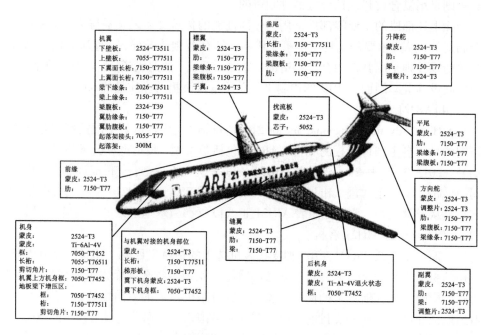

图 5 – 20　在 ARJ21 飞机上主要铝材分布图

表 5 – 34　铝合金材料在 ARJ21 – 700 支线客机中的应用

序号	合金牌号	技术标准	主要使用部位
1	2024	AMS – QQ – A – 250/4	机身蒙皮、机翼下壁板
	2024（包铝）	AMS – QQ – A – 250/5	
2	2124	AMS – QQ – A – 250/29	中温下对强度和稳定性有要求的部位
3	2026	AMS4338	机翼下桁条
4	2324	（Alcoa 公司）	蒙皮、机翼下桁条、机翼下壁板
5	2524	AMS4296	机身蒙皮、机翼下壁板、机身框架、隔框
6	2219	AMS – QQ – A – 250/30	发动机短舱零件
7	6061	AMS – QQ – A – 250/11	要求有高塑性和高抗腐蚀性的飞机零件、飞机管件
8	7050（挤压件）	AMS54341	于截面受高载荷的主要结构件，如机翼上壁板、梁等
	7050（板材）	AMS4201	
	7050（板材）	AMS4050	
9	7055	AMS4206	飞机翼上壁板、机翼上桁条
10	7075	AMS – QQ – A – 250/12	飞机结构的重要受力零件、接头等
	7075（包铝）	AMS – QQ – A – 250/13	
11	7150（板材）	AMS4252	机翼上壁板、梁、机身桁条、机身框架、隔框、机翼上桁条、翼肋和翼梁
		AMS4345	
12	7175	AMS4344	飞机结构主要承力部件
13	7475	AMS4084	机翼蒙皮、机翼下壁板、梁和隔框等

　　新支线 ARJ21 飞机的选材以铝合金为主，达到 75%，结构钢和不锈钢占 10%，复合材料占 8%，钛合金占 2%，其他材料则占 5%。ARJ21 飞机选用的铝合金基本与波音 777 飞机相同，在飞机主体结构件上选用了综合性能好的第四代高强耐损伤铝合金。机翼下壁板采用高损伤容限型 2524 – T3 铝合金、2324 – T39 铝合金，机翼上壁板采用高强耐蚀 7150 – T7751、7055 – T7751 预拉伸厚板。7150 铝合金还大量应用于机翼梁、机身桁条、机身框架、隔框、机翼上桁条、翼肋和翼梁等承力构件。另外，ARJ21 飞机也选用了 7075、7050、2024 等铝合金，但用量不大。其中，96% 以上的铝合金的零部件都是用热处理可强化的 2×××系及 7×××合金制造的，仅有个别零件是用 5052 合金制造的。

5.4.2 铝合金在军用飞机上的应用

铝合金材在国外一些军机上的应用概况，见表5－1，其中用铝最少的是F－22飞机，仅占总用材量的15%。未来总的趋势是：随着军机更新换代，铝材用量也一代比一代减少。因此，研发综合性能良好，能满足新型军机需要的一批新型铝合金，是铝合金企业面临的挑战。

（1）美国F－22战斗机

F－22"猛禽"（F－22 Raptor）战斗机是由美国洛克希德·马丁和波音联合研制的单座双发高隐身性第五代战斗机。F－22也是世界上第一种进入服役的第五代战斗机。F－22于21世纪初期陆续进入美国空军服役，以取代第四代的主力机种F－15鹰式战斗机。生产链条中，洛克希德·马丁为主承包商，负责设计大部分机身、武器系统和F－22的最终组装。计划合作伙伴波音则提供机翼、后机身、航空电子综合系统和培训系统。洛克希德·马丁公司宣称，猛禽的隐身性能、灵敏性、精确度和态势感知能力结合，再加上其空对空和空对地作战能力，使它成为当今世界综合性能最佳的战斗机。

F－22水平面上为高梯形机翼搭配一体化尾翼的综合气动力外形，包括彼此隔开很宽并朝外倾斜的带方向舵型垂直尾翼，且水平安定面直接靠近机翼布置。图5－21为美国F－22战斗机群。

按照技术标准（小反射外形、吸收无线电波材料、用无线电电子对抗器材和小辐射

图5－21　美国F－22战斗机群

的机载无线电电子设备装备战斗机，其设计最小雷达反射面为 $0.005 \sim 0.01 \ m^2$ 左右），在机体上还广泛使用热加工塑胶（12%）和人造纤维（10%）的聚合复合材料（KM）。在量产机上使用复合材料（KM）的比例（按重量）更是将达35%。两侧翼下菱形截面发动机进气道为不可调节的进气发动机压气机冷壁，进气道呈S形通道。发动机二维向量喷嘴，有固定的侧壁和调节喷管横截面积及可俯仰±20°角的可动上下调节板以偏转推力方向。

在F－22的最初设计方案中，估计复合材料要占结构质量的一半，后来由于复合材料的性能发展未达到原来预计的要求，再加上成本较高，因此在实际设计中仍以金属材料为主，其中又以铝合金及钛合金占主导地位。

F－22前机身采用了优质铝合金7075－T7451、2124－T8151等铆接结构，铝

合金约占前机身结构质量的一半、中机身结构质量的30%，占整个飞机结构质量的15%。

（2）美国联合攻击战斗机（JSF）

1993年美国国防部启动了"联合先进攻击技术"JASF验证机研究，且在1994年1月设立了JASF研究计划办公室，希望研制一种几个军种通用的轻型战斗攻击机系列，以取代美空军的F-15E、F-16、F-15C和F-117，海军的F-14，海军陆战队的AV-8B等几个过时机种。

美国联合攻击战斗机（Joint Strike Fighter，JSF）是20世纪最后一个重大的军用飞机研制和采购项目。JSF被定位为低成本的武器系统，这是因为目前先进战斗机，如F-22的成本不断上涨，美国及其他国家均感到，单纯依靠这样高性能且高价格的战斗机组成战斗机部队，在财政上难以承受。因此美国各军种改变以往各自研制战斗机的传统，联合起来，共同研制一种用途广泛、性能先进而价格可承受的低档战斗机，这就是JSF。随后英国看到了JSF的种种好处，也加入了进来。

JSF的选材特别看重经济可承受性。在这一点上其与早期的F-16有相似之处。X-35项目（X35战斗机其实就是F35战斗机。X表示是实验型飞机，尚未投入生产，见图5-22）负责人Frank Cappuccioe说："成本与性能一样重要。"JSF的价格定位在2800万~3800万美元，只稍高于F-16C。在F-16研制时，就特别强调降低成本，选材与当时的F-15有很大不同，钛

图5-22 X35战斗机

合金和复合材料用得很少（复合材料的结构质量只占2%），主要采用了当时一些先进的铝合金如7475、7175等。

F-35"闪电Ⅱ"（F-35 Lightning Ⅱ）联合攻击战斗机，是美国洛克希德·马丁公司设计生产的单座、单发隐形战斗机。F-35主要用于前线支援、目标轰炸、防空截击等多种任务，并发展出3种衍生版机型：常规起降型F-35A、短距/垂直起降型F-35B、航母舰载型F-35C。见图5-23及图5-24。

在F-35战机上，以往的机身蒙皮用铝合金由于加工上的限制，板厚达1.5 mm，超出实际工程需要，现在通过高速切削可以加工削薄到0.625~0.75 mm，原要用复合材料制作蒙皮、舱门、壁板以及操纵面的，现在也可以用铝合金代替，例如7055就是一种性能好的蒙皮合金，达到了与复合材料相同的减重效果。

图 5 − 23　F − 35 家族系列机型

图 5 − 24　F − 35 战斗机

应当指出，在西方应用铝 − 锂合金的成本还是相当高的(技术上不成熟是原因之一)，如欧洲战斗机上铝 − 锂合金的用量就由 20% 降到了 5%。因此，洛克希德·马丁公司将选材的经济可承受性重点放在复合材料上，由于复合材料中的纤维成本降低的空间不大，进而将重点放在复合材料的成形上。同时尽可能减少复合材料的应用，例如对雷达隐身不起重要作用的部位仍用金属材料代替复合材料。

洛克希德·马丁公司很希望在 X − 35 战机中增加铝合金的使用比例，它与美国雷诺兹铝业公司及美国铝公司一起，成功开发了中等强度的 2197 及 2097 − T861 铝 − 锂合金，用在 F − 16 的后机身隔框、中机身大梁，进行验证试验以代替传统的 2124 铝合金，准备日后用于 X − 35 战斗机。而波音公司与其相反，不准备多用铝合金，主要是考虑到铝合金与碳纤维复合材料之间有电偶腐蚀问题。不过 X − 32 仍将 7055 铝合金用作水平安定面。

X − 35 的初期设计采用了铝 − 锂合金作基准，用于 100 mm 厚的机身隔框，与 F − 16 类似。采用 2197 及 2097T − T861 合金，经过重新设计，可将质量降低 5% ~ 10%。在机翼梁及隔框的研究中，疲劳性能相当于 Ti 合金，而成本只是钛的 1/4。

洛克希德·马丁公司预计在 JSF 隔框上采用 100 mm 的铝 − 锂合金厚板。据称，零件及试样的试验表明，其寿命高出 2124 合金 4 倍以上，密度降低了 5%，采用新设计可使质量减少 5% ~ 10%，且在某些应用当中，如翼梁及隔框上，其疲劳性能可与钛相当，而成本只是它的 1/4。其中，2197 成分为 2.8% Cu、1.5% Li、0.3% Mn、少量钛和锆，中等强度和中等疲劳强度，密度 0.096 b/in^3[①]，用于代替 2124 − T851 及 7075 − T745l 厚板。由于对疲劳裂纹不敏感，可代替 2124 − T851，用于易疲劳的关键部位；2097 − T861 成分为 2.8% Cu、1.5% Li、0.3% Mn、0.1% Zr，在 F − 16 上用于代替 2124 − T851 隔框，合金韧性高出后者 32%，应力腐蚀强度高出 25%，被美国《研究与发展》杂志评为 1998 年的百项先进技术之一。

---

① 注：1 b/in^3 = 2.77 × 10^4 kg/m^3。

铝-锂合金的一些性能缺点如能得到克服,即可成功用于机身蒙皮,且用在机身上的效益将大于机翼。目前广泛研究的 8090 - T81 再结晶板材的缺点为:韧性低,高温长时间暴露下韧性降低。目前,正在开发一种时效工艺来改变该合金性能,英国宇航公司已在有关方面取得专利。英国宇航公司与英国国防评价研究中心正在合作开发新的铝-锂合金及其热处理工艺,用于机身蒙皮,以实现一种接近全铝-锂合金的机身结构。米格 - 29 的前机身采用了全铝-锂合金结构。新的铝-锂合金与传统铝合金及铝-锂合金相比,具有优良的韧性及疲劳性能。

此外,铝-锂合金在 EF - 2000 上有多处应用,包括机翼前缘主框架(外部为复合材料蒙皮)、垂尾的前后缘。法国的阵风试验机上也采用了铝-锂合金。

(3)EH - 101 飞机

EH - 101 是一种多用途直升机,由英国阿古斯塔·韦斯特兰公司研制,1987 年 6 月成功首飞,具有全天候作战能力,可用于反潜、护航、搜索救援、空中预警和电子对抗。有军用型、海军型及民用型,可用作战术运输、后勤支援,能运6 t货物,能在恶劣气候条件下在小型舰艇上起落。

图 5 - 25　EH - 101 多用途直升机

图 5 - 25 为正在执行任务的 EH - 101 直升机。

与 NH - 90 飞机不同,EH101 飞机的选材特点是复合材料用量不是特别多,占结构质量的 24%,机身大量采用铝-锂合金。EH - 101 飞机最初设计是在 20 世纪 80 年代,当时铝-锂合金在英国还不成熟。原型机用的仍是传统铝合金,有质量超过 55 kg 的问题,为此 1995 年开始在 EH - 101 飞机上应用铝-锂合金,这在西方国家实属首创。在机身中所用的铝-锂合金占铝合金总量的 90%。

EH - 101 飞机座舱后主机舱的侧框是用 AA8090 铝-锂合金模锻件切削加工而成的,有金属蜂窝芯子。主升力框的元件原是用 100 mm 以上 AA7010 - T7451 铝合金厚板切削加工而成的,后改用 AA8090 铝-锂合金冷冲压件。几个无法用冷冲压制造的铝-锂合金件改用 AA8091 铝-镁-锂合金锻件。

尾梁为传统的蒙皮桁条结构。桨毂为复合材料与金属多传力路径结构,采用弹性轴承。

阿古斯塔公司认为复合材料结构不一定比金属有利,认为要从整个寿命期来进行比较,复合材料有湿热性能不好、吸潮问题。如果比较 20 年内的寿命,复合材料结构不一定在品质及成本上有利,这就是 EH - 101 飞机不用那么多复合材料而用大量铝-锂合金的原因。

(4)歼－10飞机

歼－10 1001 号原型机 1994 年开始建造，1998 年 3 月 23 日首飞(已送至航空博物馆展出)。依照惯例 02 号原型机用于地面测试。1999 年 12 月，歼－10 开始在西安进行飞行测试。2002 年 6 月，首架装备俄制发动机的歼－10 小批量生产型号首飞。中国官方公布 2003 年歼－10 生产型正式交付。

图 5－26　国产三代歼－10 战机

新歼击机符合世界第三代战斗机潮流的整体设计思想和气动布局。该飞机是在引进消化西方先进战斗机发动机基础上，进而进行研究开发的战斗机，见图 5－26，各种性能见表 5－35。国产三代战机的铝合金占全部机体重量的 68%。

表 5－35　歼－10 飞机的主要性能指标

尺寸/m	16.43/9.75/5.43	14.1/8.4/4.5	15.06/9.96/4.88
空重/kg	9750	6800	8570
最大起飞重量/kg	19277	14000	19200
推力/kN	122.58	80.5	127
最大航程/km	3900	3200	4220
作战半径/km	1250	800	1300
推重比	1.024	0.97	1.095
机炮	1×23 mm 口径双管机炮	1×27 mm 单管毛瑟 BK－27	1×20 mm 6 管火神
外挂点	0 翼尖/6 翼下/5 机身下	2 翼尖/4 翼下/1 机身下	2 翼尖/6 翼下/3 机身下

5.4.3　铝合金在航天器中的应用

(1)铝材在火箭上的应用

目前，所有发射航天器从火箭到航天器上都用了铝材。图 5－27 为日本 H－1 型火箭的各部分构件的用材概况，用的都是 2×××系及 7×××系铝合金。

中国的长征一号火箭到长征四号火箭结构材料基本上也都是铝合金，多为金

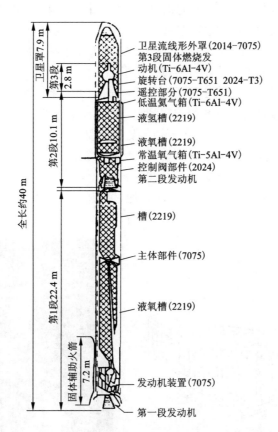

图 5-27　日本 H-1 型火箭的各部分构件用材示意图

属板材和加强件组成的硬壳、半硬壳式结构，材料多为比强度和比刚度高的铝合金，也采用了一部分不锈钢、钛合金和非金属材料，铝合金占结构材料总质量的70% 以上。这些铝合金材料，除小部分属进口外，其余的都是东北轻合金有限责任公司和西南铝业(集团)有限责任公司等提供的。火箭与航天飞机的其他结构同飞机一样，大多采用 2024 与 7075 铝合金，也可采用 2219 铝合金。

航天器结构用铝材基本与飞机用铝材相同，载人飞行器的骨架和操纵杆上的大多数主要零部件是用 7075-T73 高强度铝合金棒材切削而成的，又细又轻，且具有高强度。其他部分如托架、压板折叠装置、防护板、门和蒙皮板、两个推进器的氮气缸等是用成形性能良好的中等强度的 6061-T6 铝合金制造的。

铝箔在航空航天工业中也得到了应用。蜂窝夹层结构通常称为蜂窝结构，如图 5-28 所示，是由两块面板和中间较薄的轻质蜂窝夹芯结合而成的。蜂窝结构又可分为重型和轻型两种：重型是用高强合金板焊接而成的；而轻型蜂窝结构的面板为铝合金,芯子又是由很薄的铝箔或其他材料通过特殊的胶接后拉伸成型或波纹压型胶接而成的。所以,轻型蜂窝结构实际上是胶接结构。铝箔制造的蜂窝结构具有重量轻、强度高的特点,在航空器、航天器上得以应用。20世纪70年代人类的月球登陆船的外层绝热材料也使用了铝箔。

奋进号航天飞机外贮箱使用了铝-锂合金。1998年,美国发射奋进号航天飞机升空执行任务编号为STS88的首次国际空间站组装任务,这次飞行首次使用一种新型外贮箱,参见图5-29。由于质量比原有型号轻3.4t,使航天飞机的有效载荷能力也相应提高为之前的3.4倍。新型外贮箱使用了铝-锂合金,该合金同原来的铝合金材料相比,强度提高了30%,密度低5%。除因使用外贮箱而带来的3.4t的重量节省外,美国航宇局还在通过使用轻型座椅和减少应急用反推控制系统推进剂来争取实现另外2.5t的节省。

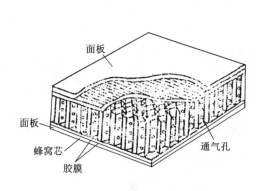

图5-28　蜂窝夹层结构　　　　　　图5-29　美国奋进号航天飞机

6　铝合金在交通运输领域的应用开发

6.1　概述

　　交通运输业的范围很广，主要包括：飞机客货运输，高速铁路客货运输，地铁运输，汽车客货运输，摩托车和自行车，船舶客货运输，集装箱、冷装箱等包装搬运工具，机场、码头、车站各种设施以及桥梁、道路的基础设施等。本章仅简要介绍铝材在轨道车辆、汽车、摩托车和自行车及船舶工业和集装箱与冷装箱上的应用与开发。

　　高速、节能、安全、舒适、环保是交通运输业的重要课题，而轻量化是实现上述目标的最有效途径。同时，铝合金有良好的成形性。因此，在交通运输制造业需要的许多复杂结构断面材料中，铝型材具有性价比优势，铝材应用范围和应用量在不断扩大。

　　实现轻量化除了在设计上对设计结构、发动机等采用新的技术以外，在材料上选用铝合金材料是主要的对策。经过多年的对比研究，设计师、强度师、工艺师、冶金师和经济师们得出一致结论：用铝材制作交通运输工具，特别是高速的现代化车辆和船舶，较之木材、塑料、复合材料、耐候钢和不锈钢等更具有科学性、先进性和经济性。因此，自 20 世纪 80 年代以来，铝材在交通运输业备受青睐。在工业发达国家里，交通运输业用铝量占铝总消费的 30.0% 以上，其中汽车用铝量约占 16%。主要用于制造汽车、地铁车辆、市郊铁路客车和货车、高速客车和双层客车的车体结构件、车门窗和货架、发动机零件、汽缸体、汽缸盖、空调器、散热器、车身板、蒙皮板和轮毂等，以及各种客船(如定期航线船、出租游艇、快艇、水翼艇)、渔船和各种业务船(如巡视船、渔业管理船、海关用艇和海港监督艇等)、专用船(如赛艇、海底电缆铺设船、海洋研究船和防灾船等)的上部结构、装板、隔板、蒙皮板、发动机部件等。此外，集装箱和冷装箱的框架与面板，码头的跳板，道路围栏等也大多用铝材。目前，日、德、美、法等工业发达国家已研制出了全铝汽车、全铝摩托车、全铝自行车、全铝快艇和赛艇以及全铝的高速客车车厢和地铁车辆、全铝集装箱等，交通运输业已成为铝材最大用户。铝材正在部分替代钢铁，成为交通运输工业的基础材料。

　　近几年，考虑到节约能源、减少排放的需要，我国有关企业通过一系列装备与工艺技术的更新完善，不断研发并生产交通运输领域用铝型材，已形成集装箱铝型材、厢式车铝型材、客车铝型材等系列铝合金挤压产品，实现了领域内铝型材的系列化规模生产与应用。

6.2 铝合金在汽车工业上的应用开发

6.2.1 汽车工业的发展概况

6.2.1.1 世界汽车工业的发展概况

汽车工业早已成为发达国家和地区国民经济的支柱产业，并带动着冶金、石化、机械、电子、城建等许多相关产业迅速发展。目前全世界汽车保有量已逾10亿辆，2017年年产量达9730.3万辆，其中75.5%为乘用车产品，世界汽车产量变化见表6-1。

表6-1　世界汽车产量变化

年份	汽车产量/万辆	乘用车所占比例/%	商用车所占比例/%
1950	1057.7	77.3	22.7
1960	1648.8	77.9	22.1
1970	2926.7	77.7	22.3
1980	3849.5	74.2	25.8
1990	5037.5	75.2	24.8
2000	5754.0	70.8	29.2
2010	7770.4	75.1	24.9
2011	8004.5	74.9	25.1
2012	8410.0	75.0	25.0
2013	8725.0	74.9	25.1
2014	8974.7	75.2	24.8
2015	9078.1	75.6	24.4
2016	9497.7	75.9	24.1
2017	9730.3	75.5	24.5

汽车工业是世界上规模最大和最重要的产业之一，汽车产业链几乎涉及国家国民经济所有部门，对上下游产业具有巨大辐射和拉动效应。汽车零部件工业是汽车工业的上游，是支撑汽车工业持续健康发展的必要因素。零部件除用于整车

配套外，还需供维修、改装等更换使用，相对于规模巨大的整车产业，汽车零部件行业的规模更为庞大。

产业信息网发布的《2015—2020年中国汽车铝轮毂市场监测及投资战略研究报告》显示，除2008年、2009年受金融危机影响全球汽车产量有所下滑以外，近十年全球汽车产量均呈较为平稳的增长趋势，2005年至2017年全球汽车产量年均复合增长率为3.22%。

6.2.1.2　我国汽车工业的发展概况

1953年7月，我国第一个汽车工业基地——第一汽车制造厂破土兴建，拉开了新中国汽车工业的序幕。1956年7月国产第一辆"解放牌"载货汽车总装下线；1957年5月我国第一辆"东风"牌轿车成功研制；而到1992年全国汽车产量才首次突破百万辆，达106万辆，其中轿车16万辆；1994年增至138万辆，其中轿车25万辆，仅占18.1%；2001年，我国汽车年产量为233.4万辆，其中轿车、吉普车、面包车等达120万~150万辆，占汽车总量的50%以上。

自2000年以来，为了振兴我国汽车工业，促进国民经济发展，确保我国汽车工业上规模、上水平，加速现代化发展，在国家和各企业的努力下，我国的汽车工业得到了迅速的发展。尤其是2001年中国加入世贸组织，中国汽车工业全球化的浪潮来袭，中国开始通过收购国外的汽车企业，来消化吸收国外的技术。2004年国家发改委发布实施了《汽车产业发展政策》，推动汽车产业结构调整和重组，扩大了企业规模效益，提高了产业集中度，避免了散、乱、低水平项目重复新建。在此期间，中国汽车工业，尤其是轿车工业生产技术迅速提升，中国汽车工业进入发展快车道。2003年，我国汽车产量达444.37万辆，超过韩国、法国、西班牙等汽车强国，世界排名上升至第四名，仅在美国、日本、德国之后。2008年我国汽车产量为935万辆，仅次于日本。2009年，我国汽车产量首次突破千万辆，以1379万辆排名世界第一位。

随着我国经济的快速发展，加上国家多举措扶持汽车产业，鼓励汽车消费，我国汽车产销量实现了高速增长，自2009年以来产销量一直保持世界第一的位置。从产业规模来看，我国汽车总产量从2005的571万辆增长到2017年的2888万辆，年均复合增长率达14.46%。2018年，在习近平新时代中国特色社会主义思想指导下，我国经济已由高速增长阶段转向高质量发展阶段，正处在转变发展方式、优化经济结构、转换增长动力的攻关期。汽车行业深入贯彻落实新发展理念和党中央、国务院的决策部署，坚持稳中求进工作总基调，以供给侧结构性改革为主线，积极推进产业转型升级，深化创新，推动行业高质量发展。2018年，汽车工业总体运行平稳，受政策因素和宏观经济的影响，产销量低于年初预期，全年汽车产销分别完成2780.9万辆和2808.1万辆，尽管产销量比上年同期分别下降4.2%和2.8%，但仍然连续十年蝉联全球第一。

随着工业 4.0 时代的到来，我国颁布了《中国制造 2025》战略规划，中国制造开始逐步向中国创造转型。汽车产业作为我国支柱产业，产业关联度大，对我国经济贡献大，拉动效应明显，加速推进汽车产业的转型升级已成为我国新型工业化建设的重中之重。在工业 4.0 的大背景下，机遇和挑战并存，中国汽车产业必须抢抓机遇，实现由"大"到"强"的转变。

随着我国经济持续快速发展和城镇化进程加速推进，今后较长一段时期汽车需求量将仍保持增长势头，由此带来的能源紧张、城市拥堵、交通安全、环境污染等问题将更加突出。加快培育和发展节能汽车与新能源汽车，既是有效缓解能源和环境压力，推动汽车产业可持续发展的紧迫任务，也是加快汽车产业转型升级，培育新的经济增长点和国际竞争优势的战略举措。从 2010 年开始，国务院将新能源汽车列为战略新兴产业，不断推出新措施。2012 年发布《节能与新能源汽车产业发展规划(2012—2020 年)》，提出了新能源汽车行业具体的产业化目标：到 2020 年，纯电动汽车和插电式合动力汽车生产能力达 200 万辆，累计产销量超过 500 万辆。此后，国家接连出台了一系列配套补贴优惠政策，这些政策以车辆购置补贴政策为主，包括全国范围内的车辆购置税减免、政府及公共机构采购、扶持性电价、充电基础设施建设支持等，对新能源汽车行业进行了全方位扶持。

经过多年来的研究开发和示范运行，我国新能源汽车行业已经形成了从原材料供应、动力电池、整车控制器等关键零部件的研发生产，到整车设计制造，以及充电基础设施的配套建设等完整的产业链，具备了产业化基础。

具体表现在新能源汽车产销量方面：近年来在国家及地方政府配套政策的支持下，我国新能源汽车实现了产业化和规模化的飞跃式发展。2011 年我国新能源汽车产销量规模仅为 0.82 万辆，占当年全国汽车产量的比重不到千分之一。2011 年底至 2015 年，我国新能源汽车销量累计超过 44.8 万辆，2017 年全国新能源汽车产量为 79.4 万辆，销量为 77.7 万辆，分别占 2017 年全国汽车产销量的 2.71% 和 2.69%。2018 年，新能源汽车产销分别完成 127 万辆和 125.6 万辆，比上年同期分别增长 59.9% 和 61.7%，见图 6-1。发展新能源汽车是我国汽车产业创新驱动的一个重要方面。当然，汽车技术创新领域不仅是新能源汽车，还包括高效的、先进的动力系统，智能化和车联网技术的应用，轻量化等汽车下一代核心技术。

6.2.2　汽车工业及对材料的要求

汽车工业的发展和应用的普及是与能源、环保与安全这三大问题息息相关的。汽车作为社会发展与现代化的标志，虽然给社会带来了进步和繁荣，但是，同时也带来了能源、环保、交通、土地等一系列问题。无疑，这些都需要汽车工业自身和相关行业共同研究探索，以求解决。为此，汽车行业多年来一直在从汽车产品自身结构设计、制造材料的选用和制造工艺等方面着手，努力开发研制现代型汽车，并

图 6-1 2011—2018 年中国新能源汽车销量

特别注重节约能源和改善环境质量，把促进轻量化作为首先要解决的问题。

汽车材料是汽车设计、品质及竞争力的基础。自 20 世纪 90 年代以来，汽车走上了轻量化的快速发展之路，100 多年的发展史表明，汽车总是与其材料同步发展、换代与升级。汽车材料不仅关系到其可靠性与安全性，还与节能减排密切相关。随着汽车工业的发展和进步，材料产业也迎来了巨大发展机遇期，汽车制造可选择的材料越来越多。随着材料研究的深入，材料的选择范围在不断扩大。未来汽车材料的发展将围绕着环保、节能、安全、舒适性、低成本这五个主题展开。当前，六类主要材料——钢、铸铁、铝、橡胶、塑料、玻璃约占轿车质量的 90%，其余 10% 左右为其他材料，包括除铝以外的有色金属（铜、铅、锌、锡、镁等）、车中装备的液体（燃料、润滑剂、其他油品和水基液等）、油漆和纤维制品。例如富康轿车用料为：钢 55%、铸铁 12%、塑料 12%、铝 6%、橡胶 3%。在全球汽车用料中，钢用量居第一、铸铁居第二、铝居第三、塑料居第四。在今后汽车发展中，轻量化的要求最为突出，给铝及镁的发展提供了广阔的发展空间。

6.2.2.1 现代汽车的特征

从减少燃料油的消耗以节约能源，降低 CO_2、CO、NO_2 等有害物质的排放量以改善环境质量，以及满足人们对汽车产品的安全、可靠、舒适、美观等性能要求出发，人们提出了现代汽车（也有人称之为"21 世纪汽车""新概念汽车""全铝合金化汽车"等）的特征要求，其主要特点可以归纳为如下几点：

（1）实现整车框架结构和车体蒙皮全铝合金化。

（2）与同种规格车型的钢结构相比，整车质量减轻了 30% ~ 40%。

（3）整车结构可靠，可以确保达到抗冲撞、抗弯曲的标准试验要求，具有可靠的安全系数。

（4）其能耗仅为同种车型钢结构车的一半。

（5）具有良好的再回收性能，当整车报废以后，汽车铝合金结构框架和附件均可重新回收再生。

（6）由于这种车耗油少，废气排出量少，所以对城市空气的污染程度大幅度降低。

根据以上要求，随着21世纪"新概念"汽车时代的到来，我们不难看到：抓紧研究和开发具有卓越性能的铝合金材料，增加品种，提高质量，降低成本，已成为铝加工行业和汽车行业的新使命。

6.2.2.2 铝合金材料是汽车轻量化的选择

铝合金及其加工材料具有一系列优良特性，诸如密度小、比强度和比刚度高、弹性好、抗冲击性能良好、耐腐蚀、耐磨、高导电、高导热、易表面着色、良好的加工成形性以及高的回收再生性等，因此，在工程领域内，铝一直被认为是"机会金属"或"希望金属"，铝工业一直被认为是"朝阳工业"。

早期，由于铝的价格昂贵，在汽油既充足又便宜的时代，它被排斥在汽车工业和其他相关制造行业之外。但是，到1973年，由于石油危机的影响，这种观点完全改变了。为了节约能源、减少汽车尾气对空气的污染和保护日趋恶化的臭氧层，铝合金材料得以迅速进入汽车领域。目前，汽车零部件的铝合金化程度正在与日俱增。

铝合金材料大量用于汽车工业，无论从汽车制造、汽车运营还是废旧汽车回收等方面考虑，它都能带来巨大的经济效益和社会效益，而且随着汽车产量和社会保有量的增加，这种效益将更加明显。汽车用铝合金材料量增加所带来的效益主要体现在以下几个方面：

（1）明显的减重效益

减轻汽车自重的方法，一是改进汽车的结构和发动机的设计，二是选用轻质材料（如铝合金、镁合金、塑料等）。到目前为止，前者已无太大的空间，因而汽车行业普遍注重利用新的高强度钢材或铝、镁等轻合金材料。在轻质材料中，聚合物类的塑料制品在回收中又存在环境污染问题，镁合金材料的价格和安全性也限制了它的广泛应用。而铝合金材料由于有丰富的资源，随着电力工业的发展和铝冶炼工艺的改进，将使铝的产量迅速增加，成本相应下降，铝合金材料更兼有质轻（钢铁、铝、镁、塑料的密度分别为 7.8 g/cm^3、2.7 g/cm^3、1.74 g/cm^3、1.1~1.2 g/cm^3）和成形性、可焊接性、抗蚀性、表面易着色性良好的特点，而且铝合金材料是可最大限度地回收利用的材料，目前国外的回收率约为80%，有60%的汽车用铝合金材料来自回收的废料。2010年，汽车用铝合金材的回收率已提高到90%。理论上铝制汽车可以比钢制汽车减轻达40%的重量。铝合金材料是汽车轻量化最理想的材料之一。

（2）良好、有效的节能效果

近年来，由于汽车尾气排放引起的空气污染和温室效应等一系列问题日益突出，世界各国均提出了要求更为严格的气体排放标准和燃油消耗指标，而提高发动机效率（从设计着手），减少行驶阻力，改善传动机构效率及减轻汽车自重是减少燃油消耗的主要途径，其中减轻汽车自重是最为行之有效的办法。因此通过汽车轻量化来实现节能减排目标已成为汽车行业的重点研发方向。经测试，汽油乘用车减重 10% 可以减少 3.3% 的油耗，减重 15% 可以减少 5% 的油耗，而柴油乘用车减重 10% 和 15% 可以相应减少 3.9% 和 5.9% 的油耗，如表 6－2 所示。另外一组数据表现得更加直观，一般车重每减轻 1 kg 则 1 L 汽油可使汽车多行驶 0.011 km，或者每运行 1 万 km 就可节省汽油 0.7 kg；若轿车用铝合金材料量达 50 kg，那么每台轿车每年可节约汽油 85 L。

表 6－2　汽车减重与能效提升的关系

种类	减重 10% 的能效提升效果			
	乘用车		卡车	
	对标动力系统	小型化动力系统	对标动力系统	小型化动力系统
汽油车	3.3%	6.5%	3.5%	4.7%
柴油车	3.9%	6.3%	3.6%	4.7%
电动汽车	6.3%	—	5.7%	—
混合动力汽车	6.3%	—	5.7%	—

种类	减重 15% 的能效提升效果			
	乘用车		卡车	
	对标动力系统	小型化动力系统	对标动力系统	小型化动力系统
汽油车	5.0%	10.0%	5.3%	7.1%
柴油车	5.9%	9.5%	5.4%	7.0%
电动汽车	9.5%	—	8.6%	—
混合动力汽车	9.5%	—	8.6%	—

（3）减少大气污染，改善环境质量

汽车减重的同时，也减少了二氧化碳排放量（车重减少 50%，CO_2 排放量减少 13%）。有人算了一笔账，如果美国的轿车重量减轻 25%，每天将节油 75 万桶，全年二氧化碳排放量也会相应减少，因而可大大地减少环境污染，提高环境质量。

(4)提高汽车行驶的平稳性、乘客的舒适性和安全性

减轻车重可提高汽车的行驶性能,美国铝业协会提出,如果车重减轻25%,汽车加速到60 km/h的时间就可从原来的10 s减少到6 s;使用铝合金车轮,振动变小,可以使用更轻的反弹缓冲器;由于使用铝合金材料是在不减少汽车容积的情况下减轻汽车自重,因而可使汽车更稳定,乘客空间变大,在受到冲击时铝合金结构能吸收、分散更多的能量,因而是安全和舒适的。

6.2.3 铝合金材料在汽车工业上的应用

6.2.3.1 汽车用铝合金材料快速增长

材料对汽车国际市场竞争有举足轻重的作用。如表6-3所示,材料消耗费用占汽车生产成本的53%,因此,在相同条件下,汽车制造厂若大力节约材料费用,降低成本,就具有国际市场竞争实力,当代汽车发展方向的实现也是以新材料的应用为基础的。图6-2示出了过去、现在和将来汽车用材的组成比例。

表6-3 汽车制造成本分析

材料费	制造费	设计与开发费	生产准备费	其他
53%	30%	5%	2%	10%

如图6-2所示,钢和铸铁的比例出现了较大幅度的下降,而铝材比例由1975年的2%提高到2012年的9%,而且还呈上升的趋势,预计2025年汽车用铝材比例将达到16%左右,将部分替代钢铁成为汽车工业的基础材料。

单台汽车的铝材用量也在不断增加,1977年美、日、德单台汽车铝化率(铝材用量)分别为2.5%(45 kg)、2.6%(29 kg)、3.0%(35 kg),到1989年则分别增至5%(71 kg)、4.9%(58 kg)、5%(50 kg)。1992年美国单台车用铝量达79.8 kg,1993年平均达80.3 kg,个别车种铝材用量已达295 kg。日本1995年和2000年某些车型单台车用铝量(铝化率)分别达130 kg(11.8%)和270 kg(31.8%),汽车的重量也随之大幅减轻。2015年,全球单台车平均用铝量达168 kg,中国单台车平均用铝量仅为115 kg,与国外发达国家相比还有一定的差距。受成本制约,国内商用车的铝化率明显低于乘用车,单台车用量大致在40 kg左右,由此可见,我国汽车铝化的进步空间还很大。据汽车行业协会预计,到2020年,我国汽车产量保守估计在2500万辆以上,按照单台车用铝量200 kg计算,2020年预计汽车用铝材需求量在500万t左右。表6-4列出了国外一辆汽车平均使用铝合金量。

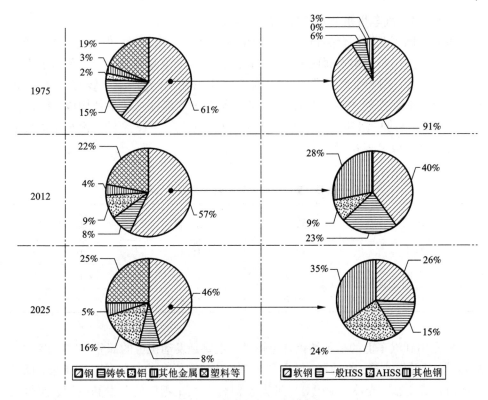

图 6 - 2　汽车材料组成的变化

表 6 - 4　1999—2025 年国外一辆汽车平均使用铝合金量　　　　　　kg

年份	欧洲	北美	日本
1999 年	53	79	61
2000 年	73	120	90
2002 年	—	124(轿车与轻卡)	—
2003 年	—	127(轿车与轻卡)	—
2004 年	99	130	107
2008 年	156(轿车)	—	—
2009 年	—	156(轿车与轻卡)	—
2010 年	180(轿车)	184	—
2015 年	188	192	—
2020 年(预测)	196	215	—
2025 年(预测)	220	250	—

6.2.3.2 汽车用铝合金材料的品种构成

世界各国工业用铝合金材料的品种结构虽然有一定差异，但大体是相同的。所用的铝合金材料基本上属两大类，即铸造铝合金和变形铝合金，前者用于生产各类铸件，后者用于生产各类加工材（如板、带、箔、型、管、棒、线）及锻件。各类加工材一般都需经过进一步加工才能成为汽车零部件。其品种构成：铸件占80%左右，锻件只占1%～3%，其余为加工材。日、美、德3个国家汽车用铝合金材料的品种构成见表6－5。

表6－5　日、美、德汽车用铝合金材料的品种构成　　%

国别	铸件	加工材	锻造件
日本	84.0	15.1	0.9
美国	71.8	27.5	0.7
德国	79.0	17.8	3.2

率先用到汽车上的是各类铝合金铸件，主要是发动机上的部分零件（如活塞、缸盖等）以及变速箱、制动器、转向器等部件上的部分铝合金铸件。近年来，像发动机缸体、变速箱壳体、轮毂等一批大型铝合金汽车零件的开发和应用，使得汽车用铸造铝合金材料获得了飞速的发展。

汽车工业为获得大的生产批量，高的生产效率，低的制造成本，选用铸造工艺生产的铝合金零件较多，汽车用铝约3/4为铸造铝合金。据统计，近20年来，全球铝铸件的总产量以平均每年约3%的速度递增，而总产量中的60%～70%都用于汽车制造，汽车用铸造铝合金的主要部件系统见表6－6。

表6－6　铸造铝合金应用于汽车的主要部件系统

部件系统	零件名称
发动机系	发动机缸体、缸盖、活塞、进气歧管、水泵壳、油泵壳、发电机壳、启动机壳、摇臂、摇臂盖、滤清器底座、发动机托架、正时链轮盖、发电机支架、分电器座、汽化器等
传动系	变速箱壳、离合器壳、连接过渡板、换挡拨叉、传动箱换挡端盖等
底盘行走系	横梁、上/下臂、转向机壳、制动总泵壳、制动分泵壳、制动钳、车轮、操纵叉等
其他系统部件	离合器踏板、刹车踏板、方向盘、转向节、发动机框架、ABS系统部件等

汽车用铸造合金以 Al – Si 系合金为主，所用铝铸件多采用压力铸造、低压铸造和金属型重力铸造工艺生产，其中压铸件占 70% 以上。当今世界轿车和轻型车几乎都装有铝合金缸盖和进气歧管，20 世纪 80 年代末，美国 50% 的轿车发动机缸盖的 1/5 缸体采用铝铸件，至 21 世纪初，北美轿车市场上铝质发动机占有率接近 100%。铝合金缸盖和进气歧管，一般采用金属型重力铸造和低压铸造，选用合金如美国的 A319、A356、A360，中国的 ZL104、ZL106、ZL107。发动机活塞为金属型重力铸造产品，采用共晶或过共晶铝 – 硅合金，如美国的 A13320、A63320、A02220、A02420、A03280，中国的 ZL108、ZL109 等。目前，轿车发动机缸体多用压铸工艺生产，镶铸缸套，一般用共晶或亚共晶铝 – 硅合金，为取消缸套和提高耐磨性，选用了过共晶铝 – 硅合金，如美国 390 合金，该合金耐磨和耐热性能好，但铸造性能较差，机加工性能不如亚共晶铝 – 硅合金和铸铁，目前各公司均在研制开发和应用低硅和中硅的铝合金。

传动系、底盘行走系和发动机的薄壁壳体件多用压铸工艺生产，为获得好的铸造工艺性能，一般选 Al – Si 合金，如美国的 A356、A360、A380、A384、A390，中国的 ZL104、ZL107、Z202。铸造铝合金车轮采用低压铸造和挤压铸造工艺生产，选用 Al – Si 合金，如美国的 A356、A514，中国的 ZL101 等。

变形铝合金材料主要用在汽车的散热系统、车身、底盘等部位上。如汽车水箱、汽车空调器的蒸发器和冷凝器等主要是用复合带箔材及管材，车身各部位（如发动机罩、行李箱盖、车身顶板、车身侧板、挡泥板、地板等）以及底盘等则是多用板材、挤压型材。表 6 – 7 列出了变形铝合金材料的主要应用部件。

表 6 – 7　变形铝合金应用于轿车的主要部件系统

部件系统	零件名称
车身系部件	发动机罩、车顶篷、车门、翼子板、行李箱盖、地板、车身骨架及覆盖件等
热交换器系部件	发动机散热器、机油散热器、中冷器、空调冷凝器和蒸发器等
其他系统部件	冲压车轮、座椅、保险杠、车厢底板及装饰件等

6.2.4　现代汽车铝化趋势

对于未来汽车，现在迫切需要研究的是环境污染、安全性和降低燃料消耗量等问题。与地球的温室化、大气污染相对应的轻量化技术被提高到相当高的位置。铝合金是促进汽车轻量化最重要的材料之一，研究表明，汽车每使用 1 kg铝，可降低自身质量 2.25 kg，减重效应高达 125%。同时在汽车整个使用寿命期内，还可减少废气排放 20 kg。即用铝的减重和排放效果比为 1:2.25:20。铝合金代替传统的钢铁制造汽车，可使整车质量减轻 30% ~ 40%，制造发动机可减重 30%，制造缸体和缸盖可减重 30% ~ 40%，铝 6 缸发动机与同类铸铁缸体比，可减重 32%，V6 发动机可减重约 50%，大排量发动机是普及应用铝的重点领域。铝质散热器比相同的铜制品轻 20% ~ 40%，轿车铝车身比原钢材制品轻 40% 以上，铝合金代替铸铁和钢材制品件有显著的减重效果，汽车铝合金车轮减重效果可观(见表 6 - 8)。汽车自重降低，能耗必会下降(见图 6 - 3)，从而使 CO_2、CO、NO_2 等有害物质排放减少，大幅度减轻对空气的污染(见图 6 - 4)，改善人类生存环境，有极好的经济效益和社会效益。因此，铝合金材料对促进汽车轻量化，降低能源消耗和改善人类生存环境贡献很大，是现代汽车用材的发展方向。相关资料显示，当汽车质量降低 10% 时，燃油效率可提高 6% ~ 8%；汽车整车质量每减少 100 kg，百公里油耗可降低 0.3 ~ 0.6 L。在油气煤资源的不可再生及大气环境保护的需求背景下，轻量化、绿色环保化已成为世界汽车发展的潮流。可以说，在汽车产品同质化愈加严重的当下，轻量化技术将成为未来汽车及汽车零部件行业发展的突破口。

表 6 - 8　铝合金代替铸铁和钢材零件的质量对比表

铝合金代替铸铁零件				铝合金代替钢材零件			
零件名称	铸铁件/kg	铸铝件/g	质量比(铁:铝)	零件名称	钢件/kg	铝件/kg	质量比(钢:铝)
进气歧管	3.5 ~ 18	1.8 ~ 9	2:1	前/后上操纵杆	1.55	0.55	2.8:1
发动机缸体	80 ~ 120	6.5 ~ 32	(3.8 ~ 4.4):1	悬挂支架	1.85	0.7	2.6:1
发动机缸盖	18 ~ 27	6.8 ~ 11.4	(2.4 ~ 2.7):1	转向操纵杆	2.1	1.1	1.9:1
转向机壳	3.6 ~ 4.5	1.4 ~ 1.8	(2.5 ~ 2.6):1	万向节头	6.95	3.9	1.8:1
传动箱壳	6.5 ~ 23	5 ~ 8.2	(2.7 ~ 2.8):1	轿车车轮	7 ~ 9	5 ~ 6	1.4:1
制动鼓	5.0 ~ 9	1.8 ~ 3.6	(2.5 ~ 3.1):1	中型车车轮	~ 17	11 ~ 12	1.5:1
水泵壳	1.8 ~ 5.8	0.7 ~ 2.3	(2.4 ~ 2.6):1	重型车车轮	34 ~ 37	24 ~ 25	1.45:1
油泵机	1.4 ~ 2.3	0.5 ~ 0.9	(2.6 ~ 2.8):1	人客车车轮	~ 42	23 ~ 25	1.75:1

但是，伴随着铝使用比例增加所产生的最大问题将是生产成本的大幅度提高。因此，未来汽车铝化的扩大，必将由对铝化的需求和生产成本的平衡来支配。据技术专家和经济专家的测评，当铝材与钢材的价格比为 5:1 或 4:1 以下时，汽车材料铝化率为 60% 以上在经济上才是可取的。随着电力工业的发展，电价的大幅下调，铝冶炼技术的进步等，铝材价格下调和普及化是必然趋势。最新研制出的 MSX 赛车上用铝比率已达 32%，但仍有许多部件有待铝化。据此推测，未来汽车的铝化极限为 30% ~ 50% 或以上。

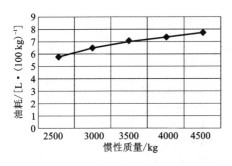
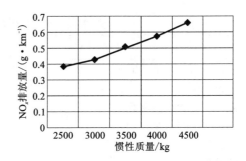

图6-3　汽车惯性质量与油耗之间的关系　图6-4　汽车惯性质量与 NO$_x$ 排放量之间的关系

为了大幅度减轻车重，人们正急于研究如何对占车重比例大的车身(约30%)、发动机(约18%)、传动系(15%)、行走系(约16%)、车轮(约5%)等钢铁零件采用铝材。

6.2.4.1　车身板件的铝材化及铝合金空间框架结构车体

车身是形成汽车的最主要的部分，轿车的车身系统占汽车总质量20%～30%，因此，车身用铝一直是汽车行业关注的问题。最近出现了从发动机罩、翼子板等部分车身采用铝外板发展为全部采用铝外板的汽车，获得了减轻车重40%～50%(相对钢板而言)的效果。

目前，世界各国都在积极推进车身、车体主要部位的铝材化，采用铝材制造有特性的汽车。图6-5为近年来提出的铝概念车。在车体结构上大多数采取无骨架式结构和空间框架式结构，适用的材料有板材、挤压型材、钎焊蜂巢状夹层材料等。从设计的自由度(特性化)、成本、轻型化、安全性等方面考虑，制造小批量、多品种的汽车时，以铝挤压型材为主体的空间框架结构大有发展前途。这种铝空间框架结构特点如表6-9所示，表6-10列出了几种轿车全铝车间与空间结构用材情况。

图6-5　由铝挤压件和内部连接铝压铸接头经自动焊接后所形成的车身空间框架

表 6 – 9　铝空间框架结构的特点及优点

特点	优点
适于多品种小批量生产	
换型容易	车的多样化和特性化
不需要大型冲压设备	可省投资
减少零部件数量	可选任意断面型材
减少工时，缩短生产周期	选择合适的接合方法
降低总成本	可小批量生产
大幅度减重(与钢相比)40% ~ 50%	节省燃料、提高性能、减少排放量

表 6 – 10　几种轿车全铝车身空间构架结构用材情况　　　　　%

车型	铝挤压型材	铝板	铝铸件
奥迪 A2 型轿车	18	60	22
本田 NSX 型轿车	12	88	
本田 Insight 牌轿车	30	57	13

　　用于车身板的铝合金主要有 Al – Cu – Mg 系(2000 系)、Al – Mg 系(5000系)、Al – Mg – Si 系(6000 系)和 Al – Mg – Zn – Cu 系(7000 系)。其中 2000 系和6000 系及 7000 系是热处理可强化的合金，而 5000 系是热处理不可强化合金，前者通过涂装烘干(170 ~ 200℃/20 ~ 30 min)工序后强度可得到提高，所以用于外板等要求高强度、高刚性的部位，后者成形性优良，用于内板等形状复杂的部位。美国 20 世纪 70 年代研制了 6009 和 6010 汽车车身板铝合金，经过 T4 处理后强度比 5182 – O 和 2036 – T4 的低，但塑性较好，成形后喷漆烘烤过程中可实现人工时效，获得更高的强度。这两个合金既可以单独用来做内外层壁板，也可混用。当用 6009 合金制造内层壁板，用 6010 合金制造外层壁板时，两个合金的废料不需分离，可以混合回收后使用，或做铸件的原料。

　　近年来，随着挤压技术的发展和新合金的研制成功，用特种的挤压工具与模具开发出了一系列大型整体的薄壁扁宽高精度复杂的空心与实心型材，并对直线形型材曲线化的挤压技术、弯曲加工技术和接合技术进行了系统研究，同时，技术专家与经济学家对无框架式车身材料的利用率及无框架式结构车身的刚性与生产效率的提高等进行了评估，结果表明，用整体型材无框架式结构车身替代板梁框架式结构车身是现代化汽车的发展趋势。

　　目前，汽车用铝合金型材的应用有：保险杠防撞梁、吸能盒、车门防撞梁、仪表盘支架、前围、车架主梁、散热器及其支架、油管、滑动轨元件、热交换器的橡胶管接头等截面一致且形状复杂的构件。车身和车架上使用的铝合金型材如图 6 - 6 所示。

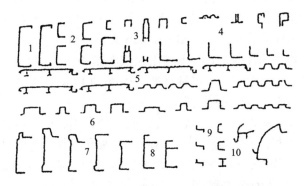

图 6 - 6 汽车结构用铝合金型材截面示意图

1—汽车大梁型材,壁厚 4 ~ 6 mm,高 10 ~ 165 mm;2—大梁型材,壁厚 4 mm,高 70 ~ 10 mm;3—装饰车身侧板用空心型材;4—建立汽车货厢板牢固结构的侧柱型材;5—货厢板壁壁型板;6—货厢车板用带槽中可装硬木条、耐磨抗撞;7—车身构架型材;8—车身基础框架型材;9—客车棚架型材;10—客车顶棚防水型材,等等

国外汽车公司开发的轿车全铝车身,多为空间构架结构(space frame),由铝挤压型材、铝板和铝铸件组合而成。框架的大梁过去常用 2A11 和 6A02 铝合金,目前,广泛采用中强可焊 Al - Zn - Mg 系合金,如 7N01、7003、1915、1935 等合金。型材高度为 220 ~ 280 mm、底宽 60 ~ 75 mm、壁厚 8 ~ 10 mm、底厚 18 ~ 28 mm。采用全闭合空心型材能比实心的减重 45% ~ 55%。用 5A03 和 5A05 合金直角型材做汽车大梁,它的端面要做闭合式焊接。

轻型汽车的车身和载重汽车的驾驶室也有用 3A21 型材和 Al - Mg 系合金板(0.8 ~ 1.2 mm 厚)及 6A02 合金型材制作的,带篷汽车和客车的车体一般采用铆接,有时采用胶接进行组合和装配。

在冷藏汽车上应用铝合金是合适的。钢铁有低温脆性,木材和塑料有吸湿性,冷冻后容易变脆。铝材在低温下能保持良好状态,干净又容易清洗,不吸收和散发气味。冷冻车的四壁为三层结构,两侧为铝合金板,中间为绝热材料。

运油、水和其他化学液体的罐车采用铝合金结构,除轻量化外,更主要的是铝与所运送的液体不会发生化学反应。一般使用 5A03 和 5A05 合金板(3 ~ 6 mm 厚),要采用焊接方法制作。

自卸汽车的车身一般使用 3 ~ 6 mm 厚的 5A03 和 5A05 合金板焊接而成,为增加车身的耐磨性,往往使用钢板做内衬。由于采用铝合金,同钢制的相比,汽车自重下降 50%。车的侧板厚 9 ~ 10 mm,底板厚 12 ~ 18 mm。

近几年来，变形铝合金在汽车结构上的应用发展很快。板件主要用 Al - Mg 合金，型材用 Al - Mg - Si 系合金。为了正确地选用铝合金，降低汽车的制造成本，俄罗斯扎哈洛夫对几种工业铝合金做了比较，并对汽车用铝合金提出了合理化建议。俄罗斯的 1915、1925 和 1935 铝合金的自然时效状态和人工时效状态挤压型材的强度比 д31 合金的高，比 д16 和 B96 合金的低。д16 和 B95 合金抗腐蚀性能、焊接性能和工艺性能都低，不宜用在汽车结构上。而 1915、1925 和 1935 合金具有较高的塑性和良好的抗腐蚀性能。1915 和 1935 合金又兼有优良的焊接性能，可成功地用于汽车承载结构上。

此外，在坦克、装甲车、运兵战车及其他各种军用和民用特种车上，采用大型铝合金型材制作整体中空车厢外壳、端板、盖板和甲板、隔板的情况越来越普遍，主要的品种有 6000、5000 和 7000 系的中强可焊空心和实心扁宽壁板型材，宽度一般为 150 ~ 500 mm，高度 15 ~ 50 mm，厚度 4 ~ 12 mm。

6.2.4.2 热交换器的铝材化

汽车热交换系统包括空调器、水箱散热器、油冷却器、中间冷却器和散热器。它们位于车体前端，需要经受路面挥发的盐分、雨水、汽车排出的尾气、沙尘和泥浆等的污染，还需要反复承受冷热循环和周期性振动，因此对热交换器的选材、耐腐蚀和接合技术提出了较高的需求。传统的热交换器多用铜材，然而随着汽车的轻量化进程，以及对节能减排、降低油耗、提高燃油效率与减轻环境压力的要求越来越高，同时得益于制造技术和装配技术的进步，铝材逐渐取代铜材，广泛用于汽车热交换系统零部件制造。铝材用于汽车热交换器具有诸多优点：价格比铜低；密度只有铜材的 1/3，铝散热器的质量比铜的小 37% ~ 45%，而两者的加工费几乎相当；铝的可钎焊性能比铜好，焊缝的强度高于软钎焊。法国瓦莱奥公司于 20 世纪 70 年代率先向市场推出机械装配式铝热交换器，80 年代由于铝钎焊技术的逐渐成熟，铝合金开始大量用于热交换器制造，发展十分迅速；90 年代发达国家复合铝箔的使用覆盖率为 90% 以上，日本和美国的汽车空调器几乎完全采用铝材。散热器的铝化率，欧洲为 90% ~ 100%，美国为 70% ~ 85%，日本为 50% ~ 60%。而我国在 2000 年以前大多数国产车仍以铜散热器为主，占比为 92% 以上。进入 21 世纪，铝制散热器发展很快，铝制内冷却器、油冷却器、加热器心部等也迅速普及。1996 年萨帕铝热传输（上海）有限公司投产，开始生产复合钎焊铝材，从此热交换器用铝材走上了国产化道路。

即便是目前，加工铝材在汽车中的使用量仍居次要地位，除个别全铝车身的轿车（如奥迪 A8、宝马 7 系、捷豹 XFL 等）外，轿车中使用铝材最多的是热交换系统，即厢内气候控制系统（取暖、通风和空调），每辆小轿车和轻型卡车的热交换系统的铝含量约 15 kg。实际上，目前散热器、冷凝器、蒸发器与散热器芯子均采用铝合金制造，表 6 - 11 显示了散热器、蒸发器和散热芯子等用铝材的比例，其中 3005 钎焊薄板和 3003 合金散热铝箔翅片占 50%。

表 6 – 11　铝材在汽车热交换系统中的应用（其他指锻件、挤压型材与棒材）

品种	压铸件	挤压型材	钎焊薄板	散热器片箔	薄板	冲压件	其他
比例/%	23	23	29	21	1	1	2

　　根据轻量化、小型化、提高散热性、保证防蚀等需要，对热交换器在结构上积极进行改进，从带有波纹的蛇型改为薄壁并流型、德朗杯型、单箱型等。在材料方面也在积极进行改进，例如为改善因薄壁化导致的强度降低，而采用 Al – Cu – Mn – Cr – Zr 系合金和 Al – Mn – Si – Fe 系合金。根据牺牲阳极作用改进化学成分来进一步提高耐蚀性，开发了多层复合材料（Al – Mn 涂层结构）。用钎焊方法进行成分调整等以达到防蚀目的，这些改进技术已进入实用阶段。

　　随着汽车用散热器向小型、轻量、高性能、低成本、耐用等方向发展，在铜和铝材的"对抗"中，铝质散热器已占优势，汽车用各类散热器已向铝制品转化。表 6 – 12 列出了不同排量汽车铝散热器的重量。目前，汽车上的各类散热器是变形铝合金用量最多的系统，如发动机散热器、机油散热器、中冷器、空调冷凝器和蒸发器等，主要耗用的铝材有各种规格的板、带、箔、复合带（箔）、挤制圆管、扁管和多孔扁管、焊接圆管和扁管，品种规格多，质量要求高。各种铝质热交换器和中冷器结构形式及用材如表 6 – 13 所示。

表 6 – 12　不同规格汽车铝散热器重量

汽车排量/CC	2500 以上	1800 ~ 2500	1000 ~ 1600	1000 以下
散热器质量/kg	10.7	8.4	5.6	3.3

　　1 cc = 0.001 L。

6.2.4.3　行走系统部件的铝化

（1）铝合金车轮

　　铝合金车轮是汽车高速化、节能化和"时装化"的产物，其需求状况与汽车产量和保有量的变动密切相关。全球汽车车轮材料主要经历了从钢铁材料到合金材料（如铝合金）等演变过程，目前以铝合金车轮为主。从铝合金车轮的发展来看，很长一段时期内，钢制车轮都在车轮制造业中占主导地位，但随着汽车工业的飞速发展，人们对车辆安全、环保、节能的要求日趋严格，铝合金车轮以其安全、节能、美观、舒适等特点，逐步取代了钢制车轮。欧洲在 20 世纪初就开始使用砂模铸造铝合金汽车车轮，其在赛车上得到应用；1958 年整体金属模铸造的铝合金车轮开始运用到普通乘用车；1997 年，欧洲主要汽车制造商以钢轮作为标准配置的比重约为 77%，北美平均为 65%，日本平均为 60%；1999 年，英国市场销售的汽车中，钢轮作为标准配置的比重降到 46%，美国市场则不足 40%。目前，世界上铝合金车轮的装车率在 60% 以上，其中乘用车绝大部分选择了铝合金车轮。2011—2014 年，全球铝合金车轮市场产销量持续稳定增长，全球铝合金车轮生产量从 2011 年的 2.25 亿只增长到 2014 年的 2.94 亿只，复合增长率为 9.33%。

随着发达国家和地区汽车工业产业链向发展中国家和地区转移，我国优化资源配置，构建全球化采购系统，凭借成本优势和产业配套优势，承接了包括铝合金车轮在内的关键汽车零部件制造。从 1988 年中信戴卡率先开始生产铝合金车轮以来，经过近 30 年的快速发展，我国已经成为全球最大的铝合金车轮制造中心。2008 年至 2014 年，国内市场与国际市场对我国所产的铝合金车轮的需求量持续稳定增长，年均复合增长率高达 20.04%，而同期我国汽车总产量的年均复合增长率只有 14.04%。通过持续的技术引进和自主创新，我国少数铝合金车轮制造企业在设计、制造工艺和质量品质方面铸就了世界铝合金车轮行业的领先地位，不仅能完全满足中国汽车工业的发展需求，还能批量出口并进入国外知名汽车制造商的全球采购系统。因此，我国铝合金车轮产销量变动除了受国内汽车工业发展情况的影响，还受其他发达国家或地区汽车工业的影响。随着全球汽车产销量和保有量的稳定上升，以及轻量化、节能化汽车的逐步推广，我国汽车铝合金车轮产业仍将继续稳步增长。

近年来，铝车轮的尺寸有大型化的倾向，直径从 355.60 mm 向 381 mm～531.80 mm 发展。此外，从防滑、制动装置的安装普及率等来看，为了减少非悬挂重量，制造商正在加速安装铝合金车轮，目前的安装率为 80% 左右。

现在车轮主要采用重力铸造、低压铸造、固态锻造、铸造 + 旋压和液态模锻。但是，为了实现轻量化，将来要向薄型化、刚性优良的压力铸造、挤压铸造法转移。为了进一步减轻重量，用铝板冲压加工、旋压加工做成整体车轮和两部分组合车轮的方法，已在实际生产中被采用。

美国鲍许公司用 Al – Mg – Si 合金板制造分离车轮，与铸造、锻造车轮相比，其重量轻 25%，成本也减少了 20%。此外，美国的森特来因·图尔公司也用分离旋压法试制出整体板材(6061)车轮，比钢板冲压车轮重量减轻 50%，旋压加工一个车轮所需时间不到 90 s，不需要组装作业，适宜大批量生产。对这种车轮进行评价的结果表明，它具有和轧材同样的强度，和铸件同样的经济性。重型车的铝车轮一般用模锻法制造。近年来，常用液态模锻法、半固态成形法生产汽车铝轮毂。锻造铝轮毂常用 6061 铝合金，而板材成形铝轮毂多用 5454 合金。

表6-13　各种铝质热交换器和中冷器结构形式及主要用材

结构形式		散热片		冷却水管	
		美国	中国	美国	中国
管带式结构	真空钎焊	1100、3003、3005、5005、6063、6951	1100、3003	双面复合带经高频缝焊制成扁管 4045/3003/7072 4045/3005/7072	双面复合带经高频缝焊制成扁管 4A17/3003/7A01 4A17/3005/7A01
管带式结构	气体保护钎焊	3003 3003+Zn 3203+Zn 7072	3003、3A21、3003+Zn 3A21+Zn 7A01	双面复合带经高频缝焊制成扁管 4343+Zn/3003/7072 4045+Zn/3003/7072	双面复合带经高频缝焊制成扁管 4A13+Zn/3003/7A01 4A17+Zn/3003/7A01
管片式结构（装配）		1050、1100、1145、3003、7072、8006、8007	1050、1050、1100、3A21、3003、7A01	挤制或高频缝焊圆管 1050、1100、3003	挤制圆管 1100、1050A、3003、3A21、1050
波纹焊接式		1100、3003	1100、3003、3A21	挤制扁管或多孔扁管 1050、3003	挤制扁管或多孔扁管 1050、3003、3A21
板翅焊接式		1100、3003	1100、3003、3A21	冲压板翅 3003	冲压板翅 3003、3A21

（2）悬挂系零件的铝材化

汽车悬挂系统就是指由车身与轮胎间的弹簧和避震器组成的整个支持系统。悬挂系统应有的功能是支持车身，改善乘坐的感觉，不同的悬挂设置会使驾驶者有不同的驾驶感受。外表看似简单的悬挂系统综合了多种作用力，决定着轿车的稳定性、舒适性和安全性，是现代轿车十分关键的部件之一。

减轻悬挂系重量时，要兼顾行驶性、乘坐舒适性等，其相应部件的轻量化、铝材化应和其结构的改进同时进行。例如，下臂、上臂、横梁、转向节类零件。还有盘式制动器卡爪等已用铝锻件（6061）、铝挤压铸造件（AC4C、AC4CH）等，质量比钢件轻 40%～50%；动力传动框架、发动机安装托架等已用板材（6061）使其轻量化；保险杠、套管等，已用薄壁、刚性高的双、三层空心挤压型材（7021、7003、7029 和 7129）；传动系中传动轴、半轴、差速器箱在采用铝材以实现轻量化和减少振动上，取得了很大进展，今后有进一步发展的倾向。

6.2.4.4　发动机部件的铝化

（1）铝合金发动机零件

占发动机重量 25% 的气缸体正在加速铝材化，据报道，本田公司用新压铸法（低压、中压铸造）成功地实现了 100% 的铝化，能减少壁厚 10 mm，相当于减轻重量 11.5 kg。

过去已进行活塞、连杆、摇臂等发动机主要零件的铝材化工作，为了提高性能，目前正在进行急冷凝固粉末合金、复合材料等的开发及实用化。此外，还在开发耐热强度高的 Ti－35% Al 合金，用来制造进、排气门和连杆等。例如，日本某汽车厂的 2.0L 级汽车，每台发动机用铝量约 26 kg（发动机铝材化率约 17%），气缸体铝材化后，铝的使用量增加 0.8 倍，可减轻发动机重量 20% 左右。

（2）急冷凝固铝粉末合金（P/M）发动机零件

已开发出耐磨合金 Al－20%～25% Si 系、耐热耐磨合金 Al－20%～25% Si－（Fe－Ni）系、耐热合金 Al－7%～10% Fe 系。前两者线膨胀系数为（16～17）× 10^{-6}/℃；后两者杨氏模量为（9200～10600）×9.8 MPa，显示出原熔炼铝合金（I/M）所不具备的特性。正在用它们制造活塞、连杆、气缸套、气门挺杆等发动机零件和汽车空调设备的压缩机叶片、转子等。

（3）铝基复合材料（MMC）发动机零件

若用陶瓷纤维、晶须、微粒等增强铝合金，则比强度、比弹性模量、耐热性、耐磨性等可大幅度提高。例如 SiC 晶须强化的铝复合材料（基体为 6061 合金），随着强化体积百分率 V_f 的增加，若干特性均提高。V_f = 30% 时，强度为 50×9.8 MPa，弹性模量为 12000×9.8 MPa，是 6061 合金的 1.6 倍左右，高温强度、疲劳强度也得到提高；V_f = 20% 时，线膨胀系数约降低 65%。柴油发动机用铝合金活塞头的顶角部分已采用复合材料，正在研究和试用的 Al/不锈钢连杆、Al/石墨活塞等都已得到工业生产应用。

6.2.4.5　转向机构及制动器部件的铝化

转向机构和制动器是安全性要求极高的部件。因此,这类零部件大部分用锻造法生产。锻造铝合金的性能和零件质量较高,实验表明,铝锻件吸收碰撞的能量比铝铸件高约50%。

转向机构及制动器零部件由于形状的原因大多使用铝铸造产品。多数零部件必须能承受超过10 MPa的压力并有良好的耐腐蚀性和强度,需要开发具有这种特性及铸造性的优秀合金。此外,考虑到制动器耐热的影响,要开发一种有良好铸造性能的Al – Cu系铸造合金。为了获得良好的综合性能,以Al – Si系为基础开发新的铸造和压铸铝合金材料也是一个新的方向。

6.2.4.6　防冲挡及车门的铝化

从安全性的观点考虑,前后方向设置了防冲挡。侧面方向设有刚性加固梁的车门,为了轻量化,近年来增加了铝的用量,表6 – 14示出了防冲挡用铝合金的使用形式。

小轿车表面以树脂化为主流,辅助加强材料,采用铁质的刚性构件、纤维复合树脂和铝制等形式制造,因为铝具有轻量化、再生性等特点,所以,全铝化的趋势越来越明显。

表6 – 14　防冲挡用铝合金的使用形式

合金名称	状态	形状	使用方法	使用车种类
5052	H32	板	平面(喷漆、阳极氧化处理)	载重汽车
5252	H32、H25	板	平面(光亮阳板氧化处理)	载重汽车
6061	T4、T6	板、型材	平面(喷漆、阳极氧化处理)、加固件	载重汽车、轿车
7003	T5	型板	平面(阳极氧化处理)、加固件	轿车
7016	T5	型材	平面(光亮阳极氧化处理)	轿车
7021	T61、T62	板、型材	平面(镀铬)、加固件	轿车
7029	T5、T6、T62	板、型材	平面(光亮阳极氧化处理)、镀铬	轿车
7129	T62	板、型材	平面(镀铬)、加固件	轿车
7046	T63	板、型材	平面(镀铬)、加固件	轿车
7146	T63	板	平面(镀铬)	轿车
7N01	T5、T6	板、型材	加固件	轿车

6.2.4.7　铝-锂合金在汽车工业上的开发应用前景

铝-锂合金(Al-Li)是一类含有合金元素锂的铝合金,主要是变形铝合金,含锂的铸造铝合金寥寥无几,同时在大多数变形铝合金中,锂并不是靠前的主要合金化元素,而是第二甚至第三位的合金化元素。当下凡是含有锂的铝合金都被称为铝-锂合金,截至2015年1月,在美国铝业协会(AA)注册的Al-Li合金有26个,其中2×××系的22个,占84.6%;8×××系的4个,占15.4%。有趣的是,美国和欧洲集中研发2×××系和8×××系的Al-Li合金,俄罗斯主要发展5×××系的Al-Li合金,中国则既研发2×××系含Li的合金,又研发5×××系和8×××系的Al-Li合金,列入GB/T 3190的Al-Li合金仅3个:2A97、5A90、8090。在现行注册的26个铝-锂合金中,只有8024合金是一个真正的高纯二元Al-Li合金,含(3.4%~4.2%)Li、(0.08%~0.25%)Zr,其他元素皆为杂质,英国1999年在美国铝业协会公司注册。

中国对铝-锂合金的研究始于20世纪60年代初期,60年代中期制成Al-Cu-Li系S141合金,但未进行工业化生产,也没有应用,20世纪90年代初期西南铝业(集团)有限责任公司从俄罗斯引进1台6 t的Al-Li合金真空熔炼炉及铸造装备,并自制了1台1 t的真空熔炼炉,使中国Al-Li合金进入了一个新阶段。西南铝业(集团)有限责任公司对Al-Li合金的研制与生产开展了较大规模的工作,先后试制成功多种有商业价值的Al-Li合金,而在承担的"新型轻质高性能铝-锂合金工业化制备"项目攻关中,取得了一个又一个阶段性成就,在成分优化、熔炼工艺控制、大规格锭铸造工艺参数精准化、形变热处理运用、材料性能与显微组织关系等方面都取得了好成绩,各项工作都达到了预期的目标。铝-锂合金的密度比普通铝合金低10%~15%,比强度高、弹性模量高、低噪音,而且有优良的可焊性,是一种良好的轻量化材料,已在航空工业获得广泛的应用。开拓铝-锂合金在汽车工业中的应用是一个新课题。首先是设计适合于冲制轿车车身的新合金,其综合性能应优于现已在汽车工业中获得广泛应用的5754合金,以使汽车车身的质量再降低约10%。降低生产成本也是提高铝-锂合金竞争力的一个重要因素,以便具有更高的性价比。

铝-锂合金在汽车工业中的应用才开始起步,目前主要的工作是研制开发一种有优良冲压成形性能的Al-Mg-Li合金,并使其有良好的点焊性能;开发新的加工工艺,以降低制造成本。

6.2.5　铝合金材料在汽车上的应用实例

6.2.5.1　铝合金型材在汽车车厢和关键零部件上的应用

(1)东风铝合金车身混合动力客车车厢

2014年4月在北京国际车展上,由东风商用车有限公司自主研发的东风铝合金车身混合动力客车首次亮相。该款东风客车的推出，将有力地促进城市交通向节能、环保和更加安全的方向发展。

据了解，东风铝合金车身混合动力公交客车采用了多种合金牌号不同状态的铝合金型材及板材，最大化地实现了零部件的轻量化和耐久性，与国内同类钢制车身相比，铝合金车身减重40%，同时其他部件也采用了轻量化技术，使整车质量较同类型常规混合动力客车减少15.2%，在燃油经济性能上较常规混合动力客车节油7.9%，见图6-7。

同时，这款客车有很高的技术含量，主要技术有：首创中度混合动力客车在纯电动模式下实现转向助力；车架采用了超高强度钢，优化了车架结构；采用东风自主开发的高应力板簧材料，使板簧总成的片数进一步减少；所有座椅骨架均采用了镁合金型材，减重效果显著；整车车身骨架全部采用变形铝合金材料，车身骨架连接采用铆接加黏接方式，车身采用整体贯通式，顶盖弯角型材作为顶盖骨架与侧围骨架之间的连接，既保证了表面平整度，又提升了整体结构刚度。

(2)全铝合金轿车车身框架

全铝合金轿车车身框架见图6-8，该框架由十种不同形状和规格的铝合金型材组焊而成，材料为6×××铝合金，连接方式为 MIG 焊、FSW 焊、点焊及铆接。

图6-7 东风铝合金车身混合动力客车　　　图6-8 全铝合金轿车车身框架

(3)全铝合金公共汽车用铝合金零部件(见图6-9)

6.2.5.2 全铝合金挂车(拖车)

2015年1月15日，晟通集团旗下的天力汽车有限公司研发的两款三轴厢式半挂车 CSH9400XXY 和 CSH9402XXY 获交通部认可，取得中国认证3C 证书，并被列入"公路甩挂运输推荐车型(第三版)"评定目录。这两款全铝承载厢式半挂车的基本技术参数为：车身长 14.6 m，车身高 4.0 m，车身宽 2.55 m，整车质量 6.7 t，额定载量 33.3 t。2019年初，年产1万 t 全铝合金挂车项目即山东滨镁轻合金装备有限公司落户北海经济开发区科技孵化器园区，填补了北海铝产业终端产品的空白。

(1)全铝合金拖车(挂车)的特点及优越性

以渝利挂车为例，其特点及优越性如下。

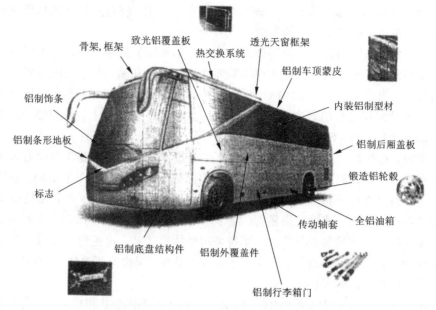

图 6 – 9   全铝合金公共汽车零部件及外形图

1）重量轻、仅重 4.4 t，较钢制挂车轻 3.5 t

铝合金挂车的车厢、侧防护、后防护、牵引座板、悬挂、铰链、篷杆等上部结构全部用铝合金材料制造，仅车厢重量即可减轻 3 t。

2）运输能力强，投资收益高

铝合金挂车比传统挂车轻 3.5 t，意味着每次可以多装载 3.5 t 货物，增加了运输收益。

3）吨公里成本低，节油环保

自重轻，即使空载运行也能大大节省油耗，有数据表明：车重每减轻 1 kg，运行 1 万 km 就可节省汽油 0.7 kg，拉运相同重量的货物，铝合金挂车在油耗上要低得多。

4）低故障率，延长使用寿命

常用盘式制动，刹车盘及轮辋散热效果好，可以频繁刹车，不易报轴、不易烧毁轮胎，提高了车辆无故障率和使用效率，降低了使用成本。

5）耐腐蚀，寿命长

铝合金挂车的耐腐蚀性远远高于钢制挂车，减少了维护保养频率，降低了运营成本。

6）安全可靠，力学性能高

普通合金钢挂车比铝合金挂车的承载能力低 26%。而碳素钢挂车的承载能力比铝合金挂车至少低44%。

（2）铝合金挂车（拖车）的典型产品及主要技术参数

1）苍栅式挂车

苍栅式挂车的主要参数及示意图，见表6－15及图6－10。

2）厢式侧翻自卸半挂车

厢式侧翻自卸半挂车的主要参数及示意图，见表6－16及图6－11。

3）高低板式挂车

高低板式挂车的主要参数及示意图，见表6－17及图6－12。

4）全铝合金小拖车

全铝合金小拖车的主要参数及示意图，见表6－18及图6－13。

表6－15　苍栅式挂车的主要参数

外形尺寸数/(mm×mm×mm)	轴距/mm	后悬/mm	后轮距/mm	自重/kg	额定载重/kg	弹簧片数/片	轴数	轮胎数	轮胎规范	牵引销
（11000～13000）×2500×3420	6800+1350+1350	2250	1840	4400	35300	10	3	12	12R22.5	90#

表6－16　厢式侧翻自卸半挂车的主要参数

外形尺寸数/(mm×mm×mm)	轴距/mm	后悬/mm	后轮距/mm	自重/kg	额定载重/kg	弹簧片数/片	轴数	轮胎数	轮胎规范	牵引销
13000×2500×3420	6800+1350+1350	2250	1840	5500	34500	10	3	12	12R22.5	90#

表6－17　高低板式挂车的主要参数

外形尺寸数/(mm×mm×mm)	轴距/mm	后悬/mm	后轮距/mm	自重/kg	额定载重/kg	弹簧片数/片	轴数	轮胎数	轮胎规范	牵引销
（11000～13000）×2500×3420	6800+1350+1350	2250	1840	4400	35200	10	3	12	12R22.5	90#

表6－18　全铝合金小拖车的主要参数

外形尺寸数/(mm×mm×mm)	轴距/mm	后悬/mm	轴数	轮胎数
4600×2050×1150	2220+1460+380	230	1	2

图 6 – 10　苍栅式挂车
的外形结构示意图

图 6 – 11　厢式侧翻自卸半挂车
的外形结构示意图

图 6 – 12　高低板式挂车
的外形结构示意图

图 6 – 13　全铝合金小拖车
的外形结构示意图

（3）全铝合金挂车与传统钢结构挂车的性能比较

全铝合金挂车与传统钢结构挂车的性能比较见表 6 – 19。

表 6 – 19　全铝合金挂车与传统钢结构挂车的性能比较

钢制挂车及传统配置	铝合金挂车	优势比较
车厢、侧防护、牵引座板等上部结构及悬挂全部采用钢材制造	全部采用铝合金制造	重量减轻 3.5 t，强度优于钢，很强的耐腐蚀性
轮毂式制动	盘式制动	散热效果好，可以频繁刹车，降低了爆胎和烧毁轮胎的概率，刹车更安全，减少维护时间，降低成本
钢制轮毂	铝合金轮毂	重量轻，12 只轮圈共减重 0.228 t，外形美观
斜胶轮胎或子午线轮胎	真空轮胎	重量轻，全车减重 0.27 t，降低了爆胎概率，降低了油耗，减震效果好
钢制车轴	轻质材料车轴	强度高，重量减轻
钢制支腿	铝合金支腿	强度高，重量减轻

6.2.5.3 铝合金房车(旅居车)

(1)发展概况

"房车"与"旅居车"虽说是两个名词,但其所指是一致的:房车一词比较通俗,因此在人们日常生活和企业推广活动中得到普遍使用;旅居车则在国内主要用于生产管理和产品管理。房车(motor home)是指在汽车(或挂车)基础上,配备居家生活所需用具和设备(包括卧具、衣柜、桌椅、卫浴设施、厨具设施及多种家用电器),满足人们外出时生活需要的专用车辆;其集旅行、住宿、饮食、娱乐于一体,具有"房"与"车"两大功能,被称为"装在车轮上的家"。有的国家和地区还习惯称之为休闲车。全铝合金房车(旅居车)是一种健康的生活方式,一种文化观念。现代人们热爱旅游、追求自由,渴望回归自然,寻找生命原始的意义与快乐。铝合金房车具有结构简单、轻量化等特点。

目前,国际房车市场已经十分成熟,美国汽车生产厂仅有3家,而房车生产企业超过220家,年产销量达32万辆,市场拥有量达到960万辆;欧盟的汽车生产厂有28家,房车生产企业420家,年产销量达20万辆,市场拥有量达到640万辆;澳大利亚汽车生产厂有4家,房车生产企业31家,年产销量达3万辆,市场拥有量达到300万辆。

我国的房车产业刚刚起步,但市场的潜力巨大。目前有汽车生产厂100家,而房车生产企业只有30家,年产销量仅仅500辆,市场拥有量仅仅600辆。

随着生活水平的提高,人们的消费观念及生活态度发生了根本性转变,人们对休闲度假质量的要求逐步提高,国家对新型旅游度假方式日渐关注、支持,中国房车产业终于迎来了商机,即将步入快速发展的初始阶段。

在中国,拖挂房车凤毛麟角。拖挂房车上牌照问题一直是影响消费者选择的消极因素之一,也是国内房车界关注的焦点之一,更是中国房车产业能否快速发展的关键所在。2008年10月1日起施行修订后的《机动车登记规定》,其关于全挂汽车上牌照问题有了明确的规定(第二章第八条):"车辆管理所办理全挂汽车列车和半挂汽车列车注册登记时,应当对牵引车和挂车分别核发机动车登记证书、号牌和行驶证。"2018年1月5日,山西普瑞莱斯汽车服务有限公司研发生产的"星舟"牌拖挂房车——星舟一号经过严格的外观检验、拓号、性能检测、过磅等程序,在忻州市车管所举行"挂牌"仪式。这是山西普瑞莱斯汽车服务有限公司第一辆成功上牌的产品,也是全国首辆全铝拖挂式房车,其车牌号为"晋 H·DS98 挂",如图 6-14 所示。

2013年2月,国务院办公厅印发《国民旅游休闲纲要(2013—2020年)》,并通知要求贯彻执行。纲要提出,加强城市休闲公园、休闲街区、环城市游览带、特色旅游村镇建设,营造居民休闲空间。发展家庭旅馆和经济型酒店,支持汽车旅馆,自驾车和房车营地,游轮、游艇、码头等旅游休闲基础设施建设。可以预

图 6 - 14 "星舟"牌拖挂房车

计，我国的房车产业即将迎来一个崭新的明天。

（2）全铝合金房车的特点及典型的主要技术参数与外形结构举例

全铝合金房车的外形必须美观大方有特色，内部装修应适合人的生活与休闲，如车架、车厢以及各关键部位的零部件设计与选材都应该环保舒适。图 6 - 15 是露丹 T014 型背驼式全铝合金房车，长度为 3660 mm，宽度为 2160 mm，高度为 2040 mm，床尺寸为 2000 mm×1400 mm，可居住 2 人，最大重量为 600 kg。图 6 - 16 为全铝合金啤酒售货车外形图。图 6 - 17 为 MXT20 型铝合金房车外形及内部布置图。

图 6 - 15 露丹 T014 型背驼式全铝合金房车（旅居车）

图 6 - 16 全铝合金啤酒售货车外形图

图 6 – 17　MXT20 型铝合金房车外形及内部布置图

6.2.6　中国汽车工业和铝工业共同面临的机遇与挑战

第一，中国经济将步入新常态。中国经济的发展在经历了 30 多年的快速增长后，将步入新的常态：一是增长的速度从高速增长向中高速增长转变。二是增长的结构从失衡增长向优化增长转变。产业结构呈现服务化、智能化、高端化的特征，第三产业的比重持续上升，精神享受型、发展型的消费比重将不断提高。预计"十三五"期间无论是服务业占比还是服务业对整个经济增长的贡献率都将超过 50%，消费需求增长对拉动经济增长的作用将更加明显。根据预测，2020 年中国家庭的年均可支配收入为 1.6 万到 3.4 万美元的中产阶级消费群将达 1.67 亿户，家庭平均可支配收入大约 3.4 万美元的富裕家庭约为 2000 万户，他们将是普通汽车和豪华汽车的目标消费群体。此外，城镇化也有利于引发消费需求，增加居民对汽车的消费。三是增长的方式从要素投入的增长转向创新驱动的转变。预计中国经济仍然能保持长时间的高速增长，未来 5 年 GDP 平均复合增长率将保持在 4% 左右，预计到 2020 年中国 GDP 总量将超过 100 万亿人民币的规模。伴随着中国经济的新常态，中国汽车市场未来的增速也将放缓，但是汽车市场中长期持续稳健增长的潜力仍将非常巨大。"十三五"中国汽车整体的市场将完成由 2500 万辆向 3100 万辆级别的跨越，年均复合增长率预计在 5% 左右。

第二，中国进入互联网社会，汽车消费的行为将随着消费群体的更迭而改变。目前，80 后逐渐成为消费的主力，90 后及新生代的消费能力在"十三五"期间将快速提升，消费者的消费行为将发生改变。一是价值观的多元化，客户的消费需求日益追究个性化和差异性。二是注重消费体验，不再仅关注商品，同时也非常关注消费过程的体验和售后。三是消费的渠道互联网化。根据相关的测算，到 2020 年，80 后、90 后及新生态的汽车购买者的比例将超过 50%。

第三，汽车后市场的快速发展。随着中国汽车保有量的不断提升以及消费者对汽车后市场业务的接受度的不断提高，今后以售后服务、二手车、汽车租赁、汽车金融、汽车保险为代表的汽车服务领域将迎来蓬勃发展的机会。预计到 2020

年将达到 5.5 万亿元的规模。此外，随着新能源、环保及移动互联网的普及，汽车共享在"十三五"期间预计也会取得突破。2020 年有望达到 4 万辆左右，年均复合增长率将达 30%。

第四，竞争格局转型为生态系统。向服务型行业的转变，不可避免地迫使传统的汽车制造商在多个领域展开竞争，出行服务提供者如优步，科技巨头如苹果、Google 以及特斯拉的加入增加了竞争格局的复杂性。另外，随着车联网技术的发展，汽车制造商将不得不参与到由技术和消费驱动的新的汽车消费系统中来。而随着汽车产业智能化和互联网化的发展，未来将有更多的互联网和通信设备等科技型企业跨界进入汽车的领域，并与主机车形成竞合关系，推动汽车智能化和互联网化的发展。

第五，汽车智能化、互联网化的趋势明显。配合更严格的主动和被动安全的要求，梦华驾驶辅助系统将迅速发展，无人驾驶的技术使汽车驾驶不再依赖于车主的操作，将在远期逐步实现。车联网以人、车、服务方全时交互为基础，可以实现智能化的技术、交通管理和全时综合服务。

第六，新能源汽车也将迎来快速发展。15 年新能源汽车的产量增长为之前的 3.3 倍，在政策、新车型的投放以及配套设施的刺激下，消费者接受度也在不断地提高。按照中国制造 2025 的目标，到 2020 年自主品牌纯电动和插电式新能源汽车的销售量量将突破 100 万辆，自主品牌预计占到 70% 左右。到 2020 年与国际先进水平同步的国际新能源汽车的销量预计在 300 万辆左右，自主品牌市场占有率也会进一步提高。

第七，国内的各个汽车集团要加码自主品牌的研发。这得益于国家政策的支持。

第八，全球化和合作共赢仍然是当前汽车产业重要的特点。金融危机之后，世界"6 + 3"的格局发生了变化，汽车产业全球化布局的程度加深，大型跨国公司的国际化以合作为主流，跨国公司企业间的合作多通过兼并重组、战略合作等多样化的资本形式形成全产业链的资源共享。跨国汽车企业对中国市场的重视与日俱增，部分车企已经实现中国本土研发并推出中国市场专属的车型，以更好地满足中国消费者的需求，部分豪华车企也在中国设立研发中心，逐步向中国设计转型。

国产汽车应加快轻量化进程，参与国际竞争。中国汽车用材与国外有一定的差距，尤以轿车最为突出，我国的轿车产品大都是引进国外 20 世纪 70 年代末及 90 年代初期的产品或技术，所用材料构成基本与国外同期同车型一致，铝材用量低于当前国外各类汽车。受铝价及零部件生产技术水平所限，一些引进车型原有的铝合金零件改用了其他材料，制约了铝合金材料在国产汽车上的应用，直接影响到汽车的使用性能，这是在汽车零部件国产化过程中的暂时现象。随着世界汽车轻量化进程的加快，特别是加入 WTO 后，汽车市场国际化竞争日趋剧烈，国产汽车用材要达到国外同类水平，增加国产汽车用铝是必然趋势。随着我国国民经济的发展，交通运输量的变化，人民生活水平的提高，私人车的增加，必将促进轿车工业的发展。2002 年我国汽车产量突破 300 万辆，其中轿车、吉普车、面包车等为 150 万~180 万辆，铝合金材料的用量将随着各类汽车产量的上升而增加，特别是轿车产量，必将给我国铝工业提供广阔的市场，带来发展机遇。

中国已成为世界主要产铝大国，2001 年底，全国已实现氧化铝年生产能力 490 万 t，电解铝年生产能力 400 万 t，铝加工能力 450 万 t。2018 年我国电解铝有效产能为 3986.3 万 t，产量为 3580.2 万 t。国产汽车应充分利用本国资源，扩大铸造铝合金在汽车上的应用范围；重视汽车行业与铝行业的联手合作，共同开展变形铝合金在汽车上的应用研究工作，在汽车热交换器材料已取得好成绩的基础上，开展车身用变形铝合金材料的开发研究工作，如铝合金冲压件、覆盖件、焊装结构件等所用的铝合金材料。目前，我国暂无汽车用变形铝合金材料体系，在汽车上的应用刚起步，各种铝板和挤压型材的性能还不能满足汽车生产工艺的要求。同时，汽车工业和铝工业应共同关注国外轿车铝车身的最新动向，研究所用的铝合金材料，为变形铝合金在汽车上的应用创造条件，推动国产汽车用铝达到世界水平，并开发面向世界的汽车用铝合金材料，参与国际竞争，使中国铝业走向世界。

6.3 铝合金在轨道交通中的应用开发

随着城市化进程的发展，公共交通出行的需求非常旺盛。近些年来，轨道交通工程建设在全国范围内展开，纵横南北，高铁、普铁、地铁等建设也以更为密集的形式向全国各地延伸。因为轨道交通工程建设，"千里江陵一日还""天涯若比邻"都由梦想变成了现实。根据《中长期铁路网规划》2016 版，"十三五"期间，中国计划完善高速铁路网络，形成八纵八横主通道，并在此基础上规划建设高速铁路区域连接线，进一步完善路网、扩大覆盖。到 2020 年，我国将实现高速铁路运营里程 3 万 km，到 2025 年，将达到 3.8 万 km 左右，这意味着我国高铁里程在未来十年将翻倍。根据 2016 年 5 月发改委和交通部联合印发的《交通基础设施重大工程建设三年行动计划》，计划 2016—2018 年重点推进 103 个（城市轨道交通）项目前期工作，新建城轨 2000 km 以上，涉及投资 1.6 万亿元。

无论从项目数量还是投资规模来看，城市轨道交通都是重中之重。城市轨道交通与其他交通工具相比，具有快捷、运输量大、安全、正点、可靠等优势，解决了城市交通拥堵难题，极大地方便了人们出行，产生了显著的社会效益。修建地铁拉动国民经济的发展，符合我国大中城市优先发展公共交通的政策。

城市轨道交通主要包括地铁系统、轻轨系统、单轨系统、有轨电车、磁浮系统、自动导向轨道系统、市域快速轨道系统等。其中，地铁最具代表性，其规模占城市轨道交通行业的70%以上。

资料显示，我国对申报地铁建设的城市人口要求或将从300万人以上下调至150万，这样会使得符合地铁建设条件的城市从约30个增加至约90个。估计到2020年，我国将至少有50个城市拥有地铁，潜在规划里程空间巨大。

铝在轨道交通中扮演着重要角色，铝型材具有质量轻、强度高、耐腐蚀性能好等突出优点，同时节能、降耗、环保、安全、高速、舒适的需要，使得其在轨道交通领域的应用非常广泛。平均每辆动车组需使用铝合金9 t，每辆地铁、轻轨、市域快轨需使用铝合金6.5 t，每辆有轨电车需使用铝合金4.5 t。随着轨道交通领域的技术积累，车身轻量化用铝在未来国内铝型材市场潜力巨大。本节主要讨论铝材在车体上的开发与应用。

6.3.1 轨道交通铝合金车辆的基本结构及性能

6.3.1.1 轨道交通铝合金车辆的基本结构

速度大于200 km/h的动车和高速铁路、磁悬浮及中低速度磁悬浮车辆，如轻轨地铁等，车体结构都是用铝合金制造的，城市轨道车辆的车体结构也有50%以上是铝合金的，因为铝合金可以最大限度地减轻车体质量，同时能满足密封性、安全与乘坐舒适性方面的要求。

轨道车辆结构由车体、支承弹簧、转向架、车轴、轮、轴承、轴承弹簧、轴承箱等组成。车体通过支承弹簧(空气垫和螺旋弹簧)坐落于转向架上，转向架又通过轴承弹簧坐落在轮轴端部的轴承箱上。轴承箱内有轴承，把支承弹簧、转向架、轴承弹簧、轴承箱、轴轮、传动电机、齿轮等的集成称为台车。

车体由底、侧墙、车顶、端墙组成，其内装有座椅、空调系统、门窗、卫生设施、电视、行李架、隔声隔热材料等。车体和台车都带有制动器和连接器。车辆质量就是这些零部件质量的总和。车体、座椅架、行李架、门窗、空调系统等都是用铝材制造的。在所用的铝材中，挤压材约占80%，板材约占20%，而压铸件与锻件的量还不到3%。

现代化的铝合金车体是用摩擦搅拌焊(FSW)与金属电极的惰性气体保护焊(MIG)连接的，也有激光焊。目前，我国主要采用MIG法焊接，先进的FSW法技术及装备刚刚开始使用。铝材的焊接性能与钢材的有很大的差异，因此在选用铝材时应该注意以下几点。

(1)应考虑铝合金熔点低，热导率高，易焊凹、透等特点。

(2)应尽量采用刚度大的挤压铝型材，如用箱式封闭截面梁柱；用空心带筋挤压壁板做地板(底架)、车顶(顶板)、侧墙、车顶端面(端墙)等；用矩形封闭截面取代工字型截面，既可以提高两轴的抗弯强度，又可以明显提高其抗拉强度。

实践证明，闭口式型材的抗扭强度和刚度是相同形状与截面构件开口式的100倍。

（3）应尽量采用挤压壁板以纵向焊缝连接，并尽量减少或避免横向焊缝连接，不仅可提高静载强度，而且可显著提高结构的疲劳强度。

（4）构件截面筋或转角处、框架、纵架梁相交处应圆滑过渡，圆弧半径宜大一些。焊缝布置应合理，不可过分集中，以提高结构疲劳强度。

（5）根据各处的强度要求精心合理地选择合金、材料状态和尺寸。

6.3.1.2 轨道交通铝合金车辆的性能及特点

（1）几种材料的车体性能比较

当前用于城市轨道车辆车体制造的材料有铝合金、不锈钢、含铜的耐磨铜钢（SS41、SPAC），不锈钢（304），铝合金（7005、6005A、7N01）等，它们的主要性能比较见表6-20。

表6-20 城市轨道车辆车体材料的主要性能比较

材料	铝合金	不锈钢	含铜的耐磨钢
抗拉强度/MPa	>350(7005)， >230(6005A)	>530	>410(SS41)， >460(SPAC)
密度/(t·m⁻³)	270	780	780
比强度	高	中等	低
自然振动频率/MPa	13~14	12~13	12
表面处理	无或氧化处理	无	涂油漆
制造工艺	挤压	轧制、压制	轧制、压制
可焊接性	可以	可以	可以
质量(18 m)/kg	约4500	约6500	7000~8000
材料费	4.60	4.10	1.00
人工工时	1.00~1.10	1.00~1.10	1.00

（2）铝合金车体的主要性能特点

1）重量轻，有利于轻量化

用铝合金制造列车车体的最大优点是可以大幅度减轻其自身质量，而质量的减轻对车的运行起着至关重要的作用。由表6-21可见，铝合金具有最好的综合性能。

铝合金的密度仅相当于钢的三分之一，此优势在城轨路线营运中尤为突出，因为它们开停频繁。另外，在牵引力同等条件下，可加挂车辆，不必加开列车。

对于高速列车及双层客车，减轻自身质量可显著降低运行阻力，车体质量越大，行驶阻力也越大。因此，列车车辆轻量化是发展高速列车与双层客运列车最为关键的因素之一。

由表6-21可见，钢的弹性模量与延伸率比铝合金高得多，因而有较高的抗冲撞性能与抗疲劳性能，然而由于新型铝合金与大型铝合金整体空心复杂截面壁板的挤压成功，很快顺利地设计与制成了新的铝合金高速列车，例如它的底架由4块外轮廓尺寸700 mm(宽)×20 mm(高)，壁厚2~10 mm的空心蜂窝加筋壁板型材焊接而成，同样侧墙与车顶也可由此焊成。采用这类材料焊接的筒形车体结构，不仅质量轻，而且局部刚度、整体刚度、疲劳强度、抗应力腐蚀能力都有显著提高，不亚于钢结构，甚至在某些方面还有所超出。同时，还大大简化了加工、制造、焊接工艺，特别是当采用摩擦搅拌焊接工艺时，几乎可达到无变形，基本解决了焊接变形和焊接残余应力调整等方面的问题。

表6-21 不同车体材料的力学性能

力学性能	抗拉强度/MPa	延伸率/%	弹性模量/10^3 MPa	比弹性模量	比强度
普通碳钢	255.0	24	2100	26.9	32.7
低合金铜钢 AC52	355.0	23	2100	26.9	45.5
不锈钢 301	510.0	38	1900	29.4	65.3
7005 铝合金	350.0	6	720	26.6	129.6
6005A 铝合金	235.0	8	750	27.7	100.0

2)良好的物理化学性能

虽然铝的熔点(660℃)比铁(1536℃)低得多，但它的热导率[238 W/(m·K)]都远比铁[78.2 W/(m·K)]高，有良好的散热性能，故有良好的耐火与耐电弧性能，是一种防火材料。

铝合金车体有很强的抗腐蚀性能，铝材还有良好的表面处理性能，不会生锈，不需要涂油漆，因而维护费用比碳钢及低合金钢低得多，使用期限也更长。运营期限满后，铝车体的废铝件可全部回收，有利于循环经济的建设与环境保护。

铝合金具有优秀的表面处理性能，可进行阳极氧化，也可喷涂油漆、电泳着色等，不仅可进一步提高铝车体的抗腐蚀性能，而且更加美观。

3)铝合金车辆的经济性好

铝合金的价格比钢材高，但是经济分析时，除了考虑制造费外，还应综合多方面因素，从轨道线路运输的整体社会经济效益和最终成本通盘考虑。车体金属结构费用可按下式计算：

$$P = mn + c$$

式中：P 为车体金属结构总费用；c 为人工费；m 为用材质量，n 为材料单价。

三种材料价格及相对费用见表 6 – 22，其以低合金钢的 c、m、n 值为 1 作为参照基准。由表中数据可见，不锈钢在车体材料中既无明显的质量减轻优势，又不能降低制造费，而且还需要涂覆聚氨基甲酸酯涂料防腐。按单位价格计算，铝合金车体价格甚高，但其质量轻，造价又低，从而可在很大程度上弥补单位造价的高昂，同时由于铝材生产技术的提高，大型挤压铝材的相对价格还在不断下降。

由于车体结构在设计方面做了很大改进，以及摩擦搅拌焊接技术的应用，车体质量大幅度减轻，列车节能减排效果十分显著，社会效益大。

铝合金车辆的维修费用比钢车低，如钢车为 100%，则铝合金车辆仅约为其 1/2；铝合金车辆报废后的回收价值为钢车的 4.8 倍。据统计，尽管铝合金的价格稍高，铝合金车辆的制造成本有所增加，但铝合金车辆轻量化的特点，使得车辆的运营成本低，综合经济效益与社会效益显著。

表 6 – 22 不同材料车体的材料价格及造价比较

材料	18 m 长车体质量/kg	质量比	n	m	c	总制造费
低合金钢	8000	1	1	1	1	2
18 – 8 不锈钢	6500	0.810	4.80	3.88	0.88	4.76
6005A 铝合金	4500	0.560	6.20	4.01	0.97	4.98

6.3.2 铝合金车体制造的关键技术

经过十几年的发展，我国完全掌握了从铝合金材料生产到车体设计、制造、维修的技术，并有许多独创，当前我国拥有的高铁、城铁、磁悬浮列车铝合金车辆自主知识产权居世界领先水平。

铝合金车体关键技术可归纳为：车体设计技术、自动焊接技术、焊接变形控制技术、厚铝板弯曲成形技术、大断面型材弯曲成形技术、部件分体装配技术、品质保证和检测技术。

6.3.2.1 车体设计技术

（1）整体设计

铝合金型材设计是车体设计的关键环节。整体设计在考虑车体的使用性能、整体布置的同时还要考虑车体生产、制造的可能性和经济性。如材料的性能、材料加工的可能性、加工设备的能力、部件组装的方式等。

设计型材时应缜密考虑车体焊接、部件刚度和整体尺寸偏差。

（2）部件设计

设计铝合金部件时应在充分考虑铝合金加工可能性的同时，还考虑到等强度设计原则，尽量避免补焊。由于铝合金的焊接难度比钢材大得多，任何不合理部位的补焊都会对品质产生无法挽救的损失与致命的隐患。因此，从单块、单根型材的设计到部件与整体设计都要精心考虑焊接技术、尺寸偏差综合控制、部件分体装配的可行性，以及各大部件接口的合理性等问题。

6.3.2.2　焊接技术

（1）自动焊接技术

焊接在车体制造中起着非常重要的作用，车体焊接分为大部分自动焊和总装组成自动焊，前者指顶板、地板、边梁、底架自动焊，以及车顶和侧墙自动焊，而后者则指侧墙和车顶、侧墙和底架连接的自动焊。在小部件焊接中，如枕梁等关键部件也宜用机械手自动焊接。在所有的金属与合金中，铝及铝合金是较难焊接的。因此，为保证焊件品质，必须对焊接全过程进行全方位管理，除建设现代化的自动焊接生产线外，还必须对人员进行严格的培训。

我国的车体焊接生产线都采用 MIG 工艺，而铝合金最先进的焊接工艺是FSW 法，它们的焊口不能兼容，必须建立新的自动焊接生产线。同时，我国的车体大铝型材的侧弯曲偏差过大，远远不能满足 FSW 焊的工艺条件，因此必须改进此技术与装备。FSW 法在国外铝合金车体制造中的应用已有约 15 年的历史，技术与装备都很成熟，从当初的只焊接底架地板、车顶板、侧墙板发展到焊接车体几乎所有焊缝，甚至是车体总装组成的焊接。设备也从当初的小型固定式发展成目前的大型多焊头龙门式工作站。

（2）焊接变形控制

在自由状态下焊接的铝变形是钢的 3 倍，过大的焊接变形无法修整。因此，在铝合金焊接过程中，必须采用适当有效的控制变形的手段。铝合金焊接变形的控制通常采用大部件整体反变形技术、压铁防变形技术、真空吸盘固定防变形技术、大刚度卡具防变形技术。这些防变形技术，在我国的车体制造厂都有采用。

（3）焊接变形的调整

焊接变形无法避免，最佳的工艺措施也只能使其变小，因此零部件在焊接后必须进行一次变形调修，通常采用的调修技术有机械加压法、火焰调修加压法、铁配重法等，也可几种方法综合运用。

6.3.2.3　板材和型材的弯曲成形

与钢材相比，铝合金板材的伸长率小，硬度低，表面易擦伤与划伤，不但弯曲成形比钢困难，而且必须小心翼翼。因此，在铝合金板材成形时需要用特殊的模具，通常采用橡胶和钢座黏合结构模具。在弯折空心铝合金型材时需用专制的型芯保护弯曲部位,以防弯曲部位产生内陷等变形。

6.3.2.4 分块装配技术

铝合金的变形量大,如果采用整体装配部件,由于每道焊缝收缩量取决于焊缝周围刚度,无法计算焊接收缩量。因此,装配部件时,一般只留最后两道焊缝为焊接收缩计算单元,从而可以保证整体焊接后的偏差尺寸。

需强调引进 FSW 焊接技术及装备的必要性,与熔化焊相比,它有如下优点:焊缝强度高,与被焊铝材的强度相差无几;焊缝中不存在气孔、疏松,气密性与水密性显著提高;焊线流畅均匀;热变形显著减小;再现性与尺寸精度大大提高,全自动化操作,需要控制的参数(工具、进给速度、转速、工具位置)少,操作简便。

6.3.2.5 车体结构所用材料

(1)国外铝合金车体用材料及性能

表 6 – 23 列出了德国地铁车厢用铝合金及型材长度,表 6 – 24 列出了日本本国及援建新加坡的铝合金车厢所用铝材及技术参数。表 6 – 25 列出了日本轨道车辆用铝材的性能。

表 6 – 23　德国地铁车厢用铝合金及型材长度

名称	合金	长度/m
侧板	6005A – T6	6,7,22
地板	6005A – T6	22.3,22.2
边梁	6005A – T6	22.4
枕梁	7005A – T6	4
顶板	6005A – T6	6,12.7,14.55,16.75

表 6 – 24　日本本国及援建新加坡的铝合金车厢所用铝材及技术参数

车种	山阳电铁3000	营团地下铁6000	札幌地下铁6000	JR 新干线 200	山阳电铁3050	新加坡地下铁	营团地下铁05	JR新干线
制造年份	1964	1969	1975	1980	1981	1986	1988	1990
车体长/m	M18300	M19500	T17000	M24500	M18300	M22100	M19500	Tpw24500
车体宽/m	2768	2800	3030	3380	2780	3100	2800	3380
质量/kg	M3808	M4360	T3990	M7500	M4560	M8970	M4520	Tpw7122
单位长度质量/(kg·m^{-1})	207.9	223.6	234.7	306.1	249.2	315.4	231.8	290.7
自然振动频率/Hz	M12.1	M12.0	T12.8	M6.2	M14.9	M11.9	M10.8	Tpw12.1

续表 6 – 24

车种		山阳电铁 3000	营团地下 铁 6000	札幌地下 铁 6000	JR 新 干线 200	山阳电铁 3050	新加坡 地下铁	营团地下 铁 05	JR 新干线
铝合金	底部	5083、 7N01	7N01	7N01	7N01	6N01、 7N01	6N01、 7N01	6N01、 7N01	6N01、 7N01
	侧板	5083	5083	7N01、 7003、 5083	7N01、 7003、 5083	6N01、 5083	6N01、 5083	6N01、 5083	6N01、 5083
	顶板	5052、 5005	5052、 5005	5083	5083	6N01、 5052	6N01、 6083	6N01、 6063	6N01、 7N01
	底部	5005	5005	5005	5083	—	—	—	6N01
车身表面处理		无涂装	无涂装	涂装	涂装	无涂装	无涂装	无涂装	涂装

表 6 – 25　日本轨道车辆用铝材的性能

合金 及状态	材料 形态	拉伸强度	屈服强度	延伸率	挤压 性能	成形性	可焊性	抗腐 蚀性	用途
5005 – 0	P	108 ~ 147	≥34	≥21	○	◎	◎	◎	地板与顶板
5005 – H14	P	137 ~ 177	≥108	≥3					
5005 – H18	P	≥177	—	≥3					
5052 – 0	P	177 ~ 216	≥64	≥19	○	◎	◎	◎	顶板
5083 – 0	P	275 ~ 353	127 ~ 196	≥16					外板
5083 – H12	S	≥275	≥108	≥12	△	○	◎	◎	骨架
6061 – T6	P	≥294	> 245	≥10					外板
6061 – T6	S	≥265	> 245	≥8	○	○	○	○	骨架
6M01 – T5	S	≥245	≥206	≥8	◎	○		◎	底架、骨架
6063 – T5	S	≥157	> 108	≥8	◎	○	◎	◎	顶板、窗框、 装饰
7N01 – T4	P	≥314	≥196	≥11			◎	○	底架、骨架
7N01 – T4	S	≥324	≥245	≥10			◎	○	底架、骨架
7N01 – T4	S	≥284	≥245	≥10	◎	○		○	底架、骨架

注：P：板材；S：型材；◎优；○良；△行。板材厚度约 2.5 mm。

（2）我国高铁与城轨车辆车体结构与材料

我国轨道车辆车体结构所用型材包括底板、侧墙、顶板、端墙等，还有内部设施及装饰，以及运行辅助型材（导电轨、汇流排、信号系统、受电装置等）。

高铁车辆车体用型材合金有 6005A、6063、7005 及 Al-Zn4.5-Mg0.8。地铁车辆车体型材合金及状态为：6N01S-T5、7N01S-T5、6063S-T5。

中国四方机车车辆股份有限公司设计制造的轨道车辆有几种车体型号。新一代 8 编动车组车体有 6 种不同断面的型材，16 编动车组车体由 8 种不同断面的型材制成。车辆长度：头车 ≤28950 mm，中间客车 ≤28600 mm，车宽 ≤3380 mm，车体高 ≤2790 mm。采购铝材可按 10 t/辆计算。每推出一代新的车辆，型材的断面形状及其尺寸都可能有所改变。

6.3.3 铝合金在轨道车辆上的应用开发

6.3.3.1 应用概况

在轨道车辆上，铝合金主要用作车体结构，在铝合金车体上型材约占总重的 70%，板材约占 27%，铸锻件占 3% 左右。在日本，铁道车辆结构材料使用最多的是 Al-Zn-Mg 合金中的 7N01 合金，因为其挤压性能好，能挤压形状复杂的薄壁型材，焊接性能好，焊缝质量高，是最理想的中强焊接结构材料。而应特别注意耐腐蚀性的部位可选用 5083 合金。一般情况下，7003 合金大型挤压型材用于车体的上侧梁、檐梁和底车顶梁；5083 合金大型材用于下骨托梁；7N01 合金大型材用于端面梁、车端缓冲器、底座、门槛、侧面构件骨架、车架枕梁等。可用 7N01 合金和 5083 合金生产板材，铝合金板主要用作车体外板、车顶板和地板等。车内装饰板一般用 5005 合金和 3003 合金。7N01 合金锻件主要用作空气弹簧托架和车门拐角处的加强件。AC7A、AC2A 等铸件主要用作座椅、窗帘挂钩、拉门把手等。而 AD12 等压铸件则主要用作行李托架。

铝合金构件在地铁车辆上也获得了广泛的应用，不少国家都使用了半铝或全铝车体。

此外，铝制敞车和铝货车也得到了发展。

6.3.3.2 铝合金在车体结构上的应用

（1）在传统结构车辆上的应用

最初批量生产的铝结构车辆是 1952 年的伦敦地铁电车，1962 年日本出现了山阳电气铁路有限公司的 2000 次铝电车。此后，山阳电铁、国铁和私营铁道都竞相使用铝合金车辆，到 20 世纪 80 年代，仅日本的铝结构车辆就达 40 种、4000 余辆。目前全世界铝结构车辆已超过 50000 辆。这些车辆极其有效地利用了铝合金原有的特性，如重量轻、强度高、加工性好、可焊接、耐腐蚀、美观等，而基本的尺寸、形状和制造方法都是按照传统的钢结构车辆来的。这种铝结构车辆的主要缺点是：重量减轻时刚性有所下降。

（2）在固定式新结构车辆上的应用

为适应铁道高速化，减少隧道中的压力变化和防止乘坐中心振动而开发的固定式结构车辆，即日本新干线200次铝结构车体。与传统的车辆相比，其尺寸大致相似，但配置完全不同。

因为铝的密度和弹性模量都是钢的1/3，因此要获得与传统车辆相同的尺寸和相同的弯曲刚性，就需要相同的重量。而利用铝合金比强度大、加工性好这一特点，在侧面结构体的上下端配置结构件，可使其保持相同的刚性并使其重量减轻。

（3）在特殊车辆上的应用

特殊车辆，如磁垫式铁道车辆（MLU001、MLU002）、HSST等未来式车辆、日本神户磁垫车等交通系统的车体大部分都是采用铝合金结构件来制造的。

（4）车体结构铝型材的应用

铝合金材料和大型挤压型材的发展为铁道车辆的结构现代化和轻量化铺平了道路，而轨道车辆的结构现代化和轻量化又为铝材的开发应用提出了新的课题，增加了动力。从材料方面看，轨道车辆对力学性能、加工成形性、抗腐蚀性、抗疲劳性和焊接性能等都有较高的要求，因此，应根据不同构件、不同用途和不同部位分别选用5000系（如5005、5052、5083等）、6000系（如6061、6N01、6005A、6082、6063等）、7000系（如7N01、7003、7005等）合金。20世纪50—60年代，铁道车辆通常采用5083合金的外面板、骨架和7N01的台架组焊而成，但

近年来，轨道车辆的大型化（双层化）、高速化和轻量化、标准化以及简化施工和维修等要求，加之大型整体壁板和空心复杂薄壁型材的研制成功，促进了大型挤压型材在轨道车辆上的应用。

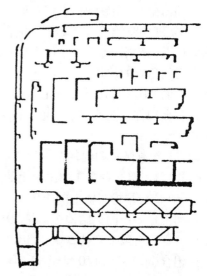

这些大型整体精密挤压型材采用电阻点焊、惰性气体保护电弧焊装配，从而大幅度节省了人工工时和减轻了重量，而且整体刚度和局部刚度及焊接部位的疲劳强度等指标都与钢结构相当。因此，这种理想的铝结构材料为轨道车辆的现代化创造了有利条件。图 6 – 18 ~图 6 –20 为日本和德国轨道车辆使用的铝合金大型材的断面简图。

图 6 – 18　日本营团地铁银座线使用的型材

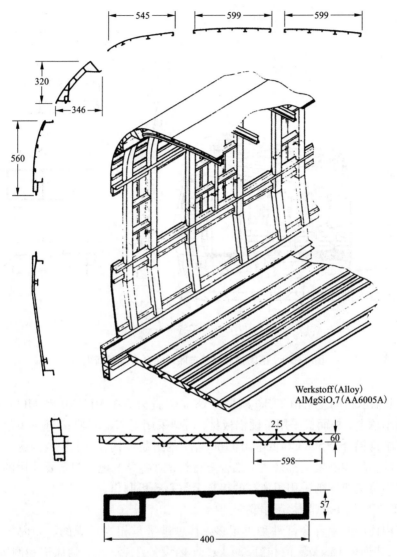

图 6 - 19 德国 IEC 高速列车车体用铝合金型材断面图

6.3.3.3 铝材在车体以外其他部件上的应用

（1）在台车上的应用

1975 年，日本在 200 型新干线车辆上采用大型挤压型材制作车体与台车间的支梁，使台车部件轻量化取得了令人瞩目的成就。美国的弗朗西斯海湾沿岸铁道车辆上的轮心板部位应用了铝合金轮心车轮，大大减轻了车辆重量。在其他应用方面，还有铝合金轴承箱、齿轮箱、车架轴架（车体与台车的连接棒）。由于轻量

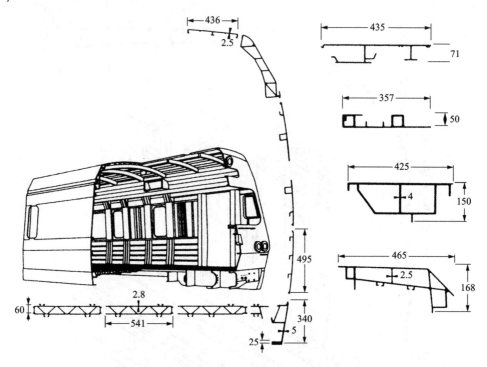

图 6 – 20 德国柏林地铁车厢用铝合金型材断面图

化，每个轴承箱的重量由 73 kg 减少为 28 kg。此外，在 MLU001 和 MLU002 磁垫式铁道车辆上，外面板采用了硬铝板材，后架采用了 7N01 型材，超导电磁的外槽采用了结构铝合金 5083 和低电阻 1100 合金的组装结构，地上设置的磁垫和导向推进用的电气线圈也全都采用了铝合金材料，对超导电现象起重要作用的氢液化冷冻器的热交换器则采用了多孔的铝合金空心壁板制作。

（2）车内设备及其他结构部件

车内使用的铝合金部件种类很多，其总重量是相当可观的。如内部装修件471 kg，装饰板 153 kg，门和窗 334 kg，车内设备件 153 kg，通风道和调风板 190 kg，控制装置 254 kg 等。

6.3.4 铝合金在轨道车辆上的应用前景

（1）未来铁道车辆发展方向和选材新课题

随着科学技术的飞速进步，工农业生产的迅速发展和人民生活水平的日益提高，轨道车辆正向着轻量、大型双层、高速安全、节能环保、舒适美观、多功能、低成本、长寿命的方向发展。近年来，半铝或全铝结构车辆，大型双层客车，时速达 300 km/h 的高速新结构客车，高速磁垫式和气垫式铁道车辆，新型混合结构车辆等相继研制成功并投入使用,给铁道车辆用材特别是铝材提出了越来越高的要求和各种新的研究课题。因此,铁道车辆用铝材也正向着大型整体化、空心薄壁轻量化、通用标准化、高性能、多功能、节能、环保安全、降低成本、提高材料利用率和生产率等方向发展。近几年来,各国组织了大量人力、物力和财力在改进车辆结构的同时,对车辆用铝材的新合金材料,新的加工方法及相关技术进行了研究,特别是在挤压工艺和轧制工艺,材料的大型化、整体化、薄壁化和空心化,材料的各种特殊性能,如耐火耐热性、异种材料焊接性能、新的接合方法、消除应力方法、新型表面处理方法、多种材料混合搭配方法、铝基复合材料、压铸材料、简化工艺、缩短制造周期和降低成本等方面开展科技攻关,并取得了初步成绩。

(2)混合结构车体的开发

从安全观点出发,对部分车体结构有耐火及耐热性要求。为减轻车体重量,侧面及车顶等上部结构使用轻量化程度高的铝合金材料是最适合的,但是作为地面台架等结构采用耐热不锈钢则是有利的。对这种混合结构的车体,存在一个异种材料的接合方法问题。目前,国外正在研制采用爆炸焊接包覆材料的方法。有的国家还在试验研究代替不锈钢的新型复合材料,此外,还需对混合结构车体的整体结构、整体强度和刚度以及成本等问题进行研究。

(3)普通铁道客运和大型货车车体的铝化

目前正面临大量的普通客车提速(>180 km/h),要求车体轻量化,需要开发一系列适应于客车改造而且价格低廉可大批量生产的新型铝合金材料。

运输矿石、煤炭、水泥、化学品和油品的货车,为了多装快跑,急需轻量化。因此需要研制一组大型的高强度、耐腐蚀、耐磨损、易于加工制作的厚铝板、扁宽型材和大径管材,满足大型铝质货车轻量化的要求。

6.3.5 车体结构加工装备

6.3.5.1 车体结构材料

除了需要组建生产铝合金型材的大型自动化挤压机生产线外,还有精密高效的自动化机械加工和电加工设备(如 CNC 加工中心,数控车、铣、钻、镗床,数控电加工机床,热处理设备)、高精度连续化自动冲床以及高效连续自动化焊接设备、现代化的表面处理设备、大型组装设备、先进的监测和检验设备及仪器等。下面举例介绍几种典型的先进设备。

(1)大型装配生产线

图 6 - 21 和图 6 - 22 是我国生产铝合金轨道车体的大型装配生产线。

(2)大型 LGM 焊接机器人

焊接机器人的系统设计,须优先考虑焊缝可达性,工件超长部分的焊接,接缝处可能有的干涉和在一个系统中使用工作范围重叠的多个机器人，再就是包括避免使用补偿性的滑动地轨系统，也就是用尽可能短的地轨系统。这些可节约空间，从而实现更低的投资费用。

机器人具有旋转底座可以 ±180°旋转的特点，工作范围内的任何位置都可以从不同的方位接近。当在一套系统中使用两台机器人时，这个添加的轴能够很容易地避免其相撞。这就意味着两台机器人能够焊接相邻很近的焊缝，或者说它们的工作范围可以重叠。比如说，其中一个机器人焊接 U 形工件内部的时候，另一个可以同时对其外部(同一道焊缝)进行焊接。

图 6-21　辽宁忠旺集团的
铝合金车体加工平台

图 6-22　龙口丛林中德公司的
铝合金车体装配线

不同型号的 LGM 焊接机器人其工作参数有所不同。RTE499 焊接机器人参见图 6-23，其主要特点：移动范围的直径达 5200 mm；弯曲的旋转底座可以旋转至工件轮廓的外围，不与其干涉；所有的介质(动力电缆、冷却水管、焊丝管、传感器电缆、控制电缆)都可以穿过此旋转底座；旋转范围 ±180°；旋转底座可

图 6-23　RTE499 焊接机器人

完全整合成控制系统的第七轴。图 6-24 是从奥地利 LGM 公司进口的 120 m 双机头龙门焊接机器人。图 6-25 是 120 m 龙门焊接机器人正在焊接地铁车顶总成。

图 6 - 24 奥地利 **LGM** 公司
的 **120 m** 双机头龙门焊接机器人

图 6 - 25 **120 m** 龙门焊接机器人
正在焊接地铁车顶总成

（2）大型机械加工设备及中心

加工制造铝合金车体需要各种大型加工设备，如大型锯切机、大型折弯机、自动冲孔机、大型加工中心及相关设备，图 6 - 26 ～ 图 6 - 29 是几种典型的大型机械加工设备。

图 6 - 26 大型多轴 **CNC** 铝型材加工中心

图 6 - 27 **NTP30/125** 数控砖塔式自动冲床

图 6 - 28 德国 **FOOKE** 五轴数控龙门加工中心

图 6 - 29 轨道车用大型
铝合金部件三维折弯机

6.4　铝合金在货车车厢上的应用

6.4.1　铝合金在专用汽车(厢式车)上的应用

6.4.1.1　专用汽车的分类及特点

专用汽车(简称专用车)可分为通用厢式车(厢式货车)、专用运输车、冷藏车、土建车、环保车和不同用途的服务车等六大类。不同国家的分类方法不尽相同,车的铝化率也不同,欧洲、北美与日本专用车的铝化率高,中国专用车的铝化率总体来看甚低,北美厢式车的铝化率达92%,冷藏车的铝化率几乎达到了100%。

通用厢式车通常有8种:翼形的、侧开门的、带起重设备的、升降式后开门的、带自动进货装置的、自卸式的、车身可脱离式的和平板式的。目前,通用厢式车的铝化率应达到80%。

翼形厢式车是厢式货车的代表,占据主导地位,它的两侧门打开时形如翅膀,故得此名。翼形厢式车打开车门的方式有:手动式、液压式与电动式。两侧车门可以同时打开,也可以分别开启。有的车门打开后两侧车门超过车顶,有的车门打开后几乎与车顶平齐。叉车一般可直接开入厢式车上作业。有的厢式车内部又分为两层或更多层的,其隔板有升降式的,也有拆卸式的。美国铝业公司(Alcoa)与约翰斯敦公司(Johnstown)制造了长27 m的双层乘人小轿车运输车,具有更长、更轻、更安全、装载量更多的特点,因为它的骨架结构完全是用高强度铝合金挤压材挤压并用铝合金压铸件连接而成的。中国也有这种多层汽车运输车,但是是钢结构的,有待铝化,其所需的铝材中国全部可以生产。福建省闽铝轻量化汽车制造有限公司生产的15.22 m铝合金厢式车于2017年9月1日正式交付用户——中通快递。该公司是南平铝业股份有限公司和南平实业集团有限公司的合资企业,制造厢式车用的铝材是南平铝业股份有限公司专业生产的,与市场上同类型的车厢相比具有如下特点:车厢整体采用了工艺更先进、性能更高的铝合金型材,具有更高的结构强度及防涨箱能力,更优的侧墙拼接结构,更加可靠的密封性能;采用了加强型前墙板,因而在制动情况下,具有很强的抗冲击能力。

该公司投资2.5亿元建设的柔性智能化生产线已于2018年4月投产,形成了1000台/a铝合金车厢和物流车生产能力,工业产值超过10亿元/a,15.22 m铝合金厢式车厢的整体质量仅2990 kg。

有的翼形厢式车不仅可向上开启车门,还可以向下开启两侧车门,既能让叉车开上去作业,又能用吊车吊取货物,这种车被称为W翼形厢式车。虽然大部分翼形厢式车都用铝和塑料制造而成，有的也只用一些铝合金挤压型、管材杆支撑外罩篷布，但可以像普通翼形厢式车一样，方便地将两侧车门即支架和篷布一起向上全部打开，不需要卸下篷布和支架，不影响装卸，不影响效率。

侧开门厢式车是一种相当普遍的车型，两侧车门通常是滑道式的，整个一侧由两块或三块门组成，可左右滑动，适合在低矮仓库和路边装卸货物。三块门开口较大，适合装卸大的货物。在中国，这种侧车门厢式车约占厢式货车总数的65%，是城市特别是大城市市区货物运输的主要车型，可以全部铝化，中国现在还未看到全铝化的这种车。

美国克莱斯勒汽车公司经过两年半的潜心研发，采用 A356 铝合金铸造微型厢式车的前支撑横梁，比钢件的质量减轻 42%，并同时降低了车的噪声及振动。

6.4.1.2 铝材在专用运输车上的应用

专用运输车是专门运输某类物资的车辆，大致可分为 7 种：集装箱运输车、液体运输车、散装粉粒物质运输车，也称"自卸车"等。2009 年 12 月，中国重汽集团专用汽车有限公司研发的 QDZ3310ZH46W 型铝合金轻量化自卸车成功下线，并已通过山东省自主知识产权科技成果鉴定。该车设计箱体长 8.2 m，有效容积33.9 m^3，上装质量 <3.8 t，可广泛应用于煤炭、粮食等散装货物的运输，具有如下特点：质量轻，箱体用高强度铝合金板焊成，比钢车质量轻 57%；投资回报高；使用寿命长；到期后，铝的回收价值高，回收能耗低。

乘用轿车运输车、工程机械运输车、大件运输车和其他专用车也在不同的程度上应用了铝合金材料。运输车由于运输的货物不同，而种类繁多，如：家具运输车、家畜运输车、饮料运输车、运钞车、美术品运输车、精密仪器运输车、防弹装甲车等。有些车厢采用了隔热材料，装有冷暖空调器，适合运输贵重美术品、精密仪器、花卉等。有的运钞车外观同普通的旅行车一样，打开车门才能看到结实的金库与一排排保险箱。防弹装甲车有厚厚的铝合金装甲板，它们大多是卡车改装的，但与军队用的装甲运兵车有所不同。集装箱运输车实际上是一种平板大件运输车，它的铝化较为简单，只要把承载集装箱的钢底板换成铝合金的就行，就像高铁车厢的铝合金底板，可用厚 6~8 mm 的 5083 铝合金挤压型材焊成。下面主要对液体运输车、冷藏车与液化天然气运输车的铝化作简要介绍，因为别的运输车已在别的部分做过阐述。

(1) 液体运输车

实际上，液体运输车就是罐式车，通常根据运输物资的不同，确定罐的形状、构成和材料，但最关键的是材料与装的液体不会发生化学反应。通常选用不锈钢、纯铝或铝合金，有的罐内表面需经过镀钛、涂氟化树脂等处理。罐式车种类繁多，形状各异，大小不等，有的罐容积非常大，如运输液化天然气(LNG)的贮罐容积达 28000 L。有的罐则是真空的。在确定条件下底盘的质量是确定的，罐体质量就成为影响罐车质量的决定因素，为此，只要铝及铝合金对所运输物资的品质无影响，就要用铝或铝合金板材焊制，以减轻车的质量，达到节能减排降耗环保的目的。

1）油罐车

运输航空汽油与喷气机煤油的油罐必须用铝合金焊接，因为即使用不锈钢罐，也会有极微量铁进入油内，这是不允许的。筒体截面为圆弧矩形，这是基于降低车的重心和在车辆外形尺寸范围内加大截面积的考虑而决定的，根据 GB 18564，采用 5083 铝合金焊接，板厚 5～6 mm，铝合金罐体截面如图 6-30 所示。日本三菱汽车公司开发的 16 t 油罐车，除罐是用

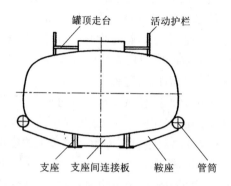

图 6-30　航空油品运输车罐体截面图

铝合金板焊接的之外，其车架（11210 mm×940 mm×300 mm）是用铝合金型材制造的，比钢架的轻 320 kg，整车减轻 1.5 t。有限元分析与试验测试表明，全铝合金油罐车有足够的刚度与强度。

防浪板、封头材料与罐体的相同，也为 5083 铝合金。封头壁厚等于或大于罐体板的，防浪板及加强板厚度比罐体的薄 1 mm，罐体底部左右支座板厚 6～8 mm，材料为 5A06 铝合金。罐顶有护栏和走台，走台采用花纹铝板或网板，护栏用铝管制成，其高度不小于罐顶功能装置的最大高度。为了减少罐体外侧面附件，改善外观整体性，顶部油气回收管、控制气管、导线及漏水管均从贯穿罐体上下壁的管道中通过。罐体两侧下部有一根铝管，过去用的是低碳钢管，因其内壁漆层易脱落与生锈，维护工作量大且不方便，改用铝管后，这些不足之处都得以消除，同时也有一些减重效果；也不能采用 PV 塑料管，因其内壁易划伤、不耐磨、刚度低。铝管可用有缝焊接管，它可与罐体的铝合金鞍座焊成一体。

目前，我国在铝合金油罐汽车领域处于世界领先水平。2009 年 8 月中集车辆（山东）有限公司与美国铝业公司（以下简称美铝）签署了建立战略合作伙伴关系的协议，为亚洲商业运输市场设计制造了一款新型节能环保的铝合金油罐车。此车的自身质量比传统不锈钢车轻 30%，从而可大幅度增加有效载荷、提高了燃油经济性，减少有害气体排放，在其生命周期可减少 CO_2 排放 90 t，节能全铝油罐车项目的投资可在一年内回收。这种全铝油罐车的板材由美国铝业公司渤海铝业有限公司提供，Hack 牌紧固件由美铝紧固件系统（苏州）有限公司生产，而锻造铝合金车轮为 Dura Bright 牌的，来自美铝设在匈牙利的克非姆锻压厂。2009 年 10 月首台原型样车在济南和北京进行了路试，达到了设计目标。与传统的不锈

钢车相比，罐的质量减轻30%，从而相应地增加了有效载荷，提高燃油经济性和减少了温室气体排放，更难能可贵的是，再也不用进口航空汽油全铝运输车了，因为即使是不锈钢罐车对航空汽油品质也是不利的，必须用铝合金罐。这种轻量化的、环境友好型的高档油罐车不但在中国而且在亚洲都有着相当大的市场潜力。2016年2月中石油集团一次性向辽宁金碧集团有限责任公司采购了70台铝合金罐车，均为运油半挂车，主要用于运输柴油、汽油、液化气等，罐车的各项技术指标均达到国标水平。

忠旺集团在辽宁营口规划建设了20 km²的铝材加工及深加工基地，建立了铝合金专用车辆(油罐车、液化气罐车、消防车、邮递车、快递车、环保车等)生产项目，项目一期已于2017年11月投产，项目总投资60亿元，分两期建设，一期投资30亿元，专用车产量5万辆，全部建成后销售收入可达100亿元。这是我国最大的铝合金专用车生产基地，也是全世界最大的这类企业之一。目前，这类环保车的平均售价约20万元/辆，每辆车的净重约比钢车的轻6 t，每次可多拉货物6 t。

三星明航专汽是山东三星集团旗下的子公司，专业生产各种全铝化挂车、罐车，起步于2014年，现已成为全国铝合金挂车最大的生产企业之一，明航牌全铝挂车已经驰骋于大江南北长城内外。2017年，有几十台罐车从青岛港装船出口到迪拜。2015年，公司在原有机械制造基础上，投资近2亿元，购置了先进的激光数控切割机、数控机床、自动机械中焊机、数控剪板机等加工设备，实现了规模化、精准化、自动化生产，全铝化挂车生产能力达到10000台/a。

该公司除了生产铝罐车外，还自发研制了两轴、三轴式挂车，仓栅运输半挂车以及平板式运输车等多种款式和吨位的全铝挂车。在全铝挂车中，除了车桥、牵引部位、减震系统、轮胎、制动系统之外，其余部位与系统都是用中强、抗蚀的高韧性铝合金制造的。其所用的铝合金材料都是集团旗下的裕航铝业有限公司生产的。

还必须指出，油品、液化天然气及其他易燃易爆液态化学品在贮存和运输过程中易发生燃烧与爆炸，影响大，危害广，给人们生活和企业生产带来很大影响。因此，易燃、易爆气体、液体的储存，运输的罐、槽、箱的防火、防爆是不容忽视的问题。

20世纪80年代以来，国外在研发金属抑爆材料方面取得了巨大成就，往油品、液态化工产品等的贮存、运输罐等中加一定量的由3003铝合金箔制成的呈蜂窝形的网状或球状抑爆材料，可以防止它们燃烧与爆炸。这种抑爆网或球是用厚0.05 mm、宽250 mm的3003 - H18(或H24)铝合金箔制成的。3003铝合金抑爆箔的主要技术性能见表6-26，网状防爆材料装填量见表6-27。

表 6 – 26   3003 铝合金抑爆箔的主要技术性能

品种	装填密度/(kg·m⁻³)	爆燃压力/MPa	占容积比/%
网装抑爆料	32	0.045	1 ± 0.2
球状抑爆料	53	0.08	4 ± 1
未装填	0	0.01	0

表 6 – 27   网状防爆材料装填量

油罐大小	容积/L	装填量/kg
5 t 油罐车	6348	203
解放 8 t 油罐车	5078	165
交通 8 t 油罐车	10156	330
五十铃 10 t 油罐车	12696	406
20 L 油桶	20	49
15 kg 家用液化气罐	约 18①	1%

注：①约装填 0.45 kg 铝箔球。

3003 铝合金箔网与球能有效预防罐内油品与液化气的燃烧与爆炸，在海湾战争期间美国直升机与战车油箱中都装填了防爆铝箔网，即使被枪弹击中也未起火，美国拉莫公司(RAMO)生产的轻型攻击型巡逻舰的 462 L 油箱中装填了抑爆材料后，经受了 300 发曳光弹与穿甲燃烧弹的射击试验，没有发生爆炸。不过它的主要不足之处是，在油品中浸泡 1 年或更长一些时间会发生腐蚀，不但腐蚀产物对油的品质有影响，而且箔的伸长率也会急剧下降，在外力如振动作用下会发生断裂失去抑爆效能。因此，研发新的抑爆铝材成为当务之急，我国在这方面做了许多工作，取得了可喜的成果，研发出了性能优秀的 6××× 系铝合金箔抑爆材料，但是至今未形成批量生产能力。

各种食用油及工业用油的罐都可以用铝制造。

2）化工产品

按照石油化工产品及其他常用物质对 1××× 系及 5××× 系铝合金的腐蚀情况，可将它们分为三类：第一类是与铝不起化学作用的物质，即与铝接触时不发生腐蚀，可以用两系铝合金制造贮存容器；第二类是指那些轻微腐蚀铝的物质，如果对铝采取有效的防护措施，铝与它们接触是安全的；第三类是铝与它们接触时会发生严重腐蚀的物质。介质浓度、温度、压力与运动状态对铝的腐蚀有很大影响。浓度的影响一般是随浓度增加腐蚀速度加快，但是例外的情况也很多，因此，关于介质与铝的腐蚀的关系应针对具体情况具体讨论。腐蚀速度总是随着温度和压力的升高而升高的。

大部分无水的无机盐、石油与石油产品、有机化合物不腐蚀铝，但其水溶液或含有少量水时会腐蚀铝。也有的物质如乙二酸–烷基醚无水时腐蚀铝，有少量水时反而不腐蚀铝。

铝在浓硝酸和醋酸中具有良好的化学稳定性，但100%的醋酸及沸腾的0.25%~95%醋酸会腐蚀铝。铝在稀硫酸和发烟硫酸中稳定，在中等和高浓度的硫酸中则不稳定，而在硫酸溶液中稳定。

铝材在受力时或经弯曲、冲压及焊接后，都会在工件内产生一定的内应力，会加速铝的腐蚀，因此应采取消除残余应力的措施。铝材表面状态对其腐蚀也有影响。如表面上存在划痕、裂纹、孔穴等缺陷，易形成浓差电池，加速腐蚀。可用高纯铝制造浓硝酸(98%)、醋酸、福尔马林贮罐与罐车；用工业纯铝制造浓硝酸、冰醋酸、醋酸、尿液贮罐与罐车；用5052铝合金制造乙二醇贮罐与罐车。

（2）冷藏车与液化气运输车

铝与钢在性能与温度关系方面的最大不同点在于钢有低温脆性，而铝及铝合金则没有，当温度降低时，铝及铝合金在强度性能增加的同时，塑性与韧性也随着温度的降低而上升，因此铝合金成为制造低温装备与设施的良好材料。常用汽车铝合金的低温力学性能见表6–28。运输液化天然气的罐车与贮存液化天然气的大罐可用5083–O铝合金板材焊接。考格尔公司生产的半冷藏车在使用了铝合金后，车的自身质量下降480 kg。用铝合金板材、型材及其他材料制造冷藏运输车的另一优点是，铝是一种洁净、对人体无害、对环境友好的金属，且易清洗，不吸收和散发气体。冷藏车的四壁为三层复合材料，上下层为铝合金薄板，中间为保温材料，具有很强的绝热保温性能。

表6–28　常用主要汽车变形铝合金的低温力学性能

合金	温度/℃	R_m/MPa	$Rp_{0.2}$/MPa	A_5/%
5052–O	−196	303	110	46
	−80	200	90	35
	−28	193	90	32
	24	193	90	30
	100	193	90	26

续表 6 - 28

合金	温度/℃	R_m/MPa	$Rp_{0.2}$/MPa	A_5/%
5052 - H34	- 196	379	248	28
	- 80	276	221	21
	- 28	262	214	18
	24	262	214	16
	100	262	214	18
5083 - O	- 196	379	131	46
	- 80	369	117	35
	- 28	262	117	32
	24	262	117	24
	100	262	117	100
6061 - T6	- 196	414	324	22
	- 80	338	290	18
	- 26	324	283	17
	24	310	276	17
	100	290	262	18
6063 - T5	- 196	255	165	28
	- 80	200	152	24
	- 26	193	152	23
	24	186	145	22
	100	165	138	18

6.4.2　铝合金在运煤敞车(货运车)上的应用

下面主要以国产 C80 型铝合金运煤敞车为代表进行介绍。

C80 型铝合金运煤敞车车体为双浴盆式铆接结构,由底架、浴盆、侧墙、端墙和撑杆等组成。底架(中梁、枕梁、端梁)为全钢焊接结构;浴盆、侧墙和端墙均采用铝合金板材与铝合金挤压型材铆接结构;浴盆、侧墙、端墙与底架之间的连接采用铆接。

该车体侧墙板为 5083 - H321(相当于 ASTM B209 的 5083 - H32),下侧门板用 5083 - O 合金板制造,侧柱、上侧梁、下侧梁、补助梁、角柱、端柱等主要零件用挤压 6061 – T6 合金型材制造，它们的性能与各项尺寸指标均符合铁道部下发的运装货车技术条件的规定。由于运煤敞车采用铆接结构，故对板材、型材的尺寸偏差要求比对客运车车体铝材的要求宽松一些。铝合金运煤敞车的外形尺寸和车体结构见图 6 – 31 和图 6 – 32。

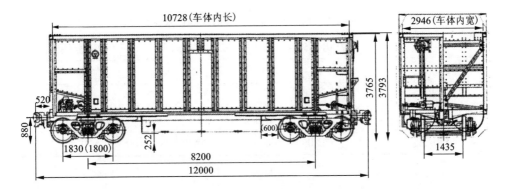

图 6 – 31　铝合金运煤敞车的外形尺寸

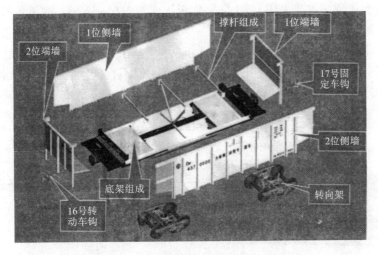

图 6 – 32　铝合金运煤敞车车体的结构

中国运煤敞车以碳钢为主，铝合金车辆虽早在 2003 年就在齐齐哈尔车辆厂下线，但尚未得到普遍推广。车厢尺寸长 13 m、宽 2.5 m、高 2 m，底板厚 8 mm，四侧板厚 6 mm。用材量：板材 1.85 t/辆、型材 1.7 t/辆。板宽 1350 ~ 1500 mm，长 2000 ~ 4000 mm。下完材料后用高速钻床钻出铆接孔，固定后铆接，用有绝缘涂层的低碳低合金钢铆钉拉铆。

中国双浴盆式运煤敞车的技术参数列于表6-29中,由所列数据可见,铝合金运煤敞车的优越性是不言而喻的,所用铝材中国全部可以生产,除齐齐哈尔机车车辆股份有限公司掌握了制造技术外,株洲电力机车车辆有限公司、北京二七机车车辆股份有限公司等也都能制造,全国生产能力可达6000辆/a。

表6-29 中国双浴盆式运煤敞车的技术参数

参数	C80铝合金敞车	C63A碳钢敞车	C62B碳钢敞车
载重/t	81	61	60
自重/t	18.3	22.5	22.3
轴重/t	25	21	21
容积/m³	76.05	70.7	71.6

6.4.3 铝制货车结构特点

(1)铝板厢式货车

铝板厢式货车主要采用LF21防锈铝板压成如图6-33形式的三角筋。例如,日本三菱厢式货车即属此类型(见图6-34),其利用分片铆接,最后总装配而成,能形成一定的批量,质量也可靠。而国内许多厂家采用矩形管制成骨架后再外蒙铝合金板,可掩盖由于骨架不平整带来的缺陷,但不宜批量生产。此种款式的优势主要体现在铝材质量轻,铆接后不易松动,因而整车自重减轻,提高了装载质量。其外观效果也较好,不易生锈,寿命长、价格适中,深受客户的欢迎。

图6-33 日本三菱厢式货车

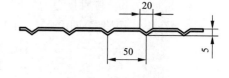

图6-34 有骨架厢板的规格

(2)铝型材厢式货车

厢式货车除满足运输要求外,还体现在外观上,其外表装饰也引起各厂家的高度重视。目前较为高档的厢式货车均是用铝合金型材分块组装而成,其外形较为饱满,视觉效果好,这种结构刚度也好。

6.5　铝合金在集装箱上的应用

6.5.1　集装箱产业的发展

集装箱制造业是一个极具发展潜力的高增长行业。根据德国不来梅海运经济与物流研究所(ISL)对全球集装箱运力的预测,预计未来世界集装箱船运力将增长10%。此外,从与集装箱制造业相关的冶金(指钢铁与铝材)、造船、航运等上下游行业来看,目前也正处于复苏阶段。因此,主导世界产业发展的中国集装箱制造业,会有较好的发展预期。

20世纪60—70年代,集装箱可选择的材料有铝材、玻璃钢和钢材等,生产方式多样,但其构造通常由六个部件组成:底板、箱门、顶板、封闭的壁、两端的侧壁。由铝材等材料制作的集装箱当时受到了不同客户的欢迎。后来,因美国"STICK"公司研制出了成本相对较低、强度高的全钢集装箱,使其成了后来的主流品种。

集装箱铝最早在20世纪60年代初开始应用,美国的Fruehauf、Trailmobile等公司生产的类似于箱式半挂车的铝制集装箱,采用钢制框架,上面的平板铝材由挤压铝块加强,平板与铝块之间由铆钉和封闭扣件连接。因此,须库存铝制零件以备后期维修之用,制造成本相对较高,一开始提倡使用铝制集装箱的"Sea-Land"公司,最后也开始转向钢制集装箱生产。

随着对铝材轻量化、耐腐蚀性、易成形性、低温性能稳定性等性能的认识的不断深入,以及铝材加工与焊接技术水平的提高,许多复杂断面的集装箱部件可采用挤压铝型材以简化制造工序、降低加工与维修费用。由于铝合金在低温下能保持良好性能(无低温脆性问题),且铝不与油、天然气及其他化学液体发生化学反应,因此在集装箱诸多应用领域,采用铝材的性价比优势显现。铝型材、板材在制造冷藏集装箱时应用量增多,且在需配置复杂通风槽的干货箱制造方面也具有方便与轻量化(1 TEU自重比钢制集装箱轻20% ~25%)等多种优势。

目前,中国铝制集装箱年产量就已达16万TEU,因用户要求及生产成本等因素,每个集装箱铝材应用量存不同,一个20英尺标准铝制集装箱的铝材应用量一般为型材300~600 kg、板材200 kg左右。据不完全统计,国内铝制集装箱的铝材应用量中,铝型材约8.0万t,铝板材3.2万t左右。

铝制集装箱使用最多的是铝合金型材与板材。铝型材主要应用在箱内地板、连接件、叉车导轨、底支撑梁、侧面铝板的上下固定横梁、箱门框架等部位,主要采用6061、6082、6063、6060四种铝合金的T6状态型材。其中,超过90%的铝制集装箱采用6061、6082铝合金,对合金成分、尺寸精度、内部组织及性能的要求都非常严格,以满足焊接与装配等方面的要求。通常一种规格型号的集装箱,装配有 15 ~ 20 个不同断面规格的铝型材。目前,国内铝型材企业已开发出上百种集装箱用复杂铝型材结构件,可满足几十种箱型的装配需要。

铝制集装箱的侧板、顶板多采用具有良好焊接性能与耐腐蚀性的 5052 铝 – 镁合金板材。应根据不同的箱型和性能要求选择铝板的厚度与宽度规格,常用的铝板厚度规格为 0.8 mm、0.9 mm、1.27 mm、1.4 mm、1.6 mm 和 2 mm,宽度规格分别为 1040 mm、1250 mm、2266 mm、2340 mm 和 2500 mm。

6.5.2 铝合金在集装箱上的应用

6.5.2.1 集装箱用铝型材

(1)典型结构及主要型材截面

根据 ISO/TC 104 规定,国际联运集团集装箱主要箱型有 4 种(见表 6 – 30)。不同集装箱生产商要求的铝型材形状与规格不同,但共同点为均日趋宽幅化、薄壁化,具备一定的承载能力与可焊接性能。但对合金成分配比、型材尺寸精确度、型材内部组织和性能等要求非常高,一般技术水平和设备能力难以做到。

表 6 – 30 国际联运集装箱的主要箱型

形式	尺寸/(mm × mm × mm)	总质量/t
1A	12192 × 2438 × 2438	80.28
1AA	12192 × 2438 × 2591	30.48
1B	9125 × 2438 × 2438	25.40
1BB	9125 × 2438 × 2591	25.40

我国许多企业已开发生产 220 个左右不同断面的型材,能满足国内集装箱产业的需求,且出口有关国家与地区,用于制作箱内地板、顶支撑梁、门槛、叉车导轨、连接件、底支撑梁、侧铝板上下固定横梁、箱内转角连接件、外装饰件、冷风门、箱门框架和箱门铰链等。图 6 – 35 ~ 图 6 – 37 为部分典型铝型材剖面示意图。

(2)集装箱用铝型材主要牌号及化学成分

铝集装箱用的铝型材主要有 6061、6082、6351、6005、6063 和 6060 合金,其中 6061 和 6082 合金用得最多,占使用量的 90% 以上。两种合金各有优缺点,不同用户有不同偏好。亚洲和美国用户喜欢用 6061 合金,欧洲用户多用 6082 合金。集装箱用铝合金型材化学成分前面章节已做介绍,这里不再赘述。

采用 6061、6082 铝合金进行 T6 状态热处理,可以满足其相应部件对力学性能、可焊接性能、耐腐蚀性等的要求。除 6061、6082 铝合金,也有少部分非承载

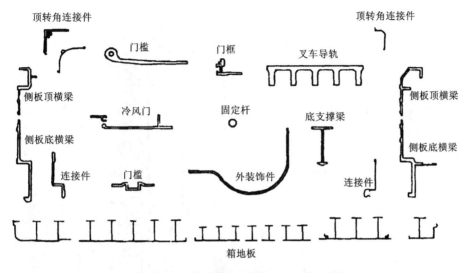

图 6 - 35　集装箱用典型铝型材剖面示意图

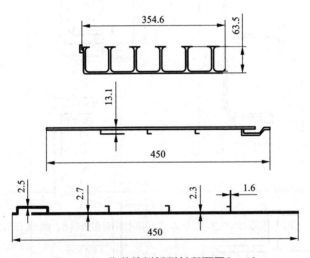

图 6 - 36　集装箱侧板型材断面图(mm)

部件采用淬火敏感性低、可挤压性好的 6063、6060 铝合金型材,有些零件还可用 6005、6351 合金型材制造。

(3)集装箱用铝型材的性能

集装箱铝型材向着宽幅化、薄壁化方向发展,并有高的承载能力与良好的可焊接性能。为满足要求,应选择易实现挤压在线淬火热处理,能满足对力学性能、可焊接性能要求的铝合金材料。为满足集装箱铝型材断面宽幅化、薄壁化要求,对其平面间隙、扭拧度等尺寸与形位偏差精度等几何尺寸进行了严格控制,

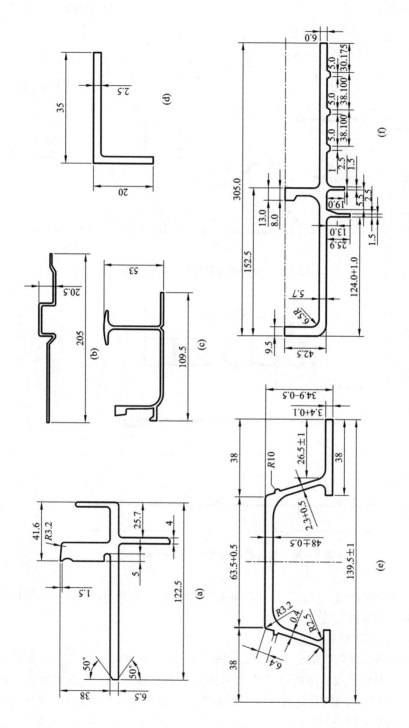

图6-37 集装箱应用的铝型材断面

(a)顶部导轨；(b)边角过渡件；(c)边角补偿件用；(d)连接件；(e)侧面支杆；(f)底部导轨

以确保其焊接、装配的质量要求。集装箱铝型材的力学性能前面章节已做介绍。应用于集装箱的主要铝合金的优缺点见表 6 - 31。

表 6 - 31 集装箱铝型材主要铝合金的优缺点

合金	优点	缺点	应用
6082	强度高,耐腐蚀性能好,使用 MIG 和 TIG 工艺焊接,并且 T4 状态下显示优越的可成形特点	需水淬,形状偏差要求更高,与其他 6×××系铝合金相比,限制适于生产厚度小、形状简单的产品	T 形地板
6061 6063	适于生产非结构性和建筑产品,因其能够挤压生产薄壁产品、好的成形特点,利于形状和平直度控制,防腐性能高,易氧化表面处理	强度不如 6082 合金	磨损垫,剖面结构部分,侧杆,边角,地板

集装箱铝型材属通用工业型材,有关其标定性能可参阅 GB/T 6892(一般工业用铝及铝合金挤压型材),有关其尺寸偏差可查阅 GB/T 14846(铝及铝合金挤压型材尺寸偏差)。

6.5.2.2 集装箱用铝板材

铝集装箱用铝板材多为含 $w(Mg)$ 2.2% ~ 2.8% 和含 $w(Cr)$ 0.15% ~ 0.35% 的 5052 铝合金,使用状态是 H32 或 H34,抗拉强度分别为(310 ~ 380)MPa 和(340 ~ 410)MPa,屈服强度分别为 230 MPa 和 260 MPa 以上,伸长率根据不同厚度和要求为 7% ~ 12%。

常用铝板厚度为 0.8 mm、0.9 mm、1.27 mm、1.4 mm、1.6 mm 和 2 mm,可根据不同的箱型要求和性能要求来选择。宽度为 1040 mm、1250 mm、2266 mm、2340 mm 和 2500 mm,性能要求越高则使用越宽的铝板。集装箱用铝板大部分要进行预涂油漆处理,即 PRIMER(涂底层)处理。中国极少有企业能生产这些宽硬预涂铝合金板,即使能生产,品质也不稳定,且价格高。目前,国内集装箱生产企业使用的部分铝板仍要从国外进口。

一个 TEU 铝集装箱需要约 200 kg 铝合金板材。截至 2013 年年底,中国可轧制 2500 mm 宽的铝及铝合金带材的企业,只有西南铝业(集团)有限责任公司与南南铝加工有限公司。两家企业都有 2800 mm 冷轧机,前者为可逆式四辊国产的,后者为从西马克公司(SMS Biemag)引进的 CVC - 6plus,为不可逆式,是全球唯一的可轧硬铝合金的冷轧机。集装箱铝板的生产工艺与通用铝合金板的几乎相同,仅最后多一道预涂底层涂料(底漆)工序。此外,西南铝业(集团)有限责任公司 1993 年从英国布朗克斯公司(Bronx)引进了中国首条铝带彩色涂层连续生产线,可涂聚酯、氟碳等。

5052 铝合金与 5A02 铝合金相当,其 Mg 含量较低,不可热处理强化,强度不高,塑性高,冷变形可提高其强度,但塑性会下降。退火状态的 5052 铝合金的强度与冷作硬化状态的 3003(3A21)铝合金相当。5052 铝合金的耐腐蚀性与可焊性很好,适宜海洋性环境中使用。冷作硬化不降低它的耐腐蚀性与可焊性。退火状态可切削加工性能差,半冷作硬化材料尚可。

6.5.2.3　铝材在集装箱领域的应用前景

随着国际物流业集装箱化程度的不断提高,引领世界集装箱发展潮流的中国集装箱制造业,为回避行业景气可能出现的下滑风险,已将技术含量高的铝制冷藏集装箱和特种集装箱作为重要发展方向,集装箱用铝需求量将越来越大。2013 年中国铝制集装箱的产量已超过 16×10^4 TEU。2013 年中国铝制集装箱铝型材用量约 90 kt、铝板材用量 35 kt 左右。按目前的年平均 15% ~ 20% 的增长趋势预计,2018 年国内铝制冷藏集装箱和特种集装箱的产量可超过 30 万 TEU,届时铝型材需求将达约 150 kt、铝板材约 60 kt。

目前,中国已成为铝及铝加工产品生产消费大国,但还不是强国,中国集装箱产业的迅速崛起与强大,既为中国铝加工业提供了发展机遇与经验借鉴,也是对铝加工业的一次挑战。中国铝加工业要抓住机遇迎接挑战,在国际化分工日益深化的新一轮全球经济格局中扮演更加积极的角色,加强新技术开发,尽一切努力全面满足市场前景广阔的集装箱等交通运输领域对铝材的应用需求。

6.6　铝合金在摩托车、自行车上的应用

6.6.1　铝合金在摩托车上的应用

6.6.1.1　摩托车用铝概况

(1)摩托车

二轮摩托车可按其大小、式样、性能、用途、排气量进行分类,通常多按排气量分类,见表 6 - 32。从消费者方面考虑,则多按式样、用途等功能分类,如分为公务车、家用车等。二轮摩托车作为最常见的摩托车种类,轻便快捷,使用范围非常广,受到众多消费者喜爱,在市场中占比最大。未来,二轮摩托车也将继续作为摩托车市场中的主流车型。

表 6-32 二轮摩托车的分类(按大小区分)

日本		国际		图例
类型	排气量/cm³	类型	排气量/cm³	
小一型	≤50	小微型	≤50	
小二型	50~125	轻便型	50~125	
轻型	125~250	中型	125~650	
自动二轮型	>250	大型	>650	—

近30年来,中国摩托车工业迅速发展。到1993年,我国已成为世界摩托车生产第一大国,出口到150多个国家和地区。随着摩托车日益普及和世界能源及环保等综合问题日趋严重,消费者对摩托车综合性能要求更高,各国法规对摩托车综合性能要求更苛刻。摩托车工业的发展与摩托车材料和摩托车制造技术密切相关,是一个国家整体工业水平的反映。采用质量轻、力学性能高、吸震降噪的新型材料可降低摩托车油耗,减少废气排放,增加乘坐舒适性和安全性。

中国迫切需要制造适应未来时代要求、行驶安全可靠、环保、节能、低成本的新一代摩托车的相关材料及先进制造技术。

2018年1—8月,摩托车行业累计产销1053.25万辆和1055.25万辆,同比下降6.56%和6.61%。出口方面,近几年我国摩托车出口量整体呈下降趋势,但2017年摩托车出口量开始回升,全年累计出口928.8万辆。2018年1—7月,累计出口摩托车445.2万辆。

(2)摩托车工业

同汽车行业一样,摩托车行业面临节能减排、降低噪音、减轻振动、提高安全性与乘客舒适性、增强趣味性、提升外表魅力等严峻挑战。实践证明,改进设计与采用密度低的轻质材料是应对这些挑战的有效措施，但是在设计方面的改进已潜力不大，而在当今的技术条件下，潜力最大的是采用尽量多的轻质材料零部件。可用的轻质材料有铝、镁、钛、塑料、复合材料等，然而，从目前到2025年的这段时间内，铝是最具实用价值的轻量化材料，因为铝材生产及其零部件的制造技术已经十分成熟，有最高的性价比，是可循环性最佳的材料，也是资源最丰富的天然材料。

初期，摩托车多用钢与铸铁制造。1932年，法国首次用铝合金制造了摩托车零件。用铝及铝合金替代钢、铸铁制造摩托车零部件的最大问题是车价提高。摩托车发动机缸体、缸盖及一些外围零件用铝制造已有很长时间。本文所写的以铝代钢不含发动机零部件。1980年开始，运动型摩托车车轮、车架主体、脚踏零件、散热器等大型零部件用即铝合金制造，目前已全部铝化。这些零部件要求坚固、安全、可靠、轻便、快捷等，价格不是首要问题。2002年日本二轮摩托车及小轿车的用材比例参见表6-35，铝在二轮摩托车中的比例主要取决于车型，为10%~36%。2013年，用铝量最多的摩托车车型的比例也没超过42%，但比小轿车26%的平均铝化率高得多。日本对小型摩托车的成本很重视，铝化率就低一些，如登山、越野、宿营车的铝化率只有10%~35%，加重运动型赛车的最大铝化率也不超过42%。目前，凡是能用铝制造的零部件都已经全部使用铝来制造了。

表6-33　2002年日本二轮摩托车用各种材料比例

种类	二轮摩托车					小轿车	
	轻便型	加重型带工具箱	加重比赛车	非加重比赛车	加重小比赛车	乘用小轿车	运动比赛车
排气量/cm³	50	400	1100	250	750	2000	3000
自身质量/kg	65	186	287	97	210	1270	1350
钢材/%	60.1	57.0	55.4	51.2	47.0	57.5	46.6
铝材/%	12.5	26.0	23.8	28.7	35.6	6.8	31.3
其他金属材料/%	4.4	3.0	2.6	1.2	3.0	2.0	2.6
塑料/%	15.3	6.5	10.9	6.4	7.0	8.5	8.9
橡胶/%	7.3	7.0	5.9	11.9	6.3	2.0	—
其他/%	0.4	0.5	1.4	0.6	1.1	23.2	10.6

6.6.1.2 摩托车应用的典型铝制零部件

两轮摩托车的典型铝合金零部件如图6-38所示。发动机零部件的工作环境非常严酷，汽缸、汽缸盖、汽缸底座、外罩之类多是铸造或锻造的，而活塞、凸轮轴、离合器等则有52%以上是用压铸、重力铸造、低压铸造工艺生产的。架体部分中的手把、制动块、制动板等多用铝合金制造。加重运动型赛车不但要求轻量化和操纵稳定性，且对外观要求也高。因此，车轮与操纵杆套管都是铝合金的。车轮、操纵杆底部横梁、摇臂或支架梁、操纵踏板等已全部采用高强度变形铝合金制造。

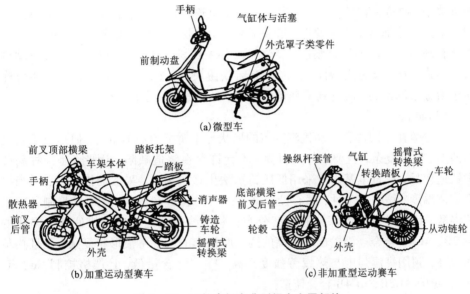

图6-38 二轮摩托车典型铝合金零部件

(1) 活塞

两轮摩托车的发动机有两冲程(两缸)的和四冲程(四缸)的，排气量为50～1500 cc，大排气量车多采用四冲程发动机，而输出功率大、排气量250 cc以下的轻便车和加重运动型赛车大都采用两冲程发动机。两冲程发动机的结构较简单，在排气量相等的情况下，可以获得更大的输出功率。四冲程发动机对活塞的冷却与润滑都不利，其最高温度约可达448℃，即使用油冷却的四冲程发动机活塞的最高温度也可达360℃左右。为了提高输出功率，可以采用轻量薄壁型缸，不过由于负载应力大，应选用高强度的AC8X系铝合金制造四缸活塞。

对两冲程活塞来说，为了降低其热变形，其用材不仅应有高的高温强度，而且应耐磨耗、抗开裂，故需采用过共晶的Al-Si系的AC9A、AC9B合金铸造，还应进行表面处理。不仅要尽量提高发动机的功率，而且应将其噪声降至最低。为此，应尽量减小活塞与汽缸内壁间的间隙，在这种情况下，会加大磨耗。因此，必须进行表面处理，以延长使用寿命。

（2）汽缸

日本摩托车汽缸所用材料见表6－34，为确保内表面有高的耐磨性与抗划伤性能，很多企业采用铸铁制造缸体，但整个缸不能全用铸铁，否则会不能正常运转。因此，现在大于100 cc的汽缸全部都铝化了，均采用重力铸造或者低压铸造，并镶有铸铁条，一方面减轻了重量，另一方面提高了抗磨性能。铝合金缸的散热效果比铸铁缸要高得多，而燃烧室周围的温度有所下降，提升了混合气体的吸进效率，改进了抗冲击性能，提高了发动机输出功率，对活塞表面与缸体内表面的空隙部分都做了表面处理，形成了复合电镀层，层膜厚度50～100 μm，镀层中含有硬质点，这种复合膜层为Ni/SiC、Ni－P/SiC、Ni－P/BN。四冲程发动机汽缸形式复杂，又是大型件，同时还有铸铁镶块，多数是压铸的，近期有用急冷粉末冶金法制造的，既达到了轻量化目的，又全面提高了使用性能。

（3）缸盖

两轮摩托车四冲程发动机汽缸盖的形状与小轿车的基本相同，但是由于它轻巧薄壁、形状复杂，且要求外观时尚，不允许存在铸造缺陷。因此，是一种高技术铸造产品，在日本基本上采用低压铸造法生产。为此，采取的措施有：适当提高熔体温度，增强流动性，精心设计流道（浇口）位置和形状；用电脑控制各项工艺参数，特别是模型各部分的温度分布；采用铸造性能优良的热处理可强化的AC2B、AC4B合金。而输出功率高的两轮摩托车的汽缸不仅形状复杂，而且热负荷也高，频用高温强度与热疲劳强度都高、Fe、Zn含量低，且严格控制Cu、Si、Mg含量的AC2B、AC4B合金铸造。

（4）摇臂式支架梁

摇臂式支架梁是摩托车一个重要结构件，是支撑后轮和车主梁的连接件，过去用钢管或冲压钢板件焊接，随着技术的进步与高强度铝合金的发展，现已全部实现铝化。用铝合金制造的支架应能满足以下要求：材料应有高的抗扭刚度，以确保操纵的稳定性与可靠性；在车行驶过程中由于路面原因会产生复杂的反复负荷，材料应有一定的疲劳强度，能保证零件持久安全可靠；应有令人瞩目的外观等。各种摇臂式支架梁见图6－39，用各种材料制的车架主体见图6－40。大多数摩托车采用双摇臂支架梁，赛车则采用单侧后轮支撑摇臂式支架梁，铝合金支架梁有整体铸造的，见图6－39（b）；有全部用变形铝合金焊接的，见图6－39（c）；也有混合型的，见图6－39（d），主体部分为铸件，臂梁部分为挤压型材。

铝合金摇臂式支架梁比钢结构轻20%以上，同时采用有限元法设计整体铸造梁，既保证了强度高的要求，又满足了质量减轻的需要。1985年开发出的混合型支架梁，有高的疲劳强度与屈服强度，是用7×××系铝合金（A7N01－T5A7003

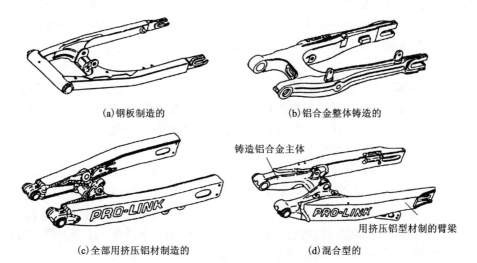

(a)钢板制造的 (b)铝合金整体铸造的

铸造铝合金主体

(c)全部用挤压铝材制造的 (d)混合型的

用挤压铝型材制的臂梁

图6-39 各种铝合金的摇臂式支架梁

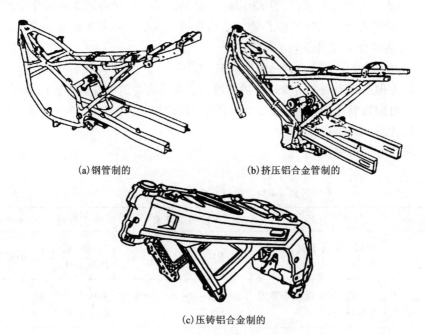

(a)钢管制的 (b)挤压铝合金管制的

(c)压铸铝合金制的

图6-40 各种铝合金车架主体简图

－T5)挤压型材制造的。铸造件用铸造性能优越的 Al－Si－Mg 合金(AC7A、AC4C)和适合于焊接的 Al－Mg 系合金(AC7A)制造。焊条采用 Al－Zn－Mg 系合金,也可采用裂缝敏感性低的 Al－Mg 系合金(A5356)。全部采用高强度挤压型材制造摇臂支架,虽然质量减轻了,但制造成本却上升了,混合型支架最可取。

(5)车架本体

车架本体又称车身主梁,简称主梁。20 世纪 80 年代以前,两轮摩托车主梁一直用碳素钢管焊接,跟摇臂式支架梁一样,面临着轻量化、高刚性、高强度、高雅外观的挑战。日本从 1979 年开始生产与销售混合结构主梁,1983 年铝合金主梁 250℃两冲程加重赛车率先上市。

日本两轮摩托车主梁基本上为铝合金挤压材与铝合金铸件焊接结构,安全可靠,外观亮丽流畅,而欧洲的小型两轮摩托车的车架主梁采用的是与 ADC3 铝合金相当的压铸件,以螺钉连接。各种形式车架主梁所用材料及制造工艺见表 6－34,管材用强度高、可焊接性优良的 7003、A7M01 铝合金挤压,还有一部分管材是用 A5083 铝合金挤压,同样有良好的可焊性与高的力学性能。

焊接主梁的管材合金为 Al－Zn－Mg 系合金,有高的力学性能、良好的可焊性、焊缝与过渡区的强度与母材的相差不大,同时有良好的可挤压性能,可生产断面复杂的空心型材与管材;5083 铝合金也是这样一种优秀的变形铝合金。连接主梁与摇臂式支架梁的回转中心铸件必须有高的强度与外表观赏性。总之,制造主梁零件的铝合金应具备如下性能:

(1)高的力学性能,特别是强度与韧性。

(2)不但有相当强的抗普通腐蚀的性能,而且应力腐蚀开裂敏感性应低。

(3)可阳极氧化处理性能好,氧化膜色调均匀一致,有相当强的金属质感。

(4)优越的可铸造性能。

(5)良好的可焊性。

表 6－34　铝合金主梁及制造工艺

主梁形式	车架上部主梁	转向支撑架	主管材	表面处理
后轮双摇臂式支架梁	A7N01 铝合金挤压型板＋板材	A7N01 铝合金锻造	A7N01 铝合金挤压型材	阳极氧化
	Al－Zn－Mg 系合金重力金型铸造	Al－Zn－Mg 系合金重力金型铸造	A7003 铝合金挤压型材	阳极氧化
	AC7A 铝合金或加 Zn 的合金砂型铸造	AC7A 铝合金或加 Zn 的砂型铸造	A7N01 铝合金挤压	阳极氧化

续表 6 – 34

主梁形式	车架上部主梁	转向支撑架	主管材	表面处理
金刚石型	A7003 铝合金挤压型材	Al – Mg – Zn 系合金锻造或重力金型铸造	A7003 铝合金挤压	涂装
	Al – Mg – Zn 系合金重力金型铸造	Al – Mg – Zn 系合金重力金型铸造	A7003 铝合金挤压	阳极氧化
双管型	AC7A 铝合金或加 Cu 的合金低压金型或砂型铸造	AC7A 铝合金或加 Cu 合金的低压金型或砂型铸造	A5083 铝合金压力焊接	阳极氧化
	Al – Mg – Zn 系合金砂型铸造	Al – Mg – Zn 系合金砂型铸造	A7003 铝合金挤压	涂装

铸造主梁铸件的铝合金有 Al – Mg 系的 AC7A 合金，以及 Al – Mg – Zn 系、Al – Zn – Mg 系、Al – Si – Mg 系的铝合金。AC4CH 铝合金是一种改良型的 Al – Si – Mg 系合金，有优越的可铸造性能，扩大了主梁设计自由度，合金的刚性高，可以铸造大铸件。但是合金硅含量不能过高，否则氧化膜呈黑色，硅含量控制为 $w(Si)$ 4.5%~5.5%。此合金的成功开发对铝合金主梁的生产与推广起了相当大的作用。

图 6 – 41 表示主梁铸造铝合金的疲劳强度与循环次数的关系。由图可知，Al – Si – Mg 系与 Al – Zn – Mg 系合金的焊缝强度与基体合金基本相同，Al – Si – Mg 系合金焊缝强度虽有所下降，但也与 AC7A 铝合金相当。

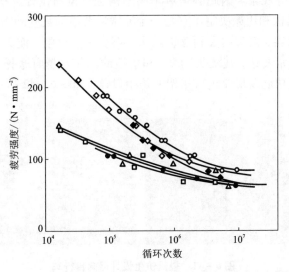

图 6 – 41 主梁铸造铝合金的疲劳强度与循环次数的关系（焊缝有余高）

6.6.1.3 越野摩托车车架结构

车架是越野摩托车主要受力部件之一，承受着各种最主要的冲击力，包括来自发动机、减震器、辅助结构、驾驶人员及路面的各种冲击载荷。特别是越野摩托车经常需要完成急冲锋、急刹车、急转弯及直立、腾空落地等极端动作，因此必须具有足够的强度和刚度，以确保安全性和可靠性。同时，越野摩托车的质量应轻，以方便操作控制。

为满足越野摩托车的特殊使用要求，出现了全铝合金越野摩托车车架。世界一些著名越野摩托车制造商，如奥地利的 KTM、美国的 BBR 和 SDG 等公司，纷纷推出配装全铝合金车架的越野摩托车，其售价是传统钢制车架越野摩托车的 2 倍以上。在国内，江门市硕普公司与五邑大学摩托车技术研究中心合作，成功地掌握了全铝合金车架设计与制造的核心技术，产品畅销世界。

铝合金车架的出现实现了车辆轻量化，但全铝合金车架的强度和刚度通常比钢制的弱，尤其是越野摩托车在极限使用环境下很容易失效，故必须对其进行深入研究。首先，从结构上进行再设计，引入仿生设计，重新设计车架；其次，采用常规力学分析法分析车架在极限状态下的受力状况、最大应力及危险截面出现的位置；最后，采用有限元方法进一步深入分析，指导该全铝合金越野摩托车的研发。

车架整体结构设计：原车架主要由杆、梁、板焊接而成，主体结构为主梁，其一端与前梁、减震器连接，另一端与坐垫(上平梁)、尾架(后弯梁)连接，属简单杆系结构。在危险路况及完成急转弯、腾跃等极限状态下常出现局部强度不足、应力集中、断裂等现象。因此必须对车架结构进行重新设计。从仿生学角度看，越野摩托车的结构和用途决定了它是一个非常适合借助某些动物来传达设计思想的产品。经过考察，发现澳大利亚袋鼠非常符合仿生对象。澳大利亚袋鼠以后肢为支撑，骸骨非常发达，其跳跃、腾空和落地的动作与越野摩托车工作状况非常相似，可借鉴其功能及形象进行车架的仿生设计，如图 6-42 所示。

图 6-42　袋鼠仿生设计概念自行车

新车架相对原车架做了改进：加架主体仿照袋鼠身躯骨骼结构，用空心铝合金管焊接，其中分隔管采用三角形分布以加强刚度。与原车架相比，新型车架的主结构尺寸如截面宽度和截面高度大大增加，因此其抗弯模量大大提高；发动机安装支腿时仿照袋鼠的两肢，在尾架与支腿之间设置撑杆，宛如袋鼠的尾巴、支腿和地面，构成三角形结构，以加强支腿的刚性与强度；为改善原车架局部强度不足、应力集中的缺陷，新车架在前立管、集成连接、左右下侧支撑、后支架等地方采用焊接薄板及实体的方式加强强度。

整个车架材料为 6061 铝合金，其性能为：弹性模量 0.71×10^5 MPa，泊松比 0.33，密度 2.7×10^3 kg/m^3，抗拉强度 412 MPa。

6.6.2　铝合金在自行车上的应用

6.6.2.1　铝合金制自行车零件

（1）自行车

自行车以其简单易普及、环保健康、节省空间等特点，成为人们交通出行的重要交通工具和体育比赛及运动健身器材。中国不但是人口大国，同样也是"自行车王国"，在我国 13 亿人口中，78% 的家庭拥有自行车，据不完全统计，我国拥有的自行车总数达 4.5 亿辆，而十年前，作为中国家庭的"老三件"，我国自行车总量达 4.87 亿辆，虽然目前而言，我国自行车销量增势减缓，但近十年来，自行车在人们心中的概念，正在悄悄发生转变。

不仅在中国，世界自行车行业的重心也正从传统代步型交通工具向运动型、山地型、休闲型转变，在城市休闲生活中，骑行旅游、4 +2 旅行成为许多人选择的方式，而全国骑行俱乐部及骑行者数量的迅猛增长，则可以看出这个行业的巨大潜力。

中国自行车协会发布的数据显示，2015 年中国自行车产量 8026 万辆，同比下降 3.36%，其中，规模以上自行车企业产量为 5532.7 万辆；电动自行车产量为 3257 万辆，同比下降低 8.28%。2015 年中国电动三轮车产量达到 1163 万辆，同比增长 9.1%；中国电动自行车出口达到 133.9 万辆，同比增长 20.4%；中国锂电车产量为 292 万辆，与 2014 年的 301 万辆产量相比有所下降，见图 6 – 43。而中商产业研究院数据显示，2015 年我国自行车出口量为 5781 万辆，同比下降 7.7%。

近几年，随着产能过剩及欧美国家为保护自身产业而采取的贸易壁垒措施，中国大陆自行车业竞争呈白炽化的状态，材料供应商之间的价格和技术竞争也愈演愈烈。展望未来，自行车、电动自行车行业应从大规模批量化生产向大规模个性化定制的方式转变，由传统的生产型企业向生产与服务并重转变。中国自行车行业要紧跟全球制造业最新发展趋势，运用互联网思维，将数字化、网络化、智能化贯穿于研发设计、生产制造、销售服务全过程，促进自行车、电动自行车制造转型升级。

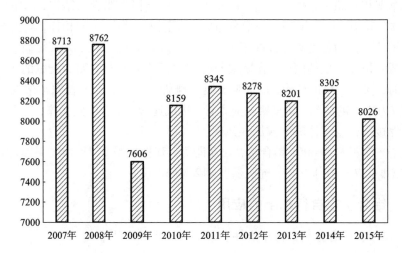

图 6 – 43 2007—2015 年中国自行车产量图(万辆)

共享单车尽管在快速发展后出现了一些问题,但其以价格低廉、随骑随停的优势,解决了人们出行"最后一公里"的接驳难题,成为交通出行领域供给侧结构性改革的新兴力量。前瞻产业研究院发布的《中国共享单车行业市场前瞻与投资规划分析报告》统计数据显示,2016 年中国共享单车用户规模仅为 0. 28 亿人,到2017 年中国共享单车用户规模已突破 2 亿人次。截至 2018 年,中国共享单车用户规模达到了 2. 35 亿人;自 2018 年以来,共享单车用户规模趋于稳定。预测2019 年中国共享单车用户规模将接近 3 亿人。2016—2019 年中国共享单车用户规模统计及增长情况(预测),如图 6 – 44 所示。

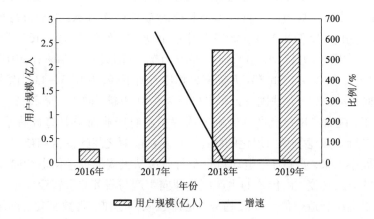

图 6 – 44 2016—2019 年中国共享单车用户规模统计及增长情况(预测)

摩托车用铝材分变形铝合金和铸造铝合金。变形铝合金在摩托车制造中的应用不多,参见表6-35,主要是锻件与管材,为减轻车自身质量,可用铝管置换钢管焊接结构,如用 Al – Zn – Mg 系的 7N01 铝合金或 7003 铝合金管材焊接大梁,用 2×××系铝合金锻件替代钢件,能降低车的自身质量,且零件强度与车载重量也能得到保证。

表6-35 变形铝合金在日本两轮摩托车中的应用

合金系	合金牌号	应用实例
1×××系	1050、1100	密封衬垫、标牌
2×××系	2011	衬套、针状阀门
	2014	下部拱架、手把支架
	2017	制动器踏板、变速器、手把
	2024	从动链轮
3×××系	3003	散热器(管、水室)
5×××系	5052	罐、车轮盘、发动机罩
	5454	车轮
	5083	托架、角撑板、架体
6×××系	6061	支架体、手把、箱体
	6063	消声器壳体
	6N01	管材、手把
7×××系	7003	管状架体、转动架体
	7N01	焊接小零件、轮缘
	7075	缓冲器支架、指示盘、排气管

(2)自行车工业

自行车材料在200年时间内,经历了木制、碳钢、铬钼钢、铝合金、钛合金、镁合金、碳纤维等材料的应用。自行车的基本功能是代步,其速度和质量成反比,通常质量降低10%,人力功效提高70%。铝的密度是铁的1/3,一部铁制车重量为30 kg左右,换成铝合金材料后只有12 kg左右,功效大增。同时,铝合金车架因铝的柔软性而吸震性强,铝合金材料不易生锈,具有可回收性,广受设计人员和消费者青睐,特别是山地车。自20世纪90年代,自行车用铝材进入飞速发展阶段。在中国台湾出口的整车中，铝合金零配件比例 1980 年为 4.7%，1993 年为 8.9%。1995 年到 2001 年，从 10% 跃升到 70%，且整体呈增长趋势。中国铝合金自行车虽然发展较迟，但近几年发展很快，配件的铝合金挤压成形不断增长。

由铝合金制自行车零件一览表（见表 6-36）可知，自行车业中最普遍使用的铝合金是 6000 系列，也有少量 2000 系列和 7000 系列合金。6000 系列中较多的为 6061、6063、6005 三种合金，7000 系列中较多的为 7005 合金，其因焊接性良好现仍为铝车架主流材质，但目前有逐渐被 6061 取代的趋势。7075 因其强度高、焊接性差而一般用于非焊接性之高强度构件。

表 6-36　铝合金制自行车零件一览表

零件名称	材质	加工方式
车架	5086，6061，7005	热挤压
车把手	2024，6061	热挤压
转向杆	2024，2017，6061	热挤压
立杆	2024，6061	热挤压
轮圈	6061，6063，6N01，7003	热挤压
花毂	2017，6061	热挤压/锻造
齿轮曲柄	2014，2017，6061	锻造
踏板	AC4C	锻造
制动器	6061，6151	热挤压

资料来源：日本铝技术便览/（中国）台湾金属中心整理。

自行车部件多使用挤压铝管，也有少部分使用异型材。但截面大都比较简单，如作为自行车主要应力构件的车架，是用管材经过后续加工（如缩管、抽管和焊接）而形成的，花毂是挤压后再锻造而成的。自行车架的铝管外径为 16～72 mm，相应的挤压机也是 6～18 MN，用直接挤压生产的有焊缝管和无缝管，也有间接挤压生产的无缝管，由其承受能力和后续工艺来决定加工工艺。

6.6.2.2　自行车部件对铝合金材质的选择

一般情况下，铝合金材质的选择要考虑材质稳定性、热处理的经济性、材料比强度及材料价格。

（1）车架

自行车车架材料有 6061 和 7005。

7000 系列以风冷淬火，因此其固溶处理时所产生的变形较小，但因时效时间较长（16～24 h），且材质稳定性较差，故在消费者使用过程中容易产生不明原因的断裂，即应力腐蚀开裂；虽然美国 Alcoa 宣称不宜制作车架，但因生产技术易达成，故为早期自行车车架之主流材质，见图 6－45。

图 6－45　两种铝合金自行车车架

6000 系列合金经淬水后易变形，因后续加工过而不易产生应力腐蚀龟裂，时效时间短，只需 4～8 h，且材料价格比 7000 系便宜，因此成为后期主流材质。为躲避风险，现在企业多向 6000 系列无缝管生产转移，以减少最终消费时出现品质缺陷的可能。目前，开发的 6000 系高强合金，抗张强度在 380 MPa 以上，强度比 7005 更强，为日后自行车行业选材提供了更多选择。

此外，焊接时 6000 系采用 4043 焊条，而 7000 系需用 5356 焊条，因 5356 焊条经高温时效易产生应力腐蚀开裂，所以 7000 系制成的车架普遍存在这种缺陷。但无论是 6000 系还是 7000 系，对焊接的热影响区都有软化现象，因此都需要在焊接完毕后进行固溶和时效，以增加其硬度与强度。

（2）铝合金轮圈

轮圈选材时需考虑其强度、刚性、拉力与外观要求，目前普遍采用的是 6061、6063 及 6005。也有厂商在开发 7005，但因其挤压变形较差，没有得到普遍推广。铝合金轮圈因其表面比较光洁，摩擦性不好，对刹车有影响，现在有通过改变刹车片的材质来增加摩擦系数的。有一家台湾企业开发出了铝合金陶瓷轮圈，借陶瓷具有的洁、硬、不沾水等三大功能来增加止滑效果和提升抓着力。目前已在多项比赛中得到应用，铝合金自行车轮圈和轮圈型材截面图参见图 6－46 和图 6－47。

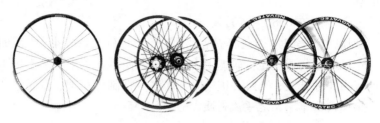

图 6 – 46　铝合金自行车轮圈

图 6 – 47　铝合金自行车轮圈型材截面图

(3)其他零部件

除上述的主要零部件外,可用铝合金制造的其他零部件还有:前、后踏板,减振器,货架,变速挡,手把罩等,参见图 6 – 48。

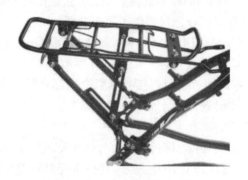

图 6 – 48　铝合金自行车后架

6.6.2.3　自行车用铝型材加工存在的问题

自行车制造业属传统行业,但铝合金零配件加工却是新兴工艺,很多配件厂是从以前的一般黑色金属加工向铝合金配件加工转移的,对铝合金特性不是非常了解,在车架或配件加工时会出现一些品质问题,主要体现以下几个方面:

(1)铝棒在铸造过程中因加入过多废料、过滤不够、静置时间不足,而含有过量杂质,如铁等。这些杂质在阳极加工,特别是化学抛光光亮阳极后会产生斑点,甚至坑洞。

(2)不当的均质及挤压工艺(速度、温度等)易造成粗晶现象,在后续加工,如弯管、抽管、打料、打扁过程中会产生皱纹,俗称橘皮。

(3)在零件热处理时对温度控制不准确,易造成熔解(即共晶熔或俗称的过烧),除造成外表起泡、氧化麻面外,材料性能也会严重劣化。

6.6.2.4 自行车车架用铝合金及其成形技术

(1)车架用铝合金管

车架是自行车关键部件,目前基本上都是用热挤压管材焊接而成的,其材质基本上都是6061、6063铝合金。这两种铝合金具有优异的挤压性能和焊接性能。但是,其强度较低,一般只有320 MPa,必须进一步提高其强度。

车架管铝合金的强化技术之一就是添加稀土元素。稀土元素的用途非常广泛,近年来许多研究结果表明,稀土元素能够改善铝合金的铸态组织、细化晶粒,提高其热变形能力,从而可以取消合金铸锭的均匀化处理工序,而对铸锭进行直接挤压。不仅如此,在6061铝合金中添加0.1%~0.3%的混合稀土后,热挤压时的挤压突破压力、稳定压力和最低压力都有不同程度的降低,挤压时间有所缩短,使挤压效率得以提高。其中添加0.1%混合稀土后,强度和塑性都有一定提高,抗拉强度达到345 MPa的同时,延伸率可达10.7%。随着稀土元素加入量的增加,铝合金的强度、塑性均有所提高。这主要得益于稀土元素对合金组织的改善以及弥散的稀土化合物强烈的沉淀强化效应。添加稀土元素可以使合金断裂过程中裂纹的萌生位置与扩展途径发生改变,有利于合金的韧化。在6063合金中,稀土元素促使Si和Fe粗化,稀土相呈球状,使合金强度和硬度有所提高;稀土还能提高6系铝合金的耐蚀性和耐磨性,同时可以抑制Mg在合金表面析出,提高合金表面质量。除了添加混合稀土外,近年来开始研究添加纯稀土来改善铝合金性能的方法。将微量稀土元素Er添加到铝及其合金中,不仅可以细化铝及其合金的铸态晶粒,而且能够明显抑制再结晶,这是因为Er在铝及铝合金中形成了均匀弥散分布的细小Al、Er质点,这些质点对位错和亚晶界具有钉扎作用,因而可以有效抑制再结晶,将再结晶温度提高50℃左右;在6063合金中添加0.2%~0.5%的Er,可以使其焊接接头的拉伸强度、屈服强度和伸长率均有升高:抗拉强度提高30 MPa左右,屈服强度增加65~71 MPa,伸长率增加1.2~2.1个百分点。

6061和6063铝合金车架管可以实现变形热处理,即在挤压的同时实现热处理。焊缝是车架的薄弱环节,焊后热处理可以使焊接接头拉伸强度和焊缝区的硬度有较大提高,拉伸时断裂位置从焊缝区转移到熔合区。6061铝合金棒材进行

535℃×50 min 固溶水淬 +180℃×6 h 的时效处理后，合金棒材的抗拉强度、屈服强度和伸长率分别达到了 339 MPa、309 MPa 和 14.3%，具有显著的强韧化效果。目前，在高档自行车车架生产中，普遍采用焊后整体热处理。

因此，随着自行车轻量化的发展，对高强车架管的需求越来越多。科研人员正在探索 6066、7005 以及 7075 铝合金车架管的可能性。某自行车公司采用高强铝合金后，车架管壁厚由 1.8 mm 减至 1.2 mm，具有显著的经济效益。计算可知，若车架管壁厚从 1.8 mm 减为 1.2 mm 而承载能力不降低，则要求车架铝合金的抗拉强度必须由现在的 290 MPa 提高到 411～430 MPa，而且延伸率、焊接性能都不降低。这课题很具有挑战意义。

（2）车架成形工艺

自行车车架铝合金管材的成形工艺主要是热挤压和冷胀形。热挤压工艺已非常成熟，但其出品率较低。为提高出品率，采用有效摩擦挤压技术进行自行车管的挤压成形是重要方向。普通正挤压时，挤压力随着挤压筒和坯料之间的摩擦系数增大而增大；而形成有效摩擦时，挤压力随着摩擦系数的增大而减小。此时两者间的摩擦不再是成形的阻碍。且由于挤压筒对坯料的摩擦力与挤压力同向，有助于挤压成形。形成有效摩擦时，减少了坯料在筒内流线紊乱及折叠的可能性，流动方式更合理；同时减少了力学性能和组织的不均匀性，有助于提高挤压件质量和模具寿命。但是，受挤压机限制，这种新工艺应用还不够普遍。

6061 铝合金退火态管材的热态胀形性能研究表明：随着胀形温度的升高，6061 铝合金胀形率先增加并在 425℃达到极大值，然后下降；胀破压力则单调下降；热态下胀形时发生微孔聚集型韧性断裂，温度过高时出现明显氧化及过烧组织；热态胀形过程中，初始细小的等轴晶粒发生明显长大，晶粒沿变形方向被拉长，晶粒取向明显，在 450℃出现纤维组织，晶界处有细小晶粒出现，晶粒内部产生大量不均匀分布的亚结构；热态胀形后，沿轴向靠近中间区域的硬度高于两侧位置，沿环向靠近断口部位的硬度高于远离断口处；胀形温度对胀形后管材的硬度影响不明显。内高压胀形技术是未来的发展方向。

（3）车架管的焊接工艺

自行车架目前都是多接头焊接结构。铝合金焊接结构中 90% 的断裂都是由承受重复性载荷的焊接接头处疲劳破坏引起的，因此铝合金车架焊接接头的疲劳性能已受到设计及使用单位的关注。目前，铝合金焊接应用最广泛的技术是熔化极惰性气体保护焊（MIG）和钨极惰性气体保护焊（TIG）。6061 铝合金母材及 TIG 焊接头、MIG 焊接头的静载力学性能的对比测试结果见表 6 - 37。可见，焊缝性能明显低于母材。疲劳实验证明，MIG 焊接头的疲劳性能好于 TIG 焊接头；在较高应力条件下，MIG 焊接头的优越性更为突出；焊缝中的气孔、夹杂和未焊透等缺陷及表面机械划伤会显著降低焊接接头的疲劳性能,并成为疲劳裂纹源头。

为解决铝合金焊接接头性能低的问题,可将超声波焊接方法用于 6061 铝合金的焊接。超声波焊接技术能够实现传统焊接方法难以焊接的镁合金、铝合金等低熔点材料的连接,具有节能、环保、操作简便等突出优点。采用超声波金属电焊机在焊接时间 120 ms、焊接压力 17.5 MPa、表面加乙醇处理的工艺条件下焊接 6061 - T6 铝合金 0.3 mm 薄片,接头的最大剥离力可达到 136.478 N,硬度达 53.6 HV,比基体材料提高了 1.31 倍。

表 6 - 37   铝合金焊接接头与母材的性能对比

材料	抗拉强度/MPa	屈服强度/MPa	延伸率/%
6061 - T6 母材	312	286	15
MIG 焊缝	223	133	7.5
TIG 焊缝	188	128	7.2

6.6.2.5   自行车铸锻件用铝合金及其成形技术

(1)自行车锻件

自行车主要锻件及其材质见表 6 - 38。该锻件单重较小,一般为几十克至数百克。目前,采用的锻造方法基本上都是最传统的热模锻。其工艺过程复杂,加工余量大,材料利用率低。特别是自行车曲柄,其模锻成形工艺包括铝棒下料、毛坯加热、辊锻制坯、开式模锻、切边、冲大头和小头孔等 7 个工序。为缩短生产流程,早在 2000 年,就有人采用液态模锻技术制造自行车曲柄和车把接头,其成形过程一步完成,材料利用率达到了 95%,成本降低了 30%~35%。但因当时液态模锻机造价过高,未实现产业化。2005 年又见前叉肩液态模锻的报道。2008 年,采用温挤压技术制备了自行车后花毂。这些锻造新技术为自行车锻件的成形提供了新的选择。

表 6 - 38   自行车锻件及其材质

锻件名称	材质	锻造工艺	备注
花毂	6061	热锻、温挤压	
轮毂	6061	冷锻	
链轮	2014	热模锻	
连杆	LD30 或 6061	热模锻、液态模锻	
前叉、曲柄、折叠合页	6 系或 7 系	热模锻、液态模锻	

续表6-38

锻件名称	材质	锻造工艺	备注
前轴及其上面的垫片、棘轮、齿盘、轮盘	7系	热模锻	
螺帽	5系	热模锻	
钩片	6061	热模锻	需要与车架焊接,要求焊接性能好

(2)自行车铸件用铝合金及其成形技术

自行车铸件较少,常见的铸件及其材质见表6-39。可见,自行车用铝合金铸件的材质比较杂乱,既有变形铝合金,又有铸造铝合金。研究者将半固态压铸技术用于自行车铸件的生产,实现了6061铝合金压铸件气孔率的根本性改善,热处理合格率为80%~90%,力学性能达到了挤压材的性能水平。也有采用间接液态模锻技术生产前叉肩的,每模四件,生产效率显著提高。这些技术的应用都改变了压铸件不能热处理的传统认识,实现了复杂零件的高效成形和高强化。

表6-39 自行车铸件及其材质一览表

铸件名称	材质	铸造工艺
刹车钳	6061	压铸、半固态压铸
前叉肩	6061	模锻、液态模锻
前叉架	ADC12	压铸
电机端盖	ZL302	压铸

6.6.3 摩托车、自行车用铝的发展趋势

6.6.3.1 摩托车

铝虽在摩托车中有着广泛的应用,但铝化率还有待提高。中国是摩托车生产和出口大国,2012年的产量和出口量分别为2362.98万辆和893.59万辆,2013年的产量超过2300万辆。如果每辆车多用1 kg铝,铝的消费量就多23 kt。摩托车的轻量化对于节能减排有着重要意义,对于改善空气质量、减少雾霾天数也有相当大的意义。在摩托车应用的铝中,再生铝用量占48%左右,推广铝在摩托车中的应用,无疑对建立循环经济与加强铝的再生利用也是有益的。

铝材在摩托车上的应用有如下特点:用量大,约为汽车的7.5倍。摩托车上的铝使用率高,例如:飞机用变形铝合金为10%;汽车用量最少,99%为铸造材料;而摩托车40%为变形铝合金。汽车使用的多为A6061等中强度铝合金,而摩

托车使用的多为 A2104、A2017、A5083、A7N01 等高强度铝合金。摩托车部分零件使用的铸造材料多为过共晶硅铝镁系合金、高延展性压铸材料。因此,铝合金材料在摩托车上的使用率已近极限,所以需要进一步研究开发新型铝合金材料。

(1)压铸铝合金

各厂家都分别制定了自己的压铸材料标号。根据《摩托车技术》统计,ADC10、ADC12 铝合金使用量最多,约占 90% 以上。而像离合器等要求耐磨性较高的零部件则多使用 B390,要求韧性较高的零部件多使用 ADC3,要求抗腐蚀性较高的则多使用 ADC5 或 ADC6。摩托车用压铸材料的特点是,多使用早前开始应用的 B390 合金与 ADC3、ADC5、ADC6 等高延展性合金及在其基础上改进的合金。

(2)铝合金铸件

使用 JIS 标准铸造的合金比较多。AC4B 和 AC4C 的使用量占总使用量的80% 以上。AC4B 因其熔融液的流动性好,一般用于制造通用零部件。在强度要求较高的情况下,使用 T6 热处理,其他情况下则使用 F 和 T2 热处理,有时也进行 Na 改性处理。AC4CH 可用于制造车轮,也是韧性较高的材料但必须用 T6 进行改性处理(Na、Sb)。AC2B、AC4D 与 AC4B 相比,其压延性、切削性较好,主要用于圆筒内表面需要多磨削的前叉外套筒上。摩托车材料的另一特点是使用AC7A 系及 AC9A、AC9B 等过共晶硅材。AC7A 系自数年前用于铸造变形合金件以来,其使用量逐年增加。摩托车首先在焊接结构上大量采用铸件。以此为契机,今后急待开发铸造、焊接和强度等综合性能更加优良的新合金。

(3)变形合金

随着铝车架的出现,摩托车用变形合金的使用量迅速扩大,今后的发展方向是:降低成本,对材质和加工方法、部件制造方法进行预测,使用 A7075、A7050等高强度合金。从现状来看,即使不考虑成本因素,仍有许多功能尚不完善。这不仅仅是材料方向的问题,如上所述,主要是因为材料—加工—设计这一循环过程尚不完善,以及未能充分发挥材料的潜在性能,而发动机材料尤甚。

6.6.3.2　自行车

自行车轻量化材料利用之前,应用的材料有铁、碳钢和铬钼钢,其中铬钼钢已基本被铝合金所取代,而低档车因成本限制依然使用铁和碳钢作为主要材料。符合自行车轻量化趋势的材料,除铝合金以外,还有钛合金、镁合金、碳纤维增强材料等。

未来 10 年内自行车材料的发展主流依然是铝合金。在中国台湾,自行车铝化率已达 70% ,其发展趋势会相对平稳。而中国内地也呈现高速增长趋势,未来至少有三成材料为铝合金。按中国内地每年 8000 万辆,每辆车使用 4 kg 铝来计算,则每年至少要使用铝合金 100 kt,当然这包括挤压和压铸成型的。

在铝合金材质的选择上,自行车用铝合金已突破单一的 6061 局面,正向高强高韧铝合金方向发展。当前自行车管材正在由低锰、铜含量的 6000 系合金向高锰铜合金转移，如 6013 等。虽然高锰－铜合金有利于自行车的轻量化，但由于其挤压性较差，因此这些材质能否被自行车业普遍使用还要依赖于挤压技术的发展。7000 系合金虽然其抗张强度和硬度都比 6000 系要好，但其加工成本较高且在消费者使用过程中存在不明原因的断裂等隐性危险，而 6000 系列无缝管却能弥补 7000 系的部分缺陷，所以 7000 系在未来自行车中的应用将逐渐被 6000 系高锰铜无缝管所取代。自行车车架管正在向高强薄壁方向发展，内高压胀形技术和整体无焊缝车架将是今后的发展方向；自行车锻件的生产工艺正向多样化方向发展，液态模锻和温挤压等先进成形技术的应用将越来越多。自行车铸件的铸造技术正在向挤压铸造和高压真空压铸方向发展。

6.7　铝合金在船舶、舰艇中的应用开发

伴随着我国海洋工程事业的不断深入，船舶的轻量化设计已经被人们高度重视起来，而铝合金材料以其较小的密度、较大的刚度以及较好的柔韧性、抗腐蚀性，成为制造船体、上层建筑及其他器具的首选材料，更是制造滑行艇、水翼艇、气垫船、冲翼艇的最佳材料，目前在船舶工程与海洋工程中已经代替了一半以上的钢材构件，同时还减少了海洋工程材料点，有效地改善了船舶的宽高比，提高了船舶行驶的安全性和船舶结构的稳定性。因其质量对航速尤为敏感，故减轻船体质量对提高航速非常有效。采用铝材制造中型舰艇的艇体、大型舰艇的上层建筑也同样有效，不过舰艇在中弹着火燃烧时，若波及的上层铝材建筑物得不到有效控制，时间长了铝结构会垮塌，铝材不是一种高温材料。大中型舰艇在减轻艇体质量后，在同等主机功率下可以提高航速。现代舰艇航行仪器设备、武器装备的增加，使舰艇上部质量增加，稳定性减小。为确保稳定性，需减轻上部质量，采用铝材制造上层建筑是最有效的措施。

采用铝材制造货船的船体及上层建筑可以提高载货量或提高航速，从而降低运输成本。铝材的无磁性使其成为制造扫雷艇与特种用途船舰与装置的上乘材料。铝材是一种良好的低温材料，这使它成为制造液化天然气（LNG）船贮罐、极地作业考察船的良好材料。

6.7.1　铝合金在船舰上的应用分类

6.7.1.1　铝合金在舰船上的应用分类

通常，将铝合金在船舶舰艇（以下简称舰船）上的应用分为以下三类。

（1）第一类应用

第一类应用是指以强度为主要因素的受力结构件，如船体、大型舰船甲板

室、舰船舰桥、导弹发射筒、电磁炮轨道与炮弹等。美国于2013年10月下水的世界上最大航空母舰"福特舰"已装上了电磁炮,其发射轨道为铝合金结构,炮弹也是用铝合金制造的。

(2)第二类应用

这类应用是指非受力构件或受力较小的构件,如各种栖装件、油箱、水箱、储藏柜、铝质水密门窗盖(船用普通矩形窗、船用舷窗、小快艇铝窗、铝天窗、铝百叶窗、各种舱口盖、矩形提窗、移动式铝门、船用风雨密单扇铝门、舱室空腹门)、各类梯与跳板、乘客与驾驶座椅及沙发等,它们多是用6063、6082、3003等合金材料制造的。

(3)第三类应用

这类应用主要用的是功能材料,用于制造船仓内部装饰件与绝热、隔声材料。铝及铝合金有良好的阳极氧化着色性能,经处理后有亮丽的外观与相当强的抗腐蚀性能。除应用各种热处理不可强化铝合金材料外,铝-塑(-聚乙烯,Al-PE)复合板与泡沫铝材也获得了较多的应用,泡沫铝板是潜艇发动机室的良好隔声材料。复合板的芯层为塑料层,两侧或单侧为薄的1100或3003铝合金板(厚度0.1~0.3 mm)。铝板表面可进行防腐处理、轧花、涂装、印刷等深加工,其特点是质量轻,有适当的刚性和更好的减振隔声效果。一些国家的造船部门已批准将其作为船舶舰艇内部装饰,也可以作为门窗等材料。过去使用的玻璃钢和木材之类的材料均可改用这类材料。

6.7.1.2 铝合金在船体上的应用

(1)铝合金作为船体结构的应用

船体结构的型式可分三种:横骨架式、纵骨架式和混合骨架式。

铝合金小型渔船、内河船和大型船的首尾端结构常用横骨架式结构;油船和军舰的结构常采用纵骨架式结构。船壳上应用的铝合金材料主要是板材、型材和宽幅整体挤压壁板。图6-49是用铝合金板材做骨架和外板的16 t网类渔船的船壳构造情况。图6-50是长50 m级铝合金旅客艇船壳使用型材和整体挤压壁板的实例。

某长60.8 m,可运载1160 t石油的油船船壳体使用铝材情况如下:该船用9 mm厚波纹板做纵向密封舱壁,用7 mm厚铝板做横向舱壁,形成了5个独立货舱。船舷用9 mm厚铝板制成,甲板用12 mm厚铝板制成,雨盖板用15 mm厚铝板制成。船体构架由挤压型材组成,尾柱是用Al-12%Si合金铸造的,油船用铝92 t。

最近,日本又新研制出半铸造方法,生产铝合金壳船。这种船的船头、船尾长约5.4 m,采用真空铸造法铸制,中间直线部分用长约2.4 m的板材,船壳由这三段焊接而成。船宽2.4 m,深0.58 m,船壳重约2 t,总重3.8 t,与同等的FRP船相比,船壳重量减轻25%~30%。

 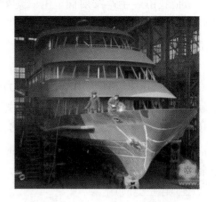

图 6 - 49 建造 16 t 铝合金网类渔船的船壳   图 6 - 50   建造中的铝合金船

用铝合金制造船壳体的最大优点是能减轻重量，铝合金船与 FRP 船相比，在船长 15 m 以内，二者船壳的重量相差不大，但船长超过 15 m 时，铝制船壳的重量明显减轻。而 5083 合金艇与钢艇相比，船壳质量能减轻近一半。

（2）铝合金作为船舶上层结构的应用

目前，各种类型船舶上部结构和上部装置（桅杆、烟囱、炮舰的炮座、起吊装置等）都越来越倾向于使用铝合金材料。而上层结构中使用最多和最理想的铝材是大型宽幅挤压壁板。

苏联在长 101.5 m、排水量 2960 t、载员 326 人和时速 30 km 的"吉尔吉斯坦号"远洋客轮上，用铝合金建造上层结构，如驾驶舱、桅杆、烟囱、支索、天遮装置和水密门等，使用的铝材有 5.6 mm 和 8 mm 厚的 LF5 合金板，10 mm 和 14 mm 厚的 LF6 合金板，LF6 合金的圆头扁铝，以及一些铝合金铸件。上层结构的安装是采用 LF5 合金铆钉铆接在钢甲板上，并采取了预防接触腐蚀的措施。这艘船的上层结构用了 100 t 铝材，比钢制的轻 50%。全船用铝材 175 t，船的总重量减轻 12%，定倾重心提高 15 cm，明显地改善了方船的稳定性。

6.7.2 铝合金在军用舰船上的应用

铝合金在舰艇上获得了广泛应用，在建造航空母舰、巡洋舰、护卫舰、导弹驱逐舰、潜艇、快艇、炮艇、登陆艇等时，铝合金的应用实例很多，下面简要介绍一部分。

6.7.2.1 铝合金在航空母舰上的应用

航母是个庞然大物（见图 6 - 51），体积巨大，是一个机动性很强的作战平台，减轻航母结构的质量、航母各种装置的质量，特别是减轻上层建筑的质量，对改善航母的战术技术性能至关重要。

凡排水量 50 kt 以上的航母其铝合金材料用量均为 500 ~ 1000 t。例如，美国"独立"号（CVA62）航母用了 1019 t 铝合金，"企业"号核动力航母（CVA65）用了 450 t 铝合金，法国"福熙"号（R99）及"克里蒙梭"号（R98）航母各用了 1000 多吨铝合金。

图 6-51　中国首艘航母"辽宁舰"

铝合金对减轻航母结构质量，提高稳定性、适航性及各项性能等具有重要的意义。铝合金在航母上的应用部位是，从飞机起飞和降落的部分甲板、巨大的升降机、大量管道到舷窗盖、吊灯架、门、舱室隔壁、舱室装饰、家具、厨房设备和部分辅机等。例如美国"企业"号航空母舰的四个巨大的升降机就是用铝-镁合金焊接的。

6.7.2.2　铝合金在大型水面舰上的应用

大型水面舰指巡洋舰与驱逐舰等。在许多驱逐舰等大型水面舰中，主甲板上的全部结构都是用铝合金制造的。据报道，美国海军不同级别的驱逐舰甲板以上结构中用铝合金数量如下：护航驱逐舰（DE）用铝量 251.33 t，导弹驱逐领舰（DLG）用铝量 811.20 t，弹道导弹驱逐舰（DDG）用铝量 515.88 t，弹道导弹核动力驱逐领舰（DLGN）用铝量 930.35 t。

美国海军每一艘弹道导弹驱逐舰如 USS"杜威"号（DLG14）的上层建筑中应用的 811.30 t 铝合金中大部分都是 5456 铝合金厚板和 5086 铝合金薄板。铝构件代替钢后质量减轻了 150 t。铝的总用量中 20% 左右是 5456 和 5086 铝合金。另一些铝合金材料包括 6061 铝合金、5052 铝合金等都是用来制造甲板下面的所有家具及有关设备的。

铝材的耐热性有限，在 150℃ 以上会迅速变软，强度下降，在设计铝结构时应充分考虑。

2009 年美国爱达公司建筑的巡洋舰共有 12 块大的甲板，其中最上层的 2 块是铝合金的。上层甲板之所以用铝合金，是因为可以提高舰的稳定性，保持尽可能低的重心。这两块大甲板以及所用的 22000 个铝合金螺栓是用林德气体公司的专利保护气体 Varigon He 30S MIG 法焊接的。

Varigon He 30S 气体是含有 300×10^{-6} 氧的氩气，氧的添加有助于稳定电弧和辅助设备点火，从而使热影响区更为狭窄，焊接边缘也更为整齐，这对焊接缺口脆性合金极为有利，焊接厚的工件时也可避免出现孔隙和焊合不足等缺陷。

6.7.2.3　铝合金在潜艇与深潜器上的应用

铝材在潜艇与深潜器制造方面也有应用，泡沫铝材因有良好的隔声性能，而在潜水艇机房中获得了应用,以降低发动机的声音,减少被敌方声呐发现的概率。1961 年美国海军建造了一艘调查用的深潜器,名为"阿鲁米纳特(aluminaut)号",该深潜器长 15 m,直径 2.4 m,排水量 75 t,下潜深度 4500 m,艇体为厚165 mm 的 7079 – T6 铝合金锻件。7079 是一种强度很高的 Al – Zn – Mg – Cu 系合金,由于产量不多,美国铝业协会公司(AA)于 1989 年将其划为非常用变形铝合金。

6.7.2.4 铝合金在快艇及高速船上的应用

对于快艇艇体材料和高速船船体材料,一般要求在保证足够的强度和刚度的条件下,尽量减轻质量,并要求材料具有良好的耐海水腐蚀性能和可焊性。美国从 300 多吨的大型反潜水翼研究船、200 多吨的炮艇及导弹水翼艇,到 PTF 级快艇、LCM8 登陆艇等,大多采用的是 5××× 系铝合金焊接结构。

(1)鱼雷快艇

1951—1956 年苏联建造了 160~170 条"P4"铝壳鱼雷快艇,主要采用 2024 铝合金。1957 年日本造了多艘"PT7"铝合金快艇,1962 年又建造了一些航速 40 kn 的"PT10"鱼雷艇(kn 为节,1 节 =1 海里/h,1 海里 =1852 m)。铝合金的无磁性和低密度使它成为一类理想的鱼雷艇材料。

(2)巡逻艇、炮艇

1958 年英国建造了"勇敢级"高速巡逻艇,尖舭铝骨木壳,排水量 114 t,航速52 knot;1964 年苏联建造了 25 条"普契拉"铝巡逻艇,排水量 70~80 t,航速50 knot;1966—1971 年美国建造了 14 艘"阿希维尔"级(PGM – 84)高速炮艇,这是第一批全铝军用艇,标准排水量 225 t,船长 50.2 m,船宽 7.2 m,吃水 2.9 m,航速 40 kn,主甲板、壳板为 5086 – H32 铝合金,型材用 5086 – H112 铝合金,主甲板及船底板厚 12.7 mm,共用了 71 t 铝合金,全部用氩弧焊焊接;加拿大制造了"勃拉道尔"(FHE400)级后潜巡逻艇,排水量 212 t,总长 46 m,艇宽 6.6 m,水翼航速 60 knot,广泛应用了具有纵桁的大型铝合金挤压板。

中国建造的导弹快艇的上层结构、围壁、发射筒、发射架外罩与炮座等大都是用 2A12 铝合金建造的,材料状态为 T4。钢甲板中部的嵌补甲板、舱壁、平台也多用铝合金制造。在炮艇、猎潜艇上层结构与中型舰艇的舱壁、舱面属具等也广泛采用铝合金,其中很多为 5083 合金焊接结构,扫雷艇则是全铝。

现代航空母舰和驱逐舰要求更快的速度和更好的机动性、稳定性、适航性,为达目标而采取的措施是:主甲板以上的结构都用铝合金,其中驱逐舰使用铝合金具有相当大的潜力。不同级别驱逐舰甲板以上结构使用的铝材量为:护航驱逐舰(DE)52 t,导弹驱逐领舰(DLG)167 t,弹道导弹驱逐舰(DDG)106 t,弹道导弹核动力驱逐领舰(DLGN)190 t。建造一艘驱逐舰大约需要钢材 1900 多吨,如果用与钢壳驱逐舰等强度、等刚度的铝壳舰仅用约 980 t 铝合金,质量减轻 48.42%,

因而在同等主机功率下，铝壳舰的航行速度比钢壳舰高得多。但是，由于铝合金熔点比钢的低很多，一旦舰上发生大火，上层建筑会迅速变软塌下，对这一点应予以考虑。

中国山东丛林铝合金船舶有限公司设计制造的军用全铝艇，参见图 6－52，具有灵活应变、快速打击敌人能力，船身分隔为 3 个水密舱，有很高的抗倾覆与防沉能力，具有掉头灵活、操作性强、装备齐全等特点，配有内置双喷水发动机，设计最大航速 43 knot，船身涂有水域迷彩，有相当强的抗侦察力。军用全铝艇的基

图 6－52 铝合金军用艇

本技术参数：总长 8.6 m，型宽 3.2 m，型深 1.55 m，吃水 0.7 m，设计最大航速 43 kn，发动机 261×2 kW，定员 6 人。

（3）水翼艇

1965 年美国建造了"普冷维尤"（AGEH－1）号水翼艇，它是美国最大的反潜试验水翼艇。采用钢制全浸式水翼，除水翼系统外，其他全部采用铝合金焊接结构，共用铝材 113 t，其中大型挤压材 90.8 t，挤压材为 5456－H311 铝合金，厚板用 5456－H321 铝合金。该船长 64.66 m，宽 12.2 m，吃水 1.83 m，排水量 320 t，航速 50 knot。

19 世纪 70 年代美国海军建造了 5 艘导弹水翼巡逻艇，被称为"Pegasus"号的原型艇于 1974 年 11 月下水。在这条艇的壳体内部舱壁和甲板的板材和防挠材中，金属惰性气体保护焊焊缝的长度超过 33 km。在建造时用 1 台牵引型的线焊机对铝板进行对接焊，制成了大的平面分段。防挠材在定位焊后再进行手工焊。为了使制作工序更有效，设计了一种由计算机控制的自动焊操作台。

在美国海军和海岸警卫队中服役的"Mark Ⅱ"号水翼艇用 5456 铝合金作艇体材料，因为它具有高的焊接接头强度性能，采用 H116 和 H117 状态的板材、H111 状态的挤压件，采用有较高抗裂性的 5356 铝合金焊丝，采用金属极惰性气体保护脉冲电弧焊和射流电弧焊方法以及钨极惰性气体保护焊方法进行焊接。

波音公司建造了很多航速为 43 kn 的 100 t 级水翼艇，壳体和上层建筑是全铝焊结构，采用 5456－H116 或 H117 铝合金。对焊缝检验很严格，全部焊缝进行 X 射线、超声波检验和着色检验，着色前应对检查部位作侵蚀处理，以除去氧化膜。

中国用 5A01 铝合金板材、型材、锻件和焊丝建造了"飞鱼"号水翼艇，采用半自动熔化极脉冲氩弧焊和钢制回转胎架—拉马设备。

(4)登陆艇

美国用铝合金建造的"LARC－15"登陆艇,船长 6.7 m,船宽 3.66 m,载重量 15 t,水中航速 10 kn,陆上航速 30 kn,材料是 5086－H112 铝合金,焊接结构,还用了一些 5083－H112 和 6061－T6 铝合金;用铝合金建造的反潜和登陆用的气垫船"SKMR－1",船体主要用 5456 铝合金挤压材制造。

20 世纪 60 年代初,中国成批建造了水翼快艇,艇体材料是 2A12－T4 铝合金。中国建造的导弹快艇,其上层建筑、围壁、发射筒和发射架外罩、炮座都用 2A12－T4 铝合金,钢质甲板中部的嵌补甲板以及仓内的仓壁、平台也应用铝合金。炮艇、猎潜艇上层建筑以及中型舰艇的仓壁、舱面属具等也应用铝合金,有的还采用 Al－Mg 合金焊接结构。

(5)气垫船

1976 年由罗尔(Rohr)工业公司为美国海军建造的 3000 t、80 knot 表面效应船,是吨位最大的全焊铝壳船。5456－H116 或 H117 铝合金因力学性能、耐蚀性及成本三方面的优点成为主壳体结构的最佳材料,还用了 5456－H112 铝合金挤压材,因为 H112 状态材料的组织中没有会使其在海洋环境中出现剥落蚀敏感性的 β 相晶界连续网络。

苏联用 AMr－61 铝合金建造了"火焰"号气垫船。英国建造了全焊的气垫艇 AP1－88,铝壳体采用 Al－4.5% Mg 的 N8 铝合金,型材采用 Al－1% Mg－1% Si 的 H30 铝合金。并采用了深 I 型材和长而宽的大型挤压件,以避免横向焊缝和减小邻近焊件的热影响。2004 年 3 月加拿大海岸警卫队向英国气垫船公司定购了一批 AP1－88 型气垫船。

前些年设计的气垫艇与早期的相比有很大变化,包括使用空冷柴油机取代燃气轮机和用焊接的铝结构取代较复杂的玻璃钢。AP1－88 和"虎"级气垫船就具有这些设计特征。最新的"虎－40"于 1986 年 4 月开始设计,同年 12 月开始试航。该艇总长 17.25 m,总宽 7.625 m,高 5.375 m。除用作客船外,还可用作内河和海岸巡逻艇以及工作艇等。

20 世纪七八十年代中国用 7A19、5A30 铝合金等建造了全垫升气垫船和侧壁式气垫船,无论是全垫升还是侧壁式气垫船所用铝合金板材的厚度都比较薄,一般为 1～3 mm。此外还用了多种规格的铝型材。由于板材较薄,多数铝质气垫船采用的是铆接连接,但也有全焊接气垫船。

(6)双体船

2011—2014 年,美国奥斯达尔公司(Austal)为美国海军建造了 10 条全铝双体船,还将建造其他高速舰与商用船只,所用铝板及其他铝材由美国铝业公司提供,除用于制造舰船外,还用于建造栈桥及其他设施。2012 年该公司制造了一艘轻型滨海全铝舰(LCS, Lithoral Combat ship),名为"科罗纳多号"(Coronado),长

127 m，铝的用量约 469 t，据称是全世界制造的这类舰艇中用铝量最多的，其中用得最多的是 5083 铝合金，由美国铝业公司达文波特轧制厂（Davenport Works）提供。

英国麦克泰公司为英国海军设计建造了第一批装有升降舵的铝壳双体船，它们有很多引人瞩目的特点：宽阔而稳定的甲板，极低航速时良好的机动性，良好的航向稳定性，较小的阻力等。

法国梅泰罗工业系统公司设计的一种军用多用途铝壳双体船，总长 25 m，宽 10 m，吃水 0.7~1 m，空船重 45 t，载重量 18 t，主机为 2 台 895 kW 柴油机，喷水推进，最大航速 30 kn。

在挪威和瑞典，用铝合金建造双体船很盛行，如挪威设计的 10 艘高速双体船全部采用对称船体，每艘可载 449 人，分别以 32 kn 和 24 kn 的航速横渡海峡。

日本用铝合金建造的"Marine shuttle"号小水线面双体船，长 41 m，航速 34 kn，是一艘 280 个客位的非对称船型高速双体船。

中国国内航线中使用了一些铝合金双体船，有进口的，也有国内建造的。

（7）地效翼船

地效翼船是介于船舶与飞机之间的，利用类似机翼的表面效应产生的气动升力支撑艇重离开水面低飞，偶尔能浮水航行的高技术新型舰船。地效翼船的航速高，最快的可达 300 多 kn，而且航行性能好，具有良好的两栖性，能在水上、陆上起降，并在波浪上方低空飞行，受干扰少，又比较安全。且能跨越沼泽、冰层、雷区、障碍物，可广泛用于军事行动，是快速登陆的必备舰型，常与航母、两栖攻击舰配套，在登陆作战中极具突然性。此外，地效翼船的经济性好（油耗比常规飞机少 30% 以上），比飞机安全得多，造价也相对便宜。

地效翼船要求艇体采用铝合金材料，并且采用焊接结构（在俄罗斯较大吨位地效翼船的船体主要使用可焊的铝合金材料）。而且要求艇体材料屈服强度大于 300 MPa，抗拉强度达到 400 MPa，同时要求材料具有良好的成形工艺性能、良好的耐腐蚀性能等。

（8）美国新型铝合金无人水面艇

美国近年来在近海作战无人水面艇的发展上取得了一定的进展，居世界先进水平。图 6-53 为美国海军研发的全铝合金"海狐"无人水面舰艇，可执行后勤保证和再补给等任务；可用于水文调查、侦察和欺骗等任务；可配备导弹对目标进行精确打击，协助陆军在内陆湖泊作战；可执行浅海反潜、反水雷、兵力保护、海岸巡逻、打击海盗等任务。现在的无人水面舰艇的长度为 7~15 m，负载 1~3 t，用柴油机驱动和喷水推进，功率 70~600 kW，航速有低的，也有高的，为 10~35 kn。

图6-53 美国用铝合金制造的"海狐"无人水面舰艇

6.7.3 铝合金在民用船舶上的应用

1891年瑞士首次建造了铝汽艇,此后其他国家相继建造了铝艇体。20世纪20年代末冶金工业为造船工业提供了抗蚀性能较好的Al-Mg合金,因此铝合金在造船上的应用比较快地发展起来。下面仅列举一些铝合金在民用船舶上应用的实例。

6.7.3.1 在欧洲及北美洲

苏联在1958年建造的"拉克泰"号水翼客艇,载客66人,艇体材料为硬铝。1959年建造了载客130~150人的"梅焦尔"号水翼客艇,船长34.4 m,最大航速80 km/h,艇体材料用硬铝铆接。后来建造的水翼艇采用Al-Mg合金焊接。1962年建造的"旋风"号沿海水翼艇采用了把加强筋与板材轧制成一个整体的新型铝合金板材,从而减轻了船体质量10%~15%。该艇长46.5 m,宽9.0 m,吃水3.0 m,排水量108 t,动力3181 kW,航速50 kn。

1952年美国建造的"联合国"(United States)号邮船上总共使用了2000 t铝合金。该船长305 m,宽37 m,排水量5914 t,载客2000人。1960年英国建造的"澳丽娜"(Oriana)号船(排水量40000 t)和"堪培拉"(Canbeera)号船(排水量48000 t)使用的铝合金材料均超过1000 t。

铝合金广泛用于建造油轮。英国建造的油轮,油舱内的衬板用5054铝合金,每艘30000 t级的油轮用铝合金1000 t。1951年英国建造的"红玫瑰"(Red Rose)号渔船,用铝27 t。1964年匈牙利设计了一艘100 t全铝渔船,主要是采用含Mg 2.5%~4%的铝合金建造。铝合金在驳船上也广泛应用,美国在1964年建造的一艘全铝驳船,应用了180多吨铝材。板材和挤压件是5083铝合金,比钢质驳船提高了14%的载货量。铝合金在拖船上的应用也很广泛,美国"索特"(Sauter)号拖船应用5083和5086铝合金全焊接结构建造,比钢壳拖船的建造工时减少了30%。苏联建造的火车渡轮应用AMr5B、AMr6T等Al-Mg合金,采用焊接结构。

1963 年英国建造了两条沼气运输船，船上的九个沼气仓都是用铝合金焊制的。

2013 年初意大利萨洛伦佐公司为阿拉伯联合酋长国制造了一艘超级铝合金游艇，长 40 m，艇身与上层结构都是用 5083 铝合金制造的，达到了力学性能与抗蚀性最完美的结合，艇身用 2 m×6 m 板材焊接而成，上部结构骨架由此种尺寸厚板切割成的小厚板焊接。艇底板厚度 7 mm，艇侧板厚度 5 mm，上部结构板厚度 4~5 mm，用的大部分挤压铝型材为 T 字形的。

6.7.3.2 在日本

日本在民用船舶制造中用了较多的铝材。

（1）客船

日本从 1950 年开始用铝合金制造民用船舶，从渔船、渡船、游船到大洋型游轮都有。图 6-54 为琵琶湖轮船公司的"平安卡"号铝合金客轮。

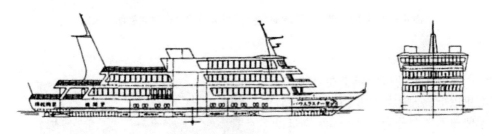

图 6-54 日本琵琶湖汽船公司的"平安卡"号铝合金客轮

20 世纪 60 年代日本造船厂制造了一批又一批的铝合金客船，这是日本制造铝合金客船的第一次高潮；20 世纪 80 年代以来，日本又出现了建造铝合金船的第二次高潮。1995 年下水的九四威普毕阿莎型大型高速渡轮"隼鸟"号是此时期建成的具有代表性的铝合金客轮（见图 6-55）。

"隼鸟"号大型铝合金渡轮的技术参数：总长 100 m，型线宽度 19.98 m，型线深度 12.60 m，最大吃水深度 3 m，自身质量 640 t，载客数 460 人，载车数 94 辆（乘人轿车），最大航速 35 kn。

日本 21 世纪建造了高技术超级喷水铝合金班轮，分为上下两层：上部船体全长 72.0 m，宽 37.0 m；下部船体总长 85.0 m；水轮翼推进时的吃水深度 9.6 m，非喷水行驶时吃水深度 14.0 m。此种客轮有两种：A 型全长 127 m，宽 27.2 m，为细长形设计；F 型为扁宽形设计。这种高速超级班轮是全铝合金的。

铝合金船体的质量可比钢的轻 50% 左右。在日本 2013 年的约 2100 艘普通旅游船中，铝合金船约占 32%；在约 350 艘高速旅游船中，铝合金船占 74%，即约 259 艘。游船的发展趋势是高速化与大型化。

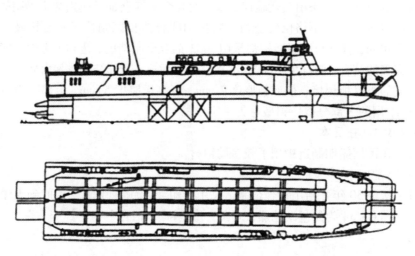

图6-55　日本1995年下水的"隼鸟"号大型铝合金渡轮简明线条图

（2）高速船艇

高速船艇的速度定义在时速22
海里以上，一般为时速25海里。高
速船艇的类型分为滑行艇、水翼艇、
飞翼艇、气垫船和排水量型船。目
前，铝合金高速船艇发展得非常快。
文献报道的最大船长34 m，时速34
海里，下一代的双体船将达到长
48 m，时速40海里。图6-56是日
本江藤造船厂1901年3月建造的高

图6-56　30 m级高速铝合金监视艇

速铝合金监视艇，该艇长30.90 m，宽6.4 m，深3.20 m，总吨位83 t，时速28海
里。

（3）渔船

日本各县的渔业监理船多为高速铝船。日本2013年登记的60万艘渔船中，
铝合金的只有2520艘，占总数的0.42%，其中比较大的是49GT型拉网式渔轮。
大部分铝合金渔轮是小型的，占80%以上，其多为惯性的，以V形为基本。船体
结构以横骨式为主体，纵向有小肋骨作为加强小隔板，以防船体铝板变形。渔轮
可用板材也可以用挤压大型材建造。渔船的平均使用期限为15年。由于渔船以
小型的为主，日本铝合金渔船的平均铝材用量约4 t。

（4）液化天然气（LNG）运输船贮罐

1960年日本开始进口液化天然气，均用LNG船运输（见图6-57和图6-

58)。运输船上的 LNG 罐有摩司型(Moss)的,也有球形的。隔板型棱柱罐
(SPB):球罐直径41 m,质量900 t,是用5083 铝合金变断面厚板焊接的,板的最
薄处 30 mm,最厚处 170 mm。

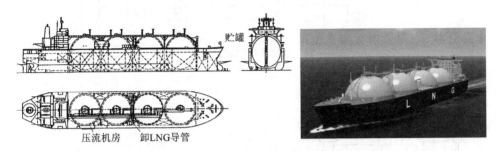

图 6-57　日本 125 km³ 的球形贮罐(摩司型)LNG 船

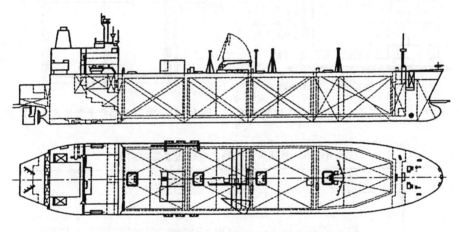

图 6-58　日本 128 km³ 方形贮罐(棱柱型)LNG 船

　　天然气的主成分为甲烷,在零下 163℃温度下会液化,液化后的体积仅为气
态时的 1/600。每艘船上有 4 个罐,球罐的容积为 31250 m³,SPB 型方罐的容积
为 32000 m³。罐的外表包有绝热性能很强的厚厚的保温层,每个球罐有 6000 块
保温板,这是一种三层保温材料,中间为绝热板,表面为薄铝板,能确保罐内液
化气的气化率不大于 0.1%/d 的世界最小等级。

　　LNG 的运输线路见图 6-59。陆地贮罐有地上式的(见图 6-60),也有地下
式的(见图 6-61)。所用的低温材料有 5083 铝合金、含 9% Ni 的钢、不锈钢与铜
等。8×104 kL 贮罐的铝材用量见表 6-40。贮罐分内外两层,中间为保温层,地
上式每个铝材的用量为 1100 t,地下式的用量为 100 t 左右。

图 6-59   液化天然气输送线路示意图

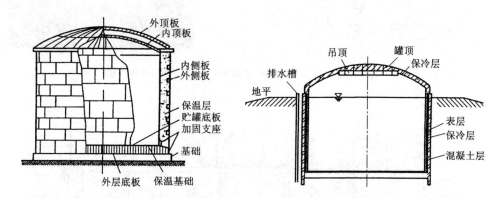

图 6-60   地上式铝合金双层液化天然气贮罐   **图 6-61   地下式铝合金液化天然气贮罐**

表 6-40   液化天然气铝合金贮罐及铝材用量

类型	部位	品种、规格	用量/t
地上式	内壳侧板	10~70 mm	650
	内壳顶板	10~50 mm	150
	内壳底板	6~25 mm	100
	内壳顶骨架	型材	100
	零件及附件	焊接管、铸件、锻件	50
	合计		1100
地下式	板材	50~100 mm	50
	其他	型材、锻件、铸件	50
	合计		100

6.7.3.3　在中国

（1）游艇与游轮

中国从1958年开始建造小型铝合金（使用2A12铝合金）水翼船与快艇等，到2013年已可以建造各种中小型铝船艇及大型的LNG船、豪华旅游船。中国制造的部分铝船见表6-41。

表6-41　中国建造的典型铝合金船艇

年度	船名	制造公司	最大长度/m	最大宽度/m	船速/kn
1958	"长江水翼客艇"1号水翼艇				
1960	"昆仑"号内河客轮				
60年代	水翼快艇				
80年代	海港工作艇"龙门"号		7	2	
1990	喷水推进自控水翼高速客船	求新造船厂			
1994	铝合金全焊接型高速客船	南辉高速船制造有限公司			
1992	双体气垫客船（迎宾4号）	广州黄埔造船厂			
1992	双体气垫船	江辉玻璃钢船厂			
2004	双体海洋勘探艇	镇江波威船舶工程设计有限公司	7	4	22
2005	全铝豪华游艇	英辉南方造船有限公司	38.6	8.08	
2009	铝合金豪华游艇	青岛北海船舶重工有限责任公司		5.12	
2009	铝合金穿浪双体试验船	武昌船舶重工有限责任公司	60	18	38
2010	铝制快速客渡船	英辉南方造船有限公司	85	21	22
2011	"东方皇后号"豪华长江旅游船	上海中华造船厂			
2013	铝合金双体高速客船	广州番禺英辉南方造船有限公司与荷兰达门公司	36.28	9.7	27
2014	百吨级铝合金渔政船	海南省儋州市海渔集团修造船厂	38	6.6	16.7
2016	铝合金军用艇	山东丛林铝合金船舶有限公司	8.6	3.2	43

图 6-62 为上海中华造船厂为香港建造的"东方皇后号"豪华长江旅游船，上层结构及舱内设施用了约 650 t 铝材，2011 年中国首款按五星级标准打造的"总统旗舰号"从 4 月份起航行于三峡水库，是一艘万吨级涉外游轮，使用铝材约 550 t，见图 6-63。

图 6-62 "东方皇后号"豪华游船　　　　图 6-63 五星级标准的"总统旗舰号"

目前中国可生产铝合金游船的企业不少于 35 家，主要企业见表 6-42。

表 6-42　中国可制造铝合金游船的主要企业

企业	主要产品
青岛北海船舶重工责任有限公司游艇分厂	玻璃钢艇、铝合金艇及艇机艇架设计与制造、游艇建造
青岛华澳船舶制造有限公司	专业生产铝合金游艇
江西江新造船厂	玻璃钢豪华游艇、铝合金快速艇
江西罗伊尔游艇工业有限公司	生产 11~36 m 的快艇、日光浴船、单舱艇等系列豪华游船
无锡东方高速艇发展公司	生产 50 m 以内的各类中小型船艇、中高档游艇
太阳岛游艇股份有限公司	游艇 15 个规格，40 种型号；商务艇(从 10 m 到 60 m)18 个规格，55 种型号；特种艇(从 6 m 到 100 m)16 种规格，30 种型号
武汉南华高速船舶工程股份有限公司	高速公务船、高速客船及超级游艇的设计、研发与制造
英辉南方造船(广州番禺)有限公司	大型铝合金高速客船
显利(珠海)造船有限公司	玻璃钢豪华游艇、铝合金质高速船

续表 6 - 42

企业	主要产品
广州佛山宝达游艇有限公司	各类高速客船，水翼船，政府公务船，环保旅游观光船，玻璃钢金枪鱼延绳吊船，超高速巡逻艇，大、小型豪华游艇等金属和非金属船舶系列产品
深圳市海斯比船艇科技股份有限公司	产品涵盖了船长 25 m 以内的高速、高性能艇
杰腾造船股份有限公司	Selene 长距离巡航游艇，Artemis 系列游艇
佛山市南海珠峰造船有限公司	保洁船、执法船、海监船等
东莞市兴洋船舶制造有限公司	主要有各种豪华游艇、高速客船、环保旅游观光船、政府公务船、高速巡逻艇、海军工作艇、玻璃钢渔船、快艇等系列产品
东海船舶(中山)有限公司	钢质主体及铝合金上层建筑相结合的大型豪华游艇
广东江门船厂有限公司	游艇
北京远舟高速船发展有限公司	高速船

　　1960 年中国造的"昆仑"号内河客轮，首次采用铝合金作为上层建筑。该船总长 84 m，最大宽度 16 m，型深 5.8 m，设计吃水 2.4 m，排水量 1712 t。该船甲板以上各层甲板及围壁都用 3.5～6 mm 厚的 2A12 铝合金板制成，共用了 93 t 铝合金。该船 1962 年出厂，1972 年改装，1979 年经过修理后，至 1985 年仍在营运中。在万吨级远洋货轮舾装及装饰件施工中也应用了铝合金。用铝合金材料制造水密门、舱口盖、油、水柜等已相当普及。

　　2012 年广东中山江龙船舶有限公司自行设计建造了国内首艘铝合金玻璃钢双体高速客船，船体用 5083 铝合金，上层建筑用玻璃钢，满载试航速度 25 kn，具有良好的适航性、快速性和可操纵性。

　　广州番禺英辉南方造船有限公司与荷兰达门公司于 2013 年建造了一艘铝合金双体高速客船，总长 36.28 m，型宽 9.7 m，设计航速 27 kn，可载客 195 人。英辉南方造船有限公司与达门公司建造的 10 艘铝合金客渡船已全部出口到迪拜道路交通局(RTR)，用于旅游观光，2010 年和 2011 年各交付 5 艘。

　　海南省儋州市海渔集团修造船厂在建的百吨级铝合金渔政船于 2014 年秋建成下水，最高航速 16.7 kn，比一般渔船的速度快得多。该船设计总长 38 m，型宽 6.6 m，高 8 m，航速为 16.7 kn，甲板为铝合金焊接结构，单底、单壳双机、双桨都用铝合金制造，具有良好的操纵性能和回转性能。

　　山东丛林集团有限公司下辖的丛林铝合金船舶有限公司是中国最大的小中型铝合金船艇专业制造企业，与芬兰劳模水上工程公司通过技术合作，引进德国先进的铝合金焊接、加工设备，研发生产了铝合金特种工程船、游艇、冲锋舟等，产品主要应用于江河湖海的油田开采、港口管理、水上清污作业以及旅游观光、休闲、抢险救灾、边防缉私、军队巡逻等领域。

　　丛林船舶有限公司生产的功能船已形成系列(见表6－43，图6－64)。此种多功能船适于水面运输、冲滩抢险、水域清污、河道港口等领域，有使用灵活方便、承载能力强等特点。

图6－64　丛林铝合金船舶公司生产的多功能铝合金船

表6－43　丛林铝合金船舶公司多功能铝合金的技术参数

类型	LC6500	LC7500	LC7500W	LC9000W	LC10500WSD
总长/m	6.5	7.5	7.5	9.0	10.5
总宽/m	2.2	2.5	2.5	3.0	3.3
含发动机吃水线深/m	0.72	0.68	0.69	0.82	1.1
最大负载吃水深度/m	0.82	0.92	0.92	1.02	1.3
质量/kg	650	1030	1330	1900	5000~7000
含发动机质量/kg	750	1200	1500	2300	6000~8000
发动机功率/kW	63.4~10.4	67.1~111.9	82.1~111.9	104.4~335.7	167.9~335.7
负载/kg	700	2600	2300	4500	5500

丛林铝合金船舶公司生产的 16 m 豪华商务游艇，船体为 5083 - O 铝合金焊接结构，内部装修豪华(见图 6 - 65)。其基本技术参数：总长 16.0 m，型宽 3.57 m，型深 1.60 m，舱宽 2.90 m，发动机功率 2 × 239 kW，最大航速 46 km/h。

图 6 - 65　铝合金豪华商务游艇

丛林铝合金船舶公司制造的全铝休闲艇的设计航速高达 135.2 km/h，可在近海海上航行，是海水浴场休闲游玩和垂钓的理想工具，也是近海域营救的完美工具。全铝休闲艇的技术参数为：总长 6.5 m，型宽 2.3 m，型深 1.2 m，吃水 0.5 m，最大航速 135.2 km/h，定员 6 人。丛林铝合金船舶公司于 2012 年向澳大利亚出口长 3.4 m(质量 60 kg)和长 3.9 m(质量 110 kg)的休闲艇 40 艘；同年 10 月初又与菲律宾一客户签订了 8 艘铝合金休闲、抢险船销售合同。

丛林铝合金船舶公司生产的铝合金近海域消防船能够灵活快速地做出反应，设计航速 61.1 km/h，可迅速到达事故海域，基本技术参数为：总长 7.5 m，型宽 2.5 m，吃水 0.6 m，最大航速 61.1 km/h，发动机功率 76.14 ~ 149.20 kW，定员 4 人。

拖船是内河运输、港口作业和救助作业必需的工作船，丛林铝合金船舶公司制造的全铝拖船具有推拖能力强、工作灵活等特点，其基本技术参数为：总长 18.35 m，型宽 5.3 m，甲板面积 3.5 m × 6 m，吃水 2.55 m，装载能力 5 t，空航最大航速 12 kn，发动机功率 242.45 × 2 kW。

6.7.3.4　铝合金船配产品

船舶舰艇用的铝合金配件种类繁多，主要有：普通矩形窗、舷窗、小块艇窗、天窗、百叶窗、提窗、舱口盖、移门、风雨密门、舱室空腹门、跳板、座椅、沙发、梯等。广东省番禺市桥联铝窗厂是中国较大的船舶铝配件生产企业之一。

6.7.4　船舶舰艇用铝合金的要求及品种

铝合金可分为变形铝合金和铸造铝合金两大类，其中变形铝合金在造船中应用更为广泛。

变形铝合金在各国造船中的应用，从大型水面舰船上层建筑，上千吨的全铝海洋研究船、远洋商船和客船的建造，到水翼艇、气垫船、旅客渡船、双体客船、交通艇、登陆艇等各类高速客船和军用快艇上都使用了一些变形铝合金。铸造铝合金主要用于泵、活塞、舾装件及鱼水雷壳体等部件。

6.7.4.1　船舰用铝合金的要求

目前，铝在船舶舰艇制造中的用量不多，就全世界来说，2013 年船舶舰艇制造中的用量仅占铝消费总量的 1.7% 左右。今后，铝在船舶舰艇中的用量会有较大增长，估计 2025 年前的年平均增长率在 7.5% 左右。

(1)舰船铝合金的化学成分

最早应用于船舶上的铝合金为含 Ni 的 Al – Cu 系合金，继而采用的是 2×××系铝合金，但这些合金主要的缺点是抗腐蚀性能差，因而也限制了其在造船中的应用。

20 世纪 30 年代，采用 6061 – T6 铝合金，并用铆接方法构造船体。40 年代，开发出了可焊、耐蚀的 5×××系铝合金，50 年代，开始采用 TIG 焊接技术，这一时期铝合金在造船上的应用进展很快。20 世纪 60 年代，美国海军先后开发出 5086 – H32 和 5456 – H321 铝合金板材、5086 – H111 和 5456 – H111 铝合金挤压型材，由于采用了 H116 和 H117 状态，消除了沿晶沉淀网膜，解决了它们的剥落腐蚀和晶间腐蚀问题，这是 60 年代船用铝合金开发取得的重大进步。随后，由于需要屈服强度更高的材料，于是在造船中又广泛应用了耐海水腐蚀性能良好的 6×××系铝合金，在较长的一段时间内，船体铝合金主要在 5×××系铝合金和 6×××系铝合金中选择。而苏联较多地选择了 2×××系铝合金作为快艇壳体材料。近些年来对中强可焊的 7×××系铝合金的研究日益增多，并取得了一些进展，已在造船中得到应用和发展。20 世纪 70 年代以后，船舶结构的合理化和轻量化越来越受到重视，大型舰船的上层结构和舾装件开始大量使用铝合金。为此，这一时期开发出许多上层结构和舾装用铝合金，其中包括特种规格的挤压型材、大型宽幅挤压壁板和铸件等。

在日本主要用 5083、5086 及 6N01 铝合金，而结构上使用的几乎全为 5083 铝合金，但镁的质量分数应控制在 4.9% 以下，以防应力腐蚀开裂(SCC)，美国用的是 5456 铝合金，其镁含量比 5083 铝合金的高，应采取防止应力腐蚀的热处理措施。

舰船用铝合金按用途可分为船体结构铝合金、舾装铝合金和焊接添加用铝合金，其 JIS 标准规定的化学成分如表 6 – 44 所示。表 6 – 45 为船体和舾装铝合金的特性。表 6 – 46 为其在船舶上的用途实例。

表6-44 JIS标准规定的船用铝用合金化学成分 w

%

类别	合金	Si	Fe	Cu	Mn	Mg	Cr	Zn	Ti	Al
船体用	5051	≤0.25	≤0.40	≤0.10	≤0.10	2.2~2.8	0.15~0.25	≤0.10		余量
	5083	≤0.40	≤0.40	≤0.10	0.40~1.0	4.0~4.9	0.05~0.25	≤0.25	≤0.15	余量
	5086	≤0.40	≤0.50	≤0.10	0.20~0.70	3.5~4.5	0.05~0.25	≤0.25	≤0.15	余量
	5454①	≤0.25	≤0.40	≤0.10	0.50~1.0	2.4~3.0	0.05~0.20	≤0.25	≤0.20	余量
	5456①	≤0.25	≤0.40	≤0.10	0.50~1.0	4.7~5.5	0.05~0.20	≤0.25	≤0.20	余量
	6061	0.40~0.8	≤0.70	0.15~0.40	≤0.15	0.8~1.2	0.04~0.35	≤0.25	≤0.15	余量
	6N01	0.40~0.90	0.35	≤0.35	≤0.25	0.40~0.80	≤0.30	≤0.25	≤0.10	余量
	6082①	0.7~1.3	0.50	≤0.10	0.40~1.0	0.6~1.2	≤0.25	≤0.20	≤0.10	余量
	1050	≤0.25	0.40	≤0.05	≤0.05			≤0.05	≤0.03	余量
	1200②	Si+Fe≤1.0		≤0.05	≤0.05	≤0.05		≤0.10	≤0.05	余量
舾装用	3203②	≤0.6	≤0.70	≤0.05	1.0~1.5			≤0.10		余量
	6063	0.2~0.6	≤0.35	≤0.10	≤0.10	0.45~0.9	≤0.10	≤0.10	≤0.10	余量
	AC4A③	8.0~10.0	≤0.55	≤0.25	0.30~0.6	0.30~0.6	≤0.15	≤0.25	≤0.20	余量
	AC4C③	6.5~7.5	≤0.55	≤0.25	≤0.35	0.25~0.45	≤0.10	≤0.35	≤0.20	余量
	AC4CH③	6.5~7.5	≤0.20	≤0.25	≤0.10	0.20~0.40	≤0.05	≤0.10	≤0.20	余量
	AC7A③	≤0.20	≤0.30	≤0.10	≤0.6	3.5~5.5	≤0.15	≤0.15	≤0.20	余量
焊接添加用	4043	4.5~6.0	≤0.80	≤0.30	≤0.05	≤0.05		≤0.10	≤0.20	余量
	5356	≤0.25	≤0.40	≤0.10	0.05~0.20	4.5~5.5	0.05~0.20	≤0.10	0.05~0.20	余量
	5183	≤0.40	≤0.40	≤0.10	0.50~1.0	4.3~5.2	0.05~0.20	≤0.25	≤0.15	余量

注：①5454、5456和6082铝合金的化学成分为国际标准规定的；②1200和3203铝合金中Cu的质量分数变为0.05%~0.20%时，即为1100和3003铝合金；③AC4A和AC4C铝合金中，Ni和Pb的质量分数在0.10%以下，Sn的质量分数在0.05%以下；AC4CH和AC7A铝合金中，Ni、Pb和Sn的质量分数都在0.05%以下；④舾装铝合金还包括5052铝合金。

表 6 – 45 舰船用铝合金的特性和用途

| 类别 | 合金 | 品种和状态 | | | 特性 | 用途 |
		板材	型材	铸件		
船体	5052	0、H14、H34	H112、0		中等强度，耐腐蚀性和成形性好，有较高的疲劳强度	上层结构，辅助构件，小船船体
	5083	0、H32	H112、0		典型的焊接用铝合金，在非热处理型铝合金中，强度最高，焊接性、耐腐蚀性和低温性能好	船体主要结构
	5086	H32、H34	H112		焊接性和耐腐蚀性与5083铝合金相同，强度稍低，挤压性能有所改善	船体主要结构（薄壁宽幅挤压型材）
	5454	H32、H34	H112		强度比5052铝合金高22%，抗腐蚀性比5083铝合金好，成形性一般	船体结构，压力容器，管道等
	5456	0、H321	H116		类似5083铝合金，但强度稍高，有应力腐蚀敏感性	舱底和甲板
	6061	T4、T6	T6		热处理可强化的耐蚀铝合金，强度高，但焊接缝强度低，主要用于与海水接触的螺接、铆接结构	上层结构，隔板结构，框架等
			T5		中强挤压铝合金，强度比6061铝合金低，但耐腐蚀性和焊接性好	上层结构（薄壁宽幅挤压型材）
舾装	1050、1200	H112、0、H12、H24	H112		强度低，加工性、焊接性和耐腐蚀性好，表面处理性高	内装
	3003、3203	H112、0、H12	H112		强度比1100铝合金高10%，成形性、可焊接性和耐腐蚀性好	内装，液化石油气罐的顶板和侧板

续表 6-45

类别	合金	品种和状态			特性	用途
		板材	型材	铸件		
	6063		T1、T5、T6		典型的挤压合金，强度低于6061铝合金，但挤压性能优良，可挤出截面形状复杂的薄壁型材，耐腐蚀性和表面处理性能好	容器结构、框架、桅杆等
舾装	AC4A			F、T6	Al-Si-Mg系热处理可强化铸造合金，具有高强度和高韧性，铸造性和可焊接性好	箱类和发动机部件
	AC4C、AC4CH			F、T5、T6、T61	Al-Si-Mg系热处理可强化铸造合金，具有良好的强度和可焊接性好，耐腐蚀性和可焊接性好	油压部件、箱类、发动机和电器部件
	AC7A			F	Al-Si系铸造合金，有良好的耐腐蚀性和阳极氧化性能，有较高的强度和韧性，铸造性较差	舷窗，把手及其他船用部件
	AC8A			F、T5、T6	Al-Si-Cu-Ni-Mg系铸造合金，具有良好的强度，耐磨性和铸造性，耐热性，热膨胀系数小	船用活塞

表 6 - 46　铝合金在船舶上的用途实例

用途	合金	产品类型
船侧、船底外板[1]	5083、5086、5456、5052	板、型材
龙骨	5083	板
肋板、隔壁	5083、6061	板
肋骨	5083	型板、板
发动机台座	5083	板
甲板[1]	5052[2]、5083、5086、5456、5454、7039	板、型材[3]
操纵室	5083、6N01、5052	板、型材
舷墙	5083	板、型材
烟筒	5083、5052	板
舷窗	5052、5083、6063、AC7A	型材、铸件
舷梯	5052、5083、6063、6061	型材
桅杆	5052、5083、6063、6061	管、棒、型材
海上容器结构材料	6063、6061、7003	型材
海上容器顶板和侧板	3003、3004、5052	板
发动机及其他船舶部件	AC4A、AC4C、AC4CH、AC8A	铸件

注：①日本渔船协会规定，船长大于 12 m 的船外板和露天甲板只限使用 5×××系铝合金；②渔船所使用的 A5052P - H112 铝合金花纹板；③大型宽幅挤压型材。

　　中国浙江巨科铝业有限公司生产的 5×××系船用铝合金板材的规格见表 6 -47，而其性能见表 6 -48，由于该公司的轧机为 1850 mm 系的，因此板材的最大宽度为 1700 mm，所生产的板材分别于 2012 年 6 月及 9 月通过挪威船级社（DNV）和中国船级社（CCS）认证。

表 6 -47　巨科铝业有限公司生产的舰船铝合金板材规格

合金	状态	厚度/mm	宽度/mm
5052	O	3 ~50	≤1700
	H32	3 ~8	≤1700
	H34	3 ~6	≤1700
5083	O	3 ~50	≤1700
	H112	3 ~17	≤1700
	H321	3 ~8	≤1700
	H34	3 ~6	≤1700

续表 6 – 47

合金	状态	厚度/mm	宽度/mm
5754	O	3 ~ 50	1700
	H32	3 ~ 8	1700
	H34	3 ~ 6	1700

表 6 – 48　浙江巨科铝业有限公司主要船舶用铝合金的力学性能

合金状态	厚度/mm	抗拉强度/($N \cdot mm^{-2}$)		屈服强度/($N \cdot mm^{-2}$)		伸长率/%	
		标准值 GB/T 3880.2 —2006	实测值	标准值 GB/T 3880.2 —2006	实测值	标准值 GB/T 3880.2 —2006	实测值
5052 – O	50	170 ~ 215	188	≥70	104	≥18	26
5052 – O	40	170 ~ 215	191	≥70	102	≥18	28.5
5052 – H32	8.0	210 ~ 260	215	≥130	148	≥10	20.0
5052 – H32	6.0	210 ~ 260	235	≥130	205	≥10	14.5
5052 – H34	5.0	230 ~ 280	235	≥150	194	≥7	10.5
5052 – H34	4.0	230 ~ 280	270	≥150	215	≥7	9.5
5754 – O	50	190 ~ 240	235	≥80	133	≥17	25.0
5754 – O	25	190 ~ 240	225	≥80	115	≥17	26.0
5754 – H32	8.0	220 ~ 270	235	≥130	140	≥10	25.0
5754 – H32	4.0	220 ~ 270	235	≥130	131	≥10	20.5
5754 – H34	3.0	240 ~ 280	245	≥160	160	≥10	23.5
5083 – O	60	275 ~ 350	295	≥125	141	≥14	22.0
5083 – O	25	275 ~ 350	290	≥125	141	≥14	23.0
5083 – H112	25	≥275	295	≥125	139	≥10	21.0
5083 – H112	8.5	≥275	290	≥125	130	≥10	25.5
5083 – H321	8.0	305 ~ 385	305	215 ~ 295	295	≥12	17.8
5083 – H321	4.0	305 ~ 385	340	215 ~ 295	215	≥12	23.5
5083 – H34	6.0	≥340	365	≥270	330	≥5	9.5
5083 – H34	3.0	≥340	345	≥270	270	≥5	6.5

在舾装铝合金中，经阳极氧化处理的 6063 – T5 铝合金挤压型材主要用于框架结构，H14、H24 的工业纯铝和 3203 铝合金等的板材主要用于舱室内壁等内装结构，铸造性能优良的 AC4A 和 AC4C 铝合金铸件主要用于舾装件。AC7A 铝合金具有很强的抗腐蚀性能，有望在舰船中应用，但它的铸造性能较差，铸件成本很高，在船舶上的使用少。

中强 Al – Zn – Mg 系铝合金热处理后的强度和工艺性能比 Al – Mg 系铝合金还优越，并且可焊接性能好，有一定的抗蚀性，受到造船业的青睐。例如舰艇的上层结构可以用 7004 和 7005 铝合金，装甲板可用 7039 铝合金。此外，该系合金还可以用来制作涡轮、引导装置、容器的顶板和侧板等。但无铜的 Al – Zn – Mg 系合金的缺点是对 SCC 较为敏感，而且焊缝对 SCC、剥落腐蚀和存放裂纹也较为敏感。

目前，在船壳体结构上用的铝合金主要是 5083、5086 和 5456，它们的力学性能、耐腐蚀性和可焊接性能都很好。挪威船业协会规定使用 5454 铝合金，其板材的抗拉强度与 5086 铝合金相同。而美国则主要采用 5456 铝合金，但最近在高速艇上使用更多的是 5086 – O 铝合金板材和 5086 – H111 铝合金挤压型材。

Al – Mg – Si 系铝合金由于在海水中会发生晶间腐蚀，所以主要用于船舶的上部结构。日本在舰船的上部结构中使用 6N01 – T5 铝合金，而美国则用 6061 – T6 铝合金大型薄壁型材。

(2)材料状态

铝合金的状态标志着材料的加工方法、内部组织和力学性能等，一般工程上会根据不同用途而采用不同状态的材料。船体结构用的 5×××系铝合金采用 O 和 H 状态，6×××系铝合金采用 T 状态，AC 系铸造铝合金采用 F 和 T 状态。

6.7.4.2 舰船用铝材的主要品种与特点

(1)舰船用铝合金的主要品种

船用铝合金产品的主要品种是板材、型材、管材、棒材、锻件和铸件。

1)板材

通常使用的板材有 1.6 mm 以上的薄板和 30 mm 以上的厚板。为减少焊缝，常使用 2.0 m 宽的铝板，大型船则使用 2.5 m 宽的铝板，长度一般是 6 m，也有按造船厂合同使用一些特殊规格的板材的。为防滑，甲板采用花纹板。

2)型材

舰船用的型材有以下几种：

高 40 ~ 300 mm 的对称圆头扁铝材；

高 40 ~ 200 mm 的非对称圆头扁铝材；

厚 3 ~ 80 mm，宽 7.5 ~ 250 mm 的扁铝材；

高 70 ~ 400 mm 的同向圆头角铝材；

高 35 ~ 120 mm 的反向圆头角铝材；15 mm × 15 mm ~ 200 mm × 200 mm 的等

边角铝材;

　　20 mm×15 mm~200 mm×120 mm 的非等边角铝材;

　　凸缘 25 mm×45 mm,腹板 40 mm×250 mm 的槽铝材;

　　60×200×8/5,60×15×5/4 左右的 T 形铝材。

　　除上述的一些常规型材外,舰船也使用一些特殊型材,还使用把加强筋与板材轧制(或挤压)成一个整体壁板的新型板材,它可以轧成平面形状或挤压成管状,管状可沿母线切开,然后拉成平面状。舰船使用的整体挤压壁板与飞机上用的相比,筋高、筋间距大,宽度 1~2 m,长 4~6 m,最长可达 15 m。采用整体壁板,可以调整外板和纵梁上的厚度,使应力分布最合理,从而得到合理的结构,减轻质量,减少焊接缝数量,降低焊接后翘曲程度。

　　3)管、棒及其他

　　在舰船上,通常用小直径铝合金管材制造管道,而大直径管材多用作船体、上层结构、桅杆的各种构件、梁柱(中空圆筒柱、中空角形柱)等。常用的管材外径 16~150 mm,管壁厚 3~8 mm。在对管路用管进行厚度选择时,既要考虑强度,又要注意腐蚀介质的影响程度。

　　棒材用直径 12~100 mm 的 5052、5056 和 5083 铝合金棒。锻件和铸件在舰船上的用量相对较少,主要用作一些机器构件。

　　中国船用铝合金的研究自 20 世纪 50 年代开始规划,60 年代以后形成船艇及装甲板用的铝合金系列,如 LF 系(相当于 5×××系)、LD30、LD31、919 铝合金、147 铝合金、北航研制的 4201 铝合金(与含 7% Mg 的 5090 铝合金相当)和东北轻合金加工厂研制的 180 铝合金(也称 2103 铝合金,与 5456 铝合金相当)。这种合金轧制难度较大,成品率较低;21 世纪以来已与国际接轨,多采用 5083 铝合金。

　　(2)舰船铝合金的特点

　　制造船舶舰艇使用的铝合金要求:对海水有相当强的抗腐蚀性;可焊性也令人满意,特别是有优秀的摩擦搅拌焊接性能;良好的可成形性能;可以挤制形状复杂的中空薄壁型材与宽大壁板;无低温脆性,强度与伸长率随温度降低而均衡上升;无磁性。

　　尽管铝合金有以上诸多优点,但在设计选材时应注意并充分考虑铝合金的以下事项:纵弹性模量仅约为钢的 1/3;热导率约为钢的 2 倍;热膨胀系数约为钢的 2 倍;常规焊接时的变形大,但在摩擦搅拌焊接时,几乎不发生变形;电极电位低,在海水中如接触异种金属会发生电解腐蚀,必须采取严密的防腐蚀措施;硬度不高,表面易受损伤;疲劳强度低,应避免应力集中(见图 6-66);熔点比钢低得多,仅为钢的 1/2。

　　由于铝的密度低,比强度大,在制造高速船艇方面有着独特的优势,与钢壳船艇相比,在强度相等的情况下,以铝合金结构质量约为钢结构的 50% 为妥。据

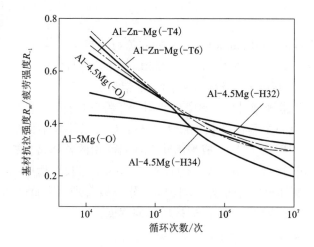

图 6 – 66　船艇铝合金的 R_m/R_{-1} 与循环次数的关系

计算，在制造一艘长 30 m、速度 56 km/h 的船时，铝合金船的装机功率为 1671 × 2 kW，玻璃钢（FRP）船的为 2014 × 2 kW，而钢船的则高达 1641 × 3 kW。

　　而且 FRP 与钢船的动力机舱室要比铝合金船的大 12% ~ 25%，也就是说，在性能相同时，铝船的造船成本、燃料费、维护费用等都比 FRP 和钢船的低一些，同时铝船报废后的可回收性比它们强得多，铝船对环境的友好性也比它们强。

　　舰船铝合金的性能依成分、状态的不同而有较大差别，在设计选材与强度校核时表 6 – 49 所列的强度可供参考，也可以按有关标准进行。

表 6 – 49　铝合金船结构选材时的参考性能

铝合金	抗拉强度/MPa	屈服强度/MPa	焊接部位屈服强度/MPa
5083 – O	277	127	127
5083 – H112	277	108	127
5083 – H32	304	216	127
6N01 – T6	245	206	98
5456 – H116[①]	304	216	179

注：①美国 ASTM 标准，其他的为日本 JIS 标准。

　　设计铝合金船时对铝合金疲劳强度较低与对应力集中敏感的必须予以足够的注意。因为铝的应力扩展系数与其正弹性模量平方根成比例，其疲劳强度比钢的低。通过热处理改变铝合金的状态可以提高其抗拉强度与屈服强度，可是它的疲劳强度并未得到相应的提高。图 6 – 67 为铝合金的疲劳强度与抗拉强度的关系。因此,对船体部位受负载次数多的部位的选材应予以充分考虑。

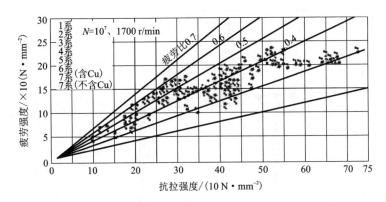

图 6 – 67　铝合金的疲劳强度与抗拉强度的关系(砂布抛光试样)

(3)舰船常使用的铝合金挤压型材

6×××系的 6063、6N01、6082 铝合金等有着优秀的可挤压性能,可以挤制宽薄带肋壁板,可用于制造舰船外板、甲板等,可简化制造工艺与进一步减轻结构质量,同时也可以减少焊接变形并使共易于组装。中国拥有世界上最多的大挤压机,2013 年底有 45 ~ 160 MN 的大挤压机 86 台,其中有从德国西马克集团梅尔公司引进的 150 MN 的(兖矿轻合金有限公司)与 160 MN 的(利源铝业有限公司)各 1 台,可挤压宽度达 1100 mm 的特大型材。我国正在制造 225 MN 的超大挤压机,可挤压更宽的型材,用两三块这样的型材即可焊成一条小型舰船的壳体。太重锻压设备分公司于 2013 年年末在太重天津滨海基地制造的世界最大的 225 MN 挤压机已进入设备整合集成阶段。

日本挤压铝材产业挤出的Ⅱ形舰船铝型材及其他型材断面如图 6 – 68 ~ 图 6 – 70 所示,造船产业利用这些型材精心设计,制造出了结构合理、质量更轻的铝合金舰船。这种Ⅱ形型材的"底板"上有 2 个高的肋,"底板"是变断面的,中间部分薄一些,与肋(筋)连接部分厚一些,因而应力分布均匀,实现了最大轻量化。

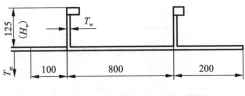

图 6 – 68　Ⅱ形挤压舰船铝型材

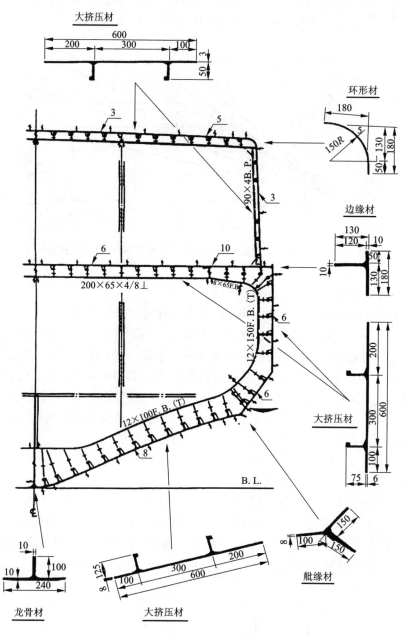

图 6-69 铝合金船体结构

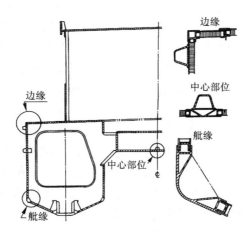

图 6-70　全铝拖网渔船野菊花Ⅶ号的中心横断面结构

　　日本在建造铝合金舰船时值得我们借鉴的经验，不是把眼睛盯在高强度材料上，而是采用结构合理的大型材，在结构质量与强度相等的情况下，达到最大轻量化。他们在制造全长 66 m，满载排水量 770 t 的水翼船的船底时，原设计采用 5456 - H116 铝合金（屈服强度为 167 MPa），后改用易生产的价格较低的 5083 - H112 铝合金（屈服强度为 110 MPa）Ⅱ 形型材，船底质量减轻了 75%，同时制造工艺简单，维修方便，取得了可观的经济效益。

6.7.4.3　我国船舰铝合金的应用发展

　　我国船用铝合金的研究和应用起点较高。经过 60 多年的努力，经历了引进、仿制、自主研发等阶段，已成功应用于舰艇等装备和各类高性能的民船。

　　（1）引进仿制

　　50 年代进入规划。50 年代中期，开始采用苏联硬铝合金建造大型潜艇等舰艇的上层建筑。

　　1959 年，首次采用苏联硬铝合金建造了 1 艘长江水翼客艇的铆接艇体。

　　1962 年到 1966 年，沪东造船厂研制完工小型快艇，并首次采用国产 LYI2 硬铝合金板材铆接艇体和上层建筑。60 年代以后，形成船艇及装甲板用铝合金系列，如 LF 系、LD30、LD31、2103（与 5456 相当）、北航研制的 4201 合金（与含 7% Mg 的 5090 相当）和东北轻合金加工厂研制的 180 合金等。70 年代已建成铝合金鱼雷快艇多只。

　　（2）自主研制

　　80 年代，我国研制成功的耐蚀、可焊船用铝合金 LF16（5A01）、LF15，其性能指标均已达到和超过国外同类产品，并已列入国家军用标准，是我国铝合金焊接船建造推荐使用材料。80 年代初,洛阳 725 研究所研制出新型铸造铝合金 ZL115,为 $Al_2Si_2Mg_2Zn$ 系,是在 $Al_2Si_2Mg_2Cu$ 系铸造铝合金 ZL105 的基础上发展起来的。改进型合金 ZL115A 已列入船标 CB 1195288,并已在专用产品中应用。1982 年,七二五研究所与东北轻合金、西南铝合作,成功研制出较高屈服强度的耐蚀可焊铝 - 镁系 2101 合金及其配套焊丝($SAlMg_6Zr$),并试用于深潜器浮力球等产品。

80 年代,我国制造出铝合金巡逻艇、铝合金舢板(广州约 50 只)和游艇(哈尔滨飞机制造公司制造数十只)。1992 年,东北轻合金加工厂在汕头经济特区成立东汕铝合金联合公司,生产多型号的铝合金游艇、小型运输艇和交通艇。但因对铝合金船缺乏系统认识,没系统安排和重点投资,我国的铝合金船仅仅作为暂时性产品,未能形成规模生产,其发展和推广进行得非常缓慢。

(3)创新开发

现在,对船舰用铝合金的研发重点集中于研究添加微量元素对铝镁合金腐蚀性能的影响。例如,单独加 Zr 能显著提高 Al - Mg - Mn 合金强度,改善合金强度和塑性的配合。Sc 和 Zr 的添加未引起合金耐剥蚀性能的明显下降,但能提高强度。文献中指出,模拟海水中 Al - 6Mg - Zr 和 Al - 6Mg - Zr - Sc 合金都会发生点蚀,添加 Sc 元素的 Al - 6Mg - Zr - Sc 合金力学性能显著提高,且比 Al - 6Mg - Zr 合金表现出更好的耐蚀性。

我国沿海、沿江地区渔业和水上运输对小型船艇需求量巨大,10 t 级船总需求量每年不少于 1 万只。此外,香港、新加坡、泰国和越南等东南亚沿海国家和地区需要的铝合金船数量也很大,其总数不会少于中国。因此,铝合金船在我国是有市场的,铝加工厂可和用户联合开发各种铝合金船,推广使用。

为满足造船工业对铝材的需求,普基铝业公司组建了船舶铝材公司(Pechiney Marine),主要提供游轮、液化天然气船、海岸巡逻艇、钓鱼船、快艇和石油平台制造所需的各种铝材。普基铝业公司是世界上最大的高速船铝材供应者,一条 100 m 长的高速船需要 400 t 高附加值铝材。

目前,中国已成为铝及铝加工产品生产消费大国,中国造船业的崛起与强大,为中国的铝加工提供了机遇与挑战,加强新技术的开发,满足市场前景广阔的舰船与高速艇等船舶工业对铝材的应用与需求,不断拓宽国际市场空间,是未来的发展方向。

7 铝合金在建筑业的应用开发

7.1 概述

从应用领域来看,建筑业是中国铝加工材的第一大应用消费领域,消费量逐年增长,远远超过其他领域消费量,但伴随着2018年中国大范围房地产限购政策的出台,铝加工材在建筑领域的消费有所放缓。据相关数据报道,2009年,建筑行业用铝材占总消费量的63%以上。分地区看,2009年北美、欧洲等发达地区铝型材在工业领域的消费平均比重已经超过50%,而中国铝型材在工业领域的消费量仅32%,工业领域的消费比例相对较低;但是,近些年,中国铝型材在工业领域的消费量迅速增长,其中在建筑业的增长幅度最大。自2009年以来,我国建筑用铝型材产量逐年增加,到2014年已超过1000万t,2018年产量约1386万t。

7.1.1 铝挤压材在建筑业应用的意义

铝合金挤压材在建筑业中主要用于:各种设施和建筑物构架、屋面和墙面的围护结构、骨架、门窗、吊顶、饰面、遮阳等装饰与结构;公路、人行和铁路桥梁的跨式结构、护栏,特别是通行大型船的江河上的开启式桥梁;市内立交桥和繁华市区横跨街道的天桥;建筑施工脚手架、踏板和水泥预制件模板等。

铝合金型材在建筑业上的应用已有100多年的历史。早在1896年,加拿大蒙特利尔市的人寿保险大厦就装上了铝制飞檐;1897年和1903年,罗马的两座文化设施都采用了铝屋顶;1931年,美国科布西埃设计的多米洛住宅,是世界上第一个铝住宅;铝合金受力结构件的第一次应用是1933年美国匹兹堡的市内桥梁,由槽钢组成大梁,通道使用铝板,使用寿命长达34年。

第二次世界大战后,尤其是在19世纪60年代,第三次工业革命浪潮的冲击下,由于新理论、新技术、新材料、新工艺的日新月异,铝的消费由军事工业转向建筑及轻工等民用工业,铝建筑结构材料、附件不断完善,掀起了铝在建筑业上应用的高潮。

目前,在许多国家,建筑业是铝材的三大用户(容器包装业、建筑业、交通运输业)之一。其用量占世界铝总消费量的20%以上。在我国,建筑也是铝消费的第一大领域。统计数据表明,从2007至2015年,我国建筑领域的铝消费量占铝型材的比例基本稳定在 30% 左右。据报道，2009 年我国建筑铝型材和工业铝型材产量分别是 496 万 t 和 233 万 t。2010 年中国铝型材产销量超过 1000 万 t，其中建筑铝型材消费量突破 600 万 t。2018 年中国铝挤压材产量达到 1980 万 t，同比增长 1.5%。

近年来，我国快速增长的建筑及房地产业是最大的铝型材消费领域，约占国内铝型材消费总量的 68%。在建筑铝型材的分品种消费领域中，铝合金门、窗、幕墙型材又是主体部分。

住房和城乡建设部政策研究中心公布的《2020 年中国居民居住目标预测研究报告》中提到，"2020 年我国城镇人均住房建筑面积预计 35 m²"（2005 年底，我国人均住宅建筑面积为 26.11 m²）。因此，未来较长时间内，每年都需要新增大量住宅。

按照 2011—2020 年共新增建筑面积 200 亿 m² 计算（测算时按照门窗面积占房屋建筑面积的 15%，我国门窗材质约有 55% 使用铝合金，每平方米门窗需要 8 kg 建筑铝型材），则 2011—2020 年新增住宅对建筑铝型材的年均需求为 132 万 t。

国家工业和信息化部 2016 年 9 月 28 日发布的《有色金属工业发展规划（2016—2020 年）》中明确提出，到 2020 年中国电解铝消费量预计将达到 4000 万 t，"十三五"年均增长率将达到 5.2%。

同时，从国际经验看，当一国人均住房面积大于 25～35 m² 时，该国旧有建筑更新将进入高速增长阶段。我国至 2020 年都将处于该阶段。以我国现有各类建筑面积 450 亿 m² 为例，每年约有 10% 即 45 亿 m² 的建筑需改造，大约折合 6.75 亿 m² 的门窗需改造，按 55% 的门窗材质为铝合金计算，每年约需建筑铝型材 297 万 t。

随着新农村和小城镇的大规模建设，建筑铝型材产业的规模效应显现，使得建筑铝型材价格逐渐降低，良好的性价比使得建筑铝型材在我国农村广泛应用。2015 年，我国新农村和小城镇新增建筑面积的比重将与城市新增建筑面积相当，约达 35 亿 m²，至少可为建筑铝型材带来约 100 万 t 的新增市场空间。

建筑铝型材消费量仍将长期需求旺盛。受益于城市化进程加快、旧有建筑改造更新，建筑铝型材消费量仍将保持快速增长。特别是国内二三线城市、小城镇和农村市场将逐渐成为铝型材消费的主要市场。预计未来几年，建筑铝型材还将保持较为平稳的增长。

特别值得提及的是，近些年，我国大力提倡建筑物的节能减排，隔热铝合金门窗也获得极大的推广和应用，特别是在高档建筑物上的应用。这种铝门窗框配上中空双层玻璃的方式，大大提高了门窗的保温性能，既节省能源，隔音效果又好。目前，与木质、钢质和塑料门窗相比，铝合金门窗仍占绝对优势。

建筑节能是中国节能的重点领域之一。铝材具有轻量化、结构性能优越、重复利用性好、低碳环保、价格合适等优点，同时可以大量减少木材等不可再生资源的使用。因此，推广铝在建筑及结构领域的应用，既可满足建筑行业节能环保的要求，又可化解目前电解铝产能过剩的困局。

总之，在建筑业上采用铝合金结构件可以达到以下目的：

(1)减轻建筑结构的重量；

(2)减少运输费用和建筑安装的工作量；

(3)提高结构的使用寿命；

(4)改善高地震烈度地区的使用条件；

(5)扩大活动结构的使用范围；

(6)改善房屋的利用条件；

(7)保证高的建筑质量；

(8)提高低温结构工作的可靠性。

因此，国内外建筑师越来越广泛地采用铝合金作为建筑结构材料。

7.1.2 建筑用铝合金

7.1.2.1 建筑用铝合金及状态

6061 和 6063 铝－镁－硅系合金，是当代建筑业广泛使用的铝合金。据统计，国外 70% 的 6063 合金型材是用于门窗、玻璃幕墙。此外，建筑铝结构用铝合金还有：铝－镁系、铝－锰系、铝－铜－镁－锰系、铝－镁－硅－铜系、铝－锌－镁－铜系等多种系列铝合金。常见的建筑铝结构用铝合金牌号及状态见表 7－1。

表 7－1　建筑铝结构用铝合金牌号及状态

结构	合金性质		合金牌号、状态
	强度	耐蚀性	
围护设施	低	高	1035、1200、3A21、5A02M
	中	高	6061T6、6063T5、3A21M、5A02M
半承重结构	低	高	3A21M、5A02M、6A02T4
	中	高	3A21M、5A02M、6A02T6、6A02T4、6A02－1T4、6A02－2T4
	高	高	5A05M、5A06M、6A02－1T6、6A02－2T6
承重结构	中	中、高	2A11T4、5A05M、5A06M、6A02T6、2A14T6、6A02－1T6
	高	中、高	2A14T6、6A02－2T6、2A14T4、7A04T6、2A12T4

7.1.2.2 建筑用铝合金结构特点

(1)铝合金作为建筑结构材料的优点

铝合金作为一种建筑材料，具有一系列其他建材不可替代的优点。

1)重量轻，比强度高。钢密度为 7.85×10^3 kg/m³，铝合金密度为 2.78×10^3

kg/m³，大致为钢材的 1/3。常用的 6000 系列铝合金材料的强度比一般常用碳素钢的强度还要高。如 6061 - T6 型铝合金的屈服强度为 245 MPa，抗拉强度可达 265 MPa，已超过 Q235 钢的强度指标。高强度铝合金型材，如 70XX - T6 系列的屈服强度可达 300 MPa，甚至 500 MPa 以上。因此，采用铝合金代替钢材或者混凝土可以大大减轻结构自重。由于上部结构较轻，不但降低了施工强度、缩短了施工周期，而且对基础的要求降低，减少了下部结构的建造费用。铝合金自重轻有利于将工厂建设在原料产地附近，适于孤岛、沙漠、高原、高寒等各种恶劣环境。在安装工艺上，铝合金结构采用高空散装，相对于钢结构的吊装，对施工场地的要求更低。

2）回收利用率高。在工业用金属中，铝合金具有很强的抗腐蚀性能，在建筑物使用期间，几乎没有腐蚀损失，是回收率最高的金属材料之一。欧洲铝业协会研究表明，欧洲建筑物中铝的平均回收率为 95.7%，最高达 98%，而钢铁的回收率最高仅为 68.7%。

3）材料损耗低。由于铝合金结构采取工厂化的精密加工，平方耗材上比钢结构少 30%，可节省资源，降低成本。

4）耐低温。在低温下铝合金的拉伸性能提高、韧性改善、疲劳强度增加。铝合金的拉伸强度和屈服强度随温度的降低而升高，并且拉伸强度的增加比较明显，在 20 K 以下增加停止，因此可用于制造寒冷地区的建筑结构。

5）耐腐蚀。铝合金结构在建造游泳馆和溜冰场时发挥着其他材料不可比拟的优势。在游泳馆中水汽蒸发很严重，特别是池水中的消毒成分蒸发后会严重腐蚀管内的其他金属材料，如果游泳馆采用钢结构，势必会影响整个场馆的稳定性。而铝合金结构耐腐蚀，可以很好地抵御水蒸气的侵蚀，而且美观耐用。因此在建造多功能体育场馆、溜冰场和各种配套商业设施及其他各种大型民用公共建筑工程时的应用也相当广泛。

6）丰富工业建筑的外形和立面。铝合金材料的可塑性强，采用独特的挤压工艺可制作出具有复杂截面的构件，使截面形式更加合理，也可充分实现建造师的意图，做出弧形或者异形的建筑外观，以满足复杂建筑造型的要求。

7）更加符合"绿色工房"的趋势。铝合金对于各种波长的光线具有良好的反射率，外观色泽好。由于铝合金屋盖对阳光有高反射率，可保证建筑内部环境冬暖夏凉。铝合金面板易于锁边和咬合，能增强建筑物的密闭性，降低能耗。铝合金材料是工业厂房建筑朝着绿色、环保、节能、降耗方向发展的必然选择。

（2）采用铝合金结构需注意的问题

铝合金结构具有诸多优点，但与钢结构相比也有着自身的不足，在铝合金结构设计和方案选型时需要注意以下几点。

1）铝合金构件连接点的处理和防腐蚀。因铝合金构件与其他金属接触时会发生电化学腐蚀，所以铝合金的机械连接主要有不锈钢螺栓连接、镀锌螺栓连接和铝合金螺栓连接。由于高强度螺栓内部强大的预应力会使与螺栓头、螺栓母相接触的铝合金构件表面损伤,因此,铝合金构件不宜采用有预拉应力的高强度螺栓。

2)铝合金焊接热影响区对结构有不利影响。铝合金焊接后在热影响区的材料强度折减严重,一般规定主要受力构件应采用机械连接而不选择焊接,设计和施工中应予以高度重视。铝合金焊接工艺复杂、控制难度大,非常容易造成表面和内部缺陷。表面缺陷有表面裂纹、气孔、咬边、未焊透和烧穿等,内部缺陷有气孔、裂纹、夹渣及未熔合等。

3)铝合金材料弹性模量低,需要注意铝合金结构的变化和稳定。铝合金的弹性模量约70 GPa,仅为钢材的1/3,因而采用铝合金建造的结构,变形和稳定性是常见的问题,而且往往成为结构设计中的控制因素,一般可通过增大截面的几何尺寸来弥补材料刚度的不足。

4)温度敏感性比较强。铝合金的热膨胀系数在常温下约2.3×10^{-5}/℃,是钢材的两倍,铝合金结构对温度的变化(主要是升温)敏感,且随着温度的升高,铝合金热膨胀系数也逐渐增大,在200℃时可达到2.6×10^{-5}/℃。当铝合金构件不受约束时,由温度变化引起的变形更大,在铝合金结构的构件及支座设计、施工时必须加以注意。但是由于铝合金的弹性模量低,铝合金构件受到约束时,温度变化引起的变形仅为同条件下钢结构构件的2/3。

7.1.2.3 建筑铝结构的主要类型

建筑铝结构有三种基本类型,即围护铝结构、半承重铝结构及承重铝结构。

(1)围护铝结构

围护铝结构指各种建筑物的门面和室内装饰广泛使用的铝结构。通常把门、窗、护墙、隔墙和天蓬吊顶等的框架作为围护结构中的线结构,把屋面、天花板、各类墙体、遮阳装置等作为围护结构中的面结构。线结构使用铝型材;面结构使用铝薄板,如平板、波纹板、压型板、蜂窝板和铝箔等。

(2)半承重铝结构

随着围护结构尺寸的扩大和负载的增加,该结构将起到围护和承重的双重作用,这类结构称为半承重结构。例如,跨度大于6 m的屋顶盖板和整体墙板,无中间构架的屋顶,盛各种液体的罐、池等。

(3)承重铝结构

从单层房屋的构架到大跨度屋盖都可使用铝结构做承重件。从安全和经济技术的合理性考虑,往往采用钢玄柱和铝横梁的混合结构。

7.1.2.4 围护铝结构型材的应用类型

窗门、护墙、隔墙和天花板的框架和玻璃幕墙等线结构,所用的铝材是挤压型材,型材断面形状和尺寸不仅应符合强度和刚度要求,还应满足镶装其他材料(如玻璃)的要求。薄铝板可以同型材一起使用,例如,做屋顶和带筋墙板、花纹板、压型板、波纹板、拉网板等。

围护铝结构所使用的铝合金型材一般是 Al – Mg – Si 系合金（6061、6063、6063 – 1、6063 – 2），目前，低合金化的 Al – Zn – Mg 系合金也得到推广使用。

大型薄壁空心型材的组装，应使用嵌块方式。嵌块可防止组装时型材外形的变形。模块镶入方式如图 7 – 1 所示。围护铝结构用挤压型材的典型断面如图 7 – 2所示。

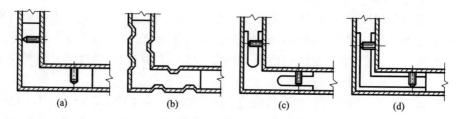

图 7 – 1　装有嵌块的空心型材角连接方式

（a）螺丝整体嵌块；（b）型材壁局部变形；（c）推力型嵌块；（d）推力型分片块

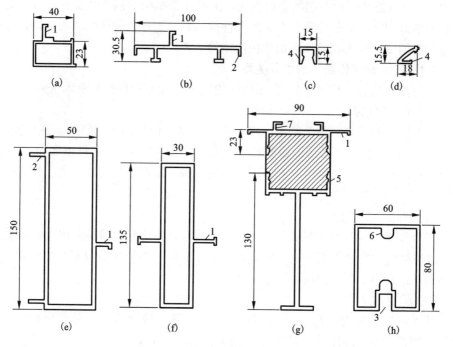

图 7 – 2　围护用挤压铝型材类型

（a）窗扇梃；（b）、（c）镶各种玻璃的框架立柱；（d）镶双层玻璃的框架立柱；
（e）隔墙玻璃的框架槛；（f）、（g）固定玻璃和其他板件的压条；（h）滚式门梃

7.2　铝合金在门窗、幕墙上的应用开发

目前，在我国的建筑门窗产品市场上，铝门窗产品占据比例最大，约为55%。铝材用于门窗起源于20世纪50年代初期的德国，在中国大量使用铝合金门窗，始于20世纪80年代改革开放，每年都有数亿平方米的建筑物拔地而起。据中国金属结构协会铝门窗委员会统计，2003年我国的铝合金门窗产量为2.8亿m^2，2005年为3.2亿m^2，2007年为3.65亿m^2，2010年为4.5亿m^2，中国是名副其实的门窗生产大国。门窗作为建筑物不可或缺的组成部分，得到了空前的发展。预计到2020年，我国的铝合金门窗需求将达到10亿m^2，节能型门窗将占70%以上。

7.2.1　铝合金门窗的特点及发展历史

7.2.1.1　铝合金门窗的特点

（1）铝合金门窗的特点

铝合金门窗是指采用铝合金建筑型材制作框、扇杆件结构的门、窗的总称。铝合金门窗作为建筑门窗的一种，是工业与民用建筑的重要组成部分，围护作用是它们的基本功能。一般门窗面积约占整个建筑面积的1/5～1/4，造价占建筑总造价的12%～15%。

铝合金门窗一般由门框、门扇、玻璃、五金件、密封件、填充材料等组成。

铝合金门窗具有较强的防锈能力，使用寿命长、外形美观，还具有密封、防水等性能。随着近年来新技术的出现，困扰铝门窗发展的一些技术问题，已得到较好的解决。如：采用断热型材，较好地解决了保温、隔热性；采用表面新的镀膜技术（如氟碳喷涂），解决了铝门窗镀膜、着色等问题。可以预见，随着经济发展，高档铝门窗必将会在建筑门窗中占据主流地位。这一点在西方和发达国家中已有很好的体现。如：日本高层建筑有98%采用铝合金门窗，建筑用铝占铝型材产量的84%；美国建筑用铝占铝型材产量的66%。

（2）铝合金门窗与其他门窗的比较

目前，建筑市场主要采用以下几种门窗品种：木门窗、铝合金门窗、钢门窗、塑料门窗。其他品种有：钢木门窗、铝木门窗、镀锌彩板门窗、不锈钢门窗、玻璃钢门窗等。表7-2列出了几种应用较多的门窗的优缺点、适用范围及前景预测。

表 7 - 2　几种门窗的优缺点及适用范围比较表

门窗材料	优点	缺点	适用范围	前景预测
铝合金	质轻，强度高，密封性好，防水好，变形小，维修费用低，装饰效果好，便于工业化生产	一般门窗导热系数大，保温性能差；高档门窗性能优越，但造价较高	适用于各类档次较高的工业、民用建筑工程	前景广阔
钢	强度大，刚性好，耐火程度高，断面小，采光好，价格低	导热系数大，保温性能差，焊接变形大，密封性差，易锈蚀，寿命短	多用于工业厂房，仓库及不高的民用建筑	市场份额逐渐降低
塑料	质轻，密封性好，保温，节能效果好，不腐蚀，不助燃，工艺性能好	易变形，抗老化性能差，不能回收，污染环境	民用建筑和地下工程	只有解决了老化、变形和环保问题后，才有使用前景

7.2.1.2　我国铝合金门窗的发展历史

回顾我国铝合金门窗产业的发展历史，可以分为以下三个阶段。

（1）第一代铝门窗：20 世纪 80—90 年代，拿来主义门窗

中国铝合金门窗的历史起源于 20 世纪 80 年代，随着我国改革开放的实行，80 年代初期，中国从日本、意大利、德国、中国台湾引进了一大批挤压设备，以及铸锭熔炼、挤压、阳极氧化、门窗制造等一系列产品，这些引进的设备主要装备在国有企业。另外，门窗图纸、断面模具、加工设备等也几乎全部是进口。全国引进的铝型材门窗生产线主要来自日本、德国。当时的产品应该说走了很大的捷径。这一时期的门窗主要以 70、90 系列推拉窗为主，另外还有 45 系列的平开窗、铝幕墙等，主要用来配合当时的建筑市场。

（2）第二代铝门窗：1990—1995 年，自主"改进"门窗

随着改革开放的进一步深入，90 年代初期，铝型材生产企业、门窗企业如雨后春笋一般大量出现，发展不同的所有制企业争先上设备，导致竞争加剧。而国家标准、法规的制定是在 90 年以后，极其滞后。竞争的结果不是提高了产品质量，而是不顾产品质量而竞相减少单位面积铝材的使用量，以此降低成本。同时，与门窗相关的五金配件、密封胶条等辅助配件的质量更是无法控制。很多生产厂家将产品质量置之度外，一味地努力降低成本，使得门窗的最终质量没有保障，导致铝合金门窗的发展受到了塑料门窗的挑战。

（3）第三代铝门窗：新型节能铝门窗的开发利用

从 20 世纪 90 年代中期到末期，塑料门窗在中国市场蓬勃发展。然而好景不长，塑料门窗由于本身的局限性，无法承担大面积使用的功能。如材料容易老

化、结构的承载力不够、不能制作幕墙、颜色单一等。与此同时，新型节能型铝合金门窗的研发，弥补了这方面的不足。在表面处理的多样化、门窗的开启方式、耐用性能、系统兼容性方面，应用范围不断扩大。国家建筑节能法规的实施，对门窗的隔热性能提出了具体的要求。如北京地区要求门窗的综合隔热系数小于 $2.8\ W/(m^2 \cdot K)$。从 2000 年开始，以断桥隔热门窗为主的新型铝合金门窗被广泛用于大中城市的房地产开发项目中。以北京为例，2008 年在所有商品房中，断桥隔热门窗已经占据 85% 的市场份额。

7.2.1.3 铝合金门窗常用种类

铝合金门窗简称铝门窗，按开启方式分类如下。

铝合金门：平开门、推拉门、弹簧门、折叠门、卷帘门、旋转门等。

铝合金窗：平开窗、推拉窗、固定窗、上悬窗、中转窗、立转窗等。

7.2.1.4 铝合金门窗的标记方法示例

（1）标记方法

铝合金门窗标记方法见图 7 - 3。

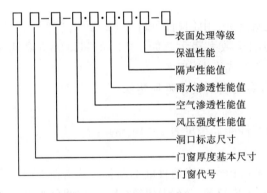

图 7 - 3　铝合金门窗标记方法

（2）标注示例

标注示例：PLC60 - 1821 - 3000·1.0·450·35·0.25 - Ⅱ。

其中：PLC——平开铝合金门；

60——窗的厚度基本尺寸为 60 mm；

1821——洞口宽度为 1800 mm，洞口高度为 2100 mm；

3000——抗风压强度性能值为 3000 Pa；

1.0——空气渗透性能值 1.0 $m^3/(m \cdot h)$；

450——雨水渗透性能值 450 Pa；

35——空气声计权隔声值 35 dB；

0.25——保温性能传热阻值 0.25 m² · K/W；

Ⅱ——阳极氧化膜厚度为Ⅱ级。

7.2.1.5 铝合金门窗的基本尺寸

(1)厚度基本尺寸

铝合金门窗系列主要按门窗厚度尺寸分类,如 70 系列推拉窗、100 系列铝合金门等,其基本尺寸见表 7 - 3。

表 7 - 3　铝合金门窗厚度基本尺寸(系列)

类别	厚度基本尺寸(系列)/mm
门	40、45、50、55、60、70、80、90、100
窗	40、45、50、55、60、65、70、80、90

注:市场中的铝门窗系列可能和上表不完全相符,如市场中有 53 系列平开窗、46 系列弹簧门等。

(2)洞口尺寸的标注

门窗洞口的规格型号,由门窗洞口标志宽度和高度的千位、百位数字,按前后顺序排列组成的四位数字表示。如:当门窗洞口的宽度为 1000 mm,高度为 1800 mm 时,其标志方式为 1018。

7.2.1.6 铝合金门窗的技术性能指标

(1)强度性能

铝合金门窗强度性能等级见表 7 - 4 中的 A 行。

(2)气密性

气密性是铝合金门窗空气渗透性能的简称,是指在 10 Pa 压力差下的单位缝长空气渗透量,国标 GB 7107—86 中建筑外窗气密性分级见表 7 - 4 中的 B 行。

(3)水密性

水密性指外窗的雨水渗漏性能,是以门窗雨水渗漏时,内外压力的差值来衡量的。性能分级及检测方法详见国标 GB 7108—86,水性分级见表 7 - 4 中的 C 行。

表 7 - 4　铝合金门窗抗风强度、空气渗透性能和雨水渗漏性能分级

等级			Ⅰ	Ⅱ	Ⅲ	Ⅳ	Ⅴ	Ⅵ
A	抗风强度 W_G	Pa	3500	3000	2500	2000	1500	1000
B	空气渗透性能	%[m³/(m·h)]	0.5	1.5	2..5	4.0	6.0	
C	雨水渗漏性能	Pa	500	350	250	150	100	50

（4）启闭力

安装完毕后，窗扇打开或关闭所需外力应不大于 50 N。

（5）隔声性

一般铝合金窗隔声量约 25 dB，高隔声性能的铝合金窗，隔声量为 30 ~ 45 dB。其分级及检测方法见国标 GB 8485—87。

（6）隔热性

一般用窗的热对流阻抗来表示隔热性能。国家标准 GB 8484—87 中建筑外窗保温性能分级见表 7 - 5。

表 7 - 5　铝合金门窗保温性能分级

等　级	传热系数 $K/[\mathrm{W} \cdot (\mathrm{m}^2 \cdot \mathrm{K})^{-1}]$	传热阻尼/$(\mathrm{m}^2 \cdot \mathrm{K} \cdot \mathrm{W}^{-1})$
I	≤2.0	≥0.5
II	2.0 ~ 3.0	0.333 ~ 0.5
III	3.0 ~ 4.0	0.25 ~ 0.333
IV	4.0 ~ 5.0	0.2 ~ 0.25
V	5.0 ~ 6.0	0.156 ~ 0.2

国内市场上，高档铝合金门窗隔热性能一般为 III 级，而国外高档门窗已经接近 I 级水平，传热系数 K 为 2.0 左右。

（7）主要附件耐久性

一般指锁、合页、铰链、导向轮等关键附件，其使用寿命应与铝门窗相适应。

7.2.1.7　铝合金门窗的主要结构

铝合金门窗主要是由铝合金型材、玻璃、密封材料和一些连接件组成的。

（1）铝合金型材

铝合金建筑型材是铝合金门窗的主材，目前使用的主要材料是 6061、6063、6063A 等铝合金，均是高温挤压成形，快速冷却并人工时效（T5 或 T6）状态的型材，表面经过阳极氧化（着色）或电泳涂漆、粉末喷涂、氟碳喷涂处理。GB/T 5237—2000 对铝合金建筑型材的成分和质量做了详细规定。

（2）玻璃

1）平板玻璃

平板玻璃主要有两种，即普通平板玻璃和浮法玻璃。绝大多数铝门窗采用的都是浮法玻璃，其特点是表面平整，无波纹，"不走像"。

2）钢化玻璃

钢化玻璃是将玻璃热处理，其抗冲击能力是普通玻璃的 4 倍左右，且破碎时成小颗粒，对安全影响小，是一种安全玻璃。一般公共场所和人员常出入的地方，规定都要采用钢化玻璃。

3）中空玻璃

中空玻璃是在两片或多片玻璃周边用间隔框（内含干燥剂）分开，并用密封胶密封，使玻璃层间形成有干燥气体的玻璃。其特点是保温、隔热、隔声性能大大提高，且冬季不结霜。高性能铝合金门窗都须采用中空玻璃。

4）其他

吸热玻璃、镀膜玻璃、夹丝玻璃以及夹层玻璃等玻璃品种也在铝合金门窗中广泛使用。

7.2.1.8　铝合金门窗的性能介绍

铝合金门窗的性能可以分为4部分：基本性能、中级性能、高级性能和智能化。

（1）基本性能

基本性能的门窗为满足国家基本三大性能指标的门窗。抗风压性能、雨水渗透性能和气密性这三大性能标准是国家推行的强制化标准，门窗必须满足这些设计标准。

（2）中级性能

中级性能的门窗是在满足初级性能的基础上，必须满足门窗的隔声性能、隔热性能、防盗性能、防风性能、启闭力、装饰性及整体耐用性能要求。这些要求，业主与门窗供应商之间可以约定，也可以不约定，如果约定，即为强制性标准。

（3）高级性能

高级性能的门窗是在中级性能的基础上，满足舒适性要求，如美誉度、艺术性、耐久性能、材料的环保性能、可回收再利用等。

（4）智能化

智能化门窗是在中高级性能的前提下，增加智能化电子控制器，如生物质能、电子控制、太阳能利用、电动开启、自动防风雨等。

此外，有的还需要具有特殊性能，如门窗具有防弹防爆性能等（主要用于使馆等特殊领域）。

7.2.2　铝合金建筑幕墙的特点及发展历史

7.2.2.1　铝合金建筑幕墙的发展历史

1958年著名建筑师密斯·凡·德·罗和菲利普·约翰逊合作，设计建造了第一个全玻璃幕墙建筑。该建筑位于美国纽约市的西格拉姆大厦，高158 m，共40层，使用了琥珀色着色玻璃，用铜合金做门窗型材。因玻璃幕墙造型简洁、豪华、现代感强，具有很好的装饰效果，当时引起了很大的轰动。特别是用幕墙代替了墙体，自重轻，相当于砖砌墙体的1/12，混凝土墙体的1/10，施工周期大大缩短，仅用了一般建筑墙体施工周期1/3的时间。所以，一时间建筑幕墙在全世界范围内发展迅猛，成为一种流行建筑风格。这个建筑被后人誉为 20 世纪建筑的丰碑。

我国的建筑幕墙从 1983 年开始起步，90 年代进入高速发展时期。我国第一个大型的建筑幕墙工程就是北京的长城饭店。大楼的建筑设计由美国完成，幕墙工程由比利时沙马贝尔门窗公司设计，幕墙面积 2.3 万 m^2，由北京门窗公司组装。当时中国没有相关的幕墙材料，全部的铝型材、磁控溅射镀膜玻璃、门窗配件等材料都是用集装箱直接从国外进口的，国内只负责组装和安装，严格意义上来说并不能算是国产幕墙，但这个工程从此拉开了我国建筑幕墙发展的序幕。

在 90 年代中后期，我国一批优秀的民营企业集体从国外引进了先进的生产技术以及设备、材料等，促进了我国建筑幕墙行业的发展。

到现在为止，我国的建筑幕墙遍布全国，随处可见，这些建筑美化了环境，成为高科技的人文景观，赏心悦目。

7.2.2.2 铝合金玻璃幕墙的特点

铝合金幕墙装饰作为一种极富冲击力的建筑幕墙形式，备受青睐的优点主要有以下 6 点：

（1）铝合金属于轻量化材质，减少了建筑结构和基础的负荷，为高层建筑外装提供了良好的选择条件。

（2）金属板的性能卓越，隔热、隔音、防水、防污、防蚀性能优良。

（3）加工、运输、安装、清洗等施工作业都较易实施。

（4）金属板具有优良的加工性能、色彩的多样化及良好的安全性，能完全适应各种复杂造型的设计，而且可以加工各种形式的曲线线条，给了建筑师以巨大的发挥空间，扩展了幕墙设计师的设计空间。

（5）金属材料设计适应性强，根据不同的外观要求、性能要求和功能要求可设计与之适应的各种类型的金属幕墙装饰效果。

（6）性价比比较高，维护成本非常低廉，使用寿命长。

7.2.2.3 铝合金玻璃幕墙的分类

通常把铝合金玻璃幕墙分为明框、隐框和半隐框三种类型。

（1）明框玻璃幕墙

明框玻璃幕墙的玻璃板块镶嵌在铝合金框内，成为四边有铝框的铝合金幕墙构件，幕墙构件镶嵌在横梁上，形成横梁、立柱均外露，铝框分格明显的立面（见图 7-4）。明框铝合金玻璃幕墙是传统的幕墙形式，应用广泛，使用性能可靠，相对于隐框玻璃幕墙，容易满足施工技术要求。

（2）隐框玻璃幕墙

隐框玻璃幕墙是将玻璃用硅硐结构密封胶（简称结构胶）黏结在铝合金框上，大多数情况下不用金属连接件。因此，铝框全部隐蔽在玻璃后面，形成了大面积全玻璃镜面（见图 7-5）。隐框玻璃幕墙的玻璃与铝框之间完全靠结构胶黏接。

结构胶要承受玻璃的自重，玻璃要承受风载荷和地震作用，还有温度变化的影响，因此，结构胶是隐框铝合金玻璃幕墙安全性的关键。结构胶必须有效黏接与之接触的所有材料，包括玻璃、铝材、耐候胶、垫杆、垫条等，这称为相溶性。在选用结构胶时，必须用已选定的幕墙材料进行相溶性试验，确认相溶后，才能在工程中应用。

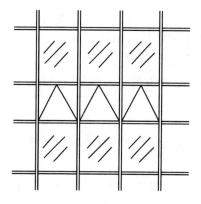

图 7 - 4　明框玻璃幕墙

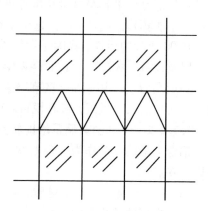

图 7 - 5　隐框玻璃幕墙

（3）半隐玻璃幕墙

半隐玻璃幕墙是将玻璃一边镶嵌在铝框内，另一边用结构胶黏结在铝框上，形成半隐框效果。立柱外露横梁隐蔽的半隐框玻璃幕墙示意图，见图 7 - 6；横框外露、立框隐蔽的半隐框玻璃幕墙示意图，见图 7 - 7。半隐、全隐框玻璃幕墙中空玻璃所用密封胶必须为同型号的硅硐结构胶。

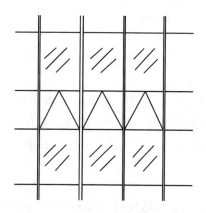

图 7 - 6　横隐竖露玻璃幕墙示意图

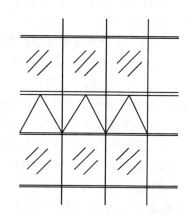

图 7 - 7　横露竖隐玻璃幕墙示意图

7.2.2.4 铝合金玻璃幕墙安全与质量管理

铝合金玻璃幕墙是悬挂或支承在主体结构上的外墙幕墙构件，主要起围护作用，不作为主要抵抗外荷载作用的受力构件。幕墙在风荷载作用下或地震作用下损坏的例子是非常多的，因此，幕墙的合理设计对于防止灾害发生、减少经济损失、保障生命安全是至关重要的。

玻璃幕墙的刚度和承载力都较低，在强风和地震作用下，常常破坏和脱落。因此，玻璃幕墙无论是抗风设计还是抗震设计都是很重要的。尤其近年来玻璃幕墙开始采用越来越大的玻璃板块，使抗风和抗震的要求更高。

为了确保玻璃幕墙的质量和安全，充分发挥其效益，各地有关部门都应采取一系列加强玻璃幕墙工程安全与质量管理的措施。

7.2.2.5 铝合金幕墙材料标准

材料是保证幕墙质量和安全的物质基础。幕墙所使用的材料，概括起来，基本上有四大类型，即：骨架材料、板材、密封填缝材料、结构黏接材料。这些材料都有国家标准或行业标准。表 7 - 6 列出了幕墙主要材料及执行的国家标准。

表 7 - 6　铝合金幕墙主要材料及执行的国家标准

铝合金材料		碳素结构钢		不锈钢	
平开门	GB 8478—86	碳素结构钢	GB 700	不锈钢棒	GB 1200
平开窗	GB 8479—86	优质碳素结构钢	GB 699	不锈钢冷加工棒	GB 4226
地弹簧门	GB 8482—86	合金碳素结构钢	GB 3077	不锈钢热轧钢板	GB 3280
幕墙用型材	GB/T 5237—2000	低合金结构钢	GB 1597	不锈钢热轧钢板	GB 4237
（高精级标准）		热轧厚板及钢带	GB 3274	冷顶锻不锈钢丝	GB 4332
					GB 4232
五金件		玻璃			
地弹簧	GB 9296	钢化玻璃	GB 7963		
平开窗把手	GB 9298	夹层玻璃	GB 9962		
不锈钢滑撑	GB 9300	中空玻璃	GB 11944		
		浮法玻璃	GB 11614		
		吸热玻璃	JC/T 536		
		夹丝玻璃	JC 433		

7.2.3　铝挤压材在门窗、幕墙上的应用

7.2.3.1　铝挤压材在门窗上的应用

各种形式的铝合金门窗，见图 7 - 8 和图 7 - 9。

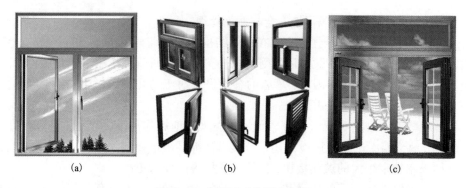

图 7 - 8　各种形式的铝合金窗

（a）、（c）双扇平开窗；（b）推拉窗和单扇平开窗

图 7 - 9　各种形式的铝合金门

（a）、（b）双扇平开门；（c）、（d）四扇对开推拉门

7.2.3.2　铝挤压材在幕墙上的应用

图 7 - 10 是南昌新地中心，总建筑面积 194675 m^2，工程设计高度为 236.5 m；图 7 - 11 是六安市政务服务中心，总建筑面积 41092 m^2，大楼为 27 层高。外墙装修均采用的是 90 系列和 180 系列明框幕墙组装，铝合金型材是由广东华昌铝厂有限公司生产的。

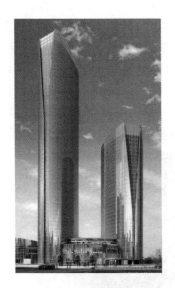

图 7 - 10　南昌新地中心

图 7 - 11　六安市政务服务中心

　　图 7 - 12 是上海金茂大厦，又称金茂大楼，位于中国上海市浦东新区黄浦江畔的陆家嘴金融贸易区，楼高 420.5 m，地上 88 层，地下 3 层，是世界上的摩天大楼之一，高楼总建筑面积 29 万 m²，占地 2.3 万 m²，于 2007 年 5 月交付使用。外墙装修均采用的是铝合金型材，主要由广东凤铝铝业有限公司提供。

图 7 - 12　上海金茂大厦

图 7 – 13 是国家游泳中心(水立方),该结构属于膜幕墙结构,其建筑设计是由中国建筑工程总公司、澳大利亚 PTW 公司、澳大利亚 ARPU 公司联合完成的,建筑幕墙由沈阳远大幕墙公司、德国 FCILTEC 公司联合设计施工。该建筑特点是屋盖、外墙和隔墙内外表面采用 ETFE 薄膜(0.2 mm)充气,气枕镶嵌在铝合金框架中,每一个气枕配有一个气泵,气体不足时会自动充气,保持饱满。其外观犹如水分子结构、生物细胞或化学晶体,感觉像水泡沫在闪光,形成一种神秘感。

图 7 – 13   国家游泳中心(水立方)

7.2.4   铝合金门窗、幕墙的发展方向

铝合金门窗优点众多,但其框材隔热性能差的特点影响了铝门窗的使用性能。据国家住建部估算,建筑能耗约占全社会总能耗的 25%,门窗、幕墙等围护结构传热能耗则占了建筑能耗的 20%~50%。因此,具有优良节能效果的隔热铝合金产品应用空间广泛。2010—2015 年,以隔热铝合金型材产品为代表的节能铝型材产品将保持 30% 以上的年复合增长率。因此,提高其隔热和节能性能是铝合金门窗今后要重点解决的技术问题,也是铝门窗的发展方向。

7.2.4.1   改进结构形式,实现多样化系统设计

要提高现有门窗的性能和档次,必须从抗风压、水密性能、气密性能、隔声性能、采光性能、节能等方面改进结构设计,淘汰过去只追求省工、省料、低价格的低水平结构,实现由以推拉窗为主向以性能较好的平开窗为主的过渡,实现单层、双层、三层及小开启大固定等多样化系统设计。

7.2.4.2   注重原材料的选择

(1)铝合金门窗框材总要求应该是强度好、隔热性能好、易制成各种造型,又易于回收和有利于环境保护。

(2)铝合金窗框材要改进其隔热性能,宜做成断桥或复合式的。如图 7 – 14 所示是铝合金隔热门窗的示意图。

(3)玻璃应该推广使用中空玻璃,而且在北方应推广使用 low—E 型(低辐

射)中空玻璃。在南方，以太阳辐射热为主的地区，应推广使用阳光镀膜玻璃。国外发达国家已基本不用单层玻璃和白玻璃了。因为，它们不利于节能和改善居住环境。

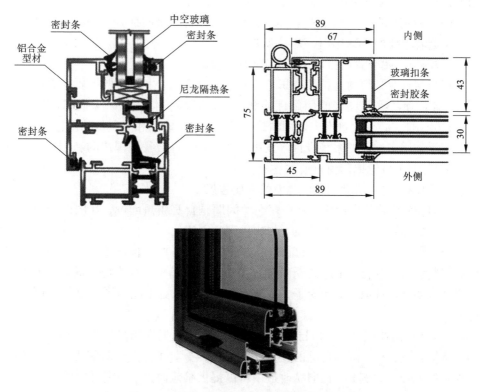

图7-14 铝合金隔热门窗的局部截面及示意图

(4)推广使用双道密封和用聚硫中空玻璃胶制作的中空玻璃，中空玻璃间隔条应采用连续弯角式结构，如果用四角插接式的，在接头处必须用丁基胶做密封处理。单道密封的中空玻璃不可用，用硅酮结构胶做二次密封的中空玻璃也不可取，因为它们的使用寿命均比较短。

(5)另外所谓的"双玻"也不可用。有些窗型为了降低传热系数，又要价格低，就采用了双玻，即把二层玻璃隔开或用普通密封胶黏一下装在窗上，不用分子筛吸除潮气，仅是单道密封。一般密封胶不耐老化，用不了多长时间就会进灰积尘，又无法擦拭，影响视线，极不雅观。即使采用聚硫中空玻璃胶制成的中空玻璃，如果仅用单道密封的话，密封寿命也仅有五年，是玻璃幕墙规范中明文规定不准使用的，何况用普通密封胶密封，其寿命就更短了。建筑工程最关键的一个方面就是使用寿命，即耐久性问题。用这种双玻只是一种权宜之计，十分不可取。

（6）在楼房建筑门窗上不宜用5 mm厚的玻璃。因为5 mm厚的玻璃用在较大分格面积的窗上，安全也是一个令人担忧的问题。如果实在要用的话，也应经过强度计算，在确保安全的前提下再用，切不可乱用。

（7）各种配件务求坚固耐用、使用方便和美观。配件对门窗性能有重要影响，同时又起着重要的装饰作用，决不可忽视。

7.2.4.3　铝合金门窗加工必须实现精品化

铝门窗行业必须树立精品意识，必须制止少数企业生产低档劣质产品。只有这样，才能使其具有良好的使用性能和较好的环境美化作用。为提高产品的隔热、隔声性能，必须大量推广使用断热铝型材、中空玻璃和高质量的配件。同时，也要广泛采用多方面的系统设计开发出经济适用、符合我国国情的新型产品，使之成为我国21世纪铝门窗行业的主流。

7.2.4.4　对铝合金门窗、幕墙的发展建议

在门窗、幕墙的发展中，首先存在的问题是自身质量问题，其次还受到政策及市场等的影响。针对这些方面，提出以下几点建议。

（1）严把质量关。在玻璃的制造和选择上要严格按照标准要求来进行，在进行玻璃制造时，不能为了赶工期而制造质量差的玻璃来以次充好。同时，企业在选择时也要严格选取，不能为了方便而不认真检查，更不能为了一己私利而放宽标准。

（2）转型商业模式，增强自主创新动力。首先要抓住市场发展机遇，寻求新的经济增长点，不断调整自己的经营结构，同时要增强自主创新能力，在服务中寻求新的增长点。例如，在旧城改造中可以提供维修改造、门窗升级等新的服务项目，在幕墙建筑中提供技术咨询等。

（3）加快诚信体系建设，营造规范的建筑市场。在建筑工程中经常会遇到诚信问题，例如滥收保证金等，这说明在建筑行业还存在着信用缺失问题，因此要加强诚信体系建设。从政府角度来说，要健全招标体系，保证公开、透明，同时企业也要加强诚信建设，规范自身行为，营造一个诚信经营的良好企业形象。

7.3　铝合金在建筑结构中的应用开发

7.3.1　铝合金在建筑结构中的应用特点

建筑结构材料是整个建筑物的主要承力部件，而建筑装饰材料如门窗、幕墙、围栏、天花板、镶边等一般不承受压力，只需美观耐用就行。建筑结构材料是整个建筑物的"顶梁柱"。以往，建筑结构材料主要选用优质木材和钢材。为了

绿化地球，森林不宜多砍伐。因此，木结构的应用越来越少了，在提倡低碳、节能、环保、安全的今天，钢材由于自身重量重，资源短缺，能耗大，不易回收，易腐蚀，污染环境及安全问题等，很难承担"绿色建筑"结构材的重任。因此，理想的绿色建筑铝合金结构材料正慢慢登上绿色建筑结构材料的舞台，大有"以铝代木、以铝代钢"，成为"绿色建筑"结构材料主体之势。同时铝合金结构材料也有价格较高、加工技术含量高、生产难度大、各种性能难于合理匹配等特点，需要进行研究和产业化开发。

绿色建筑铝合金结构挤压材料的特点和技术要求简述如下：

（1）产品品种多，规格范围广，外廓尺寸和断面积大，形状复杂，壁厚相差悬殊，难度系数大，大部分为特殊的异型空心型材，也有宽厚比大的实心型材、舌比大的半空心型材，以及异形的管材和棒材。

（2）为了提高建筑物的整体强度和刚度，以及便于现代化大跨度和薄壳结构设计，多采用整体组合结构型材，即用多块形状各异的中、小型型材拼组成一块大型整体结构型材，有的宽度大于 600 mm，断面积大于 $400 cm^2$，壁厚差大于 20 mm，舌比大于 8，需要采用 7000 t 以上的大型挤压机，设计制造特殊结构的模具才能成形，技术难度大，批量生产困难。

（3）材料要求用高强度、高刚性及综合性能优良的材料，因此需要各种性能的合金和状态，一部分采用中强可焊、可冷弯成形、耐腐蚀的 6×××和 5×××合金（如 6005T6、6061T6、6082T6、5083H112、5052H112 等），但强度必须大于 300 MPa，因此应对合金成分进行调整或开发新型合金；另一部分要求采用高强度、高韧性合金（如 2024T4、7075T6、5A06H112 等），并应具有可焊性和冷成形性能，因此也应对合金成分进行优化。此外，为了保证结构材料的优良综合性能，需要对熔铸、挤压、热处理等工艺进行优化，设计制造特殊结构的模具等，技术含量高，生产难度大，成品率和生产效率很难提高。

（4）为了运输、施工、维护、装卸方便，要求产品的尺寸公差和形位公差达到高精级或超高精级水平，这对模具质量和精密淬火工艺提出了很高的要求。

（5）要求产业化批量生产，因此对设备、铸锭质量、模具技术和质量、挤压和热处理工艺等提出了很高的要求，特别是对模具结构与使用寿命提出了更高要求，要求是一般模具使用寿命的 3 倍以上，这对大型的特殊型材模具来说是很难做到的。

由此可见，以铝合金结构替代钢结构，可使建筑工程与施工绿色化、环保化，可大大节省资源、能源和建筑施工与维护使用成本，具有重大的经济效益和明显的社会效益。

7.3.2 铝合金在建筑结构中的应用开发

7.3.2.1 铝合金房屋结构特点

在框架结构中，由于铝的弹性模量低，往往采用钢玄柱、铝横梁的混合结构。例如，英国一个飞机场的飞机库是全铝结构，由几个跨度为 66.14 m 的双铰框架组成，朝阳面高 13.5 m，屋顶用铝板或型材，东墙整体全用铝板做成，西墙和南墙有可拉开的铝大门，尺寸为 61 m×13.2 m，铝用量为 27.5 kg/m²。比利时的安特卫普一个库房的骨架是用钢铝混合框架制作的，见图 7-15。采用铝件的原因，是严重的海洋性气候和松软的地下土质，要求减小结构重量。铝型材尺寸为 250 m×3 m，由 14 个双铰格式框架组成横梁，立柱用钢铁的，框间距为 20 m，跨度为 80 m，用铝为 17 kg/m²。

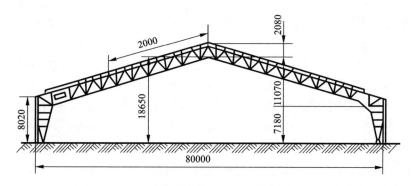

图 7-15　安特卫普的结构方式(横断面)(mm)

拱形结构上用铝很广泛。这种结构要求很高的刚度。铝拱形屋顶属于轻型屋顶，在多种形式不同规格的建筑物上均有采用此种屋顶的。例如，匈牙利的提索河南部一个城市里，为保存粉状磷酸盐所建立的库房，就采用了拱形格式承重铝结构。跨度为 32 m，占地面积 128.4 m×3 m，中心处最高为 21.3 m。苏联钢结构设计研究院为一所实验楼设计了拱形铝结构屋顶，跨度为 90 m，以 12 m 为间距配置拱架，屋顶用保温铝预制件，拱架断面呈三角形格式，边部为框架结构(见图 7-16)。

7.3.2.2 铝合金型材在大型建筑结构中的开发与应用

(1)大跨度铝合金屋盖

这类建筑物的典范要数 1951 年建成的伦敦机场的特大型机库。该机库长 33.5 m，宽度方向为三跨，共 3×45.7 m。整个结构采用间距为 6.1 m 的双铰桁架体系，桁架的构件为特殊设计的 Al-Mg-Si 系列合金压制型材，屋面板也采用压制型铝板，同时，采用铝合金材料制作了可移动和开关式大门。

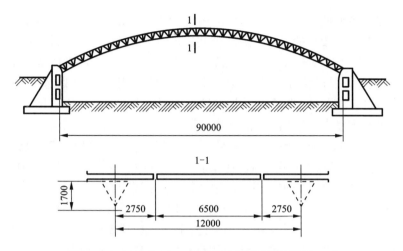

图 7 – 16 跨度为 90 m 的实验大楼屋顶断面图(mm)

另一个尺寸为 66 m × 100 m 的铝合金机库于 1953 年在英国建成,跨度为 66 m、高为 14 m 的双铰桁架体系同样采用 Al – Mg – Si 系列合金材料。整个屋面和四周的墙体采用铝合金压制板,铝合金桁架重量只有 6.45 t,仅为钢桁架结构重量的 1/7。

拱壳是铝合金最典型的屋盖型式,同时在结构上又富有变化(见图 7 – 17)。1959 年在莫斯科萨克尼利卡公园内,为美国博览会建造了一座直径 60 m、高 27 m 的拱壳。巨大的壳体固定在由标准构件组装成的拱座上,整个结构消耗的铝合金为 16 kg/m²。

图 7 – 17 铝合金拱面房屋

同样成功的例子要数 1958 年在比利时落成的商业仓库屋盖结构。该屋盖的平面尺寸为 80 m × 250 m,横断面为跨度为 80 m、间距为 20 m 的双铰拱屋架,屋架的桁架高 2 m,采用 Al – Mg – Si 系列合金,立柱为钢材。屋架间安放高 2 m(与屋架等高)的桁架式条,屋盖采用厚度为 1 mm 的波形 Al – Mg 系列合金板,为满足保温要求,板间布有高效加热器。整个建筑物承重结构耗铝合金 6.1 kg/m²,屋盖耗铝合金 8.9 kg/m²。

(2)铝合金网壳及网架

铝合金网壳和网架结构是理想的大跨度结构形式,其自重轻的特性对大跨度结构非常有利,按照目前的技术水平,理论上可以做跨度超过 300 m 的建筑。铝合金结构发展早期,因为铝型材热挤压吨位的限制,挤压成本高,高频的数控精加工费用也是主要成本组成，与钢结构相比，铝合金结构总体造价较高，因此主要应用在一些要求较高的民用大跨度公共建筑中。近年来，铝型材热挤压机吨位不断提高，挤压工艺不断成熟，挤压成本有所下降。数控精加工技术也不断发展提高，成本下降。与钢结构相比，铝合金结构的性价比优势越来越明显。因此，除了民用公共建筑领域，铝合金结构也发展应用到工业领域。应用比较广泛的工业建筑领域有大型煤炭堆场、石油储罐拱顶。

国外比较早期的应用始于20世纪50—60年代，大概经历了20世纪50—70年代的起步阶段，70—90年代的快速发展阶段，以及20世纪90年代到21世纪初的稳定成熟期。刚开始多应用于民用建筑，后来逐步发展到工业领域的石化储罐拱顶、煤炭堆场顶盖、污水处理厂顶盖等建筑，包括一些大型机库、摄影棚等专业建筑。国外铝合金结构应用比较广泛、技术比较成熟的是美国。目前在美国建成并仍使用的铝合金单层网壳结构建筑有7000多个。比较著名的有位于洛杉矶的云彬鹤机库（见图7-18），于20世纪70年代建成，至今已有40多年的历史。除此之外还有丰田博物馆、哥伦比亚大学体育馆、美国海军北极军用观察站、爱华尔州植物园温室等。

丹麦糖都有两座醒目的筒仓，高50 m，直径30 m。该筒形仓库由一家著名的建筑设计院采用铝合金结构对内部和外部进行了全面的改造，改造以后成为一座现代化的办公场所，如图7-19所示。

图7-18　云彬鹤机库　　　　　图7-19　丹麦糖都的一座现代化的办公场所

在中国，上海是比较早地将铝合金结构应用在大跨度公共建筑中的城市。其中除了上海国际体操中心，还有上海浦东科技馆、上海马戏城、上海浦东游泳馆、上海国际网球中心，以及在2010年建成的上海辰山植物园温室展览馆等。除上海外，北京、广东阳江、湖南长沙、四川成都、湖北武汉等地都先后建设了铝合金结构的大跨度建筑。

上海通用金属结构工程有限公司和上海通正铝合金结构工程技术有限公司在

接收国外先进技术的基础上，结合我国实际情况，转化开发了铝合金大跨度空间结构建筑的设计、制造和施工专有成套技术，该成套技术结合轻量化合金的特点，采用超轻高强铝合金结构替代了传统的钢结构。铝合金薄壳结构建筑的设计、制造和施工专有技术，主要在结构造型和节点设计、制造和施工方面体现了独特的特点，尤其在复杂空间曲面和大跨度结构方面具有很好的优势。该技术所涉及的铝合金结构设计和施工技术具有新颖性和先进性，铝合金薄壳结构则是一种新型的节能环保建筑，具有其他建筑材料不可替代的优点，经济效益和社会效益明显。

该公司先后采用该材料，完成了中国成都五项赛事中心游泳击剑馆、体育场、新闻中心铝网壳，武汉体育学院综合体育馆铝合金屋盖，世界非遗文化中心世纪舞标志塔外墙合金装饰网架工程等多项现代新型结构建筑工程的设计、加工和安装（EPC交钥匙工程）施工，满足了设计和规范要求，不仅取得了良好的经济效益和社会效益，更为重要的是铝合金包括结构技术在工程实践中得到了进一步的提高和改善。

随着中国经济水平的不断提高，对建筑的外观、结构形式、大跨度、建设速度等的要求越来越高，尤其是绿色环保节能的建筑，更是国家倡导发展的方向。铝合金单层网壳大跨度建筑属于典型的绿色材料、绿色施工、绿色建筑的范畴，发展前景广阔。

铝合金典型网壳建筑案例如下：

1）天津市平津战役纪念馆

该馆于1996年建成，是我国首幢铝合金三角形网格单层球面网壳，底平面直径为45.6 m，矢高33.83 m，最大球面直径为48.95 m（3/4球面网壳），网壳重34.4 t，连同铝合金屋面板的总重量约58.7 t。

2）上海国际体操中心（穹顶铝合金结构）

该结构于1997年建成（见图7-20），是目前国内直径最大的单层铝合金网壳。该网壳采用铝合金扇形三向型—葵花三向型网格，该建筑造型别致，呈扁球形。球体直径为84 m，铝合金穹顶直径为68 m，高度为26.5 m，穹顶屋面板为1.3 mm厚的亚光铝合金板，支撑在24根直径为1 m的钢筋混凝土柱上，冠高11.88 m，球面穹顶半径为55.37 m，高跨比为0.175。结构采用6061T6型铝合金工字型构件，加上屋面的覆盖材料和灯架，其重量仅为28.21 kg/m²，屋盖的整个自重是相同跨度钢结构的一半以上。其网架节点的造型如图7-21所示。

3）上海科技城（中央玻璃椭球体铝合金结构）

该结构于2001年建成，是我国首例大型铝合金-玻璃椭球体结构。该结构采用铝合金工字梁，铝质圆形节点板与不锈钢锁紧螺栓构成单层铝合金网壳体系，长轴66.8 m、短轴57 m，地面以上34.3 m、地下7.25 m。整个结构轻巧，简洁明快，空透性好，铝型材表面进行了氧化处理，解决了腐蚀问题。

图 7-20　上海国际体操中心　　　　　　图 7-21　铝合金网架节点图

4）中国顾拜旦现代五项赛事中心

中国顾拜旦现代五项赛事中心位于成都市双流区，于 2009 年建成，是世界上首个多功能现代化的现代五项赛事综合体育场馆，也是国内西部地区首次采用单层铝合金网壳结构体系作为屋盖的大型体育场馆。整个赛事中心由游泳击剑馆、体育馆、新闻中心三个主体建筑组成，铝合金结构建筑总面积为 23400 m²，其中游泳击剑馆铝合金屋面面积约 13000 m²，建筑面积约 24400 m²，结构高度为 34.7 m。下部主体结构采用钢筋混凝土框架，为满足建筑造型以及使用空间的要求，屋盖结构采用铝合金单壳网壳结构，屋盖平面形状近似于三角形，边长 125 m；网壳网格为空间正三角形三相相交网格，网格边长约 2.8 m。采用的铝合金结构杆件断面主要为 $H450 \times 200$，整个屋盖重量不超过 350 t，现场安装施工周期约 2 个月。屋盖结构受力合理，是目前国内已建成的单层壳跨度最大的建筑，见图 7-22。

图 7-22　中国顾拜旦现代五项赛事中心体育场（馆）

5）武汉体育学院综合体育馆

该体育馆拥有 3996 个座位，是一座多功能综合体育馆，见图 7-23。体育馆采用铝合金单层扇形三向球面网壳结构，网壳跨度 71 m，建筑高度 28 m。网壳杆件主要采用 $H350 \times 200$ mm 工字形截面的铝合金挤压型材，网壳结构四边支撑在看台后排柱顶及柱间的混凝土联系环形梁上，该场馆是 2011 年全国智力运动会的举办地点。

6）上海辰山植物园温室展览馆

该馆俗称"三条毛毛虫"，见图 7-24。建筑整体方案设计由德国瓦伦丁事务所完成，整体施工图由上海现代集团上海设计研究院完成。整个温室建筑群面积为 A 馆 9544 m²，B 馆 6512 m²，C 馆 4078 m²。建筑结构全部采用铝合金结构，三角形网格结构的外边尺寸在 1.8 m 左右，外围护采用透光率在 90% 以上的超白玻璃。整个建筑的最大特点是不规则双曲面,对铝合金结构的下料、加工制作、安装都是极大的挑战。其中,最大单体长度达 200 多米,中间未设收缩缝,采用可滑移支座解决了建筑变形问题。

图 7 – 23　武汉体育学院综合体育馆　　　图 7 – 24　上海辰山植物园温室展览馆

7)世界非物质文化遗产公园标志塔

该建筑位于四川省成都市,其外装饰网格也采用了铝合金结构,见图 7 – 25。在此项目中,铝合金结构解决了室外结构防腐蚀及双扭曲面的结构问题。整个塔高近 60 m,结构呈双曲螺旋上升。此项目进行了两项技术创新:一是网格由三角形变成了菱形,二是结构杆件由工字型变成了矩形。这为今后铝合金结构应用在建筑外装饰上提供了很好的借鉴。

上海航天科技集团公司第八研究院第 509 研究所磁测试厂房屋顶工程也采用了铝合金网架结构,如图 7 – 26 所示。屋盖平面尺寸 15 m × 28 m,投影面积为 420 m²。采用这类结构的还包括北京中日友好中心、上海科技城、上海马戏城、上海浦东临沂游泳馆、南京国际展览中心等。

图 7 – 25　世界非遗文化　　　　　图 7 – 26　上海航天第 509 研究所

　　中心世纪舞标志塔　　　　　　磁试验室铝合金网架结构工程

7.4 铝合金在桥梁结构中的应用开发

钢材是土木工程主要建筑材料之一，但不具有锈蚀耐久性。桥梁结构中用铝材代替钢材，可减轻桥梁质量、延长使用年限、降低维护费用。铝桥使用期间几乎不需维护，钢桥隔段时间就需维护一次。

7.4.1 桥梁铝材的发展概况

挤压铝材在桥梁中的应用已有很长历史，但用量不大，发展速度较慢，主要原因是铝合金强度还不够高，无法满足结构要求。铝的价格比钢高，会使桥梁造价上升。近几年，铝在民用桥梁中得到广泛应用，国内外兴建了大量的铝结构桥梁。此外，铝材在军事领域的应用已成为一种趋势，在军事桥梁和战备桥梁中，其作为一种新型高性能材料表现出了很高的优越性。铝桥梁在国外的发展相当迅速，有关研究与应用在我国也逐步开展。人行桥、公路汽车桥和铁路桥都可以使用铝合金结构。

20世纪30年代前期，工程人员在固定桥的通行部位以铝代钢。世界上首座铝合金桥是美国匹兹堡市横跨莫诺加黑拉河上的斯密斯菲尔德街桥（Smithfield Street Bridge），此桥原为钢木结构，为了提高其动载荷，1933年秋进行大修，将木构件及钢地板系统全部换成铝桥面，采用的是美国铝业公司生产的铝板材。该桥长91 m，正交各向异性桥体，用2014T6铝合金薄板与厚板成形的型材铆接。该铝合金桥可允许有轨电车通行，并保留原有双向汽车路线。此铝合金桥服役34年后还完好如初。1967年，为提高桥的通行能力进行了翻修，将5456H321铝合金厚板焊于6012T6铝合金挤压型材上，以5556铝合金丝作焊料制成桥体，挤压型材与钢制桥梁上部结构螺连接。此后，全球建造了大约350多座各种大小铝合金桥，主要在北美、北欧和西欧等国家。中国到90年代末还无铝合金桥梁，但主要是造价太高，而非技术原因。

1950年，加拿大建造了横跨阿尔维达市萨岗奈河的拱桥（桥长88.4 m），以及30.5 m长的单轨铁路桥，主要用轧制厚板铆接或焊接的型材建造，这两座桥的上部结构也是用铝材制造的，至今仍在使用，未经维修。

20世纪50及60年代，美国由于钢材紧俏，在修筑州际公路桥梁时选用了铝材，主要是铝合金板材加工成形的型材。主要桥梁有：1958年建造的伊利诺伊斯州德斯莫内斯附近的双车道四跨焊接板梁公路高架桥，长66 mm，分4跨；1960年建造的纽约州朱里乔市的两座双车道铆接板梁桥；四座独一无二的铆接加固的三角板梁桥，设计中借鉴了"法尔奇尔德"即"单应力"理念。

采用法尔奇尔德理念设计的铝桥还有：1961 年建设的匹兹堡市阿波马托克斯河 36 号公路上桥；89.3 m 长的 3 跨塞斯维尔大桥引桥，它是 32 号公路帕塔普斯科河上的一座桥，现在是马里兰历史名胜桥之一；建于 1965 年的两座 6 车道 4 跨的桑利斯公路桥，分别位于纽约州宁登豪斯特与阿米迪维尔。

根据成本来看，法尔奇尔德采用薄板铆接三角型材建造桥梁是没有成本效率的，但依照其理念设计建造的桥梁都十分坚固耐用，使用几十年仍如新建。阿波马托克斯河上的 36 号公路、宁登豪斯特、阿米迪维米桥已服务 43 年。

欧洲的第一座铝合金桥梁是 1949 年建造于英国 Sunderland 的一座可移动桥梁，桥长 37 m、宽 5.64 m，桥梁的主结构由两种不同类型的铝合金构成，大梁采用的是 6151 型铝合金，桥面板采用的是 2014A 型，整个桥梁的重量相当于相同钢桥的 40%。1951 年匈牙利建成了一座全铝合金桥梁，桥梁全长 13.2 m，桥面板由两块 3.15 m × 3.66 m 的铝合金板组成。1956 年德国开始建造铝合金公路桥，至 1970 年，已建成 20 余座。20 世纪 70 年代后期，法国建造了两座铝合金桥梁，第一座为一二跨的悬索桥，总长度为 159.8 m，采用铝合金的目的主要是减轻结构的自重。1950—1985 年，世界各地建造了许多铝合金桥梁，主要集中在欧洲的一些国家。20 世纪 60 年代后期，铝合金的价格上涨阻碍了铝合金材料在桥梁结构中的应用，但早期铝合金在桥梁结构中的应用为以后铝合金桥梁的建造打下了良好的基础。90 年代以后，随着铝合金材料价格的回落，铝合金桥梁的应用又重新引起人们的广泛关注。1995 年以来，许多国家都掀起了对铝合金桥梁设计的新探索。从目前的情况来看，铝合金材料在系列领域中具有广泛的应用前景：替换或修复损坏的桥面板，加长既有桥梁，建造可移动桥梁、浮桥和人行桥等。1996 年挪威建造了国内第一座全铝合金公路桥梁，用于取代一座由钢梁和钢筋混凝土板做成的具有 60 年代历史风貌的旧桥。该铝合金桥位于 Forsmo 市，桥长 39 m，由两个箱梁组成，桥面板又作为箱梁的上翼缘。荷兰分别于 1999 年和 2003 年建造了两座铝合金可移动桥梁，两座桥除了侧面和轨道由于艺术原因加以电镀外，其他各处的铝合金均未进行电镀保护。

法国彻马里尔斯铝桥引起了人们的极大兴趣，桥体为铝桥梁系统，可以从 2 车道拓宽成 4 车道。1956 年德国吕嫩建成腹杆主桁架桥，桥的跨度结构件是用 Al - Mg - Si 合金挤压型材铆接的，其质量为钢的 30%；1960 年吉普汽车运输公司设计了跨度 32.4 mm 的公路桥，桥跨结构件是用 2024 铝合金铆接的；1956 年加拿大在寒根河上建造了拱式桥（见图 7 - 27），主跨为 2024 铝合金挤压型材，采用无铰拱跨式和铆接方式，外表未刷油漆，用铝合金型材 187 t，桥总重量为钢结构桥的 50%。

根据现有文献资料，只有美国雷诺兹金属公司在 20 世纪 90 年代中期开发出

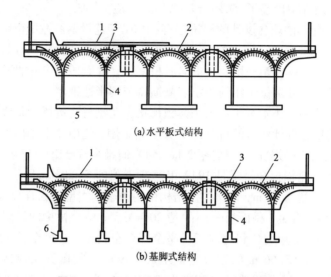

图 7-27   铝-混凝土桥梁跨式结构截面图

1—混凝土板；2—薄壳；3—小圆拱；4—立墙；5—水平板；6—基脚

的系列桥梁专用空心挤压铝材，在美国一批公路铝合金桥建造中获得了应用。

截止 2017 年，铝合金桥梁的建设已跨越 84 个春秋，全世界已建成的铝合金桥（公路桥、铁路桥、过街人行桥）约 390 座，国外 96% 以上为公路桥，而中国仅有的 62 座桥，全部是过街人行天桥。

中国拥有世界上最多的现代化铝材大油压机，已具备开发专用桥梁空心挤压型材的基础。

根据国内外铝合金桥梁实例和铝合金型材自身性能，应用于桥梁的铝合金主要有 6082 和 6061 型，此外还有 2014、5083、5456、6005、6060、6063、7005、7A05 和 7020 等，型材热处理状态大多为 T6，少部分有 H113 和 H312 等。铝合金浮桥和铝合金桥面多采用铝合金挤压型材，铝合金结构的连接方式有铆接、螺栓与焊接三种方式，焊接主要采用搅拌摩擦焊和 MIG 焊。

7.4.2   铝合金在桥梁结构中的应用特点

铝合金具有密度小、耐腐蚀、焊接性能好、维护费用低及可循环利用等诸多优点，在桥梁工程中越来越引起人们的兴趣与重视，铝合金结构桥梁成为桥梁建设的一种发展趋势。铝合金在桥梁工程中除可用于桥梁主结构，如桥面和主梁承重件外，一些辅助零部件也可采用铝合金制造，如灯柱、指示牌等。

近年来，我国正兴起城市人行天桥的改造工程，需要建造上万座的人行天桥。

7.4.2.1 铝合金桥梁的特点

铝合金越来越多地应用于各种桥梁建设,主要是因为铝合金材料具有如下特点:①重量轻、比强度高。铝合金密度约为钢材密度的1/3,采用铝合金材料代替钢材或混凝土建造桥梁的上部结构,可以大大减少结构自重和下部支撑系统负荷,且易于搬动。铝桥面的重量是 100 kg/m², 而水泥桥面的重量一般为 504 kg/m²。一个 3 m×12 m 的铝桥面重量不到 4 t。②耐腐蚀性能好、免于维护。铝合金暴露在大气中,其表面能自然生成一层致密的氧化膜,可防止自然界有害因素对其的腐蚀,从而起到很好的隔离保护作用,不必进行表面防护处理(但其与其他金属接触部位易腐蚀,需做专门处理)。③铝合金结构具有易回收、再处理成本低、回收剩余价值高、环境保护好的优点。容易挤压成形,可以得到任何形状的型材,能满足结构的不同需要,设计师选择余地非常大。④铝合金结构易于机械化制造和运输、安装拆卸方便、施工周期短。所有构件均可在工厂加工预制、现场拼装,从而减少运输费用和安装成本,缩短桥梁安装时间,对交通影响时间短。⑤铝合金具有特殊的光泽与质感,并可进行阳极氧化或电解着色,从而获得良好的观感。⑥优良的低温性能。在低温条件下,其强度和延展性均会有所提高,是理想的低温材料,不必规定铝合金结构桥梁的临界(低温)工作温度。

铝合金桥梁主要以桁架式桥梁结构为主要形式,分为敞开式桁架、闭合式桁架和多片式桁架,见图 7 - 28。

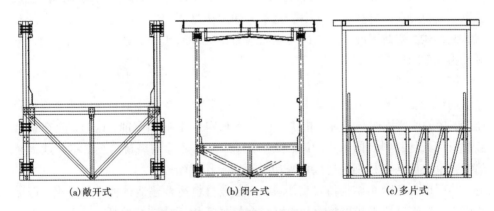

(a) 敞开式   (b) 闭合式   (c) 多片式

图 7 - 28 铝合金桁架式桥梁结构形式

7.4.2.2 铝合金桥设计注意事项及铝合金结构桥梁适用范围

铝合金桥梁在设计过程中应注意以下几点。

(1)连接技术

因铝合金构件与其他金属接触会发生电化学腐蚀,所以铝合金的机械连接主要用不锈钢螺栓、镀锌螺栓和铝合金螺栓。铝合金构件不宜采用有预拉应力的高强度螺栓。我国西单新建天桥的设计明确规定：主要受力构件要采用普通不锈钢螺栓连接。

（2）焊接技术

铝合金焊接工艺复杂，控制难度大，非常容易造成表面和内部缺陷，表面缺陷有表面裂纹、表面气孔、咬边、未焊透和烧穿等，一般采用放大镜观察或渗透试验检测；内部缺陷有气孔、裂纹、夹渣及未熔合等，一般采用 X 射线或超声波检测。摩擦搅拌焊（FSW）是一种先进的新型焊接工艺，焊接应力小、焊缝强度高，几乎与基体材料相等，特别适合于焊接桥面板。

（3）挠度大

由于铝合金材质较轻，铝合金人行天桥中的恒载约占 30%，活载约占 70%，而传统桥梁中恒载约占 60%，活载约占 40%。荷载比例发生了根本变化，导致人群荷载作用下的铝合金结构桥梁，竖向挠度大于钢结构桥梁。我国新建北京西单一号天桥主跨径在实验结构，主跨结构在满载工作下的跨中平均挠度为 47.05 mm，主跨长度 38.1 m，小于 $L/800$，卸载后结构存在少量残余应力，相对残余应力为 13%~14%。

（4）自振频率高

铝合金结构桥梁的自重轻，恒载比例小，使得结构在空载工况下的自振频率较高，但当人群荷载作用后，其自振频率下降明显，这与传统钢结构桥梁恒载自振频率较低，在人群荷载作用下变化不大的规律是不同的，新建一号天桥主跨动载试验结构，空载工况下结构的自振频率为 5.66 Hz，1/3 荷载工况下结构的自振频率为 3.22 Hz。

（5）防腐蚀

当铝合金材料与其他金属材料（除不锈钢外），或含酸性或碱性的非金属材料连接、接触或紧固时，容易与相接触的其他材料发生电偶腐蚀，这时，应在铝合金材料与其他材料之间采用油漆、橡胶、聚四氟乙烯等隔离材料。西单新建天桥的铝合金支座与墩柱钢板连接均采用了聚四氟乙烯隔离。

从国内外铝合金结构桥梁实例看，铝合金材料适合建造各种结构桥梁，但更适用于一些有特殊要求的场合，如铝合金材料适用于建造公路桥、悬索桥、人行天桥、军用桥、浮桥和开启桥等桥梁，特别适用于军用战备桥梁，海洋气候和腐蚀环境下的桥梁等。

（1）低下构筑物结构承重有限制性要求的桥梁

西单新建天桥部分扩大基础位于地铁顶部，设计该方案前，北京地铁单位提出"隧道结构顶部承重不大于 10 kN/m^2"的限制性要求，经计算，铝合金结构天桥完全满足地铁单位的要求。上海徐汇区政府早在 2000 年左右就曾提出建立人行天桥的设想，初期的方案是架设一座钢桥，但经过论证后发现钢桥的自重过大，不能满足"地铁上建设天桥不得超过 70 t"的限制性要求，而且可能威胁地铁隧道结构安全，钢桥方案被否定，后来采用铝合金结构桥梁才解决这一长期困扰众人的难题。

（2）军用战备桥梁

现代战争瞬息万变，机会稍纵即逝，要求战备桥梁必须满足水陆快速机动、灵活布置，适合各种复杂地质气象条件等要求，而铝合金结构桥梁的上述优点，正好能满足这种要求。我国有必要研究铝合金军用战备桥梁，以满足未来军用战备桥梁的要求。

（3）海洋气候和腐蚀性环境下的桥梁

钢结构长期以来一直面临锈蚀等耐久性难题，而在海洋性气候和腐蚀环境下建造铝合金桥梁更凸显其优越性。

（4）各种可拆装、开启结构桥梁

铝合金材料可挤压成标准件，拆卸方便。采用铝合金结构建造开启桥梁，可有效降低开启能耗，缩短开启时间。

（5）老化和破损桥梁维修

全世界越来越多的桥梁被报告存在严重问题，需要紧急更换，而用铝面板或梁替换破坏的桥梁，可以直接利用已有的基础和墩柱，并且铝合金桥面板制作、组装速度快，可减少桥梁封闭和交通管制时间，从而降低交通流量大的地域因封闭交通而带来的经济损失和社会影响。

7.4.2.3　公路桥用铝合金材料及性能

在公路桥设计中，如果是单纯的结构件，如桥梁、支架、桥面等，更适宜采用锻造铝合金材料制造，一般采用 $5 \times \times \times$ 和 $6 \times \times \times$ 系列合金，如 5052、5083、5086、6005A、6061、6063 和 6082，因为它们具有较高的强度和耐蚀性，参见表 7 - 7。

铸造铝合金一般作为桥梁辅助结构，如一些连接件和标准件等。以下几种铸造铝合金可作为步行（人行）天桥备选材料：356.0T6、A356.0T61 和 A357.0T61。

表 7 - 7　用于铝桥中的铝合金材料及性能

铝合金及热处理状态	产品	温度范围		最小强度/MPa			
		最小值	最大值	F_u	F_y	F_{wu}	F_{wy}
5052 - H32	板材	0.4	50	215	160	170	65
5083 - H116	板材	1.6	40	305	215	270	115
5086 - H116	板材	1.6	50	275	195	240	95

续表 7 – 7

铝合金及热处理状态	产品	温度范围		最小强度/MPa			
		最小值	最大值	F_u	F_y	F_{wu}	F_{wy}
5086 – H321	板材	1.6	8	275	195	240	95
6005A – T61	挤压材	—	25	260	240	165	90
6063 – T5	挤压材	—	12.5	150	110	115	55
6063 – T6	挤压材	—	25	205	170	115	55
6061T6、T6510、T6511	挤压材	—	—	260	240	165	105
6061T6	板材	0.15	6.3	290	240	165	80/105
6061T851	板材	6.3	100	290	240	165	105
6082T6、6082T6511	挤压材	5	150	310	250	190	110

7.4.2.4 铝合金桥梁的设计使用问题

铝桥面原始成本(最初投资)比其他材料高,根据对比材料的不同通常要高25%~100%,但是铝桥建造完后不需刷油漆,服役期也不需定期维护。若把维护费用也加以考虑,则铝桥在整个服役期内的总费用(投资费与维护费之和)要低于其他材料。大挤压铝型材的宽度比桥的宽度窄得多,必须把多块型材连接。连接是机械紧固或焊接,不足之处主要是接头疲劳强度比母材低,同时紧固与连接是劳动密集型工作,成本高。摩擦搅拌焊是一种比较新的连接工艺,优于传统的连接方法。

钢结构与混凝土结构对桥梁工程师来说是轻车熟路,在设计铝结构时必须熟悉铝与刚性能的某些重大差异,如:铝弹性模量72 GPa,而钢的约为210 GPa,即铝材的弹性模量仅相当于钢材的1/3,也即铝工件的挠度比钢大得多;铝合金的疲劳强度约为钢的1/3,需采用不同疲劳设计;铝的热膨胀系数是钢及混凝土的2倍,在连接铝工件时必须留出更大的热胀冷缩量。设计时要综合考虑这三点,采用加厚铝合金结构元件。虽然铝密度相当于钢密度的1/3左右,但铝结构的平均质量却只有钢结构的50%左右。

7.4.3 铝合金在桥梁中的应用实例

7.4.3.1 国外铝合金在民用桥梁上的应用

截止2016年,国外已建造铝合金桥约355座,主要是公路桥与过街人行天桥,铁路桥很少。这些铝桥80余年来无一座垮塌,也没有一座因铝材品质问题而发生安全事故。1970年以前建造的铝合金公路桥见表7–8。

表 7－8　国外早期建造的典型铝合金桥

地点	形式	用途	车道数	跨度/m	建设年度	桥面板	所用铝合金
美国，匹兹堡，斯密斯菲尔德街（Smithfield St）	铆接正交桥面板（orthotropicdeck）	公路，电车（trolley）	2＋2车道（track）	约100	1933	铝厚板	2014T16
美国纽约州，马塞纳（Massena）市格拉斯（Grasse）河	铆接厚板梁（girder）	铁路	1	30.5	1946		Clad2014T6，2117T4 铆钉
加拿大，阿尔维达（Arvida）市萨圭纳（Saguenay）河	铆接拱形（riveted arch）	公路	2	6.1, 88, 6.1	1949	混凝土	2014T6Alc 厚板，挤压材，2117 铆钉
美国印第安纳州得梅因（Des Moines）市第86街	焊接厚板梁	公路		20	1958	混凝土	5083113
美国纽约州，杰里科市（Jeri-Cho）	铆接厚板梁	公路	4（2座桥）	23.5	1960	混凝土	6061T6
美国弗吉尼亚州，彼得斯堡（Petersburg）市阿波马托克斯河（Appomattox river）	螺接三角箱式梁	公路	2	29.5	1961	混凝土	6061T6
美国纽约州，阿米斯维尔市（Amityville）	铆接三角箱式梁	公路	6（2座桥）	18	1963	混凝土	6061T6
美国密歇根州塞克斯维尔市（Sykesville）帕塔普斯科（Patapsco）河	铆接三角箱式梁	公路	2	28, 29, 32	1963	混凝土	6061T6

续表 7 - 8

地点	形式	用途	车道数	跨度/m	建设年度	桥面板	所用铝合金
美国，匹兹堡，斯密斯菲尔德街	新焊接正交桥面板	公路，电车	2 + 2	100	1967	铝厚板	5456H321
英国亨顿船坞（Hendon Dock）	铆接双翼开启式（double leaf bascule）	公路，铁路	1 + 1	37	1948	铝厚板	2014T66151 2014T6
苏格兰图梅尔（Tummel）河	铆接桁架	人行		21，52，21	1950	铝薄板	6151T6
苏格兰阿伯丁市（Aberdee）	铆接双翼开启式	公路，铁路	1 + 1	30.5	1953	铝薄板，木材	2014T6 6151T6
德国杜塞尔多夫市（Dusseldorf）	双腹厚板，拱形肋	人行		55	1953		
德国吕嫩（Lunen）	铆接斜腹杆桁架	公路	1	44	1956	挤压铝型材	6351T6
瑞士卢塞姆市（Luceme），2座桥	悬架固梁	人行与运畜车		20，34	1956	木材	5052
南威尔士罗格斯顿市（Rogerstone）	焊接 W 形桁架，贯通横梁	人行		18	1957	波纹铝薄板	6351T6
英国蒙茅斯郡（Monmouth shire）	焊接的	人行		18	1957	波纹铝薄板	6351T6
英国班布里市（Banbury）	铆接桁架	公路	1	3	1959	波纹铝薄板	6351T6
英国格洛斯特（Gloucester）	铆接桁架	公路	1	12	1962	挤压型材	6351T6

（1）加拿大阿尔维达塞右纳河桥

世界第一座全铝合金桥（见图7-29），建于1949年，位于加拿大魁北克省阿尔维达塞右纳河，全长153 m，宽9.75 m，主跨长88.4 m，拱高14.5 m，在主跨两侧有几跨6.1 m的连接孔，整个结构用2014T6铝合金制成，总质量150 t。到目前为止，该桥仍是世界上最长的铝桥之一。

图7-29　阿尔维达全铝公路桥（a）和人行桥（b）

（2）英国梅德韦河桥

英国梅德斯通跨越梅德韦河的人行铝桥（见图7-30）为跨度达180 m的悬索桥，桥面板是薄铝结构，即由挤压板单元放置并紧压在一起形成的宽铝板，挤压板用6082T6铝合金制成，其他部分用6063T5铝合金制成。倾斜的钢柱、纤细的铝面

图7-30　英国梅德韦河桥

结构、碳纤维和不锈钢栏杆，使该桥异常轻巧，对视觉形成了强烈的冲击，令人耳目一新。该桥曾荣获多项欧洲设计奖。

（3）荷兰里克哈维河活动桥

荷兰阿姆斯特丹里克哈维桥（见图7-31），2003年3月投入使用，为一座活动结构桥梁，有两孔，跨径分别为10 m、13 m，上部结构包括由梯形断面挤压板制成的桥面板和板材制成的主梁，主梁高0.90 m，跨间的铝结构无防腐保护，只有两岸的表面和栏杆为了审美做了阳极化处理。里克哈维桥于2003年赢得欧洲铝行业奖。

（4）北挪威福斯莫桥

北挪威诺兰县（County of Nordland in Northern Norway）福斯莫全铝桥（见图7-32），1995年9月投入使用，全是用铝合金挤压型材制造的，桥面板是用一块块大挤压铝合金型材纵焊而成，运到工地一次吊装到位的。

图 7 - 31　里克哈维活动铝桥

图 7 - 32　诺兰县福斯莫公路桥

（5）早期的其他典型铝桥

1933 年秋美国匹兹堡市横跨莫诺加黑拉河上的斯密斯菲尔德大桥进行全面大修，将木构件及钢地板系统全部换成了铝桥面，采用的是美国铝业公司生产的板材。这座 91 m 长的正交各向异性桥体是用 2014T6 铝合金薄板与厚板成形的型材铆接的。新的铝合金桥可允许当时该市新建的有轨电车通行，还可保留原有的双向汽车路线。这座铝合金桥在服务了 34 年后仍然完好，1967 年为了提高桥的通行能力进行了翻修，将 5456H321 铝合金厚板焊于 6012T6 铝合金挤压型材上，以 5556 铝合金丝作焊料制成桥体，而挤压型材与钢制的桥梁上部结构的连接则是螺接。

20 世纪 50—60 年代美国由于钢材紧俏，在修筑州际公路桥梁时选用了铝材，并主要以铝合金板材加工成形的型材建造，其中主要桥梁有：1958 年建造的伊利诺伊斯州德斯莫内斯附近的双车道四跨焊接板梁桥；1960 年建造的纽约州朱里乔市的两座双车道铆接板梁桥；4 座独一无二的铆接加固的三角板梁桥，在设计中借鉴了"法尔奇尔德"即"单应力"理念。采用法尔奇尔德理念设计的铝桥有：

①匹兹堡市阿波马托克斯河 36 号公路上的桥，建于 1961 年。

②89.3 m 长的 3 跨塞斯维尔大桥引桥，它是 32 号公路帕塔普斯科河上的一座桥，现在是马里兰历史名胜桥之一。

③两座 6 车道 4 跨的桑利斯公路桥，建于 1965 年，分别位于纽约州宁登豪斯特与阿米迪维尔。

从现在的劳动成本来看，法尔奇尔德采用薄板铆接三角型材建造桥梁是没有成本效率的，但是依照他的理念设计建造的桥梁坚固耐用，使用几十年仍如新建造的一样，阿波马托克斯河上的 36 号公路、宁登豪斯特、阿米迪维米桥已服务 43 年。

英国巴斯库尔市的两座活动桥，采用铝合金厚板铆接。法国彻马里尔斯铝桥，桥体为铝桥梁系统，可以从 2 车道拓宽成 4 车道。

挤压铝合金型材桥板也已用在不少桥梁建设上。采用各种工艺将挤压铝合金板连接成一块大板的方法已用于制造飞机货舱地板、船的甲板、直升机着陆平台。20 世纪 80—90 年代在翻修桥梁时也采用了铝合金挤压型材及面板。例如在瑞典斯文逊·皮特塞设计的铝桥获得了一定的推广，其采用纵向加固的 6063T5 或 T6 态铝合金挤压空心型

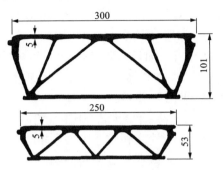

图 7 - 33 瑞典典型挤压桥梁铝型材
截面图(6063T5/T6)/mm

材，用螺钉紧固组成桥体(见图 7 - 33)，仅在斯德哥尔摩一地就建造了 36 座这样的桥。这种桥是先在工厂预制好，运到工地趁晚上往来车辆稀少的时候在二三小时内组装完毕，对交通的影响能降至最低限度。

1996 年美国宾夕法尼亚州亨廷顿附近的有历史保存价值的卡拜因桥，就是用上述方法以大挤压铝合金型材改造的。当时在设计讨论时选用铝合金的理由是：质量轻、比强度大、可在工厂加工。改造后的铝桥的有效承载能力是之前的 3 倍。

美国雷诺兹金属公司 20 世纪 90 年代中期研发出了几种可焊的桥梁铝合金挤压型材。其中之一在现代化改建亨廷顿市附近的久尼塔河上的卡拜因吊桥中得到了应用，此桥长 97.5 m，宽 3.8 m，原为厚木板桥体，是为过往马拉拖车建造的，后来改为轻质钢桥体，但终因钢桥体的自身质量大，限制最大通行负载为 7 t，后来翻新时又改高 133 mm、宽 344 mm 的多孔 6063T6 铝合金空心挤压型材，将它们对焊起来。桥面挤压型材方向垂直于车辆前进方向，用机械方法将其紧固于 6061T6 铝合金挤压 I 字梁上，I 字梁方向平行于车辆行进方向。经过这次现代化技术改造，除了桥体自重外，桥的有效负载允许达到 22 t，并允许紧急车辆通行。

采用雷诺兹金属公司桥梁型材建造的第二座公路桥是美国弗吉尼亚州克拉克斯维尔市附近的 58 号公路小布法洛克莱克河上的桥，此桥长 16.7 m，宽 9.75 m，桥体是用宽 305 mm、高 203 mm 的 6063T6 铝合金挤压型材金属氩弧焊接的，型材挤压方向平行于车辆前进方向，整块焊接铝合金板被置于 4 根长的钢桥梁上。这种桥体的突出优点就是上盖与下底是连续的，各向是同性的，即纵、横向性能相等。雷诺兹铝桥体表面有一层厚 9 mm 的环氧树脂，其中含有填料，可以增加车辆行驶摩擦力，防止打滑。这种表面的功能与混凝土桥面的功能极为相似。

美国最近建造的挤压铝型材桥在肯塔基州克拉克县，这是一座乡村桥梁，主

要来往车辆是学校校车与医院救护车，必须在很短时间内安装完毕。桥体用雷诺兹桥梁空心型材（6063T6 铝合金）焊接，在工厂预制，运到工地，不到 3 h 即架设完毕，将交通中断时间缩短到了最低限度。

（6）近期建设的其他典型铝桥

2010 年，加拿大魁北克省布洛萨德建的其国内最长的矮桁架铝合金行人桥，长 44.21 m，护栏高 1.372 m，自身质量 17 t，全部为 6061 - T6 铝合金空心挤压型材制造（见图 7 - 34）。

（7）多哈铝合金天桥（中国承建的首座海外铝合金天桥）

多哈铝合金天桥位于卡塔尔多哈市，由山东丛林集团迈尔有限公司承建，工期 7 个月，2015 年正式交付使用（见图 7 - 35）。丛林迈尔公司建设的多哈人行过街天桥是中国在国外承建的第一座，大挤压桥梁铝型材是丛林铝业有限公司生产的，以其精巧耐用的设计、大气优雅的铝合金外观、简易快速的安装流程和高效团结的施工团队等赢得了客户和当地政府的一致认可和赞誉。

图 7 - 34　加拿大最长的
布洛萨德铝合金矮桁架行人桥

图 7 - 35　多哈铝合金天桥

7.4.3.2　我国的铝合金结构桥梁

我国铝合金结构桥的应用历史也有十几年，但由于相关研究不够，没有完整的设计规范，铝合金结构数量少，结构形式比较单一。截至 2017 年，中国建造的铝合金桥仅有 62 座，全为过街人行桥。其中，首座铝合金桥是建于 2007 年 3 月的杭州庆春路中河人行天桥。

（1）杭州庆春路中河人行天桥（中国首座铝合金过街天桥）

杭州庆春路中河人行天桥是中国建成的首座铝合金结构桥梁（见图 7 - 36），2007 年 3 月 25 日竣工。该桥由外资公司承建，所用铝合金型材从德国进口，主材为 6082T6 铝合金。整座人行天桥分为 5 个预制组件，呈"工"字形，主跨长度 39 m，质量为 11 t，其余辅桥跨度 15~25 m，桥下机动车通行净空 4.8~5.3 m，能满足现有无轨电车通行需求,天桥距离中河高架桥底 2.8 ~ 3.2 m,完全满足行人通行需求。全桥的质量仅为同体积钢材的 34%。在天桥的 4 个脚上安装了 4 对上下自动扶梯,是杭州市首次在人行天桥上安装自动扶梯。该天桥克服了通行净空无法满足使用要求这一技术难题,并解决了庆春路和中河路的交叉路口人车争道矛盾。

图 7 - 36　中国首座全铝合金结构城市人行过街天桥在杭州建成

(2)上海徐家汇人行天桥

上海徐家汇人行天桥(见图 7 - 37)是国内首座完全自主设计、自行生产、自行建造与安装的铝合金结构桥梁,2007 年 9 月 29 日在徐家汇潜溪北路投入运行,总工期仅 37 天。该桥由同济大学沈祖炎院士负责桥梁设计,外形类似外滩白渡桥,连接徐家汇第六百货公司和太平洋百货公司。主材为 6061T6 铝合金,单跨 23 m,宽度 6 m,主桥高 2.6 m,桥净高 4.6 m。该铝合金天桥自重仅 150 kN,最大载重量可达 50 t,远低于地铁上面建设天桥总荷载不得超过 700 kN 的规定,确保了该处地下地铁的安全运行,有效地缓解了该路段人行通道的拥挤

图 7 - 37　上海徐家汇人行天桥

情况,并为徐家汇的各商场带来了更多商机。徐家汇人行天桥所用铝材全部为中国广东凤铝铝业有限公司三水公司生产。

从徐家汇人行天桥建成之日起,中国建设铝合金桥所需要的一切材料即不但可以全部自给,而且可成套出口,该市至 2017 年已建设成 4 座铝合金桥。

（3）北京市西单商业区人行天桥

北京市西单商业区人行天桥（见图7-38）是北京市迎奥运重点工程之一，2008年7月20日投入试运行。铝合金上部结构为外资公司承建，主要铝合金型材均为国产，为6082T6铝合金型材；铝合金步道板等附件从国外进口，为6005T6铝合金。其中，新建一号天桥为U形天桥，连接中友百货和君太百货商场，主跨38.1 m，桥面净宽8 m，主桥高4.1 m，净高5.1 m，总长84 m，总面积1506 m²，配置8部自动扶梯、一部无障碍升降平台，是目前世界上最大的高强度铝合金天桥；新建二号天桥为Z形天桥，连接西单商场和西单国际大厦，主跨32.7 m，桥面净宽6 m，净高5.2 m，总长53.9 m，总面积952.2 m²，配置4部自动扶梯；新建连廊连接君太百货商场与西单MALL二层平台，总长20.2 m，净宽5.8 m，总面积127.90 m²。该天桥造型追求时代感，形式简约，在满足安全性、实用性要求的同时，兼顾标志性、美观性、舒适性，体现人文气息，堪称人行天桥的经典作品。

它成功解决了复杂环境下铝合金结构桁架吊装难题，并制定JQB-198—2008《北京市西单商业区人行天桥工程铝合金上部结构施工质量验收标准》（北京市建设委员会备案），为今后铝合金结构桥梁施工验收提供了宝贵借鉴经验。该天桥与两侧建筑的二层平台构成了安全、连续、通畅、美观、舒适的S形二层步行系统和高品质商业氛围，彻底解决了人流量分流不合理、人车混行、交通拥堵等难题，实现了高品质、人性化、便捷化、交通方便的规划目标，提升了西单购物环境品质。

图7-38　北京西单商业区人行天桥工程（铝合金过街天桥）

（4）天津海河蚌埠桥铝合金人行桥面

天津海河蚌埠桥人行桥面是用6061T6铝合金挤压型材建造的（见图7-39），全部为国产铝材。

（5）龙岩铝合金人行天桥

2011年12月，福建省龙岩市在向杭州、上海、北京等地取经的基础上，斥资500余万在人民路西安居委会大门西侧修建了一座"工"字形人行天桥，主桥梁长近50 m，横跨机动车双向六车道。

图 7 - 39 天津海河蚌埠桥工程采用铝合金做人行桥面

(6)杭州西湖口字形过街天桥

杭州西湖附近的口字形过街人行铝合金天桥是中国首座这类形式的铝合金过街天桥,2013 年 4 月通行。该桥由中国丛林铝业有限公司设计、制造与安装(见图 7 - 40),全长217 m,宽 4. 8 m,承载能力

图 7 - 40 杭州西湖附近的铝合金过街人行天桥

4. 3 kN/m² , 所有铝材都是中国丛林铝业有限公司研发生产的。桥的桁架结构是用 6082T6 铝合金挤压大型材制造的,四片主桁架及四片过渡桁架组成闭合环形人形天桥,呈口字形,其美观独特的结构成为杭州街头一道风景,被称为现代建筑中的艺术品。

原天桥("解百"天桥)采用传统材料,平均每 2 年需进行一次防锈及其他相关维护,每次维护费用 11 万元左右,而铝合金桥免去了防锈维护,维护成本降低90%以上。此外,全铝天桥由于其上部结构轻,会进一步降低基础费用和对地质条件的要求。丛林铝业研发团队在设计时,不仅对桥排水系统、电梯悬空搭载部位加强结构以及过渡连接装置等细节进行了深入分析探索,而且带入了人性化理念,在建有上下行电梯和楼梯的同时,还安装了无障碍轮椅升降平台,美观实用、经济环保,是中国天桥领域的一次飞跃。

(7)宁波人行铝合金天桥

2014 年 4 月 10 日,浙江省宁波市第一医院人行天桥(见图 7 - 41)顺利通过竣工验收。该天桥采用 PML 桥梁系统中的 L 系统。桥长 37 m,单跨 28 m,宽4 m,总重 37.5 t,采用铝合金桁架结构,全部使用丛林铝业挤压加工的优质型材。天桥在宁波柳汀街南北两侧,均设置有电动扶梯,北侧设置有垂直电梯,南侧设置有一段长带倾斜平台，与市第一医院门诊大楼二楼挂号大厅相连，方便市民就诊及过街。

图 7 - 41　宁波市第一医院铝合金人行天桥

（8）东单路口南北铝合金人行天桥

2018 年 1 月 18 日，东单路口南北大桥改造完毕，并正式投入使用（见图 7 - 42）。这两座桥始建于 1999 年，为使旧桥总体景观效果及使用功能满足现有需求，将其钢结构改造为了铝合金桁架结构，桥梁全长 58 m，全宽 3.85 m，单跨跨径达到 52 m，目前为国内单跨最大的铝合金桁架天桥。

图 7 - 42　东单路口南北铝合金人行天桥

（9）重庆市高新区创新大道协信天骄城人行天桥

重庆市高新区创新大道协信天骄城人行天桥是重庆市首座这类铝合金天桥，于 2015 年竣工。该桥由中国有色金属工业第六冶金建设有限公司承建。该桥为单跨铝合金桁架结构天桥，总长度约 30 m，路径 26.4 m，桥面净宽 4 m，主桥体及人行梯道均采用新型高强度铝合金挤压型材，桁架上、下弦以不锈钢螺栓连接，支撑桁架肩梁为箱体结构，道路两侧分别设置两座 1∶2 楼道，楼梯净宽 2.4 m。

（10）甘肃省陇西县铝合金人行天桥（西部地区首座）

陇西铝合金人行天桥是第六冶金建设公司与贵阳铝镁设计研究院有限公司设计与建设的，于 2017 年 7 月 30 日建成，仅历时 12 h 即一次吊装成功。该桥位于陇西县北大街与北城路交叉路口，采用十字交叉铝合金拱桁架结构，桥面净宽 3.2 m，道路两侧分别设有两座 1∶2 楼道，共 4 个出口 8 个楼道，楼道净宽分别为

1.8 m、1.5 m，总长约 118 m，这是中国体量最大的 X 形天桥。

（11）内蒙古首座铝合金天桥（在呼和浩特建成）

该铝合金人行天桥位于内蒙古呼和浩特市鄂尔多斯东街农业大学，由中铝贵阳铝镁设计院有限公司总承包，六冶（郑州）科技重工有限公司安装，这是内蒙古自治区首座铝合金人行天桥，也是中铝公司建设的首座这类桥梁。

该桥跨度 33 m，桥宽 3.4 m，行人通行道净宽 3 m，桥下机动车净空高 5 m，天桥有上下两部电梯及两部自动扶梯。该桥的特点是采用了结构外漏理念，镂空的桁架使桥体显得轻盈、通透，没有压抑感，桥体采用了内蒙古的建筑文化元素，融入了特有云纹图案，地方文化特色得到凸显，与周边建筑相呼应，显得格外协调。

（12）南宁市 BRT 快速公交 1 号线铝合金人行天桥

该天桥主桥长 60 m、宽 5 m，梯道长 140 m、宽 3.2 m，于 2016 年 8 月竣工（图 7-43）。南宁市 BRT1 号线全线 13 个站点全部采用全铝合金天桥进站形式，是国内首个采用铝合金桥梁的公共交通系统。桥梁上部铝合金结构全部在工厂预制，

图 7-43　南宁市 BRT 快速
公交 1 号线铝合金人行天桥

现场整体吊装，13 座天桥在 90 天内完成，平均 7 天完成一座天桥施工，效率是传统钢结构天桥的 3 倍以上。截至目前，南宁市已建成 41 座，是中国铝合金人行过街天桥最多的城市，也是全球这类过街天桥最多的城市之一。

中国建成的铝合金桥梁，都是过街人行天桥，还没有铝合金公路桥与铁路桥，可见在铝合金桥的设计、制造与安装方面与国外还有较大的差距。而所需要的桥梁铝合金及铝材中国现在都可以生产与提供。

7.5　铝合金活动板房的应用开发

7.5.1　铝合金活动板房的特点及基本组成

7.5.1.1　铝合金活动板房的特点

铝合金高级活动板房有许多优点：适用范围广，可作办公室、展厅、商店、饮食店、娱乐场所、公共服务设施和临时宿舍；档次多样，可根据不同的需要进行装潢和布置；机动灵活性好，可作永久性或半永久性建筑；因全部是组装件，搬运很方便。每幢板房长 50 m，宽 10 m，空间高 2.5 m，全部采用装配式构件。铝合金高级活动板房的结构分立柱、房架、门窗和其他附件，共 4 部分。

7.5.1.2 铝合金活动板房的基本组成

（1）立柱

为确保安全，经强度计算与校核后，每幢板房在长向两边最外端每隔 2 m 设一根立柱，即每一侧面设 26 根立柱，每幢房区设 52 根立柱，其空间内和宽向（跨度）都不设立柱。

为了加大强度和刚度，立柱采用铝－钢方管混合结构，内芯管为高频焊接的碳钢方管，外套为 6063 铝合金方管，铝方管阳极氧化成银白色。考虑到立柱中的钢管要与地平的地脚螺钉和房架的装配螺栓相固定，因此，铝套管长度要比钢方管短一些。为了防止铝方管与钢方管之间串动和松动，在它们之间用抽芯钉固定。

为将铝－钢方管混合结构的立柱牢固地竖立并与房架连接上，立柱两端焊在钢挡块上。钢挡块为正方形，钻有固定用的圆孔。正式安装时，将立柱下端钢挡块上的圆孔与地平的地脚螺钉相配插入，并用螺母拧紧；将立柱上端钢挡块的圆孔与房架上相应的装配孔用螺栓和螺母连接并固紧。

为降低成本，板房宽向目前为用内衬纤板外包铁皮再涂刷油漆的结构。为了增加美观性，也可在宽向设计铝－钢方管结构的立柱，以安装铝合金门窗。

（2）门窗

板房长向两侧的门和窗全部采用铝合金门窗。每幢房安装的门数可根据服务设施需要而定。铝合金门目前为 2 m 宽，即位于两根立柱之间，采用 6063 合金 90 或 42 系列推拉门，安装在铝方管上；也可安装弹簧门，该门上端与铝方管相连，下端与地基相连。除安装铝合金门外，每幢房长向两侧立柱之间全部安装铝合金窗，在立柱上半部的铝方管上安装 70 或 42 系列铝合金推拉窗，立柱下半部镶透明玻璃（如需要，也可采用茶色玻璃或花色半透明玻璃）。考虑到色彩的美观性、协调性和气候因素，板房的所有铝合金门窗与立柱的铝方管一样，须经阳极氧化成银白色。

（3）房架

根据结构上、美观性和便于流淌雨水的需要，房架呈"∧"形，实际上每一房架都是由 5 m 长、各带一定坡度又相互对称的"右""左"两个构件组合而成的，将其在组合点即"屋脊"处用螺栓和螺母固定，构成跨度为 10 m 的房架。由于沿长向两侧每对立柱上都架设一个房梁，故共架设 26 个房梁。

为了安全，房架采用桁架结构，主框架用尺寸较大的钢扁方管制作，其支架和斜架用尺寸较小的钢方管并焊接于主框架上，以起支撑和加固作用，在地面上再用螺栓和螺母接合成"∧"形，然后再架设在宽向彼此对应的立柱上，再用螺栓螺母连接和固定。

房架与立柱相固定时，应特别注意保证每根立柱的垂直度以及它们之间的相互平行,否则整幢房会"变形"或"歪扭"而影响铝合金门窗的安装,或使结构处于不正常的预应力受力状态。为避免这种情况发生,首先,它们的尺寸计算应准确,施工时按工艺要求保证公差。其次,因为组合件全都采用螺栓和螺母连接,故在安装时最好不用平垫片,而用弹簧垫片,以免螺母意外松动,必要时加固定插销钉;不言而喻,螺栓与连接孔的尺寸配合不能松动,以免剪切应力起作用。

(4)其他附件

根据使用的需要,可以配置相关的附件,如橱柜、挂钩、线路、灯具、卫生设施等。

7.5.2 铝合金活动板房实例

随着人民生活水平的提高和旅游业的发展,我国的铝合金高级活动房的生产也在迅速扩大。图 7 - 44 为常见的铝合金阳光房,图 7 - 45 是两种铝合金活动板房。

图 7 - 44 常见的铝合金阳光房

图 7 - 45 铝合金活动板房

7.6 铝合金模板的应用开发

7.6.1 铝合金模板的发展及特点

7.6.1.1 建筑模板的发展及分类

建筑模板在建筑行业具有悠久的历史，传统方法采用的材料主要是木材和竹材，20 世纪 50 年代开始使用钢材。铝合金建筑模板起源于 20 世纪 60 年代，我国直到 2000 年才开始研究开发及应用。

20 世纪 90 年代以来，我国建筑结构体系又有了很大的发展，伴随着大规模的基础设施建设，高速公路、铁路、城市轨道交通以及高层建筑、超高层建筑和大型公共建筑的建设，对模板、脚手架施工技术提出了新的要求。我国以组合式钢模板为主的格局已经被打破，逐渐转变为多种模板并存的格局，新型模板发展的速度很快，新型模板有如下几种。

（1）木模板：用木材加工成的模板，常见的是杨木模板和松木模板。优点是重量相对较轻，价格相对便宜，使用时没有模数的局限，可以按要求进行加工；缺点是强度低，不防水，易霉变腐烂，重复使用的次数较少，在加工过程中需要消耗大量木材资源，不利于生态环境和森林资源的保护。

（2）钢模板：用钢板压制成的模板。优点是强度大，周转次数多；缺点是重量重，使用不方便，易腐蚀，成本极高，并且在混凝土浇筑过程中易与混凝土黏合在一起，脱模困难。

（3）塑料模板：利用 PE 废旧塑料和粉煤灰、碳酸钙及其他填充物挤出工艺生产的建筑模板。优点是表面光洁，不吸湿，不霉变，耐酸碱，不易开裂，成本相对钢板要便宜很多；缺点是强度和刚度都太小，易变形，热膨胀系数较大，不能回收，污染环境。

（4）铝合金模板系统：利用铝板材或型材制作而成的新一代建筑模板，因重量轻、周转次数多、承载能力高、应用范围广、施工方便、回收价值高等特点，适用于钢筋混凝土建筑结构的各个领域。

各类模板性能指标对比如表 7-9 所示。

表 7-9 各类模板性能指标对比

项目	木模板	竹模板	全钢模板	组合钢模板	塑料模板	铝模板
面板材料厚度/mm	15	12	5~6	2.3~2.5	4~5.5	3~4
模板厚度/mm	15/18	12	85/86	55	80	54/65
模板质量 /($kg \cdot m^{-2}$)	10.5	6.5	85~95	35~40	15	18.5~25

续表 7 - 9

项目	木模板	竹模板	全钢模板	组合钢模板	塑料模板	铝模板
承载力/(kN·m^{-2})	30	30	60	30	30	40~50
销售价/(元·m^{-2})（不含支撑和配件）	50	60	700	280	150	1200
周转次数/次	3~5	10~15	600	100	40~60	300~500
摊销费/(元·次$^{-1}$·m^{-2})	7.0~11.7	4~6	<1.14	<2.80	—	2.4~3
施工难度	容易	易	容易	较容易	容易	容易
维护费用	低	低	高	较低	低	低
施工效率	低	低	高	低	高	高
应用范围	住建墙柱梁板	住建桥柱梁板	桥柱体、桥梁	住建墙柱梁板	—	全部结构件
耐腐蚀性	较好	较好	差	差	好	好
混凝土表面处理	工艺要求高	工艺要求高	可以达到	不易达到	可达清水效果	易达到
回收价值	低	低	中	中	高	30%残值高
对吊装机械的依赖	部分依赖	部分依赖	依赖	部分依赖	不依赖	不依赖

7.6.1.2　铝合金模板的发展概况

绿色建筑铝合金模板系统于 1962 年在美国诞生，至今已有近 60 年的历史，它是在经历了木模板、钢模板、塑料模板之后的第四代模板，由于铝合金的种种优点，备受美国、加拿大等发达国家的欢迎，同时在像墨西哥、巴西、马来西亚、韩国、印度这样的新兴工业国家的建筑中也得到了广泛的应用。在金融海啸前，美国每年的铝模板市场规模大约有一亿美元，主要被当地四五家铝模板制造公司瓜分。墨西哥的保障房，亦大量应用了全铝模板技术。以一家总部位于哥伦比亚的铝模板制造公司为例，仅在墨西哥福克斯总统的任职期间，其就以铝模板技术参与建造了超过 100 万套保障房。韩国在十年前，还主要使用胶合板，至今其高层住宅楼的施工中，已有 80% 采用铝模板技术。

20 世纪 70 年代初，我国建筑结构以砖混结构为主，建筑施工所用的模板以木模板为主；20 世纪 80 年代以来，在"以钢代木"方针的推动下，各种新结构体系不断出现，钢筋混凝土结构迅速增加，钢模板在建筑施工中开始盛行。近几年，在国家建设低碳环保经济的号召下，建筑领域紧跟环保这股潮流，倡导绿色建筑，建筑铝模板渐渐进入中国，其在中国模板市场中所占的份额逐年增加，如表 7 - 10 所示。

表 7-10 铝模板在中国模板市场所占的份额 %

年份	2008 年	2009—2011 年	2013—2014 年	2015 年	2016 年	2017 年
铝模板占中国模板市场的份额	0	2	4	8	12	18

7.6.1.3 铝合金模板特点及优势

（1）铝合金模板的特点

铝合金模板是以铝合金型材为主要材料，经过焊接和机械加工等工艺制成的一种适用于混凝土工程的模板，其具有以下几个特点：

1）设计方案能够系统化、标准化。施工前，对工程做好详细准确的分析和施工方案设计，配合模板系统模数化、系统化、标准化的产品系列，可使在施工中可能遇到的问题，最大限度地在方案设计阶段解决。

2）拼缝和尺寸精度高。铝模板系统，采用高强度铝合金型材按不同模数焊接成各种标准化组件，产品按量控制标准生产。模板的拼缝和总体精度均大大高于传统模板。

3）可以整体试装。传统模板及其施工方法中，许多安装问题均由施工现场的人员随机处理，施工效率和工程质量难以保证。而铝模板在运往工地前，即进行了100%的整体试装，将所有可能出现的问题预先解决，从而大大提高了实际施工速度和精度。

4）施工效率高。铝模板以销钉和锲片为主要连接方式，装拆变得极为简单。工人经简单培训即可上岗操作，一把锤子即可。由于铝模板重量轻，通常人工逐层向上搬运，不依赖塔吊，大大加快了施工进度，提高了施工效率。

5）可以实现早拆技术。铝模板顶模和支撑系统实现了一体化设计，将早拆技术融入顶板支撑系统，大大提高了模板的周转率，省却了传统施工中大量应用 U 形托和木方，以及钢管扣件或碗扣式脚手架的工序，以产品和施工方式的合理设计大大节约了材料成本。

6）施工安全。铝模板系统的墙模、顶模和可调支撑乃至相关配件的设计，均经过完整的计算和实验验证，保证整个体系符合 $50 \ kN/m^2$ 的设计标准，并按照美国相关标准，留有 2:1 的安全系数，避免了传统支撑方式的不确定性所造成的安全隐患。

7）可回收利用。铝模板系统采用可循环使用的高强度铝合金材料制成，可全部回收利用，基本去除了对森林资源的依赖与浪费。施工现场整洁有序，不产生废物废料，有利于优质、样板工程的申报，预售房时可提前让客户进行参观。

（2）铝合金模板的优势

相对于传统的模板，铝合金模板具有以下几点优势：

1)绿色环保。铝合金模板的一切材料均可回收，施工现场环境安全、干净、整洁，完全达到绿色建筑施工标准。

2)重量轻。每平方米的重量仅为 20~25 kg，下层往上层搬运时不需要使用塔吊，人工转递即可，可节省机械费用。

3)重复使用次数多，平均使用成本低。铝合金建筑模板采用整体挤压成形的铝合金型材做原材(6061T6 或 6063T6)，韧性好、强度高、耐腐蚀。一套铝合金模板规范施工可反复周转使用 300 次以上，平均使用成本低。

4)稳定性好，承载力高。铝合金建筑模板系统的所有部件都采用铝合金模板组装而成，组装完成后可形成一个整体框架，稳定性好、承载力高，可达 30 kN/m³ 以上(试验荷载每平方米 60 kN 不破坏)。

5)应用范围广。适用于所有混凝土结构建筑物浇筑的墙、柱、梁、顶板、阳台、飘窗、外装饰线条等，可一次浇筑成型，保证了建筑物的整体强度和使用寿命。

6)施工方便、效率高。铝合金建筑模板系统组装简单、方便，平均重量 25 kg/m²，完全由人工拼装，不需要任何机械设备的协助(工人施工通常只需要一把扳手或小铁锤，方便快捷)，熟练工可装拆 20~25 m²/d，正常情况 4~5 天/层，如工期紧张，可以缩短至 3 天/层，大大节约了承建单位的管理成本；同时，对工人操作技术水平无要求，只要经过短期培训熟练操作过程即可。使用铝模板可以缩短 1/3 的总工期时间，施工效率高。

7)施工质量高。由于铝模板属于工具式模板，垂直误差可控制在 10 mm 以内，优质工程可控制在 4~5 mm，几何尺寸精确，拆除模板后墙体平整光洁，能够达到或接近清水墙效果，施工质量高。同时，可以减少或省去二次抹灰作业，降低建筑商的抹灰成本。

8)铝合金模板系统支撑体系独特。采取"单管立式独立"支撑，平均间距 1.2 m，无须横拉或斜拉助力支撑，施工人员在工地上搬运物料、行走皆畅通无阻。单支撑的模板拆除轻松便利，设计时根据建筑结构强度要求配备模板，正常配套是 1 套模板、3 套预板支撑、4 套梁支撑、6 套悬梁支撑，即可满足整个建筑的施工(4 天/层)。

9)综合管理成本费用低。铝合金模板系统全部配件均可以重复使用，施工安装及拆除完成后，无任何垃圾，无须处理。可减少垃圾外运及填埋处理费用，施工现场整洁，不会出现废旧木模板堆积如山的现象，实现了工地的文明施工。表 7-11 列出了铝、钢与木模板系统的性价比。

10)回收价值高。铝合金材料可以一直循环利用，残值高，符合循环利用、低碳环保、绿色建筑材料的国家政策，可降低模板成本 200~400 元/m²。

11)工期短。模板生产完成后，试拼装时按分区，按顺序编号，正常施工时按顺序拼装即可，拼装简单规范；在浇筑混凝土后，24 h 可拆除墙柱板，36 h 可拆除墙侧板,48 h 可拆除顶板,12 天后拆除支撑柱。

12)标准、通用性强。铝合金建筑模板规格多,可根据项目采用不同规格的板材拼装;使用过的模板改建新的建筑物时,只需更换 20% ~ 30% 的非标准板,可降低费用。

表 7 - 11 铝、钢模板与木模板系统的性价比对照表

类别	铝模板	钢模板	木模板
模板系统通用可使用的次数/次	150 ~ 200	100 ~ 150	5 ~ 8
模板系统造价(含所有配件)/(元·m^{-2})	1500	850	100
平均安装人工/(元·m^{-2})	25	29	24
安装机械费用/(元·m^{-2})	2	8	3
单栋高层比数(30 层)/(元·m^{-2})	50	70	46
单栋高层比数(60 层)/(元·m^{-2})	37	40	46
单栋高层比数(90 层)/(元·m^{-2})	32	35	46
单栋高层比数(120 层)/(元·m^{-2})	26	30	46

7.6.2 铝合金建筑模板系统的特点及生产流程

7.6.2.1 铝合金建筑模板系统的特点

铝合金模板系统是采用不同形状与规格的 6061T6(或 6063、6082、6005、7005、5052)等铝合金深加工成不同用途(功能)的零部件或模块,然后按图纸组焊成为一个体系。

铝合金模板系统采用独立钢支撑,支撑间隙为 1.2 m,不需要横向支撑,方便施工运送物料及通行,安全又环保;由于铝模板重量轻,模板从下层往上层搬运时不需要使用塔吊,采用人工转递即可。因此,铝合金模板是目前最为理想的工具式模板,整个系统具有标准化程度高、配合精度高、重量轻、承载力强、板面大、拼缝少、稳定性好、拆装灵活、周转次数多、施工周期短、使用寿命长、可循环使用、施工现场安全整洁、混凝土浇筑完成后表面平整光洁、施工对机械依赖程度低、能降低人工和材料成本、维护费用低、施工效率高、经济效益好、回收价值高等特点。

铝模板主要用于墙体模板、水平楼板、柱子和梁等各类模板。适用于新建的群体公共与民用建筑,特别是超高层建筑。

7.6.2.2 模板用铝合金型材的特点

绿色建筑铝合金模板(及脚手架)主要用挤压法生产的型材(部分管材和棒材)制造,绿色建筑铝合金模板型材品种多,规格范围广,形状复杂,外廓尺寸和断面积大,壁厚相差悬殊,大部分为特殊的异型空心型材,也有宽厚比大的大型扁宽薄壁实心型材、舌比大的半空心型材以及要求特殊的管材和棒材,难度系数很大,技术含量很高,批量生产十分困难。表 7 - 12 为部分绿色建筑模板挤压产品的一览表。

表 7-12 我国生产的部分绿色建筑铝合金模板型材一览表

序号	合金状态	型材截面简图	型材截面积/cm²	序号	合金状态	型材截面简图	型材截面积/cm²
1	6063T5		13.31	12	6063T5		6.289
2	6063T5		10.814	13	6063T5		8.084
3	6063T5		19.61	14	6063T5		4.884
4	6063T5		18.115	15	6063T5		6.693
5	6063T5		21.112	16	6063T5		4.957
6	6063T5		12.737	17	6063T5		3.28
7	6063T5		11.737	18	6063T5		3.82
8	6063T5		10.737	19	6063T5		4.225
9	6063T5		23.241	20	6063T5		5.491
10	6063T5		14.032	21	6063T5		19.917
11	6063T5		15.062	22	6063T5		24.717

7.6.2.3 铝合金模板体系的生产流程

铝合金模板体系是根据工程建筑和结构施工图纸，经定型化设计和工业化加工定制完成所需要的标准尺寸模板构件及与实际工程配套使用的非标准构件。模板之间采用销钉连接，采用钢型材背楞和对拉螺杆加固，采用 φ48 普通钢管可调支撑。模板体系设计完成后，首先按图纸在工厂完成预拼装。满足工程要求后，对所有模板构件分区分单元分类作相应标记，然后将模板材料运至现场，按模板编号"对号入座"分别安装。安装就位后，利用可调斜支撑调整模板的垂直度，利用竖向可调支撑调整模板的水平标高，利用穿墙对拉螺杆机背楞，保证模板体系的刚度及整体稳定性。然后，浇筑混凝土，在混凝土强度达到拆模强度后，保留竖向支撑，按顺序对墙模板、梁侧模及楼面模板进行拆除。然后，进行清理、准备，迅速进入下一层循环施工。主要生产操作流程如下：

测量放线→墙柱钢筋绑扎→预留预埋→隐蔽工程验收→墙柱铝合金模板安装→梁板铝合金模板安装→铝合金模板矫正加固→梁板钢筋绑扎→预留预埋→隐蔽工程验收→混凝土浇筑并养护→铝合金模板拆除→铝合金模板倒运。

各种结构部件的铝合金模板安装示意图见图 7-46 和图 7-47。

图 7-46　采用铝合金模板的生产现场安装图

7.6.3　铝合金模板生产的关键技术

7.6.3.1　铝合金建筑模板体系的设计

铝合金模板主要参数包括模板的宽度、长度、面板厚度、边肋高、孔径、孔距，主要参数系列见表 7-13。

图 7 – 47 各种结构部件的铝合金模板安装图

（a）铝合金洞口模板；（b）楼梯模板；（c）外墙铝合金模板；（d）内墙铝合金模板

表 7 – 13 主要参数系列

项目	常用规格
长度	100、200、300、400、500、600、700、800、900、1000、1100、1200、1500、1800、2100、2400、2500、2700、3000
宽度	50、100、150、200、250、300、350、400、450、500、550、600、650、700、750、800、850、900
面板厚度	3.5、4
边肋高	65
孔径	16.5
孔距	50、100、150、300

铝合金模板的配件包括连接件、支撑件和加固件，常用配件规格应符合表 7 – 14 的要求，技术要求应符合 GB/T 3098、GB/T 700 和 GB/T 1591 的规定，并应保证满足配套使用、装拆方便、操作安全的要求。

表 7 – 14　铝合金模板配件名称及规格

名称		规格/mm	材质	表面处理方式
连接件	插销	$\phi16 \times 50$　$\phi16 \times 130$　$\phi16 \times 195$	Q235	镀锌或光身
	销片	$24 \times 10 \times 70 \times 3.5$ $32 \times 12 \times 80 \times 3.0$(弯形)	Q235	镀锌或光身
	螺丝	$M16 \times 35$	Q235	镀锌
支撑件	支撑	外管 $\phi60 \times 2.5 \times 1700$ 内管 $\phi48 \times 3.0 \times 2000$	Q235	冷镀锌或防锈漆
	斜撑	$\phi48 \times 3.0 \times 2000$ $\phi48 \times 3.0 \times 900$(下部)	Q235	防锈漆
加固件	钢背楞	$80 \times 40 \times 2.5$、$60 \times 40 \times 3.0$	Q235	防锈漆
	对拉螺杆	$M16 \sim M24$ 粗牙螺杆	45#钢	防锈油
	拉片	33×3、3.5、4.0	45#或 Q235	镀锌或光身
	垫片	$75 \times 75 \times 8.0$	Q235	镀锌或光身

(1)铝合金建筑模板结构体系的设计

建筑模板由面板和支撑系统组成，面板是使混凝土成形的部分，支撑系统是稳固面板位置和承受上部荷载的结构部分。模板的质量关系到混凝土工程的质量，关键在于尺寸准确、组装牢固、拼缝严密、装拆方便等。应根据建筑结构的形式和特点选用恰当形式的模板，才能取得良好的技术经济效果。

铝合金模板体系是根据工程建筑和结构施工图纸，经定型化设计和工业化加工定制完成所需要的标准尺寸模板结构件及实际工程配套使用的非标准件构件。

首先，按设计图纸在工厂完成定型制作并作预拼装，满足工程要求后，对所有模板构件分区、分单元、分类作相应标记。然后将模板材料运至现场，按模板编号分别安装。

铝合金模板安装中，可利用可调斜支撑调整模板的垂直度，竖向楼板支模采用可调独立钢支撑调整模板的水平标高；利用对拉螺杆及背楞保证模板体系的刚度及整体稳定性；模板之间用销钉连接，销钉采用弧形销片固定，可以保证模板之间接缝严密，混凝土结构表面平整光洁。采用铝模板体系可以保证在混凝土强度达到拆模强度后，按顺序对墙模板、梁侧模及楼面模板进行拆除，并迅速进入下一层循环施工。

铝合金模板体系既具有非标准性，同时也能进行一定程度的标准化设计。该技术请参考相关建筑设计资料。

（2）铝合金建筑模板型材的设计

铝合金建筑模板型材的设计应考虑以下几点：

1）铝合金模板的型材及板材宜采用6×××系铝合金，具体型号为6063T6、6061T6和6082T6三种，其中6063T6主要用于焊接型异形铝膜。

2）模板用铝合金型材的化学成分要求、力学性能及硬度指标应符合GB/T 3190有关规定及要求，应提供材质化验报告、力学性能试验报告和质量证明书等资料。

3）6063T6、6061T6和6082T6材料的维氏硬度不能低于15 HW、10 HW、16 HW。

4）铝合金模板的主体型材、边肋和端肋的尺寸精度应达到GB 5237.1中的高精级要求，见表7-15。

表7-15　拼装模板质量要求　mm

序号	检测项目	允许偏差
1	拼装模板长度	1/1000，最大±3.0
2	拼装模板宽度	1/1000，最大±3.0
3	板面对角线差值	≤3.0
4	板面平面度	≤2.0
5	两块模板拼缝间隙	≤1.0
6	相邻模板面板高低差	≤1.5

5）铝合金模板表面应清洁、无裂纹或腐蚀斑点。型材表面起皮、气泡、表面粗糙和局部机械损伤的深度不得超过所在部位壁厚公称尺寸的5%。在装饰面，所有缺陷的最大深度不得超过0.2 mm，总面积不得超过型材表面积的2%；在非装饰面，所有缺陷的最大深度不得超过0.5 mm，总面积不得超过型材表面积的5%。型材上需加工部位的表面缺陷深度不得超过加工余量。

6）如图7-48所示，铝合金模板型材通常采用整体组合结构，形状各异的中小型材拼组成一个大型整体结构型材，有的宽度大于600 mm，宽厚比大于100，舌比大于5，需要采用7000 t以上大挤压机，设计制造特殊结构的模具才能成形。

7）铝合金模板型材要求具有良好的综合性能，既有一定的强度（$\sigma_b \geq 300$

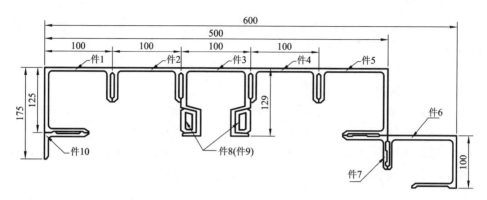

图 7 - 48　由多件组合的建筑铝合金模板型材断面示意图

MPa），又保证良好的可焊性、耐磨性和耐蚀性及冷冲性的良好匹配。因此，必须优化合金成分，优化挤压和热处理工艺，改善和提高组织与性能才能满足要求。对合金成分、铸锭质量，模具设计与制作技术，挤压工艺和热处理工艺等提出了严格的要求，技术难度很大，需要做大量的研究和试验工作。

8）铝合金模板需要多次重复使用，因此，只有对型材尺寸精度和形位公差要求十分严格才能做到方便装卸。通常，要求型材的精度控制在超高精度级以上，这对模具质量、挤压与精密淬火工艺提出了很高的要求。

9）要求产业化大批量生产，因此对设备、铸锭质量、模具技术、挤压和热处理工艺提出了更高的要求，特别是对模具的使用寿命提出了高要求，要求较一般模具的寿命提高 2~3 倍。

10）铝合金模板型材要求表面光洁、尺寸和形位精度高，因此需要采用高质量的模具钢及严格的模具热处理工艺，且机加工全部实施 CNC 工艺规程，才能获得具有高强度、高韧性、高精度、低的表面粗糙度的优质模具。

7.6.3.2　铝合金模板型材的生产技术

铝合金模板型材具有其特有的结构和性能特点，因此对它的生产和制造要求高，下面以两种典型铝合金建筑模板生产特点来分析其技术关键。

（1）两种典型铝合金建筑模板型材特点

铝合金建筑模板型材品种多达几十种，规格范围广，有的型材是多块形状各异的中小型材拼成的一个大型整体材，外接圆直径大于 $\phi600$ mm。有空心型材、实心型材和半空心型材，成形难度大，尺寸和形位精度要求高，要求有高的力学性能，$\sigma_b \geqslant 300$ MPa，以及优良的可焊性、耐磨性、耐蚀性等综合性能。而且要求产业化批量生产。因此，要求不同形式的特殊结构的模具，如特殊分流模、遮蔽式型材模、特种宽展模等才能保证不同型材的成形和尺寸精度，而且要求高的使用寿命,确保其批量生产。

以下选取两种典型的、难度较大的型材模具讨论绿色建筑铝合金模板型材生产的技术关键,其中一种为宽度 400 mm,宽厚比大于 100 的带筋壁板型材(A型),见图 7-49;另一种是舌比大于 5,尺寸和形位为超高级精度的半空心型材(B型),见图 7-50。

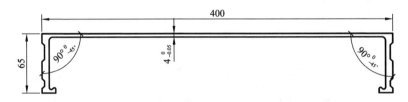

图 7-49　铝合金建筑模板用带筋壁板型材(A 型)尺寸示意图

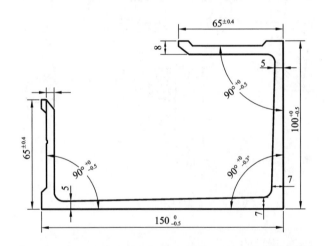

图 7-50　铝合金建筑模板用半空心型材(B 型)尺寸示意图

(2)带筋壁板型材(A 型)生产的技术关键

铝合金建筑模板用带筋壁板型材的合金状态为 6061T6,挤压材经精密水、雾、气淬火+人工时效后交货,要求型材的尺寸与形位精度达到超高精级,并具有良好的力学性能、耐磨性、耐蚀性、可焊性等综合性能的合理匹配。A 型材属于扁宽薄壁型材,其特点是容易发生严重的壁厚差和平面间隙,型材两端面因充料不足而导致壁厚尺寸不够,其宽厚比高达 100,用普通平面模是达不到挤压型材技术要求的,必须设计一种特殊的组合模才能保证成形和达到精度要求。

A 型材外廓尺寸大,必须在 7000 t 以上的大挤压机生产,配套的挤压筒直径为 ϕ418 mm,型材宽度几乎与挤压筒直径相当,这就需要设计制作一种特殊的多级宽展挤压模，才能保证型材成形及足够的宽度精度与平面间隙。

为了确保模板顺利装卸和整体的平直度，A 型材的两个支承腿与壁板角度的形位公差值已高于 GB 5237 高精级，需要反复计算与平衡金属流量的分配才能保证角度精度。并且要求选择优良的模具材料、先进的热处理和表面处理工艺，确保模具的使用寿命提高为之前的 3~4 倍。

根据上述 A 型材的特点和技术要求选择宽展模与分流模相组合的特殊模具结构，如图 7-51 所示。

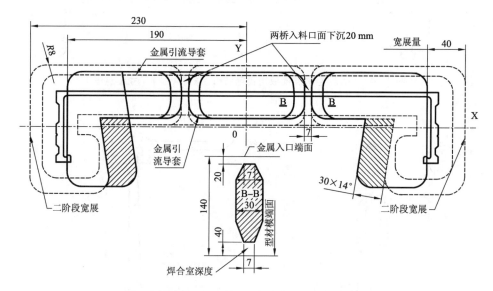

图 7-51　挤压 A 型材用特种分流宽展模示意图

这种特种分流宽展模的关键技术是：

1）直接在宽展模孔内设计两个吊桥，形成三个分流孔，焊合室采用特殊形状并设置 4 个桥墩以平衡金属流量和提高模具的整体强度，从而使流动金属在焊合室内具有足够高的静水压力。

2）在模孔前面设置金属导流槽，按型材形状进行第一次金属分配，提高型材的成形效果。

3）宽展分流模的金属入口处下沉 20 mm，可均衡金属流动并降低挤压力。

4）宽展分流模的分流孔布置与型材形状相似，金属流经宽展分流孔的过程中逐渐由圆形铸锭变成与型材形状相似的金属流，合理控制了金属分配并调节了金属流速。

5）两侧的分流孔向外成两级宽展角，宽展角分别为 25°、5°，以增大两端模孔处的金属流量和压力，便于填充。

此类模具结构复杂,需要 CNC 数控加工中心来确保模具的加工质量。模具材料选用 H13 热作模具钢,电渣重熔钢坯经再锻造、退火后使用,模子热处理经 1035℃ 高温淬火加 2 次回火,模体硬度在 48~49HRC,模具表面强化处理采用二阶段氮化工艺,确保模子表面硬度值在 HV 950~1150,氮化层厚度在 100~160 μm,从而提高模具使用寿命。

(3)半空心型材(B 型)生产的技术关键

铝合金建筑模板用半空心型材 B 是属于典型的高舌比半空心型材。该型材从形状来看是从三个半方面包围,一方面有一部分开口,被包围部分为空间面积。这类型材在挤压时模具的舌头悬臂面要承受很大的轴向正压力,当设计不恰当时,舌头悬臂会产生较大的弹性变形,甚至会产生塑性变形,导致舌头断裂而失效。因此,这类型材的模具强度很难保证,而且也增大了制造的难度。为了减少作用在悬臂表面的正压力,提高悬臂的承受能力,挤压出合格的产品同时提高模具寿命,各国挤压工作者近年来开发研制了不少如下的新型模具:

1)保护膜或遮蔽式模具,如图 7-52 所示。这种模子的设计是用分流模的中心部位遮蔽或保护下模孔的悬臂部分,下模的悬臂部分向上突起,其突起的部分与悬臂内边留有空刀量,悬臂突起部分的顶面与上模模面留有间隙,用来消除因上模中心压陷而造成的对悬臂的压力,从而稳定了悬臂支撑边的对边壁厚的偏差,较好地保证了型材的质量。但由于悬臂突出部分相对增大了摩擦面积,悬臂承受的摩擦力增加仍有一定的压塌。

2)镶嵌式结构模具。这种模具结构是将上模舌头的中间部位挖空,而下悬臂相对的位置向上突起,镶嵌在舌头中空部分里。悬臂突起部分的顶面与上模舌头中空腔部分的顶面有一些空隙,其值与舌头的表面和下模空腔表面的间隙值相等,这样可消除因上模压陷而造成的对下模悬臂的压迫。悬臂突起部分的垂直表面(相对于模面而言)与舌头空腔的垂直表面有微小的间隙,两表面处于动配合状态。舌头低端与悬臂内边的一些空刀量。这种结构的模具克服了上述遮蔽式分流模具的缺点,悬臂受力状况得到进一步改善,只要合理选取空刀量,便能获得合格的产品。

3)替代式结构模具。这种结构完全将下模的悬臂取消,而以上模的舌头取而代之,在原悬臂的根部处,使舌头与下模空腔表面互相搭接,完成悬臂的完整性,其形式与分流模完全相同。这种结构的模具加工简便,使用寿命高,更适合挤压那些"舌比"很大而用以上两种模具难以挤压的型材。

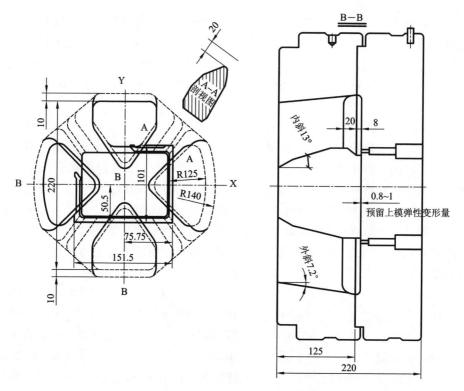

图 7 - 52　挤压半空心型材用遮蔽式模具示意图

7.6.4　铝模板系统的施工实例

以建筑一栋高层楼房为例。

（1）测量放线

1）在楼层上弹好墙柱线及墙柱控制线、洞口线，其中墙柱控制线距墙边线 300 mm，可检验模板是否偏位和方正；该控制线应保留长久，并用于控制砌体和砌体结构抹灰的质量。

2）在柱纵筋上标好楼层标高控制点，标高控制点为楼层 +0.50 m，墙柱的四角及转角处均设牢，以便检查楼板面标高。

（2）墙柱铝模安装

1）安装墙柱铝模前，根据标高控制点检查墙柱位置的楼板标高是否符合要求，高出的凿除，低的垫上木楔，将标高误差尽量控制在 5 mm 以内。

2）在柱角墙边应植定位钢筋，防止柱铝模在加固时跑位；在墙柱内设置好同墙柱厚的水泥内撑条或钢筋内撑条，保证铝模在加固后墙柱的截面尺寸符合要求。

3）墙柱铝模拼装之前，必须对板面进行全面清理，涂刷脱模剂。脱模剂涂刷要薄而匀，不得漏刷；涂刷时，要注意周围环境，防止散落在建筑物、机具和人身衣物上，更不得刷在钢筋上。

4）按试拼装图纸编号依次拼装好墙柱铝模，封闭柱铝模之前，需在墙柱模紧固螺杆上预先外套 PVC 管；同时，要保证套管与墙两边模板面的接触位置准确，以便浇筑后能收回对拉螺杆。

5）为了拆除方便，墙柱模与内角模连接时，销子的头部应尽可能在内角模内部。墙柱铝模板之间连接销上的楔子要从上往下插，以免在混凝土浇筑时脱落。墙柱铝模端部及转角处连接，应采用螺栓连接，用销楔连接容易在混凝土浇筑时导致楔子脱落胀模。

6）为防止墙柱铝模下口跑浆，浇筑混凝土前半天按要求堵好砂浆，杜绝用水泥袋封堵板底，避免造成"烂根"现象。

（3）梁铝模安装

按试拼装图编号依次拼装好梁底模、梁侧模、梁顶角模及墙顶角膜，用支撑杆调节梁底标高，以便模板间的连接，梁底的支撑杆应垂直、无松动。梁底模与底模间、底模与侧模间的连接也应采用螺栓连接，防止胀模。

（4）板铝模安装

安装完墙顶、梁顶角膜后，安装面板支撑梁，然后按试拼装图编号，从角部开始，依次拼装标准板模，直至铝模全部拼装完成。面板支撑梁底的支撑杆应垂直、无松动。

（5）铝模加固

平板铝模拼装完成后，进行墙柱铝模的加固，即安装背楞及穿墙螺杆。安装背楞及穿墙螺杆应由两人在墙柱的两侧同时进行，背楞及穿墙螺栓安装必须紧固牢靠，用力得当，不得过紧或过松，过紧会引起威令弯曲变形，影响墙柱实测实量数据，过松则会在筑砼时造成胀模。穿墙螺栓的卡头应竖直安装，不得倾斜。

（6）铝模实测实量校正

1）墙柱实测实量的校正：墙柱铝模加固完成后，挂线坠检查墙柱的垂直度，并进行校正，在墙柱两侧的对应部位加顶斜支撑，外墙柱无法对称设置斜支撑时，可用手拉葫芦和斜支撑做到一拉一顶，斜撑一端固定在威令上，另一端用膨胀螺栓固定在楼面上，以保证墙柱垂直度在浇筑混凝土时不会偏移。墙柱垂直度偏差应控制在 5 mm 内。

2）顶板实测实量的校正：根据楼层标高，先用红外线检查梁底是否水平，调节可调支撑杆，直至梁底水平；再用红外线检查顶板的水平极差，调节顶板的每一根支撑杆，直至顶板的水平极差符合要求。同一跨内顶板的水平极差应控制在 5 mm 内。

（7）加固收尾及验收

1）待梁板钢筋绑扎完毕，安装降板及外墙线条位臵的沉箱，沉箱安装的位置应准确、紧固。

2）铝模加固及校正完后应进行自检，检查螺栓、销子。

3）现浇结构铝合金模板安装的允许偏差应符合表 7 – 16 的规定。

表 7 – 16　现浇结构铝合金模板安装的允许偏差要求

项目	允许偏差值/mm	检验方法
轴线位置	3	钢尺检查
底模上表面标高	±3	水准仪或拉线、钢尺
截面尺寸　柱、墙、梁	±3	钢尺检查
层高垂直度　不大于 5 m	3	经纬仪或吊线、钢尺
相邻两板表面高低差	2	钢尺检查
表面平整度	5	2 m 靠尺和塞尺检查

注：检查轴线位置时，应沿纵、横两个方向测量，并取其中最大值。

4）施工过程要严格执行三检制度，墙、柱模板必须检查校正加固后方可进行梁、板模的施工；砼浇筑前须检查吊模、飘板、楼梯、窗台等的加固和封闭情况；检查墙、柱脚部的封堵是否严实，确保不漏浆、不胀模。

（8）混凝土浇筑期间的注意事项

1）混凝土浇筑期间至少要有两名操作工及一名实测实量管理人员待命，检查正在浇筑的墙柱两边铝模销子、楔子是否脱落，对拉螺栓连接是否完好。

2）检查墙柱的斜撑有无松动。

3）检查梁底和板底的支撑杆是否垂直，是否顶上力。

4）检查墙柱及梁板的实测实量数据有无变化。

（9）铝合金模板的拆除

1）拆除条件：《混凝土工程施工质量验收规范》GB 50204 中关于底模拆除时的混凝土强度必须符合要求：在铝模早拆体系中，当混凝土浇筑完成后强度达到设计强度的50%即可拆除顶模，只留下支撑杆。支撑杆的拆除应根据留置的拆模试块来确定拆除时间。

2）拆除过程。

①拆除墙柱侧模：当混凝土强度达到 1.2 MPa，即可拆除侧模，一般情况下混凝土浇筑完 12 h 后可以拆除墙柱侧模。先拆除斜支撑，后松动、拆除穿墙螺栓；拆除穿墙螺栓时，用扳手松动螺母，取下垫片，除下威令，轻击螺栓一端，直

至螺栓退出混凝土。再拆除铝模连接的销子和楔子，用撬棍撬动模板下口，使模板和墙体脱离。拆下的模板和配件应及时清理，并通过上料口搬运至上层结构。模板拆除时注意防止损伤结构的棱角部位。

②拆除顶模：根据铝模的早拆体系，当混凝土浇筑完成后强度达到设计强度的50%方可拆除顶模，一般情况下48 h以后可以拆除顶模。顶模拆除先从梁、板支撑杆连接的位置开始，拆除梁、板支撑杆、销子和与其相连的连接件。紧跟着拆除与其相邻梁、板的销子和楔子。然后可以拆除铝模板。每一列的第一块铝模被搁在墙顶边模支撑口上时，要先拆除邻近铝模，然后从需要拆除的铝模上拆除销子和楔子，利用拔模具把相邻铝模分离开来。拆除顶模时要确保支撑杆保持原样，不得松动。

③拆除支撑杆：支撑杆的拆除应符合《混凝土工程施工质量验收规范》GB 50204关于底模拆除时的混凝土强度要求，根据留置的拆模试块来确定支撑杆的拆除时间，一般情况下，10天后拆除板底支撑，14天后拆除梁底支撑，28天后拆除悬臂底支撑。拆除每个支撑杆时，用一只手抓住支撑杆，另一只手用锤沿松动方向锤击可调节支点，即可拆除支撑杆。

(10)质量保证措施

1)做好施工技术交底和工人培训工作，工人进场由施工技术人员进行详实的技术交底，让每一位班组长和工人都熟悉工艺和质量要求。

2)在生产过程中，施工技术人员和质检员必须坚守现场，对工程施工过程进行全程监督和指导，发现问题及时进行整改处理，把好技术和质量关。

3)把好铝模出厂关，铝模在工厂里制造及试拼装时安排技术人员到工厂进行验收，尽量把现场拼装时会碰到的一些问题在工厂就解决掉。避免返厂加工，影响工期。

4)从严要求，严格检查验收。每个班组必须设定班组质检员，每一种构件模板工程施工完毕后，都必须由班组自行检查，符合要求后，再由施工员逐个进行构件的全面复检，最后通知专职质检员进行模板工程验收，并做好记录。质量检查必须严格按照现行施工规范的要求进行。砼浇捣以前，必须经班组长、模板技术员、质检员签字认可。

5)施工过程中，应不断积累经验，开辟新思路，只要是对工程质量、进度有益的新方法，在保证安全、经济合理的条件下，都应大胆尝试，不断改进施工工艺。

6)严格管理制度，对施工过程中违章作业，不按技术交底要求作业的班组，予以重罚，对模板工程在砼浇捣过程中出现跑模、漏浆等较为严重情况者，给予严厉的罚款。

7)对模板体系跟踪实测实量，模板安装好后，对楼板模板安装的平整度，墙、柱模板安装的垂直度、方正度做一次实测实量,记录好实测实量数据。木工根据数据对安装不合格的模板进行调整,调整好后复测;最后在混凝土浇筑的过程中进行跟踪测量,发现不符合要求的及时调整,直至符合要求。

(11)施工安全措施

1)工人进场必须进行安全交底和安全教育,提高安全意识。

2)作业人员进入施工现场必须正确佩戴安全防护用品,禁止穿拖鞋、打赤膊,禁止抽烟。

3)正确使用电动机具,遵守机械操作规程,注意安全用电。

4)不准高空抛物、危险作业,不得酒后作业,严禁在架上嬉闹。

5)施工员和安全员必须对现场安全生产负责,施工班组长为班组安全生产第一责任人,负责对本班组安全施工作业的监督。

6)模板拆除前必须经过批准,有项目部施工技术人员签发的拆模通知单方可开始拆模,铝模拆除时注意安全,防止铝板坠落。

7)提倡文明施工,工完场清,遵守劳动纪律,严禁违章操作。

8)作业面临边洞口应及时防护,禁止把铝模板堆放在外脚手架上。

7.6.5　铝合金模板及脚手架的发展趋势

随着铝合金材料在建筑领域不断的推广应用以及科技的飞速发展,未来铝合金模板脚手架具有以下发展趋势:

(1)产品材料多样化。

(2)产品构件标准化。

(3)产品使用工具化。

(4)产品发展设备化。

(5)施工专业化。

(6)经营模式化。

(7)产业规模化。

(8)市场国际化。

7.7　铝合金在建筑业的其他应用

7.7.1　铝合金围护板的应用开发

7.7.1.1　铝合金围护板发展现状

现代大型建筑围护结构中的屋面和墙面广泛采用金属围护板结构,金属围护板的基板材料主要是钢板、铝合金板、不锈钢板、钛锌板、铜板等。据有色金属协会统计，2014 年，国内金属屋面板、墙面板作业面积 6000 万 m^2，年产值 1500 亿元。目前我国正在推广节能环保的"绿色建筑"，铝合金墙面板和屋面板属于朝阳产业，如果铝合金墙面板和屋面板能够占到国内金属 30% 的市场份额，铝材用量就能达到 60 万 t 以上。

从 20 世纪 90 年代开始，钢结构围护系统因其重量轻、强度高、抗震性能好、建造及安装方便等优点，在高层建筑、工业及民用住宅等建筑工程中得到广泛应用。这些年来，随着我国"绿色建筑""节能减排"等一系列政策的出台，打造绿色建筑成为如今建筑行业的主流趋势，铝合金围护板以其质量轻、耐腐蚀、易回收等优越性能逐步受到重视。

2015 年 5 月在中国国际铝业周会议上将推广铝围护板作为工作重点。2016 年 9 月发布的《有色金属工业发展规划（2016—2020）》明确指出："推广铝合金建筑模板、铝合金过街天桥、铝围护板、泡沫铝抗震房屋、铝结构活动板房、铝制家具以及铝合金电缆等的应用，支持铝镁合金压铸件、挤压铸件和锻造件等在高铁、航空、汽车领域的应用，到 2020 年，实现铝在建筑、交通领域的消费用量增加 650 t。"

铝板使用年限长，铝的抗腐蚀性能好，能抵抗各种恶劣天气，使用周期长；铝板容易加工变形，便于施工；铝板美观大方，且密度小、重量轻，大大节约了原料；铝可以回收利用，废铝的回收利用率达 80% 以上，而铁皮用几年后就会腐蚀烂掉，几乎没有什么回收价值。基于以上优势，近几年铝屋、面板和墙面板大幅替代其他类型板材，未来市场前景看好。在国内民用建筑中，大型基建工程，特别是跨度大、外形复杂的项目，如机场航站楼、会展中心、体育馆、博物馆、火车站、客运中心等公共建筑的屋面和墙面广泛采用铝合金板。同时，有耐腐蚀、超静音等特殊要求的民用建筑围护系统也大量使用铝合金材料。但在工业建筑中，彩钢板占建筑总量的比例约 70%。近几年，由于铝加工行业的快速发展，铝板带材加工费大幅下降，为铝合金围护板的扩大应用提供了有利条件。

7.7.1.2 铝合金围护板的特点

铝合金围护板生产技术非常成熟，且合金牌号齐全。目前，国内常用的为 3 系铝合金（如 3003、3004、3005 等）和 5 系铝合金（如 5754、5052 等）。此外，对强度要求不高的围护板也可采用 1 系铝合金（如 1100、1050 等）。铝合金围护板与彩钢围护板的对比见表 7 – 17。

表7-17 铝合金围护板与彩钢围护板的对比

序号	对比项目	铝合金围护板	彩钢围护板
1	基板性质	基板为铝镁锰合金，3004、3005、3105基材；板身具有较好的防腐蚀性能	普通Q235钢板；基板本身耐腐蚀性差，防腐靠涂层和镀层
2	厚度	屋面外板0.8 mm、屋面内板0.5 mm、墙面外板0.7 mm、墙面内板0.5 mm	屋面外板0.6 mm、屋面内板0.5 mm、墙面外板0.5 mm、墙面内板0.5 mm
3	密度	3005合金加涂层2.83 g/cm³	镀锌板加涂层7.95 g/cm³
4	镀层	无镀层	热镀锌镀层重量≥90/90 g/m²；镀铝锌镀层重量≥50/50 g/m²
5	涂层	屋面外板氟碳涂层（PVDF）上下两涂，涂层厚度≥25 μm，屋面内板、墙板内外板为聚酯涂层（PE）上下两涂，涂层厚度≥25 μm	屋面外板氟碳涂层（PVDF）上下两涂：上表面涂层厚度≥20 μm，下表面涂层厚度≥5 μm。屋面内板、墙板内外板为聚酯涂层（PE）上下两涂：上表面涂层厚度≥20 μm，下表面涂层厚度≥5 μm
6	使用寿命	一般工程下使用年限35年，欧铝和加铝对其生产的建筑维护用彩铝板承诺使用年限50年	一般情况下使用年限为3~15年，强腐蚀化工行业使用年限为1~8年，对于有色金属行业的熔炼工段，使用年限为3~5年，腐蚀非常严重
7	应用领域	化工类厂房、大型市政工程（体育馆、会场、会议会展中心等）、大型工业建筑、轻型高档住宅等	在多种工程类中使用，工业厂房、仓库、车站等
8	使用范围	沿海地区、湿度大地区和化工类等重腐蚀工况，在国内外属于中高档产品	不适应沿海地区、湿度大地区和化工类等重腐蚀工况，在国内属于中低档产品
9	产品的可持续性	作为钢铁的替代产品，优点是回收率可达80%以上，是可再生的绿色环保材料	无法回收，不是绿色可持续发展产品
10	施工方面	尚未形成施工图集，设计施工时要考虑节点处的电化学反应	有成熟的施工图集

7.7.1.3 铝合金围护板生产工艺技术

目前国内的铝合金围护板主要采用3系铝合金，用铸轧卷坯生产，部分卷材经表面处理、压型而成。其主要工艺流程如图7-53所示。

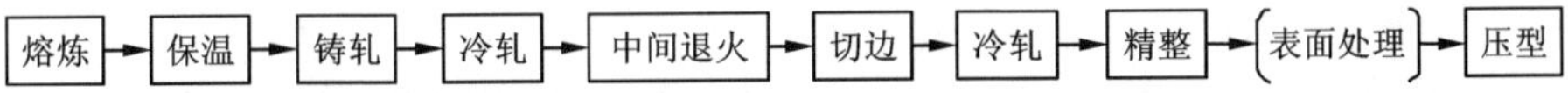

熔炼 → 保温 → 铸轧 → 冷轧 → 中间退火 → 切边 → 冷轧 → 精整 →（表面处理）→ 压型

图7-53　围护板生产的工艺流程

7.7.1.4　铝合金围护板推广应用中存在的问题

铝合金围护板在推广应用中主要存在以下问题：

（1）国家及行业没有颁布与建筑铝合金围护板相关的标准图集。

（2）单项工程具体设计过程中，缺少必要的（可作为设计依据的）铝合金围护板设计参数（如板型、强度标准、弹性模量等）。

（3）建筑物是多种工程技术和材料实践相结合的综合体，新替换材料的使用需要理论和实践相结合，还需要一个逐步适应、逐步配套的过程。

（4）鉴于在推广"以铝代钢"应用过程中，产品一次性购置费用较高，影响了企业积极性。

（5）由于社会普遍认为铝合金围护板价格高、不经济，影响了铝合金围护板在普通屋面建筑中的应用。通过科学测算，尽管铝合金围护板造价较高，但是全生命周期的性价比要高于彩钢板，符合国家的绿色可持续发展要求。

7.7.1.5　铝合金围护板在推广应用中的建议和措施

为了大力推广铝合金围护板的应用，提倡绿色建筑，节能环保，建议采取以下措施：

（1）加强绿色铝应用的宣传力度。要更大范围地向下游产业及社会各界介绍铝的优良性能，及其在节能减排、替代稀缺资源、不可再利用资源等方面的重要意义，营造良好的扩大铝消费的环境。

（2）搭建交流平台，加强技术研发与交流。组织铝材企业、下游用户、研究院所，以及国内外有关生产、研究、消费领域企业多方之间开展技术、产品、市场、应用等方面的沟通与交流。

（3）随着产品应用范围的不断扩大，服务也要随之延伸，要加强产品售后服务力度。

7.7.2　铝合金在新型房屋装饰（吊顶）中的应用开发

吊顶材料经过几十年的发展，技术不断创新。第一代产品是石膏板、矿棉板，第二类是PVC，第三代产品是金属天花板。金属天花板又以铝扣板居上，目前市场上的铝扣板可分为以下几个档次：第一类铝镁合金，同时含有部分锰，该材料最大的优点是抗氧化能力好，同时因为加入了适量的锰，在强度和刚度上有所提高，是吊顶的最佳材料；第二类铝锰合金，该板材强度和刚度略低于铝镁合金，但抗氧化能力略有不足；第三类铝合金板材，所含锰、镁较少，其强度和刚度均低于铝镁合金和铝锰合金，抗氧化性能一般。

铝扣板（见图7-54）与传统的吊顶材料相比，具有质轻、耐水、不吸尘、抗腐蚀、易擦洗、易安装、立体感强、色彩柔和、美观大方等特点，是完全环保型材料，深受用户的欢迎。目前，市场上的铝扣板包括条形铝扣板、方形铝扣板和金属格栅，其中条形铝扣板应用范围最广，生产厂家较多。条形铝扣板大致规格如下：长度一般为3 m、4 m两种，宽度为3～30 cm，板材厚度一般为0.4～0.9 mm。

图7-54　常见铝扣板

此外，铝合金爬梯等产品也是铝合金在建筑业中的新应用，如图7-55所示。

图7-55　铝合金爬梯

8　铝合金在机械工业的应用开发

8.1　概述

铝材在机械行业获得了广泛的应用，所用铝材包括挤压材、铸件、压铸件及各种塑性加工材等。铝挤压材在铝材总消费中已占有一定的比重。据统计，机械制造、精密仪器、军工机械和光学器械等行业的耗铝量为铝加工材产量的6%~7%。

总的来看，目前，机械工业部门中铝的消费量并不太大，而且正面临着传统的钢铁、新型工程塑料及陶瓷、钛及钛合金等材料的挑战和激烈竞争。但是，铝材具有质轻、比强度高、耐蚀、耐低温性好、易加工等性能，在节能减排的政策推动下，将有更广泛的应用前景。尤其在军工机械、纺织机械、化工机械、医疗器械、光学及精密机械等方面。另外，在食品加工机械、农用机械，甚至在冶金矿山机械中都已获得应用。表8-1是各系铝合金在机械部门中应用的大致情况。

表8-1　机械工业中使用铝材的情况

合金系列	机械部门	用途举例
纯铝	化工、精密仪器、医疗	冷却器、加热器、管路、卷筒、装饰件
Al-Mn	化工、通用、轻工、农机	油容器、叶片、铆钉、各种零件
Al-Mg	石化、轻工、纺织、通用、农机	贮油容器、机筒、旋转叶片、精密机械零件、齿轮、喷灌管
Al-Mg-Si、Al-Cu-Mg-Si	通用、建筑、纺织	轴、结构框架、机械零件、装饰件
Al-Cu-Mg	纺织、通用	铆件、结构件、机械零件
Al-Cu-Mg-Fe-Ni	通用	活塞、涨圈、叶片、轮盘
Al-Cu-Mn	纺织、建筑	焊接结构件、高温工作零件、纺织筒
Al-Zn-Mg	化工、纺织	承载构件、皮带框架
Al-Zn-Mg-Cu	化工、轻工、农机	承载构件、铆钉、各种零件
Al-Cu-Li	通用、精密仪器	结构件、零部件

8.2 铝合金在通用机械的应用开发

8.2.1 在木工机械、造纸与印刷机械的应用

（1）木工机械

木工机械已广泛使用铝合型材、管材和铸件制作支架、侧板和导轨、平台等重要零部件，使用的合金主要有6063、6061等。

1）应用于木工机械减速系统。应用于木工机械的铝合金涡轮蜗杆减速机，箱体为铝合金制，一般为圆形。基本结构是：设有输入轴，输入轴连接有蜗杆，蜗杆连接有涡轮，涡轮连接输出轴，涡轮蜗杆的外端设有密封件，输出轴一端的箱体上设有连通箱体内外的六角形的透气装置。

2）应用于木工机械铝支架。一般包括支撑腿、平台、斜工作台、固定孔、连接孔。

3）应用于木工机械切削方面。如一种木工机械用的切削刀轴，包括铁质的芯轴，芯轴上包覆固定有铝合金的滚刀，滚刀的刀体上开设有绕刀体盘旋的屑槽，屑槽的槽缘设有削刃，屑槽另一侧对应于削刃的槽缘低于削刃所在的高度，屑槽的槽底设有盲孔，可将铝合金的滚刀包覆固定在铁质的芯轴上。相比现有的单一铁质切削刀轴，其整体比重变轻，切削性能提高，平衡性更好，切削加工效率更快。

4）应用于支承架和平台。如一种木工机械支撑架用的铝合金型材，为中空结构，包括两个相互独立的第一空腔和第二空腔，第一空腔作为插件安装槽，第二空腔包括相互连通的两个插件滑道，型材的端面设有固定孔。该铝合金型材在保证强度的同时还能满足不同插件安装或者活动的需要，从而满足木工机械中支撑架的使用要求。一种铝滑动工作台支承机构，包括机体、主工作台，机体上设有锯片和固定滑台，固定滑台与移动滑台相连，固定滑台前端与末端分别通过螺钉固定并安有托板，托板与定位螺柱固定连接，定位螺柱与机体螺纹连接，定位螺柱下端设锁紧螺母A；机体两端分别安有与固定滑台侧面接触的定位螺栓，定位螺栓上设有锁紧螺母B。

（2）造纸与印刷机械

在造纸和印刷业上，铝的一项有意义的应用是作为可返回的装运卷筒芯子。芯子可用钢制端头套筒加固，套筒本身也可构成纸厂机器的传动部件。加工作业用的芯子或卷取机芯子用铝合金制成。造纸机器用的长网或辊道也采用铝结构。

弧形铝薄板制成的印刷板可使印刷厂轮转机以较高的速度运转，并且因离心力降低而使不正确的定位减小到最低程度。在机械精制和电压纹精制作业中，铝印刷薄板可提供优良的再现性。

在造纸、印刷、食品加工等轻工机械行业中，铝普遍作为光和热的反射装置、

干燥设备的部件、容器及壳体等。新近发展起来的泡沫铝也常用作吸声装置、消音器、振动阻尼装置及吸收冲击能的部件。一些高强铝合金在轻工机械中还大量用作结构材料。

8.2.2　在纺织机械中的应用

铝在纺织机械与设备中以挤压材、冲压件、管件、薄板、铸件和锻件等形式获得了广泛应用。铝能抵御纺织厂和纱线生产中所遇到的许多腐蚀剂的侵蚀。它的高强度/质量比可减少高速机器部件的惯性。铝的质轻和持久的尺寸准确性可改善高速运转机器构件的动平衡状况，并减少振动，如挤压型材可用于纺织机的机梭。铝合金零件通常不需刷漆。有边筒子的轴头与轴心通常分别是用永久模铸件及挤压或焊接管制造的。

纺织机上用的 Z305 盘头是用整体铝合金模锻件来制造的，具有强度高、重量轻、外形美观等特点。纺织用的芯子管是采用 6A02 合金挤压拉拔管制造的，强度增加，不易机械损伤，几乎无破损，使用寿命明显提高。

剑杆织机的筘座专用铝合金型材在国外织机上已获得应用。最近国内在消化吸收进口样机的基础上已成功开发。筘子是织布机的主机件之一，它用来整理经线与上下交织，要求强度高，轻便耐用。目前我国采用高强度稀土铝合金挤压的型材制成，已达到国外同类产品的水平。

绕丝辊通常也是铝制品，而且铝绕丝辊是化纤设备中的一个重要组成部分。如瑞士罗卡斯机械式磁性集聚纺织装置中的牵伸胶辊就是铝衬管胶辊。该装置无须增加网格圈、异形管和吸棉风机，且比负压式集聚纺织装置节电效果显著。细纱机改造时，只需用磁性集聚纺织装置代替前胶辊即可，改造费用较低，投资回收期短，纱线结构紧密且毛羽少、强力高，有利于企业降本增效。

目前，国内某公司采用瑞士罗卡斯机械式磁性集聚纺，第 1 批 1 万锭随机配套的牵伸胶辊全部为进口铝衬管胶辊；而之后改造和备用全部采用国产胶辊，不但有效降低了投资和使用成本，而且成纱质量和使用寿命也得到了保障。该品种已在此公司普通环锭纺纱机连续使用 8 年，在瑞士罗卡斯机械式磁性集聚纺织装置推广使用 12 万锭，应用效果良好。

锭子是细纱机加捻和卷绕的重要专件之一，主要由锭杆、锭盘、锭胆、锭钩和锭脚组成。某公司研发了新一代大承载 JW7211 系列铝套管锭子，其能耗低，承载力大。其中铝杆盘结合件主要由锭杆、铝套管、锭盘、割纱器结合件、支持器及支持器弹簧组成。锭座结合件的中、下支承为传统锭底的锥形凹窝结构，采用铣有螺旋槽的钢制弹性管将上、下支承连接成整体，再将其组装于锭脚内，以便将润滑油引导至上轴承，同时增强下支承的刚性。图 8 - 1 是应用于纺织机械的铝合金盘头。

图 8-1　应用于纺织机械的铝合金盘头

此外，铝及铝合金型材在梳棉机上的帘板条、织布机的梭子匣上都得到了应用。图 8-2 是应用于制造纺织机械零件的铝合金型材截面形状，材料为 6005、6061、6063 铝合金。

图 8-2　应用于纺织机械零件的两种铝合金型材截面形状

与纺织机械相关的铝合金结构件发明和实用新型专利近年来主要有以下几项。

（1）纺织机械用切纱器中采用铝合金材

如一种纺织机械用切纱器，装置主底板的侧面安装有耐腐蚀铝合金材质的驱动器、坚硬耐磨材质的伸缩杆和切刀支撑杆，切刀支撑杆的端部嵌入设置在伸缩杆一侧的内壁中，驱动器的侧面设有报警灯、坚硬不锈钢材质的倾斜支撑座和散热孔，散热孔贯穿设置于驱动器中，倾斜支撑座与驱动器的侧面焊接，且驱动器与装置主底板通过固定螺丝固定连接，这种纺织机械用切纱器都设有感测单元，能够自动感测纱线的根数和具体位置，从而实现精确切线，有效地提高了工作效率，实用性强，适用于纺织机械用切纱器的生产和使用。

（2）纺织机械的放纱机构中采用铝合金材

如采用铝合金外壳材质的压纱机箱和第一传输辊，压纱机箱与固定支撑底板的侧面焊接，压纱机箱的侧面设有报警灯、电源指示灯和电源开关，报警灯和电源指示灯均与电源开关电性连接，第一传输辊的一侧设有伸缩凸座、不锈钢耐磨材质的固定支撑台和第二输送辊，这种多用途纺织机械的放纱机构都设有固定支撑台和伸缩凸座，能够自由调节输送辊的高度，实现自由调节纱线传输时的紧绷程度，使得纱线对齐平整，有效地提高了收纱效率，适用于多用途纺织机械放纱机构的生产和使用。

(3)纺织机械的可标识筒管中采用铝合金材

如一种纺织机械的可标识筒管，包括耐磨铝合金材料制成的装置本体，装置本体的底部安装有轴承底座，且轴承底座与装置本体紧密焊接，轴承底座的底端安装有锥形密封圈，锥形密封圈嵌入设置在轴承底座中，装置本体的顶部安装有固定轴，固定轴与装置本体通过固定螺母固定连接，固定轴的顶部设有旋转底盘，旋转底盘与固定轴通过铝合金筒管活动连接，这种纺织机械的可标识筒管，采用了多轴连接技术，加强了筒管的出线能力。

(4)纺织机械的便捷移动支架中采用铝合金材

如一种纺织机械的便捷移动支架，包括装置本体，高强度铝合金材料制成的装置本体一侧安装有支撑柱，且支撑柱与装置本体紧密焊接，支撑柱的底端安装有连接轴，且连接轴与支撑柱紧密焊接，连接轴的底端安装有滑轮，且滑轮嵌入设置在连接轴中，装置本体的底端设有铝合金底座，且铝合金底座与装置本体紧密焊接，这种纺织机械的便捷移动支架，采用了液压技术，加强了支架的支撑能力。

(5)纺织设备的机头采用铝合金材

如一种纺织设备铝质机头用加工夹具，其结构包括设备子柄、机械室、零件加工存放处、压板、夹紧调节螺丝、油压孔、活塞、活塞杆、铰链轴螺丝、三角连接板、拉杆、压板弹簧、旋转装置等，设备子柄通过螺丝固定在机械室的左侧，零件加工存放处焊接在机械室的上方，压板垂直固定在零件加工存放处的上方，夹紧调节螺丝螺旋连接于压板的上方，旋转装置设有筋护板、固定支撑板、中滑板、螺旋连接头、小齿轮、旋转连接轴、转动底盘、橡胶套等，通过设有的旋转装置，在设备进行工作时，能够全方位移动旋转，从而使各个角度都能加工零件，增强了设备的灵活性。

(6)一些纺织机械用纱线辊、扩幅辊纺织机械用扩幅辊辊轮装置采用铝合金

如扩幅辊扩深沟球轴承的内圈固定在圆管的中部，塑料垫圈插套在铝轮架中，圆柱滚子轴承的内圈与塑料垫圈黏接固定在一起，圆柱滚子轴承外圈的上端面置于铝轮架的中心孔台阶上，塑料垫圈具有露出铝轮架的上表面实体，塑料垫圈的轴心线与水平面的夹角为1°~5°；深沟球轴承左边的扩幅单元组由若干个扩幅单元组成，相邻两个扩幅单元的塑料垫圈，其中一个塑料垫圈的上表面实体插套在另一个扩幅单元的环槽中，每个扩幅单元的塑料垫圈黏接固定在圆管上，左边扩幅单元组的每个塑料垫圈上表面实体对着深沟球轴承。它可以最大限度地保护布料在扩幅时不受损伤，同时对于不同材料的布料可以使用不同材料的外包覆层。一种空心式铝合金纱线辊组件，包括一个基准方管，还包括分别可拆卸的贴

装在基准方管四侧面的四个空心模块。

（7）盘头结构简单，却是纺织机械不可缺少的部件，也是影响坯布质量不可疏忽的配件，也可采用铝合金。如一种盘头在用于纺织机械后，绕线区域能够被充分利用，可提高生产效率，缩短生产周期。

8.2.3 在各种标准零部件的应用

铝及铝合金已早被用来制作各种标准的机械和部件，如各种紧固件、焊接器材、设备与机床的零部件、建筑及日用五金件等。

在紧固件中，有各种标准的铝制螺栓、螺钉、螺柱、螺母及垫圈等。其品种、规格均与钢制标准紧固件相同。钢制零件往往与铝制零部件使搭配使用，以避免产生电化学腐蚀。铝制通用紧固件可以使用各种铝合金来制造，抗剪强度要求较高的一般用 2A12 或 7A09 等铝合金。

铝铆钉也是一种通用的紧固件，它适用于将两个薄壁零件铆接成一个整体的场合。用途十分广泛，使用也很方便。最常用的有实心或管状的一般铆钉、开口型或封闭型抽芯铆钉、击芯铆钉等。其他的还有航空铆钉、双鼓型抽芯铆钉、环槽铆钉等新型铝铆钉。

铝铆钉在使用时，除了一般铆钉需在工作的两侧同时工作外，抽芯和击芯铆钉只需单面工作。其中抽芯铆钉需与专用工具——拉铆枪配用，而击芯铆钉仅需手锤打击即可，使用十分简便，参见图 8-3 和图 8-4。

图 8-3　抽芯铝铆钉

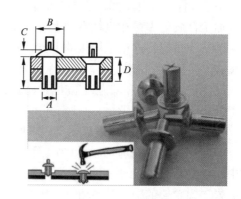

图 8-4　击芯铝铆钉

铝及铝合金的焊条、焊丝在机械制造部门中也是常用材料之一。前者主要用于手工电弧的焊接、焊补；后者主要用于氩弧焊、气焊铝制机械零件，使用时应配用熔剂。

铝及铝合金焊条一般用直流电源。焊条尺寸有 3.2 mm、4.5 mm 两种，长度均为 350 mm。焊条的化学成分有多种,应根据被焊铝合金的种类、厚度、焊接后的质量要求等因素来选用。通常,铝硅合金焊条(含硅量约为 5%)主要用来焊接铝板、铝硅铸件、锻铝和硬铝;铝锰合金焊条(含锰量约 1.3%)主要用于焊接铝锰合金、纯铝等。

铝焊丝有高纯铝、纯铝、铝硅、铝锰、铝镁等种类,焊丝直径为 1.5~5 mm。气焊时应配用碱性熔剂(铝焊粉),以溶解和有效地除去铝表面的氧化膜,并兼有排除熔池中的气体、杂质,改善熔融金属流动性的作用。但焊粉易吸潮失效,故必须密封瓶装,随用随取。在焊接后必须清除干净。电弧焊时,使用惰性气体保护,如氩气等。其又可以分为钨极惰性气体保护焊(TIG)和熔化极惰性气体保护焊(MIG)两种。焊接时要正确设计接头种类和坡口形状,正确选用工艺参数。另外,焊件和焊丝在焊接前的表面清理也十分重要。

用铝及铝合金来制作各种机械的零部件、五金件更是屡见不鲜了。例如,各种管路、管路附件、拉手、把手、旋扭、帘轨、合页等。某些高强铝合金,在克服了硬度低、表面易产生缺陷及变形、磨损等缺点后,还可以来制作各种轴、齿轮、弹簧等耐磨部件。

铝的板、箔产品被广泛用作产品的商标、名牌、表盘和各种刻度盘等。它与产品的造型、装潢相结合,使科技和艺术合一。这些标牌的设计和制作,既与制版、印刷等技术有关,又与铝材的质量、氧化着色的工艺有密切关系。

铝锡合金在中等载荷和重载汽车发动机和柴油发动机中常用作连接杆和主轴承。铸造铝合金轴承或锻造铝合金轴承,可与钢制衬背、巴比特合金镀层或其他镀层覆盖物合并使用,效果很好。

精密机加工至高表面光洁度与平整度的厚铸件或轧制铝板和棒材可用于工具与模具。铝板适用于液压模具、液压拉伸定型模具、夹具、卡具和其他工具。铝用于钻床夹具,并可作为大型夹具、刨削联合机底座和划线台的靠模、支肋和纵向加强肋。铸铝如用作标准工具可避免因环境温度变化引起不均匀膨胀而造成的工具翘曲的问题。大规格铝棒已用来取代锌合金作为翼梁铣床的铣削夹具座,而大型高强铝合金锻件和型材用来制作机床导轨、底座和横梁可节省重量达 2/3。铸铝在铸造工业中常用作双面型板。近年来,在建筑工业中开始广泛使用铝合金建筑模板来代替笨重的混凝土和铸铁模板。

8.2.4 在仪器仪表与精密机械中的应用

铝及铝合金特殊结构异型材,是国外广泛采用的仪表结构材料。70 年代中期以来,我国仪器仪表工业也逐步采用,应用日益广泛。过去我国仪器仪表的机箱、柜架等,都由各厂自制,尺寸各异,笨重难看,耗工费料,不能适应仪器仪表工业"三化"的需要。现在,种类繁多的"铝及铝合金特殊结构异型材"已广泛应用于光学仪器、分析仪器、综合测试仪器、数显装置、计算机及其外围设备，并用来制作机箱、柜架、控制柜、连结过梁等结构件。据初步统计，生产相同的构件，与机械加工方法相比，其生产率提高了近30倍，有些构件可节约原料60%~70%，而且可以做到由专业厂统一生产，成套供应。整个结构符合积木化的要求，做到了基型少、尺寸变化范围广，可以一个接一个地排列组成成套设备。

铝合金比强度高，尺寸稳定性也好。因此，在强度与尺寸稳定性相结合的基础上，铝合金可用于制造光学仪器、望远镜、航天导航装置及其他精密仪器。在制造和组装这类装置时为保证部件尺寸的准确性与稳定性，消除应力补充热处理有时会在机加工阶段进行，或在焊接或机械组装之后进行。一些中等强度时效强化的锻铝在医疗器械中用来制造叶轮、冷冻部件壳体等，也用来制作相机的镜筒、拉深框等零部件。一些高强度铝合金粉末冶金产品由于形状精密、尺寸稳定、残余应力小，更可在精密仪器制造业中大显身手。如在照相机、复印机、计算机和理化仪器等的零器件制造中采用。在某些非晶形铝合金的测试仪器、机器人中也得到了应用。低磁化率的合金则在陀螺仪和加速计中的音圈力矩动框等制品中得到了应用。

8.3 铝合金在热交换器中的应用

8.3.1 铝合金热传导材料分类

铝合金热传输挤压材的种类很多，分类方法也很多。各种分类方法都是相对的，是相互交叉的，一切分类方法都可能是另一种分类方法的细分或延伸。

(1)按传热方式可分为：散热片、取暖片、冷却器化油器、蒸发器等。

(2)按合金状态可分为：$1 \times \times \times$ F、O、H，$3 \times \times \times$ F、O、H，$4 \times \times \times$ F、O、H，$5 \times \times \times$ F、O、H，$6 \times \times \times$ F、O、H等。

(3)按表面处理可分为：不进行表面处理的和进行表面处理的。后一类又可分为普通表面处理的(如氧化着色、电泳涂装、喷涂等)和特殊表面处理的热传导挤压材。

(4)按品种可分为：管材、带翅片管材、内外螺旋翅片管材、大径薄壁管材、普通实心型材、异形型材和空心型材等。

(5)按形状可分为：管状、翅片管状、带内外螺旋管状、放射状、单面梳状、树枝形、鱼骨形、异形等。

(6)按用途可分为：

1)汽车用空调器、蒸发器、冷凝器、水箱、散热器等铝合金热传导挤压型材、圆管和口琴管材等；

2)建筑物、飞机场、体育馆、宾馆和文化娱乐场所、会议厅等大型集中空调器用大型散热器型材或异形管材；

3）飞机、轨道车辆、船舶等大型交通运输工具用空调散热器型材或异形管材；

4）冷藏箱、冰箱、冰库等制冷装置用散热器型材；

5）取暖器、采热器等用散热片型材或管材；

6）电子电气、家用电器等用散热器小型型材或管材；

7）精密机械、精密仪器、医疗器械等用微型散热器型材或管材；

8）其他特殊用途散热器型材或管材。

8.3.2　几种典型应用

8.3.2.1　在汽车热交换器中的应用

（1）汽车热交换器的发展历程

我国从20世纪60年代开始进行全铝水箱研究，20世纪70年代后期开始进行真空钎焊研究，90年代初开始在业界生产全铝换热器。近年来我国引进了数条轿车生产线，建立了多家全铝换热器生产厂，许多全铝换热器生产线都成套引进，达到了90年代的先进水平。铝制换热器是一种体积小、重量轻、性能高、造价低的装置，虽然与铜管换热器相比在性能及使用寿命上存在少许的差距，但随着技术的进步及制造工艺的不断提高，在空调行业铝制换热器取代铜已是社会发展的必然趋势。

目前铝热交换器在汽车上的应用比较广泛，如可用在水箱、冷凝器、暖风机、蒸发器、发动机油冷器、附加减速箱油冷器、中冷器、减速箱油冷器中，如图8－5所示。

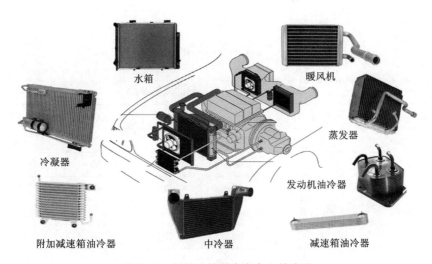

图8－5　铝热交换器在汽车上的应用

目前，热交换器正向小型化方向发展，图 8-6 是一种小型化的热交换器。

（2）铝制板翅式散热器

汽车热交换器一般是采用铝制板翅式结构，主要部件是铝合金管和热交换翅片，采用钎焊工艺组成，因此需要有良好的可钎焊性能。其中，翅片是板翅式散热器最基本也最核心的元件，其作为二次传热表面，增加了单位体积的传热面积，强化了传热效果，使散热器体积大

图 8-6　小型化的热交换器（蒸发器）

大缩小，节约了设备材料，降低了制造成本。常见的翅片类型有平直、波纹、锯齿、多孔、百叶窗及钉状等。相对于平直型翅片，其他几种翅片可以增加流体流动的雷诺数，提高换热效率，但同时也增加了流动阻力。

1）钎焊用铝合金的发展历程

钎焊用铝合金的发展基本上可以分为四个阶段，图 8-7 和表 8-2 是钎焊热交换器的发展阶段及主要参数。

1996　　　　2001　　　　　　2003　　　　　2010　　　　　2015

图 8-7　钎焊热交换器的发展阶段

表 8-2　钎焊热交换器的发展参数

时间/年	1996	2001	2003	2010	2015
宽/mm	75	60	48	38	32
板厚/μm	520	500	400	300	扁管：微通道
翅片/μm	100	100	80	60	70
钎焊	CAB 钎焊	CAB 钎焊	CAB 钎焊	CAB 钎焊	CAB 钎焊
效率/%	100	100	102	100	110

①早期常用的铝合金以 AA3003 和 AA3005 合金为基础；但耐腐蚀性差，有晶间腐蚀，特别是在富氯的环境中容易腐蚀；此外，由于钎焊过程中 Si 的扩散，会加速晶间腐蚀。

②80 年代初期，在这些常用芯材合金的基础上通过成分调整利用钎焊过程中 Si 和 Cu 的扩散，在钎焊层和芯材表层之间形成一个中间层作为牺牲阳极层来防止芯材的腐蚀，称之为长寿命合金。

③80 年代后期，人们开发了含 Ti 铝合金，使得铝合金的腐蚀形貌发生改变，由点腐蚀变为层状的均匀腐蚀，从而大大提高了合金的腐蚀寿命，这种合金也称为长寿命合金。

④当今，把上面两种长寿命的机理应用在一起，开发出了更耐腐蚀的长寿命高强度合金，新开发的长寿命铝合金，屈服强度可以达到 70 MPa。

2）汽车热交换器采用的铝合金部件及主要性能

①可钎焊铝合金的基本要求：

目标厚度：小于 0.2 mm。

合金系列：AA3003、AA3005、AA6×××。

可钎焊性：低 Mg 用于 B 形管或搭接管，焊接管可含少量 Mg；随着料的减薄，钎焊层和触水侧复合比率提高。

钎焊后强度：AA3003Mod.（+ Mn + Cu + Zr + Ti）> 55 MPa；AA3005Mod.（+ Mn + Cu + Mg + Zr + Ti）> 65 MPa；多层复合—不完全再结晶芯材 > 75 MPa；热处理强化合金（6×××系列）> 80 MPa。

耐腐蚀性：改变传统的耐腐蚀模式（如牺牲阳极层组织），优化合金添加元素，优化系统材料组合（合适的电极电位匹配）。

②翅片的典型形式，参见图 8 - 8。

③可钎焊铝合金管的主要形式。

可钎焊铝合金管的主要形式见图 8 - 9。

图 8 - 8　翅片的典型形式　　　　图 8 - 9　可钎焊铝合金管的主要形式

（3）微通道平行流换热器

微通道换热器具有较强的换热性能、较小的体积等，在传统工业制冷、汽车空调、家用空调行业应用前景良好。微通道换热器为水力直径小于 1 mm 的换热器。微通道换热器应用于制冷空调领域具有明显的优势，主要表现在以下几方面：①节能。节能是空调器的一项重要指标。微通道换热器可以制造出高等级如 Ⅰ 级能效标准的产品。②成本。与常规换热器不同，微通道换热器不依靠增加材料消耗来提高换热效率，在达到一定生产规模时将具有成本优势。③推广潜力。微通道换热器技术在空调制造领域还有向大型商用空调系统推广的潜力，可以极大地提升产品的竞争力和企业的可持续发展能力。

微通道换热器的尺寸直接影响整个空调系统的性能、效率、成本等，同时，热泵系统设计时要综合考虑换热器在制热时用作蒸发器的情况。受汽车空间限制，在系统需求较大的换热量情况下，需强化空气侧和制冷剂侧换热系数，增大换热面积，增加空气侧和制冷侧的平均温差。

目前换热器扁管主要有挤压管和折叠管。有的纯电动汽车空调系统换热器采用的扁管为铝合金挤压多孔扁管，其整体外观呈扁平状，并在其横截面上阵列排布着多个任意形状和尺寸流动通道的换热管道，表面要求喷锌处理。扁管材质主要有 AA1100、AA1050、AA3102，根据焊接以及强度要求选择材料性能满足的扁管。扁管规格常用的有 16×1.3（16 孔）、16×1.8（16 孔）、20×2（12 孔）、20×2（20 孔）、25×1.3（26 孔）、25×2（18 孔）。根据系统压降要求与系统性能要求，采用仿真软件结合实验验证选择最优尺寸的扁管。有的纯电动汽车空调系统换热器采用的是 AA3102 材质，20×2（20 孔）扁管。

图 8 – 10 是铝合金管 – 带式汽车换热器。铝合金管的截面形状像口琴，称为口琴管。在使用过程中口琴管内充有冷却介质，在换热器中用作流体导管。通常根据需要将口琴管设计成 5 ~ 25 孔，壁厚 0.6 ~ 1.0 mm，高度 5 mm 左右。用户要先将口琴管在专用胎具上盘成蛇状，再将双面包覆有钎料厚度为 0.15 ~ 0.20 mm 的三层复合箔加工成波浪形的散热带，然后两者热装配，在惰性气体保护钎焊炉中加热焊接，制成换热器。

口琴管材料应选用塑性好、流动性强、强度适中、焊接性能好、耐蚀性优良的铝合金。目前国外大多采用 1 ××× 系纯铝，国内多采

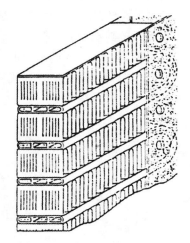

图 8 – 10　管 – 带式汽车换热器

用 1050、1070 纯铝。图 8 – 11 是"奥迪"轿车空调蒸发器的口琴管截面形状及尺寸。

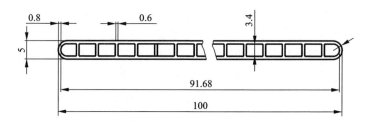

图8-11 "奥迪"轿车空调蒸发器的口琴管截面形状及尺寸

（4）铸铝换热器

冷凝式燃气采暖热水炉可以回收利用烟气中的水蒸气汽化潜热。而全预混冷凝式燃气采暖热水炉则主要采用一体式换热器，其特点是不再区分主换热器和冷凝换热器，而是整个换热过程都由一个换热器完成，因此烟气可以在换热器的任何位置实现冷凝并产生冷凝水，这就要求整个换热器均由抗腐蚀材料制造。同时，冷凝式燃气采暖热水炉还要求体积小、结构紧凑，铸铝换热器可以满足以上要求，并相对于不锈钢换热器具有很大的优点：铝的导热系数远远高于不锈钢；铝具有良好的抗腐蚀性能；具有价格优势；铝材熔点较低，易于铸造，且加工性好。各种外形的铸铝散热器如图8-12所示。

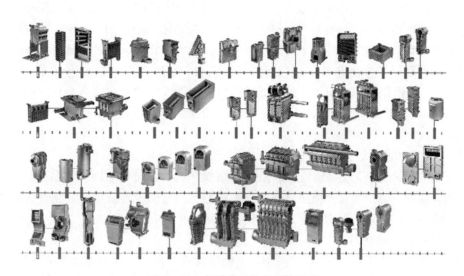

图8-12 各种外形的铸铝换热器

陆上天然气液化工厂和大型FLNG液化装置采用了缠绕管式换热器。根据管程介质的多少，缠绕管式换热器可以分为单股流型和多股流型，多股流型能够同时处理多种介质的换热。根据管板的位置和结构，其有两种典型的结构：整体管板结构和带有小管板结构。整体管板具有结构简单、制造方便等优点，但当壳程压力过大和管程流股过多时，其厚度增加明显，且给换热管的缠绕、管路的识别、管箱和管板的焊接等增加了困难；带有小管板结构的缠绕管式换热器的最大优点是不用整体锻造管板，管板金属质量明显减少，根据工艺要求其可以分布在封头、筒体上。图8-13是压铸铝合金的水暖散热器。

图 8-13　压铸铝合金的水暖散热器

　　压铸内翅片管道式换热器可通过扩展换热管道表面，强化管内传热的途径来提高换热性能，而采用铝合金材料则可明显提高换热性能。

　　压铸铝合金散热器源于欧洲，至今已有几十年的历史。它采用高温液态铝，经全自动压铸机一次压铸成型，热惰性小，传热效率远远优于低碳钢和青、黄铜。材质本身有升温迅速、热效率高的天然属性，使散热器在应用中的温度调节灵活快捷。其金属成分稳定均匀、坚韧致密，耐高压、高温，重量轻，便于安装，安全性好，经久耐用。压铸铝合金散热器所用材料化学成分参考压铸合金标准《GB/T 15115—2009》，合金系列为 Al-Si-Cu 系，合金牌号为 YZAlSi11Cu3，合金代号为 YL113。

　　(5)管式及板管式铝合金换热器

　　硝酸、醋酸、空气等装置广泛使用铝制换热器，型式与结构多种多样，主要有列管式换热器、盘管式换热器与空气冷却器等。我国较多采用的是盘管式换热器，而空气装置又多采用列管式换热器，参见图8-14。

　　1)列管式换热器

　　这类换热器有固定板式、浮头式与 U 形管式三种。固定板式的结构比较简单，适用于壳体与管子间温差较小的场合(如碳氨液)。若壳体与管子间的温度差、压力较大，则壳体应设膨胀节，以减少管板的温差热应力。壳体、管板与热交换管都是用工业纯铝制造的。

　　2)盘管式换热器

　　盘管式换热器在低温液化与分离装置中获得了广泛应用，是重要的单元设备

图 8-14　管式铝合金散热器(a)及板管式铝合金散热器(b)

之一。它的结构比较紧凑，又有高的热效率，即使盘管长度达 50~60 m，也不影响换热器的结构布置。盘管换热器还可制成多股流的，供多股流体在同一换热器进行热交换。由于盘管换热既能承受较高压力，又有一定的温差自动补偿能力，所以在低温装置中占有很重要的地位。现在液化天然气的大型盘管换热器可按处理流体量做成任何形状。盘管式换热器的缺点是不易清洗与检修。

采用盘管式换热器进行气—液交换时，液侧(在管内)的放热系数是比气侧(管外)的 3~7 倍，为了有效提高传热系数，一般会增加气侧表面积(即采用翅片管)，以减少气阀热阻。采用翅片管，强化了传热过程，可使热交换器重量与体积减少 20%~40%。通常当管内外介质的传热系数之比为 3∶1 或更大时，采用翅片管是较经济的。

在设计盘管换器与冷凝器时，应注意管径的选择。如管径过大，单位体积管子的换热面积小，会使换热器长度和重量都增加，不紧凑，不宜选用过大的管径。而管径选得过小，虽可使结构紧凑，降低换热器重量，但管径过小不便加工制造，所以低温工程换热器常常选用外径为 ϕ10~25 mm 的铝管，而其壁厚则决定于管内流体压力与加工制造工艺。

用于加工冷凝器与热交换器的拉伸无缝管有：1070A、3A21、包铝的 3A21、5A02、5A03 及 6061 合金。热交换器铝管有耐大多数石油产品和大部分有机物及无机物腐蚀的能力。包铝的 3A21 合金有耐 pH 为 5~8 的盐水及自来水腐蚀的能力。

8.4　铝合金在矿山机械中的应用

(1)通用矿山机械

矿山机械是指直接用于矿物开采和富选等作业的机械，包括采矿机械、选矿机械和探矿机械等。同时，矿山作业中还需使用起重机、输送机、通风机和排水机械。近年来在矿山，特别是煤矿增加了很多铝制的设备。铝的应用包括矿车、吊桶与箕斗、顶板支撑、移动式气腿和振动输送机。铝能经受露天采矿与深井采矿的腐蚀条件。铝具有自洁能力，有的铝合金还可阻燃，防止煤矿与天然气发生爆炸。

矿山中，广泛使用全铝的筒型车厢来运输矿石和化学用品，7A09 和 2A12 等高强度合金被广泛用作矿山的钻探管。铝由于质轻，可大大提高钻探能力；更由于不需进行火花控制，钻探性能良好、安全。但也存在抗扭、抗剪能力低，耐摩擦和地热高温能力小等缺点。此外，铝合金在矿山中还用来制作液压支柱、矿井中的升降罐笼和有轨矿道用车等。

矿山机械使用的活塞主要包括钢和铝合金。其中，铸造铝合金高温力学性能良好，质量小，且便于回收利用，使用较为广泛。

随着对机械传动在高速、大功率、轻量、小型、高效、高可靠性及环保等方面要求的不断提高，齿轮的振动噪声问题日益突出，尤其是大型或重载齿轮尤为明显，所以解决此问题的需求日趋迫切。在大型矿山设备及大型桥式起重机的齿轮传动装置中，齿轮作为大型矿山机械的传动件在传动过程中如果能有效吸收碰撞产生的能量，就可以很好地降低噪声和振动。常用的重型齿轮是铸钢件，其特点是制造成本低、结构简单，但减振效果差。泡沫铝是一种新型功能结构材料，它的独特结构使其具有轻质、高比强度、高阻尼等特性，以其为芯体填充致密金属形成的复合材料既可满足结构件的强度和刚度方面的要求，又可满足结构件的轻质、抗震、降噪和吸收冲击能等方面的要求。因此，在矿山机械结构轻量化、减振降噪中其也有广泛的应用前景。

（2）矿井罐笼

铝合金罐笼在国外早有应用，技术也颇成熟。例如，在英国、非洲等地的一些老式煤矿，因开采年代较久，矿井深度已达700～1000 m，为了继续沿用旧有的竖井，纷纷采用铝合金罐笼以减轻矿井提升设备的自重，充分发挥旧矿井的潜力和提高煤矿的生产率。

我国是一个产煤大国，矿井多而深，铝合金罐笼的研制开发与应用也逐步在进行。铝合金罐笼已在我国许多矿山得到应用。如谢桥矿矸石井、陕西省略阳县何家岩金矿煎茶岭竖井等，自使用铝合金罐笼以来，彻底解决了电动机超负荷问题，提升作业效率大大提高，且只需半年时间即可收回更换罐笼的费用。

矿笼是矿井提升作业中一项重要的设备，对安全性能、动力消耗和使用寿命要求很高，近年来研制的铝合金罐笼使用了高强度硬铝合金材料，代替了原来使用的普碳钢材料，在单绳缠绕式提升机提升系统中已广泛应用的铝型材的机械性能优于普碳钢，所以铝合金罐笼的安全性能优于常规的钢罐笼。由表 8-4 可以看出，铝型材与普碳钢型材相比，其抗拉强度明显较高；铝型材重量仅是钢材的1/3，因此使罐笼载重比提高到 1.9～2.5，新建矿井如采用铝合金罐笼，在同样提升能力下，能大大减轻提升机负载，延长提升机的使用寿命；另外，其节能和耐腐蚀性均较好。

铝合金罐笼和箕斗主要用 LY12 – CZ、LC4 – CS、LD2、LF21、157 等高强度轻质硬铝合金材料制造。

铝合金罐笼的本体结构、罐挡、罐门和扶手都选用比重小、强度高、耐腐蚀和抗冲击的 157 铝合金。用 157 合金制造的煤矿用矿山液压支柱，早在唐山、阳泉、沈阳和山西一些煤矿上得到了应用。157 铝合金与几种钢材的典型力学性能参见表 8 – 3。

表 8 – 3　铝合金与几种钢材的典型力学性能

材料	σ_b/MPa	$\sigma_{0.2}$/MPa	δ/%	HB
157 铝合金	530	431	12	140
40# 钢	568	333	19	217
16Mn 钢	510	351	21	217
18MnSi 钢	588	392	14	217

钢罐笼的本体结构、罐挡、扶手、罐门四部分原重 4.92 t，而改用 157 铝合金后，仅重 2.26 t，比钢轻了 2.66 t，即减轻了 54%。157 铝合金的屈服强度显著高于钢，耐蚀性也大大优于钢材，即延长了使用寿命。实际上，由 157 铝合金制作的矿山液压支柱在煤矿中已安全使用多年，参见图 8 – 15 和图 8 – 16。157 铝合金不存在冷脆问题，耐磨性良好，显著优于 A3 钢。

图 8 – 15　铝合金制作的矿山液压支柱

图 8 – 16　铝合金快速接头

8.5 铝合金在安全装备(抑爆铝箔)中的应用

金属抑爆材料是一种用金属制造的蜂窝状结构,将它装入易燃易爆容器内,在发生意外事故时,可以抑制或防止容器内可燃气体或蒸汽的爆炸,避免容器破坏。从抑爆效果和使用性能考虑,抑爆产品原材料应具有良好的导热性、高的热容量、低的密度、一定的力学强度、丰富的资源、价格合同、好的可回收性等,铝可以满足这些性能,是综合性能上乘的抑爆材料。

现代化的抑爆产品是用3003或3A21合金箔制造的,3003合金是一种美国合金,而3A21合金是一种中国和俄罗斯合金,它们在成分方面的差别仅在于前者含0.05% ~ 0.20% Cu,其他成分则完全相同:0.6Si,0.7Fe,1.0 ~ 1.5Mn,0.10Zn,其他杂质单个0.05,合计0.15,其余Al。加Cu是为了消除合金的点腐蚀,这就是说3003合金仅发生全面腐蚀,而3A21合金既会发生全面腐蚀又会产生点腐蚀。抑爆铝箔一般厚0.05 mm、宽250 mm,H18或H24状态,网状(蜂窝状)或球状。中国目前用手工揉成团,团的直径取决于容器填装口直径。它们的性能稳定,环境温度、容器材料和容积对其功能均无影响,因而可以应用于装有任何可燃气体或液体的容器中。

网状抑爆产品不仅能延缓罐体过热,而且能减少液体的气化速度,从而防止储罐爆炸,其防爆机理在于孔导热、导焰强化了对流换热,而流动阻力越小,导热效果越好,防爆效果也就越好。

3003 – H18合金防爆箔在油中浸泡与行车实验后的力学性能变化见表8 – 4及表8 – 5。由表中的数据可见,3003 – H18铝箔在油中浸泡后力学性能有所下降,伸长率下降幅度更大些,这是发生了腐蚀的典型表现,油的品质指标如胶质值的上升、氧化安定性的下降,也是铝箔腐蚀造成的。

表 8 – 4 3003 – H18 合金防爆箔在不同油内浸泡后力学性能变化

试样编号	试样处理方法	抗拉强度 R_m/MPa	伸长率 A/%
0	空白样	151	1.6
1	浸泡于90#汽油,储存	149	0.4
2	浸泡于10#军用柴油,储存	123	0.25
3	浸泡于3#喷气机燃油,储存	115	0.1

表 8 – 5　在不同油品中浸泡及行车实验后 3003 – H18 合金防爆箔力学性能

试样编号	试样处理方法	抗拉强度 R_m/MPa	伸长率 A/%
0	空白	176	0.12
1	浸泡于 90#汽油,储存	137	0.88
2	浸泡于 93#汽油,行车	175	0.16
3	浸泡于 10#军用柴油,储存	174	0.40
4	浸泡于 10#军用柴油,行车	153	0.16

8.6　铝合金在农业机械中的应用

（1）喷灌机械

农业灌溉中,目前广泛用喷灌、滴灌新技术来代替沟灌、浸灌的传统方法。因为,喷灌、滴灌的淡水利用率高,有明显的增产效果,同时还有节约劳动力、能适应各种复杂地形等优点。这种灌溉技术在国外先进国家中广泛应用。据 1980年的统计,全世界实施喷灌面积已达三亿多亩。我国淡水资源分布不均,区域性缺水严重,正大力推广应用该节水型灌溉技术,并获得了很好的效果。此外,喷灌、滴灌在温室、大棚等农副业设施中也有应用。

整个喷灌机组是由喷灌机、主管路、支管路、立管、连接管件和喷头等部分组成的。按平均计算,每个机组约需 600 m 长的输水管道与 400 m 长的喷水管道。管路和各种连接管件的重量占整个机组重量的 69%。

铝管由于重量轻、耐蚀好、使用寿命长,而得到了推广和使用。其中,焊接薄壁铝管由于生产率高、产量大、成本低、耗用铝材少而受到用户青睐。

喷灌用铝管（GB 5896—86）品种较为简单,公称外径为 ϕ40 ~ 60 mm,共 14种,管长有 5 m 和 6 m 两种。技术条件中除对长度、外径、壁厚、圆度和直线度有一定的规定和公差外,喷灌用铝管还须进行耐水压试验,对其耐压性、密封性、自泄性、偏转角、沿程水头损失及压扁性也有一定的规定。

管件包括各种弯管、三通、四通、变径管、堵头、支架、快速接头等。这些管件也都由铝合金材料制成。

喷头以旋转式为主,其中又可分为单双喷嘴、高低喷射仰角及全圆或扇形喷洒等种类,几乎全部用铝材制造。总之,铝材广泛用于喷灌机械、移动式喷淋器与灌溉系统制造。

（2）机械化粮仓

铝材可在粮食贮藏的设施上推广应用,这对我国来说,尤为必要。

大型的机械化铝粮仓采用螺旋状卷绕型压型铝板制成。据报道，1981 年拉脱维亚用这种方法建成了 6 个直径 6 m、高达 11 m 的粮囤组，可贮 1500 t 粮食。而且装仓、出仓及温度控制全部采用机械化、自动化。我国首座压型铝合金板筒粮仓在河南郑州建成。它由 4 列 36 座单仓组成，总容量多达一万二千多吨。若以每吨粮仓贮用铝材 10 ~ 12 kg 计，该筒仓耗用铝材达 120 ~ 144 t。

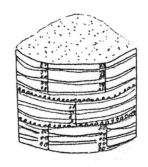

图 8 - 17　小型家用铝粮囤

铝合金筒式粮仓具有很多优点，如建仓速度快、建筑费用低、自重轻、强度高、坚固耐用、气密性好、贮存温度稳定、有利于杀虫、拆装方便等。

另外，我国有 80% 的粮食贮存于民，主要是在农村。据统计，由于保管不当，发生虫、霉、鼠害等造成的损失达 6% ~ 9%。因此，有必要推广小型家用铝粮囤，如图 8 - 17 所示。这种家庭粮囤容量不等，为 4 ~ 100 t。较大的还可安装通风、密封熏蒸装置等。这样，有利于提高粮质，有益于人民健康。

(3)拖拉机及其他农机用铝质水箱

在继汽车工业后，拖拉机与其他农机的内燃机用水箱也逐渐由铝合金代替，据资料介绍，使用特薄铝板和铝管制作的水箱具有良好的散热性能，比铜质水箱的散热效率提高 30% 左右，并可节约铜材，而且其使用寿命反而延长了。

这种铝质水箱由芯子和铝翅片串装而成。芯子是冷却水管，采取胀管法与依靠橡胶垫的机械结合方式与板片连接。板片是散热叶片，由它和周围介质进行能量交换。这种铝板厚度只有 0.1 mm，尺寸精度严格。采用轧制方式加工，然后与冷却管相连。管和片的材质选用耐蚀性较好的纯铝或防锈铝合金制成。

(4)铝材在食品加工业中的应用

铝合金管材、型材、锻件、板材和铸件广泛在食品加工业中用作导管、风管、漏斗、挡板、贮存工具以及机架、支架或机床底座和导轨等。

8.7　铝合金在军用机械中的应用

铝合金可制成各种截面的型材、管材、高筋板材等，以充分发挥材料的潜力，提高构件刚度、强度。所以，铝合金是武器轻量化首选的轻质结构材料。

图 8 - 18 是世界著名的十大军用狙击步枪之一，部分零件是采用铝合金制造的。

图 8 - 19 是以色列装备生产的 IMI SPB36 拆装式徒步桥。该桥专为步兵使用，全铝质的 SPB36 拆装式步兵桥运输时为 9 段 4 m 长的桥节，由 3 名作业人员

在 10 min 内架设到位。它最初的产品为 SPB24，使用 6 段 4 m 长的桥节。该桥可以结构成任意长度，作为步兵浮桥需要的浮板和锚定装置。

IMI SPB36 拆装式徒步桥的每块 SPB36 桥节重 40 kg，可由两人借助可伸缩手柄搬运。架设的桥长 36 m，一名步兵用装在小框架上的滑轮即可渡过水障。桥的两侧有扶手，桥仅宽 0.98 m。横板可放在扶手上的双轮小车上，由一人推过桥。SPB36 曾由美军进行过测试。可将 6 块桥节放在卡车或其他车辆上运输，包括吉普车牵引的两轮拖车平台。

图 8 – 18　世界著名的
十大军用狙击步枪之一

图 8 – 19　以色列生产的
IMI SPB36 拆装式徒步桥

图 8 – 20 为德国 MAN 豹 1 鼹蜥冲击桥，由 MAN 公司提供架桥设备，以及 13 座鼹蜥桥，每节桥长 26 m，70 军用荷载级。桥上装有特殊的装置，使其可与门桥结合。Krauss-Maffei 公司着手对底盘进行改造，并使其与架桥设备结合。第一辆样桥于 1997 年 12 月交付挪威军队。

图 8 – 20　德国 MAN 豹 1 鼹蜥冲击桥

MAN 豹 1 鼹蜥冲击桥以豹 1 主战坦克为底盘，其所有主要的部件都没有改变。只是对各种设备进行了改进，并结合到冲击桥中。改造后的驾驶员舱没有变化，而指挥员位置在主战坦克的炮塔内。密封时涉水深为 1.8 m，三防，舱底排水泵和暖气设备与主战坦克一样，除了照明系统，它的大部分电气系统与主战坦克也一样。

铝合金在军事工业中的应用将会有更大的发展空间。同时，铝合金技术的进一步发展也是至关重要的。铝合金的发展趋势是追求高纯、高强、高韧和耐高温，在军事工业中应用的铝合金主要有铝锂合金、铝铜合金和铝锌镁合金。新型铝锂合金应用于航空工业中，预计飞机重量将减少8%~15%；铝锂合金同样也将成为航天飞行器和薄壁导弹壳体的候选结构材料。随着航空航天业的迅速发展，铝锂合金的研究重点仍将是解决厚度方向的韧性差和降低成本的问题。

8.8　铝挤压材在机械制造行业中的应用前景

机械工业本身的飞速发展对材料工业提出了越来越高的要求。作为基础材料之一的铝及铝合金材料，一方面要适应机械工业的需要，另一方面也面临着其他代用材料的激烈挑战和竞争。因此，铝行业必须加快研究，不断采用新工艺，研制和推出新合金、新产品和新材料，以提高其工艺性能和使用性能。其中包括：良好的可焊性、高的淬透性、易切削性、可钎焊性、高耐蚀性、高耐热性、高强度、高韧性和优越的装饰性等。只有这样，才能在现有基础上继续拓展铝材应用的广度和深度。

采用氧化铝、碳化硅、氮化硅、硼、石墨等高熔点化合物和铝基体复合，可形成弥散强化、颗粒强化、纤维强化铝的合金。这种复合材料具有高弹性模量(高达700 GPa)、高强度、低密度，而且尺寸稳定，具有滤波性、非磁性、介电性、不老化等特殊性能。这种采用无机纤维强化的铝合金除了能在航天航空工业中应用外，也可在机械制造业中大力推广应用。如各种发动机零件、活塞、轴承及精密仪器的零部件等的制作。随着这种材料的成本逐渐降低，可以预料其应用将日趋广泛。

另有一种铝基复合材料，它采用两块铝板夹有0.01~0.5 mm厚的薄层黏弹性高分子材料制作而成。其中的有机层作为阻尼夹层和黏结剂。该材料对机械部件的轻量化十分有利，还可进行深加工成形，实用价值很高。可用来制作振动外壳、本体、音响、电器等部件。

粉末冶金铝合金在上面已有提及，这也是一种新型的有开发前途的铝材。它可利用铝粉表面的天然氧化膜在粉碎压实、烧结和热加工过程中形成弥散强化；也可以通过预合金化、熔体快速凝固工艺、金属机械合金化工艺等，使合金铝具有晶粒细小、合金化元素含量高等特点，从而获得高强度、高弹性模量、高热强度、低膨胀系数及耐磨性能。现已用于高温工作的叶片、活塞齿轮及滑动部件、精密机械零件和化工设备中。

还有超塑性铝合金的研究和应用开发，也使铝材的应用扩大了范围。纯铝、铝-钙系、铝-铜系、铝-铜-镁-锆系、铝-镁-硅系等合金都已制得工业应用的超塑性铝合金。它们都能显示特大的伸长率（500% 以上）。这种特殊性能的获得主要是通过调整金属组织以获得非常微细的晶粒来实现的。由于塑性高，变形阻力小，很容易进行大变形量的扭转、弯曲和深拉加工。因此，可以用来制备各种形状复杂和尺寸精确的部件，如电子仪表的外壳，通信和精密仪器的零部件等。

　　铝材的表面处理除通常所要达到的耐蚀性和装饰性的目的外，还可以通过特殊功能的氧化膜，使其具备某种特殊的用途。这也是拓展铝材用途的一条途径。如有光电性能的氧化膜，可用来电致发光、发色，因而在仪表工业中可用来制作指示元件、记录元件；具有红外和远红外线区吸收性能的氧化膜，可应用在太阳能热水器上等。

　　我国有丰富的稀土资源，国内一些研究工作者已相继研究和开发了多种稀土铝合金，其在国民经济的各个部门均已获得了应用。如稀土铝合金活塞已用于坦克、拖拉机的发动机上，提高了铝材的高温强度和高温持久强度，使用寿命是之前的 6～7 倍。一些稀土铝合金的铸件、挤压材已应用于机床导轨、压板和其他耐磨零件上。另外，含稀土的光亮铝合金由于大大提高了装饰性能而获得了广泛应用。

　　金属铝作为铁基合金或其他材质的热浸镀和热喷材料也日益受到人们的关注。热喷涂和浸镀是高速发展的技术。因为它可以显著提高被镀件的耐热性、抗腐蚀性、光热反射性，并且成本低廉，经济效益显著。热喷涂铝时，铝会先在喷枪的火焰或电弧作用下熔化，然后将熔化了的铝以雾状喷射到被涂物件上。热浸镀铝时，被镀件（钢铁件）要先进行表面处理，然后沉浸到溶化的铝液中，控制温度时间等工艺参数，以形成一定的中间合金扩散层。这种热浸镀铝的材料目前已用于汽车排气系统的消音器、排气管、烘烤炉、食品烤箱、粮食烘干设备烟筒和通风管道、冷藏设备及化工装置中。

9 铝合金在石油与化学工业的应用开发

9.1 概述

铝及铝合金材料在石油及化学工业中首先被用来制作各种化工容器、管道等，以贮存和输送那些与铝不发生化学作用或者只有轻微腐蚀，但不危及安全的化工物品。如液化天然气、浓硝酸、乙二醇冰醋酸、乙醛等。这是因为铝合金无低温冷脆性，更有利于贮运液态氧、氮等低温物质。

制作化工容器的铝合金有纯铝、防锈铝等耐蚀性较优的合金。在各种铝合金容器中，有卧式、立式之分，又有矩形、球形之别。其中球罐使用量最大，因为它比同体积的矩形罐能节省40%的材料，而承受外力的能力可大1倍左右。仅在我国估计每年就需要制造1万多个，而铝合金约占30%。据资料报道，世界上最大的铝合金容器是用来贮存 − 162℃下的液化天然气的，容积达12500 m³，需用3500 t 铝板。

铝材在化工设备的分解塔、吸收塔、蒸馏塔、反应罐、热交换器等中有不少的应用。其中，化工用热交换器种类很多，诸如蒸发器、冷凝器、散热器等。这种热能交换器还分为管式、盘管式、翅片管式及其他形式。整体式螺旋形翅片管热交换器采用与螺纹轧制相似的变形方式，用三辊斜轧机对厚壁管外圆周部分作滚轧加工，形成翅片，使管内外面积比增大。整体式翅片管具有强度高、耐振动、耐温度、热交换能力大和抗腐蚀等优点。

在低温设备中，例如在采用液化空气法分离制取液态氧和氮的设备中，使用的是一种铝制钎焊板翅式换热器。它显示了铝及铝合金的无低温脆性、对热交换介质稳定、重量轻、成本低的卓越特点。这种换热器由隔板、翅片和封条三部分组成。全部采用3A21合金，其中隔板是用3A21合金作基材，与铝 − 硅（含硅约7.5%）合金板经复合轧制而制成的。组装时在600℃的盐浴炉中进行钎焊。要保证内外的冷热介质不发生窜流，并在4 MPa 的工作压力下能正常工作。

在化工及其他设备中还广泛使用一种铝制的牺牲阳极。它是由铝 − 锌 − 铟 − 锡组成的合金。牺牲阳极属于防蚀保护中的阴极保护法，可使被保护的金属零件或结构免受腐蚀而延长使用寿命。

此外，铝材在化工行业中的其他方面的应用还可以举出很多。如已实用化的油罐铝浮顶，能有效减少轻质油的挥发；化工设备中的管路、管件、阀门等；塑料橡胶业中使用的铝制模具；大型化工设备中的人孔、观察孔；特殊条件下使用的各种衬铝设备等。总之，铝及铝合金材料在化工机械行业中有着广泛的应用，特别值得提及的是石油及天然气钻探开采与输送用的铝挤压材，下面分别进行介绍。

9.2　铝合金在石油化工容器和塔器上的应用

（1）石油化工容器

铝具有较强的抗腐蚀性，将铝合金容器作为化工设备首选，不仅能提高使用过程中的安全系数，而且还能延长容器的使用寿命。铝的密度约为钢铁的 1/3，在罐体厚度相同的情况下，同体积的铝罐的质量要比碳钢罐体轻 35% ~ 45%。典型的铝制石油化工容器有：液化天然气贮槽、液化石油气贮槽、浓硝酸贮槽、乙二醇贮槽、冰醋酸贮槽、醋酐贮槽、甲醛贮槽、福尔马林贮槽、吸硝塔、漂白塔、分解塔、苯甲酸精馏塔、混合罐、精馏锅等。

上述容器的主体结构件大多是用工业纯铝、工业高纯铝及防锈铝 – 镁合金制成的。由于设备的工作压力及温度不同，需选用不同的材料。例如工作压力较低（< 30 MPa）或常压的抗蚀容器宜用工业纯铝 1060 及 1050A 制造。而压力较高的常温或低温容器则多用防锈铝合金 5A02、5A03、5A06 合金制造。工作压力较高的大型容器，若单独采用上述铝材制造，由于其强度低，需用厚板，很不经济。因此，常用衬铝的碳钢或低合金钢板制造。

为了改善铝制容器的受力情况，防止变形，较大容器的内部及外部需用加强圈。加强圈应有一定的刚性，一般用角铝、工字铝及槽铝等制造。通常采用间断焊接，因为连续焊接容易引起筒体变形。外加强圈的每侧间断焊接总长不得短于容器壁厚的 12 倍。图 9 – 1 是一种用工

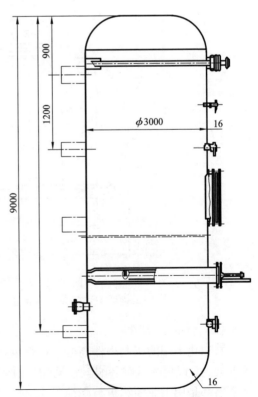

图 9 – 1　60 m³ 铝制浓硝酸罐

业纯铝制造的浓硝酸罐，容积为 60 m³，工作温度为 30℃，压力为硝酸静压。铝制立式化工槽的直径与高度之比最好为 1:(1.2~1.5)。与卧式容器相比，立式占地少，单位容积的铝材量少，容积大，条件许可时，应尽可能地采用立式容器。图 9-2 是一种 2 m³ 的运输用的铝罐及其基本尺寸。用工业纯铝 1060 及 1050A 制造的各式铝容器，它所受的压力 ≤200 MPa，适用于运输腐蚀速度不大于 0.1 mm/a 的介质。

容器的两端基本上都需要封头。因此，铝合金封头是石油化工、食品制药等诸多行业压力容器设备中不可缺少的重要部件，压力容器上的端盖是压力容器的一个主要承压部件，其设计制造质量直接影响压力容器的安全可靠性。铝合金封头采用冲压方式，可适应大批量生产，需制作相应模具，而且成形质量好，材料减薄少，实际成形形状和理论要求形状误差较少，尤其适用封头容器内部需安装其他部件的加工工艺。

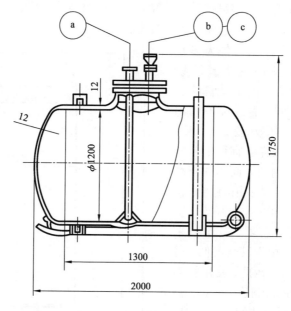

图 9-2　2 m³ 的卧式铝罐

(a)进料口(φ700 mm)；(b)排料口；(c)备用口(φ40 mm)

(2)石油化工塔器

石油化工用的铝制塔器高度一般都不超过 20 m，同时，大都安装于室内或置于框架内，以免受风载影响。常见的有炮塔、筛板塔及填料塔。我国化工厂的这类塔器都是用工业纯铝板与高纯工业铝板焊制的，运转情况良好，如吉林化肥厂的吸硝塔是用 1A05 铝板制作的，使用寿命在 50 年以上。

除沫器又称除雾器，是蒸馏塔、吸收塔等塔器的重要部件之一，它的作用是将经过气液接触交换后将要离开塔顶的气体中所夹带的液沫除去。我国塔器现用的是 HG/T21618—1998(丝网除沫器),标准中丝网除沫器是采用高碳钢丝、低碳钢丝、铜丝、不锈钢丝、铁丝等和金属丝编织方孔网制成的,现还有用一种可以轧制很薄的铝合金薄膜材料拉成的网卷制作丝网除沫器的,这种材料目前在国内也在军工和防爆领域采用,它具有高的比表面积、较好的表面润湿功能和一定的强度防腐性,是制作除沫器的优质材料。另外,它的质量比现正用的金属丝轻得多,比表面积是现用金属丝网的数十倍,与现有除沫器材料相比有着巨大的优越性;在表面润湿度、防腐性和强度等多方面也比较优秀。

(3)衬铝设备

由于工业纯铝及防锈铝的强度较低,如用于制造压力高的容器,则需要相当厚的铝板,不经济。采用衬铝材料,则既可满足强度要求,又能满足抗蚀性要求。衬铝容器直径一般为 $\phi500\sim2000$ mm。直径过大,不易加工制造。

在计算衬铝设备的结构强度时,一般不考虑内层的强度,容器中的压力与设备负载都由外壳承受。衬铝层厚度一般为 $1\sim3$ mm。薄于 1 mm 时,不易焊接。可用机械法、黏接法或爆炸法把衬铝层固定于钢壳上。

(4)其他铝制零部件

其他铝制的石油化工设备零部件有:工业纯铝制的常压人孔,常压块开人孔,常压盖人孔,榫槽面人孔,衬铝块开人孔,磁性浮子液面计,5A02 合金制的玻璃管液面计,1060 铝制视镜,工业纯铝及 5A02、5A05 合金法兰,3A21 及 5A05合金制的肩垫及垫圈等。

安全阀也可采用铝合金材料制作,主要用于锅炉、压力容器和管道(以下简称承压设备),在系统中起安全保护作用。当系统压力超过规定值时,要将安全阀打开,将系统中的一部分气体/流体排入大气/管道外,使系统压力不超过允许值,从而保证系统不因压力过高而发生事故。在海洋油气开采平台上,锅炉、压力容器和管道被广泛应用,安全阀作为主要泄压装置,其计算和选型是海洋油气开采平台工艺设计的重点。

承压设备用焊接工艺评定标准 NB/T 47014—2011。在基础材料方面,NB/T 47014—2011 标准将适用的材料从钢材扩大到铝、钛、铜、镍,增加了钛材、铝材、铜材和镍材的分类、分组;增添了焊接材料(焊条、焊丝、焊剂)的分类及相应的工艺评定规则。

9.3 铝合金在天然气与石油输送管上的应用

(1)铝合金天然气与石油输送管的特点

美国早在 60 年代就已开始采用铝合金的 2014 合金管钻探石油与天然气。以铝合金管代替钢管有如下优点：

1）重量轻，用同样的设备可以提升更长的钻杆，提升内燃料消耗可以减少15%～20%，每台设备运送的总长度可增加60%，钻机能力可以提高50%～100%。

2）可靠性好，不会产生火花，在有腐蚀性的钻井中，比传统钻探钢管的还高；钻探性能良好，钻井深度可增加30%。

3）耐热性强，可钻到 8 km，井底温度为 204℃时，仍运转良好。

4）低温性能好。

（2）铝合金天然气与石油输送管的基本要求与结构形式

用于输送天然气与石油的铝合金是挤压无缝管。合金有：1A70A、3A21、包铝的 3A21、6061、6063。美国及其他国家还用 5083、5086 及 6351 合金管。美国用的标准天然气及石油输送管的尺寸与重量参见表 9 – 1。

表 9 – 1　天然气与石油输送管尺寸与重量

外径/mm	壁厚/mm	重量/(kg·m^{-1})	外径/mm	壁厚/mm	重量/(kg·m^{-1})	外径/mm	壁厚/mm	重量/(kg·m^{-1})
356	6.4	18.9	356	19.1	54.6	406	15.9	52.8
356	8.0	23.5	406	6.4	21.9	406	21.4	70.2
356	9.5	28.1	406	8.0	28.4	457.2	14.3	53.9
356	11.1	32.6	406	9.5	32.2	508.0	15.1	63.3
356	15.1	43.7	406	12.7	42.6			

有一种石油管道防冻装置主体结构的弧形壳体也为铝合金材料，弧形壳体的内侧设置有保温棉，两个端部设置有接头，接头的内侧设置有弹性片，两个弹性片之间通过拉链连接。弧形壳体采用铝合金制成，具有一定的弹性，确保可以沿着石油管道贴合包裹，然后通过拉链连接，将整个防冻装置完全包裹在石油管道外，使石油管道与外壁寒冷空气隔绝，避免石油管道出现因低温环境导致的裂纹、降低石油输送效率等问题。

9.4　铝合金在钻探及钻探管上的应用

9.4.1　铝合金钻探管的特点、分类及技术要求

（1）铝合金钻探管的特点

工业的迅猛发展刺激了海洋石油工业和天然气工业及地质勘探业的发展，从而对包括钻探管在内的钻探工具也提出越来越高的要求。由于传统钢质钻探管容

易出现过度磨损从而增加钻探费用及降低钻探效率等问题，自 20 世纪 50 年代起，俄罗斯等开始研制铝合金钻探管以取代传统钢质钻探管。近几十年来，欧美、日本等发达国家高度重视铝合金钻探管的研发及应用。目前，俄国和美国铝合金钻探管的应用已分别达到总掘进数的 50% 及 60%，取得了相当可观的钻井技术经济指标。因为铝合金不仅具有弹性模量低、柔性大、所需回转扭矩小的特点，能够降低钻探管弯曲处的应力，具有良好的抗疲劳性能和抗冲击能力，而且铝合金钻杆与孔壁间的摩擦系数小，有利于提高钻杆和钻头的使用寿命。再则铝合金钻探管耐蚀耐寒性良好，在低温条件下也能完全保持其全部操作特征；此外，铝合金比强度大，采用铝合金钻探管能显著减轻设备重量，节约材料和运输费用并能缩短钻井时间，因而大大降低了钻探成本及提高了钻探效率。

铝合金钻探管具有密度小、质量轻、比强度和比刚度高、易搬运、节能、容易制造和维修、无磁性、可钻探深井和异形井、利于回收等一系列优良特性。因此，铝合金管在海洋钻探中具有重要的意义，在各工业发达国家应用十分广泛。主要用于钻探 3000 ~ 7000 m 以上的石油及天然气等深井和异形井，俄罗斯钻到了 12000 m 以上。钻井深度主要取决于钻探管的生产工艺技术与质量水平。因此，铝合金钻探管的生产仍属于高新技术范畴。

苏联油、气工业及地质钻探企业广泛采用铝合金钻探管始于 1962 年，到 1978 年采用铝合金钻探管钻探的总量已达 40 万 m，占全国总掘进数的 25%。铝合金钻探管已在超过 100 多个钻探区应用，几乎遍及所有的石油、天然气工业部门及其他有关部门。经过多年的生产和应用获得了巨大的经济社会效益。研究表明：①采用铝合金钻探管能获得相当高的技术经济效益，尽管其回收期比较长，但在一定的地质技术条件下钻探，仍比钢钻探管有竞争力；②采用铝合金钻探管可以缩短钻井时间，能降低对钻机的要求，利用一些厂家的生产能力生产一些新技术产品，不需要增加资金；③铝合金钻探管主要用来钻探深度大于 2000 m 的井，可由升降操作节约的时间来补偿，同时其机械钻探的指数增加，液压阻力减少，节约了电能和滑车绳等；④采用铝合金钻探管，钻探同样深度的井可采用更轻的装置，因此大大节约了材料和运输费用，减少了钻塔的维修和生产成本折旧；⑤铝合金钻探管造价的降低，结构和操作工序的规范化，大大增加了钻探管的使用期，提高了经济效益。铝合金钻探管还广泛应用在国民经济的其他部门。石油、天然气工业及地质部门采用铝合金钻探管的项目按年计划所达到的经济效益是十分可观的。同时，多年来的钻探实践表明，采用铝合金钻探管能解决一些钢钻探管无法解决的问题。如果在设备的选择、矿井布线的设计上充分发挥铝合金钻探管的物理机械特性和结构能力所具有的技术工艺性，那么钻探部门采用铝合金钻探管所得的技术经济效益或许会更好一些。

铝合金钻探管的形状一般均属于异型断面管材，其端部和/或中部的壁厚会加厚。其中,钻探管端部壁厚加厚的目的是使车削加工连接用螺纹后仍具有一定壁厚,以保证一定的强度,中部壁厚加厚的目的是加大钻探管的截面回转半径,相对减小钻探管的长细比,提高其刚度和强度。

目前,铝合金钻探管的生产方法一般均采用单根正向热挤压方法,该方法具有更换模具简单迅速、制品表面质量较好的特点。但正向热挤压法由于挤压过程中挤压筒和金属坯料间的摩擦力大,耗能高,而且金属变形不均匀,压余多。

有一种具有绝缘和耐磨耐蚀性能的铝合金石油钻探管。制作方法是对铝合金石油钻探管螺纹接头进行微弧氧化处理,在接头表面原位生成具有优良耐磨性能的陶瓷涂层,再采用含硅烷类化合物和硅烷偶联剂及 8 - 羟基喹啉等通过水解—缩合反应获得聚硅烷溶液,通过浸渍—固化的方法在陶瓷涂层表面涂覆一层具有腐蚀自愈作用的有机聚硅烷涂层。该方法通过在螺纹接头表面制备陶瓷/有机复合涂层,大大提高了铝合金接头的绝缘、耐磨及耐蚀性能,能满足铝合金钻探管螺纹接头多次拆装后在腐蚀环境下的耐蚀性要求,且该方法工艺简单,成本低廉,生产效率高,生产过程环保无污染,有利于推广使用。

(2)铝合金钻探管的分类

铝合金钻探管可以按照管材截面形状、产品结构和材料强度三种方法进行分类。

1)按管材截面形状分

目前国外铝合金钻探管的外形主要有四类:①内壁端部有加厚层;②内壁端部和外壁中部都有加厚层;③外壁端部有加厚层;④内、外壁端部均加厚,如图 9 - 3 所示。其中第 1、3 和 4 种形状的钻探管中部未进行加厚,降低了钻探管的刚度和强度,第 2 种形状的钻探管内外径均发生变化,无法采用辊矫方法进行矫直,也不便于进行拉力或压力矫直。

2)按产品结构分

按产品结构可分为:无车削螺纹的钻探管(见图 9 - 4、图 9 - 5)、有车削螺纹和拧上的钢接头的钻探管(见图 9 - 6)。

3)按材料强度类型分

按材料强度类型可分为:标准强度钻探管和高强度钻探管。

(3)铝合金钻探管的品种规格与技术要求(苏联 ГОСТ 23786—79)

1)主要合金品种

主要合金品种有 д16、B95 等(牌号

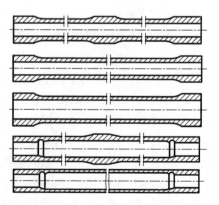

图 9 - 3 铝合金钻探管的主要结构形成

对应我国的标准,请参考有关资料),通常,生产应采用国家或国际标准。

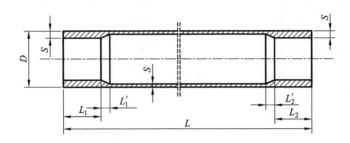

图9-4 两端内部有加厚的变断面管

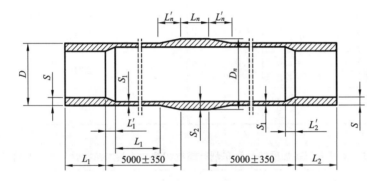

图9-5 两端内部有加厚和保护性加厚的变断面管

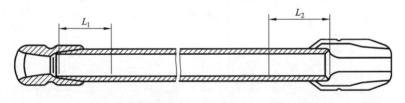

图9-6 有车削螺纹和拧上的钢接头的钻探管

2)形状与尺寸偏差要求

①两端内部有加厚部分且无螺纹的管材的尺寸及允许偏差见图9-4和表9-2。

②两端内部有加厚部分和车削有螺纹和钢制接头的管材的尺寸及允许偏差见图9-6和表9-3。

③两端内部有加厚部分和保护性加厚部分及有螺纹和钢制接头的管材的尺寸及允许偏差见图9-5和表9-4。

表 9-2 两端内部有加厚部分且无螺纹的钻探管尺寸与允许偏差　　　　mm

外径 D		端头加厚部分的壁厚 S		主截面壁厚 S₁	主截面壁厚的允许偏差		端头加厚部分的长度	
公称尺寸	允许偏差	公称尺寸	允许偏差		标准精度	高精度	L_1（允许偏差 $^{+100}_{-50}$）	L_2（允许偏差 $^{+100}_{-50}$）
54	±0.6		+1.3	7.5	±0.7	±0.4	150	150
64	+1.5 -0.5	13	+1.5 -1.0	8.0	±0.8		200	200
73		16	+2.0 -1.0					
90								
95	+1.5 -1.0	26	+2.5 -1.5	9.0	±0.9		740	880
103		15	+2.0 -1.0	8.0	±0.8		250	250
108		27	+2.5 -1.5				750	450

表 9-3 两端内部有加厚部分和车削有螺纹和钢制接头的钻探管尺寸与允许偏差　　mm

外径 D（允许偏差 $^{+2.0}_{-1.0}$）	端头加厚部分的壁厚 S		主截面壁厚 S₁	主截面壁厚的允许偏差		端头加厚部分的长度	
	公称尺寸	允许偏差		标准精度	高精度	L_1（允许偏差 $^{+200}_{-50}$）	L_2（允许偏差 $^{+100}_{-50}$）
114	15	+2.0 -1.0	10	±1.0	±0.5		
			9	±0.9	±0.4		
129	17	+2.5 -1.5	11	±1.1	±0.5		
147	15	+2.0 -1.0	9	±0.9	±0.4	1300	250
	17	+2.5 -1.5	11	±1.1	±0.5		
	20		13	±1.3	±0.5		
	22	+2.8 -1.7	15	±1.5	±0.5		
	24		17	±1.7	±0.5		

表 9 - 4　两端内部有加厚部分和保护性加厚部分及有螺纹和钢接头管尺寸与允许偏差　mm

外径 D（允许偏差 $^{+2.0}_{-1.0}$）	保护性加厚部分的直径 D_n（允许偏差 $^{+3.0}_{-2.8}$）	端头加厚部分的壁厚 S（允许偏差 $^{+2.5}_{-1.0}$）	主截面壁厚 S_1	主截面壁厚的允许偏差		保护性加厚部分的壁厚 S_2（允许偏差 $^{+0.1}_{-0.2}$）	端头加厚部分的长度		保护性加厚部分的长度 L_n（允许偏差 ±50）
				标准精度	高精度		L_1（允许偏差 $^{+200}_{-50}$）	L_2（允许偏差 $^{+100}_{-50}$）	
114	134	15	10	±1.0		20	1300	250	300
129	150	17	11	±1.1	±0.5	21.5	1300	250	300
147	172					23.5			
170	197					24.5			
170	197		13	±1.3		26.5			

④允许按表 9 - 2 和表 9 - 3 中规定尺寸生产无螺纹和无接头的管材。

⑤允许按表 9 - 3 和表 9 - 4 中规定的内径、壁厚、两端加厚部分和保护性加厚部分长度的中间尺寸来生产的管材，此时外径和壁厚的允许偏差可取相关尺寸中的较小尺寸。

⑥无保护性加厚部分的管材的标准长度见表 9 - 5。

表 9 - 5　无保护性加厚部分的管材的标准长度

管材外径 ϕ/mm	54	64	64 ~ 110	>110
管材长度 L/m	4.5	5.3	9.0	12.0

⑦管材长度尺寸的允许偏差不得超过 L^{+150}_{-200} mm。

3）交货状态

所有铝合金钻探管都应经淬火后自然时效（T4，2024T4）或人工时效（T6，7075T6）状态交货。

4）力学性能

标准强度管材的力学性能应符合表 9 - 6 的规定，高强度管材的力学性能应符合表 9 - 7 的规定。

表9-6 标准强度管材的力学性能值

外径/mm	д16T(2024 T4)			B95T1(7075 T6)		
	σ_b/MPa	$\sigma_{0.2}$/MPa	δ/%	σ_b/MPa	$\sigma_{0.2}$/MPa	δ/%
$\phi54 \sim \phi120$	400	260	12	530	480	10
$\geqslant\phi120$	430	280	10	550	505	10

表9-7 高强度管材的力学性能值

外径/mm	д16T(2024 T4)			B95T1(7075 T6)		
	σ_b/MPa	$\sigma_{0.2}$/MPa	δ/%	σ_b/MPa	$\sigma_{0.2}$/MPa	δ/%
$\phi54 \sim \phi120$	400	300	12	540	480	8.5
$>\phi120$	430	300	10	560	520	8.0

5）表面质量要求

管材内外表面应清洁，不允许有气孔、裂纹、分层、非金属夹杂和腐蚀斑点，不允许有超过允许壁厚负偏差的起皮、剥落、气泡、凹痕、划痕、划伤、压痕和压入等。

6）内部组织要求

内部组织要求如下：

①管材的低倍组织不得有裂纹、气孔、分层、缩尾、裂口和疏松、粗大晶粒。

②管材淬火后的显微组织不得有过烧痕迹。

7）对材料级别的要求

铝合金钻探管用的材质必须符合表9-8的要求，钢制接头材料特性应符合表9-9要求。

表9-8 铝合金钻探管对材料级别要求值

材料组别	1	2	3
σ_b/MPa	$\geqslant530$	$\geqslant345$	$\geqslant390$
$\sigma_{0.2}$/MPa	$\geqslant460$	$\geqslant275$	$\geqslant295$
δ/%	$\geqslant8$	$\geqslant10$	$\geqslant12$

注：1—对腐蚀性无特殊要求，工作温度$\geqslant120℃$；2—要求耐腐蚀，工作温度$\geqslant120℃$；3—要求高的耐蚀性能，工作温度$\geqslant140℃$。

表 9-9　对钢制接头材料的特性要求

性能指标	σ_b/MPa	$\sigma_{0.2}$/MPa	δ/%	ψ/%	A_k/(J·m^{-2})	HB
最小值	880	735	12	45	680×10^3	280

9.4.2　铝合金钻探管的生产方法及工艺

（1）生产方法

铝合金钻探管的生产方法与钢的完全不同。钢钻探管的生产方法是先轧制，然后将两端预热，用卧式镦锻机镦粗，以便在镦粗加厚部分刻制螺纹。铝合金钻探管是用卧式液压挤压机正向穿孔挤压法直接挤压出两端带内（外）加厚部分的变断面管材，并形成了以一道工序生产出带有接头的钻探用管材的流水作业线。铝合金钻探管的生产技术难度比较大，属高新技术范畴，其生产工艺具有以下特点：

1）钻探管壁厚偏差及同心度要求极高，且采用固定垫挤压，因此对挤压机穿孔系统同心度要求较高，要求同心度小于 0.5 mm，最好为 0.2~0.4 mm。

2）铝合金钻探管挤压采用固定垫全润滑（挤压筒、挤压针、挤压垫都润滑）无残料随动针挤压。通过特殊设计的模子和针尖可一步自动实现管材两端内外变断面成形和尺寸控制，其模具（针尖）设计与生产工艺构思巧妙，技术难度大，但操作简便，生产效率高。

铝合金钻探管是一种内（外）有加厚部分的变断面管材，端头加厚是为了切螺纹时不致使端头部分的截面减弱。一般来说，其一端由外接头螺纹连接，另一端由内接头螺纹连接，而在个别情况下也可不用接头连接。

为了生产这种特殊的断面变化的铝合金钻探管，对其生产方法进行了大量的试验研究，结果表明，采用在卧式挤压机上用随动针或固定针正向穿孔挤压的方法是可行的、合理的，并已形成了先进的流水作业线，其主要的专用设备包括铸锭熔铸炉组、均匀化炉、40~60 MN 的卧式液压挤压机、卧式连续淬火装置、拉伸矫直机、管材辊矫机、切削车床、在线检测系统和螺纹切削机等，整个生产线借助冷却系统、储运系统和辊道形成了流水作业，一道工序即可生产出用于钻探装置，内部拧有钢制接头的铝合金钻探管。

（2）关键技术

1）应采用优质锭坯的制造与加工。钻探管一般采用 2024T4 和 7075T6 等高强度铝合金制造。应优化合金成分和熔铸工艺，采用严格的纯化、净化和均匀化工艺措施，确定铸锭的化学成分合理均匀、组织均匀而细密、力学性能均匀、塑性较高，而且内外表面光滑、尺寸均匀、同心度好。

2)固定挤压垫的设计与制造。固定挤压垫在工作过程中必须满足在挤搓加载时产生一定量的弹性变形、凹面张开及使直径有一定增量的需求，以使挤压筒内金属不倒流，并在卸载后弹性变形消失，外形复原，能灵活退出挤压筒。同定挤压垫的形状、结构尺寸以及与挤压筒的配合等是十分重要的。

3)模具的设计与制造。主要是模具锥角、工作带角度及圆弧、模子空刀尺寸的设计和模子制造精度等。

4)压针的设计与制造。主要是针尖圆弧处的弧度及长度尺寸等设计参数的确定以及其制造的精度。

5)挤压润滑剂的配比。要求润滑效果良好，挤压管材不产生气泡等缺陷。

6)挤压工艺优化与热处理工艺优化，确保挤压出的变断面管形状合格、尺寸均匀、组织均匀细密、力学性能高、综合性能良好。

(3)生产工艺及主要参数

以д16T(2024 T4)ϕ147 mm×11 mm 铝合金钻探管为例的生产工艺流程及主要工艺参数如表9-10所示。

表9-10　д16T(2024 T4)ϕ147 mm×11 mm 铝合金钻探管生产工艺

序号	工艺流程	工艺参数
1	铸锭加热	加热温度430℃，加热时间8 min(感应炉)
2	挤压	ϕ370 挤压筒、挤压筒温度410℃，润滑挤压筒、挤压针及挤压垫，挤压速度5~6 m/min
3	淬火	淬火温度490℃，加热保温100 min，淬火转移时间≤30 s，水淬、淬火水温<40℃
4	拉伸	拉伸率3%，采用半圆形钢制拉伸夹垫
5	压力矫	用半圆形钢制矫直垫，消除局部弯曲
6	锯切	切头、尾700 mm 左右，切取高、低倍及性能试样
7	管坯检查	检查外形尺寸，用平衡测量仪检查管材同心度
8	车螺纹	管材两端分别车锥形左、右螺纹
9	连管接头	在管坯螺纹处涂环氧树脂加固化剂后连接钢接头，两端分别在旋紧床上进行，旋转力矩1 t·m
10	油纸封包端头	用油纸缠扎管材两端
11	交货	

在采用固定挤压针挤压铝合金钻探管的过程中，受铸锭、挤压针及外部环境

的影响，管材内壁易出现明显的起皮、裂纹等缺陷，从而降低制品的合格率。铝挤压管材内壁出现起皮、裂纹等缺陷的主要原因有：铸锭镗孔时内表面加工痕过深，铸锭有气泡、砂眼等铸造缺陷，挤压针及针头温度低，针头硬度偏低，铸锭、挤压筒加热温度过高。预防措施有：

1）提高铸锭内孔加工质量，内径尺寸与刀痕、铲槽深度之和不超过穿孔针的尺寸，保证在半穿孔挤压过程中，穿孔针可将内表面的刀痕、铲槽等缺陷推出模孔，可有效避免铲槽过深造成的内表面缺陷。

2）对铸锭进行探伤处理，将存在气泡、砂眼缺陷的铸锭挑出，保证铸锭的质量。

3）及时清理挤压针上的黏铝，根据现场生产经验，按照"每挤压 3 根清理 1 次针身，针尖根根清理"的方法进行控制，可在生产效率和产品质量之间找到很好的平衡点。

4）降低铸锭温度，采用等温挤压工艺，在挤压力的作用下，机械能会逐步转化为后端铸锭的热能，使铸锭后端流出模孔时达到头端的温度。

（4）铝合金钻探管大量应用存在的主要问题

目前，阻碍铝合金管在钻探中大量应用的主要因素有：人们对其应用与性能还不熟悉，价格约比钢管的贵 50%。从 2013 年起美国铝业公司开始为俄罗斯大石油公司生产钻探铝合金管，在萨马拉冶金（美铝）厂生产，其上涂有一层美国铝业公司新近研发的纳米级涂料，可在极端严峻的腐蚀条件下工作，使用寿命比没有涂层管的长 30%~40%。

至 2013 年中国还不能生产铝合金钻探管，但正在建设与此产品相关的项目，可于 2014 年四季度或 2015 年投产，但纳米级防腐涂料还不能生产。辽宁忠旺集团于 2013 年 12 月与墨西哥埃夫雅公司合作，研发生产铝合金海上钻井平台、直升机停机台。

另外，海洋平台钻探管管役条件极为复杂，包括所承受的各种载荷、应力、温度、环境介质等。海洋平台钻探管以铝合金管代替钢管具有质量轻、抗蚀性高、钻探性能良好、耐热性强等优点。由于工作条件恶劣，腐蚀失效是海洋平台铝合金钻探管的一种主要失效模式。腐蚀会严重影响海洋平台钻探管的力学性能，从而影响其安全使用。因此，在制造和使用中应该给予充分的注意和重视。

9.4.3 铝合金在钻探管及输送管上的应用

（1）铝合金钻探管

常用铝合金钻探管的外径为 50~150 mm，端头加厚部分壁厚为 13~27 mm，主截面壁厚 7.5~17 mm，端头加厚部分长度为 150~450 mm。虽然铝合金在油、气钻探中的应用有相当长的历史，但是现在的用量仍不多，远未普及，主要是人们对其认识还不足，再就是它的原始成本较高，价格约比钢管的高 50%，但它的总成本却比钢管的低 10% 左右，所以还是合算的，特别是使用到期后报废料的价格仍可达到原始价格的 1/3 或更多一些，因此应加大推广应用力度。

（2）天然气及液化天然气输送管道

开采可燃冰时必须将它转化为天然气，送往发电站、采暖热水厂与千家万户。在这些转变与输送过程中必须使用大量的管材，如钢管、铝管、塑料管等。铝管的价格高，用量较少，只有在那些必需的场合才用。常用的为厚壁挤压圆管。厚管是指壁厚大于 6 mm 的管材，但最大厚度也不超过 20 mm。所用的铝合金有 1070、3003、包铝的 3003、6061、6063、6351、5083、5086 铝合金等。输送管的直径为 350～510 mm。

（3）液化天然气罐

天然气罐不但要用无低温脆性的合金制造，而且热交换器宜用热导率高的材料制造，铝材的这两种性能都优异，是制造 LNG 罐与热交换器的上乘材料。LNG罐有船上用的与岸基用的，后者又可分为地上式的与地下式的。制造 LNG 罐用的代表铝合金有 1100、3003、3004、5052、5083、5454、5456、6061、6063、7039等变形铝合金与 356 铸造铝合金，用的材料有板材、型材、管材、铸件、锻件等，通常一个地上式 LNG 罐净质量约为 1100 t，其中板材占 82%，型材占 9%，其他占 9%，如果制造的材料利用率按 85% 计算，那么制造一个 LNG 地上式贮罐需采购铝材 1295 t，所用板材一般都为厚板，例如内侧板厚度为 10～70 mm 的用量最大，约占总量的 59%；顶板厚度为 10～50 mm，用量 150 t，占总量的 13.6%；底板厚度为 6～25 mm，用量 100 t，占总量的 9.1%。制造储罐除用无低温脆性的铝合金外还可以用含 9% Ni 的合金钢与不锈钢，但是铝合金是性价比最高的材料。

（4）平台和港基设施用铝材

平台是一个庞然大物。其质量轻则几万吨，重则 20 万 t 左右，下部结构不会用铝材或用得很少，用铝材多的部位为上层建筑、海港及岸基设施，同时 85% 以上为建筑铝及通用结构铝材。可燃冰采集平台与岸基建筑设施用铝材的工作环境极为恶劣，宜用 6063、3003 及 1050 铝合金制造，同时必须经过阳极氧化处理，以防海水及海洋气氛腐蚀。

10 铝合金在电力电子工业的应用开发

10.1 概述

由于铝及铝合金的密度比铜及铜合金小得多，而且价格比较稳定，尽管铝线的导电性比铜线差，但是在 20 世纪 60 年代北美就已广泛采用钢芯铝绞线作为架空输配电线，以铝代铜作为导电和输电载体已成为一种发展趋势。

美国自 20 世纪 60 年代架空输电和配电系统的用铝量迅速增长以后，用铝量的增长速度开始下降，但近十多年来又开始增长，年增长速度最高达 7.5%，目前继续快速增长。

20 世纪 80 年代，巴西电力工业用铝量的年平均增长速度接近 15%，1980—1985 年印度电力工业用铝量以 60% 的速度持续增长。中国台湾电力工业的用铝量由 1975 年的 11750 t 增加到 1980 年的 20000 t。在工业化国家中，新输电系统将继续使用铝线和铝电缆。欧洲国家每年的增长速度达到 4%，意大利和日本的增长速度超过 9%。总的说来，西方世界电力工业用铝量的平均年增长速度大约为 5%。

我国煤矿和水力资源十分丰富，电力工业发展非常迅速。但是，我国的铜资源比较贫乏，铝材成了电力（电气）工业的主要材料之一，平均年增长率在 10% 以上。目前，我国电力工业年耗铝量为 60 万 t 以上。

电子化时代、信息化时代和知识化时代的来临，大大推动了铝材在电子工业上的应用，目前邮电通信设备、电子仪器及其零部件、磁盘基板和壳体、电容器、光学器材、磁鼓以及家用电器等方面都开始广泛而大量地使用铝材。

10.2 铝合金在电力工业的应用开发

10.2.1 铝材在导电体上的应用

铝用作导体始于 1876 年，英国人柯利（W L E Curley）在博尔顿架设了世界上第一根架空铝线。1908 年美国铝业公司的胡普斯（W Hoopes）发明了钢芯铝绞线，1909 年将其架设于尼亚加拉大瀑布上空。随后，架空高压输电线逐渐为钢芯铝绞线所取代。1955 年以后铝材广泛用作配电线。

目前，全世界生产的铝约有 14% 用作电工材料，其中电力导体几乎都是铝的，但室内导线用量仍很有限。铝化率最高的是美国，为 35% 左右。我国电力部门的用铝量约占全国铝消耗量的 1/4，仅西南地区每年导电铝排的定货量就为 2000 t 以上。由此可知，发展电工铝材，大力提倡以铝代铜具有很大的经济价值。但仍要对铝导线的蠕变强度、振动疲劳强度、切口敏感性和线膨胀系数进行更深入的研究。

10.2.1.1 电工用铝导线

最普通的导体合金(1350)所能提供的最小电导率也达到国际退火铜标准(IACS)的 61.8%，拉伸强度为 55～124 MPa，具体应视尺寸而定。以质量而非体积为基础，与 IACS 相比时，硬态拉制铝(1350)的最小电导率为标准的 204.6%。其他铝合金多用于制作汇流母线及有线电视的电缆线路装置。

通过挤压可以生产带有钢芯的铝导线。挤压时，电缆穿过挤压模上的模孔，围绕在钢芯周围的铝随钢芯一道被挤出，铝包裹在钢芯周围形成导线电缆，并挤压至最终尺寸。也可以用挤压制坯，再进一步拉拔成形，即将电缆穿进一根预制尺寸较大一些的铝管，然后通过减径和拔模挤压该铝管至最终尺寸。

铝导体可以采用轧制、挤压、铸造或锻造方法生产。普通形状的铝导体为单线或多根线(绞合线、成束线或多层线绳)。每一种线均可用于架空线或其他张紧的用途以及非张紧的绝缘用途。

钢芯铝绞线(ACSR)由围绕高强度的镀锌或镀铝的钢芯导线作同心圆配置的一层或多层绞合铝线组成，而钢芯导线本身可以是一根单线或一组作同心圆配置的绞合线。电阻由铝的横截面大小决定，而抗拉强度则取决于复合的钢芯，它提供总机械强度的 55%～60%。

ACSR 结构按机械强度使用。它的强度与质量比通常是具有相等直流电阻的铜线的两倍。使用 ACSR 电缆线容许配置较长的杆档及较少的和较矮的电杆或铁塔。

10.2.1.2 高压架空输电线用铝导线

高压架空输电线常用的三种导线价格与电阻见表 10 – 1。

表 10 – 1　重量相同的三种导线的价格和电阻

材　料	相对电阻(设 Al 为 100)	相对市价(设 Al 为 100)
钢芯增强铝	108.7	70
铝合金	100	100
镉青铜	150	150

在相同重量下,铝导线的电阻和价格均比铜导线低很多。高压输电线用铝电缆性能见表 10 - 2。

表 10 - 2 高压输电线用铝电缆性能

材料	比电阻/(Ω·mm²·m⁻¹)	抗拉强度/MPa	温度特性/℃	
			标称温度	短路时允许温度
铝(硬状态)	0.0282	170～200	70	130
铝合金(EAlMgSi)	0.325	295	80	155
钢芯铝	0.230(钢)	1530(钢)		
	0.0282(铝)	163～197(铝)	—	—

纯铝线由于其强度较低,一般只在低压线路上应用。高、中压线路多采用钢芯线(ASCR),较少用铝合金导线,要镀锌来防止钢芯腐蚀。钢芯铝线适用于接地导线。

10.2.1.3 汇流母线导体

美国商用母线采用四种母线导体材料:矩形棒材、实心圆棒、管材与结构型材。近年来,为了提高导电强度,减轻材料重量,各种形状和断面铝合金管母线用量大大增加。铝合金管母线主要用于大型水力和火力电站,主要合金有纯铝、6063 和 6010 等电工铝合金,管材外径为 150～500 mm,一般采用无缝铝管。

电解铝厂和再生铝厂的高电流母线也使用连续铸造的铝棒。高压开关中的管形电流夹板和导电部件也采用铝的铸件或锻件。

10.2.1.4 地下电缆用铝导线

铠装铝电缆以工业规模获得应用是在实芯低压绝缘电缆问世之后。0.6～1 kV 实心绝缘铝电缆的生产成本是唯一能够和三股铝相电缆或作为中性线使用的铝护皮浸渍纸绝缘电缆相竞争的产品。如图 10 - 1 所示,4 根导线同心布置的方法在技术和经济上都是可行的。图 10 - 2 是 4 芯系列的铝芯四芯电线电缆。

由 99.5% 铝的工业纯铝挤出的 95 mm²、150 mm² 和 240 mm² 截面实心铝导线特别软,容易铺设。经应用证实,高压地下电缆不再需要采用绞合导线,可直接使用240 mm²截面的实心铝导线。

日本开发了"气体绝缘"的地下输电系统。它采用直径 ϕ100～350 mm 的 6063、5052、5005 等合金的挤压管作导体,而采用 ϕ340～700 mm 6063 或 5052 的挤压管铠装。在铠装管中充入氟化硫(SF$_6$)气体绝缘。

该系统是为满足大城市中具有大载流量(2000～12000 A)、特高电压(275～525 kV)地下输电系统而设计的,但该系统的应用仍仅局限于变电所内部或其周围。

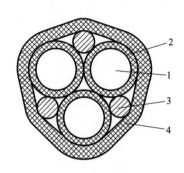

图 10 – 1　带有三股铝中线的铝电缆截面图

1—实心铝导线；2—聚氯乙烯绝缘；
3—中线铝带缠绕的铝材；4—黑色聚氯乙烯包皮

图 10 – 2　铝芯四芯电线电缆

10.2.1.5　通信电缆

铝合金通信电缆的出现拓宽了铝在通信电缆中的应用范围，这种电缆通常用泡沫聚乙烯绝缘。线间间隙再用防水矿脂充填，以防电缆腐蚀。包皮为复聚乙烯的铝带和聚乙烯。某公司已开发出一种专用的 AlMgFe 合金作为导线材料。该合金线的力学性能与铜导线相近，但它具有生产率高和容易连接等优点。

在电话、电视用的同轴电缆方面，采用铝带制造同轴电缆的情况也日益增多。一般采用宽 45 ~ 160 mm、厚 0.6 ~ 1.8 mm 的铝带（取决于电缆规格），用制缆机使铝带成型为管状护皮套。采用 TTG 或感应焊接法纵向焊接护皮。电视电缆对包皮厚度的要求特别严格。在轧制这种铝带时应尽可能避免由于支承辊和工作辊偏心所引起的厚度变化，因为这种变化产生的电振荡对电视传输来说是不允许出现的。

10.2.1.6　室内配线及配件

铝在室内配线系统中的应用包括绝缘铝导线、母线通道、接头、配件和开关等。

采用先进的制造、连接及安全技术，如采用瑞典韦斯特罗城"ASEA"协会的镀铜方法，铝电线由于集肤效应，具有与铜一样良好的电导率，目前铝线路的连接已不再有什么问题了。

铝线已普遍用作一般电路装置的配线，但在一些安全操作指示器（如警告信号电路）和设备内部接线上还在应用铜导线。

通常用 99.5% 铝的工业纯铝制造导线。加入微量元素（主要是铁）可提高导线的柔软性。这些称为 Triple E 和 Super T 的导线材料已列入有关的技术标准。

建筑中轻型结构的出现，相应要求采用配套的新型电缆通道。铝是一种比塑料等更好的电缆通道材料，而且铝具有极好的耐火性，这是塑料无法与其竞争的。

铝在电力设备配件上的应用更为普遍。高压开关中的管形电流夹钳和其他一些元件，就是用铸铝或锻铝制成的。

另外，在工业化国家里，已有建造露天变电站的倾向，其所采用的 SF_6 绝缘开关设备，几乎全是用铝的挤压型材、薄板和铸件制造的。仅在少数情况下要用钢制外管或钢制内层导体。SF_6 绝缘开关设备的电气功能对制品圆度公差要求极严，须采用清洁的、表面粗糙度小的铝材。

在大功率电气设备上，随着电功率的增加，要求迅速散发掉元件上产生的热量，从而开发高性能、有整体翅片的铝质散热器。

10.2.2 铝合金在电机电器上的应用

10.2.2.1 在变压器上的应用

1950 年前，铝绕组已在变压器(主要是配电变压器)中得到应用。绕组额定功率通常小于 2.5 MV·A，额定电压为 3.6 ~ 36 kV，作为油浸式或空冷式变压器使用。铝绕组同样可在非常小(几伏安)和较大(25 ~ 63 MV·A)额定功率变压器上应用。目前设计的大功率变压器中，几种结构部件也是用铝制造的，包括夹线板、外壳、电磁屏蔽表面等，这样可降低附加损耗。

铝线圈广泛用于干式电力变压器，并适用于磁悬浮式恒流变压器的二次感应线圈。它的使用可减少重量，并使感应线圈浮动在电磁悬浮之上。与此密切联系，铝线材正在被人们用于保护变压器过载的电抗器实体装置。

铝材在变压器绕组中应用的经济性是由铝、铜绕组的性价比来决定的。从制造费用考虑，如果铜绕组额定功率降低后的制造费用仍比相同额定功率的铝绕组变压器高，则采用铝较经济。铜绕组最经济的电流密度为 2.5 ~ 3.5 A/mm^2，铝绕组为 1.5 A/mm^2。

各地金属和能源价格不同，但有一定规律可循，对于小于 2.5 MV·A 的变压器，采用铝绕组较经济。这一点很重要，因为世界上 90% 的变压器小于这个值。对于大于 2.5 MV·A 的变压器，由于铝绕组尺寸问题，采用铝是不合适的。

在空气冷却式压器中，绕组占去了变压器空间的大部分，因此采用铝绕组是经济的，生产费用也低。

从载荷及尺寸角度出发，最好的铝绕组材料是半硬状态的线材，其电导率为 35×10^6 S/m，伸长率为 12%，抗拉强度为 110 MPa。近来，额定功率达 4 MV·A 的干式或油浸式变压器已采用铝箔绕组。其优点是绕组中热散性好、抗短路电流高，可改善冲击电压引起的电压分布，且这种绕组制作易于自动化。

10.2.2.2 铝在电机中的应用

(1)在电机外壳型材上的应用

铝材已经长时间用于铸造转子线圈和结构部件。转子环和冷却扇同穿过鼠笼式马达转子中叠片铁心的圆棒一起整体压铸。

铝结构部件，如定子底座和端罩等，可以经济地用压模铸造，电机外壳和支架可用铝合金挤压型材。铝结构部件的特定环境要求其必须能耐蚀，例如在天然或人造纤维纺织用的马达的使用条件下，以及在飞机发动机(质轻对此类机械同等重要)的使用条件下。

近年来，电机外壳越来越多地选择铝合金材料进行生产，铝合金电机外壳型材是一种空心挤压型材，外壳结构复杂，内腔大，对尺寸精度和性能要求较高，可采用6061铝合金，通过挤压方式生产制造。图10-3是挤压生产的铝合金电机外壳，6061合金的成分如表10-3所示。

图 10 - 3　铝合金挤压材制造的电机外壳

表 10 - 3　6061 铝合金化学成分 w　　　　　　　　%

元素	Si	Mg	Fe	Mn	Cu	Zn	Cr	Ti	Al
国标	0.4 ~ 0.8	0.8 ~ 1.2	0.7	0.15	0.15 ~ 0.4	0.25	0.04 ~ 0.35	0.15	余量

目前，工业用的 6×××系挤压合金的特点是具有良好的可挤压性能、可焊接性能，以及取得其适当强度所需要的成本低。在 6×××系合金中，6061合金具有较高的强度和综合性能，其强度虽不能与2×××系或7×××系相比，但其镁、硅合金特性多，具有加工性能极佳、焊接性及电镀性优良、抗腐蚀性良好、韧性高及加工后不变形、材料致密无缺陷等优点。生产实践表明，6061铝合金已成为生产铝合金电机外壳型材的基础合金。

1)合金的强度性能通过控制合金中 Mg_2Si 的含量和过剩硅的含量来保证。6061合金的主要强化元素是 Mg 和 Si，主要强化相是 Mg_2Si 和过剩游离硅。其抗拉强度随合金中 Mg_2Si 含量和过剩硅含量的增加而提高，其淬火敏感性也相应提高，但伸长率和挤压性会下降。新合金中硅的含量比 Mg_2Si 化学计量比中要求的稍大，这是因为在连续铸造的实际结晶过程中，合金中的硅会优先与杂质铁或锰形成 AlFeSi 和/或（FeMn）$_3$SiAl$_{12}$金属间化合物，要消耗部分硅。因此，内控标准中的将合金中镁含量控制在 0.84%~0.88%，而硅含量控制在 0.60%~0.64%，这样可使合金产品抗拉强度达到 296 N/mm^2 及以上，材料的力学性能完全可以达到国标标准和客户要求。

2）合金的耐蚀性。对于 6061 合金而言，铁和硅是合金中的正常杂质，它们会形成相对铝基体而言呈阴极的组分（FeAl$_3$、αAlMnSi、硅和其他）。此外，合金中的过剩硅也会增大合金对应力腐蚀的敏感性。因此，为了使合金具有较好的耐蚀性，在成分设计时，应尽可能降低杂质铁的含量和次要成分铜的含量，并消除过剩硅的存在。

3）合金中铁的作用。铁含量较高对合金的韧性、挤压性能和耐腐蚀性能有较大影响，会在合金中与锰、铬、硅等形成硬脆的金属铝化物相。试验表明，6061 合金在标准值 0.7% 以下的范围内，对合金强度和延伸率的影响不大，但伴随 Fe 含量的增加，韧性明显降低。合金中的铁以不超过 0.3% 为宜。

4）合金中铜的作用。合金中的铜是为弥补停放效应的强度损失而加入的，能够降低自然时效速度。6061 合金中铜的添加因析出了细微致密的 β′ – Mg$_2$Si，而使得合金强度提高，同时也改善了化学光亮处理的反应能力。铜可产生抑制挤压效应，降低合金的各向异性。因此，合金成分设计时，铜的含量按下限 0.15%~0.20% 选取。

5）合金中钛的作用。钛有细化铸造组织和结晶晶粒的作用。生产实践表明，在采用在线变质处理方法时，钛的加入量只需 0.01%~0.02% 即可。

（2）铝材应用于转子线圈

同步电机转子，由于铝的比重为铜的 1/3，因此铝绕组可大大减小转子离心力，运转中线圈夹承受的负载小，可减少其所占空间，留出更多的空间来安装线圈，故应用铝线材是有利的。电机上用的线材包括圆线、扁线、漆包线和其他绝缘线。

同时，铝、铜比价将决定两种材料中哪一种更为经济。许多电机制造厂开始使用铝转子线圈，由于铝线和绝缘较适合于特殊工艺要求，因此获得了较好的技术和经济效益。

10.2.3 铝合金在电子电器上的应用

10.2.3.1 铝在照明用具上的应用

铝材作为白炽灯和荧光灯的灯座，以及其他铝薄板材料作为装饰已经成为常态。

铝可减轻灯具负荷，如露天运动场一根灯柱要挂 80 盏聚光灯，轻质的铝制灯具就显示出优点。室外的灯具要求使用期在 10 年以上，耐蚀性好的铝合金灯罩能达到此项要求。它们表面经阳极化后，不仅提高了硬度及耐磨性，还可经常擦洗，又能增加装饰效果。为了增加反射性，可使用 99.99% 高纯铝，再添加 0.5%~1% 镁合金化的 Al – Mg 合金。

为了减重和节能，有的运输车辆也使用铝导线、铝线圈、铝电气零件等。目前已开发出柔性好、抗蠕变的铝合金和有效的低压(12 V)电触材料。

10.2.3.2　铝在电子电器产品上的应用

目前国内 3C 电子产品消费潜力比较大，电子产品外观件上应用了铝合金，如手机外壳、电脑外壳、机箱等，电子产品内构件上也应用了铝合金，如 LED 铝背板、键盘料、手机中板、背板、卡托、按键等。

为了解决上一代 iphone 6 plus 手机机身抗弯性能不高的问题，iphone 6s 与 iphone 6s plus 全部改用美国铝业公司生产的 7075 合金板材制造，取得了预期的良好效果，抗弯能力大大提高，参见图 10 – 4。

图 10 – 4　采用 7075 合金板材加工制造的手机外壳

在世界手机机身用材中，iphone 也不是唯一采用这种超强材料的智能机型。韩国三星公司推出的 Note5 及 Sbedge + 的超薄机身都得益于 7075 合金的采用。由于 7075 合金的一系列优异性能，两款智能手机机身的稳定性达到了一个前所未有的新高度。

三星公司生产的 Galaxy S8 及 S8 手机采用了美国铝业公司提供的高强度铝合金 6013 Alcoa Power Plate TM 厚板，用 CNC 工艺加工。6013 合金是一种高强度航空航天级铝合金，1983 年定型，并在美国铝业协会公司注册，它的标定成分(w, %)为：0.6~1.0Si, 0.50Fe, 0.6~1.1Cu, 0.20~0.8Mn, 0.8~1.2Mg, 0.10Cr, 0.25Zn, 0.10Ti, 其他杂质单个 0.05, 合计 0.15, 其余 Al。它的强度比现行用的 6×××系合金高 70%。

而 6013 Alcoa Power Plate TM 是一种取得专利的有注册商标的厚板，是一种新型的手机机身合金，可热处理强化，在人工时效状态应用。Mg 和 Si 可形成强化相 Mg_2Si, Mg、Si 含量的变化对退火状态的 Al – Mg – Si 合金抗拉强度和伸长率的影响不明显。Al – Mg – Si 三元合金的最大强度位于 α – (Al) – Mg_2Si – Si 三相区内。

10.2.4 铝合金在家用电器上的应用

(1)视频磁带录像机(VTR)

录像机传带用的圆筒需用热膨胀系数小、耐磨性好、易切削加工与无切削应变的铝材制造,为此,可选用 4A11 合金或 2218 合金。

(2)盒式磁带录音机

录音机外壳的装饰板可用经过表面处理(预处理、阳极氧化、印刷)的 1050AHX4 铝合金制作。

(3)电饭煲

制造电饭煲可选用 1100 与 3A21 合金,制造电饭煲需用涂氯树脂铝板,在涂氯树脂之前,应先用电化学法或化学法使铝板表面粗糙化,增加表面积,以增大与树脂的结合力。

(4)冰箱与冷藏柜

冰箱与冷藏柜的内外壁板均为铝板,色调柔和,抗蚀性高。铝板间绝热材料(氨基甲乙酸树脂发泡材料)增至铝板厚度的 50 ~ 100 倍时,壁板材料的导热率几乎不影响绝热性能。通常使用的铝板为 3A21、3005、3105 合金等,表面经阳极氧化与涂漆处理。

(5)空调机

空调机的热交换器是用 1050A、1100、1200 等工业纯铝板制造的,板材厚度通常为 0.12 ~ 0.15 mm,还有进一步减薄的趋势,材料状态为 O 或 HX4。

10.3 铝合金在电子工业的应用开发

10.3.1 铝合金在通信设施中的应用

(1)天线

随着信息时代的到来,全世界约发射了 10000 多颗广播卫星和气象卫星等,在地面接收这些卫星发回的电波时,用的接收装置就是铝制抛物面天线。为通信卫星上的电话、电视、传真、数据处理、通信等服务的通信卫星抛物面天线,以及为飞机导航的天线等多是用 6063 合金挤压型材与 5A02 合金板材制造的。主要是因为这种合金抗蚀性好、导电性好,具有中等强度。

(2)波导管

电视广播和飞机均为微波带电波,需用波导管,通常制成矩形截面管。波导管需要良好的导电性、耐蚀性、切削性、焊接性和高效尺寸精度,可用 1050A、

3A21、6063 合金挤压，并进行铬酸阳极氧化处理或涂防蚀涂料。

波导管的生产工艺流程为：机械加工→脱脂处理→腐蚀→去污→电镀锌酸盐→电镀无氧电解铜→电镀焦磷酸铜→电镀表面保护金属→组装→调整。

10.3.2 铝合金在电子仪器及零部件中的应用

近年来，铝在电子仪器及零部件中的应用已普及，这在很大程度上与磁记忆装置、半导体和 IC 技术的科技进步紧密相关。电子仪器及其零部件上用的铝，主要取决于各种材料的制造技术、精密加工方法和批量生产工艺技术的发展程度。

电子仪器及其零部件的发展倾向于轻、薄、短、小化，铝结构件将起重要作用。铝除密度低、导电与导热性良好及耐蚀性好外，还具有非磁性、反射、电波性、阳极氧化性、良好的加工性和可切削性等优点。

（1）磁盘基板

近代电子计算机用的材料中，铝材的用量约占 9.5%，其中，板材占 18%，管、棒、型材占 58%，铸件占 24%。

铝合金是制造大型计算机存储磁盘基板的良好材料。将带磁膜的磁盘安在数枚芯轴上，则外存储磁盘以 1400~3600 r/min 的速度高速旋转，浮动磁头进行记录、再生和消去时磁头与磁盘间的浮动间隙仅为 2~3 μm。在这样条件下工作的磁盘既要有足够的刚度与强度，又要有良好的尺寸稳定性及耐蚀性，同时还要有非磁性、低密度、耐热性及高表面精度。基板大多用含 3%~5% Mg 与少量 Mn、Ti、Be 等元素的铝合金经高精度车削而成。为了使基板具有最好的综合性能，即最小内应力、最高的耐蚀性、最小的车削后垂直度偏差及良好的室温力学性能，退火组织应为细小等轴晶，因此退火温度不宜超过 450℃。铸造前，应加强熔体净化，尽量减少夹杂物与含氢量。为了减少金属间化合物的尺寸，除降低杂质元素含量等措施外，提高铸造冷却速度是很有效的。表 10-4 列出了磁盘基体用的铝合金化学成分。

表 10-4　磁盘基板铝合金化学成分 w　　　　　　　　　　%

合金	Mg	Mn	Cr	Ti	Fe	Si	Cu	Al
AA5086	3.5~4.5	0.2~0.7	0.05~0.25	0.15	0.40	0.50	0.10	余量
NLM5086	3.5~4.5	0.2~0.3	0.05~0.10	0.03	0.08	0.05	0.03	余量
NLMM4M	3.7~4.7	—	—	—	Fe+S≤0.06		0.1~0.02	余量
NLMS3M	3.7~4.7	—	—		0.004	0.005	0.001	余量

计算机磁盘将从 355.6 mm 向 215.9 mm、88.9 mm 和 76.2 mm 直径方向发展。一般磁盘铝基片用 5086 合金，要求基体高纯化，严格处理熔体，控制 Mn、Cr

等微量元素和改善热处理条件,以消除粗大的金属间化合物和非金属夹渣。神户制钢开发的"新 AD"系列高密度磁盘用铝合金采用急冷新技术,使影响磁记录效果的金属化合物弥散。所以不使用高纯度材料也能得到相当于高纯度材料的记录特性。如果再使用高纯度材料,其记录特性能提高为之前的 3 倍。住友公司又提出开发新型铝合金方案,分别用作薄膜型和涂布型基片。

另外,激光磁盘已进入实用阶段,激光磁盘的基板主要采用铝,但工程塑料、陶瓷、玻璃也在与铝竞争。

(2)磁盘壳体

为保证磁盘外壳的精密度,要求所使用的铝材有良好的刚性、非磁性、导电性、加工性,密度小,价格和壳体内部温度的均匀分布,也要考虑其内部的散热,以达到降低壳体温度的目的。

(3)感光磁鼓

电子照相复印机和激光印刷机用的感光磁鼓是铝制的,其支架也采用铝合金管。感光磁鼓性能直接影响印刷与复印的质量,是复印机和激光印刷机的关键部件。

感光磁鼓由高纯、高精、高表面感光的铝合金管材制造,是打印机、复印机、扫描仪等办公机械的核心部件——感光鼓的基体材料。高速化、清晰化对铝管的尺寸精度和表面质量提出了更高的要求。

目前,全球 OPC 感光鼓等用精密铝管材的总需求量在 30 万 t/a 左右,国内需求量为 5 万 t/a 左右,且需求量的年均增长率都在 5% 以上。

OPC 专用精密铝合金管材可用 6063 合金生产,也可用 3003 合金生产,但对材质的成分、纯度和杂质含量要求非常严格,对产品的内外组织和表面质量要求特别高,对尺寸公差要求也很严。因此,技术含量高,生产难度大,目前国外(如日本等)已有成熟的工艺,但仍不能大批量生产满足市场要求,国内的生产水平与国际先进水平相比仍有一定差距,急需加大研制开发力度,以满足我国国民经济高速持续发展的要求。

表 10-5 列出了铝磁鼓的加工方法及所用的铝合金。磁鼓用的铝合金要求非金属夹杂物、金属间化合物和其他内部缺陷都很少,因为杂质将严重影响磁鼓成像。由此可见,磁鼓材料和磁盘材料一样,熔体皆要进行严格处理,并用精密车床加工出所要求的表面,或进行拉深加工制成所要求的磁鼓。初步计算,1 台印刷机正常运转,每年需 7 个磁鼓,促使磁鼓销售量激增,而磁鼓铝材用量也必然随之增加。

日本神户制钢开发的"A40S"合金力学性能好,在搬运和运行时不会变形。OPC 涂敷性和镜面切削性好。金属间化合物是镜面切削产生微细凹凸的原因,凹凸会妨碍 OPC 涂敷性,导致复印画面出现缺陷。但是,"A40S"合金含氢量低、杂质少、晶粒细,因此便于涂敷。

表 10 – 5 铝磁鼓的铝合金和加工方法

感光体名称	磁鼓尺寸/mm	铝合金	铝磁铁的加工方法
α – Si	$\phi80 \sim 120$ $t = 4 \sim 5.5$	高纯合金 S3M、M4M、3F03、6763	挤压(芯轴)→拉伸→切削(粗铣→镜面)
OPC	$\phi30 \sim 80$ $t = 6 \sim 1.5$	5805、1050、3003、6063	↗车削(仅车削加) 挤压(喷口)→拉伸 ↘铣削(粗铣 – 精铣)
		5805、3003、1070、1050	↗变薄拉深 挤压(喷口)→拉伸 ↘变薄拉深 – 车削
		1070、1050、3003	↗变薄拉深 棒材板→型芯→冲压→变薄拉深 – 车削 ↘车削 (轮毂体成型)
		1050、1100、3004	↗变薄拉深 板→冲孔→探拉 ↘变薄拉深→车削 (料板)(轮毂体成型)
Se Cds	$\phi75 \sim 250$ $t = 1.2 \sim 5$	3003、6063	↗铣削(粗铣→精铣) 挤压(芯轴、喷口)→拉伸 ↘铣削(仅精铣)

(4)铝合金光学多面体镜

光学多面体镜首先用在激光印刷机上,后来又用于计算机测量及图像处理等方面,通常采用8、10、12 面铝合金旋转多面体镜。作为光学多面超精密车削材料,已研制成高纯 Al – Mg 合金,其晶粒及晶界几乎不出现金属间化合物,基本是单相固溶体,有一定耐高速旋转的比强度及良好的加工性,可获得稳定的高质量镜面。随着技术的发展、加工成本的降低和使用量的增加,光学多面体使用铝合金的数量也将随之增加。

(5)磁带录像机磁鼓用铝合金

过去磁带录像机一直使用 Al – Cu 系铸件和 Al – Si 系压铸件。日本住友公司开发出了有精密切削性和耐蚀性的 Al – Cu – Ni – Mg 系冷锻合金 2218 和含微量 Pb、Sn 的 Al – Si – Cu – Mg 合金 TS80。随着 8 mm 录像磁带的小型化和轻量化,以及对耐蚀性和切削性要求的提高,Al – 8% Si 合金中通过添加 Cu、Mn、Mg 等元素而得到改型合金及过共晶 Si 合金的冷锻材料、急冷粉末烧结挤压材料等已得到应用。

（6）铝材在其他电子设备上的新应用

挤压型材和冲压薄板用于雷达天线，挤压管和轧制管用于电视天线，轧制带材用于绕组线路陷波器，拉制或冲压的密封外套用于电容器与屏蔽，真空蒸发高纯度镀膜用于阴极射线管。

除磁性外，电性并非主要要求的应用实例是电子设备的底盘、飞机设备用的旋制压力容器、蚀刻铭牌，以及诸如螺栓、螺钉和螺母之类的金属器材。此外，翅形型材可用于电子组件以利于散热。

10.3.3　铝合金在电子电器散热中的应用

（1）挤压铝合金型材散热器

铝合金挤压型材散热器广泛应用在计算机 CPU 处理器和 LED 光源散热器中，根据不同的需求和应用情况，铝合金散热器的结构、形状尺寸也多种多样，图 10－5 是一些比较典型的铝合金散热器截面图。

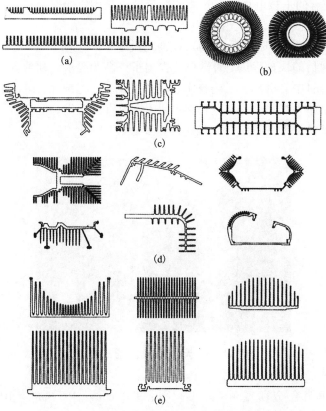

图 10－5　部分铝合金挤压散热器型材和管材断面图
（a）实心的；（b）太阳花；（c）空心的；（d）异形的；（e）梳状的

激光器中也可以使用铝制散热器。采用铝合金制造的激光器冷却系统具有轻量化特点。

随着电子信息产业的不断发展，目前的电动机等设备额定功率在不断提升，其产生的热量也随之增加，而温度的不断升高，严重影响着电子元件的运行性能和稳定性。因此，为提高散热性能，电动机都搭配有相应的散热装置，只有这样才能在正常工作温度下运行。散热装置一般采用铝型材制作，设有基板和安装在基板上的若干个散热扇片。

军用雷达正向着大规模、高机动、高集成的方向发展，由于机动雷达具有"全天候、全天时"工作的特点，需要在强辐射、高温等极端天气下稳定工作，这就对雷达的散热性能提出了更高的要求。散热器作为雷达冷却系统中最重要的部件之一，其成型质量对内燃机的动力、经济性和可靠性有重大影响。雷达 DAM 散热器需要在不同的工作环境下快速转场，机动雷达的重量一定程度上会影响转场的效率，而铝合金型材散热器在雷达上的应用可满足材料轻量化条件。

另外，现有的平板电视机芯片用的散热器也是用铝合金制成的，隧道灯也可采用铝散热器。

（2）半固态铝合金压铸件在 4G/5G 通信设施中的应用

4G/5G 通信的快速发展，对散热器提出了更高的要求。研究人员在研究铝合金半固态压铸的相关机理、工艺技术、装备基础上，完成了"铝合金凝固控制及 4G/5G 通信基站大型薄壁件流变压铸产业化"的研究开发，生产出了满足要求的 4G/5G 通信基站大型薄壁铝合金压铸件，参见图 10 - 6。

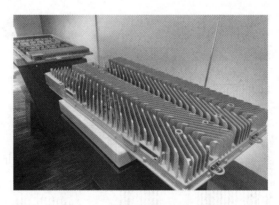

图 10 - 6　大型薄壁铝合金压铸件

大型超薄铝合金薄壁件（外形尺寸：970 mm × 465 mm × 108 mm，齿高 70 mm，齿顶厚 1.2 mm；外形尺寸：400 mm × 332 mm × 107.5 mm，齿高 77 mm，齿顶厚 0.61 mm）。

11 铝合金在家装家具中的应用开发

11.1 概述

铝合金家装家具是指除装饰件、配件(家具五金件、玻璃件、塑料件)外,全部采用铝合金材料制成的家装家具或者以铝合金材料为主,配以石材制作零部件的家装家具。

铝合金家装家具最大的特点当属绿色环保。目前,铝制家装家具在生活中还不多见,随着环保意识的普及和科技的进步,很多行业都逐步向"绿色化"转型,但建筑家居行业却一直以传统木材为主,我们平日接触的家装家具多为人造板材制成的。材料里添加的化学成分对环境的污染和对人类身体的伤害无法避免。

目前,市场上传统的木质家具多以密度板、颗粒板、实木复合材料等为主,虽价格方面各有差异,但消费者却无法真正分辨材料的优劣。铝合金、冷轧钢板等金属材质的家具可重复使用,且不会存在一般家具甲醛超标的问题。此外,即使遭到淘汰,铝合金家具也不会造成资源浪费及生态环境破坏。

铝合金家装家具在使用过程中不易变形,受到越来越多的关注。

近年来,铝家装家具以其自身优势,迅速打开市场,并在2017年呈现迅速发展的态势。生产厂家现主要分布在山东、江苏、四川、广东等地,以山东知名度最高。

11.1.1 铝合金家装家具的主要特点

(1)绿色环保。铝制品在工厂制作中使用无黏合剂和无醛的材料,达到了真正意义上的绿色环保。

(2)防火防潮。全铝家具为全铝合金型材结构,具有较强的耐热性能,表面可耐受200℃,同时又经久耐用不吸潮,可以做到一定程度的水火不侵。

(3)防虫防蛀。全铝家具坚硬无比,不怕任何虫鼠,如白蚁也无奈何。

(4)耐撞击、坚固耐用。全铝家具有很强的耐冲击性,实验证明227 g的钢球从3 m处落下不损坏,抗弯强度达150 MPa。正常的条件下,可用50年。

(5)无异味。全铝家具由铝合金型材、塑钢连接件在洁净环境加工而成,产品没有异味。

(6)不变形。全铝家具采用高强度铝合金型材制作而成，不吸潮且温度膨胀系数很小，具有良好的抗冲击能力，所以不会产生变形。

(7)易清洗。全铝家具可以反复使用清洁剂和水清洗，具有优越的浸渍剥离性能，易于清洁打理。

(8)封边牢固。全铝家具铝型材结构不会出现常见的板门以粘贴或热复合封边的脱胶离层问题。

(9)可循环利用。全铝家居对设备要求不高，加工制作工艺简单，安装快捷，可实现无限次的重复利用，并且材料具有极高的回收利用价值。

(10)隔音隔热性能佳。全铝材料由于两层面板之间的空气层被铝蜂窝芯分隔成多封闭空隙，使声波和热量的传播受到很大的限制，因而具有良好的隔音、隔热性能。

11.1.2　全铝家具与传统家具的比较

(1)材料的获取和环保

木材的自然生长不可避免地存在一些天然缺陷以及腐朽、变色、虫蛀等生物缺陷和干燥及机加工引起的干裂、翘曲、锯口伤等缺陷。它降低了木材的利用价值。另外，实木家具价格持续上涨，无法满足普通消费者的需求；仿实木、高密度纤维板等人工合成板材在制作过程中需要使用大量含有甲醛、苯的胶黏剂以保证材料的强度和连接性能，这些物质对人体危害极大，对孕妇和儿童的伤害尤其严重。铝原料供应充足，铝材加工基础雄厚，成套价格适中，同时，"零甲醛"的特点满足了消费者对家具环保方面日益严苛的要求，铝家具具备推广应用的条件。

(2)材料加工

木质家具需要经过干燥、打磨、组装等一系列烦琐的工序，制作周期长。而铝制家具，制作工期比较短。目前铝制家具材料多采用6063铝合金，其关键技术主要包括：板材的成型与连接、板材表面处理、板材锯切及钻孔、家具整体组装方法等。板材成型方法主要分为两种：一种是用壁厚0.8~1.2 mm的铝方管，通过焊接、铆接等形式拼接而成；另一种为铝蜂窝板板材结构，由两层铝薄板和铝箔复合而成。铝制家具表面处理方法主要为木纹转印和实木皮包覆等。木纹转印技术成熟，材料处理成本低廉，为目前铝制家具主流的表面处理手段。实木皮包裹表面处理则使得铝家具与实木的触感更为接近。全铝家具的拼接主要采用插接、焊接、螺丝等固定，无须黏合剂，根本不用担心甲醛问题。

(3)材料的性能

由于铝的强度比木材高得多，而且又比钢铁塑性好，加工十分方便，经久耐用，不会像木材那样开裂变形。而木制家具始终存在易刮伤损坏、木料漆脱落、炸漆等问题。

（4）价格

虽然铝合金家具比市面上的很多人造板家具要贵一些，但与实木家具相比，价格上仍具有无可比拟的优势。如一套全铝橱柜的价格大约在 1 万元左右，比纯实木橱柜的价格至少便宜一半以上。

11.2 铝合金家具推广的难点

尽管已有不少铝合金家具厂投身于全铝家具的开发与制造销售中，但从目前的市场推广情况来看，大面积走进家庭仍需时间，同时，全铝家具也存在一些明显的不足。

（1）视觉上的冷。传统木制家具已有几千年的历史，而铝合金做成的家具，人们的第一感觉就是金属质感强烈，视觉上冷冰冰的，缺乏感官上的柔和度。

（2）触觉上的凉。目前市场上主流的铝制家具表面处理方式为喷涂和木纹转印，因其工艺问题人们触摸时仍会直接接触到金属表面，铝型材导热系数决定了铝家具的触摸手感冰凉。

（3）颜色相对单一，可选择性少。受铝制品表面处理工艺限制，目前的木纹转印产品基本上以三四种颜色为主，多的也只达到了六七种，相对少的颜色选择难以满足市场上的个性化需求。

（4）外观缝隙缺乏美观性。目前铝制家具均以拼板式型材为主，受加工工艺限制，外观上会出现条状缝隙，既影响整体的美观性又不利于清洁。

（5）不合理的设计和制造存在一定的安全隐患。人们长期形成的对木制品的审美观念，使金属制品家具也要向木制品工艺造型靠拢，而因铝制品造型制作出现的金属锐角，使得家具在使用中极易造成刮伤、划擦等安全问题，存在一定的安全隐患。

（6）与预期相比偏低的性价比。铝合金在成本造价上并不低，冷、凉、锐角、缝隙等问题的解决，使得全铝家具成本更高，这样的性价比降低了人们对这种新产品的渴望。

（7）生产效率偏低，难以批量化生产。经过多年的发展，板式家具已形成根据需求标准化、批量化生产的工艺。随着目前市场上定制类家具的兴起，拼板式全铝家具受加工工艺所限，难以进行标准化、规模化生产。

（8）缺乏系统的技术培训及售后服务。国内现有的全铝家具制作厂商多以型材销售为主要目标，同时因技术门槛低，有极少数从业人员急功近利，起步之初就开始降低质量标准，低价竞争，造成人们对全铝家具的不良印象。加盟、服务中心工作难以推进，经营不规范，更谈何拓宽市场，提高行业竞争力。

11.3 铝合金在家装家具中的应用开发

11.3.1 铝合金在家具中的应用发展

中国的全铝家具行业属于新兴行业,在其发展过程中经历了早期探索时期、诞生与技术发展期、注重美观和舒适时期、产业化时期。全铝家具于2014年率先在佛山大沥应运而生。最初只有两三家铝型材商、铝门窗生产企业转型试产。他们从铝门窗、卫浴柜特别是金属卫浴柜中得到启发,尝试用铝型材制作浴室柜和橱柜投放市场,首次打出了"全铝家具"的概念。发展至2015年,生产企业已有几十家,并于2016年10月率先在大沥铝门窗建筑装饰秋季博览会和广州建设博览会上展出推广。经过短短几年的快速发展,《有色金属工业发展规划(2016—2020年)》中提出扩大铝在家具方面的应用后,最近两年行业呈现井喷式的发展,规模发展至上千家。据不完全统计,仅2017年,全国就有约450家公司以"全铝家具"的名义注册。我国家具行业规模以上企业共有6000家,金属家具制造企业998家,占16.63%,金属家具在行业内的占比仅次于木制家具,居第二位,2017年中国铝制家具产量超过7亿件。

中国的铝合金户外家具兴起于20世纪90年代末,主要以外销、出口方式盈利,户外家具产量、出口量居全球第一,国外发达国家尤其是美国、德国、日本等对户外家具已有了系统的研究,但国内户外家具的研究尚未达到成熟阶段,市场仍有很大的发展空间。随着城市化进程的加快,餐饮行业及公共设施建设对户外家具的需求量越来越大。常见户外家具见图11-1、图11-2。从产品结构上看,户外家具以户外休闲家具为主,2015年的占比约55.5%,其次是帐篷,约占21.3%;从生产地区分布上看,2015年华东地区以56.5%的占比成为户外家具生产首要分布地,见表11-1、表11-2。

表11-1 2015年中国户外休闲家具及用品行业产品结构

类型	户外休闲家具	帐篷	伞类	秋千椅	其他
占比/%	55.5	21.3	8.6	7.2	7.4

注:数据来源:国家统计局。

表11-2 2015年中国户外休闲家具及用品行业生产地区分布

地区	华东地区	中南地区	西部地区	华北地区	东北地区
占比/%	56.5	24.7	6.9	8.3	3.6

注:数据来源:国家统计局。

图 11 - 1　铸铝户外系列

图 11 - 2　餐桌椅户外系列

2017 年 5 月,邹平县伊斯特家具有限公司研发生产的全铝家具震撼登场青岛国际家具展,备受关注,好评如潮。2017 年 11 月的邹平县首届全铝家具展览会、每年两届的中国(广州)国际家具博览会及中国(临朐)家居门窗博览会暨全铝家居展览会等展会的成功举办,使全铝家具更深入人心。2018 年 6 月,全国工商联家具装饰业商会标准化委员会及全铝定制家居专委会组织召开了全铝定制家居行业工艺技术研讨会,几十个国内铝加工行业领先企业参与会议,探讨了全铝定制家居的可持续发展道路,并为《全铝定制家居产品标准》的制定建言献策,促使行业标准化迈出了实质性步伐。

目前,铝制家具企业呈现出以下特点:

(1)生产规模小。

(2)设备简单。

(3)公司数量增长速度快。

(4)以经营门窗型材的经销商转型生产铝制家具的居多。

(5)经营模式多以卖材料为主,少数几家经营模式以打造品牌为主。

(6)公司分布集中于佛山、江苏、山东、四川等地，以佛山厂家居多。

(7)没有特别出名的品牌。

(8)专业化程度较低。

全铝家具中，定制衣柜、定制橱柜、全屋定制、整屋家装等将成为铝制家具的未来市场。铝制家具具有传统家具所不具备的优点，但目前在市场中所占份额较小，随着铝制家具的发展和人们对铝制家具的进一步认识，铝制家具将具有很广阔的发展空间。

11.3.2　铝合金家装家具的结构设计

铝合金家装家具按照结构类型可分为：

(1)固定式。通过焊接的方式将家具各部件接合起来，其特点是受力均匀、稳定性好、安装工序少，但占用空间大，不利于包装和储运。

(2)折叠式。利用平面连杆机构原理，以铆钉连接为主要形式，通过折叠改变家具形状，具有占用空间小、携带方便等特点，常用于桌椅类。

(3)拆装式。由铝合金构件、连接件和辅助零部件构成，应用工业设计原理，把部件标准化、通用化、系列化，便于质量控制，提高加工精度和生产率，降低产品成本。铝合金组合家具结构合理、拆装快捷，层高可以方便调节。拆装式是铝合金家具目前最常见的构造形式，也是其未来设计生产的方向。

铝合金家具的结构在设计过程中要满足尺寸、形状和位置、外观等方面的要求，具体见表 11 - 3 ~ 表 11 - 7。

表 11 - 3　主要尺寸及偏差

序号	检验项目	要求
1	桌类主要尺寸	桌面高：680 ~ 760 mm
2		中间净空高≥580 mm
3		中间净空宽≥520 mm
4		桌、椅子(凳)配套的高度差：250 ~ 320 mm
5	椅、凳类主要尺寸	坐高：400 ~ 440 mm
6		扶手椅扶手内宽≥460 mm
7	柜类主要尺寸	挂衣棍上沿至底板内表面间距，挂长衣≥1400，挂短衣≥900
8		挂衣空间深度≥530(设计为宽度不在此限)
9		折叠衣服放置空间深≥450 mm
10		书柜层间高度≥230 mm

续表 11 - 3

序号	检验项目	要求
11	床类主要尺寸	床铺净长 1920 mm、1970 mm、2020 mm、2120 mm
12		床宽 800 mm、900 mm、1000 mm、1100 mm、1200 mm、1350 mm、1500 mm、1800 mm、2000 mm
13	产品外形尺寸偏差	产品外形尺寸极限偏差为 ±5 mm，配套或组合产品的极限偏差应同取正值或负值

注：特殊要求规格的按供需双方协定。

表 11 - 4　形状和位置公差

序号	检测项目			要求
1	翘曲度	面板、正视面板对角线长度	≤700 mm	≤1.0
			700 ~ 1400 mm	≤2.0
			≥1400 mm	≤3.0
2	平整度			面板、正视面板：≤0.1
3	邻边垂直度	面板、边框	对角线长度 ≥1000 mm	长度差≤3
			对角线长度 <1000 mm	长度差≤2
			对边长度 ≥1000 mm	对边长度差≤3
			对边长度 <1000 mm	对边长度差≤2
4	分缝			所有分缝(非设计要求时)≤1.0
5	底脚平稳性			≤1.0
6	抽屉下垂度			≤10
7	抽屉摆动度			≤10

表 11 - 5　外观要求

序号	检验项目	外观要求
1	铝合金件	外观应整洁，切边平直整齐无毛刺
		装饰面外观质量要求无明显加工痕迹，如划痕、雾光、白棱、白点、鼓泡、油白、流挂、缩孔、刷毛、积粉和杂渣；允许疵点<3 个/m²(最大尺寸≤3 mm)；擦伤和划痕深度不大于装饰面层厚度，允许数量≤4 个/m²(总长度≤50 mm/m²)；无明显色差
		非装饰面无影响产品使用的损伤

续表 11 - 5

序号	检验项目		外观要求
2	家具五金件	电镀件	表面无锈蚀、毛刺、露底
			表面应光滑平整，无起泡、泛黄、花斑、烧焦、裂纹、划痕和磕碰伤等缺陷
		喷涂件	涂层应无漏喷、锈蚀
			涂层应光滑均匀、色泽一致，无流挂、疙瘩、皱皮、飞漆等缺陷
		金属合金件	应无锈蚀、氧化膜脱落、刃口、锐棱
			表面细密，应无裂纹、毛刺、黑斑等缺陷
		焊接件	焊接部位应牢固、无脱焊、虚焊、焊穿等缺陷
			焊缝均匀，应无毛刺、黑斑等缺陷
3	玻璃件		外漏周边应磨边处理，安装牢固
			玻璃应光洁平滑，不应有裂纹、划伤、沙粒、疙瘩和麻点等缺陷
4	塑料件		塑料件表面应光洁，无裂纹、皱褶、污渍，无明显色差
5	石材		符合 GB/T 33282—2016 中 5.3 的规定

表 11 - 6　拼装要求

项目名称	偏差要求/mm
拼装离缝	≤0.2
拼装高度差	≤0.3

表 11 - 7　力学性能要求

序号	项目名称	要求
1	桌类强度和耐久性	(1)零部件应无断裂或豁裂；(2)无严重影响使用功能的磨损或变形；(3)用手挤压某些应为牢固的部件，应无永久性松动；(4)连接部位应无松动；(5)活动部件(门、抽屉等)开关应灵活；(6)家具五金件应无明显变形、损坏
2	椅凳类强度和耐久性	
3	单层床强度和耐久性	

续表 11 – 7

序号	项目名称	要求
4	柜类强度和耐久性	(1)零部件应无断裂或豁裂;(2)无严重影响使用功能的磨损或变形;(3)用手挤压某些应为牢固的部件,应无永久性松动;(4)连接部位应无松动;(5)活动部件(门、抽屉等)开关应灵活;(6)家具五金件应无明显变形、损坏
		搁板挠度与长度的比值≤0.5%
		挂衣棍挠度与长度的比值≤0.4%
		挂衣棍支撑件位移≤3 mm
		柜类主体结构和底架位移 $d < 15$ mm
5	桌类稳定性	按 GB/T 10357.7—2013 中附件 A 进行加载,应无倾翻现象
6	椅凳类稳定性	按 GB/T 10357.7—2013 中附件 A 进行加载,应无倾翻现象
7	柜类稳定性	试验后应无倾翻现象

在理化性能要求方面,表面膜层(涂层)理化性能应满足 Q/BJB 1—2017 的规定,石材理化性能应符合 GB/T 33282—2016 中表 3 的规定。

在安全性能方面,甲醛释放量不可检出,铝合金件应符合 Q/BJB 1—2017 中 4.8 的要求,石材放射性核素限量应符合 GB 6566 中 A 类的要求,其他材料有安全性要求的应符合相关标准的规定。

对铝合金家具型材的选择应满足以下几个方面:常用型材牌号为 6063,供货状态为 T5 或 T6,化学成分满足 GB/T 3190 的规定,力学性能满足 GB/T 5237.1 的规定。

规格尺寸、尺寸允许偏差、外观质量、表面膜层(涂层)理化性能、有害物质限量要求(单位 mg/kg)的规定见表 11 – 8 ~ 表 11 – 12。

表 11 –8　规格尺寸　　　　　　　　　　　　mm

项目	规格尺寸	
	面板型材	边框型材
长度	6000	
公称壁厚	≥1.0	≥1.2

表 11-9　尺寸允许偏差

项目名称		对应下列外接圆直径的型材尺寸偏差要求	
		≤100 mm	>（100~200）mm
横截面	壁厚尺寸偏差/mm	±0.13	±0.15
	非壁厚尺寸偏差	按 GB/T 5237.1 中高精级规定	
	角度偏差/(°)	±1.0	
平面间隙/mm		≤0.6% × W[①]	
弯曲度/mm	每米长度上	≤0.3	
	全长（L米）上	≤0.8 × L	
扭拧度		按 GB/T 5237.1 中高精级规定	
端头切斜度/(°)		≤0.3	
长度偏差/mm		要求定尺时，合同中应标明，允许偏差为 ±15	

注：W 表示型材公称宽度。

表 11-10　外观质量

序号	类别	质量要求
1	电泳型材	型材表面漆膜应均匀一致，不允许有皱纹、裂纹、气泡、流痕、夹杂物、发黏和漆膜脱落等影响使用的可视缺陷。但在电泳型材端头 80 mm 范围内，允许局部无复合膜
2	热转印型材	木纹图案应符合供需双方所确定的标准样板；热转印膜层表面应平滑、均匀，不允许有皱纹、流痕、鼓泡、裂纹、发黏、凹陷、暗斑、针孔、划伤等影响使用的可视缺陷，不应有明显的漏印和折痕。但在边角、凹槽处及距离端头 80 mm 范围内，允许有折痕及木纹图案

表 11-11　表面膜层（涂层）理化性能

序号	检验项目	技术要求	
		电泳型材模型	热转印型材涂层
1	颜色和色差	由供需双方商定	应符合供需双方所确认的实物样板及允许偏差
2	膜厚	按 GB/T 5237.3 中 B 级	涂层最小局部膜厚≥40 μm，但横截形状复杂的型材，在某些表面（如内角、沟槽等）的涂层厚度允许低于规定值

续表 11-11

序号	检验项目	技术要求	
		电泳型材模型	热转印型材涂层
3	油墨图案的渗透深度	—	≥25 μm
4	硬度	铅笔划痕实验后,不小于3H	抗压痕性≤1.3 mm
5	附着力	干式和湿式达到0级	
6	耐磨性	落砂实验,落砂量≥3000 g	磨耗系数≥0.8 l/μm
7	耐冲击性	—	背面冲击试验后,涂层不得出现起泡、开裂、脱落现象
8	耐沸水性	无皱纹、裂纹、气泡,无脱落或变色	无脱落、起皱现象,但允许肉眼可见的、极分散的非常微小的气泡,颜色、纹理不应有明显色差及变化
9	耐腐蚀性	100 h 内,观察在溶剂中样板上划痕两侧3 mm 以外,应无气泡产生。100 h 后,检查划道两侧3 mm 外应无锈迹、剥落、起皱、变色和失光等现象	
10	耐洗涤剂性	目视表面不应有气泡、脱落及其他明显变化	
11	耐盐酸性	目视表面无起泡、变色或其他明显变化	目视检查其表面,应无起泡、变色、脱落,图案也不应有明显变化
12	耐盐雾性	经72 h 乙酸盐雾试验后,耐腐蚀等级应≥9.5 级	经1000 h 乙酸盐雾试验后,在试板的非划线区域,涂层的耐腐蚀等级应≥9.5 级,在划线两侧膜下,丝状腐蚀单边渗透深度应≤4 mm

表 11 −12　有害物质限量要求　　　　　　　　　　　　mg/kg

项目		限量值
重金属含量	可溶性铅	≤90
	可溶性镉	≤75
	可溶性汞	≤60
	可溶性铬	≤60

　　铝合金家具的另一个特点是可以制定型材的标准系列，并组装成系列标准部件，然后再进行现场组装，具有高效、节能、节材等优点。

　　(1)系列化设计

　　铝合金家具可以根据使用的要求、应用的场合、尺寸的大小、性能的等级等分成若干个系列，如铝合金门窗根据尺寸分为××系列。

　　(2)标准化分解

　　1)家具设计的标准化。目前家具产业发展迅速，各种各样的家具类型层出不穷，但市场淘汰过快，要不停进行新产品开发。因此只有提高设计的标准化程度，才能使工作有条不紊地进行。

　　2)材料的标准化。家具产业对于材料的依赖性大，材料可以决定家具产品的整体质量，材料的准备资金往往占了家具企业流动资金板块中很大一部分。因此对材料进行标准化管理，可以减少材料订购、运输等一系列的工作流程，减少资金储备。

　　3)五金件的标准化。五金件是拆装式柜类家具中不可缺少的组成部分，并且随着家具的迅速发展，对五金件的标准要求更高，因此适用于 32 mm 系列的五金件，可以提高家具安装的效率和质量。

　　4)加工设备标准化。加工设备是实现 32 mm 系列的必要保障，直接决定了系统孔和结构孔定位的精度，因此改进加工设备，是提高生产效率的必要保障。

　　(3)现场组合

　　组成铝合金橱柜的主要铝合金型材及部件都可以现场组合，图 11 −3 是通常采用的铝合金家具型材及组装的部件图。

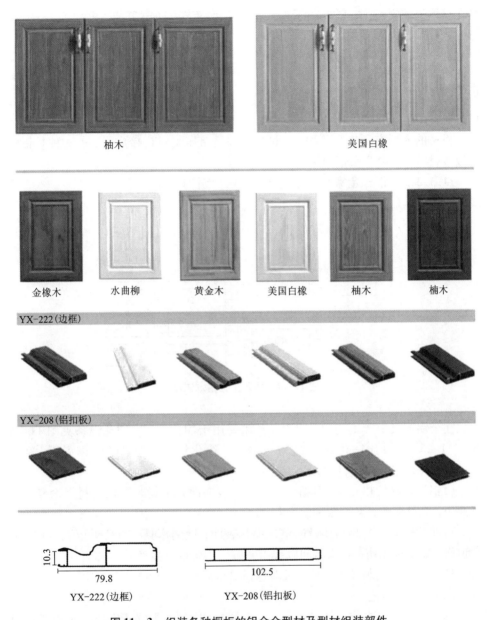

柚木　　　　　　　　　　　　　　　美国白橡

金橡木　　水曲柳　　黄金木　　美国白橡　　柚木　　楠木

YX-222（边框）

YX-208（铝扣板）

YX-222（边框）　　　　　　　　　YX-208（铝扣板）

图 11 - 3　组装各种橱柜的铝合金型材及型材组装部件

11.3.3　铝合金家装家具制造的关键技术

目前，铝制家具材料多为 6063 铝合金型材及板材，其关键技术主要是型材及板材的成型与连接、铝合金材的表面处理、铝合金家具整体组装方法等。全铝家具在整体组装实践中，已形成了六大特有生产工艺：冲压工艺、机加工工艺、折弯工艺、焊接工艺、覆膜工艺、表面处理工艺。

11.3.3.1　型材及板材的成型与连接

铝合金型材的成型方法主要分为两种，一种采用挤压铝合金型材挤压成型，另一种采用板材折弯成型。折弯成型的铝方管，一般使用壁厚 0.8~1.2 mm 的板材折弯，再通过焊接、铆接等形式拼接而成。

板材的成形方法也有两种：一种采用扁宽挤压型材拼接成形；另一种是铝蜂窝板板材结构，由两层铝薄板铝箔复合而成。

11.3.3.2　铝合金家具整体组装方法(六大特有生产工艺)

(1)冲压工艺

冲压基本工序见图 11-4。

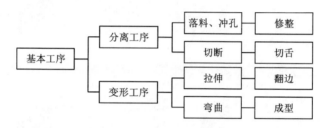

图 11-4　冲压工艺基本工序

在全铝家具生产工艺中，冲压工艺主要用于冲孔，常见冲孔设备见图 11-5 和图 11-6。冲孔比钻孔效率高 3~4 倍，可简化加工工艺，提高产品尺寸精准度。在冲压的过程中应注意以下几点：

1)铝件较易发热，并积压在一起变硬，故在冲孔下料时需在材料上涂点扳油再冲压，既可散热，又可顺利疏通落料。

2)冲孔较多的产品需要及时清理模具表面，做到模具、产品干净无杂物，减少顶伤，如发现顶伤，必须将问题找出并解决才可继续生产。

3)发现产品毛刺较大，必须及时送模具维修。

(2)机加工工艺

机加工工艺主要涉及的设备有：双头数控切割锯、激光切割机、钻孔机、万向攻丝机、去毛刺设备等。

(3)折弯工艺

折弯工艺中的常用设备如表 11-13 所示。

图 11 – 5   液压单排大型冲孔机   图 11 – 6   小型冲孔机

表 11 – 13   折弯工艺常用设备

名称	适用范围
折弯机	适用于板材折弯
辊弯机	适用于圆弧较大的型材
拉弯机	适用于大圆弧、大角度的材料
弯管机	适用于弯曲小弧度型材
大型辊弯机	适用于大型断面、长工件
压力机	适用于整体成型

（4）焊接工艺

焊接工艺主要分为 TIG 焊接工艺（氩弧焊）和 MIG 焊接工艺（气保焊），TIG 焊接又称非熔化电极式气体保护电弧焊接，一般是一手持焊枪，另一只手持焊丝，适合小规模操作和修补，其原理是在氩气等惰性气体环境下，钨电极和母材间极易产生电弧，使母材以及添加焊材熔化、焊接，具有焊接品质好、可靠性高的特点。MIG 焊接又称熔化极惰性气体保护焊，焊丝通过自动送丝机构从焊枪送出，适合自动焊，具有热量高、焊接粗糙的特点。

（5）覆膜工艺

在覆膜工艺中采用环保型聚氨酯固熔胶，保证了零甲醛。并且具有以下几个特点：①丰富了表面色彩，更大限度地满足了个性化需求，全铝覆膜家具具有外表美观、纹理清晰、具有实木的质感和温度的特点；②简约时尚，符合现代人的审美；③耐候性强，覆膜技术以其表面耐候性、防水性、耐磨性、自洁性等方面的优异表现，一直占据着市场的主流；④有效缓解开启碰撞声响，覆膜的薄片基材为 PVC，通过它可隔断金属之间的直接碰撞，起到降噪作用；⑤提升外观美观性，通过整覆可以有效改善拼版的缝隙，提升美感；⑥拼板整覆板材可实现大规模批量化生产。

图 11 −7　膜片基材

图 11 −8　覆膜后产品

（6）表面处理工艺

全铝家具表面处理的主要工艺包括喷砂、着色、导电氧化、化学氧化、电化学氧化、喷涂、阳极氧化、化学抛光等。表面处理方法较多，下面分别进行介绍。

11.3.3.3　铝合金材料的表面处理方法

（1）喷砂（丸）

喷砂是机械处理，它是用净化压缩空气将干燥砂流或其他磨粒喷到铝制品表面，从而去除表面缺陷，呈现出均匀一致的无光砂面的操作方法。磨料一般采用金刚砂、氧化铝、颗粒、玻璃珠或不锈钢砂等。钢铁磨粒不太实用，因为容易嵌入铝基体中生锈腐蚀。喷砂后获得的表面状态取决于磨料的品种和粒度、空气压力、冲击角度、喷嘴与工件的距离、喷砂方法等。喷砂具有以下几个作用：

1）除去工件表面的毛刺、铸件熔渣以及其他的缺陷和垢物。

2）改善铝合金的力学性能。

3）工件经喷砂后呈现出的均匀一致的消光表面，一般称为砂面。用石英砂喷吹得到浅灰色，而用碳化硅喷吹则得到深灰色。如果在喷砂前将铝表面的某些部位保护起来，使喷到的部位消光，而未保护的部位光亮，则会使铝制品表面呈现出艺术图案，起到一定的装饰效果。

喷砂可手工操作，也可在半自动或自动喷砂机上进行。由于工件的外形和尺寸大小不一样，因此，喷砂机也有很多种类型。一般在喷砂柜中操作。挤压铝型材喷砂往往设计成直线式的，固定喷嘴，型材沿轨道按一定传送速度前进，或者固定型材面，喷嘴与工件间保持一定的距离和角度往复运行。为了减少粉尘对环境的影响，可将细磨料悬浮在水中，与水一起强力喷击制品表面。喷砂后的工作工件必须进行下道工序操作，以免污染油污和指印等。

喷丸与喷砂相似，主要有两点不同。一是喷丸的磨粒往往比较大，常常使用钢丸。钢丸先经处理，去除表面的氧化皮。大颗粒钢丸铝合金常用不锈钢丸，可产生敲击或锤击状消光外表，而小颗粒钢丸常形成砾石状表面，呈现出浅灰色。另一个不同之处是采用的操作方法不同，喷丸可以采用同喷砂一样的方法和机械来进行，但另外还可运用机械快速旋转的离心力，将钢丸抛向工件表面，这种方法也称为喷丸。铝合金型材喷砂常采用离心力。

（2）刷光

刷光操作类似于磨光或抛光，不过要采用特制的刷光轮。刷光的作用主要是借助刷光轮的旋转，在与工件接触时刷除工件表面的污垢、毛刺、腐蚀产物及其他不需要的表面沉积物。对于铝制品，刷光的主要目的在于装饰作用。刷光轮一般采用不锈钢丝。其他的金属丝容易嵌入或者黏在铝基体上，在不利的条件下成为腐蚀中心。为了避免这种情况的发生，也可使用尼龙丝。

刷光轮圆周速度一般为 1200 ~ 1500 m/min，可用干法刷光，也可用湿法刷光。后者用水或者抛光剂作润滑剂。用刷光轮进行装饰时，可在平面状制品上刷出一条条一定长度和宽度的无光条纹，光亮镜面和砂面相同，有很好的装饰效果，常用于制作炊具面板等。

（3）滚光

滚光是将工件放于盛有磨料和化学溶液的滚筒中，借助滚筒的旋转使工件与磨料、工件与工件相互摩擦以达到清理工件并抛光目的的过程。这种方法常用于小零件，可以大量生产。

为了防止工件相互碰撞产生凹痕、划伤和碰伤，装料时应放上一层工件，再铺上一层磨料，鼓形滚筒装载量为筒容积的 1/2 ~ 2/3，水平圆筒则装满。溶液液面高度应等于或大于装料高度。用滚筒抛光时，圆筒转速应大些，一般为 75 ~ 100 圆周米/分钟（圆周米是指圆周长与转速的乘积）。

（4）着色

对铝合金上色主要有两种工艺：一种是氧化上色工艺，另外一种是铝电泳上色工艺。

（5）导电氧化（铬酸盐转化膜）

导电氧化用于既要防护又要导电的场合。

（6）化学氧化

氧化膜较薄，厚度为 0.5 ~ 4 μm，且多孔、质软，具有良好的吸附性，可作为有机涂层的底层，但其耐磨性和抗蚀性能不如氧化剂氧化膜。铝及铝合金化学氧化工艺按其溶液性质可分为碱性氧化法和酸性氧化法两种。按照膜层性质可分为：氧化物膜、磷酸盐膜、铬酸盐膜、铬酸-磷酸盐膜。

（7）电化学氧化

电化学氧化是在电解槽中放入有机物的溶液或悬浮液，通过直流电，在阳极上夺取电子使有机物氧化或是先使低价金属氧化成高价金属离子，然后高价金属离子再将有机物氧化的方法。

(8)喷涂

喷涂用于设备的外部防护、装饰,通常都在氧化的基础上进行。铝件在涂装前应先进行处理才能使涂件和工件结合牢固,一般有三种方法:磷化、铬化、化学氧化。

(9)阳极氧化

阳极氧化是利用电解原理在某些金属表面上镀上一层其他金属或合金的过程,刷镀适合局部镀或修复。滚镀适合小件,如紧固件、垫圈、销子等。通过电镀,可以在机械制品上获得装饰保护和各种功能性的表面层,还可以修复磨损和加工失误。电镀液有酸性、碱性和加有铬合剂的酸性及中性溶液,不管采用何种镀覆方式,与待镀制品和镀液接触的渡槽、悬挂具等都应有一定程度的通用性。

(10)化学抛光

化学抛光是利用铝和铝合金在酸性或碱性电解质溶液中的选择性自溶解作用,来整平抛光表面,以减小其表面粗糙度、pH 值的化学加工方法,有抛光速度高和工件成本低等优点。铝及铝合金的纯度对化学抛光的质量具有很大的影响,纯度越高,抛光质量越好。

11.3.3.4 铝合金家具的主要表面处理工艺

全铝家具表面处理的主要工艺有:喷粉 + 热转印表面处理、电泳表面处理(有光、消光、彩色、电解着色 + 彩色消光半透明叠加复合色)、阳极氧化表面处理。其中以喷粉 + 热转印表面处理为主,占比约85%,如表 11 - 14 所示。

表 11 - 14 全铝家具表面处理主要工艺及占比

表面处理工艺	电泳	阳极氧化	喷粉 + 热转印	其他
占比/%	10	3	85	2

(1)粉末喷涂 + 热转印

粉末涂装近年在铝合金型材表面处理中得到了广泛应用和发展。与普通液体涂层相比,粉末涂层具有如下特点:

1)坚固耐用。粉末涂料可以利用常温下不溶于溶剂的树脂或因不容易溶解而无法液体化的高分子树脂来制造各种功能的高性能涂层。生产时没有溶剂加入和产生,不易形成贯通涂层的针孔,可以得到致密坚固耐用的涂层。

2)耐化学介质性能好。粉末涂料用的树脂相对分子质量比溶剂型涂料用的树脂相对分子质量大,涂层的耐化学介质性能好。

3)厚度容易控制。粉末涂装一次就能得到 50 ~ 300 μm 厚的涂层,可减少涂装道数,提高劳动生产率,节约能耗。而且不容易产生液体涂料厚涂时的滴垂或积滞,也不易产生针孔和厚层涂装的缺陷。

4)花色品种多。易于调节颜色,满足不同用户的要求。

5)对基材表面质量和预处理质量的要求没有阳极氧化着色和电泳涂装那么严格。

静电粉末喷涂生产线见图11-9。

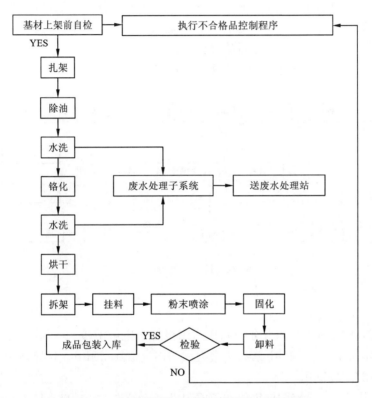

图11-9 铝型材静电粉末喷涂生产工艺流程

热转印工艺是粉末静电喷涂工艺的延伸,即在经过粉末静电喷涂处理合格的铝型材或铝板表面贴上一层印有一定图案的有机纸,然后抽真空,使纸完全覆盖在铝材表面,再通过加热,使纸上的有机溶剂转移、渗入到底粉里,形成不同的颜色和图案。

(2)电泳

电泳涂装较传统溶剂型的涂装具有无可比拟的优越性。电泳涂液以水作为分散介质,仅含少量的助溶剂,因此没有发生火灾的危险,对空气的污染也大为减少。电泳涂料在水中溶解后,即发生离解生成带点微粒,在外电场的作用下向反极性方向的工件运动，沉积于工件表面。对工件的边缘、内腔及焊缝等具有很好的渗透性，覆盖能力强。因此，涂层致密、均匀，整体防腐能力强。

阳极电泳涂装用的水溶性树脂是一种高酸价的羧酸铵盐，当其溶解于水中后，即在水中发生离解反应：$RCOONH_4 \rightleftharpoons RCOO^- + NH_4^+$。在直流电场的作用下，带电离子向反向电极移动，带正电的 NH_4^+ 向阴极移动，并在阴极上吸收电子还原成氨气；同时，带负电荷的水溶性树脂 $RCOO^-$ 向作为阳极的被涂工件移动，并与在阳极上电解生成的 H^+ 发生中和反应而沉积于阳极，从而在工件表面形成一层均匀的疏水性涂膜。这一过程是相当复杂的电化学过程，主要包括电泳、电解、电沉积和电渗 4 个同时进行的过程。

常用的电泳涂装工艺流程见图 11-10。

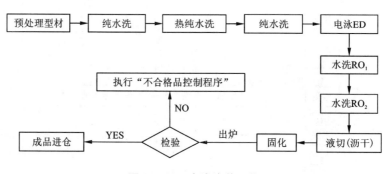

图 11-10　电泳涂装工艺

（3）阳极氧化

阳极氧化是将铝和铝合金制品作为阳极置于电解溶液中，利用电解质作用，在制品表面形成氧化膜的过程，称之为铝和铝合金制品阳极氧化处理。

1）硫酸阳极氧化

典型的直流、交流阳极氧化和硬质阳极氧化工艺，如表 11-15 所示。

表 11-15　典型硫酸阳极氧化工艺参数表

名称	电解液组成	电流密度 $/(A \cdot dm^{-2})$	电压 /V	温度 /℃	时间 /min	颜色	膜厚 /μm	备注
Alumilite(美)	硫酸 10%~20%	DC 1~2	10~20	20±2	10~30	透明	5~25	易着色，耐蚀
硫酸交流法	硫酸 12%~15%	AC 3~4.5	17~28	13~25	20~40	透明	10~25	作油漆底层
硫酸硬质法	硫酸 10%~20%	BC 2~4.5	23~10	0±2	60 以上	灰色	34~150	耐磨隔热

铝合金材料直流阳极氧化的工艺参数，见表 11-16。

表 11 – 16   直流阳极氧化工艺参数

工艺项目	范围	备注
氧化电压/V	12 ~ 18	
电流密度/(A·dm⁻²)	1 ~ 1.6	AA10 银色 1.15 ~ 1.3；着色 1.3 ~ 1.5；AA15 银白可取 1.6
槽液温度/℃	18 ~ 22	过低氧化膜易封闭，过高易产生起粉
硫酸浓度/(g·L⁻¹)	15 ~ 200	±5 g/L
铝离子浓度/(g·L⁻¹)	< 20	光亮氧化 < 12 g/L
氧化时间/min	20 ~ 30	

直流阳极氧化操作参数见表 11 – 17。

表 11 – 17   直流阳极氧化操作参数

色泽	膜厚	上料面积/m²	电流密度/(A·dm⁻²)	总电流/A	氧化时间/min
银白	AA10	74	1.25	9100 ~ 9600	38 ~ 32
银白	AA15	58	1.6	9100 ~ 9600	50 ~ 45
古铜、钛金、香槟	AA10	44	1.4	6000 ~ 6500	30 ~ 25
古铜、钛金、香槟	AA15	44	1.4	6000 ~ 6500	40 ~ 35

各种阳极氧化条件变化对膜层性质的影响如表 11 – 18 所示。

表 11 – 18   阳极氧化条件变化时对膜层性质的影响

条件的变化	膜厚极限	硬度	附着与吸附能力	耐蚀性	铝溶解性	孔隙率	电压
增加溶液温度	↓	↓	↓	→	↑	↑	↓
增加电流密度	↑	↑	↓	→	↓	↓	↑
减少处理时间	—	↑	↓	↑	↓	↓	↑
降低溶液浓度	↑	↑	↓	→	↓	↓	↑
使用交流电	↓	↓	↑	↓	↑	↑	↓
增加合金的均匀性	↑	↑	↓	↓	↓	↓	↑
采用浸蚀性小的电解液	↑	↑	↓	→	↓	↓	↑

2）宽温快速阳极氧化

宽温快速氧化的特点有：

①拓宽氧化温度区间。可在 20 ~ 40℃工作，减少了冷冻机的制冷量，甚至用

自来水冷却即可。

②提高电流工作极限。氧化电流为 $1.0 \sim 2.0 \ A/dm^2$。

③提高氧化液老化上限。能把 Al^{3+}、Cu^{2+}、Fe^{3+} 允许含量提高为之前的 2 倍。

④提高氧化速度。因降低了氧化膜的溶解速度,本工艺能使氧化速度提高 $0.4 \sim 1.0 \ \mu m/min$。

⑤氧化膜孔隙率大,封孔难度较大,有时失重不容易达标。

工艺规范如下:

配方 1——文献报道的宽温快速阳极化工艺配方及工艺参数,见表 11 – 19。

表 11 – 19　文献报道的宽温快速阳极化工艺配方及工艺参数

工艺配方	工艺参数
$H_2SO_4(d = 1.84 \ g/mL)/(g \cdot L^{-1})$	$140 \sim 180$
草酸/$(g \cdot L^{-1})$	$5 \sim 8$
乳酸/$(g \cdot L^{-1})$	$5 \sim 10$
丙三醇/$(g \cdot L^{-1})$	$3 \sim 15$
$NiSO_4/(g \cdot L^{-1})$	$5 \sim 10$
$Al^{3+}/(g \cdot L^{-1})$	< 20
温度/℃	$10 \sim 40$
阳极电流密度/$(A \cdot dm^{-2})$	$1 \sim 2$
阴极与阳极面积比	$1 : 2$
搅拌方式	槽液冷却循环,可采用压缩空气搅拌

配方 2——厂商提供的宽温快速阳极化工艺配方及工艺参数,见表 11 – 20。

表 11 – 20　厂商提供的宽温快速阳极化工艺配方及工艺参数

工艺配方	工艺参数
$H_2SO_4/(g \cdot L^{-1})$	$120 \sim 130$
添加剂/$(g \cdot L^{-1})$	35 ± 5
电流密度/$(A \cdot dm^{-2})$	$1.5 \sim 2.0$
电压/V	$12 \sim 15$
温度/℃	35 ± 2
消耗	标准膜下,添加剂的消耗不大于 2 kg/t,膜厚增加,消耗相应增加

3）草酸阳极氧化

影响硫酸阳极氧化的大部分因素也适用于草酸阳极氧化，草酸阳极氧化可采用直流电、交流电或交直流电叠加。用交流电比直流电在相同条件下获得的膜层更软、弹性较小；用直流电氧化易出现孔蚀，采用交流电氧化则可防止。随着交流电氧化成分的增加，膜的抗蚀性提高，但颜色加深，着色比硫酸膜差。草酸阳极氧化工艺参数见表 11 - 21。

表 11 - 21　草酸阳极氧化的工艺参数

名称	电解液组成	电流密度/(A·dm^{-2})	电压/V	温度/℃	时间/min	颜色	膜厚/μm	备注
英美法	草酸5%~10%	DC 1~1.5	50~65	30	10~30	半透明	15	
氧化铝膜（日）	草酸5%~10%	AC 1~2	80~120	20~29	20~60	黄褐色	6~18	日用品装饰，耐磨耐蚀
		DC 0.5~1	25~30			半透明		
EloxalGxh（德）		DC 1~2	40~60	18~20	40~60	黄色	10~20	用于纯铝，耐磨
EloxalGxh（德）		DC 1~2	30~45	35	20~30	几乎无色	6~10	膜薄、软，易着色
EloxalWx（德）	草酸3%~5%	AC 2~3	40~60	25~35	40~60	淡黄色	10~20	适用于铝线
EloxalWGx（德）		AC 2~3	30~60	20~30	15~30	淡黄色	6~20	Al-Mn合金
		DC 1~2	40~60	—				
硬质厚膜	草酸	AC 1~20	80~200	3~5	60以上	黄褐色	约20以上	较硫酸膜厚，约为 600 μm，高耐磨

草酸膜层的厚度及颜色依合金成分不同而不同，纯铝的膜厚呈淡黄或银白色，合金则膜薄色深，如黄色、黄铜色。氧化后膜层需清洗，若不染色可用 3.43×10^4 Pa 压力的蒸汽封孔 30~60 min。

4）铬酸阳极氧化

通常，用3%~10%的铬酸电解液，通以直流电，在一定的工作条件下进行铝及铝合金的阳极氧化处理所得到的铬酸氧化膜比硫酸氧化膜和草酸氧化膜要薄得多，一般厚度只有 2~5 μm，能保持原来零件的精度和表面粗糙度。膜层质软、弹性高，基本上不降低原材料的疲劳强度，但耐磨性不如硫酸阳极氧化膜。膜层不透明，颜色由灰白色到深灰色或彩虹色。由于铬酸几乎没有空穴，一般不易染色。膜层不需要封闭就可使用，在同样厚度情况下它的耐蚀能力要比不封闭的硫酸氧化膜高。铬酸氧化膜与有机物的结合力良好，是油漆的良好底层。由于铬酸对铝的溶解度比在其他电解液中的小，所以该工艺适用于机械加工件、钣金件，硫酸法难以表面处理的松孔度较大的铸件、铆接件、电焊件，以及尺寸允许偏差小、表面粗糙度低的铝制件。含铜量大于 4% 的铝合金，一般不适用铬酸阳极氧化。

铬酸阳极氧化的工艺流程为：铝件→机械抛光→除油→碱浸蚀→出光→清洗→铬酸阳极氧化→清洗→干燥→成品。

两种不同配方的铬酸阳极氧化的工艺规范，如表 11 - 22 所示。

表 11 - 22　两种不同配方的铬酸阳极氧化工艺规范(直流电源下)

成分及工艺参数	配方 1	配方 2
铬酸酐 CrO_3/$(g \cdot L^{-1})$	0 ~ 35	95 ~ 100
温度/℃	40 ± 2	37 ± 2
氧化时间/min	60	35
阴极材料	铅板或石墨	铅板或石墨
阳极电流密度/$(A \cdot dm^{-2})$	0.2 ~ 0.6	0.3 ~ 0.5
电压/V	0 ~ 40	0 ~ 40
pH	0.65 ~ 0.8	<0.8
阴阳极面积比	3:1	
使用范围	适用于尺寸允许偏差小的抛光零件的阳极氧化处理	适用于一般零件、焊接件或油漆底层的表面氧化处理

5）硬质厚膜阳极氧化

硬质厚膜阳极氧化是在铝及铝合金表面生产一种厚而坚硬的氧化膜的一种工艺方法。能获得硬质阳极氧化膜的溶液很多，如硫酸、多种有机酸(草酸、丙二酸、苹果酸、磺基水杨酸等)的混合溶液。所用电源，有直流电、交流电、交直流叠加以及各种脉冲电流。目前，应用较广泛的有两种类型：硫酸硬质阳极氧化脉冲电流法和混合酸硬质阳极氧化交直流叠加法。脉冲阳极氧化的主要优点是：对于各种铝合金，可以用较高电流密度操作而不至于发生烧损。常用硬质阳极氧化法和工艺参数如表 11 - 23 所示。

表 11 – 23　硬质阳极氧化法和工艺参数

序号	电解液	温度/℃	电流密度/(A·dm^{-2})	始电压/V	末电压/V	时间/min	膜厚/μm
1	15% 硫酸	4.4 ~ 14	2 ~ 2.1	26	120	90	50
2	15% 硼酸	60 ~ 70	0.4 ~ 0.6	100	300	240	200
3	4% Na$_2$HC$_6$H$_5$O$_7$	10	250 W/dm^2	15 ~ 25	80	60	10 ~ 130
4	10% 硫酸	− 1 ~ 4.5	2 ~ 2.5	25 ~ 30	40 ~ 60	60 ~ 240	28 ~ 150
5	15% 硝酸,10% 硫酸	8 ~ 10	—	25	60	60	25 ~ 60
6	10% ~ 15% 的硫酸	0 ~ 4	5	交流10 ~ 24	交流60 ~ 70	240	100
7	6% ~ 8%二水合草酸	条件视合金而改变		中插直流20 ~ 24	中插直流120 ~ 140	—	—
8	6% ~ 7% 硫酸,+ 3% ~ 7%	4.5 ~ 18	1.3 ~ 2	10	150	40	65
9	10% ~ 20% 硫酸	− 6 ~ 10	—	30	280	160	115 ~ 150
10	10% ~ 15% 硫酸	8	4	20 ~ 24	60	60	55 ~ 80
11	5.5 甲酸, 8%二水合草酸	15 ~ 25	3 ~ 6	45	90	—	100 ~ 250

11.3.4　铝合金家装家具基本生产流程

目前,市场上各生产厂家主流产品是拼板型材,生产工序一般是根据所需尺寸先将(组装的)拼板型材下料切割,然后将每根型材按连结位置用铣床钻眼铣孔,再在每根型材上安装连接五金件,按组装顺序将每根型材拼装固定组装成柜体。如图 11 – 11 所示。

铝合金家具型材 → 切割下料 → 冲压 → 沉孔 → 喷砂 → 组装 → 检验包装

图 11 – 11　铝合金家具基本生产流程

不同的家具产品生产流程不一样,常见产品的生产流程如下。

柜类产品生产工艺:喷涂→木纹转印→锯切→冲压→拼装。

椅类产品生产工艺:锯切→管材弯曲→焊接→打磨→冲压→喷涂→拼装。

桌类产品生产工艺:切割→板材折弯→焊接→打磨→喷涂→木纹转印→拼装。

11.4 铝合金家装家具和箱包的应用开发

11.4.1 铝合金家具的应用开发

现阶段全铝家具涉及的领域有：民用家具类、教育办公类、公共体育卫生类、户外家具类、商业类。此外，在适老家具等领域中还有待进一步发展。

11.4.1.1 铝合金民用家具的应用开发

铝合金民用家具主要包括：衣柜、橱柜、餐桌、防静电地板、衣帽架、梳妆台、水族箱、床、酒柜、卫浴、茶几、电视柜、书架等。

（1）铝合金橱柜

用铝合金型材制作橱柜的加工工艺简单，不需要太多的加工设备，用合金锯片锯机或手工钢锯等简单工具即可操作。其特点是：现场制作安装、省时、省工。制作工艺如下：

1）所需材料

76 mm×25 mm 铝合金方管、门料、布纹玻璃、玻璃胶、门用二通、拉铆钉、合页、磁碰头、自攻螺钉、连接角和防火贴面细木工板等。

2）制作工艺

用 76 mm×25 mm 铝合金方管做骨架，根据厨房的位置，确定框架尺寸；用拉铆钉将连接角固定在骨架上，然后用射钉或膨胀螺钉固定在墙上；将布纹玻璃镶在框帮两侧；安装门和布纹玻璃底板、格板和上盖板。

以 2000 mm×450 mm×600 mm 橱柜为例，材料费和手工费为 460 元左右。价格比较适中，一般大众都能接受。用铝合金型材制作橱柜（吊柜）美观大方，配以玻璃更显宽敞、明亮、透彻，并且无室内污染，是未来环保家具的首选。常见的铝合金厨房橱柜如图 11 – 12 所示。

（2）铝合金衣柜

一种铝合金衣柜结构如图 11 – 13 所示，其由门板 1、背板 2、左侧板 3、右侧板 4、顶板 5、底板 6、层板 7、间隔板 8、顶板装饰件 9、底板装饰件 10 组成。该铝合金衣柜通过特定设计的全铝合金扣板 11、扣板封边连接件 12、扣板收口固定件 13 和扣板封口件 14、角铝包边件 15，使衣柜安装拆卸方便快捷，同时又美观得体、安全环保，而且使用寿命更长、生产加工比传统的木质衣柜价格更优惠。该铝合金衣柜结构简单、构思巧妙，非常适合大面积推广使用。

常见铝合金衣柜如图 11 – 14 所示。

图 11 - 12　铝合金厨房橱柜

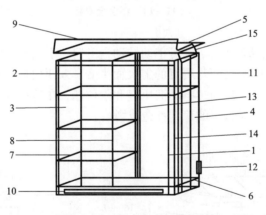

图 11 - 13　铝合金衣柜结构图

（3）铝合金制可便捷式餐桌

铝合金制可便捷式餐桌结构如图 11 - 15 所示，其结构件包括：承压台 1、限位槽 2、电动液压杆 3、万向轮 4、防护筒 5、控制开关 6、蓄电池 7、逆变器 8、限位板 9、电动伸缩杆 10、轴承座 11、转动盘 12、立柱 13、桌面 14、通孔 15、抽屉 16、USB 充电接口 17、手机吸盘 18。承压台下面开设有限位槽，其内部顶端固定安装有电动液压杆，承压台的上表面安装有立柱，立柱上端安装有桌面，限位板

图 11 – 14   铝合金衣柜

的上表面安装有电动伸缩杆，它可带动转动盘升降，不用时，将转动盘缩至餐桌的内部，且转动盘的上表面与餐桌的上表面平齐，方便快捷。通过万向轮，可在清扫房间时移动餐桌，且通过电动液压杆和限位槽，在清扫完成后，可将万向轮收至餐桌内部，不会对餐桌的稳定性造成影响。

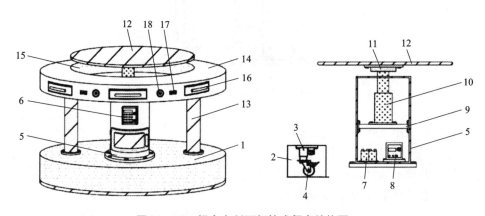

图 11 – 15   铝合金制可便捷式餐桌结构图

（4）新型铝合金钓台椅

钓鱼时大多使用折叠式或固定式的板凳，而在河边或坑边，地面大多泥泞不平，板凳放不稳，时间久了既累又不安全，现有的钓台椅都是采用普通材质制成，使用寿命短。

新型铝合金钓台椅如图 11 - 16 所示，由椅体 1、靠背 2、坐垫 3、扶手 4、鱼饵盒 5、鱼竿 6、固定装置 7、箱体 8、固定脚 9 组成。在椅体的上端设置有靠背，椅体的中部设置有坐垫，椅体的左右两侧分别设置有扶手，椅体的右侧上端设置有鱼饵盒，鱼竿通过固定装置固定在椅体上，椅体的右侧下端设置有箱体，椅体的下端均匀设置有多个固定脚。椅体由数根空心直接杆套接而成，在端头设置有端头外套，所有材料均为铝合金。这种椅子安全可靠，经济适用，外形美观，易于收缩张开，便于携带。

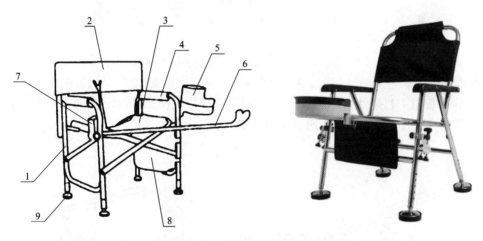

图 11 - 16　新型铝合金钓台椅

（5）铝合金防静电地板

铝合金防静电地板不仅解决了之前板基选材使用寿命短、选用的零配件材质以及结构不合理、制造工艺复杂、易损坏、不易拆卸、不易维修、外观易老化等问题，而且提高了地板的美观性。铝合金防静电地板结构如图 11 - 17 所示，其结构件包括支座 1、方管梁 2、铝合金板基 3、防静电贴面 4、通风口 5，它是将多根方管梁与多根支座搭接在一起并用螺钉固定形成支架，然后将铝合金板基平铺在支架上，铝合金板基上表面贴有防静电贴面，且铝合金板基和防静电贴面上都设有相对应的通风口。支座的高度可以调节，通风口的形状可以是圆形、椭圆形或矩形，防静电贴面可以是高耐磨防火高压层板 HPL 贴面或高耐磨 PVC 贴面，且贴面可有各种花色，外表极为美观，导电性能好，防磁、阻燃、高耐磨。这种防静电地板广泛应用于机房、电磁屏蔽室、微电子车间、电台控制室、电子车间、洁净厂房、现代化智能化楼宇等对通风、防静电要求比较高的场合。

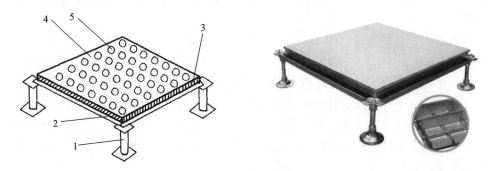

图 11 –17　铝合金防静电地板

(6)铝合金框架电动床

一种新型铝合金框架电动床结构如图 11 –18 所示，其结构件包括头部电机 1 和脚部电机 2、上框框架组 3、下框框架组 4、头部电机支架组 5、脚部电机支架组 6、床木板组 7 和配件组。其中床木板组包括背部木板、腿部木板和脚部模板，上框框架组与床木板组相连并通过 8 个滑轮由下框框架支撑。

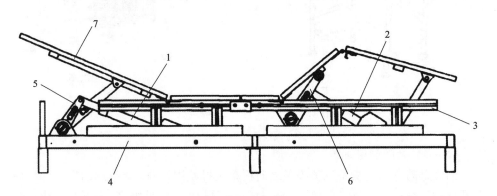

图 11 –18　新型铝合金框架电动床结构图

当使用手控器控制头部电机和脚部电机伸长时，与头部电机和脚部电机相连的头部电机支架和脚部电机支架在电机顶起的作用下会绕着自身的转轴旋转，此时与头部电机支架和脚部电机支架相连的床木板组在头部电机支架和脚部电机支架的作用下使背部木板和腿部木板产生升降运动，而借助床木板组的连接合页，其余木板也随着一起运动；当使用手控器控制头部电机和脚部电机缩短时，床木板组会随着头部电机支架和脚部电机支架的运动而下降。

头部电机支架与床木板组的连接采用固定连接，即头部电机支架和脚部电机支架与背部木板连接处的位置是相对不会移动的，因此当头部电机伸长时，不仅背部木板会做圆周运动，整体的床木板组还会同时做水平运动，这样就避免了背部木板升起时与靠墙之间间隙太大的缺陷。

采用可拆式的铝合金框架，使得电动床在使用过程中可以有效防虫、防蛀、防锈，不会产生任何有毒气体，电动床铝合金材质在长期使用后完全可以回收继续使用，具有极佳的环保和节能性。

（7）铝合金橱柜门框

一种铝合金橱柜门框包括边框型材和连接件，如图 11-19 所示。边框型材分别为设置限位槽作为拉手的第一边框 1、用于连接橱柜门的第二边框 2、作为底边的第三边框 3 和连接第一和第三边框的第四边框 4。连接件包括第一连接块、第二连接块、第二连接块和第四连接块。第一边框的两端分别通过连接件与第二边框和第四边框连接，第三边框的两端分别通过连接件与第二边框和第四边框连接，边框上的限位槽首尾相接形成的闭合的矩形环安装位，可以用来安装玻璃或板材。这种新型铝合金橱柜门框具有结构简单、节省材料且便于安装的优点。

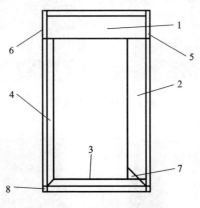

图 11-19　铝合金橱柜门框

（8）其他铝合金民用家具

图 11-20 为铝合金书柜，图 11-21 为铝合金酒柜，图 11-22 为铝合金电视柜，图 11-23 为铝合金洗衣机柜，图 11-24 为铝合金浴室柜，图 11-25 为铝合金艺术台灯，图 11-26 为几种形式的铝合金折叠椅，图 11-27 为铝合金座椅。

图 11-20　铝合金书柜

图 11-21　铝合金酒柜

图 11-22　铝合金电视柜　　　　**图 11-23　铝合金洗衣机柜**

图 11-24　铝合金浴室柜

图 11-25　铝合金艺术台灯

图 11-26　几种形式的铝合金折叠椅

图 11-27　铝合金座椅

11.4.1.2　铝合金教育办公家具的应用开发

铝合金教育办公类家具主要包括：家庭学生桌椅、学校桌椅、集中办公隔断、班台、大小会议室桌椅、文件柜等。

（1）铝合金智能办公桌

铝合金智能办公桌克服了木质办公桌不能实现智能化、功能单一的缺点，受到人们的青睐。其结构如图 11 - 28 所示，包括桌面、液压柱、挡板和抽屉，桌面的下方固定设有控制室，控制室包括液压泵室、线路集成室和指纹识别装置室，控制室的下方固定设有抽屉，抽屉的下方固定设有液压柱，桌面的上方固定设有液压杆，液压杆为 Z 字形结构，液压杆的末端连接笔记本桌面，笔记本桌面的上方固定设有摩擦增大纹路，其四周固定设有挡块，上方末端固定设有挡板，电器设备室内固定设有线路转接器，线路转接器的上端固定设有多类型插口、网线接口和线路转接器电性连接线路集成室，该结构设计新颖，使用材料环保，功能多样。

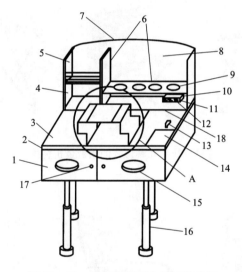

图 11 - 28　铝合金智能办公桌结构图

1—抽屉；2—控制室；3—桌面；4—杂物存放室；5—书籍放置台；6—隔板；7—挡板；8—盒或盆放置室；9—凹槽；10—线路转接器；11—多类型插口；12—网线接口；13—平板电脑控制专用接口；14—平板电脑放置室；15—把手；16—液压柱；17—指纹锁；18—电器设备室

常见铝合金办公桌如图 11 - 29 所示，常见铝合金会议桌如图 11 - 30 所示。

（2）铝合金实验室桌架

新型铝合金实验室桌架结构如图 11 - 31 所示，主要是桌架本体。桌架本体分为第一部分、第二部分、第三部分和第四部分，这四部分为一体式结构，桌架

图 11 – 29　铝合金办公桌

图 11 – 30　铝合金会议桌

本体内设置有加强筋，第一部分、第二部分、第三部分的截面均为"田"字形，第四部分的截面为四角有方形外突出的"田"字形。

这种设计结构解决了以往桌架经常来回摆动的问题，不仅牢固、美观，而且便于拆卸。

（3）可拆卸铝合金桌腿方桌

可拆卸铝合金桌腿方桌结构如图 11 – 32 所示，它由塑料桌面、铝合金桌腿、固定螺丝组成，桌面周侧边设置有桌面框架，桌面框架与铝合金桌腿的连接部位设置有固定螺丝，铝合金桌腿只要通过旋转拧紧在固定螺丝上即可使用。

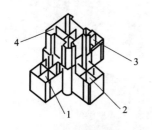

图 11-31 新型铝合金
实验室桌架结构示意图

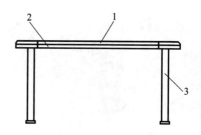

图 11-32 可拆卸铝合金
桌腿方桌结构示意图

11.4.1.3 铝合金公共体育卫生用品的应用开发

铝合金在公共体育卫生方面的应用主要包括：图书馆家具、体育观摩用座椅、比赛用桌椅、病床、拐杖、急救箱、担架、轮椅等。

（1）腋下铝合金拐杖

腋下铝合金拐杖如图 11-33 所示，包括脚管 1、套设在脚管上的脚管套管 2、用于固定脚管套管的三孔直通连接件 3、对称固定在三孔直通连接件两侧孔的握把调节管 4、套装在握把调节管 4 上的握把 5、插入握把调节管 4 中的扶肩调节管 7；另外还有固定在扶肩调节管顶部的扶肩 8，脚管的底部截面为方形，脚管套管贯穿三孔直通连接件的中间孔，握把的两端设置有按键锁扣 6，脚管和扶肩调节管 7 上均设置有定位弹销 9，握把调节管和脚管套管均设置有挡位孔 10，定位弹销的截面和挡位孔均设置为圆角矩形，并且定位弹销与挡位孔互相匹配，按键锁扣设置有定位销，并且定位销与位于握把调节管上的挡位孔相匹配，握把调节管的外侧壁上设置有 8 个挡位孔，握把调节管的内侧壁上设置有 3 个挡位孔（挡位孔 10），三孔直通连接件设置有 2 个，并且分别位于脚管套管的中部和底部，脚管套管上设置有 13 个所述挡位孔，并且 13 个挡位孔贯穿脚管套管。脚管、脚管套管、握把调节管、扶肩调节管均采用轻量化 6061 铝合金材质制作而成，不仅结实耐用，操作简单，而且主体采用轻量化设计，便于携带和运输，主体高度 16 档可调，握把 8 档可调，能满足不同年龄段、不同身高的人群使用。

（2）医用铝制瓶盖起开器

一种新型医用铝制瓶盖起开器如图 11-34 所示。该铝制瓶盖起开器由手柄 1、连接杆 2、T 形穿铝针 3 和起开器头 4 组成，连接杆是一个中空的管状结构，T 形穿铝针位于连接杆的管腔中，起开器头的一端设有弧形刀片，起开器头的另一端设有固定针。使用时，先将固定针放在医用铝制瓶盖的中心，用力旋转一周，弧形刀片便可将瓶盖切下一个平滑的圆形铝片，然后用 T 形穿铝针往下一插，将圆形铝片串在 T 形穿孔针上即可，这种铝制瓶盖起开器结构简单，操作方便。

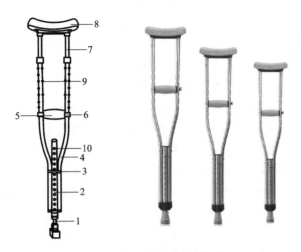

图 11 – 33　腋下铝合金拐杖

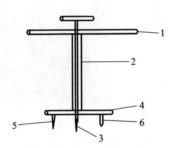

图 11 – 34　新型铝制瓶盖起开器

（3）常见铝合金在公共体育卫生方面的应用（如图 11 – 35、图 11 – 36 所示）

图 11 – 35　铝合金轮椅

图 11 – 36　铝合金急救箱

11.4.1.4 铝合金户外家具的应用开发

铝合金户外家具主要包括：铝合金阳光房、户外休闲桌椅、户外健身家具等。

（1）铝合金阳光房

阳光房是铝合金户外家具的主要应用之一，如图 11 - 37 所示。主要包括铝合金主体框架 1，其中镶嵌有保温玻璃 3；透光顶房 2，其安装在铝合金主体框架的顶部，且靠近房体墙壁的一侧高出远离房体墙壁的一侧 5 ~ 10 cm，透光房顶远离房体墙壁的一侧的横梁设置有一个中间高、两端低的凹槽 4，并且凹槽的上边缘高于凹槽中部凸起的上边缘，凹槽的两端开设有多个导流孔 5，每一端的导流孔均呈圆形分布，并连通有导流管 6，导流管设置在铝合金阳光房的内部，并延伸至铝合金阳光房的花圃 7 中，收集的雨水可用于灌溉花圃中的植物，节约用水，绿色环保。

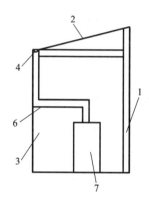

图 11 - 37　铝合金阳光房

（2）铝合金户外家具

铝合金户外家具有沙滩椅、休闲椅、篮球架等，如图 11 - 38 所示。

图 11 - 38　铝合金户外家具

11.4.1.5　铝合金商业领域用品的应用开发

铝合金在商业领域的应用主要包括商业展示陈列柜、陈列台、展示架、接待台等。

杂志或报纸的铝合金可伸缩展示架是一种富有时代气息的铝合金应用产品，它包括两个铝合金材质一体结构的伸缩侧架 1 和支撑架 2，伸缩侧架由两个及以上菱形构件铰接而成，菱形构件每条边之间相互铰接，伸缩侧架之间设置有至少一个展示台 3，展示台下端设置有防止物品下滑的凸条 4。展示台由固定在菱形边上的边框和设置在边框内的塑料板组成，使用时可将伸缩侧架展开，根据需要随意调整高度，不用时可将展示架折叠收起。这种新型铝合金材质可伸缩展示架，搬运轻便，节约空间，设计独特，造型美观，经久耐用，如图 11-39 所示。

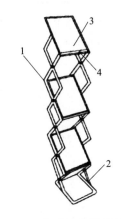

图 11-39　铝合金可伸缩展示架

11.4.2　铝合金箱包的应用开发

（1）铝合金箱包镶嵌制品

铝合金箱包镶嵌制品是高级航空旅行箱的主要骨架材料，是铝合金热挤压产品，材料为 6063，属于低合金化的 Al-Mg-Si 系高塑合金。其力学性能和硬度 ≥75 Hb，抗拉强度 ≥225 MPa，大大高于 GB 6892—86 中 6063 的力学性能和抗拉强度。

我国 6063 铝合金成分中 Mg、Si、Fe 含量的范围过宽，配料的随意度较大，难以生产出高硬度高强度的铝合金箱包镶嵌制品。而 6063 合金化学成分中的主导元素是镁和硅，可形成主要强化相 Mg_2Si，在理想状态下，Mg 和 Si 按 1.73:1 结合成 Mg_2Si。但在实际生产中，由于合金中含有杂质元素铁和锰，他们能先于镁和硅形成 AlFeSi 和 AlMnSi，造成了硅的损失。因此，根据实际情况在配比过程中适当提高硅的含量，可使其形成理想的硬度和强度。

6063 合金铸锭加热温度一般在 Mg_2Si 析出温度范围内（$t<520℃$），采用中频感应快速加热，减少了 Mg_2Si 可能析出的时间，另外考虑到铸锭的均匀化组织结构，经过多次试验，确定最佳加热温度为 480~510℃。挤压速度控制为 20 m/min 左右。

铝合金箱包镶嵌制品为 RCS 状态，淬火方式采用上、下双向强制风淬。淬火速度为 2~2.5℃/s，淬火后快速冷却到 200℃ 以下。人工时效采用双级时效工艺，即升温到 185℃，保温 2 h，再升温至 204℃，保温 1.5 h 出炉。

（2）一种凹陷设置密码锁的铝合金行李箱

在行李箱的上、下箱盖间设置向内的凹陷槽，在凹陷槽上安装锁住上、下箱盖的密码锁,当密码锁安装到凹陷槽内时,密码锁外表面与箱体的外表面平齐或略低于箱体的外表面,美观大方,另外密码锁的金属构件不会刮伤使用者,使用安全,如图 11-40 所示。

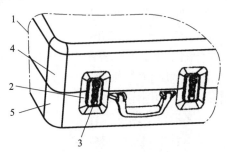

图 11-40　凹陷设置密码锁的铝合金行李箱

1—铝合金壳体;2—凹陷槽;3—密码锁;4—上箱盖;5—下箱盖

常见铝合金箱包如图 11-41 所示。

(3)摩托车铝合金行李箱

普通的摩托车行李箱(见图 11-42)是采用塑钢等材料制作的,容易破碎,同时日晒风吹后易变形,使得密封性能降低。这种铝合金行李箱会在箱体顶部连接一圈防水密封条,箱盖的底部边缘也设置一圈防水密封条使得箱盖和箱体连接密封。通过安装缓冲增大接触面积,可使箱体在摩托车上的连接更加牢固,在箱体的顶部和箱盖的底部边缘设置一圈防水密封条可增加箱体的密封性能。这种箱子结构简单,质量轻便,使用牢靠。

图 11-41　铝合金箱包

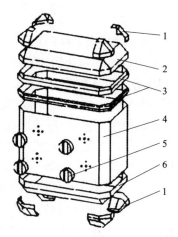

图 11-42　一种摩托车铝合金行李箱

1—装饰包角;2—箱盖;3—防水密封条;
4—箱体;5—安装缓冲;6—箱底

12 铝合金在包装领域的应用开发

12.1 概述

在众多包装材料中，铝合金以其特有的优势，在包装领域与钢铁材料一样，占有重要的位置。铝合金在包装领域的应用发展很快，品种繁多，被广泛用于食品饮料、医药、烟草、机械化工和日用品等包装产品中。容器包装是我国铝加工材第三大消费领域，据相关报道，2017 年中国容器包装领域用铝材消费量占总消费量的 11%。而美国容器包装领域用铝材的占比为 20%，和美国相比，中国包装领域铝材应用仍有较大的增长空间。

包装用铝材的主要形式有：用铝箔制成的软包装袋，用于食品和医药工业及化妆品行业；用铝箔制成的半刚性容器(盒、杯、罐、碟、小箱)；家庭用铝箔和包装食品用铝箔；金属罐盒、玻璃瓶和塑料瓶的密封盖；刚性全铝罐，特别是两片全铝啤酒罐和软饮料罐(硬包装罐)；复合箔制容器；软的管形容器；大型刚性的包装容器，如集装箱、冷藏箱、啤酒桶、氧气瓶和液化天然气罐等。

12.1.1 铝合金在包装领域应用的意义

铝合金作为包装材料，一般被制成铝板、铝块和铝箔以及镀铝薄膜。铝板通常作为制罐材料或制盖材料，铝块通常用来制造挤压成形和减薄拉伸成形的罐，铝箔一般用来做防潮内包装或制作复合材料以及软包装等。

铝具有明亮的金属光泽，并可与所有的表面处理技术相结合，为铝包装表面提供了进一步设计的机会。铝表面通过印刷和上漆工艺，可以形成不同的图案，通过压花产生的压纹可用作防伪标识，或者作为商标直接镶嵌在产品表面。如饮料罐和瓶子标签，不同表面样式的糖果包装，化妆品包装表面处理等。

铝包装热量可以很快到达内部，最大限度地减少食品饮料冷却或加热所需的时间，同时节省能源。家用箔可以很好地适应从冷冻到烘烤和烧烤的温度。铝箔包装不会扭曲、开裂、熔化、烧焦或燃烧。铝包装也能快速散热，并有助于最大限度地缩短密封时间，并在容器和软包装内均衡温度梯度，适用于消毒(高压灭菌)和热封过程。

铝包装轻巧，方便且不易破碎，可以隔绝氧气、光、水分、微生物等外部环境，同时保持香气等产品特性。它可以帮助延长敏感产品的使用寿命数月甚至数年，并完全保留有价值的香气。通过使产品能够长时间保存而无须冷藏，铝包装有助于防止变质并且可以节省大量能源。例如只需 1.5 克铝箔，即可在重 28 克的层压包装中，储存和运输 1 升牛奶，而且几个月不需要冷却。

铝包装质量较轻，有助于产品运输，储存和废料运输过程中能节省资源并提高效率。六十年前第一种饮料罐的重量超过 80 g，而现在 330 mL 的饮料罐重约 13 g。铝包装每减少 1 g 重量，每年可节省超过 20 万 t 铝。更轻的包装意味着更少的燃料消耗，可减少运输排放。例如，使用铝罐代替传统的包装材料可以使每辆卡车的运输量达到之前的两倍左右。目前，包装材料的重量小于负载总重量的 10%，这是一种更加高效和环保的运输方式。

铝回收有益于现在和未来。铝产品的生命周期不是传统的"从摇篮到坟墓"的序列，而是可再生的"从摇篮到摇篮"。不断增长的全球铝产品市场供应由 65% 的原铝和 35% 的再生铝组成。通过节约能源和其他自然资源，生产再生铝所需的能量比原铝减少 95%，从而避免了温室气体的排放。铝饮料罐是世界上回收率最高的饮料包装容器，大多数铝箔也是完全可回收的。在北美和欧洲，饮料罐在 60 天内即可完成生产、填充、分配、消费、收集并再循环回罐中的过程。

在国家倡导循环经济、发展绿色 GDP 的政策指引下，以及随着居民环境保护意识的不断增强，铝包装业将得到进一步的发展。从铝易拉罐生产过程中的能源消耗、运输、降解、回收循环利用等各过程来看，铝易拉罐的环保节能性都优于其他包装。生产一瓶 330 mL 的铝易拉罐，碳排放为 170 g；一瓶 330 mL 的玻璃瓶，碳排放为 360 g；一瓶 500 mL 的塑料瓶，碳排放则为 240 g。就运输过程产生的碳排放而言，在饮料净重相同的情况下，圆柱状的铝易拉罐是空间利用率较高的一种包装方式，而其他材质无法经济地制成与金属易拉罐强度相同的圆柱状，装运易拉罐的成本和能耗因此减少。

铝包装材料主要有以下性能特点：

(1)铝包装材料的机械性能优良、强度较高。因此，铝材可以制成薄壁、耐压强度高、不易破损的包装容器。

(2)铝包装材料的加工性能优良，加工工艺成熟，能连续化、自动化生产。铝材包装材料具有很好的延展性和强度，可以轧成各种厚度的板材、箔材，其中板材可以冲压、轧制、拉伸、焊接成形状大小不同的包装容器，箔材可以与塑料等复合。

(3)铝包装材料具有极优良的综合防护性能。铝材的水蒸气透过率很低，完全不透光，能有效地避免紫外线的影响。其阻气性、防潮性、遮光性和保香性大大超过了塑料、纸等其他包装材料。因此铝材能较长时间地保持商品的质量，这对于食品包装尤其重要。

（4）铝包装材料具有特殊的金属光泽，也易于印刷装饰。商品外表华贵富丽，美观适销。另外，铝箔是非常理想的商标材料。

（5）铝包装材料具有重复可回收性，是理想的绿色包装材料。

（6）铝包装材料也具有质量轻、传热快等优点。

铝包装材料具有巨大的优势，且随着人们环保意识的提高，以及对资源循环利用方面的考虑，铝质包装材料将逐步替代钢质。纸质、玻璃、塑料包装的特点如表 12 - 1 所示。

表 12 - 1　纸质、玻璃、塑料包装的特点

包装材料	优点	缺点	适用范围
纸质包装	易加工、成本低、适于印刷、重量轻、可折叠、无毒、无味、可回收、无污染	刚性、密封性、耐湿性差	常作为中包装或外包装使用
玻璃包装	化学惰性、阻隔性高、透明度高、刚性大、耐内部压力强、耐热性好	耐冲击强度低、碰撞时易破碎、自身重量大、运输成本高、能耗大	白酒、啤酒、黄酒、红酒、碳酸饮料、食品罐头等
塑料包装	成本低、重量轻	具有热塑性，易发生物理形变及化学反应	饮用水、干果类食品、饼干薯片类食品、饮料等

12.1.2　包装常用铝合金

包装用铝材分为铝板带材和铝箔材。包装用铝板材的厚度大于等于 0.2 mm，一般为铝镁合金和铝锰元素，加入镁和锰元素，能提高铝材强度，但加工性和耐腐蚀性降低，镁元素添加量一般小于 5%，锰元素添加量一般小于 2%，铝板材一般用于制作易拉罐料、容器盖、铝桶等各种包装容器。包装用铝箔材的厚度小于 0.2 mm，可进一步细分为厚箔、单零箔和双零箔，厚箔一般用于瓶罐包装，单零箔一般用于医药、瓶罐等日化用品包装，双零箔一般用于食品、烟草、医药、化妆品等产品包装。

铝箔和铝板带在包装领域的应用开发分别如表 12 - 2、表 12 - 3 所示。

表12-2 铝箔在包装领域的应用开发

典型铝箔	合金牌号及状态	典型厚度/mm	加工方式	最终用途
烟箔	1235-O、8079-O	0.006~0.007	复合纸、上色、印刷等	铝纸复合内衬包装和中间层的卡纸包装
软包装箔	8079-O、1235-O	0.006~0.009	复合纸、塑料薄膜压花上色、印刷等	糖果：奶糖、口香糖以及泡泡糖等各种糖果的外包装
				乳制品：奶油、奶酪、奶粉、鲜奶、蛋糕、奶油饼干等乳制品包装
				食品：茶叶、调味品、固体汤料、咖啡、冷冻食品、方便面类食品、蒸煮类食品、果酱、果冻、巧克力等的外包装盒和软包装袋，瓶、罐的盖及其内密封层
				饮料：液态乳品、果汁、豆奶、茶饮料等其他非碳酸类饮料的铝箔包装
卡纸箔	1235-O、8079-O	0.006	铝塑纸复合	起阻隔和美观作用
无菌包	1235-O、8111-O、8079-O	0.0063、0.00635	铝塑纸复合、印刷	作阻隔材料制成附带有（饮用汽水时）麦秆吸管孔的长方形纸盒包装，如利乐包、康美包等
家用箔	1235、3003、3004、5052	0.008~0.02	小卷	用于食品保鲜、烧烤、航空、酒店配餐和厨房保洁
软管箔	8011-O、1060-O	0.012-0.02	复合、印刷等	纯铝软管或与PE复合印刷后，用于加工牙膏、药膏、化妆品等乳膏类产品包装
热封箔	8011-O	0.025~0.05（单面光或双面光）	复合、印刷等	经印刷或涂漆等加工后，用于鲜奶和酸奶等奶制品包装
药箔	8011-H18、8021-O	0.02~0.075	复合、涂层、印刷等	经复合、印刷后广泛应用于各式药品胶囊、片剂、颗粒的包装上
容器箔	8011-H24、3003-H24、8011-H22	0.02~0.20	冲压成型	经冲制后用于食品包装的半刚性容器
酒标箔	8011-O	0.009~0.012	印刷	啤酒标以及啤酒瓶颈部包装

表 12 - 3　铝板带在包装领域的应用开发

典型用途	合金牌号	用途
易拉罐拉环	5182	易拉罐
易拉罐盖	5052	
易拉罐罐底	3004、3104H19、5052	
易拉罐罐身	3104H19、3004	
容器盖	3105	铝易开盖等
气雾罐	—	化妆品、洗涤剂、杀虫剂
铝瓶	1050A、1070A	铝制饮水瓶、一片式铝制瓶、化工产品用铝瓶
无缝气瓶	6061	氧气瓶

12.1.3　包装用铝合金消费量

我国包装用铝箔 2005 年的消费量为 9.7 万 t，2017 年的消费量大幅上升至 119.2 万 t，复合增长率高达 21.3%。中国包装用铝箔消费量呈逐年上升的趋势。

铝板带可用于制造罐头容器等包装材料，典型产品是易拉罐。2005 年包装容器用铝板带的消费量为 20 万 t，2017 年的消费量大幅上升至 119.2 万 t，复合增长率为 11.1%。2005—2016 年中国铝板带消费量逐年上升，2017 年中国啤酒产量、饮料产量均下降，导致 2017 年中国铝板带消费量也随之下降。

中国包装用铝箔和铝板带消费量具体如表 12 -4 所示。

表 12 -4　中国包装用铝箔和铝板带消费量

年份/年		2005	2006	2007	2008	2009	2010	2011	2012	2013	2014	2015	2016	2017
铝箔	消费量/万 t	9.70	11.11	16.66	25.69	28.88	32.21	35.55	47.63	61.65	81.79	94.70	103.84	119.19
	增长率/%	—	14.52	50.00	54.17	12.43	11.54	10.34	33.98	29.45	32.66	15.79	9.66	14.78
铝板带	消费量/万 t	20.00	34.19	38.49	41.40	42.26	45.81	51.72	57.85	65.27	71.72	78.49	79.90	78.39
	增长率/%	—	70.97	12.58	7.54	2.08	8.40	12.91	11.85	12.83	9.88	9.45	1.79	-1.89

数据来源：中国有色金属加工工业协会。

12.2 铝箔包装的应用开发

铝箔包装始于20世纪初期，当时铝箔作为最昂贵的包装材料，仅用于高档包装。1911年瑞士糖果公司开始用铝箔包装巧克力，并逐渐代替锡箔而流行起来。1913年美国在炼铝成功的基础上亦开始生产铝箔，主要用于高档商品、救生用品和口香糖包装。1921年美国成功开发复合铝箔纸板，主要用作装饰板和高级包装折叠式纸盒。1938年可热封式铝箔纸问世。二战期间，铝箔作为军品包装材料得到快速发展。1948年开始采用成型铝箔容器包装食品。20世纪50年代，铝纸、铝塑复合材料开始发展。到70年代，随着彩印技术的成熟，铝箔和铝塑复合包装进入快速普及时期。

进入21世纪，市场竞争激烈化和产品同质化的趋势，刺激了产品包装的快速发展。2002年全球包装市场的规模已超过5000亿美元。铝箔包装的发展基本与整个行业发展同步。在中国市场，铝箔包装发展得更快，主要有两个原因：第一，中国软包装市场的发展与发达国家差距明显，日用消费品及食品的软包装所占比重小，发达国家已占65%及以上，有的已超过70%，而中国约占15%，近两年比重快速增加；第二，国内铝塑复合、铝纸复合技术不断成熟，生产成本降低，促进了铝基复合材料在中国包装市场的普及应用。

软包装是利用软复合包装材料制成的袋式容器，软包装的出现极大地提高了食品饮料业的机械化、自动化水平，加快了人们饮食生活的现代化、社会化进程。在发达国家，软包装已成为食品、饮料的主要包装形式之一，并在一定范围内取代了罐装和瓶装。近些年，我国的软包装市场发展也很快，迄今已引进数十条铝箔复合生产线，可根据软包装用途的不同采用干式复合、热熔复合、挤出复合等不同工艺。软包装不但具有防潮、保鲜的功效，而且可印刷各种图案和文字，是现代商业包装的理想材料。随着人们生活水平的提高，软包装铝箔还有很大的发展空间。

现如今，铝箔广泛应用于食品包装、医药包装、烟草包装以及日化软管包装等。其中，食品（非液态）包装用铝箔消费量占比为20%，饮料包装用铝箔消费量占比为35%，烟草包装用铝箔消费量占比为15%，日化品包装用铝箔消费量占比为5%，药品包装用铝箔消费量占比为25%。

12.2.1 铝箔在食品饮料包装中的应用

（1）利乐包装

利乐包装是一种用于流质食品包装的新型复合包装材料，是一种用纸、铝箔及聚乙烯制成的复合材料，含卡纸（占75%）、聚乙烯PE（占21%）与铝箔（占

4%)。利乐包装材料从里向外按PE、铝箔、PE、卡纸、PE、PE印刷后六层复合而成(见图12-1):聚乙烯主要防水汽,纸板稳定支撑,聚乙烯黏合,铝箔阻隔阳光、氧气、气味等,聚乙烯黏合,聚乙烯黏合。铝箔作为一种高阻隔材料,能对氧气和各种射线起到优良的阻隔作用,可有效防止污染,使包装物的保质期在无须冷藏及防腐的条件下

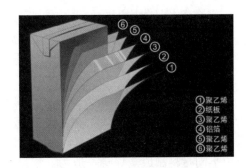

① 聚乙烯
② 纸板
③ 聚乙烯
④ 铝箔
⑤ 聚乙烯
⑥ 聚乙烯

图 12-1 利乐包装六层结构图

达到10~12个月,比中国国家标准规定的同类食品包装制品保质期延长了4~6个月。在食品包装生产线中可实现超高温瞬时杀菌,并有利于物流运输。利乐包装的包装对象为牛奶(占70%)、果汁饮料、茶饮料、矿泉水、酒类、调味品等流质食品。

利乐包、康美包采用的铝箔厚度为0.00635 mm,宽度为1500 mm以上。目前厦门厦顺铝箔有限公司被瑞典利乐公司纳入利乐包装用铝箔供货体系。利乐的环保始终遵循"4R"原则,即可再生、减量化、可循环和负责任,从原材料使用、产品设计,到生产运作乃至消费后包装的回收再利用,一切都围绕着可再生和降低对环境的影响的原则来运行,并把环保业绩当作企业业绩的重要组成部分,对自然环境负责,对社会公众负责,实现真正的可持续发展。消费后的利乐包装是一种可以百分之百回收再利用的资源,通过水力碎浆和铝塑分离技术,能将复合纸包装中的纸、塑料和铝箔彻底分离,实现从资源回到资源的绿色循环模式;或者通过塑木技术、彩乐板技术等,变身为公园护栏、垃圾桶、课桌椅、室外地板、纸张和衣架等丰富实用的环保产品。

(2)铝塑复合袋

铝塑复合袋是由铝塑复合软膜制作而成的,其材料由铝箔与高强度、可热封的塑料薄膜复合而成,可制作成普通铝塑复合袋和铝塑蒸煮袋及大型铝塑包装袋。铝塑复合袋具有阻隔、力学及热封性能,是一种应用潜力极大的食品软包装制品,包装对象为番茄酱、海鲜酱、肉酱、茶叶、调味品等。

铝箔复合蒸煮袋是用铝箔两面贴合塑膜复合而成的,具有气密性、遮光性和耐热性,用于酱、糊、太空食品等的包装。铝箔复合蒸煮袋具有以下特点:

1)可承受120~150℃的高温消菌处理;透氧、透湿都接近于零,使食品保存期延长,铝箔复合蒸煮袋保质期在2年以上。

2)可利用金属罐、玻璃瓶罐头食品的生产技术和设备,降低企业投资成本。

3)热封可冲V形、U形缺口,封口技术先进,易撕开食用。

4)室温保存不需冷藏,并能在 3 min 内加热,食用方便。

5)废弃袋容易集中回收处理,有利于环保。

铝箔是生产蒸煮袋的主要材料,所用铝箔合金为 1235,厚度为 0.007 ~ 0.016 mm,要求铝箔厚度均匀、针孔小而少、板型优良。

(3)铝塑复合罐

铝塑复合罐由铝箔与塑膜、牛皮纸(纸板)复合而成,其形状有圆柱形、长方形、锥形等,具有无毒、无味、无污染、可再生利用的特点,是最早在国外流行的一种新型半硬包装形式,铝塑复合罐的结构由罐身、罐盖与罐底三部分组成,各部分由不同材料制成。罐身一般为三层结构,里层为涂有聚偏二氯乙烯的铝箔,中层为塑料复合薄膜,外层由单层或多层纸板卷绕而成。一般常用的铝箔厚度为 0.03 ~ 0.04 mm,最厚达 0.15 mm,根据罐体大小而定,罐体较小则铝箔也就较薄。罐底盖可用马口铁、铝材、塑料或复合纸板制成,并可采用易开罐盖结构。铝塑复合罐的密封阻隔性好,特别适合于冷冻食品、干脆食品的包装,是马口铁罐、铝罐、蒸煮罐及其他液体包装容器的替代品。

(4)家用箔

在中国,家用铝箔制品是铝箔消费的新市场,主要品种有航空快餐铝箔饭盒、食品保鲜铝箔、烧烤铝箔器皿、冷冻食品铝箔器皿、酒店用箔、微波加热用铝箔盘或覆以铝箔(铝盖)的塑料容器、家用炉灶铝箔垫、毛巾托、蛋糕托、铝箔盘、面包盘、保鲜铝箔容器、病房食品容器、冷藏盒、冷库保存容器等。

目前家用铝箔制品采用的合金为 1235、3003、3004、5052,合金状态为 O 或 H24,铝箔厚度为 0.04 ~ 0.15 mm,经过铝箔开卷—润滑—冲压成形—接料—检查—消毒形成厚度为 0.015 mm,宽度为 250 mm、300 mm,卷芯直径为 25 ~ 45 mm 的容器成品,其特性为保鲜、保味、无毒、卫生、环保可回收。

单零箔和双零箔主要应用于家庭食品的包装、烹饪、冷冻、包裹保鲜等。近几年我国对家用箔的需求快速增长,2005 年家用箔的消费量为 2.3 万 t,2017 年的消费量大幅上升至 33.6 万 t,复合增长率为 22.9%,具体如图 12 - 2 所示,家用箔应用实例如表 12 - 5 所示。

表 12 - 5 中国家用箔消费量

年份/年	2005	2006	2007	2008	2009	2010	2011	2012	2013	2014	2015	2016	2017
消费量/万 t	2.3	2.8	3.3	6.7	8.0	8.4	10.0	12.4	16.5	21.5	26.7	29.3	33.6
同比/%		22.0	19.4	103.5	20.0	5.2	18.6	24.0	32.6	30.9	23.9	9.7	14.7

数据来源:中国有色金属加工工业协会。

图 12 - 2　家用箔应用实例

12.2.2　铝箔在药品包装中的应用

药品包装必须满足防潮、防霉、防冻、防热、避光等要求。金属铝无毒无味，具有优良的遮光性、防潮性、阻气性和保味性，理论上完美的铝箔能完全阻隔任何气体和光，能最有效地保护被包装物，几乎所有要求不透光和高阻隔的材料，均采用铝箔作为阻隔层，因此铝箔在药品包装行业得到了广泛的应用，而且往往用作直接与药品接触的内包装材料。

药品铝箔包装的需求量大幅提升。我国医药产业的迅速增长为药品铝箔包装提供了大量需求。伴随着中国人口老龄化现象的日益严重及人民生活水平的提高，医药行业在我国具有长期的发展动力。我国长期以来就是医药生产与销售大国，2005 年以来，我国药品流通行业的平均增速超过 18%，2017 年，医药流通行业的销售额高达 20016 亿元，复合增长率为 15.7%，具体如表 12 - 6 所示。

表 12 - 6　我国药品流通行业销售额

年份/年	2005	2006	2007	2008	2009	2010	2011	2012	2013	2014	2015	2016	2017
销售额/亿元	3000	3360	4026	4699	5684	7084	9426	11174	13036	15021	16613	18393	20016
同比/%	—	12.00	19.82	16.72	20.96	24.63	33.06	18.54	16.66	15.23	10.60	10.71	8.82

数据来源：中国有色金属加工工业协会。

常见的医药包装材料结构为表层（保护层）、阻隔层（铝箔）和内层（热封层），各层之间采用黏合剂黏结在一起。印刷分为内层印刷和外层印刷，内层印刷一般印刷在阻隔层的内侧，外层印刷则既可印在表层内侧也可印在阻隔层的外侧。医药包装的结构特点如表 12 - 7 所示。

医药包装铝箔主要包括水剂、针剂的易开型瓶盖和药用 PTP 铝箔，PTP 铝箔由于具有防潮、携带方便、安全卫生等优点，在国际医药行业的应用非常多。我国自 1985 年开始使用铝箔包装药品，迄今包装铝箔仅占药品包装材料的 20%，而国外的占比高达80%。近几年药箔市场发展迅猛，一方面是医药市场发展较快，另一方面则主要是因为铝箔在药品包装中的应用比例不断提高。

表12-7　医药包装的结构特点

结构	特点
表层	透明性好(里印)或不透明材料；优良的印刷装潢性，较强的耐热性能；耐磨、耐穿刺等，保护中间层；当双层或多层复合时，表层同时起到阻隔层作用；常用的材料有PET、BOPP、PT、纸、BOPA等
中间阻隔层	很好地阻止内外气体或液体的渗透；避光性好(透明包装除外)；阻隔层应尽量靠近被包装物，常用材料有铝箔或镀铝膜、BOPA、EVOH、PVDC等
内层	无毒性；具有化学惰性，不会与包装物发生作用而产生腐蚀或渗透；良好的热封性；良好的机械强度；好的内表面滑爽性；良好的耐热性或耐寒性；当用作透明包装时，内封透明性要好；常用材料有PE、PP、EVA等
黏合剂	由黏合物质、固化剂、溶剂、其他助剂(增塑剂、填料、消泡剂)组成，常用的黏合剂有聚氨酯双组分黏结剂

(1)铝塑泡罩(PTP)

铝塑复合泡罩由复合铝箔与阻隔性塑料泡眼硬片聚氯乙烯(PVC)黏合而成。一般以0.02 mm铝箔为基材，在专用印刷涂布机上采用凹版印刷技术及辊涂涂布的方式，在铝箔表面印刷文字图案并涂上保护剂，然后在铝箔的另一面涂上黏合剂。其制作工艺：铝箔—电晕处理—凹版印刷—干燥—保护层涂布—干燥—黏合层涂布—干燥—卷取—分切—铝塑泡罩。铝塑泡罩的优点是防潮、卫生、安全、携带与使用方便、保质期长，对药品生产商来讲，采用铝塑泡罩包装药品可保护药品质量，且包装速度快、成本低、重量轻、储存空间小、运输方便。铝塑泡罩已成为固体药品的主要包装形式，被誉为未来全球最能影响包装业的10类包装技术之一。

泡罩包装用铝箔(PTP)的结构一般表示为OP/AL/VC，其应用实例如图12-3所示，其完整的结构如图12-4所示。根据客户选用的不同又演变为4种形式，如表12-8所示。

表12-8　泡罩包装用铝箔(PTP)形式

品种	a	b	c	d	e
I	保护层	外侧印刷	铝箔基材	内侧印刷	黏合层
II	保护层	—	铝箔基材	内侧印刷	黏合层
III	保护层	外侧印刷	铝箔基材	—	黏合层
IV	保护层	—	铝箔基材	—	黏合层

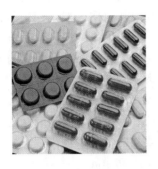

图 12 - 3　泡罩包装用铝箔(PTP)

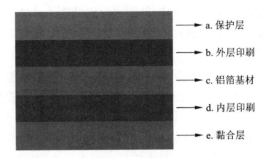

- → a. 保护层
- → b. 外层印刷
- → c. 铝箔基材
- → d. 内层印刷
- → e. 黏合层

图 12 - 4　泡罩包装用铝箔(PTP)结构

保护层(OP)的主要成分为醋酸树脂,主要作用是使 PTP 铝箔表面光亮、平整、填补 PTP 铝箔表面的细小空隙,提高 PTP 铝箔的抗酸碱侵蚀能力,延长药品的保质期,保护印刷层,防止油墨脱落。OP 保护剂的涂布量一般为 1 ± 0.5 g/m^2。

黏合层(VC)的主要成分为乙烯基或聚氨酯热熔性黏合剂,主要作用是与 PVC 或 PVDC 塑料硬片良好热封。VC 涂布量一般为 $(3.5 \sim 9) \pm 0.5$ g/m^2,根据客户要求的热封性能的不同,涂布量也不同。

铝箔主要采用再结晶温度稍高的 H18 状态的 8011 铝合金,厚度为 0.02 ~ 0.025 mm,泡眼越大铝箔厚度越大,甚至达到 0.030 mm;不允许有直径大于 0.3 mm 的针孔,直径小于 0.3 mm 的针孔数不超过 3 个/m^2;抗拉强度不小于 150 MPa;表面润湿张力不小于 33×10^{-3} N/m;破裂强度不小于 98 kPa。

(2)儿童安全型泡罩铝箔

由于常规的 PTP 铝箔的破裂强度低,易戳破,药品有被儿童误食的隐患,近年来一种儿童安全型泡罩铝箔(见图 12 - 5)得以采用。其常用结构(见图 12 - 6)为纸张 PAPER/聚酯 PET/铝箔 AL/黏合层 VC,各层之间采用黏结剂黏合或复合在一起。纸张外侧印刷还可以替代铝箔的印刷层;聚酯强度较大,使用手指顶破几乎不可能,而选用合适的黏结剂却能够使得聚酯与铝箔的黏结力小到极易撕开;铝箔主要采用 O 状态的 8011 铝合金,厚度为 0.012 ~ 0.02 mm。

(3)冷冲压成型铝箔

随着制药行业的不断发展,传统的泡罩包装方式由于 PVC 硬片的阻隔性能有限,很难保证药品在其使用期限内品质不发生改变。针对这一问题,人们开发了冷冲压成型铝箔(见图 12 - 7),采用冲压成型代替了原来普通泡罩包装的真空吸塑成型,从而使泡罩包装片材能使用铝箔复合材料作为成泡材料,以达到提高阻隔性的要求。冷冲压成型铝箔的常用结构(见图 12 - 8)是双向拉伸尼龙薄膜 BOPA/铝箔 AL/聚氯乙烯 PVC,各层之间采用黏结剂复合在一起。高强度、抗冲击性能优异的双向拉伸尼龙薄膜(BOPA)作为表面强度支撑层主要承担着成泡过程中的冲击力和拉伸力,常用厚度为 0.025 mm;表面热封层一般采用聚氯乙烯PVC 硬片,这样冷冲压成型硬片就可以如同普通泡罩包装用 PVC 硬片一样与药品包装用 PTP 铝箔进行热封,厚度一般为 0.06 mm,仅是常规 PVC 硬片的约 1/5;铝箔中间阻隔层除了需担负起阻隔性的功能外,还具有强度支持、抗冲压拉伸等功能,因而所用的铝箔厚度也比普通复合膜要厚得多,一般采用 0.045 mm 厚的O 状态铝箔,对于冲压成泡浅的场合可适当降低铝箔的厚度,一般最低可降到3 μm,对于冲压成泡特别深(≥15 mm)的场合,或要求冷冲压成型硬片具有较好的挺性的场合,可将铝箔厚度适当增加,最厚可增加到 70 μm。

图 12 - 5　儿童安全型泡罩铝箔

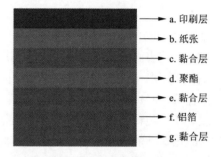

a. 印刷层
b. 纸张
c. 黏合层
d. 聚酯
e. 黏合层
f. 铝箔
g. 黏合层

图 12 - 6　儿童安全型泡罩铝箔结构

图 12 - 7　冷冲压成型铝箔

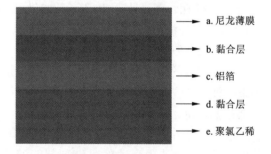

a. 尼龙薄膜
b. 黏合层
c. 铝箔
d. 黏合层
e. 聚氯乙稀

图 12 - 8　冷冲压成型铝箔结构

(4)热带型泡罩包装用铝箔

热带型泡罩包装(见图 12 - 9)相当于在热成型塑料泡罩和 PTP 铝箔的外面加一层冷冲压成型铝箔外盖。泡罩包装仍采用真空吸塑成型且保持泡型尺寸不变,泡罩周围的面积略宽一些,以便冷成型后的热带型泡罩复合膜能够与热成型泡罩热封合,弥补了传统铝塑包装中不阻光、阻水性差的不足,现正逐步被市场接受。热带型泡罩包装用铝箔的常用结构为双向拉伸尼龙薄膜 BOPA/铝箔 Al/热封黏合层 VC。铝箔仍采用 0.045 mm 厚的 O 状态铝箔，随着泡罩深度的加深，铝箔厚度可适当增加，最厚可增加到 70 μm。

（5）栓剂散剂复合膜

栓剂散剂等药品常常采用条型复合膜并三边封或中封制袋包装。常用的栓剂散剂复合膜结构为聚酯 PET/铝箔 Al/黏合层聚乙烯 PE。聚酯机械强度高，内表面可印刷，厚度一般为 0.02 mm；PE 耐低温性能高，自封性好，厚度一般为 0.06 mm；铝箔采用 0.012 mm 厚的 O 状态铝箔。栓剂散剂复合膜应用如图 12 – 10 所示，栓剂散剂复合膜结构如图 12 – 11 所示。

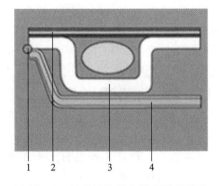

图 12 – 9　热带型泡罩包装用铝箔结构

1—热封位置；2—PTP 铝箔；
3—PVC 硬片；4—热带泡罩铝

图 12 – 10　栓剂散剂复合膜

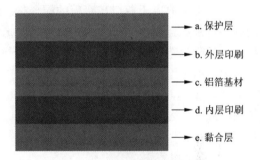

a. 保护层
b. 外层印刷
c. 铝箔基材
d. 内层印刷
e. 黏合层

图 12 – 11　栓剂散剂复合膜结构

（6）条形包装

条形包装，简称为"SP 包装薄膜"，是一种铝箔复合膜，具有一定的抗拉强度及延伸率，适合于中药散剂、颗粒以及各种形状和尺寸的药品包装，并且包装后紧贴内装药品，不易产生破裂和皱纹。尤其适用于大剂型的颗粒剂、粉剂以及吸湿性强、对紫外光线敏感的药品。条形包装膜是利用两层药用条形包装膜（SP 膜）把药品夹在中间，单位药品之间隔开一定距离，在条形包装机上把药品与两层 SP 膜内侧热合密封，药品之间压上齿痕，形成一种单位包装形式，单片包装或成排组成小包装均可。药品条形复合膜包装用的铝箔和塑料薄膜要求具有一定的机械强度，在药品包装和流通过程中不会发生破裂损坏。而在复合材料各层间要求有较好的剥离强度，防止各层发生脱层现象，并且要有良好的耐高温性能。因为在药品包装中需要进行高温消毒或在高温状态下进行热封制袋封口，所以要求对气体和湿气的透过性低，对气体水气的阻隔性好。

综合以上要求,需要采用不同材料复合方式生产药品软包装材料,材料的复合薄膜多采用两种或两种以上的薄膜、纸、铝箔。各层材料之间利用黏合剂连接,根据不同药品的包装要求选择包装性能各异的材料合理组合,主要组合形式是外层材料为聚丙烯(PP),中间材料为铝箔(Al),内层材料为聚乙烯(PE),组成 PP/Al/PE 条形铝塑复合膜(此外还有纸塑复合膜、塑塑复合膜)。铝箔与塑料薄膜以黏合剂层压复合或挤出复合而成,目前国内外中西药的固体剂型——颗粒剂、粉剂、散剂主要应用条形复合包装,这一包装技术在中国的应用时间虽短但发展速度较快。现在中国已有一千多条 SP 膜生产线。

(7)铝塑组合瓶盖

目前在医药行业,粉剂、水剂、针剂瓶装普遍采用铝塑组合盖,铝塑组合盖开启方便、使用安全卫生。药品包装用铝塑组合瓶盖的铝箔厚度为 0.18~0.25 mm,其合金与状态为 1050H14、1050 H16、8011 H16。

(8)铝塑封口垫片

药品采用塑料瓶(PE、PP 与 PET)包装时,由于该包装形式的密封性、阻隔性在很大程度上取决于瓶口与瓶盖的配合处,包括瓶口闭合处的平整度、瓶盖内层的弹性以及瓶盖锁紧或开启的松紧度,因此,塑料盖常预先组装铝塑复合膜与纸板组成的封口垫片。一般用于 PE 瓶封口垫片的铝塑复合膜材质为 PET/Al/PE,用于 PP 瓶的铝塑复合膜材质为 PET/Al/PP,用于 PET 瓶的铝塑复合膜材质为 PET/Al/PET 等。在药品灌装后拧盖,通过电磁感应局部加热,使铝塑封口垫片热封于瓶口,达到保护药品的目的。铝塑封口垫片通常与塑料瓶配套使用,灌装片剂、胶囊剂。

(9)双铝包装

近年来,发展起来的双铝包装(铝 - 铝包装)是一种新型包装材料,它具有很强的阻隔性,能够使药品保质期延长,尤其适用于化学稳定性差的药品包装。双铝包装与条形包装相似,是采用两层涂覆铝箔将药品夹在中间,然后热合密封、冲裁成板块的包装形式。由于涂覆铝箔具有优良的气密性、防湿性和遮光性,所以双铝包装对要求密封或遮光的片剂、胶囊、丸剂、颗粒、粉剂等的包装有很大的优越性。双铝包装用涂覆铝箔采用铝箔做基材,铝箔厚度一般为 0.17 mm。

12.2.3 铝箔在烟草包装中的应用

由于受供求关系、政府管制以及气候等因素的影响,全球烟叶生产每隔 3~4 年就有一个周期性的波动,但总的走势平稳而且略有下降。中国是世界上烟草产销大国,10 年来,我国卷烟的产销量占全球的比例基本上在 34% 左右。

2001—2014 年,中国卷烟产量实现了平稳增长。增速较大的年份是 2002 年和 2005 年,尤其是 2005 年由于企业的重组改革及出口量的增加,卷烟产量增幅较大，达到了7.8%。2015—2017年，随着人们健康意识的不断提高，卷烟产量下降。未来卷烟产量可能还会进一步下降。目前中国卷烟产量已占全球的30%，但主要为内销，外销份额仅有2%。

卷烟包装中铝用量最大的是铝箔衬纸，铝箔衬纸是薄纸与铝箔的复合纸，铝箔的厚度是0.006~0.007 mm。一般采用0.006 mm的铝箔，状态为软态，有较好的延伸性。每包香烟的铝箔衬纸大小为154 mm×114 mm，根据比重计算，每包烟的衬纸所用铝约为0.284 g，每包卷烟有20根。2001—2017年我国卷烟铝箔用铝量，如表12-9所示。

表12-9　中国卷烟产量及用铝量

年份/年	2005	2006	2007	2008	2009	2010	2011	2012	2013	2014	2015	2016	2017
卷烟产量/千亿支	20.2	20.2	21.4	22.2	22.9	23.7	24.5	25.2	25.6	26.1	25.9	23.8	23.5
增长率/%	7.80	0.20	5.90	3.60	3.10	3.70	3.00	2.80	1.80	1.90	-0.80	-8.00	-1.60
卷烟用铝量/kt	28.7	28.7	30.4	31.5	32.5	33.7	34.8	35.7	36.4	37.1	36.8	33.8	33.3
增长率/%	7.80	0.20	5.90	3.60	3.10	3.70	3.00	2.80	1.80	1.90	-0.80	-8.00	-1.60

数据来源：中国有色金属加工工业协会。

《国际烟草控制框架公约》对卷烟包装材料的环保性要求，使卷烟生产商大量采用转移衬纸（薄纸与镀铝膜PET复合并在胶水固化后把膜剥离，镀铝层转移到纸上）、真空喷镀箔纸（具有可降解性）替代压延铝箔纸，主要卷烟厂在近三年都使用了以上新型产品，专业生产真空喷镀箔纸和转移衬纸的企业在国内也已有40余家。真空喷镀箔纸、转移衬纸真空直镀和转移衬纸都起到防潮、防辐射的作用，其生产与应用有扩大之势。随着国家对环保以及资源的要求，铝箔在香烟包装中的使用量将会减少，但在中高档香烟的烟盒和硬盒香烟舌头纸所用的金、银色复合卡铝箔纸方面将会有一定的增幅。

卷烟用镀铝纸生产工艺流程如图12-12所示。

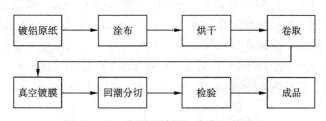

图12-12　卷烟用镀铝纸生产工艺流程

12.2.4 铝箔日化软管应用

日化软管一般包含全铝软管、铝塑复合软管和塑料软管三种。全铝软管材料早在20年代就已问世,当时很快代替了锡管和铅管材料。到了70年代美国首先推出铝塑复合软管材料,使全铝软管受到了很大冲击。

(1)铝塑复合软管

铝塑复合软管具有良好的隔绝性,不易破裂,外形美观,色彩鲜艳,清洁卫生,使用方便,手感柔软,抗皱性好,其中牙膏包装的消费量最大。随着国产铝塑复合软管生产线的快速普及,铝箔软管牙膏的成本降低,用于牙膏包装的铝塑复合材料的使用率将迅速提高。铝塑复合软管的材料由聚乙烯(PE)/黏合性树脂(EAA)/铝箔/黏合性树脂(EAA)/聚乙烯(PE)组成,软管的内层和外层都是PE材料,最中间一层是铝箔,经一定的复合方法制成铝箔复合带,再由专门的制管机加工成管状半刚性包装制品,是全铝软管更新换代的产品。铝塑复合软管应用实例如图12-13所示,铝塑复合软管结构如图12-14所示。

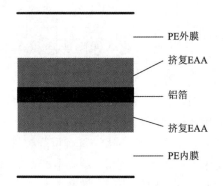

PE外膜

挤复EAA

铝箔

挤复EAA

PE内膜

图12-13 铝塑复合软管实物图

图12-14 铝塑复合软管结构图
(PE/EAA/Al/EAA/PE)

在我国,铝塑复合软管用量最大的市场是牙膏,2006年牙膏产量达到59亿支,连续两年同比增长为13%以上。中国口腔协会资料显示,目前我国已成为世界牙膏生产大国,产量居世界第一位。2017年我国牙膏生产企业数量为70家左右,其中在中国设立公司的外资牙膏企业共计8家,中国本土牙膏企业约60家。2017年我国牙膏产量约62.05万t,同2016年的57.33万t比增长了8.23%,近几年我国牙膏产量情况如表12-10所示。

表 12 – 10 我国牙膏产量

年份/年	2010	2011	2012	2013	2014	2015	2016	2017
产量/万 t	42.2	42.8	47.0	51.9	57.6	58.2	57.3	62.1
增长率/%	—	1.4	9.8	10.4	11.0	1.0	-1.5	8.2

美容及个人护理品是我国铝塑复合软管的另一大应用市场,2010—2017 年我国美容及个人护理品销售额呈逐年上升的趋势,2010 年销售额为 2045 亿元,2017 年销售额达到 3588 亿元,复合增长率为 7.3%,如表 12 – 11 所示。

为满足薄型铝塑复合软管的市场需求,其铝塑复合片材的总厚度将下降到 0.2 mm,铝箔厚度将由目前的 0.03 降到 0.01 ~ 0.02 mm,甚至更薄。铝箔合金将由 1235、8011 向 8079、8006(目前德国采用的合金)发展。

表 12 – 11 我国美容及个人护理品销售额

年份/年	2010	2011	2012	2013	2014	2015	2016	2017
销售额/亿元	2045	2302	2526	2756	2961	3156	3361	3588
增长率/%	—	12.6	9.7	9.1	7.4	6.6	6.5	6.8

与全铝软管相比,铝塑复合软管具有很多优点。

1)比同规格全铝软管轻 20% ~ 30%,单位产品用铝量减少 80%,使包装大大轻量化。

2)制管工艺简单,适于高速、连续生产,能耗少、成本低、生产效率高。

3)以塑料为内壁材料,增强了耐腐蚀性和卫生安全性。有腐蚀性的内容物(例如含氟的膏体),在某些化学物质作用下将导致全铝管腐蚀,引起穿透型孔洞和破漏,而且铝离子也会进入内容物,全铝管口在挤出膏体时也会引起污染。而铝塑复合软管则能避免这些现象的发生。

4)铝塑软管的阻隔性和抗氧化性能相对常用的五层塑料复合软管较好,软管的阻隔性对软管的通透性、防酸败、防变色、防变硬、防油水分离等控制起关键作用。

5)一般软膏体产品在使用挤压时,此种软管的手感非常好。

但是相对于五层塑料复合软管来讲,铝塑复合软管的耐腐蚀性较差,且成本相对较高,如果内层 PE 层控制不好很容易与内容物不相容而造成灌装的内容物变质,废弃后也不易分离和回收。

（2）全铝软管

全铝软管由单层铝材制作而成，是药品包装不可缺少的组成部分，只有选择恰当的包装材料和包装方式，才能真正有效地保证药品质量和广大人民群众的用药安全；铝材作为药品包装具有有效性、安全性、稳定性(包括物理方面、化学方面和微生物方面)、均一性、密闭性、无污染等特性，经内喷涂的铝制包装不与被包装药品发生反应，不吸附药品，不改变药物性能。此外，铝制包装还具有一定的强度且耐热耐寒、轻质、遮光、易清洗、易于灭菌消毒处理。因此，铝制软管常用于软膏乳膏凝胶类包装，是一种很有吸引力的容器，它易于控制给药剂量，具有良好的重复密闭性的特点，并对产品有充分的保护作用，经内喷涂的铝软管管内药膏受污染的危险性也极小。全铝软管常用于胶黏剂、鞋油、膏体药品等外包装。全铝软管及其主要制造工艺流程分别如图 12 - 15 和图 12 - 16 所示。

图 12 - 15　全铝软管

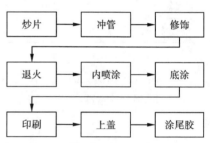

图 12 - 16　全铝软管制造工艺流程

全铝软管的优点如下：

1）铝为最常用的金属，铝材料不生锈，其氧化物无毒，遮光性好，有极好的水分及气体阻隔性，加工性能好，无回弹性，导热性大，具有很好的延展性、密闭性，对药物有充分的保护作用。

2）全铝软管和塑料复合软管相比，突出的优点是气密性优异。因铝材致密，而铝管又是单一材料一次冲挤成型，不存在复合软管不同材料焊接拼接处泄露的可能性。

3）全铝软管的废料可以全部回收再冶炼使用。

但是，全铝软管也具有生产效率低、成本较高、挤压使用时容易破裂、强度低、挤压手感差等缺点。

12.3 铝板带在包装领域的应用开发

12.3.1 铝板带在铝易拉罐中的应用开发

（1）铝易拉罐的发展

易拉罐主要用于碳酸饮料和啤酒等有内压的液体包装。铝制易拉罐一般为两片罐，最早的两片罐诞生于20世纪60年代，是一种只有罐身片材和罐盖片的深冲拉罐。我国第一条全铝易拉罐生产线由重庆长江电工厂于1985年投产。经过二十多年铝罐体带材（3104合金）的研发与生产，直到2005年2000 mm（1+4）式热轧线投产，我国才开始罐体料的批量生产。在全球包装领域方面，特别是在中国的碳酸饮料和啤酒行业，铝易拉罐正在逐渐替代传统玻璃瓶。易拉罐在啤酒饮料中的应用最为广泛，全球饮料罐每年产量约为3700亿罐，其中75%（约2800亿罐）由铝合金制成，25%（约900亿罐）由镀锡钢制成。用于制造铝罐的铝材消费量同样快速增长，1963年还近于零，2017年已达400万t，相当于全球各种铝材总用量的20%左右。

世界最大的金属饮料罐消费地区美国2012年的消费量为1190亿罐，人均376罐；欧洲地区2012年的消费量为590亿罐，人均80罐；我国2012年的消费量为299亿罐，人均22罐。

我国啤酒、碳酸饮料和软饮料产量情况见表12-12。

表12-12 我国啤酒、碳酸饮料和软饮料产量

年份/年	2005	2006	2007	2008	2009	2010	2011	2012	2013	2014	2015	2016	2017
啤酒产量/万kL	3061	3515	3931	4103	4236	4483	4898	4902	5061	4921	4715	4506	4401
增长率/%	5.20	14.8	11.8	4.4	3.2	5.8	9.3	0.1	3.3	-2.8	-4.2	-4.4	-2.3
碳酸饮料产量/万t	772	877	1040	1107	1254	1265	1607	1311	1718	1811	1795	1752	1587
增长率/%	20.8	13.5	18.7	6.4	13.3	0.9	27.0	-18.4	31.0	5.4	-0.9	-2.4	-9.4
软饮料产量/万t	3380	4220	5110	6415	7453	9984	11762	13024	14927	16677	17661	18345	18051
增长率/%	29.0	24.8	21.1	25.5	16.2	34.0	17.8	10.7	14.6	11.7	5.9	3.9	-1.6

公开资料显示，虽然铝材价格比马口铁贵，但铝罐薄，用料少，单个成本低于铁罐，茶饮料包装逐渐由马口铁三片罐换为铝二片罐。加多宝已开始使用全铝罐，按照每年 8 亿罐的销量，要消耗铝材 1.12 万 t。2016 年之前，我国软饮料产量逐年上升，2017 年软饮料产量稍有下降，为 18051.2 万 t。但是，铝罐在软饮料领域仍然会有较大的增长空间。

（2）铝易拉罐的结构

罐料是指深拉易拉罐罐身用的 3104 合金薄带材，制造普通的易拉罐（啤酒罐）通常需用三种合金薄带材，除 3104 合金外，还有制造罐盖的 5182 合金与制造拉环的 5052 合金，生产后两种合金的难度不大，而生产各项性能极其稳定、适合当代高速制罐线用的薄到 0.254 mm 的 3104 合金却不是轻而易举地。2016 年中国罐料生产能力约 200 万 t/a，在建的能力约 120 万 t/a，2015 年产量 55 万 t。中国从 2015 年起已成为继美国、韩国、德国、巴西之后的世界第五大罐料净出口国。铝易拉罐的应用如图 12－17 所示，其结构如图 12－18 所示。

图 12－17　铝制易拉罐

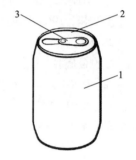

图 12－18　铝制易拉罐结构图

1—罐体（3004，3104，3204）；

2—罐盖（5052）；3—拉环（5182）

2015 年全世界罐料总消费量约 600 万 t，发达国家铝易拉罐的消费量年均增长率约为 2.5%，而发展中国家的增长率可达到 4.5%。美国罐身料厚度已薄到 0.254 mm，或更薄一些，再减薄空间已不大，但是，发展中国家特别是中国用的板带材厚度多在 0.275 mm 左右，还有相当大的减薄可能性。

（3）铝易拉罐的主要技术参数

铝易拉罐目前采用 3104、5052、5182 三种不同的铝合金板材。合金混杂，不利于废料回收和组织生产，因此一些企业正在研究能制造罐身、罐盖和拉环的新型通用制罐铝合金，目前主要有 5017 和 5349 两种新型合金，主要成分变化是提高 Mg 含量，降低 Mn 含量，其余元素变化不大。其中 5017 合金的 Mn 含量为 0.6%～0.8%，Mg 含量为 1.9%～2.2%；5349 合金的 Mn 含量为 0.6%～1.2%，

Mg 含量为 1.7% ~ 2.6% 。由于要提高强度，成型性下降，这两种合金目前还没有成为主流产品。主要罐体合金成分如表 12 - 13 所示。

表 12 - 13 罐体用 3 系合金成分

合金	成分及含量 w/%							
	Mn	Mg	Si	Fe	Cu	Zn	Ti	Al
3004	1.0 ~ 1.5	0.8 ~ 1.3	≤0.30	≤0.70	≤0.25	≤0.25	—	余量
3104	0.8 ~ 1.4	0.8 ~ 1.3	≤0.60	≤0.80	0.05 ~ 0.25	≤0.25	≤0.10	余量
3204	1.0 ~ 1.5	0.8 ~ 1.5	≤0.30	≤0.70	0.10 ~ 0.25	≤0.25	—	余量

3104 铝合金必须具有优良的深冲变形性能(延伸率≥5% ，制耳率≤3%)、较高的强度(抗拉强度 σ_b≥290 MPa，屈服强度 $\sigma_{0.2}$≥270 MPa，罐身轴向承压强度≥1 kN，罐底耐压强度≥610 kPa)以及良好的冶金质量和均匀一致的厚度。铝制易拉罐合金性能和罐体物理性能要求如表 12 - 14 和表 12 - 15 所示。

表 12 - 14 铝易拉罐合金性能要求

合金牌号	状态	厚度/mm	抗拉强度 σ_b/MPa	规定非比例伸长应力 $\sigma_{p0.2}$/MPa	伸长率(50 mm 定标距) δ/%	制耳率/%
			不小于			不大于
3004	H19	0.280 ~ 0.350	275	255	2	4
3104			290	270		

表 12 - 15 铝易拉罐体物理性能

项目		性能指标
轴向承压力		≥1.00 kN
耐压强度		≥610 kPa
内涂膜完整性	啤酒罐体	单个≤75 mA，平均≤50 mA
	饮料罐体	单个≤30 mA，平均≤8 mA

（4）铝易拉罐的生产工艺

罐料的主要生产工艺流程为：熔铸→热轧→冷轧→切边涂油→包装。

易拉罐的生产要经过40多道工序，主要工序包括：开卷→落料冲杯→再拉伸→变薄拉深→清洗→罐外印刷→烘干→内喷涂→烘干→缩颈翻边（罐底再成型）→光检→堆垛→包装。易拉罐主要生产流程如图12-19所示，铝制易开盖生产工艺流程如图12-20所示。

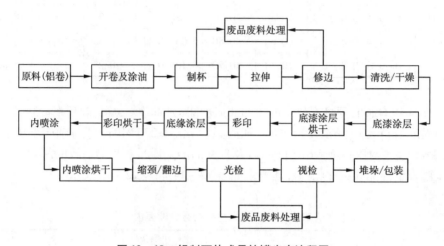

图12-19　铝制两片式易拉罐生产流程图

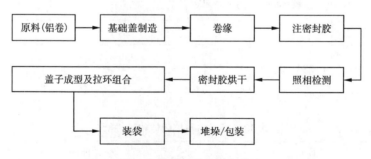

图12-20　铝制易开盖生产工艺流程图

（5）罐料冷轧过程常见缺陷及解决措施

罐料冷轧过程中的常见缺陷及相应解决措施如下：

1）明暗条纹（纵向色差）

轧制过程中轧制油进入辊缝时会形成厚度不均匀的油膜，油膜较厚处可以满足边界或混合摩擦需求，为暗色条纹；油膜不足处因润滑不良，轧辊的碾压作用更加明显，出现漫反射的白色。应增加轧制油的油膜强度，减小压下量。

2）带材表面铝粉多

由于润滑不良或者轧辊粗糙度太大，导致轧辊对铝带材表面的摩擦阻力过大，会产生大量铝粉。改善润滑条件、降低压下量、降低轧辊粗糙度、减少表面残油可改善表面铝粉状况。

3）黏铝

在铝轧制过程中，铝黏附在轧辊表面，形成黏铝，黏铝会在带材表面形成周期性的黏铝点、条、片状。提升轧制油喷淋量、提升冷却清洗能力、提高油膜强度、清理清辊器可减少轧辊黏铝。带材表面硬质点也会导致黏铝的产生。

4）残油和油斑

铝卷表面存在较多残油，在经过退火后会形成黄褐色油斑。主要原因是液压油泄漏、吹扫装置工作不良、表面残油多、退火制度不合理。

5）人字纹（松树枝花纹/轮胎印）

板面某固定区间会形成一定频率的人字纹。原因在于油膜厚度不足、油膜强度不够及轧辊的过度磨损。主要对策为降低压下量，增加油膜强度。

（6）铝易拉罐的回收利用

欧美、巴西、日、韩等国对废旧罐的回收利用已达到最完善的程度，建成了闭环式的循环经济链，回收的废罐及制罐过程中的工艺废料几乎全部再生成了3104合金。中国先进的废铝易拉罐回收率大于99%，是世界上最高的，比巴西的98%、瑞典的97%还高一些，可是都未进入罐料循环经济链，而是再生成了其他铝合金。中国制罐工业已有30多年的历史，仅于2014年在广东肇庆建成了一条生产能力1.5万t/a的中间试验性回收厂，亟待在大罐料企业建设生产能力10万t/a的废料回收生产线。诺贝丽斯铝业公司（Novelis）是全球最大的罐料生产商，也是最大的废罐回收商，2015年它生产的3104合金带材原料有45%以上来自回收料。

12.3.2　铝板带在铝瓶中的应用开发

铝瓶包装能将内容物与外部很好地隔离，质量比易拉罐和塑料包装更好，并且能与螺旋塞配合使用。新的铝制造技术使铝瓶包装有了更大的优势。铝瓶既可以做得比易拉罐还柔韧，又可以做得强度更大；既可以挤压成形，也可以卷成罐状。铝瓶可以做成各种形状和尺寸，并且能够循环利用。

12.3.2.1　一片式铝制瓶

（1）一片式铝制瓶的特点及应用

一片式铝制瓶是以单片铝材拉伸成型，用于盛装啤酒或饮料的不可重复灌装与封口的包装容器，按瓶身直径分为ϕ35 mm、ϕ53 mm、ϕ59 mm、ϕ66 mm等规格。

盛装啤酒用铝制瓶如图12-21所示。匹兹堡啤酒厂2004年在啤酒行业第一次推出全铝瓶的钢城啤酒，其外表美观，冰镇速度更快，冰镇效果更持久，被《商业周刊》评为 2004 年的十佳产品之一。一些软饮料、能量饮料和伏特加生产企业也开始使用铝瓶包装。

图 12 – 21　一片式铝制瓶及其应用

一片式铝制瓶在我们的生活中使用越来越广泛，与玻璃瓶和铁制瓶相比，它具有如下优点：

1）耐酸碱、质轻。因为铝表面常常有一层比较致密的氧化膜，所以耐酸碱。

2）铝的表面有一层致密的氧化膜，不容易被腐蚀。

3）材料坚固，经久耐用。

4）不易破碎。

5）质量比玻璃瓶轻得多。

6）一次性包装，原材料有效回收。

7）不透光，避免光照的影响。

8）环保，铝瓶可回收重复使用。

（2）一片式铝制瓶结构及性能要求

一片式铝制瓶的结构如图 12 – 22 所示，尺寸偏差和性能要求如表 12 – 16 和表 12 – 17 所示。

表 12 – 16　一片式铝制瓶的尺寸偏差

项目	尺寸	偏差
瓶体外径（OD）	—	±0.2
瓶口外径（COD）	26.6	±0.2
瓶口内径（CID）	20.5	±0.2
瓶口卷边高度（CH）	3.85	±0.2
瓶高（OH）	—	±0.5

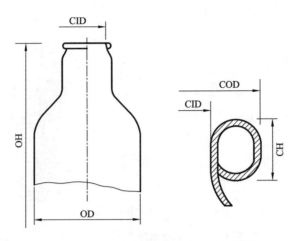

图 12 - 22 一片式铝制瓶主要尺寸示意图

OD—瓶体外径；COD—瓶口外径；CID—瓶口内径；CH—瓶口卷边高度；OH—瓶高

表 12 - 17 一片式铝制瓶的主要性能要求

项目	指标
瓶口平行度	不应大于 0.2 mm
瓶体垂直轴偏差	不应大于 4.0 mm
变形压力	不小于 0.8 MPa
爆破压力	不小于 1.0 MPa
瓶体轴向承压力	不小于 2500 N

12.2.2.2 铝制饮水瓶

铝制饮水瓶用来承装饮用水、饮料、酒类，由高纯铝瓶体（纯度不小于 99%）、树脂瓶盖和密封垫片三部分组成，瓶体经过拉伸或挤压成形获得。铝制饮水瓶具有轻便、结实、耐用等特点，并可快速冷却至饮用温度，非常适合户外活动。

饮水瓶按瓶内表面处理的方法分为涂膜瓶与氧化瓶，按瓶体形状分为圆形瓶和异形瓶，按瓶体与瓶盖的组合方式分为内螺旋、外螺旋与弹压式等，如图 12 - 23 所示。

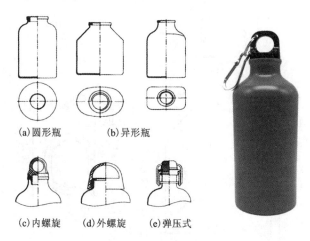

(a)圆形瓶　　　(b)异形瓶

(c)内螺旋　　(d)外螺旋　　(e)弹压式

图 12－23　饮水瓶分类图及应用实例

12.2.2.3　化工产品包装用铝瓶

（1）化工产品包装用铝瓶的特点及应用

化工产品包装用铝瓶是承装固态或液态化工产品，经过拉伸或挤压生产的厚度大于 0.3 mm 的常压铝瓶。化工产品的包装是现代工业中不可缺少的组成部分。

与玻璃瓶相比，铝瓶的机械强度更高。一种产品从生产者到使用者手中，一般要经过多次装卸、贮存、运输。在这个过程中，产品将不可避免地受到碰撞、跌落、冲击和振动。一个好的包装，将会很好地保护产品，减少运输过程中的破损，使产品安全地到达用户手中。这一点对于危险化学品显得尤为重要。包装方法得当，就会降低贮存、运输中的事故发生率。

铝在空气中能形成氧化物薄膜，对硫化物、浓硝酸和任何浓度的醋酸及一切有机酸类都有耐腐蚀性，所以冰醋酸、醋酐、甲乙混合酸、二硫化碳（化学试剂除外）一般都用铝桶盛装。

另外，铝瓶的密封性更好，可延长内容物的保质期，广泛用于盛装药品粉末、香料香精、化妆品、香水等产品。

化工产品包装用铝瓶具有重量轻、可重复拧紧、不易破损的特点，且融合了玻璃瓶和铝罐的各种优势，可 100% 回收。化工产品包装用铝瓶应用实例如图 12－24 所示，其特点如表 12－18 所示。

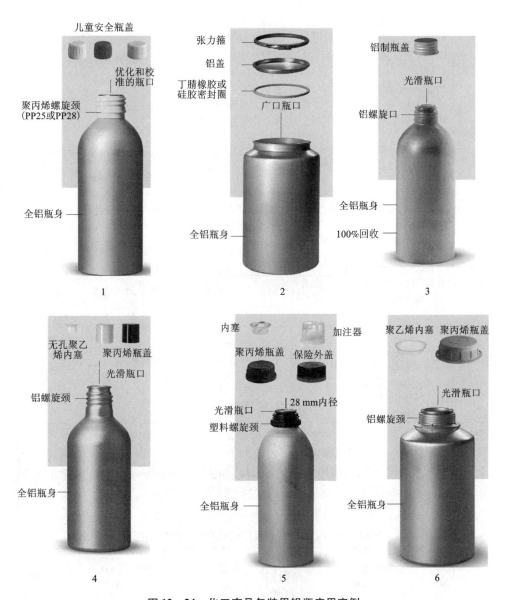

图 12-24 化工产品包装用铝瓶应用实例

表 12 – 18　化工产品包装用铝瓶的特点

产品	结构特点	性能	应用
1	无接缝工艺制成，瓶口缘向外翻卷，弹性和可压缩密封结构，带保险和塑料外盖	抗撞击和穿刺，隔绝光线和空气，化学性能稳定，密封性能好	一般用于黏合剂、底漆、催化剂、特殊涂料、清漆、电解质等液体产品的外包装
2	由于具有密封圈和张力箍，可确保运输安全，铝和丁腈橡胶或硅胶密封	密封性能好，防水性能优良，广口瓶易于清洁和消毒，并可重复密封	药品粉末、香料香精
3	无接缝工艺制成，瓶体光滑，瓶口缘向外翻卷，铝制瓶盖，螺旋口，封口操作简单易行	化学性能稳定，抗撞击和穿刺，隔绝光线和空气	适用于盛装香精香料、医药保健以及化妆品类液体产品
4	无接缝工艺制成，瓶体光滑，瓶口缘向外翻卷，配有聚丙烯瓶盖、无孔聚乙烯内塞	化学性能稳定，抗撞击和穿刺；密封性能好，隔绝光线和空气	适用于盛装香精香料原料、成品以及化妆品类液体产品
5	无接缝工艺制成，瓶体光滑，瓶口缘向外翻卷，塑料内外盖，螺旋口，封口操作简单易行	化学性能稳定，抗撞击和穿刺；密封性能好，隔绝光线和空气	用于盛装液体类产品
6	无接缝工艺制成，瓶颈和瓶口精密制造，聚丙烯外盖，聚乙烯内塞，瓶盖外沿留有小孔，可加铅封	密封性能好，化学性能稳定，抗撞击和穿刺；隔绝光线和空气；铝瓶各部分材质均可与所装物体直接接触，安全可靠	适用于盛装液体、黏性和粉状类产品

（2）化工产品包装用铝瓶的性能要求

化工产品包装用铝瓶的尺寸和质量偏差如表 12 – 19 所示，满口容量偏差如表 12 – 20 所示。

表 12 – 19　化工产品包装用铝瓶的尺寸和质量偏差

规格 /mL	瓶体直径(ϕ) /mm	瓶口内径(ϕ_1) /mm	螺纹深度(D) /mm	瓶高度(H) /mm	质量偏差
≥1500	±0.15	±0.6	±0.2	±1	±3%
1500 ~ 1000	±0.15	±0.6	±0.2	±1	±3%
≤1000	±0.15	±0.4	±0.2	±1	±6%

表 12 − 20　化工产品包装用铝瓶满口容量偏差

规格/mL	满口容量偏差
≥1500	不低于标称容量的 10%
1500 ~ 1000	不低于标称容量的 15%
≤1000	不低于标称容量的 20%

化工产品包装用铝瓶的主要物理性能如下：

（1）铝瓶在承受 100 kPa，5 min 耐压试验后，应无变形。

（2）铝瓶在承受 30 kPa 气密试验后，应无漏气。

（3）铝瓶在承受 250 kPa 液压试验后，不应渗漏。

（4）铝瓶经跌落试验后，不应泄露。

12.2.2.4　铝合金无缝气瓶

铝合金无缝气瓶采用具有良好工艺性能和抗蚀能力的铝合金材料，先将圆形平板坯冲成杯形，经挤压成形到所需尺寸，最后等温成型、高温固熔处理、水淬和人工时效等。它盛装压缩气体、高压液化气体，广泛应用于救生圈制作、饮料配制以及高纯气体的贮存等。

20 世纪 30 年代，瑞典、法国开始制造铝合金无缝气瓶，但由于当时生产成本偏高，制约了铝合金无缝气瓶的发展。到 20 世纪 50 年代，英国勒克斯菲尔公司首先采用冷挤压工艺制造无缝气瓶，大大降低了成本，产量也很快得到了提高。20 世纪 90 年代，我国开始制造铝合金无缝气瓶，虽然生产时间不长，但发展非常迅速，现在已有许多气瓶制造厂生产铝合金无缝气瓶。

对铝合金无缝气瓶瓶体材料的选择首先考虑的是它的安全性，为防止失效破坏造成的事故，瓶体材料必须具有足够的强度，一定的塑性、韧性，较好的耐腐蚀能力以及较好的低温性能；根据 GB 11640—2011《铝合金无缝气瓶》的要求，铝合金无缝气瓶的瓶体材料一般应选用 6061 铝合金，这个牌号材料属于 Al − Mg − Si 系铝合金，具有良好的冷热加工、耐蚀、低温、疲劳等性能。

铝合金无缝气瓶瓶体强度设计的主要任务就是确定其所需的最小壁厚。根据 GB 11640—2011《铝合金无缝气瓶》的有关规定：

（1）瓶体设计壁厚计算时，应采用材料热处理后规定非比例延伸强度的保证值，其值不应超过抗拉强度保证值的 85%。

（2）瓶体设计壁厚的计算以水压试验压力为准，水压试验压力为公称工作压力的 1.5 倍。

（3）简体的设计壁厚应不小于下面两个公式的要求，且不小于 1.5 mm。

$$S = \frac{p_h \cdot D_0}{\dfrac{2R_{p0.2}}{1.3} + p_h}, \quad S \geqslant \frac{D_0}{100} + 1$$

式中：p 为水压试验压力，MPa；D_0 为筒体公称外径，mm；$R_{p0.2}$ 为规定非比例延伸强度的保证值，MPa。

铝合金无缝气瓶的端部设计要求如下：

(1)底部和肩部的厚度和形状应满足水压爆破试验和疲劳试验的要求。

(2)为使应力分布均匀，筒体到肩部和筒体到底部的壁厚应逐渐增加，肩部和底部的典型结构如图 12 - 25 所示。

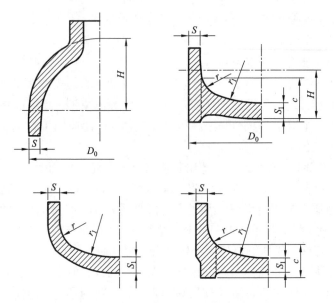

图 12 - 25　肩部和底部的典型结构

(3)底部任何部位的厚度都不应小于筒体的设计壁厚。

(4)内底形半径(r)不应大于 1.2 倍的筒体内径，内底形转角半径(r)不应小于瓶体内径的 10%。

(5)底部接地点到内壁的厚度(c)不应小于 2 倍的筒体设计壁厚。

铝合金无缝气瓶的制造方法大致有以下 4 种。

(1)冲拔拉伸法：是指将铝合金坯料加热冲孔后的短粗杯形件再经拔伸收口而成的铝合金无缝气瓶，是我国铝合金无缝气瓶制造的主要形式。

(2)冷挤压法：是指将铝合金坯料冷挤压成形，再经收口而成的铝合金无缝气瓶。这种加工方法工序简单，成本较低，但需要吨位较大的压力机。

（3）冲压拉伸法：是指将铝合金板深冲成长杯形件，然后将开口端封闭的工艺方法。这种加工方法瓶体壁厚比较均匀，但材料利用率低，工序复杂，造价较高，故采用这种工艺方法的厂家较少。

（4）旋压成形法：是指将铝合金板旋压成形制造的气瓶。对于铝合金等材料，旋压可以最大限度地发挥材料的塑性潜力，使变形量为70%以上，一次装卡旋压可达到需要多次拉伸退火的效果。所以拉伸旋压也是制造铝瓶的工艺之一，并特别适合小批量的产品生产。拉伸旋压后的桶坯可以再次旋压（一般需要加温）成小口的气瓶。这种全部通过旋压工艺加工制造的气瓶称为"全旋压气瓶"，一般精度高，瓶体壁厚均匀，质量优良，爆破压力较高（需配合合适的热处理工艺）。

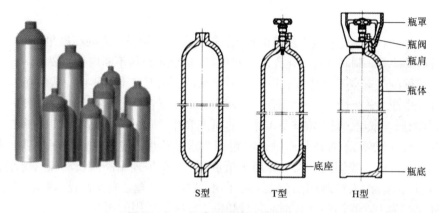

图 12 – 26　铝合金无缝瓶典型结构

12.2.3　铝板带在气雾罐中的应用开发

12.2.3.1　铝制气雾罐的应用现状

气雾罐是用于盛装喷雾产品的一次性使用的耐压不透气罐，广泛应用于药品、化妆品、卫生用品、保健品、个人护理品、消防等产品包装。容易挥发、渗透或含有机溶剂的液体化妆品，如摩丝、发胶、香水、清新剂和啫喱水等产品均采用气雾罐。铝质气雾罐已经成为化妆品包装的主要形式之一。随着人们对生活质量的认知的迅速提高，化妆品尤其是高档化妆品的消费需求日趋旺盛，铝气雾罐的用量呈上涨趋势。铝气雾罐的应用如图 12 – 27 所示。

气雾罐首先出现在美国，然后在全世界迅速发展。马口铁起初是用于盛装气雾剂的金属容器材料，直至 20 世纪 50 年代，仍是用于制造气雾罐的唯一原料。50 年代中期，马口铁材料的短缺导致包装工业开发了一种新产品——铝质气雾罐，由单片铝片一次冲挤成型后缩颈卷边成整体式气雾罐，从此进入了铝质气雾剂罐的摇篮

图 12 – 27　铝气雾罐

时期。60 年代初,随着世界经济的振兴,铝罐作为一种吸引人的高质量包装,已完全被市场接受。制罐的自动化程度不断提高,以满足市场不断增长的要求。

我国的气雾罐是改革开放以后发展起来的,在近三十五年中,从模仿和照搬国外的生产方式、产品标准开始,已发展到具有独立开发新产品、适应各种内容物(如发胶、摩丝、剃须泡沫等)需要的研发和生产能力,产品质量也已从"只要不漏就行"发展到了对外观质量也有苛刻要求的程度,应该说走过了起步、发展和成熟的阶段。我国气雾罐主要用于杀虫剂、汽车护理用品以及油漆气雾剂,而其他国家则以个人护理用品(除臭制汗剂、发胶/ 摩丝、剃须泡沫/凝胶)以及家用气雾剂为主。我国的气雾剂品种较单一,气雾罐适用的面较窄。

目前我国气雾剂年生产量已达 7 亿多罐,位居世界第 4,杀虫气雾剂生产约为 2.5 亿罐/年,占气雾剂总量的 44%,化妆品包装市场也被带动发展,化妆品包装仍稳居铝质气雾罐最大的消费市场,其中除味剂包装占 46%,美发摩丝、发胶和剃须膏包装分别占 16.1% 、14.5% 和 3.2% 。而我国气雾剂人均占有量为 0.46罐,远低于世界平均水平的 1.86 罐,总产量仅占世界总产量的 5% ,为美国人均占有量的 1/25,因此我国的气雾罐市场存在着巨大的发展空间。

12.2.3.2　铝制气雾罐的结构及生产工艺

铝制气雾罐由罐身、阀门和执行器或按钮三部分组成,阀门压接到罐的边缘,该部件的设计对于确定喷射速率很重要。用户按下制动器以打开阀门,当弹簧释放时,阀门关闭。制动器中喷嘴的形状和尺寸控制着气溶胶喷雾的扩散。

铝制气雾罐从结构上可分为两片罐或单片罐(或无缝罐)。两片铝质气雾罐是把罐身与罐底(或罐盖)制成一体,再和罐盖(或罐底)组合而成的气雾罐容器。罐身与罐底(或罐盖)这两个部分通过二重卷边连接。单片铝质气雾罐是罐身、罐底与底盖为一体的气雾罐容器,罐肩有拱肩型、圆肩型、斜肩型和台阶型等,由单片铝片通过一次冲拔或冷挤压成形。单片铝质气雾罐与两片罐相比,材料用量节省, 生产效率高, 产品废料量少, 并且生产的罐身没有侧缝, 通常圆顶盖与罐体成为一体, 罐的肩部可以形成一条平滑的曲线, 耐压强度高, 阻气性能良好 (不会因为存在接口而引起泄露), 防潮性能佳, 遮光性能强, 便于印刷, 外观精美。

铝质气雾罐的生产过程一般包括: 制作铝坯料 (铝原块) —将铝块反挤压—次成形罐体—切边并修整—内外涂漆及印刷—拱底、收颈、卷边—检验、包装。在高速自动生产线上, 高质量的铝坯料是生产优质铝罐的先决条件, 铝原块须具有一定的强度及优良的可塑性, 研究其化学成分、轧制工艺、退火工艺等对其力学性能、塑性变形等影响因素非常重要。

铝质气雾罐的主要生产工序有:

(1) 准备工作, 从厚铝板上冲压出相同直径的坯料 (铝盘)。

(2) 铝盘被放置在成型模机上, 通过高速往复式冲压初步形成铝罐。

(3) 将铝罐不规则边缘修剪掉, 使其达到标准高度的同时进行废料回收。

(4) 经修整后的罐体被投入高效冲洗机内烘干, 准备进行内外喷涂印刷工序。

(5) 应用特制漆喷涂铝罐内表面以保护罐体不受腐蚀并减少其他金属与之接触而产生的影响。

(6) 热固化工序, 罐体被涂上一层透明或有色底漆, 形成良好的喷墨层。

(7) 第一个热空气干燥炉, 烘干铝罐表面的喷漆。

(8) 涂层多达 8 种颜色, 然后再涂上清漆。

(9) 经过第二个热空气干燥炉, 烘干铝罐表面的油墨和清漆。

(10) 最后的成型工艺为, 用约 15 道工序对罐体的上部边缘进行冲模加工, 从而形成光滑的上滚边, 用于装配喷雾阀/喷雾装置。

(11) 每瓶铝罐在出厂之前都要经过各个阶段的检查, 最后一个阶段为压力测试, 以便发现任何可能的微小裂纹。

(12) 码垛成品铝罐, 转移至灌装车间。

12.2.3.3 铝制气雾罐的性能要求

(1) 气雾罐用铝材主要性能指标

材料: 含铝量应大于 99.5%。

铝材硬度要求: 铝材为全软状态, 其硬度 HB 17 ~ 23。

铝材的内部金相要求: 铝材的晶粒度要求不大于 0.026 mm^2。

(2) 主要性能

气密性试验 (0.8 MPa, 1 min): 不泄露。

变形压力: ≥1.2 MPa。

爆破压力: ≥1.4 MPa。

13　铝合金在其他领域的应用开发

13.1　铝合金在日用品中的应用

在日常生活中，人们会时时处处接触到铝制日用品，如铝制的锅、碗、瓢、盆、盒、勺，铝质的清扫工具和五金器具，以及铝制的纽扣、服装与鞋具、雨具及附件、饰品及玩具、模型及模具等。日常用品的用铝量占全球总耗量的1%以上。人们正在研制各种新型的奇特的铝制日常用品和装饰品，以满足不断提高的人民生活水平的需要。

（1）铝制日用品

质轻、维护费用低、抗蚀、经久耐用和美观是铝制家具的主要优点，桌子、柜子、沙发、椅子等底座、支座框架和扶手是由铸造、拉制或挤压的管材（圆形、正方形或矩形）、薄板或棒材制成的。这些部件经常在退火状态或不完全热处理状态下成形，然后再进行热处理和时效。

图13-1是由铝合金型材制造的各种相片架。

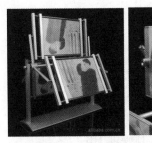

图13-1　铝合金型材制造的各种相片架

（2）家用耐用消费的应用

铝材良好的可硬钎焊性对冰箱和冷冻机蒸发器而言是很有用的。管材放在浮凸薄板和带适量焊剂的硬钎焊合金条之上，可将此组合件放在炉内进行硬钎焊。剩余焊剂可连续地用开水、硝酸和冷水洗去。这样就可制出一个具有高热导率、高效率、良好的抗腐蚀性和低廉制造费用的蒸发器。

除了少数永久模制件以外，实际上电器的所有铝铸件都是用压模铸造法生产的。炊事用具可用铝铸造、拉制、旋压或拉制结合旋压法制成。手柄通常用铆接或点焊与用具连接。在有些用具中，铝制外表与不锈钢内衬相结合，另外一些用具的内壁用瓷料或衬以聚四氟乙烯。硅树脂、聚四氟乙烯或其他镀层可以增加受热炊事用具的实用性。用具中很多压模件都用作内部功能件，而不需表面精制。

各种形状的用具不少是用铝合金薄板、管材和线材制成的。图 13 - 2 是由铝合金制造的炊事用具。

图 13 - 2　铝合金制造的炊事用具

某些铝合金在阳极氧化后呈现的自然颜色对食品处理设备极为重要。这方面的应用包括冰箱的蔬菜盘、肉盘、制冰托盘的铝丝搁架。在制造铝丝搁架时，进行冷镦粗作业，铝挤压带即可形成搁架的边框。

13.2　铝合金在能源工业中的应用开发

13.2.1　铝合金在核工业中的应用

（1）核反应堆用铝合金开发应用概况

由于铝具有对热中子的吸收截面较小（0.22×10^{-24} cm^2），仅比 Be、Mg、Zr 等金属的大，而比其他金属的小得多，辐照感应放射能衰减快，高纯铝停止辐照后在一周内就急剧下降，反应堆壁溅蚀小，在 175℃ 以下空穴率小，耐辐照等特点，因而在核能工业上获得了广泛的应用。

在反应堆中，作为热交换介质的水所引起的腐蚀问题比热电站所遇到的腐蚀问题严重得多。一般来说，铝材在 50℃ 以下的水中发生点蚀，在 50 ~ 250℃ 中的水中以均匀腐蚀为主，在高于 300℃ 的水中则发生晶间腐蚀。

实践证明，选用耐点蚀的合金，提高合金纯度以免产生阳极夹杂物，提高堆用水纯度，严格控制水中有害离子含量，是防止点蚀的有效措施。此外，对铝材进行阳极氧化，也是提高耐蚀性的有效措施，但只有在100℃以下的水中才有高的抗蚀能力。

作为工艺管的铝材，在加工运输与安装过程中，其表面不可避免地会产生种种局部损伤，如划痕、碰伤、氧化膜缺陷等，它们会加速阴极去极化反应，也易使电位比铝更正的重金属在该处沉积，从而加速铝阳极的离子溶解作用，加速腐蚀。但只要损伤深度不超过一定的值(低温水堆用铝材的容许安全值为0.15~0.30 mm)，就不会引起异常的加速腐蚀，在低温水堆的特定条件下，可安全使用。

中温水堆铝合金的最高使用温度及腐蚀速度列于表13-1。

表13-1 中温水堆铝合金的最高使用温度与腐蚀速度

合金牌号	用途	在流速6~8 m/s的水中最高使用温度/℃	腐蚀速度/[mg·(dm²·d)⁻¹]
LT27	元件包壳	<200	12.0~15.0
305	元件包壳	270	12.0~14.0
306	元件包壳	270	16.0~18.0
LT24	工艺管	130	0.14(基体)，2.0(阳极氧化)
167	工艺管	185	4.7(基体)，13.9(阳极氧化)
6A02T6	结构材料	200	4.0~5.3

对堆用铝材危害最大的是晶间腐蚀。这是由晶界区与晶粒的电位差引起的。因此，凡是能降低这种电位差的措施，都能提高合金抗晶间腐蚀的能力。

防止铝材晶间腐蚀最有效的措施是向铝中添加一定量的Fe和Ni，使之形成氢超电压较低的阴极相$FeAl_3$、$NiAl_3$等。这就是中、高温堆用铝材大都含有一定量的Ni和Fe的缘故。在铝-镁-硅合金中添加一定量的铜，也能提高合金抗晶间腐蚀的能力。

合金的晶粒越细，抗晶间腐蚀的能力就相应增加。热处理条件也对合金晶间腐蚀有明显影响。高温退火往往会使呈阴极的第二相沿晶界沉淀与晶粒长大，增加合金的晶间腐蚀敏感性。

对堆用铝合金，应考虑微量元素的热中子吸收截面(见表13-2)。例如天然硼的热中子吸收截面为755×10^{-24} cm²，而B^{10}的竟高达3800×10^{-24} cm²，所以硼及含硼的合金是很好的屏蔽材料与控制材料，但对非屏蔽材料来说，却是一个有害的元素，应严加控制。美国规定8001铝合金的硼含量不得大于0.001%。锆的热中子吸收截面相当小，只有0.18×10^{-24} cm²，钛为5.6×10^{-24} cm²，可作为堆用材料的微量添加元素。

表13-2　铝合金中常见元素的热中子吸收截面

元素	热中子吸收截面 /$10^{-24}cm^2$	元素	热中子吸收截面 /$10^{-21}cm^2$
O	0.001	Mo	2.4
Be	0.009	Cr	2.9
C	0.0045	Cu	3.6
Mg	0.059	Ni	4.5
Zr	0.18	V	4.7
Al	0.22	Ti	5.6
H	0.32	Mn	13
Na	0.45	Li	71
Nb	1.1	B	750
Fe	2.4	Cd	2400

（2）核反应堆用铝材

反应堆铝材可分为两种：一种是温度在100℃以下的低温堆用元件包壳及结构材料，主要用的是工业纯铝与铝-镁-硅系合金、3A21型合金及苏联CAB型合金；一种是使用温度不超过400℃的中温堆用材料，有铝-镍-铁系、铝-硅-镍系合金，其中典型的材料是美国的8001合金。我国核反应堆用铝合金的成分及用途见表13-3。

表13-3　我国核反应堆用铝合金的成分及用途

合金	成分/%					用途	最高使用温度/℃
	Fe	Si	Mg	Cu	Al		
1060	≤0.25	≤0.20	—	≤0.01	≥99.6	元件包壳及结构材料	120
1050A	≤0.30	≤0.30	—	≤0.015	≥99.5	元件包壳及结构材料	120
1100	≤0.35	≤0.40	—	≤0.05	≥99.3	元件包壳及结构材料	120

续表 13 – 3

合金	成分/%					用途	最高使用温度/℃
	Fe	Si	Mg	Cu	Al		
LT26	0.08 ~ 0.18	0.04 ~ 0.16	—	—	其余	元件包壳材料	—
LT21	—	0.6 ~ 1.2	0.45 ~ 0.9	—	其余	结构材料	—
LT27	—	—	—	—	—	包壳材料	200
305	—	—	—	—	—	包壳材料	270
306	—	—	—	—	—	包壳材料	270
LT24	—	—	—	—	—	工艺管材料	130
167	—	—	—	—	—	工艺管材料	185
6A02T6	—	—	—	—	—	结构材料	200

美国广泛采用工业纯铝 1100 作包壳材料，苏联采用铝 – 镁 – 硅系合金 CAB – 1(0.45% ~ 0.90% Mg、0.7% ~ 1.2% Si，其余为铝)作压水型 MP、NPT、BBP – M、BBP – Ц、MNP 型的结构材料与工艺管材料。但这些材料的最高工作温度为 130℃。如温度更高，则应采用其他铝材。

工作温度达 400℃ 的铝合金有我国的铝 – 硅 – 镍系 306 合金，约含 7% Si 与 0.65% Ni，它的热中子吸收截面小，在中、高温水中的抗蚀性高，室温与高温力学性能相当好，加工性能好，可作管状元件及板状元件的包壳材料。

国外采用 9% ~ 12% Si、1% ~ 1.5% Ni 与 11% Si、1.0% Ni、0.5% Fe、0.8% Mg、0.1% Ti 的铝 – 硅 – 镍合金作元件的包壳材料，其在高温水中有良好的抗蚀性。后一个合金在 260 ~ 300℃ 水中的抗蚀性比 8001 合金的高。

此外，Al – Fe – Ni 系合金也得到了应用，这类合金的成分范围为：1% ~ 5% Ni、0.30% ~ 1.5% Fe，以及少量的其他元素。其中典型的是美国的 8001 合金，它含 0.9% ~ 1.3% Ni、0.45% ~ 0.7% Fe、≤0.17% Si、≤0.15% Cu、≤0.05% Zn、≤0.001% B、≤0.003% Cd、≤0.008% Li。在 BORAX – 1、BORAX – N 及 EBWR 型堆中获得了成功应用。

此外，在某些特殊情况下，如果作为屏蔽材料的混凝土的重量与体积不能满足要求，或不便使用，则除水以外，还可用一种波拉尔(Boral)铝板作屏蔽。这是一种含有碳化硼的铝。热轧 Boral 板时，在其表面包覆一层 1100 工艺纯铝。

(3)核聚变铝材

一些国家正在开发核聚变反应堆。然而，其首要的问题是材料。

核聚变反应堆将氘(D)和氚(T)产生的高温等离子封闭起来，进行核聚变反应，反应堆应该用感应放射能衰减快的、停堆后短时间人可以接近的、残留放射能少的材料制成。铝合金是一种低感应放射能材料，作为一种热核反应堆材料较为理想。

热核反应堆材料除要求感应放射能小外，还要求在120℃时应有相当高的强度；由于磁场作用，会产生涡流，铝合金的电阻应大；还应有良好的成形加工性能、真空性能与导热性。

残余感应放射能低的材料是 C、SiC 与纯铝，但 C、SiC 的成形性能差，加工大的构件很困难，现在日本的 R 计划、国际原子能机构的 INTOR 和美国的 STARFIRE 核聚变反应堆的研究都把铝合金作为开发的首选材料。

在周期表中，对 14.1MeV 中子引起的感应放射能低的元素只有 Li、Be、C、Mg、Al、Si、V、Pb、Bi 等。因此，热核聚变反应堆铝材的研究开发对象无疑当是以高纯铝为基的 Al - Mg - Si 系、Al - Mg 系、Al - Si 系、Al - V 系、Al - V - Si 系、Al - Mg - V 系、Al - Mg - Li 系合金及烧结合金（SAP）。在这类材料中，应严格控制铝合金的常用合金元素 Fe、Cu、Cr 等。

13.2.2　铝合金在太阳能发电中的应用

改善生态环境，寻找不释放温室气体的清洁能源已成为当务之急。大力推广太阳能、风能等可再生洁净能源是解决这两大难题最有效的方法之一。

挤压铝材是制造太阳能发电装备最有竞争力的可选材料，电池板框架支柱、支撑杆、拉杆等都可以用铝合金制造。太阳能发电装备铝材可用 6061、6063、6082 合金挤压。目前，平均每兆瓦太阳能的发电装置需要铝材用量 45 ~ 55 t。图 13 - 3 是太阳能发电装置及安装太阳能接收装置的铝合金型材架。

图 13 - 3　太阳能发电装置及安装太阳能接收装置的铝合金型材架

13.2.3　铝合金在风力发电中的应用

风能是洁净的、可再生的、储量很大的低碳能源，为了缓解能源危机和供电压力，改善生存环境，其在 20 世纪 70 年代中叶以后受到了重视，开始开发利用。

风力发电有很多独特的优点：施工周期短，投资灵活，实际占地少，对土地要求低等。同时，风力发电也存在一些瓶颈，如并网、输电、风机控制等方面，阻碍了风力发电的广泛应用。因此，需要有效地解决现有问题，使得风力发电成为电力行业的生力军。其中风叶的制造也是一个重要的课题，采用铝合金材料来制造风叶，具有一系列优点，主要是重量轻、比强度高、耐腐蚀等。因此，铝合金是制造风力发电的重要材料。铝合金在风力发电中的应用如图13-4和图13-5所示。

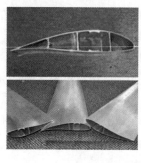

图13-4　供微波基站用电的
风力发电装置及铝合金叶片

图13-5　达坂城
100 MW 风电装置

13.3　铝合金在体育器材中的应用开发

由于体育器材正向着重量轻、强度高与耐用的方向发展，铝材受到了重视。选材时一般将比强度(强度/密度)与比弹性模量(弹性模量/密度)列为主要目标，还必须耐冲击。例如，在设计高尔夫球棒时，重量轻是重要问题，但由于击球时冲击力达1.47×10^4 N，所以，材料必须具有相当高的耐冲击能力。

铝在体育器材上的应用始于1926年，近年来，铝材的应用取得了惊人的进展，几乎渗透到了体育器材的各个方面。铝材在体育器材方面的应用实例见表13-4。

(1)球棒

球棒过去是用小叶白蜡树、落叶乔木、桂树等高级木材制造。1971年，美国首先用铝材制造的，接着日本于1972年开始批量生产。硬棒球棒可用7001、7178合金制造，软棒球棒可用6061、7178合金制造。图13-6为几种常见的铝合金球棒。

图13-6　几种常见的铝合金球棒

表 13-4 铝材在体育器材方面的应用

类别	零件名称	合金	重量轻	强度	硬度	抗蚀性	耐磨性	加工性	外观
棒球	硬棒球棒	7001、7178	+	+	+	-	-	-	-
	软棒球棒	6061、7178	+	+	+	-	-	-	-
	球盒	6063、1050A	+	-	-	+	-	-	+
	投球位	1050A	+	-	-	+	-	-	+
网球	拍框（网球）	6061、2A12、7046	+	+	-	-	+	+	+
	拍把手铆钉（网球）	2A11	+	+	-	-	-	-	-
	网球拍框箍	1200	+	-	-	-	-	-	-
羽毛球	羽毛球拍框	6063、2A12	+	+	-	-	+	+	+
	羽毛球拍接头	ADC12	+	-	-	-	+	+	+
滑雪板	滑雪板受力部件	7A09、7178	+	+	-	-	-	-	-
	滑雪板边	7A09、7178	+	+	+	-	+	-	+
	滑雪板后护板	6061	+	-	+	-	+	-	+
	滑雪板斜护板	7178	+	-	+	-	+	-	+
	滑雪板底护板	5A02	+	+	+	-	-	-	-
	各种带扣与套壳	ADC6、ADC12	+	+	-	+	-	+	+
	皮带结构件	ADC6、ADC12	+	+	-	+	-	+	+
滑雪仗	杖本身	6061、7001、7178	+	+	+	-	-	-	+
	扣环	6063	+	-	-	-	-	-	-
箭	杆、弓	2A12、7A09	+	+	-	-	-	-	+
田径	撑杆、支柱、横杆	6063、7A09	+	+	-	+	-	-	+
	栏架	6063、5A02	+	-	-	+	-	-	+
	标枪	2A12、7A09	+	+	-	-	-	+	+
	接力棒	1050A、5A02	+	-	-	+	-	-	+
	起跑器、信号枪	6063、ADC12	+ +	-	-	+	-	-	+

续表 13-4

类别	零件名称	合金	重量轻	强度	硬度	抗蚀性	耐磨性	加工性	外观
登山旅行	炊具、食具、水壶	1060、3A21、5A02	+	-	-	+	-	-	+
	背包架、椅子	6063、7A09	+	+	-	-	-	-	+
高尔夫球	球棒	7A09	+	+	-	-	-	-	-
	伞柱	5A02	+	+	-	+	-	-	-
	球棒头	ADC10	+	-	-	-	+	-	-
	框	1060　1050A	+	-	-	-	-	-	-
击剑	面罩	2A11	+	+	-	-	-	-	-
冰球	拍杆	7A04、7178	+	+	-	-	-	-	-
鞋	跑鞋钉螺帽	2A11	+	+	-	-	-	-	-
	滑雪鞋侧面铆钉	2A11	+	+	-	-	-	-	-
	滑雪鞋皮带扣	6063	+	+	-	+	+	+	+
	橄榄球鞋螺栓	ADC12	+	-	-	-	+	-	+
自行车	各种零部件	2A14、2A11、2A12、5A02、6061、6063等	+	+	-	+	-	-	+
游泳池	侧板、底板	5A02	+	-	-	+	-	+	+
	管道	3A21、6A02、6063	+	-	-	+	+	+	+
	加固型材、支柱	6063	+	-	-	+	+	+	+
足球 水球 冰球 橄榄球	门、柱	6061、6063	+	+	-	-	-	-	+
其他设施	观众座席、棚架、更衣室	6063及其他合金	+	-	-	-	+	-	+
赛艇	桅杆	7005	+	+	-	+	-	-	-

（2）滑雪器具

图 13 - 7 为滑雪板结构示意图，目前，滑雪板几乎全是用铝合金制造的。铝制滑雪器材既轻便，又无低温脆性，安全可靠。图 13 - 8 是铝合金折叠雪橇或称滑雪车。图 13 - 9 是 SNOWPOWER 铝镁合金滑雪手杖，双板雪杖长 100 ~ 125 cm。

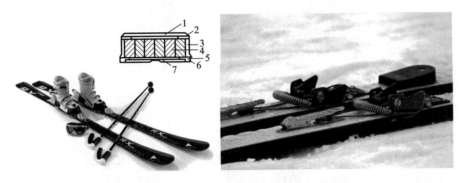

图 13 - 7 铝合金滑雪板及标准横截面示意图

1—顶部；2—前端；3—斜护板；4—芯材；5—受力件；6—钢刃；7—滑行板

图 13 - 8 铝合金折叠雪橇

图 13 - 9 滑雪手杖

（3）网球及羽毛球拍

铝合金网球拍，最早用 6061 合金，现在多用 7046 合金，最近有用性能更好的玻璃纤维复合铝材制造的。羽毛球拍要求重量轻，摆动速度快。现在，比赛用的羽毛球拍都用铝合金制造。

（4）登山及野游旅游器材

登山、野游、旅游器材与用具要求轻和安全可靠，铝材获得了广泛应用。饮具、食具与行李背架等几乎全是用铝合金制造的。图 13 - 10 是由铝合金挤压管材制造的行李背架。

图 13 – 10　由铝合金挤压管材制造的行李背架

（5）赛艇桅杆

桅杆是赛艇的主要部件之一，每根 8 m 长的桅杆价值都超过 1000 美元。西南铝加工厂于 1984 年用 7005 合金挤压桅杆型材（截面图见图 13 – 11）。7005T6 合金的力学性能如下：$\sigma_b = 442.96$ MPa，$\sigma_{0.2} = 405.7$ MPa，$\delta = 11.3\%$。

7005 合金加工性能良好，断裂韧性高；焊接性能优良，弓形接头焊缝海港试验 4 年无一断裂；抗蚀性好，海水浸泡 4 年，表面无一处腐蚀斑点；桅杆弯曲度≤2 mm/m；桅杆扭挠度≤1°/m。

（6）游泳池及游泳器件

1）铝合金游泳池

用铝材建造游泳池应采用大

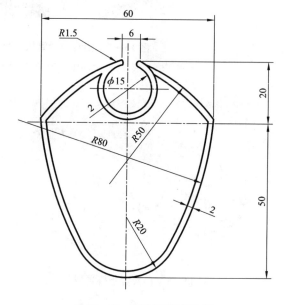

图 13 – 11　桅杆型材截面图

型挤压型材，易组装，建设工期短；外表美观，清洁感与卫生感强；耐腐蚀，不漏水，易维修。

游泳池铝材的合金与规格如下：侧板、底板一般用 5A02 合金，侧板厚 4 mm，底板厚 3 mm；管道一般用 5A02、6063、3A21 合金；加固型材、支柱一般用 6063 合金。

2）铝合金高弹性跳水板

高弹性跳水板及跳水台一般用 6070T6 合金挤压型材和壁板制造，见图 13 – 12

和图 13 - 13。目前，杜尔福莱克斯（Durafex）水器材被公认为当今世界上最好的跳水器材。自 1960 年开始被国际奥委会指定为奥林匹克运动会跳水比赛使用的唯一跳水器材。B 型跳水板：宽度 49.8475 cm（19 5/8 in）；长度 4.8768 m；最前端厚度 2.2225 cm（17/8 in）；中间厚度 3.4925 cm（13/8 in）。

杜尔福莱克斯跳板是由 6070T6 铝合金经过热挤压成形，再经过热处理，以达到高强高弹性。铝合金跳水板经扭力盒挤压固定部分的端盖及顶端盖帽铆合部分，再用机器进行调整与装配以后，在跳水板表面涂抹水性彩色热固化环氧树脂。最外一层表面上需覆盖三个磨砂层和白色的氧化铝，以实现防滑功能。跳水板的底面支点部位受到使用环氧胶黏剂粘贴在主板上的专门形成的橡胶垫层的保护。

图 13 - 12 跳水架及高弹性铝合金跳水板示意图

防扭挤压型材

图 13 - 13 高弹性铝合金跳水板型板尺寸及断面图

13.4 铝合金在复印机零件中的应用开发

铝挤压材应用于复印机零件最主要的是感光鼓，它用 3A21 或 6063 合金拉伸管或挤压管机械加工而成，然后在其上沉积或涂覆一层光电性物质。因此，对管材的质量要求高，组织中应不含粗大的析出物、夹杂物及金属间化合物，对切削加工表面质量与尺寸精度的要求也高，不得有较深的擦伤与划痕。

感光鼓使用的管材直径为 $\phi80 \sim 125$ mm，壁厚为 $3 \sim 5$ mm，成品重量为 0.5 ～

2.5 kg，具体尺寸与重量决定于复印机型与生产厂家。感光鼓除用拉伸法与挤压法生产外，还可用减薄深拉法、冲锻法与其他方法生产。

复印机上的各种固定辊是用 1100 与 6063 合金管材与型材制造的，内部的一些功能零件与反射镜板是用 1100 板与 6063 型材制造的。许多零件框架、显像管、光学机构装配及导向板都是用铝材加工的。

复印机铝制的典型零件名称及所用材料特性见表 13 – 5。

表 13 – 5　代表性零件所用材料及其特性

合金	材料种类	所用材料特性					零件举例
		强度	绝缘性、导电性、非磁性	抗蚀性耐溶剂性	反射率分光特性	密度、热膨胀系数	
工业纯铝	板	–	+	–	+	–	反射镜
1100	板	–	–	+	+	–	铭牌
3A21	管	–	+	+	–	+	磁鼓
5A02	板	–	+	+	–	+	托架、暗盒，导向板
1100	管	+	+	+	–	–	各种辊
6063	管	+	+	+	–	+	磁鼓及各种磁辊
6063	型	+	–	+	+	+	套筒，导向零件，结构件
铸造合金	铸件	–	+	+	–	+	磁鼓，基板，侧板等

注："＋"表示被利用的性能，"－"表示没有被利用的性能。

13.5　铝合金在公辅设施中的应用开发

铝合金因环保、防水防火、防虫防蛀、耐撞击、无异味、不变形、易清理、封边牢固、耐用性佳和美观等特点，是制作公辅设施的最佳材料。目前，国内外已经广泛应用铝合金制作公共汽车站、室外花台、公园桌椅、垃圾箱、灯杆等。中国城市公辅设施的铝化率还很低，2017 年仅为 0.5%，与发达国家的 20% 左右相比相差甚远，是一个亟待开发的铝应用场地，潜力很大，可用铝材制造的公辅设施的面很广，小到景观灯，大到游艇与天桥。

（1）城市街道护栏及花台

铝合金挤压型材与管材是制造公路、城市繁华街道、交叉路口护栏的上乘材料，铝合金护栏还具有美观、质轻、不生锈、使用期长、经济环保等优点。护栏尺寸：长×宽×高通常为3300 mm×400 mm×1236 mm，质量为53 kg。铝合金街道护栏如图13-14所示。图13-15是铝合金花台。

图13-14　铝合金街道护栏

图13-15　铝合金花台

（2）铝合金公交站亭及座椅

城市街道旁、公园、休闲场所等的铝合金座椅种类繁多，具有质量轻、耐腐蚀、使用期长、洁净卫生、可木纹转印、颜色鲜艳等优点。常用座椅、板凳尺寸：长×宽×高为2760 mm×1240 mm×520 mm，质量为72 kg。材料为6063T5铝合金，都经过表面处理。图13-16是铝合金公共汽车站亭。铝合金座椅如图13-17所示。

图13-16　铝合金公交站亭

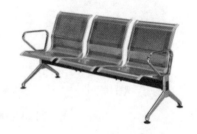

图13-17　铝合金座椅

（3）铝合金垃圾桶

城市街道、公园、休闲娱乐场所、旅游景点等场合需要大量的垃圾桶，而且要求垃圾桶外观与放置地点协调一致，铝材经过表面处理是制造垃圾桶的好材料。常用桶的体积为0.45 m³，容积为0.19 m³，质量约24.4 kg。此外，全铝易拉罐回收机也可以用铝合金制造。

（4）铝合金灯杆

灯杆可用多种材料制造，如水泥、铸铁、钢、玻璃钢等。水泥灯杆具有造价低、不需表面处理、使用过程中不需维护等优点。但水泥灯杆非常重，运输费用高，安装设备昂贵，安装难度也大，且危险性高，服役期满后无回收价值。铸铁灯杆，现在用得最多，首批成本低，强度相当高，但在使用过程中会发生严重的腐蚀，须定期维护且维护费用不菲，重量是铝的 3 倍，运输安装成本高，回收价值低。如用钢管灯杆，需进行热浸镀锌处理，必须注意环保，否则对环境污染严重。也有用玻璃钢制造灯杆的，它的质量轻，首批成本不高。但是：它没有回收价值，处理困难、费用高；不抗紫外线侵袭，日久天长杆体破坏非常严重，且会变色，维护费高；低温时强度会有较大下降。铝合金灯杆使用到期后不但可回收，再生熔炼铸造的总能耗仅相当于原铝提取总能耗的 4.9%，而且烧损也不大，在先进的双室炉内熔炼，其烧损率约为 2%。

　　铝合金灯杆按用途分为街道路灯、庭院灯、草坪灯、景观灯等。这些灯的杆、座与头顶都可以用铝合金制造，灯杆用铝合金旋压或挤压，灯座为铝合金铸件，杆的材质为 6065 铝合金，座的材料为 ZL1××系铸造铝合金。铝合金灯杆如图 13 - 18 所示。

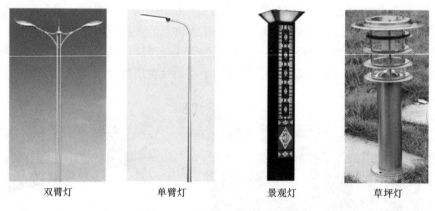

双臂灯　　　　　　单臂灯　　　　　　景观灯　　　　　　草坪灯

图 13 - 18　各种各样的铝合金灯杆

　　铝材在未来城市智能照明与其他智能公辅设施的应用中将大显身手。可用于制造传感器（城市环境监控显示器、噪声传感器、空气污染检测器、温/湿度传感器、亮度传感器），视频监控（安防监控、车辆监控）装置，RFID 系统（特殊人群监控、窨井盖监控、社区安防监控、市政设施监控），紧急呼叫系统（外场分机与监控中心联系、监控中心对外场的主动广播），智能照明网络（蜂窝式散热器、基于亮度的均匀配光器、智能单灯/集中控制器、多种模块化设计灯头可选器），无线网络（路灯内嵌 WIFI 热点），信息发布系统（广告播放、时政新闻、信息发布），充电桩（电动汽车及电动自行车充电）等。

13.6 铝合金在机场的应用开发

铝合金临时活动机场中较固定的水泥机场具有重量轻，可移动，可建在沙滩、海滩、山区和沼泽地，机动性强，修建和装卸时间短，可回收，可多次使用等一系列优点。因此，在美国、俄国等军事强国获得了广泛应用。修建一个能起落 B52 等巨型轰炸机和波音 767 等重型运输机的临时机场，需要铝合金大型材数千吨，加上与之配套的机场设施，共需各种铝合金型材上万吨。我国在 20 世纪 70 年代末也成功研制了临时机场用铝合金跑道板型材（见图 13－19），并修建了一段铝合金临时跑道。

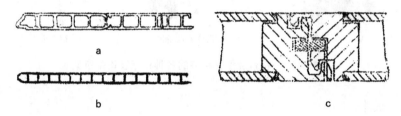

a

b

c

图 13－19　铝合金跑道板型材

13.7 铝合金在各种组合框架及设备机架中的应用开发

工业铝型材表面经过氧化后，外观非常漂亮，组装成产品时，采用的是专用铝型材配件，不需要焊接，较环保，而且安装、拆卸、携带、搬移都极为方便，因此广泛用于自动化机械设备、航空交通检修平台、车间围栏隔断、设备框架、设备机架、支架、生产检具、车间工作台、手推车、物料架、展示架、封罩的骨架、流水线输送带、提升机等。铝合金在工业型材机架设备中的具体应用如图 13－20 所示。

（1）铝合金组合框架及设备机架的特点

1）外表美观大气。工业铝型材是一种经过阳极氧化处理的型材，保留了铝的本色银白色。通过技术处理也可制成其他颜色，如黑色、金色等。而采用这种型材制成的铝型材架子，外表美观、干净整洁，使用一段时间后依然光洁如新。

2）采用模块化工业铝型材配件连接件，安装便捷，不需焊接。铝型材架子多采用配件连接，不需焊接。这样的连接方式让架子具有拆装方便、移动方便等特点。使用的多是模块化的型材配件连接件，市场上比较常见，易于维护保养，同

(a)自动化设备的机架   (b)铝合金楼梯/平台   (c)铝制流水线框架

(d)车间工作台   (e)铝合金设备机架   (f)铝合金物料车

图 13 - 20   铝合金型材组装的各种框架及设备机架

时降低了成本。

3)安全稳固,强度及承重力好。工业铝型材的规格有上百种,不同规格大小的型材,使用范围及性能也不尽相同。用户可根据自身的需要选择不同型材进行加工组装。

4)耐腐蚀,使用寿命长。由于铝型材经过了氧化处理,在型材本身的表面形成了一层保护膜,这层膜可以保护铝型材不被腐蚀,延长使用寿命。

5)环保。工业铝型材本身是一种较环保的型材,可 100% 回收利用。

(2)常用的铝合金材料及类型

常用的铝合金材料为 6063T5。6063 合金属于 Al - Mg - Si 系合金,其使用范围广,耐蚀性好,焊接性能优良,冷加工性较好,并具有中等强度。6063 铝合金具有以下特点:①可热处理强化,冲击韧性高,对缺口不敏感;②有良好的热塑性,可高速挤压成结构复杂、薄壁、中空的各种型材,或锻造成结构复杂的锻件;③焊接性能和耐蚀性优良,无应力腐蚀开裂倾向,在热处理可强化型铝合金中,Al - Mg - Si 系合金是唯一没有发现应力腐蚀开裂现象的合金;④加工后表面十分光洁,且容易阳极氧化和着色。

通常采用的铝型材种类主要有 20 系列、30 系列、35 系列、40 系列、50 系列、60 系列、80 系列、90 系列和 100 系列,每个系列都有不同的型号,型号不同,铝型材横截面也不相同。下面以 40 系列为例详细介绍工业铝型材及其配件。

40 系列铝型材的主要型号有 8 - 4040A、8 - 4040B、8 - 4040C、8 - 4040D、8 - 4040GE、8 - 4040GF、8 - 4040GG、8 - 4040R、8 - 4080、8 - 4080G 和 8 - 4080GA，各型号外观和横截面如图 13 -21 所示。

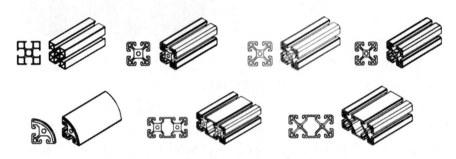

图 13 - 21　不同型号的铝型材及其横截面

横截面不同，铝型材的单位质量、集合惯性和截面惯性也有所不同，40 系列各型号主要参数如表 13 -6 所示。

表 13 - 6　各型号铝型材主要参数

型号	材料	单位质量 /(kg · m⁻¹)	长度 /m	集合惯性		截面惯性	
				I_x	I_y	Z_x	Z_y
8 - 4040A	Al6063T5	1.35	6	9.70	9.70	5.10	5.10
8 - 4040B	Al6063T5	1.95	6	9.70	9.70	5.10	5.10
8 - 4040C	Al6063T5	1.55	6	9.25	9.25	4.86	4.86
8 - 4040D	Al6063T5	2.2	6	10.20	10.20	5.32	5.32
8 - 4040GE	Al6063T5	1.65	6	9.70	9.70	5.10	5.10
8 - 4040GF	Al6063T5	2.4	6	9.70	9.70	5.10	5.10
8 - 4040GG	Al6063T5	1.55	6	9.70	9.70	5.10	5.10
8 - 4040R	Al6063T5	2	6	6.15	6.15	2.84	2.84
8 - 4080	Al6063T5	3.5	6	74.80	21.60	17.40	8.70
8 - 4080G	Al6063T5	2.4	6	10.20	10.20	5.32	5.32
8 - 4080GA	Al6063T5	2.85	6	74.80	21.60	17.40	8.70

(3)铝合金精益管

铝合金精益管属于一种柔性生产线产品，也称作第三代精益管或者铝合金线

棒。因为其具有灵活的生产方式
以及拼插式的组合结构，所以能
够在非常短的时间内按照操作者
的使用需求进行组装。铝合金精
益管如图 13 – 22 所示。

图 13 – 22　铝合金精益管

　　铝合金精益管具有以下性能
特点：①环保，没有毒副作用。
由于口碑好的铝合金精益管厂家采用的原材料是铝镁硅合金的铝棒，所以不会产
生任何毒副作用，因此用其组装成货架不会对存放的货物造成任何污染。②不易
滋生细菌。高质量的铝合金精益管因为是以铝合金管为主要原材料，表面经过阳
极氧化处理，有一层透明坚硬的氧化膜，所以耐腐蚀性高，使用之后不容易结垢，
也不容易滋生细菌和微生物。因此，用于药品、食物等商品的货架制作是非常合
适的。③承载能力强。因为铝合金本身是一种质量轻但是强度大的金属，所以即
便是很轻便的铝合金线棒架子也有很好的承载力。因此，用铝合金精益管组装成
仓储货架，尤其是应用在中、轻型多层先进先出线棒货架、出货滑道系统以及特
殊应用货架中，能更好地发挥其承载性。④降低管件造成的人员伤害概率。由于
设计精益管时，精益管凹槽均采用圆角过渡，所以能够有效降低在组装过程中工
作人员受到意外伤害的风险。⑤可扩展性强，能增加不同工位。因为铝合金精益
管可扩展性非常强，在组装的过程中可以根据需要任意造型，能更好地适应组装
需求。因此，可以增加不同的生产方式，或者增加不同的工位用途。⑥可重复使
用，降低企业生产成本。在重复使用时，通过改变产品的结构，重新组装，能够
起到降低企业生产成本的作用。

13.8　铝合金在海洋工程中的应用

　　海洋工程的内涵和范围十分广泛，广义的海洋工程装备包括海洋渔业装备、
海洋油气开发装备、海洋交通运输装备、海洋旅游业装备、海洋电力装备、海上
建筑施工装备等，而狭义的海洋工程装备主要指海洋油气开发装备。海洋油气开
采包括勘探、开发、生产和退役四个环节，从最初的地球物理勘探到最后的平台
拆除，每个环节都涉及许多海洋工程装备。海洋油气开发装备有钻井平台、生产
平台、海洋工程船等。随着海洋油气资源开发不断向深水海域进军，海洋工程装
备的前景十分广阔。

　　与陆地上的工程材料相比，由于地理位置和环境条件不同，海洋石油钻井在
设备、装备等多方面具有其特殊性。当前海上石油钻井平台主要采用钢结构，其
优点比较明显，但也存在锈蚀和维护成本高的问题。

　　铝合金材料已经应用在海洋平台，即海上油气资源开发的基础设施和海上油气生产的作业基地，其安全性能可确保海上油气的正常开发和作业人员的人身安全，图 13 - 23 是铝合金材料组装的海洋直升机平台。

图 13 - 23　海洋直升机平台

　　为了满足人员上、下及救生、逃生的需要，一般都设有直升机甲板，可供直升机起飞、降落和短暂停留。这几年，随着海上钻井平台的迅速发展，海上直升机平台结构的强度问题受到重点关注。直升机甲板平台的支撑结构除了要满足强度要求之外，还要综合考虑结构自重、结构刚度、吊装和焊接等工艺要求。其中结构自重和刚度是结构设计时首先要考虑的因素，而铝质的直升机甲板模块，因具有自重轻、强度好、刚度好、模块化程度高等优点被广泛应用。铝合金直升机平台包括底架和固定于底架上的若干个相互拼接成一体的甲板块，甲板块采用铝合金型材（见图 13 - 24），其包括上顶板和下底板。上顶板和下底板之间设置有带筋板空腔。上顶板为企口板结构，下底板的两侧均延伸有用于将甲板块固定于底架上的连接部。铝合金直升机平台采用由铝合金型材制成的甲板块，铝合金比重轻，抗弯强度大，大大减轻了自重。同时，甲板块之间通过企口拼接，甲板采用压板或螺栓固定在底架上，安装方便。而且，采用合适的铝合金材质不需在使用寿命周期内进行油漆等维护，节约成本。

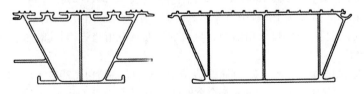

图 13 - 24　甲板用铝合金型材

参考文献

[1] 王帅. 我国铝加工现状及发展趋势[J]. 有色金属加工, 2016, 45(2): 1–4.

[2] 姜玉敬. 新政策下中国铝工业的发展[J]. 轻金属, 2017(11): 1–4.

[3] 卢建. 中国铝加工工业发展现状及分析[J]. 轻合金加工技术, 2017, 45(8): 13–19.

[4] 莫欣达. 铝消费撬动绿色共享新动能[J]. 中国有色金属, 2018(1): 26–29.

[5] 罗子康. 试析铝合金应用现状及发展趋势[J]. 中国设备工程, 2019(2): 119–120.

[6] 刘静安, 谢水生. 铝合金材料应用与开发[M]. 北京: 冶金工业出版社, 2011.

[7] 谢水生, 刘静安, 等. 铝及铝合金产品生产技术及装备[M]. 长沙: 中南大学出版社, 2015.

[8] 谢水生, 刘静安, 等. 简明铝合金加工技术手册[M]. 北京: 冶金工业出版社, 2016.

[9] 谢水生, 刘相华. 有色金属材料的控制加工[M]. 长沙: 中南大学出版社, 2013.

[10] 魏长传, 付垚, 等. 铝合金管、棒、线材生产技术[M]. 北京: 冶金工业出版社, 2013.

[11] 刘静安, 闫维刚, 谢水生. 铝合金型材生产技术[M]. 北京: 冶金工业出版社, 2012.

[12] 唐剑, 王德满, 刘静安, 等. 铝合金熔炼与铸造技术[M]. 北京: 冶金工业出版社, 2009.

[13] 吴小源, 刘志铭, 刘静安. 铝合金型材表面处理技术[M]. 北京: 冶金工业出版社, 2009.

[14] 李建湘, 刘静安, 等. 铝合金特种管型材生产技术[M]. 北京: 冶金工业出版社, 2008.

[15] 刘静安, 谢水生. 铝合金材料的应用与技术开发[M]. 北京: 冶金工业出版社, 2004.

[16] 蔡其刚. 铝合金在汽车车体上的应用现状及发展趋势探讨[J]. 广西轻工业, 2009(1): 28–29.

[17] 申俊明, 等. 铝合金在汽车工业中的应用[C]. 轻金属与高强材料焊接国际论坛论文集, 2008.

[18] 王祝堂, 张新华. 汽车用铝合金[J]. 轻合金加工技术, 2011(2): 1–14.

[19] 谢水生. 有色金属加工过程中的减量技术[J]. 有色金属再生与应用, 2006(1): 12–13.

[20] 刘静安, 周昆. 航空航天用铝合金材料的开发与应用趋势[J]. 铝加工, 1997(12): 51–59.

[21] 刘静安. 铝合金挤压及其新材料概述及应用前景[J]. 铝加工, 2014(6): 12–18.

[22] 潘伟津, 冯杨明, 等. 绿色建筑铝合金模板型材模具设计与制造研究[J]. 铝加工, 2013(5): 28–34.

[23] 石永久, 程明, 王元清. 铝合金在建筑结构中的应用与研究[J]. 建筑科学, 2005(6): 7–11.

[24] 盛春磊,等. 汽车热传输铝合金复合带(箔)生产工艺与装备[J]. 铝加工, 2012(3): 34 – 38.

[25] 刘静安,盛春磊,刘煜. 铝材在汽车上的开发应用及重点新材料的研发方向[J]. 轻合金加工技术, 2012(10): 4 – 16.

[26] 李伟萍,等. 绿色建筑铝合金模板型材的特点及产业化批量生产的重大意义[J]. 轻合金加工技术, 2013(12): 53 – 58.

[27] 刘静安,潘伟津,等. 绿色建筑铝合金型材的研发及应用[J]. 轻合金加工技术, 2013 (11): 59 – 63.

[28] 刘静安. 建筑铝合金结构挤压材模具的设计与制造[J]. 轻合金加工技术, 2014(11): 43 – 48.

[29] 刘静安. 当代铝合金挤压新材料的发展特点及市场分析[J]. 资源再生, 2014(3): 19 – 22.

[30] 黄志其,尹志民,陈慧,等. 铝合金等温挤压技术与装备研究现状[J]. 材料研究与应用, 2011, 5(3): 173 – 176.

[31] 吴海旭,杨丽,王周兵,等. 我国轨道交通车辆用铝型材发展现状[J]. 轻合金加工技术, 2014(1): 18 – 20.

[32] 王洁. 绿色中庭建筑的设计探索[M]. 杭州: 浙江大学出版社, 2010.

[33] 李希勇,王惠,肖博玉. 铝合金地铁车辆底架组装工艺[J]. 铁道机车车辆工人, 2012 (5): 20 – 21.

[34] 李刚卿,韩晓辉. 轨道车辆不锈钢车体自动点焊装置的开发及工艺研究[J]. 电焊机, 2010(6): 49 – 52.

[35] 王惠,岳玉梅. 铝合金地铁车辆车顶制造工艺改进[J]. 轨道交通装备与技术, 2013(2): 26 – 27.

[36] 成桂富,于红,范富君,等. 动车组车体底架制造工艺[J]. 科技与企业, 2013(7): 323 – 324.

[37] 王忠平,李世涛,张政民,等. 轨道车辆铝合金侧墙制造工艺分析[J]. 机车车辆工艺, 2013(2): 22 – 23.

[38] 邹侠铭,韩士宏,尹德猛. 新型动车组铝合金车体底架制造工艺研究[J]. 轨道交通装备与技术, 2013(4): 4 – 5.

[39] 李键灵. 浅析金属幕墙[J]. 建材发展导向, 2015(16): 108.

[40] 魏梅红,刘徽平. 船舶用耐蚀铝合金的研究进展[J]. 轻合金加工技术, 2006, 34(12): 6 – 8.

[41] 赵勇,李敬勇,严铿. 铝合金在舰船建造中的应用与发展[J]. 中外船舶科技, 2005(1): 9 – 11.

[42] 王大伟,王祝堂. 铝在厢式车与专用运输车中的应用[J]. 轻金属加工技术, 2016, 44 (4): 1 – 5.

[43] 何则济. 交通运输领域铝型材生产与应用前景[A]. 2008 年中国铝型材挤压模具开发与应用研讨会论文集[C]. 2008: 61 – 68.

[44] 路洪洲，马鸣图，游江海，等. 铝合金汽车覆盖件的生产和相关技术研发进展[J]. 世界有色金属，2008(5)：66 – 70.

[45] 吴卫. 汽车工业是我国未来发展的战略产业[J]. 时代汽车，2014(8)：4.

[46] 王传妹. 厢式货车厢体结构特点[J]. 专用汽车，2011(1)：16 – 24.

[47] 孙宇，何新宇，王祝堂. 集装箱用铝材[J]. 轻合金加工技术，2014，42(12)：7 – 18.

[48] 吴锡坤. 铝集装箱的市场发展及对铝材的需求[J]. 有色金属加工，2003，32(2)：15 – 17.

[49] 徐军，赵京松，吴维治. 铝合金在自行车上的应用[J]. 有色金属加工，2012，41(4)：10 – 11.

[50] 丁茹，王祝堂. 摩托车用铝材与铝铸件[J]. 轻合金加工技术，2015，43(5)：1 – 10.

[51] 陈喜娣. 全铝合金越野摩托车车架的结构设计与研究[J]. 轻合金加工技术，2010，38(11)：51 – 54.

[52] 涂季冰. 中国自行车用铝合金及其成形技术的现状和发展趋势[A]. Lw 2013 – 第五届铝型材技术(国际)论坛文集[C]. 2013：88 – 92.

[53] 涂季冰. 自行车用铝材的生产现状与市场前景[J]. 中国金属通报，2002(30)：10 – 11.

[54] 熊志林，朱政强，吴宗辉，等. 6061 铝合金超声波焊接接头组织与性能研究[J]. 热加工工艺，2011，40(17)：130 – 133.

[55] 林新波，王艺，张质良，等. 铝合金自行车后花毂锻件温挤压成形技术研究[J]. 锻压技术，2008(4)：157 – 161.

[56] 涂季冰. 自行车用铝材将成趋势[N]. 中国有色金属报，2002 – 09 – 12.

[57] 何建伟，王祝堂. 船舶舰艇用铝及铝合金(1)[J]. 轻合金加工技术，2015，43(8)：1 – 11.

[58] 顾纪清. 铝合金船体及上层建筑施工[M]. 北京：国防工业出版社，1983.

[59] 张迎元. 铝合金在舰船中的应用[A]. 北京：安泰科信息开发有限公司. 2005 年中国交通用铝国际研讨会[C]. 2005：167 – 75.

[60] 何建伟，王祝堂. 船舶舰艇用铝及铝合金(2)[J]. 轻合金加工技术，2015，43(9)：1 – 12.

[61] 孙强，王大伟，王祝堂. 铝桥及桥梁铝材[J]. 轻合金加工技术，2014，42(6)：1 – 18.

[62] 高振中，王祝堂. 桥梁铝材的进展与应用[J]. 轻合金加工技术，2009，37(2)：1 – 4，32.

[63] 姚常华，杨建国，吴利权. 铝合金结构桥梁的应用现状、前景及发展建议[J]. 钢结构，2009，24(7)：1 – 5.

[64] 骞西昌，杨守杰，张坤，等. 铝合金在运输机上的应用与发展[J]. 轻合金加工技术，2005，33(10)：1 – 7.

[65] 陈亚莉. 铝合金在航空领域中的应用[J]. 有色金属加工，2003，32(2)：11 – 14，17.

[66] 王建国，王祝堂. 航空航天变形铝合金的进展(2)[J]. 轻合金加工技术，2013，41(9)：1 – 10.

[67] 曹景竹，王祝堂. 铝合金在航空航天器中的应用(2)[J]. 轻合金加工技术，2013，41

(3)：1－12.

[68] 杨晓霞. 国内外铝工业现状及发展前景[J]. 有色金属加工, 2016, 45(1)：4－7, 39.

[69] 姜玉敬. 我国再生铝行业发展存在的问题及发展趋势[J]. 世界有色金属, 2017(8)：72－73.

[70] 姜玉敬. 世界再生铝行业发展呈现的新形势[J]. 中国金属通报, 2017(1)：41.

[71] 张博. 杨云博：中国铝工业发展源于内需拉动, 铝消费未来拥有增长空间[J]. 中国有色金属, 2016(22)：30.

[72] 魏星. 世界铝工业概述[J]. 轻金属, 2016(1)：1－3.

[73] 刘玉龙, 路荣辉, 姜鹏. 探讨我国铝加工装备现状与发展趋势[J]. 智库时代, 2017(7)：4－5.

[74] 薛冰, 李文甜. 铝加工技术的研究及发展趋势[J]. 智能城市, 2017, 3(1)：117.

[75] 金龙兵. 浅谈我国的铝加工业发展思路[J]. 铝加工, 2016(1)：60－63.

[76] 闫飞. 再生铝加工生产技术与发展方向研究[J]. 世界有色金属, 2018(14)：200, 202.

[77] 张博, 熊慧. 中国铝消费增长空间十分巨大[J]. 中国有色金属, 2016(22)：32－33.

[78] 宋颖. 厉害了, 铝的新时代[J]. 中国有色金属, 2018(1)：3.

[79] 薛璇. 微利时代下的产业突围——铝加工行业的变革与机遇[J]. 中国有色金属, 2016(11)：44－45.

[80] 秦琦, 卢晴晴, 滕雪纯, 等. 我国再生铝产业现状[J]. 轻合金加工技术, 2019(3)：8－11.

[81] 王吉位. 推动绿色发展 开创再生金属产业新局面[J]. 中国有色金属, 2018(13)：40－41.

[82] 秦鹏. 再生铝行业的发展现状及政策导向研究[J]. 产业与科技论坛, 2018, 17(9)：18－19.

[83] 刘建. 关于新经济常态下再生铝企业规避风险的几点分享[J]. 资源再生, 2017(7)：13－15.

[84] 路丽英, 王祝堂. 中国铝板带冷轧工业发展[J]. 轻合金加工技术, 2019(3)：1－7.

[85] 曹训友, 张国亮. 木工机械用铝支架[P]. CN204673584U.

[86] 刘宝训, 何长风. 木工机械支撑架用铝合金型材[P]. CN201889831U.

[87] 于英健. 一种铝滑动工作台支承机构[P]. CN202607761U.

[88] 张雪弟. 高精度纺织机械铝材的本土化[A]. 2010 铝型材技术(国际)论坛文集[C]. 2010：502－504.

[89] 王亮. 尖底大承载铝套管锭子的设计[J]. 纺织器材, 2017, 44(2)：24－26.

[90] 陈江标. 一种空心式铝合金纱线辊组件[P]. CN207192490U.

[91] 凌亚标. 钎焊铝合金复合材料在我国的发展和挑战[A]. 2018 中国铝加工产业年度大会论文集[C]. 2018：57－75.

[92] 倪雪辉, 罗辉庭, 叶剑辉. 铝合金换热器集流管隔板钎焊表面污染分析[J]. 压力容器, 2018, 35(8)：58－62.

[93] 薛震, 周鑫. 汽车空调全铝微通道换热器结构研究[J]. 日用电器, 2018(7)：106－109.

[94] 武滔. 高耐腐蚀铝箔换热器应用研究[J]. 家用电器, 2018(2): 44-45.

[95] 吴国臣. 对铝制钎焊板翅式换热器的研究[J]. 中国石油和化工标准与质量, 2017, 37 (2): 49-50.

[96] 黄雪梅, 林智康. 一种典型内翅片工业散热器型材挤压模结构的改进[J]. 制造技术与机床, 2018(9): 151-154.

[97] 李政, 李杨. 铝质型管汽车散热器[J]. 汽车零部件, 2018(10): 90-94.

[98] 张双喜, 张少令, 刘志兴. 铜管铝合金踢脚板散热器和几种常见散热器的性能比较[J]. 青岛理工大学学报, 2017, 38(6): 95-101.

[99] 李建华, 杨洪海, 吴亚红, 等. 铝制板翅式油散热器传热与阻力性能试验研究[J]. 建筑热能通风空调, 2018, 37(1): 32-34, 22.

[100] 张逸民, 银庆, 高光波. 铝铜组合式散热器在激光器冷却系统中的应用研究[J]. 航空制造技术, 2018, 61(4): 92-95, 101.

[101] 卢毅. 电动机用高效铝制散热器[P]. CN207382108U.

[102] 瞿启云, 曹爱民, 王匀, 等. 雷达 DAM 散热器选材有限元分析[J]. 电子机械工程, 2018, 34(2): 29-32.

[103] 黄素香. 平板电视机用的铝壳散热器[P]. CN207543232U.

[104] 何忠, 王化平, 刘传龙. 一种隧道灯散热器用铝型材[P]. CN107726276A.

[105] 罗鸣. 仪器仪表用铝及铝合金特殊结构异型材通过技术鉴定[J]. 仪表材料, 1982 (3): 26.

[106] 谢长钊, 王振生, 苏新, 等. 矿山机械活塞摩擦磨损性能研究[J]. 矿业工程研究, 2018, 33(2): 68-72.

[107] 王祝堂. 手机机身铝合金新说[A]. 2016 中国铝加工产业技术创新交流大会文集[C]. 2016: 202-211.

[108] 邢阳. 6061 铝合金电机外壳型材的生产技术[A]. 2018 年中国铝加工产业年度大会论文集[C]. 2018: 511-516.

[109] 国宏斌, 张景. 铝合金封头外压稳定特性的研究[J]. 中国石油和化工标准与质量, 2013 (3): 36.

[110] 郭志芳, 于同川, 成鹏涛. 压力容器安全阀的计算选型及经济性分析[J]. 石油化工安全环保技术, 2018, 34(2): 22-25, 28, 68.

[111] 蒋健, 王初荣. 薄壁铝合金封头冲压成形的加工工艺[J]. 科技创新与应用, 2015 (18): 146.

[112] 陈文泗, 罗铭强, 刘静安, 等. 铝合金钻探管的特点、分类及挤压生产技术[J]. 轻合金加工技术, 2017, 45(10): 11-16.

[113] 叶军, 吕宝元, 陈文泗, 等. 铝合金钻探管的特点、分类及挤压生产技术[J]. 铝加工, 2017(4): 22-27.

[114] 欧庆峰, 杨富波, 韩洪昌. 石油钻探用铝合金热挤压管内表面质量控制工艺的研究[J]. 石油管材与仪器, 2016, 2(5): 25-26.

[115] 沈雁, 王红星. 负向电压对海洋平台铝合金钻探管表面微弧氧化膜组织和耐蚀性影响

[J]. 表面技术, 2016, 45(4): 162 - 168.

[116] 孟林, 王祝堂. 铝在可燃冰开采装备中的应用[J]. 轻合金加工技术, 2018, 46(1): 1 - 4.

[117] 张瀌. 铝质气雾罐生产工艺及市场发展现状[J]. 有色金属加工, 2016(2): 45.

[118] 陈斌. 关于铝合金门窗及幕墙节能措施研究[J]. 江西建材, 2017(12): 281 - 283.

[119] 何志鹏. 铝合金结构在单层网壳中的运用[J]. 建材与装饰, 2016(3): 72 - 73.

[120] 陈奇芳. 铝合金在建筑结构工程中的应用[J]. 中国新技术新产品, 2010(24): 112 - 113.

[121] 王祝堂. 从德国杜塞尔多夫国际铝展谈铝家具发展[N]. 中国有色金属报, 2017 - 3 - 9.

[122] 林琳, 杨舒英, 柯清, 等. 我国铝合金型材家具的发展研究[J]. 家具与室内装饰, 2015 (10): 78 - 79.

[123] 冯璟. 全铝家具发展现状与应用难点[J]. 中国有色金属, 2018(16): 48 - 49.

[124] 卢林. 全铝家具的现状分析和趋势研究[J]. 家具与室内装饰, 2018(6): 72 - 75.

[125] 王寻, 莫欣达, 李明怡. 全铝家具方兴未艾[J]. 中国有色金属, 2017(16): 50 - 51.

[126] 张福昌, 吴祝光. 世界注目的铝家具[J]. 家具与室内装饰, 2007(9): 26 - 29.

[127] 姚华明. 铝合金门窗及幕墙节能措施研究[J]. 门窗, 2012(11): 257 + 262.

[128] 王利恒. 一种新型铝合金衣柜 [P]. 中国专利: CN204994904U, 2016 - 01 - 27.

[129] 封桂林. 一种铝合金智能办公桌 [P]. 中国专利: CN107307583A, 2017 - 11 - 03.

[130] 方亚红. 一种铝合金制可便捷式餐桌 [P]. 中国专利: CN208017146U, 2018 - 10 - 30.

[131] 王一枫, 单叶, 杨志春. 一种吊挂式铝合金展示架 [P]. 中国专利: CN207115956U, 2018 - 03 - 16.

[132] 夏震. 铝合金围护板推广应用浅谈[J]. 有色金属加工, 2017, 46(4): 17 - 19.

[133] 铝合金屋面墙面围护板项目价值链分析[J]. 中国有色金属, 2017(S2): 47 - 54.

[134] 刘光辉. 铝合金材料在桥梁中的应用研究[J]. 黑龙江交通科技, 2013, 36(5): 112 - 114.

[135] 李欣宜. 铝合金材料性能及人行桥梁工程的应用研究[D]. 广西大学, 2018.

[136] 吴红杰, 宋少清, 王超, 等. 浅谈铝合金冲压工艺的发展[J]. 模具制造, 2019, 19(1): 9 - 11.

[137] 赵金升, 苑雪雷, 谷龙. 浅谈铝合金冲压工艺[J]. 模具制造, 2015, 15(11): 10 - 12.

[138] 李志强, 雷光明. 铝合金的特点及其在建筑结构中的应用[J]. 山西建筑, 2007(29): 163 - 164.

[139] 吴承玉. 铝合金建筑模板的特点及其在龙岩项目工程中的应用[J]. 江西建材, 2014 (7): 48.

[140] 徐庭星. 一种凹陷设置密码锁的铝合金行李箱 [P]. 中国专利: CN203692746U, 2014 - 07 - 09.

[141] 鲁小东. 一种摩托车铝合金行李箱 [P]. 中国专利: CN204606028U, 2015 - 09 - 02.

[142] 刘玉强. 一种新型的铝合金骑士钓鱼椅 [P]. 中国专利: CN202496315U, 2012 - 10 - 24.

[143] 冯加林. 一种可拆卸铝合金桌腿方桌 [P]. 中国专利: CN202664687U, 2013 - 01 - 16.

[144] 吴莹莹. 装配式铝合金窗的生产与应用[J]. 建筑技术, 2018, 49(S1): 149 - 150.

[145] 李景超. 铝合金材料在建筑结构中的应用[J]. 中国金属通报, 2018(8): 160 - 162.

[146] 钦健. 国内铝合金门窗建筑幕墙行业经济现状[J]. 内蒙古科技与经济, 2018(11): 16 - 18.

[147] 廖健, 刘静安, 谢水生, 等. 铝合金挤压材生产与应用[M]. 北京: 冶金工业出版社, 2018.

[148] 刘静安, 盛春磊, 刘志国, 等. 铝材在汽车上的开发应用及重点新材料产品研发方向[J]. 铝加工, 2012(5): 4 - 16.

[149] 李平, 王祝堂. 汽车压铸及铸造铝合金[J]. 轻合金加工技术, 2011, 39(12): 1 - 2.

[150] 杨世德, 王祝堂. 交通铝材系列之五——汽车热交换铝材概览[J]. 中国铝业, 2010(8): 2 - 18.

[151] 李伟, 何顺荣, 李丹. 浅谈铝合金论坛的生产技术的发展现状[J]. 中国铸造装备与技术, 2015(3): 1 - 5.

[152] 余冬梅, 王祝堂. 世界铝 - 锂合金工业概要及中国与他们的差距[J]. 铝加工, 2016(4): 10 - 16.

[153] 蒋显全, 王浦全. 汽车材料轻量化与电磁脉冲焊接技术[A]. 中国有色金属加工工业协会. 2018 年中国铝加工产业年度大会论文集[C]. 2018.

[154] 李承波, 等. 轨道交通和汽车用铝合金型材的弯曲成形制造技术[A]. 中国有色金属加工工业协会. 2018 年中国铝加工产业年度大会论文集[C]. 2018.

[155] 谢毅, 张玉. 铝合金在汽车工业上的应用开发[A]. 中国有色金属加工工业协会. 2018 年中国铝加工产业年度大会[C]. 2018.

[156] 韩博砚. 关于我国新能源汽车的发展现状分析及趋势探讨[J]. 汽车实用技术, 2018(22): 8 - 10.

[157] 杨婳, 王镝, 胡健, 等. 铝合金材料在汽车车身结构上的应用[J]. 上海汽车, 2014(8): 59 - 61.

[158] 郑晖, 赵曦雅. 汽车轻量化及铝合金在现代汽车生产中的应用[J]. 锻压技术, 2016, 41(2): 1 - 6.

[159] 李传福, 张丽萍. 浅谈铝合金材料在未来汽车轻量化中的应用与发展[J]. 装备制造技术, 2015(4): 143 - 145.

[160] 马建, 刘晓东, 陈轶嵩, 等. 中国新能源汽车产业与技术发展现状及对策[J]. 中国公路学报, 2018, 31(8): 1 - 19.

图书在版编目(CIP)数据

铝及铝合金的应用开发 / 章吉林等编著. —长沙:
中南大学出版社, 2020.10
ISBN 978 - 7 - 5487 - 3249 - 5

Ⅰ. ①铝… Ⅱ. ①章… Ⅲ. ①铝－金属材料－普及
读物②铝合金－工程材料－普及读物 Ⅳ. ①TG146.21 -49

中国版本图书馆 CIP 数据核字(2020)第 068643 号

铝及铝合金的应用开发
LÜ JI LÜHEJIN DE YINGYONG KAIFA

章吉林 靳海明 卢 建 谢水生 编著

□责任编辑	史海燕	
□责任印制	易红卫	
□出版发行	中南大学出版社	
	社址:长沙市麓山南路	邮编:410083
	发行科电话:0731 - 88876770	传真:0731 - 88710482
□印　装	湖南省众鑫印务有限公司	

□开　本	710 mm × 1000 mm 1/16	□印张 33	□字数 664 千字
□版　次	2020 年 10 月第 1 版	□2020 年 10 月第 1 次印刷
□书　号	ISBN 978 - 7 - 5487 - 3249 - 5
□定　价	138.00 元